Geodätisches Institut (Hrsg.)
Zusammengestellt von Karl Zippelt

Vernetzt und ausgeglichen
Festschrift zur Verabschiedung von Prof. Dr.-Ing. habil. Dr.-Ing. E.h. Günter Schmitt

Karlsruher Institut für Technologie
Schriftenreihe des Studiengangs Geodäsie und Geoinformatik
2010, 3

Eine Übersicht über alle bisher in dieser Schriftenreihe erschienenen Bände
finden Sie am Ende des Buchs.

Vernetzt und ausgeglichen

Festschrift zur Verabschiedung von
Prof. Dr.-Ing. habil. Dr.-Ing. E.h. Günter Schmitt

Geodätisches Institut (Hrsg.)
Zusammengestellt von Karl Zippelt

Satz und Layout: cand. geod. Christoph Haberkorn

Impressum

Karlsruher Institut für Technologie (KIT)
KIT Scientific Publishing
Straße am Forum 2
D-76131 Karlsruhe
www.ksp.kit.edu

KIT – Universität des Landes Baden-Württemberg und nationales
Forschungszentrum in der Helmholtz-Gemeinschaft

KIT Scientific Publishing 2010
Print on Demand

ISSN 1612-9733
ISBN 978-3-86644-576-5

Prof. Dr.-Ing. habil. Dr.-Ing. E.h. Günter Schmitt

Lehrstuhl Mathematische und Datenverarbeitende Geodäsie

01. Januar 1987 – 30. September 2010

Zur Verabschiedung von
Prof. Dr.-Ing. habil. Dr.-Ing. E.h. Günter Schmitt

Maria Hennes

Am 26.Oktober 2009 vollendete Günter Schmitt sein 65. Lebensjahr – ein Anlass, seinen Lebensweg zu umreißen und sein Lebenswerk mit einer Festschrift zu würdigen. An dieser Stelle möchte ich mich auf diejenigen Stationen beschränken, die nach meiner Einschätzung einen prägenden Einfluss auf seine Einstellung zur Wissenschaft hatten.

Günter Schmitt wurde in Sobernheim an der Nahe geboren. Bereits in der Schule waren geometrische Aufgaben während des Mathematikunterrichts für ihn ausschlaggebend, sich sehr frühzeitig für das Studium der Geodäsie zu interessieren. Nach dem Abitur animierte ihn weiterhin der Grundwehrdienst, sich dem Studium der Geodäsie zuzuwenden. Die Wahl des Studienortes fiel auf die Universität Karlsruhe. Hier schloss Günter Schmitt am 19. März 1970 sein Studium des Vermessungswesens mit dem Diplom ab und erhielt mit dem Grün&Bilfinger-Preis eine erste Auszeichnung für sein ambitioniertes Arbeiten. Direkt nach dem Studium begann er zum 1. April 1970 seine wissenschaftliche Laufbahn am Geodätischen Institut der Universität. Bereits am 28. Juni 1973 promovierte Günter Schmitt mit dem Thema „Speichertechnische und numerische Probleme bei der Auflösung großer Normalgleichungssysteme". Noch nicht einmal sechs Jahre später habilitierte er mit der Schrift „Zur Numerik der Gewichtsoptimierung in geodätischen Netzen" und erhielt wenige Tage später, am 19. Februar 1979, die Venia Legendi für Geodäsie. Ab demselben Jahr vertrat er Professor Draheim, den damaligen Rektor der Universität Karlsruhe, auf dem Lehrstuhl Geodäsie II, und wurde zusätzlich bereits am 19. Juni 1980 zum Professor (C2) für Mathematische Methoden in der Geodäsie ernannt. Ab dem 1. Januar 1987 trat Günter Schmitt dann endgültig die Nachfolge Draheims an (C4). Sein neuer Lehrstuhl trug der fortschreitenden Computerentwicklung Rechung und beschäftigt sich bis zu seiner Pensionierung mit der „Mathematischen und Datenverarbeitenden Geodäsie". Neben all diesen Stationen an der Universität Karlsruhe (heute KIT), war Günter Schmitt auch im Ausland tätig. Im Frühjahr 1974 war er im Auftrag der GTZ für zwei Monate zur kartographischen Aufnahme in Bhaktapur/Nepal. Später folgten ein mehrmonatiger Gastaufenthalt (DAAD) am Department of Surveying and Photogrammetry der Universität Nairobi/Kenya sowie im Rahmen eines Sabaticals ein Forschungsaufenthalt an der School of Geomatic Engineering der University of New South Wales, Sydney/Australien. Diverse Aufenthalte an der Universidad Federal Paraná, Curitiba/Brasilien nutzte er, um sein Wissen auch in brasilianische Studiengänge einzubringen. Mit einer Publikationsliste von mehr als 80 Schriften verwundert es nicht, dass Günter Schmitt im Jahr 2000 die Ehrendoktorwürde durch die Technische Universität für Bauwesen in Bukarest/Rumänien erhielt und 2007 Ehrenprofessor der Sibirischen Staatsakademie für Geodäsie, Novosibirsk/Russland wurde. Als akademischer Lehrer betreute er 18 Promotionen im Haupt- und 19 im Korreferat. Zwölf dieser Schüler bilden inzwischen ebenfalls Ingenieure an Hochschulen aus.

Neben dem wissenschaftlichen Wirken zeigte sich der Jubilar in vielen verschiedenen Gremien aktiv, herausragend als Vizepräsident (1992 – 2008) des Deutschen Vereins für Vermessungswesens (DVW), im universitären Bereich als Dekan (1997 – 1999) und ab Oktober 2000 als Prodekan der Fakultät Bauingenieur- und Vermessungswesen, später Fakultät für Bauingenieur-, Geo- und Umweltwissenschaften des KIT. Weiterhin war er mehrere Jahre Sprecher bzw. stellvertretender Sprecher des Sonderforschungsbereichs 461 „Starkbeben – Von geowissenschaftlichen Grundlagen zu Ingenieurmaßnahmen".

Unter der Federführung von Günter Schmitt hat das Geodätische Institut eine Phase des Ausbaus und der Konsolidierung erfahren und wird auf dieser Basis sicher auch die Herausforderungen der Zukunft bestehen können. Zu den Erfolgen hat nicht nur das große persönliche und fachliche Engagement von Günter Schmitt beigetragen. Auch durch seine Aufgeschlossenheit für innovative Vorstellungen und sein freundliches Zugehen auf Kolleginnen und Kollegen innerhalb und außerhalb des Instituts haben das Institut und die Geodäsie an Bedeutung gewonnen. Hierfür sei ihm auch mit dieser Festschrift recht herzlich gedankt.

Für einen Geodäten mit Leib und Seele ist das Ausscheiden aus dem Berufsleben nicht der Schlusspunkt eines jahrzehntelangen Engagements für diesen Wissenschaftsbereich. Auch wenn Günter Schmitt auf ein stolzes Lebenswerk zurückblicken kann, wissen alle, die ihn näher kennen, dass er in seinem dritten Lebensabschnitt nicht einfach Abschied von seinem Lehrstuhl nehmen wird. Die Herausgeber und alle Autoren von „Vernetzt und ausgeglichen" wünschen Günter Schmitt, dass sein Engagement, seine Tatkraft und sein Ideenreichtum der Geodäsie und Geoinformatik noch lange erhalten bleiben. Die Mitarbeiterinnen und Mitarbeiter, für die Günter Schmitt sich immer Zeit für ein Gespräch nahm und denen er mit fachlichem und menschlichem Rat zur Seite stand, begleiten ihn mit allen guten Wünschen in den neuen Lebensabschnitt.

Im Oktober 2010   Maria Hennes

Inhaltsverzeichnis

Biographie

26.10.1944	geboren in Sobernheim/Nahe
1951 – 1955	Volksschule in Staudenheim/Nahe
1955 – 1964	Staatliches Neusprachliches Gymnasium in Sobernheim, Abitur
1964 – 1965	Grundwehrdienst
1965 – 1970	Studium des Vermessungswesens an der Universität Karlsruhe (TH)
seit 1969	verheirat mit Ute Schmitt, geb. Dieges, 2 Kinder (1970, 1978)
19.03.1970	Diplomingenieur des Vermessungswesens (Grün & Bilfinger Preis)
01.04.1970	Wissenschaftlicher Angestellter am Geodätischen Institut der Universität Karlsruhe (TH)
26.06.1973	Abschluss der Promotion mit der Dissertationsschrift „Speichertechnische und numerische Probleme bei der Auflösung großer geodätischer Normalgleichungssysteme"
17.01.1974	Anstellung als Akademischer Rat z. A. am Geodätischen Institut der Universität Karlsruhe (TH)
Frühjahr 1974	zwei Monate Tätigkeit in einem GTZ-Projekt zur kartographischen Aufnahme in Bhaktapur/Nepal
05.03.1976	Anstellung als Akademischer Rat
06.02.1979	Habilitation mit der Habilitationsschrift „Zur Numerik der Gewichtsoptimierung in geodätischen Netzen"
19.02.1979	Ernennung zum Privatdozenten, Venia Legendi für Geodäsie
01.10.1979 – 30.09.1983	Lehrstuhlvertretung Prof. Draheim, Lehrstuhl Geodäsie II (Rektor der Universität Karlsruhe)
19.06.1980	Ernennung zum Professor (C2) für Mathematische Methoden in der Geodäsie
01.01.1987	Ernennung zum Professor (C4) für Mathematische und Datenverarbeitende Geodäsie (Nachfolge Prof. Draheim)
seit 1990	ordentliches Mitglied der Deutschen Geodätischen Kommission (DGK)
Januar bis März 1991	Gastprofessor (DAAD) am Departement of Surveying and Photogrammetry der Universität Nairobi/Kenia
August 1994 – Januar 1995	Forschungsaufenthalt an der School of Geomatic Engineering der University of New South Wales, Sidney/Australien (Freisemester)
1992 – 2008	Vizepräsident des Deutschen Vereins für Vermessungswesen (DVW)
1996 – 2006	stellvertretender Sprecher des SFB 461 „Starkbeben – Von geowissenschaftlichen Grundlagen zu Ingenieurmaßnahmen"

WS 97/98 – SS 99	Dekan der Fakultät für Bauingenieur- und Vermessungswesen der Universität Karlsruhe (TH)
15.06.2000	Verleihung der Ehrendoktorwürde (Dr.-Ing. E. h.) der Technischen Universität für Bauwesen, Bukarest/Rumänien
ab 10.2000 – 30.09.2010	Prodekan der Fakultät für Bauingenieur- und Vermessungswesen der Universität Karlsruhe (TH)
2006 – 2007	Sprecher des SFB 461 „Starkbeben – Von geowissenschaftlichen Grundlagen zu Ingenieurmaßnahmen"
2007	Ehrenprofessor der Sibirischen Staatsakademie für Geodäsie, Novosibirsk/Russland

Verzeichnis der Publikationen

Schmitt, G. (1973):
Speichertechnische und numerische Probleme bei der Auflösung großer geodätischer Normalgleichungssysteme. Deutsche Geodätische Kommission, Reihe C, Heft 195, München

Schmitt, G. (1973):
Structure and Storage Problems Concerning the Adjustment of Large Geodetic Networks. International Symposium on Computational Methods in Geometrical Geodesy, Oxford/GB

Schmitt, G. (1973):
Rounding-off Errors in Solving Linear Systems of High Order. International Symposium on Computational Methods in Geometrical Geodesy, Oxford/GB

Schmitt, G. (1975):
Optimaler Schnittwinkel der Bestimmungsstrecken beim einfachen Bogenschnitt. Allgemeine Vermessungsnachrichten, 82, S. 226–230

Schmitt, G. (1977):
Monte-Carlo-Design geodätischer Netze. Allgemeine Vermessungsnachrichten, 84, S. 87–94

Schmitt, G. (1977):
Gewichtsoptimierung bei Einzelpunkteinschaltung mit Streckenmessung. Allgemeine Vermessungsnachrichten, 84, S. 101–111

Schmitt, G. (1977):
Some Considerations Using Interval Analysis in Adjustment Computations. In: Weitere Beiträge aus der Bundesrepublik Deutschland zur Vorlage bei der XVI. Generalversammlung der IUGG, Grenoble 1975.
Deutsche Geodätische Kommission, Reihe B, Heft 221, München, S. 87–97

Grafarend, E. / Schaffrin, B. / Schmitt, G. (1977):
Über die Optimierung lokaler geodätischer Netze – Der optimale Beobachtungsplan. In: THD Schriftenreihe Wissenschaft und Technik, VII. Internationaler Kurs für Ingenieurvermessungen hoher Präzision, Bd. I, Darmstadt, S. 63–78

Grafarend, E. / Schaffrin, B. / Schmitt, G. (1977):
Kanonisches Design geodätischer Netze I. Manuscripta Geodaetica 2, S. 263–306

Grafarend, E. / Schaffrin, B. / Schmitt, G. (1978):
Kanonisches Design geodätischer Netze II. Manuscripta Geodaetica 3, S. 1–22

Schmitt, G. (1978):
Gewichtsoptimierung bei Mehrpunkteinschaltung mit Streckenmessung. Allgemeine Vermessungsnachrichten, 85, S. 1–15

Schmitt, G. (1978):
Numerical Problems Concerning the Second Order Design of Geodetic Networks. Proceedings of the Second International Symposium on Problems Related to the Redefinition of North American Geodetic Networks, Arlington/USA, S. 555–565

Schmitt, G. (1978):
Gotthardt, E.: Einführung in die Ausgleichungsrechnung. 2. Auflage, überarbeitet und erweitert, Karlsruhe (Lehrbuch)

Mälzer, H. / Schmitt, G. / Zippelt, K. (1979):
Recent Vertical Movements and their Determination in the Rhenish Massif. Tectonophysics 52, S. 167–176

Schmitt, G. (1979):
Zur Numerik der Gewichtsoptimierung in geodätischen Netzen. Deutsche Geodätische Kommission, Reihe C, Heft 256, München

Kuntz, E. / Schmitt, G. (1979):
Analyse von Deformationsmessungen mit Hilfe relativer Fehlerellipsen. In: Seminar über Deformationsanalysen.
Schriftenreihe Wissenschaftlicher Studiengang Vermessungswesen, Hochschule der Bundeswehr München, Heft 4, S. 26–44

Schmitt, G. (1979):
Experiences with the Second Order Design Problem in Theoretical and Practical Networks. Proceedings of the IAG-Symposium on Optimization of Design and Computation of Control Networks, Sopron/Ungarn, S. 179–206

Schmitt, G. (1980):
Second Order Design of a Free Distance Network, Considering Different Types of Criterion Matrices. Bulletin Geodesique 54, S. 531–543

Mälzer, H. / Schmitt, G. (1980):
Geodetic Contributions to Geodynamic Processes in Western Germany. In: Mobile Earth International Geodynamics Project, Final Report of FRG, Bonn, S. 142–148

Schmitt, G. (1980):
Zur Gewichtsoptimierung in Richtungsnetzen. In: Conzett, Matthias und Schmid: Ingenieurvermessung 80. Beiträge zum VIII. Internationalen Kurs für Ingenieurvermessung, Zürich 1980, Bonn, A9/1–A9/11

Schmitt, G. (1980):
Das Design 2. Ordnung geodätischer Netze. Proceedings of the FIG-Symposium Automated Processing of Surveying Data, Varna/Bulgarien, S. 25–39

Schmitt, G. (1982):
Optimal Design of Geodetic Networks. In: Proceedings of the IAG-Symposium on Geodetic Networks and Computations, München 1981 Deutsche Geodätische Kommission, Reihe B, Heft 258/III, München, S. 7–12

Schmitt, G. (1982):
Report of IAG Special Study Group 4.71, Optimization of Geodetic Networks. In: Proceedings of the IAG-Symposium on Geodetic Networks and Computations, München 1981 Deutsche Geodätische Kommission, Reihe B, Heft 258/III, München, S. 148–154

Schmitt, G. (1982):
Optimization of Control Networks – State of the Art. Proceedings of the Meeting of FIG-Study Group 5B, Survey Control Networks, Aalborg/Dänemark, S. 373–380

Schmitt, G. (1982):
Optimization of Geodetic Networks. Reviews of Geophysics and Space Physics 20, S. 877–884

Ninkov, T. / Schmitt, G. (1983):
Eine Methode der Gewichtsoptimierung in geodätischen Netzen. Allgemeine Vermessungsnachrichten, 90, S. 216–222

Bill, R. / Müller, H. / Mönicke, H.-J. / Schmitt, G. (1983):
Der optimale Entwurf eines Staudamm-Überwachungsnetzes. Allgemeine Vermessungsnachrichten, 90, S. 369–384

Ninkov, T. / Schmitt, G. (1983):
Optimizacija i njena primena kod nivelmanskih mreza. Geodetski List 37(60), S. 141–150

Schmitt, G. (1983):
Optimization of Geodetic Networks - Report of IAG-SSG 4.71. In: Boucher (Ed): Rapports Généraux et Rapports Techniques, établis à l'occasion de la dix-huitième asemblée générale, Hambourg, Aout 1983.
Travaux de l'Association Internationale de Géodésie, Vol. 27, Paris/Frankreich, S. 414–427

Bill, R. / Jäger, R. / Schmitt, G. (1984):
Effekte in langgestreckten Netzen und ihre statischen Analogien. Zeitschrift für Vermessungswesen, 109, S. 526–540

Kuntz, E. / Schmitt, G. (1985):
Präzisionshöhenmessung durch Beobachtung gleichzeitig gegenseitiger Zenitdistanzen. Allgemeine Vermessungsnachrichten, 92, S. 427–434

Bill, R. / Müller, H. / Mönicke, H.-J. / Schmitt, G. (1985):
The Optimal Design of a Geodetic Control Network for Monitoring Deformations of a Dam. In: Laginha Serafim (Ed): Safety of Dams, Addendum. Proceedings of the International Conference on Safety of Dams, Portugal 1984. Balkema/Rotterdam/Boston, S. 467–476

Müller, H. / Schmitt, G. (1985):
SODES2 – A Program System for the Second Order Design of Twodimensional Networks. Proceedings of the 7th International Symposium on Geodetic Computations, Krakau/Polen, S. 79–92

Schmitt, G. (1985):
Advanced Computer Arithmetic – New Approaches to Scientific Computations. Proceedings of the 7th International Symposium on Geodetic Computations, Krakau/Polen, S. 573–583

Bill, R. / Schmitt, G. (1985):
Kritische Anmerkungen zu „Zur Strategie des Entwurfs geodätischer Netze aus optimierter Zuverlässigkeit“ von W. Benning. Zeitschrift für Vermessungswesen, 110, S. 123–125

Schmitt, G. (1985):
A Review of Network Designs: Criteria, Risk Functions, Design Ordering. In: Grafarend, Sanso (Eds): Optimization and Design of Geodetic Networks, New York, S. 6–10

Schmitt, G. (1985):
Second Order Design. In: Grafarend, Sanso (Eds): Optimization and Design of Geodetic Networks, New York, S. 74–120

Schmitt, G. (1985):
Third Order Design. In: Grafarend, Sanso (Eds): Optimization and Design of Geodetic Networks, New York, S. 122–131

Müller, H. / Schmitt, G. (1985):
SODES2 – Ein Programsystem zur Gewichtsoptimierung zweidimensionaler geodätischer Netze. Deutsche Geodätische Kommission, Reihe B, Heft 267, München

Detreköi, A. / Kuntz, E. / Schmitt, G. (1985):
Geodätische Deformationsmessungen. Fridericiana, Zeitschrift der Universität Karlsruhe 37, S. 21–28

Schmitt, G. (1986):
Bibliotheksverwaltung am PC. Allgemeine Vermessungsnachrichten 93, GeoSoft 2/86

Kuntz, E. / Schmitt, G. (1986):
Precise height determination by simultaneous zenith distances. In: Pelzer, Niemeier (Eds): Determination of Heights and Height Changes, Stuttgart, S. 205–215

Schmitt, G. (1987):
Optimal Design Problems – Optimierung geodätischer Meßexperimente. In: Schnädelbach, Sigl (Eds): Landesbericht der BRD 1983 – 1987. Deutsche Geodätische Kommission, Reihe B, Heft 284, München, S. 224–237

Schmitt, G. (1987):
Optimal Design Problems. In: Contributions to Geodetic Theory and Methodology, XIX General Assembly of the IUGG, IAG, Section IV; Vancouver/Kanada. The University of Calgary, Publication 60006, S. 123–136

Schmitt, G. (1988):
Optimal Design Problems. In: Boucher (Ed): Rapports Généraux et Rapports Techniques établis à l'occasion de la dix-neuvième assemblée générale, Vancouver 1987. Travaux de l'Association Internationale de Géodésie, Vol. 28, Paris/Frankreich, S. 367–373

Schmitt, G. (1989):
Ottimizzazione di una Rete geodetica di Controllo. In: Crosilla, Mussio (Eds): Progrettazione e Ottimizzazione del Relievo Topografico e Fotogrammetrico di Controllo. CISM, Udine/Italien, S. 119–140

Schmitt, G. (1989):
Überblick über Verfahren zur Analyse geodätischer Netze. Proceedings of the Symposium 40 Jahre Ausbildung zum Vermessungsingenieur, Istanbul/Türkei, S. 24–33

Gaspar, P. / Schmitt, G. (1989):
Design zweiter Ordnung durch diskrete suboptimale Programmierung. Allgemeine Vermessungsnachrichten, 96, S. 217–227

Kaltenbach, H. / Schmitt, G. (1989):
A new approach for criterion matrices, based on graph theory. Manuscripta Geodaetica 13, S. 296–305

Schmitt, G. (1990):
Optimization of Vertical Networks. Proceedings of the Workshop on Precise Vertical Positioning, Hannover

Crosilla, F. / Jäger, R. / Marchesini, C. / Schaffrin, B. / Schmitt, G. / Zippelt K. (1990):
Establishment of a GPS Control Network as a Frame for several Geodynamic Micro-Nets in the Friuli Seismic Region. Proceedings of the 1. International Symposium Gravity Field and GPS-Positioning in the Alps-Adria Area, Dubrovnik/Jugoslawien 1989, S. 357–374

Jäger, R. / Moldoveanu, T. / Nica, V. / Schmitt, G. (1990):
Deformation analysis of a local terrestrial network in Romania with respect to the Vrancea earthquake of August 30, 1986. International Association of Geodesy, Symposia 101 – Global and Regional Geodynamics, New York, S. 211–222

Illner, M. / Jäger, R. / Schmitt, G. (1991):
Transformationsprobleme. DVW-Landesverein Baden-Württemberg 38, Sonderheft GPS und Integration von GPS in bestehende geodätische Netze, S. 125–142

Beinat, A. / Jäger, R. / Kutterer, H. / Marchesini, C. / Schmitt, G. (1993):
Monitoring horizontal motions in a local network at Caneva in Friuli, Italy. Journal of Geodynamics 18, S. 43–57

Beinat, A. / Jäger, R. / Marchesini, C. / Schmitt, G. (1993):
Interim report on a regional RCM-network in Friuli, Italy. Journal of Geodynamics 18, S. 59–70

Schmitt, G. (1995):
Zur Motivation von Untersuchungen zu Schwachformen geodätischer Netze. In: Geodätisches Institut der Universität Karlsruhe (Hrsg.), Festschrift für Heinz Draheim zum 80. Geburtstag, Eugen Kuntz zum 70. Geburtstag, Hermann Mälzer zum 70. Geburtstag, ISBN 3-00-000220-0, S. 217–226

Schmitt, G. / Jäger, R. / Marchesini, C. (1996):
Monitoring Crustal Deformations in Friuli, Italy, with a Regional GPS Network. In: Joo, I. (Hrsg.): Proceedings of the IAG Regional Symposium on Deformations and Crustal Movement Investigations Using Geodetic Techniques. Székesfehérvar/Ungarn, August 31–September 5 1996, S. 75–81

Kutterer, H. / Marchesini, C. / Schmitt, G. (1996):
Accuracy Aspects in a Local RCM-Network at Caneva, Friuli. In: Joo, I. (Hrsg.): Proceedings of the IAG Regional Symposium on Deformations and Crustal Movement Investigations Using Geodetic Techniques. Székesfehérvar/Ungarn, August 31–September 5 1996, S. 151–158

Schmitt, G. / Rawiel, P. (1997):
The Use of GPS in Geotechnical Engineering – Monitoring a Land Slide. In: Proceedings XVe rencontres universitaires de Génie civil. EC'97. Comparaison entre résultats expérimentaux et résultats de calculs. Straßburg/Frankreich, Vol. I, S. 27–35

Schmitt, G. (1997):
Spectral Analysis and Optimization of Deformation Networks. In: Altan, M. O. / Gründig, L. (Hrsg.), Proceedings of the 2nd Turkish-German Joint Geodetic Days, Berlin/Deutschland, May 28-30 1997, S. 251–260

Schmitt, G. (1997):
Spectral Analysis and Optimization of Two-dimensional Networks. Geomatics Research Australasia 67, S. 47–66

Dinter, G. / Schmitt, G. (1999):
Three Dimensional Plate Kinematics in Romania. Reports on Geodesy 4(45), Warschau 2000, S. 37–49

Marchesini, C. / Schmitt, G. (1999):
Geodetic activities with respect to geokinematics in Friuli and the Eastern Alps. Proceedings of the 2nd International Symposium Geodynamics of the Alps-Adria Area by Means of Terrestrial and Satellite Methods, Dubrovnik/Kroatien, 28.09.–02.10.1998, S. 283–292

Howind, J. / Schmitt, G. (2000):
Geodätische Erfassung der Kinematik einer Großhangbewegung am Beispiel des Modellgebietes Ebnit/Vorarlberg. In: Schnädelbach, K. /Schilcher, M. (Hrsg.): Ingenieurvermessung 2000, Vermessungswesen bei Konrad Wittwer, Band 33, S. 354–359

Brauns, J. / Reith, H. / Bieberstein, A. / Schmitt, G. / Howind, J. (2000):
Schnellverfahren zur Verdichtungskontrolle von Felsschüttungen durch Messung der Setzung. Straße und Autobahn 6/2000, S. 341–348

Reith, H. / Bieberstein, A. / Brauns, J. / Howind, J. / Schmitt, G. (2000):
Schnellverfahren zur Bestimmung der Verdichtung durch Messung der Setzung. In: Bundesministerium für Verkehr, Bau- und Wohnungswesen, Abteilung Straßenbau, Straßenverkehr (Hrsg.), Schriftenreihe Forschung Straßenbau und Straßenverkehrstechnik, Heft 784, Bonn

Howind, J. / Schmitt, G. (2001):
Geodätische Überwachung einer Großhangbewegung in Ebnit/Vorarlberg. Zeitschrift für Geodäsie, Geoinformation und Landmanagement (ZfV), 126, S. 1–5

Dinter, G. / Schmitt, G. (2001):
Three dimensional deformation analysis with respect to plate kinematics in Romania. Natural Hazards, 23 (2001), Kluver Academic Publishers, S. 389–406

Brauns, J. / Reith, H. / Bieberstein, A. / Schmitt, G. / Howind, J. (2001):
Schnellverfahren zur Verdichtungskontrolle von Felsschüttungen durch Messung der Setzung. Erd- und Grundbautagung 1999, Forschungsgesellschaft für Straßen- und Verkehrswesen, Schriftenreihe der Arbeitsgruppe Erd- und Grundbau, 8/2001, S. 20–26

Schmitt, G. / Lemp, D. (2001):
Long-term monitoring of recent crustal movements in the Eastern Alps (GPS-project Alpentraverse). Reports on Geodesy, Warsaw University of Technology, 2 (57), S. 21–28

Dinter, G. / Nutto, M. / Schmitt, G. / Schmidt, U. / Ghitau, D. / Marcu, C. (2001):
Three dimensional deformation analysis with respect to plate kinematics in Romania. Reports on Geodesy, Warsaw University of Technology, 2 (57), S. 29–42

Dinter, G. / Schmitt, G. (2002):
Monitoring Recent Crustal Movements in the Vrancea-Area in Romania. In: Altan/Gründig (Eds.): Proceedings 4th International Symposium Turkish-German Joint Geodetic Days, Berlin, April 3–6 2001, Vol. I, S. 85–93

Heck, B. / Bähr, H.-P. / Westerhaus, M. / Schmitt, G. (2002):
Universität Karlsruhe. Festschrift 50 Jahre Baden-Württemberg – 50 Jahre Hightech-Vermessungsland – 150 Jahre Badische Katastervermessung, S. 69–74

Schmitt, G. (2003):
Integration aktueller Forschungsergebnisse in die Lehre am Beispiel Netzplanung. Allgemeine Vermessungsnachrichten, 110, S. 47–50

Depenthal, C. / Schmitt, G. (2003):
Monitoring of a Landslide in Vorarlberg/Austria. Stiros, S./ Pytharouli, S. (Hrsg.): Proceedings 11th International FIG Symposium on Deformation Measurements, Santorini/Griechenland, May 25–28 2003, Publication No. 2, Geodesy and Geodetic Applications Lab., Dept. of Civil Engineering, Patras University, S. 289–295

Hoeven, A.G.A. Van Der/ Ambrosius, B.A.C./ Schmitt, G./ Dinter, G./ Mocanu, V./ Spakman, W. (2004):
GPS Probes the Kinematics of the Vrancea Seismo-genic Zone (2004a). EOS, Vol. 85, Nr. 19, S. 185-190, 2004

Schmitt, G. (2005):
Spectral Analysis and Optimization of Geodetic Networks. Proceedings GEO-SIBERIA Kogress, 27.-28.04.2005 (in Russisch)

Schmitt, G. (2005):
Schwachformen geodätischer Netze. GEOMACK-1,UNIBRAL, Programa de cooperacão acadêmica em Ciências Geodésicas entre a Universidade Federal do Paraná e a Universidade de Karlsruhe,Curitiba/Brasilien, S. 77–87

Schmitt, G. / Kupferer, S. / Vetter, M. / Zimmermann, J. (2006):
Vermessungsarbeiten in einem Wasserbewirtschaftungsprojekt unterirdischer Fließgewässer in Indonesien. Zeitschrift für Geodäsie, Geoinformation und Landmanagement (ZfV), 131, S. 115–122

Schmitt, G. / Vetter, M. (2006):
Survey in a water resorces management project of an underground river in Indonesia. Boletim de Ciências Geodésicas 12(1), Curitiba/Brasilien, S. 3–18

Knöpfler, A. / Mayer, M. / Nuckelt, A. / Heck, B. / Schmitt, G. (2007):
Untersuchungen zum Einfluss von Antennenkalibrierwerten auf die Prozessierung regionaler GPS-Netze. Universität Karlsruhe, Schriftenreihe des Studiengangs Geodäsie und Geoinformatik, Band 2007,1, ISBN 978-3-86644-110-1

Schmitt, G. / Nuckelt, A. / Knöpfler, A. / Marcu, C. (2007):
Three Dimensional Plate Kinematics in Romania. Proceedings of the International Symposium on Strong Vrancea Earthquakes and Risk Mitigation, Oct. 4–6, 2007, Bucharest/Rumänien, S. 34–45

Schmitt, G./ Nuckelt, A./ Heidbach, O./ Ledermann, P/ Kurfaß, D./ Peters, G./ Buchmann, T./ Matenco, L./ Negut, M./ Sperner, B./ Müller, B. (2007):
Attached or not attached: slab dynamics beneath Vrancea, Romania. Proceedings of International Symposium on Strong Vrancea Earthquakes and Risk Mitigation, Oct. 4–6, 2007, Bucharest/Rumänien, S. 3–20

Mürle, M. / Schmitt, G. (2009):
Discounted-Cash-Flow-Verfahren – Analyse des Diskontierungszinssatzes. Zeitschrift für Geodäsie, Geoinformation und Landmanagement (ZfV), 134, S. 1–10

Benner, M. / Schmitt, G. / Vetter, M. (2009):
Integriertes Wasserressourcen-Management (IWRM) im indonesischen Karst. Zeitschrift für Geodäsie, Geoinformation und Landmanagement (ZfV), 134, S. 230–241

Knöpfler, A. / Schmitt, G. / Nuckelt, A. / Marcu, C. (2009):
Recent Place Kinematics in Romania. Warsaw University of Technology, Reports on Geodesy, No. 1(86)

Benner, M. / Schmitt, G. / Vetter, M. (2009):
Der Geodätische Beitrag zur Karsthöhlenbewirtschaftung. WasserWirtschaft, Heft 7-8/2009, S. 37–41

Schmitt, G. (2010):
Geodetic Contributions to IWRM-Projects in Middle Java, Indonesia. Proceedings XXIV FIG International Congress 2010, Facing the Challenges – Building the Capacity, Sydney/Australien, 11.–16. April 2010, http://www.fig.net/pub/fig2010/papers/ts06h%5Cts06h_schmitt_3751.pdf

Betreute Dissertationen

Hauptreferate

Nuckelt, A. (2007):   Dreidimensionale Plattenkinematik: Strainanalyse auf B-Spline-Approximationsflächen am Beispiel der Vrancea-Zona/Rumänien. Schriftenreihe des Studiengangs Geodäsie und Geoinformatik, Universitätsverlag Karlsruhe, Band 2007,5, ISBN: 978-3-86644-152-1

Mürle, M. (2007):   Aufbau eines Wertermittlungsinformationssystems. Schriftenreihe des Studiengangs Geodäsie und Geoinformatik, Universitätsverlag Karlsruhe, Band 2007,3, ISBN: 978-3-86644-116-3

Nutto, M. (2006):   Internetbasiertes Fachinformationssystem zur Plattenkinematik. Schriftenreihe des Studiengangs Geodäsie und Geoinformatik, Universitätsverlag Karlsruhe, ISBN: 3-86644-063-4

Kupferer, S. (2005):   Anwendung der Total-Least-Squares-Technik bei geodätischen Problemstellungen. Schriftenreihe des Studiengangs Geodäsie und Geoinformatik, Universitätsverlag Karlsruhe, Band 2005,1, ISBN: 3-937300-67-8

Schmidt, U. (2004):   Objektorientierte Modellierung zur geodätischen Deformationsanalyse. Schriftenreihe des Studiengangs Geodäsie und Geoinformatik, Universitätsverlag Karlsruhe, Band 2004,1, ISBN: 3-937300-06-6

Zimmermann, J. (2003):   Konzeption und Umsetzung eines Informationssystems zur geodätischen Deformationsanalyse. München, Bayer. Akademie d. Wissenschaften, Deutsche Geodätische Kommission (DGK), Reihe C, Heft-Nr. 574

Schön, S. (2003):   Analyse und Optimierung geodätischer Messanordnungen unter besonderer Berücksichtigung des Intervallansatzes. München, Bayer. Akademie d. Wissenschaften, Deutsche Geodätische Kommission (DGK), Reihe C, Heft-Nr. 567

Dinter, G. (2002):   Generalisierte Orthogonalzerlegungen in der Ausgleichsrechnung. München, Bayer. Akademie d. Wissenschaften, Deutsche Geodätische Kommission (DGK), Reihe C, Heft-Nr. 559

Rawiel, P. (2001):   Dreidimensionale kinematische Modelle zur Analyse von Deformationen an Hängen. München, Bayer. Akademie d. Wissenschaften, Deutsche Geodätische Kommission (DGK), Reihe C, Heft-Nr. 533

Nkuite, G. (1998):   Ausgleichung mit singulärer Varianzkovarianzmatrix am Beispiel der geometrischen Deformationsanalyse.
München, Bayer. Akademie d. Wissenschaften, Deutsche Geodätische Kommission (DGK), Reihe C, Heft-Nr. 501

Kutterer, H. (1993):   Intervallmathematische Behandlung endlicher Unschärfen linearer Ausgleichungsmodelle.
München, Bayer. Akademie d. Wissenschaften, Deutsche Geodätische Kommission (DGK), Reihe C, Heft-Nr. 423

Drixler, E. (1993):   Analyse von Form und Lage von Objekten im Raum.
München, Bayer. Akademie d. Wissenschaften, Deutsche Geodätische Kommission (DGK), Reihe C, Heft-Nr. 409

Kaltenbach, H. (1992):   Optimierung geodätischer Netze mit spektralen Zielfunktionen.
München, Bayer. Akademie d. Wissenschaften, Deutsche Geodätische Kommission (DGK), Reihe C, Heft-Nr. 393

Müller, T. (1990):   Integrierte Ausgleichung geodätischer Netze im Massenpunktmodell.
München, Bayer. Akademie d. Wissenschaften, Deutsche Geodätische Kommission (DGK), Reihe C, Heft-Nr. 362

Jäger, R. (1988):   Analyse und Optimierung geodätischer Netze nach spektralen Kriterien und mechanischen Analogien.
München, Bayer. Akademie d. Wissenschaften, Deutsche Geodätische Kommission (DGK), Reihe C, Heft-Nr. 342

Staiger, R. (1988):   Theoretische Untersuchungen zum Einsatz von Industriemeßsystemen.
München, Bayer. Akademie d. Wissenschaften, Deutsche Geodätische Kommission (DGK), Reihe C, Heft-Nr. 340

Illner, M. (1985):   Anlage und Optimierung von Verdichtungsnetzen.
München, Bayer. Akademie d. Wissenschaften, Deutsche Geodätische Kommission (DGK), Reihe C, Heft-Nr. 317

Müller, H. (1982):   Strenge Ausgleichung von Polygonnetzen unter rechentechnischen Aspekten.
München, Bayer. Akademie d. Wissenschaften, Deutsche Geodätische Kommission (DGK), Reihe C, Heft-Nr. 279

Korreferate

Hommel, M. (2010):   Detektion und Klassifizierung eingestürzter Gebäude nach Katastrophenereignissen mittels Bildanalyse.

Ruff, M. (2005):   GIS-gestützte Risikoanalyse für Rutschungen und Felsstürze in den Ostalpen (Vorarlberg, Österreich).

Oberle, P. (2004):   Integrales Hochwassersimulationssystem Neckar-Verfahren, Werkzeuge, Anwendungen und Übertragung.

Kutterer, H. (2002):   Zum Umgang mit Ungewissheit in der Geodäsie – Bausteine für eine neue Fehlertheorie. (Habilitationsschrift)

Kassebeer, W. M. (2002):   GIS-gestützte Gefährdungskartierung einer alpinen Region. Georisikokarte Vorarlberg – Pilotprojekt Bregenzer Wald.

Kiema, J. (2001):   Multi-Source Data Fusion and Image Compression in Urban Remote Sensing.

Renuncio, L.E. (2000):   A Low-Cost Documentation and Retrieval System of Distributed Data Sets for a Historical Town in Brazil.

Musyoka, S.M. (1999):   Ein Modell für ein vierdimensionales integriertes regionales geodätisches Netz.

Mainaud, H. (1996):   Une nouvelle approche métrologique: L'écartométre biaxiale. Application à l'alignement des accélérateurs linéaires.

Klein, U. (1996):   Analyse und Vergleich unterschiedlicher Modelle der dreidimensionalen Geodäsie.

Quasnitza, H. (1988):   Eine Strategie zur Kalibrierung markscheiderischer Bewegungsmodelle und zur Prädiktion von Bewegungselementen.

Aduol, F. (1988):   Integrierte geodätische Netzanalyse mit stochastischer Vorinformation über Schwerefeld und Referenzellipsoid.

Krumm, F. (1987):   Geodätische Netze im Kontinuum: Inversionsfreie Ausgleichung und Konstruktion von Kriteriumsmatrizen.

Illner, I. (1984):   Datumsfestlegung in freien Netzen.

Bill, R. (1983):   Eine Strategie zur Ausgleichung und Analyse von Verdichtungsnetzen.

Claus, M. (1983):   Korrelationsrechnung in Stereobildern zur automatischen Gewinnung von digitalen Geländemodellen, Orthophotos und Höhenlinienplänen.

Ninkov, T. (1982):   Mathematische Optimierung der Projektierung von geodätischen Netzen.

Wimmer, H. (1981):   Ein Beitrag zur Gewichtsoptimierung geodätischer Netze.

Beil, D. (1979):   Matrixmodelle zur Ermittlung von Teilströmen aus Querschnittsmessungen.

Bildgestützte Dokumentation historischer Bauwerke: Von Stereophotogrammetrie bis Crowdsourcing

Hans-Peter Bähr

1 Vorbemerkung

Geodäsie, man kann es bedauern, hat immer mehr dokumentiert denn initiiert: Vermessen heißt zunächst die Aufnahme von etwas Bestehendem, und selbst dann, wenn der Vermessung Initiativen vorausgehen oder folgen, so sind dabei dann fast immer andere Fachdisziplinen federführend.

Dies gilt in besonderem Maße für Dokumentation historischer Bauwerke. Es ist ein Spezialfach innerhalb der Geodäsie, dessen große Attraktivität einerseits durch die Objekte selbst gegeben ist, andererseits durch die nötige enge Kooperation mit anderen Fachdisziplinen, wie Baugeschichte, Archäologie, Denkmalpflege, Architektur, Restauration.

Im vorliegenden Aufsatz wird ein Überblick gegeben über bildgestützte Verfahren bei der Aufnahme historischer Bauwerke, wie sie sich in den vergangenen drei Jahrzehnten von klassischer Stereophotogrammetrie weiterentwickelt haben, unter besonderer Berücksichtigung von Beiträgen und Erfahrungen des Instituts für Photogrammetrie und Fernerkundung der Universität Karlsruhe (IPF).

2 Stereophotogrammetrie, vom Bild zum Plan[1]

Stereophotogrammetrie bildete sich Anfang des 20. Jahrhunderts heraus und ist zu einem Standardverfahren für die Anfertigung von Plänen für die Bauwerksdokumentation geworden (siehe dazu „Architekturphotogrammetrie", z. B. in [Lacmann, 1950; Schwidefsky, 1954]). Die großen Vorteile gegenüber der direkten händischen Bauwerksaufnahme sind offensichtlich: Trennung von Aufnahme und Auswertung, dadurch kurze Geländearbeit und Minimierung des Wetterrisikos; nicht vorhersehbare Nachmessungen in der Regel ohne weitere Geländearbeit, Entscheidung über die zu kartierenden baulichen Elemente im Team von Bausachverständigen und Photogrammetern im Labor anhand der vollständigen fotografischen Abbildungen. Letzteres ist unabdingbare Voraussetzung für ein Ergebnis, welches den Zweck der Aufnahme erfüllt. Der photogrammetrisch erstellte Plan ist konsistent und liefert zweckdienliche geometrische, semantische und graphische Qualität (also Genauigkeit, Vollständigkeit und Lesbarkeit).

Wie die Baugeschichtler so haben auch Denkmalpfleger Aufgaben zu erfüllen, die weit über Dokumentation von Bauwerken hinausreichen. Vieles davon kann die Photogrammetrie naturgemäß nicht leisten, was aber einige Baufachleute leider manchmal dazu verleitet, das Verfahren als solches kritisch zu bewerten [Petzet u. Mader, 1993]. Aber entzerrte Bilder und graphische Pläne sind unabdingbare Elemente der Aufgaben, die auch in sehr komplizierten Fällen auf photogrammetrischem Wege meist eleganter und effektiver lösbar sind als mit einer archaischen händischen Aufnahme.

---

[1]Kapitel 2 und 3 sind entnommen aus [Bähr, 2011], gekürzt

Die Verschiedenheit von Bild und Plan ist offensichtlich eine radikale. Sie ist eine Folge des Zutuns des Menschen. Bei der Betrachtung des realen Bauwerkes oder seiner Abbildung als Fotografie bleibt es dem Individuum überlassen, ob und wie bauliche Elemente wahrgenommen werden, ob z. B. eine Mauerfuge als zweckrelevant gesehen wird oder nicht. In einem Plan liegen solche Entscheidungen bereits kartiert vor. Ein Plan bewirkt daher nicht nur eine Generalisierung durch Fortlassen fotografischer Details, sondern er fügt auch semantische Details hinzu, etwa durch graphische Heraushebung zweckdienlich bedeutender Elemente.

Abb. 2-1 stellt eine Mauerwerk-Fotografie ihrer stereophotogrammetrisch kartierten Strichzeichnung gegenüber. Die Unterschiede sind offensichtlich und veranschaulichen die o. a. Ausführungen.

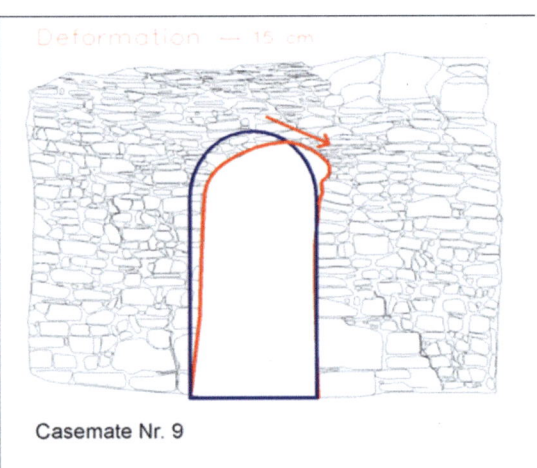

Abb. 2-1: Mauerwerk mit Deformationen im Schloss Heidelberg [Ringle, 2010]

Pläne sind also, anders als Fotografien, interpretierte Dokumentationen. Dies mag der Grund mit dafür sein, dass viele Bausachverständige bis heute gezeichneten Plänen den Vorzug vor Fotografien geben. Ein Mauerstein wird in dem Augenblick zu einem Mauerstein, indem er gezeichnet vorliegt und nicht etwa dadurch, dass ein Betrachter diesen in einem Bild „wahrnimmt". Pläne liefern dem Betrachter nicht nur eine individuelle An-Schauung, sondern befördern eine objektive Vor-Stellung des jeweiligen Objekts jenseits jeder persönlichen Einschätzung.

Das Argument, Pläne hätten gegenüber Fotografien den Vorteil eines konsistenten Maßstabs und enthielten daher die vollständige Geometrie des dargestellten Objekts ist nicht schlüssig. Denn die Abneigung der Bausachverständigen trifft auch die („wahren") Orthophotos, also geometrisch entzerrte Bilder, welche Plänen kongruent sind (vgl. auch [Deutsche Norm, 2003]). Dass dies trotz der erheblich höheren Kosten bei der Herstellung von Plänen der Fall ist, ist nicht unmittelbar verständlich. Auch das für die Bevorzugung von Plänen in der Vergangenheit häufig vorgebrachte Argument, der Druck von Halbtonvorlagen sei zu teuer, ist heute obsolet.

3 Digitale Photogrammetrie, eine neue Welt

In der Photogrammetrie unterscheidet man „numerisch" und „digital". Auch in der „analogen Welt" arbeitet man in der Regel seit langem numerisch; so existieren für die photogrammetrisch auf analogem Wege hergestellten Strichzeichnungen und Orthophotos natürlich Koordinaten in einem lokalen oder übergeordneten terrestrischen System. Dies zeichnet die Photogrammetrie als geodätisches Messverfahren aus. Dabei ist es einerlei, ob Analog- oder Digitalrechner eingesetzt wurden.

Der fundamentale Unterschied von analog/numerisch einerseits und digital andererseits besteht darin, dass die Messgegenstände, also die Bilder, im ersten Fall konventionelle Fotografien sind und im zweiten aus Rasterelementen („Pixel") einer digitalen Bilddatei zusammengesetzt sind. Digitale Bilddaten werden naheliegenderweise auch digital weiterverarbeitet, also mit Digitalrechnern und Software zur digitalen Bildverarbeitung.

3.1 Neue Werkzeuge müssen zu neuen Produkten führen

Die Einführung digitaler Aufnahme- und Auswerteverfahren bei der Dokumentation von Kulturgütern, im vorliegenden Fall von Bauwerken, markiert einen radikalen Wechsel der bisherigen Werkzeuge. Es ist ein technologisches Gesetz, dass neue Werkzeuge notwendigerweise zu neuen Produkten führen müssen.

Interessanterweise erfolgt der Wechsel in der Weise, dass in einem ersten Schritt versucht wird, mit den neuen Werkzeugen die alten Produkte herzustellen. Erst in einem zweiten Schritt erfolgt der Durchbruch zu innovativen Veränderungen. Dafür gibt es Beispiele in allen technischen Bereichen: Das Internet war zunächst ein praktischer Ersatz konventioneller Kommunikation (Post, Telefon, Fax, . . .) bevor es dann zu einem umfassenden Werkzeug von Wissensgenerierung, Wissenspräsentation und Wissensvermittlung wurde. Das Handy mutiert vom mobilen Telefon zur wichtigsten Komponente im Internet. In der Geodäsie gibt es viele Beispiele für diese zweistufige Abfolge der Entwicklung nach Einführung neuer Werkzeuge. So waren digitale Geländemodelle in den 70er Jahren zunächst ein Werkzeug zur Herstellung von Höhenlinien in topographischen Karten, ehe sie zur Herstellung von digitalen Orthophotos, von Stadtmodellen und schließlich zum Surfen in virtuellen Welten Verwendung fanden.

Welches sind nun die neuen Produkte der digitalen Photogrammetrie? Dies ist, jedenfalls für die Aufgabe der Bauwerksdokumentation, nicht einfach zu beantworten, weil der Prozess gegenwärtig abläuft und noch nicht abgeschlossen ist. In den folgenden Kapiteln wird versucht, laufende und zukünftige Entwicklungen mit Blick auf neue Produkte der Bauwerksdokumentation sowie ihre Folgen zu analysieren.

3.2 Standardisierung

Das Geheimnis hinter jeder erfolgreichen technischen Entwicklung ist Standardisierung [Bähr, 2000]). Sie ist Voraussetzung für Massenproduktion zu akzeptablen Marktpreisen und so auch für nachhaltige Nutzung des Produkts. Als ein Beispiel sei photogrammetrische Kartenherstellung genannt, wo das Produkt, die „amtliche Karte" streng standardisiert ist und daher auch das Produktionsverfahren [Deutsche Norm, 2003].

Bei der Dokumentation historischer Bauwerke handelt es sich aber in der Regel um Unikate. Eine Standardisierung ihrer Produkte ist daher schwierig, wenn nicht unmöglich. Jede Aufnahme hat ihre besonderen Bedingungen, weil die Objekte nur selten vergleichbar sind und auch der Zweck der Aufnahme stark variieren kann. Das Fehlen von Standards hat dazu geführt, dass Bauwerksaufnahme naturgemäß teuer ist; selbst mit der gegenüber händischer Messung preiswerten Photogrammetrie lässt sich kaum Geld auf dem freien Markt verdienen. Aus diesem Grunde verfügen alle photogrammetrischen Hochschulinstitute über Expertise auf dem Gebiet der „Architekturphotogrammetrie", und studentische Hilfskräfte sind dankbar für Mitarbeit am immer hochinteressanten Einsatz bei der Aufnahme von Kulturgütern (z. B. [Kirsch, 1987]).

Auch die speziellen Aufnahmekameras für die Architekturphotogrammetrie sind so unterschiedlich wie die aufzunehmenden Objekte. Anders als für die Luftbildphotogrammetrie ist eine Standardisierung praktisch nicht machbar.

Wenn man von Unikaten zu Ensembles wechselt, wie für die Aufnahme brasilianischer historischer Städte vorgeschlagen wurde [Renuncio et al., 1998], ist Standardisierung prinzipiell möglich. Es muss jedoch festgehalten werden, dass die Durchsetzung innovativer digitaler Bildverarbeitung auf breiter Basis im Falle der Kulturgüterdokumentation aus den oben genannten Gründen nicht einfach ist, zumal konservative Auftraggeber meist konventionelle Produkte bevorzugen.

3.3   Beispiele

Aus den im vorangegangenen Kapitel genannten Gründen für die Schwierigkeit von Standardisierung bei der Dokumentation von Unikaten ist auch Automation bei der photogrammetrischen Bauwerksdokumentation bisher nur eingeschränkt realisiert, worauf noch weiter eingegangen werden wird. Aber auch ohne Automation im strengen Sinne bieten digitale Verfahren Alternativen, die mit den bisherigen Werkzeugen nicht oder nur mit extrem hohem Aufwand möglich waren.

3.3.1   Virtuelle Rekonstruktion versus Dokumentation

Das IPF arbeitet seit Jahrzehnten umfänglich in Italien und in der Türkei bei der Dokumentation antiker Bauwerke und archäologischer Arbeiten. Die Beschreibung der sogenannten Casa del Principe di Napoli in Pompeji war eines der Projekte und eines der ersten, bei welchem mit den Möglichkeiten digitaler Bildverarbeitung experimentiert wurde.

Abb. 3-1 zeigt ein Wandfresko in der Casa del Principe di Napoli in Pompeji. Die Aufgabe der Studentin Sabine Kirsch war, im Rahmen ihrer Diplomarbeit [Kirsch, 1987] zu untersuchen, inwieweit mit Hilfe digitaler Bildverarbeitung analoge Fotografien der Fresken virtuell „restauriert" werden können. Veränderungen von Farben und Kontrasten war damals vor 25 Jahren noch nicht Standard wie heute; das automatische Entfernung von Schäden ist es bis heute nicht.

Zu unserem Erstaunen kamen die digital verbesserten Bilder bei den Baugeschichtlern und Archäologen nicht gut an. Unsere Rekonstruktion des Originalzustandes der Fresken wurde vielmehr als eine Art unstatthafte Manipulation angesehen. Wenn man auf den Zweck der Dokumentation damals zurückgeht, ist eine solche Reaktion durchaus nachvollziehbar. Etwas anderes wäre es heute, wenn man einen virtuellen Rundgang des im Jahre 79 n. Chr. zerstörten Pompeji für Touristen anfertigt.

Das Beispiel zeigt, wie der Zweck einer Kulturgüterdokumentation maßgebend sein muss für das Ergebnis und auch, wie dessen Betrachtung („Visualisierung") die Vorstellung vom Objekt beeinflusst.

4

Abb. 3-1: Digitale Reproduktion von Wandfresken in Pompeji Links: Original, Rechts: automatische Entfernung von Rissen, Kontraststeigerung und Farbverbesserung [Kirsch, 1987]

3.3.2 Erweiterte Möglichkeiten der Dokumentation mit digitalen Verfahren

Automation ist sicherlich die letzte Stufe in einem digitalen Arbeitsprozess. Die erste Stufe bedeutet in der Regel lediglich eine verbesserte Darstellung der Dokumentation für Anschauungszwecke. Eine Histogrammoptimierung für optimale Betrachtung durch den Nutzer („enhancement") ist heute Standard. Ein nächster Schritt wäre die simultane Präsentation verschiedener Darstellungen eines Objekts. Auf die unterschiedliche Bewertung von Strichzeichnung und Fotografie wurde bereits eingegangen. Eine Fusion beider Darstellungen liegt nahe und muss notwendigerweise auf digitalem Wege erfolgen, schon um die Herstellungskosten akzeptabel zu halten.

In Abb. 3-2 ist ein Beispiel für eine solche Bildfusion zu sehen. Es handelt sich um einen Teil des gläsernen Saalbaus des Heidelberger Schlosses. Fusioniert wurden hier ein digitales Orthophoto einer Wand mit Fensteröffnungen und deren Auswertung als Strichzeichnung mit Materialklassifizierung vom Restaurator. Diese Art der Darstellung bewahrt die Vorteile beider Alternativen, die des Vektorplans und die der digitalen fotografischen Rasterdatei. Der Zweck dieser speziellen Beschreibung ist, eine Dokumentation herzustellen, die zum Auffinden und zur Markierung von Schäden dienen kann sowie Hinweise für deren Beseitigung zu liefern in der Lage ist, wie in Abb. 3-2 gezeigt. Das digitale Orthophoto als entzerrte Bilddatei ist die Voraussetzung dafür, dass die Vektordaten geometrisch exakt überlagert werden können.

Wie schon im Beispiel des vorherigen Kapitels geht es bei der Bilddatenfusion um eine für den menschlichen Betrachter erweiterte Darstellung zur Wahrnehmung eines speziellen Themas, in diesem Fall die Schäden am Gebäudebestand. Methodisch vergleichbar ist auch eine Fusion zur Dokumentation einer Zeitreihe, also die Visualisierung der Entwicklung eines Baubestandes. Beide Anwendungen zeigen gegenüber konventioneller Bauwerksdokumentation eine erweiterte Präsentation. Digitale Verfahren machen es also möglich, zusätzliche Informationen mit einzubringen, wodurch der Eindruck beim Betrachten vollständiger ist als bei einzelnen konventionellen Strichzeichnungen oder bei Fotografien. Auch dies ein Beispiel dafür, wie Anschauung die Vorstellung von Bauwerken verändert.

Bruchstein
Backstein, handgezogen
Backstein, industrielle Herstellung
Werkstein, Oberfläche abgewittert bzw. abgesprengt
Werkstein mit bearbeiteter Oberfläche
Ziegel
Gerüstlöcher
ursprüngliche Oberfläche
Oberfläche stark abgewittert bzw. Fugenmörtel
nachträgliche Randsicherung

Putz 16/01
Putz 16/02
Putz 17/01
Putz 17/02
Putz 17/03
Putz 20/01 (C. Schäfer)
alle Sanierputze, Umbauten nach 1905
Fugenschiefer
Zangenloch
Steinmetzzeichen + lfd. Nr.

Abb. 3-2: Detaildokumentation im Gläsernen Saalbau des Heidelberger Schlosses auf Grundlage eines digital erstellten Orthophotos. Die farbig angelegte Analyse des Restaurators zeigt die verwendeten Materialien [Ringle, 2010]

3.3.3 Laserscanning, ein großer Schritt hin zur Automation

Laserscanning wird auch als LIDAR bezeichnet wegen seiner Verwandtschaft mit RADAR. Beide Systeme basieren auf Laufzeitmessung von Impulsen, die von einer bewegten Antenne ausgesandt und nach Rückstreuung am Objekt von ihr wieder empfangen wird (zu Laserscanning vgl. [Vosselman u. Maas, 2010]. Laserscanning wird seit den 90er Jahren sehr erfolgreich für Vermessungen eingesetzt, auch für die Bauwerksaufnahme. Als Ergebnis entsteht zunächst eine Punktwolke in der Größenordnung von vielen Millionen Punkten pro Bauwerk. Diese Punkte repräsentieren die Objektoberfläche und liefern unmittelbar 3D-Koordinaten mit hoher Genauigkeit von wenigen Millimetern.

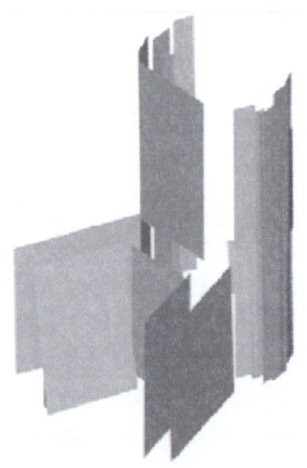

Das Verfahren tritt damit in Konkurrenz zur Stereophotogrammetrie. Anders als diese taugt eine Laserscanning-Punktwolke alleine aber bisher nicht zur Dokumentation, wie wir sie gewohnt sind, so dass zusätzlich Fotografien oder Videos aufgenommen werden müssen. Eine Fusion von digitalen Bildern, welche konventionell Halbtöne und Farbe registrieren, mit Laserscanning-Punktwolken, welche das geometrische Gerüst beisteuern, liegt nahe und ist heute „Stand der Technik". Abb. 3-4 liefert ein Beispiel dazu: Die Burg Andlau im Elsass wurde gemeinsam vom IPF der Universität Karlsruhe und

Abb. 3-3: Burg Andlau im Elsass: Automatische Extraktion von Flächen [Schmitt u. Vögtle, 2009]

Kollegen aus Strasbourg zu wissenschaftlichen Testzwecken parallel mit Photogrammetrie und Laserscanning kartiert [Landes et al., 2007]. Die Abbildung zeigt das Ergebnis der Datenfusion, welches auf den ersten Blick einem fotografischen Bild ähnelt. Tatsächlich handelt es sich jedoch um eine vollständige 3D-Dokumentation. Diese erlaubt nicht nur beliebiges virtuelles Begehen der Burg, sondern auch die vollständige Messung der Geometrie am Monitor.

Abb. 3-4: Burg Andlau im Elsass: Diese 3D-Repräsentation zeigt eine Fusion konventioneller photogrammetrischer Bilder mit Laserscanning-Punktwolken [Landes et al., 2007]

Automation ist für das Laserscanning-Verfahren allein schon wegen der enormen Punktmenge unverzichtbar. Sie setzt an bei der Modellierung eines Bauwerks. Dies bedeutet die Zerlegung in graphische Elemente („Primitive"), wie Kanten und Flächen, deren geometrische, topologische und semantische Attributierung sowie eine digitale Rekonstruktion des ursprünglich analogen Objekts. Alle genannten Schritte erfolgen automatisch, also ohne Zutun eines Operateurs. In Abb. 3-3 wird das für die Burg Andlau am Beispiel der Zerlegung in ebene Flächen gezeigt [Schmitt u. Vögtle, 2009].

4   Crowdsourcing, endlich die Lösung eines alten Problems?

Die Erfassung von Bauwerken des kulturellen Erbes ist trotz des wissenschaftlich-technischen Fortschritts – Fotografie, Photogrammetrie, digitale Bildverarbeitung, Laserscanning – im Grunde ein bisher nicht zufriedenstellend gelöstes Problem. Auch weitere Erfolge bei der Automation wird das nicht grundsätzlich ändern. Es liegt an der gewaltigen Menge historisch bedeutender Objekte weltweit einerseits und an den immer noch hohen Kosten für die Erfassung andererseits. Das Problem wurde früh erkannt, und Pioniere wie Meydenbauer [1896] sahen zunächst in Fotografie und Photogrammetrie einen enormen ökonomischen Fortschritt gegenüber der klassischen händischen Aufnahme. Für die neuere Zeit ist der viel zu früh verstorbene Österreicher Foramitti zu nennen und der Franzose Carbonell, welche sich im Rahmen von CIPA (Commission Internationale de Photogrammétrie Architecturale) mit großem Engagement für die allgemeine Verwendung von Photogrammetrie bei der Bauaufnahme einsetzten, immer auch mit dem Argument von Kostensenkung gegenüber den konkurrierenden manuellen Verfahren.

In diese Reihe gehört zweifelsfrei auch Peter Waldhäusl von der TU Wien. Er hat schon sehr früh, Anfang der 90er Jahre, den massiven Einsatz digitaler Amateurkameras in der Architekturphotogrammetrie propagiert [Waldhäusl, 1992]. „Architectural Photogrammetry, world-wide and by anybody with non-metric cameras" lautete sein Ruf. Das war damals tatsächlich visionär, denn so richtig überzeugt war die „community" durchaus nicht, in einer Zeit, wo die feinmechanisch-optischen Kunstwerke der Photogrammetrie noch in Gebrauch waren und „non-metric" sowieso von Übel. In Karlsruhe hat man auch bereits in den 90er Jahren den „low-cost"-Gedanken mit digitalen Amateurkameras aufgegriffen [Renuncio et al., 1998], vor allem für Anwendungen in Brasilien. Die Bauaufnahme mit digitalen Amateurkameras wurde dabei in ein GIS integriert, was eine notwendige Erweiterung und Verallgemeinerung der klassischen photogrammetrischen Bauaufnahme bedeutete.

Aber dennoch – wenn man heute zurückblickt, dann war dies alles noch nicht der Durchbruch zu „...anybody...". Die neuen Verfahren sind zwar kostengünstiger als die alten, aber sie erfordern weiterhin Spezialisten: Eine Digitalkamera und ein PC machen noch nicht den Experten für Bauaufnahme. Und vor allem, die Aufnahmen erfolgen bis heute projektbezogen, es sind also Einzelvorhaben, welche in dieser Form keine Massenproduktion ermöglichen. Gerade dies wäre allerdings nötig für eine im Sinne der CIPA vollständige Erfassung sämtlicher Kulturgüter, weltweit und möglichst kostenfrei.

Eine Lösung dafür zeichnet sich heute ab mit der Möglichkeit des „Crowdsourcing". Dieser Begriff wurde 2006 von Jeff Howe und Mark Robinson geprägt. Er entstand im Umfeld von angewandter Wirtschaftswissenschaft, wie auch das „Outsourcing", ein inzwischen allgemein eingeführter Begriff.

„Crowdsourcing" beschreibt zunächst die Verlagerung von Quellen (sources) für Wertschöpfung eines Unternehmens auf eine große Menge („crowd"; im Deutschen auch „Schwarm"), meist kostenfrei arbeitender Freiwilliger. Zum Beispiel gehören dazu im weitesten Sinne auch von Kunden erbrachte Leistungen, die eigentlich Aufgabe des Unternehmens wären, wie das Abräumen von Tischen in einer Cafeteria. Das ubiquitäre Internet hat die Möglichkeiten des Crowdsourcing allerdings dramatisch anwachsen lassen. Facebook und Twitter liefern Informationen, welche von „kostenfrei arbeitenden Freiwilligen" ins Netz gestellt werden und von großem Nutzen z. B. für Käuferprofile und Marketingstrategien von Unternehmen sind.

Crowdsourcing bei der Dokumentation von Bauwerken heißt, sich die vielen Milliarden von Amateuraufnahmen zunutze zu machen. Diese Aufnahmen werden heute weltweit mit Digitalkameras erzeugt und zunehmend spontan und freiwillig ins Internet gestellt. So kann man in GOOGLE Earth nicht nur hochaufgelöste Luftbilder von fast jedem Punkt der Erde abrufen, sondern zusätzlich terrestrische Ansichten von Landschaften und Bauwerken. Dabei fällt auf, dass sich die Bilder bei touristisch interessante Objekte konzentrieren. Diese werden einfach häufiger fotografiert.

Der Trend geht zum Fotografieren mit Handys („Smart Phones"), wobei Lage und Orientierung über GPS automatisch mitgeliefert werden. Und die Anbindung an das Internet ist ohnehin mit integriert. Die Nutzung dieser Möglichkeiten für die Kulturgüterdokumentation ist ein aktuelles Thema der internationalen Community. Aus den Niederlanden kommt dazu ein Vorschlag von van Aart et al. [2010] und an der Universität Stuttgart erscheint der Begriff Crowdsourcing im Zusammenhang mit der Aufnahme des Klosters Hirsau im Rahmen einer Masterarbeit [Khosvarani, 2010].

Es fehlt allerdings auch nicht an Warnungen: „Unsere Kunden wünschen Qualität bei der Bauaufnahme" (Zitat Armin Grün). Qualität im herkömmlichen Sinn kann Crowdsourcing natürlich nicht liefern, da die Aufnahmen eines Objekts extrem stark variieren nach Aufnahmezeit, Maßstab, Orientierung, Auflösung. Die Auswertung solcher Reihen muss automatisch erfolgen, und Lösungen dazu stecken noch in den Anfängen. Andererseits, Massenproduktion, Kostenfreiheit und Zugriff für Jedermann würden möglich – wenn auch auf Kosten von Qualität im herkömmlichen Sinn.

5 Ausblick: Beispiel

Um einen Eindruck von den Herausforderungen zu geben, welche mit der Auswertung von zufällig generierten Bildreihen verbunden sind, soll abschließend ein Beispiel dazu gezeigt werden. In geringer Abweichung vom Thema „historische bauliche Objekte" wird die Person von Günter Schmitt gewählt. Dies sollte zulässig sein, denn ihm ist ja dieser Aufsatz gewidmet.

In Abb. 5-1 sind 15 Bilder zusammengestellt, die alle Günter Schmitt zeigen. 15 Bilder sind sicher eine sehr kleine Anzahl gemessen an den Fotografien, die überhaupt von ihm existieren. Weitere Vereinfachungen in diesem Beispiel bestehen darin, dass die Aufnahmen Günter Schmitt alleine zeigen und z. B. nicht etwa inmitten seiner Studenten sowie – ganz wichtig! – dass der Zeitparameter vernachlässigt werden kann. Denn nicht immer, man ahnt es, hat Günter Schmitt so ausgesehen wie am Tage der Aufnahme, dem 8. September 2010.

Die Person aus den 15 Bildern „vollständig" zu rekonstruieren, wenn auch zunächst nur geometrisch, stellt ein Problem dar, von dem heute noch nicht sicher ist, ob es denn überhaupt lösbar ist. Denn anders als bei Bauwerken fehlt es bei Günter Schmitt an Ecken und Kanten, an welchen ein Algorithmus ansetzen könnte. Und dennoch ist Erkennung und Verfolgung („tracking") von Personen, etwa in Videosequenzen oder im Internet heute ein Top-Forschungsthema, welches offensichtlich in das Gebiet des Crowdsourcing fällt.

Am Beispiel von Abb. 5-1 kann man sehen, mit welchen Problemen man rechnen muss, wenn es darum geht, aus vielen Zufallsaufnahmen Objekte konsistent zu rekonstruieren, und zwar unabhängig davon, ob es sich um Bauwerke oder um Personen handelt. Die Abbildungen sind niemals vollständig. Ihr Maßstab kann extrem variieren: Wo ist Günter Schmitt im ersten Bild von links in der vorletzten Bildzeile, und ist es wirklich seine eigene Hand im Bild rechts daneben? Der Ehering ist zwar ein notwendiges, aber nicht hinreichendes Merkmal. Und schließlich gibt es Bildfehler, wie Unschärfe und geometrische Verzerrungen (siehe im ersten Bild der zweiten Bildzeile).

Besteht die Aufgabe darin, Bauwerke statt Personen zu erfassen, dann ist von großem Vorteil, dass für Bauwerke im Gegensatz zu Personen die Landeskoordinaten unveränderlich sind. Das erleichtert die Suche nach solchen Objekten im Internet erheblich, insbesondere dann, wenn ihre GPS-Koordinaten dort mit angegeben sind.

6 Schlussbemerkung

Als Walter Kreiling von der TH Karlsruhe beim ISPRS-Kongress in Helsinki 1976 seine grundlegenden Arbeiten zur Herstellung digitaler Orthophotos einer internationalen Öffentlichkeit vorstellte, stieß er auf breite Skepsis: „Niemals werden solche Spielereien zu vermarktbaren Produkten führen...! Niemals wird das eine Qualität liefern, welche die Nutzer jemals akzeptieren werden...! Ganz zu schweigen von den enormen Kosten...!". Spätestens zwei Jahrzehnte

Abb. 5-1: Simulation Crowdsourcing: Zufallsbildreihen von Günter Schmitt als Basis für eine vollständige Rekonstruktion seiner Persönlichkeit

später war das konventionelle analoge Orthophoto im Vergleich mit dem digitalen nicht mehr konkurrenzfähig. Heute ist absehbar, dass der Begriff „Orthophoto" einmal ganz verschwindet.

Wir sehen daraus, wie schnell technische Entwicklungen vor sich gehen können, wenn die Bedingungen dafür gegeben sind. Und es ist ein großer, aber leider häufiger Fehler, dass solche Entwicklungen unterschätzt werden. Im vorliegenden Aufsatz wurde der Schritt von konventioneller Stereophotogrammetrie zur digitalen Welt näher beleuchtet und der weitere zum Laserscanning. Auch wenn auf diesen Gebieten noch viel Neues zu erwarten ist (Automation, GIS-Integration), so kann man doch sagen, dass sich digitale Aufnahme- und Auswerteverfahren sowie Laserscanning für die Dokumentation historischer Bauwerke heute vollständig durchgesetzt haben.

Dies gilt nicht für das Crowdsourcing, welches heute gerade auf dem Wege ist, aus dem Stadium einer Fiktion herauszutreten. Es wäre fahrlässig, die Möglichkeiten zu unterschätzen, die sich hier bieten, zumal Internet, GPS, GIS und private Digitalkameras starke Verbündete sind.

Literatur

[van Aart et al. 2010] AART, C. van ; WIELINGA, B. ; HAGE, W. R.: *Mobile cultural heritage guide: location aware semantic search*. VU (Freie Universität) Amsterdam, 2010

[Bähr 2000] BÄHR, H.-P.: Produktstandardisierung, ein Plädoyer für die Zukunft der Architekturphotogrammetrie. In: *Festschrift Bernhard Wrobel*. Schriftenreihe Universität Darmstadt, 2000

[Bähr 2011] BÄHR, H.-P.: Photogrammetrische Kulturgüterdokumentation: Technische Entwicklungen verändern Wahr-Nehmung, An-Schauung und Vor-Stellung von Bauwerken. In: HAUSER, R. (Hrsg.) ; ROBERTSON-VON TROTHA, C. Y. (Hrsg.): *Das kulturelle Erbe in der digitalen Gesellschaft – New Heritage, New Challenge (voraussichtlicher Titel)*. Karlsruhe, 2011. – erscheint März 2011

[Deutsche Norm 2003] DEUTSCHE NORM: *Photogrammetrische Produkte, Teil 3: Anforderungen an das Orthophoto, DIN 18740-3*. 2003. – Normenausschuss Bauwesen (NABau) im DIN Deutsches Institut für Normung e.V.

[Khosvarani 2010] KHOSVARANI, A. M.: *Digital Preservation of the Hirsau Abbey by Means of HDS and Low Cost Close Range Photogrammetry*. 2010. – Masterarbeit am Institut für Photogrammetrie der Universität Stuttgart

[Kirsch 1987] KIRSCH, S.: *Versuche zur digitalen Bildrestaurierung am Beispiel pompejianischer Wanddekorationen*. 1987. – unveröffentlichte Diplomarbeit, Institut für Photogrammetrie, Nr. 72

[Lacmann 1950] LACMANN, O.: *Die Photogrammetrie in ihrer Anwendung auf nicht-topographischen Gebieten*. S. Hirzel Verlag Leipzig, 1950

[Landes et al. 2007] LANDES, T. ; GRUSSENMEYER, P. ; VÖGTLE, T. ; RINGLE, K.: Combination of terrestrial recording techniques for 3D object modelling regarding topographic constraints – example of the Castle of Haut-Andlau, Alsace, France. In: *International Archives of Photogrammetry , Remote Sensing and Spatial Information Sciences* Vol. XXXVI-5/C53 (2007), S. 435–440. – CIPA Symposium Athen 2007

[Meydenbauer 1896] MEYDENBAUER, A.: Das Denkmäler-Archiv und seine Herstellung durch das Meßbild-Verfahren. In: *Denkschrift zur Ausstellung im neuen Reichstagsgebäude, Nachdruck mit Vorwort von Rudolf Meyer Dresden 1992.* Berlin, 1993 : Deutsche Gesellschaft für Photogrammetrie und Fernerkundung e.V. (DGPF), 1896, S. 16

[Petzet u. Mader 1993] PETZET, M. ; MADER, G.: *Praktische Denkmalpflege.* Kohlhammer Verlag Stuttgart/Berlin/Köln, 1993

[Renuncio et al. 1998] RENUNCIO, L. E. ; LANDES, S. ; BÄHR, H.-P. ; LOCH, C.: Low cost record of a historical brazilian city ensemble by digital procedures. In: *Proceedings of the International Symposium on Real-Time Imaging and Dynamic Analysis*, 1998. – International Society for Photogrammetry and Remote Sensing, Comm.V Symposium, Working Group 3, Hakodate, Japan

[Ringle 2010] RINGLE, K.: *An overview of the cultural heritage projects at the Institute of Photogrammetry and Remote Sensing.* 2010. – PROBRAL Programm DAAD/CAPES mit der Architekturfakultät der Universidade Federal da Bahia, Salvador (im Druck)

[Schmitt u. Vögtle 2009] SCHMITT, A. ; VÖGTLE, T.: An advanced approach for automatic extraction of planar surfaces and their topology from point clouds. In: *Photogrammetrie Fernerkundung Geoinformation (PFG)* Heft 1 (2009), S. 43–52. – Schweizerbar'sche Verlagsbuchhandlung Stuttgart

[Schwidefsky 1954] SCHWIDEFSKY, K.: *Grundriss der Photogrammetrie.* 5. Auflage. B. G. Teubner Verlagsgesellschaft Stuttgart, 1954

[Vosselman u. Maas 2010] VOSSELMAN, G. ; MAAS, H.-G.: *Airborne and Terrestrial Laser Scanning.* Whittles Publisher, 2010

[Waldhäusl 1992] WALDHÄUSL, P.: *Defining the Future of Architectural Photogrammetry.* 1992. – invited paper in: ISPRS, Volume XXX, Part B5, Washington

Anschrift des Autors:

Prof. Dr.-Ing. Dr. h.c.   Karlsruher Institut für Technologie (KIT)
Hans-Peter Bähr   Institut für Photogrammetrie und
                                 Fernerkundung
                                 Englerstraße 7, 76131 Karlsruhe
                                 baehr@ipf.uni-karlsruhe.de

Präzise Vermessung des Phasenreferenzpunktes von Corner-Reflektoren

Hermann Bähr und Andreas Schenk

1 Einleitung

Die südbadische Kleinstadt Staufen ist seit Ende 2007 von einer kontinuierlichen Hebung der Oberfläche im Bereich des historischen Stadtkerns betroffen. Ursache für die Bodendeformation sind rezente Mineralumwandlungen in circa 70 m Tiefe. Die Oberflächenbewegung wird terrestrisch durch Wiederholungsnivellements vom Landratsamt Breisgau-Hochschwarzwald beobachtet. Die kontinuierlichen und betragsmäßig großen Bewegungsraten von bis zu 11 mm/Monat sind vom wissenschaftlichen Standpunkt aus gesehen eine ideale Möglichkeit, um satellitengestützte SAR-Interferometrie [Bamler et al., 2008] und terrestrisches Nivellement im Rahmen einer integrierten Bewegungsanalyse auszuwerten.

Um Nivellements und satellitengestützte radarinterferometrische Messungen verknüpfen zu können, sind definierte Radar-Rückstreupunkte mit bekannter Position notwendig, die im Allgemeinen durch Corner-Reflektoren (CR) realisiert werden (Abbildung 1-1). Im Rahmen des Projektes wurden im Mai 2009 zwei trihedrale CR mit einer Kantenlänge von 900 mm installiert. Die Reflektoren wurden in Staufen außerhalb des Hebungsgebietes sowie im nahegelegenen Heitersheim auf soliden Fundamentplatten aufgestellt, wobei die Entfernung zum Hebungszentrum 1 km beziehungsweise 7 km beträgt. Aufgrund ihrer Größe sind die Reflektoren insbesondere für die Beobachtung mit X-Band SAR-Systemen geeignet. Sie wurden vom Institut für Hochfrequenztechnik und Radarsysteme des Deutschen Zentrums für Luft- und Raumfahrt (DLR) zur Verfügung gestellt.

Abb. 1-1: Der Corner-Reflektor (CR) in Staufen.

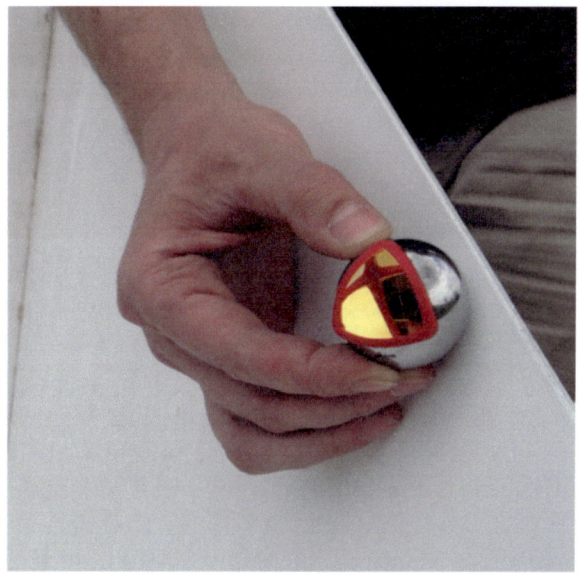

Abb. 1-2: Messung mit dem Corner-Cube-Reflektor (CCR).

Der Einsatz von CR kann mit verschiedenen Zielsetzungen erfolgen. Sie können einerseits zur radiometrischen Kalibrierung des SAR-Systems genutzt werden und andererseits als geometrische Referenzpunkte Anwendung finden. Wird der CR im Rahmen der radiometrischen Kalibrierung als Rückstreuer mit bekanntem Radarrückstreuquerschnitt (RCS) eingesetzt, so muss der Reflektor sehr genau in Blickrichtung des Satelliten ausgerichtet werden, um die Abweichung des effektiv wirksamen RCS vom theoretischen Wert zu minimieren [Sarabandi u. Chiu, 1996]. In der Praxis wird angestrebt, diese Abweichung unter 0,1 dBm^2 zu halten, was im Falle des trihedralen CR eine Ausrichtung der Mittelachse mit einer Genauigkeit von 0,5° erfordert [Döring et al., 2007]. Wird der CR ausschließlich zum Zweck der radiometrischen Kalibrierung eingesetzt, so ist die Bestimmung der absoluten Position mit Metergenauigkeit ausreichend, um den Reflektor im SAR-Bild eindeutig zuordnen zu können.

Soll der CR hingegen als geometrischer Bezugspunkt dienen, so muss die Einmessung seines Rückstreuzentrums mit hoher Präzision erfolgen. Das Rückstreuzentrum wird durch den Phasen-referenzpunkt (PRP) festgelegt (vgl. Abbildung 2-1). Für den idealen CR, bei dem alle Ebenen senkrecht zueinander stehen und nur die Innenseiten zum wirksamen RCS beitragen, ist er definiert als Schnittpunkt seiner drei Innenflächen.

Im Rahmen der Beobachtung von Oberflächenbewegungen mittels SAR-Interferometrie ergeben sich zwei Anwendungsszenarien für einen PRP. Als bewegter Referenzpunkt kann er bei gleichzeitiger terrestrischer Vermessung zur Validierung der ermittelten Verschiebung dienen [Marinkovic et al., 2008]. Da aus der radarinterferometrischen Auswertung nur relative Bewegungen in Bezug auf einen festzulegenden räumlichen Bezugspunkt hervorgehen, kann der idealerweise unbewegte Reflektor aber auch als Referenzpunkt zur Angabe absoluter Verschiebungen eingesetzt werden. Für die Beobachtung der Hebung im Altstadtzentrum von Staufen wird der CR als solcher genutzt, unter der Annahme, dass er selbst keine signifikante Bewegung erfährt.

Ziel der im Folgenden vorgestellten Vermessung war die genaue Bestimmung des PRP der Reflektoren in Staufen und Heitersheim. Darüber hinaus sollte eine Messkonfiguration evaluiert werden, mit der die Reflektorflächen eingemessen werden können, um den PRP geometrisch als Schnittpunkt der Reflektorebenen zu bestimmen und Aussagen über eventuelle Konstruktionsab-weichungen treffen zu können. Die Messungen wurden in halbjährlichen Abständen wiederholt, um eine etwaige signifikante Bewegung des PRP und damit eine Verletzung der oben getroffenen Annahme aufdecken zu können. Mit den bestehenden SAR-Sensoren und derzeit geläufigen Auswertestrategien können mit radarinterferometrischen Methoden Genauigkeiten bis zu 1 mm erzielt werden. Die Messkonfiguration sollte dem Rechnung tragen und eine relative Bestimmung des PRP in Lage und Höhe mit einer vergleichbaren Genauigkeit gewährleisten.

2   Vermessung

Die Einmessung der CR wird im Folgenden exemplarisch anhand des CR in Staufen beschrieben.

Die genaue Bestimmung des PRP ist aufgrund dessen eingeschränkter Zugänglichkeit keine Standard-Vermessungsaufgabe. Eine Signalisierung mit dem Lotstock war im vorliegenden Fall nicht möglich, da zwei der drei Seitenflächen nahezu senkrecht nach oben stehen. Eine reflektorlose Messung scheidet deshalb aus, weil nicht gewährleistet ist, dass ein Messstrahl nur am hintersten Punkt der Innenecke des Reflektors reflektiert werden würde. Folglich fiel die Wahl auf eine indirekte Messung, bei der zunächst die Raumlage der Ebenen bestimmt und anschließend der Ebenenschnittpunkt berechnet wird.

Die Vermessung der Ebenen erfolgte mithilfe eines sogenannten Corner-Cube-Reflektors (CCR, Abbildung 1-2). Dabei handelt es sich um eine einseitig geöffnete Metallkugel mit einem Durch-

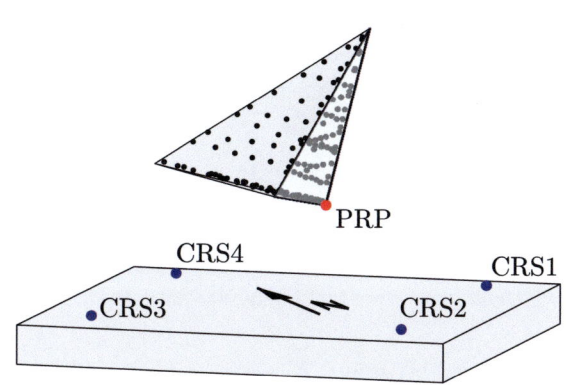

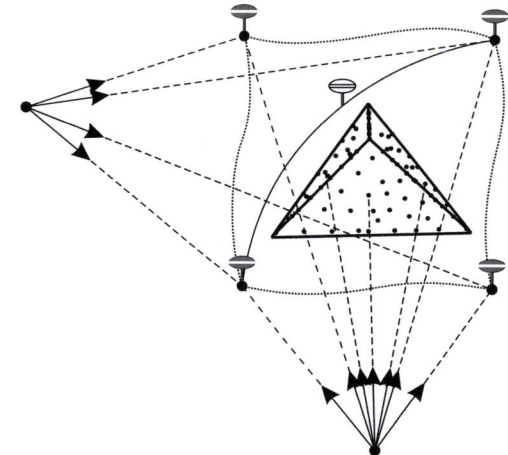

Abb. 2-1: Darstellung des CR in Staufen mit den Sockelpunkten CRS1 bis CRS4 (blau), am Objekt gemessenen CCR-Punkten (schwarz) und dem Phasenreferenzpunkt (PRP, rot).

Abb. 2-2: Schematische Netzskizze mit Polarelementen (Horizontalrichtung, Schrägstrecke und Zenitwinkel;), nivellierten Höhenunterschieden ( ), absoluten GNSS-Beobachtungen ( ) sowie einer GNSS-Basislinie ( ).

messer von $2\,R_{CCR} = 38{,}1$ mm. Durch die Öffnung sieht man eine verspiegelte Innenecke. Vermisst man tachymetrisch die Position des CCR, so befindet sich der gemessene Punkt exakt im Zentrum der Kugel. Wird der CCR dabei händisch gegen eine der drei Innenflächen gehalten, so hat dieser Punkt einen Abstand von $R_{CCR} = 19{,}0$ mm zur jeweiligen Fläche. Mehrere auf diese Weise gemessene Punkte (im Folgenden als CCR-Punkte bezeichnet) definieren also eine Ebene, die in einem Abstand von 19,0 mm parallel zur zugehörigen Innenfläche verläuft. Durch Parallelverschiebung nach außen erhält man die Innenfläche selbst. Der PRP ergibt sich schließlich als Schnittpunkt aller drei Innenflächen.

Um später auch Aussagen über die Ebenheit der Seitenflächen treffen zu können, wurden zunächst relativ viele CCR-Punkte gemessen. Beim Reflektor in Staufen waren das 49 Punkte an der „linken", 55 an der „rechten" und 33 an der „unteren" Ebene (Abbildung 2-1). Allein für den Zweck der Referenzpunktbestimmung wären auch weit weniger Punkte ausreichend.

Die Vermessung wurde in einem lokalen Koordinatensystem mit Bezug auf vier Messingbolzen ausgeführt, die zuvor in den Betonsockel eingebracht worden waren. Die Koordinaten dieser Sockelpunkte (CRS1 bis CRS4) wurden von zwei Tachymeterstandpunkten relativ zueinander bestimmt. Ihre absolute Positionierung erfolgte durch GNSS-Beobachtungen, die im Rahmen des GPS-Praktikums, einer Lehrveranstaltung am Geodätischen Institut Karlsruhe (GIK), ausgeführt wurden. Dabei wurden einerseits statische Beobachtungen in mehreren Sessions durchgeführt, die mit einer Netzausgleichung über identische Punkte in das Landesnetz integriert wurden. Andererseits wurden wiederholt Echtzeit-Messungen vorgenommen, bei denen die Korrekturdienste *SAPOS* und *ascos* zum Einsatz kamen [Knöpfler u. Mayer, 2010]. Aufgrund der geringen Redundanz des statisch beobachteten Netzes wurde dessen Integration ins Landesnetz als nur bedingt zuverlässig erachtet, was insbesondere die Höhenkomponente betrifft. Deshalb wurde die absolute Koordinierung der Sockelpunkte anhand der Echtzeit-Messungen vorgenommen. Zur Stützung der Orientierung des Gesamtsystems wurde darüber hinaus die sehr kurze und daher sehr genau bestimmbare Basislinie CRS2-CRS4 aus der statischen Messung in die Auswertung mit einbezogen.

Um langfristige Setzungen, Hebungen oder Kippungen des erst wenige Wochen alten Beton-sockels zu überwachen, wurde im Rahmen der Reflektoreinmessung zusätzlich ein Nivellement über alle vier Sockelpunkte durchgeführt und an das lokale Nivellementnetz des Landratsamtes Breisgau-Hochschwarzwald angeschlossen. Die in zwei Schleifen gemessenen Höhenunterschie-de der Sockelpunkte wurden als redundante Information ebenfalls für die Bestimmung der Referenzpunktkoordinaten berücksichtigt.

3 Auswertung

Für die Auswertung sämtlicher Beobachtungen in einem einheitlichen Koordinatensystem wird ein lokales Horizontsystem beliebig aber eindeutig definiert. Dabei sind kleine Koordinatenwerte im Bereich des CR wünschenswert, um zu vermeiden, dass im weiteren Verlauf der Auswertung numerisch instabile Gleichungssysteme auftreten.

Die Überführung der in geozentrischen kartesischen Koordinaten im ETRS89 vorliegenden GNSS-Beobachtungen in dieses lokale Horizontsystem ist folgendermaßen definiert: Zunächst wird der Koordinatenursprung in einen willkürlich ausgewählten Punkt im Bereich des CR verschoben. In einem zweiten Schritt erfolgt eine Drehspiegelung derart, dass die x-Achse des neuen Systems nach Norden und die y-Achse nach Osten zeigt, während sich die z-Achse an der lokalen Ellipsoidnormalen orientiert. Deren Richtung wird aus den geographischen Koordinaten des Punktes CRS2 abgeleitet. Effekte wie Lotabweichung und Erdkrümmung werden vernachlässigt, was aufgrund der geringen Ausdehnung des Netzes mit Zielweiten unter 5 m zulässig ist.

Die anschließende Auswertung gliedert sich in zwei Schritte, die in den folgenden Unterabschnitten näher beschrieben sind:

1. Zunächst werden alle Beobachtungen im lokalen System miteinander ausgeglichen, so dass als Zwischenergebnis dreidimensionale Koordinaten der vier Sockelpunkte sowie sämtlicher CCR-Punkte am Reflektor vorliegen (Abschnitt 3.1).

2. In einem zweiten Schritt werden die Parameter der drei Ebenen sowie die Koordinaten des PRP in einem geschlossenen Ansatz geschätzt (Abschnitt 3.2).

Beide Schritte erfolgen unter Einhaltung strenger Varianzfortpflanzung, so dass als Ergebnis die Koordinaten der Sockelpunkte und des PRP sowie die Ebenenparameter einschließlich vollbe-setzter Varianz-Kovarianz-Matrix vorliegen. Zum Schluss werden sämtliche Koordinaten durch Umkehrung der eingangs beschriebenen Transformation in geozentrisch-kartesische Koordinaten umgewandelt. Als Endergebnis liegen die Position des PRP und die räumliche Ausrichtung des CR im ETRS89 vor.

3.1 Ausgleichung der Beobachtungen zu dreidimensionalen Koordinaten

Zur strengen Ausgleichung aller Messungen ist ein Programm erforderlich, das die folgenden Beobachtungen in drei Dimensionen verarbeiten kann:

- 2 Richtungssätze mit je 4 Richtungen zu den Sockelpunkten; zusätzlich 137 Richtungen zu den CCR-Punkten (insgesamt 145 Horizontalrichtungen).
- 145 Schrägstrecken.
- 145 Zenitwinkel.
- 4 doppelt nivellierte Höhenunterschiede zwischen den Sockelpunkten.

16

- 4 GNSS-Basislinien (CRS2-CRS4) aus verschiedenen Sessions der statischen Netzmessung mit vollbesetzter Varianz-Kovarianz-Matrix.
- 4 absolute Echtzeit-GNSS-Beobachtungen der Sockelpunkte, wobei eine Einführung als stochastische Anschlusspunkte äquivalent wäre.

Es soll keine Trennung zwischen Lage- und Höhenkomponente erfolgen, weil dabei aufgrund der teilweise steilen Visuren signifikante Korrelationen vernachlässigt werden würden. Die Wahl fiel auf das am GIK entwickelte Programm *Netz3D*, das zumindest den größten Teil der Anforderungen erfüllt. Lediglich die Einführung von absoluten GNSS-Beobachtungen bzw. stochastischen Anschlusspunkten ist mit dieser Software nicht möglich.

Zunächst erfolgt eine freie Netzausgleichung aller Beobachtungen mit Ausnahme der absoluten GNSS-Beobachtungen, die *Netz3D* nicht verarbeiten kann. Dabei wird das Beobachtungsmaterial auf Konsistenz geprüft. Auch die nicht-redundant bestimmten CCR-Punkte werden in die Ausgleichung mit einbezogen, um für sie vollständige Varianz-Kovarianz-Informationen zu erhalten. Eine Anpassung der stochastischen Modellbildung anhand der Varianzkomponentenschätzung für einzelne Beobachtungsgruppen ist nur eingeschränkt möglich, da deren Aussagekraft aufgrund mäßiger Überbestimmung und nur bedingt unabhängiger Kontrolliertheit der Beobachtungen kritisch zu hinterfragen ist.

Sehr eindrucksvoll lässt sich diese Problematik am Beispiel der Schrägstrecken verdeutlichen. Alle von einem Standpunkt aus gemessenen Strecken verlaufen ungefähr in dieselbe Richtung (vgl. Abbildung 2-2). Eine Kontrolle findet im Wesentlichen durch die vom anderen Standpunkt aus gemachten Richtungsbeobachtungen statt. Die Konfiguration ist jedoch nicht sensitiv für solche Fehleranteile, die sich in gleichem Maße auf alle Strecken auswirken und daher in den Koordinaten des a priori unbekannten Standpunktes aufgehen. Deshalb ist eine Varianzkomponentenschätzung kein zuverlässiger Indikator zur Abstimmung des stochastischen Modells. Der hiermit angesprochenen Problematik physikalischer Korrelationen nicht vollständig unabhängiger Messungen müsste strenggenommen sogar durch mathematische Modellierung dieser Korrelationen Rechnung getragen werden, was jedoch nicht praktikabel ist.

Letztendlich werden für alle Beobachtungsgruppen neben der Varianzkomponentenschätzung zusätzlich Erfahrungswerte für die Beurteilung der Genauigkeiten herangezogen. Im Falle der Schrägstrecken s erscheint es aus den o. g. Gründen nicht gerechtfertigt, die Spezifikation des Herstellers von $\sigma_s = 2$ mm zu unterschreiten. Die ebenfalls spezifizierte entfernungsabhängige Komponente von 2 ppm kann aufgrund der kurzen Zielweiten vernachlässigt werden. Die Genauigkeit der Horizontalrichtungen und Zenitwinkel (σ_r bzw. σ_z) wird im Nahbereich von der Akkuratheit der Signalisierung und Anzielung dominiert, weshalb hier ein rein entfernungsabhängiger Ansatz Anwendung findet:

$$\sigma_r = \sigma_z = \frac{1\,\text{mm}}{s} \cdot \frac{200\,\text{gon}}{\pi} \; . \tag{3-1}$$

Für die nivellitisch doppelt beobachteten und anschließend gemittelten Höhenunterschiede wird die empirisch bestimmte Standardabweichung von 0,04 mm verwendet. Die aus der GNSS-Auswertung stammenden Varianz-Kovarianz-Matrizen der Basislinien werden mit dem Faktor 10 skaliert, woraus sich eine Genauigkeit der Koordinatenunterschiede von wenigen Millimetern ergibt.

Die im Rahmen des GPS-Praktikums mit verschiedenen Ausrüstungen 20-fach durchgeführten Absolutbeobachtungen der Sockelpunktkoordinaten werden jeweils gemittelt. Auf Grundlage der Streuung der Messwerte ergeben sich die folgenden empirischen Genauigkeiten: 10 mm für die

Nord-Süd-, 5 mm für die Ost-West- und 15 mm für die Höhenkomponente. Korrelationen zwischen den Komponenten erweisen sich als kaum signifikant und werden daher zu null angenommen.

In einem nachgeordneten Verarbeitungsschritt werden die absoluten GNSS-Beobachtungen als stochastische Anschlusspunkte eingeführt. Dazu werden deren Normalgleichungsanteile zu den von *Netz3D* aufgestellten Normalgleichungen der übrigen Beobachtungsgruppen addiert. Nach Inversion des Gleichungssystems ergeben sich schließlich die dynamisch ausgeglichenen Koordinaten der vier Sockelpunkte sowie sämtlicher am CR gemessener Punkte.

3.2 Schätzung von Phasenreferenzpunkt und Ausrichtung

Für den zweiten Auswertungsschritt stehen die folgenden Beobachtungen $\mathbf{l}$ zur Verfügung:

- 4×3 Koordinaten der Sockelpunkte CRS1 bis CRS4,
- 49×3 Koordinaten der CCR-Punkte an der linken Ebene,
- 55×3 Koordinaten der CCR-Punkte an der rechten Ebene sowie
- 33×3 Koordinaten der CCR-Punkte an der unteren Ebene.

Diese sollen in einem Gauß-Helmert-Modell mit Restriktionen [siehe z. B. Kupferer, 2005, S. 39] nach der Methode der kleinsten Quadrate ausgeglichen werden. Zur Aufstellung des funktionalen Modells müssen Bestimmungsgleichungen $\mathbf{f}(\hat{\mathbf{x}}, \hat{\mathbf{l}}) = \mathbf{0}$ und Restriktionsgleichungen $\mathbf{g}(\hat{\mathbf{x}}) = \mathbf{0}$ formuliert werden, die von den ausgeglichenen Beobachtungen $\hat{\mathbf{l}}$ sowie den Schätzwerten $\hat{\mathbf{x}}$ der Unbekannten $\mathbf{x}$ zu erfüllen sind. Als Unbekannte werden die folgenden Größen eingeführt:

- 4×3 Koordinaten der Sockelpunkte CRS1 bis CRS4,
- 4×4 Parameter der durch die Seitenflächen definierten Ebenen sowie
- 3 Koordinaten des PRP.

Die Koordinaten der Sockelpunkte werden hier als Beobachtungen und gleichzeitig als Unbekannte eingeführt, um später in der Lage zu sein, Kovarianzen zwischen diesen Punkten und dem PRP anzugeben. Zur Modellierung der Ebenen am CR wird die folgende, singularitätenfreie Darstellung verwendet:

$$n_x x + n_y y + n_z z - d = 0 \, . \tag{3-2}$$

n_x, n_y und n_z sind die Komponenten des auf die Länge 1 m normierten Normalenvektors, und d ist der Abstand der Ebene vom Koordinatenursprung. Damit ergibt sich pro CCR-Punkt jeweils eine Bestimmungsgleichung, abhängig davon, an welcher der drei Ebenen er sich befindet. Betrachtet man exemplarisch drei Punkte i, j und k an der linken (l), rechten (r) bzw. unteren (u) Ebene, so lauten die entsprechenden Beziehungen:

$$
\begin{aligned}
n_{x,l} \cdot x_i + n_{y,l} \cdot y_i + n_{z,l} \cdot z_i - (d_l + R_{\mathrm{CCR}}) &= 0 \\
n_{x,r} \cdot x_j + n_{y,r} \cdot y_j + n_{z,r} \cdot z_j - (d_r + R_{\mathrm{CCR}}) &= 0 \\
n_{x,u} \cdot x_k + n_{y,u} \cdot y_k + n_{z,u} \cdot z_k - (d_u + R_{\mathrm{CCR}}) &= 0 \, .
\end{aligned}
\tag{3-3}
$$

Durch Berücksichtigung des CCR-Radius R_{CCR} in der Ebenengleichung wird erreicht, dass die resultierenden Ebenenparameter direkt die Ebenen der Seitenflächen des CR beschreiben. In der hier verwendeten Darstellung ist darauf zu achten, dass der geschätzte Normalenvektor ins

Innere des CR zeigt, was durch geeignete Wahl von Näherungswerten gewährleistet werden kann. Für jeden Sockelpunkt CRSn ergeben sich drei Gleichungen, welche die Identität zwischen den jeweiligen Beobachtungen $\mathbf{l}$ und Unbekannten $\mathbf{x}$ herstellen:

$$
\begin{aligned}
x_{n,\mathbf{l}} - x_{n,\mathbf{x}} &= 0 \\
y_{n,\mathbf{l}} - y_{n,\mathbf{x}} &= 0 \\
z_{n,\mathbf{l}} - z_{n,\mathbf{x}} &= 0 \; .
\end{aligned}
\tag{3-4}
$$

Damit liegen insgesamt $(49 + 55 + 33) \cdot 3 + 4 \cdot 3 = 423$ Bestimmungsgleichungen vor, in denen die Koordinaten x_{PRP}, y_{PRP} und z_{PRP} des PRP aber noch nicht vorkommen. Diese werden über die folgenden Restriktionsgleichungen im Modell berücksichtigt:

$$
\begin{aligned}
n_{x,l} \cdot x_{\mathrm{PRP}} + n_{y,l} \cdot y_{\mathrm{PRP}} + n_{z,l} \cdot z_{\mathrm{PRP}} - d_l &= 0 \\
n_{x,r} \cdot x_{\mathrm{PRP}} + n_{y,r} \cdot y_{\mathrm{PRP}} + n_{z,r} \cdot z_{\mathrm{PRP}} - d_r &= 0 \\
n_{x,u} \cdot x_{\mathrm{PRP}} + n_{y,u} \cdot y_{\mathrm{PRP}} + n_{z,u} \cdot z_{\mathrm{PRP}} - d_u &= 0 \; .
\end{aligned}
\tag{3-5}
$$

So wird festgelegt, dass der PRP auf allen drei Ebenen liegt, was hier für genau einen Punkt erfüllt ist. Da jede Ebene zwar vier Parameter aber nur drei Freiheitsgrade hat, müssen drei weitere Restriktionen formuliert werden, die gewährleisten, dass die jeweiligen Normalenvektoren die Länge eins haben:

$$
\begin{aligned}
n_{x,l}^2 + n_{y,l}^2 + n_{z,l}^2 - 1 &= 0 \\
n_{x,r}^2 + n_{y,r}^2 + n_{z,r}^2 - 1 &= 0 \\
n_{x,u}^2 + n_{y,u}^2 + n_{z,u}^2 - 1 &= 0 \; .
\end{aligned}
\tag{3-6}
$$

Das endgültige funktionale Modell ergibt sich schließlich durch Linearisierung der 423 Bestimmungsgleichungen $\mathbf{f}$ (Gleichungen (3-3) und (3-4)) und sechs Restriktionsgleichungen $\mathbf{g}$ (Gleichungen (3-5) und (3-6)) an der Stelle der Näherungswerte $\mathbf{x}_0$ für die Unbekannten sowie der Beobachtungen $\mathbf{l}$ selbst:

$$
\underbrace{\left.\frac{\partial \mathbf{f}}{\partial \mathbf{x}^T}\right|_{\mathbf{x}_0}}_{\mathbf{A}} d\hat{\mathbf{x}} + \underbrace{\left.\frac{\partial \mathbf{f}}{\partial \mathbf{l}^T}\right|_{\mathbf{l}}}_{\mathbf{B}} \mathbf{v} + \underbrace{\mathbf{f}(\mathbf{x}_0, \mathbf{l})}_{\mathbf{w}} = \mathbf{0} \qquad \wedge \qquad \underbrace{\left.\frac{\partial \mathbf{g}}{\partial \mathbf{x}^T}\right|_{\mathbf{x}_0}}_{\mathbf{R}} d\hat{\mathbf{x}} + \underbrace{\mathbf{g}(\mathbf{x}_0)}_{\mathbf{b}} = \mathbf{0} \; ,
\tag{3-7}
$$

wobei mit $\mathbf{v}$ Verbesserungen bezeichnet werden, die an die Beobachtungen anzubringen sind. Das stochastische Modell ist hier trivial, da eine vollbesetzte Varianz-Kovarianz-Matrix $\mathbf{C}_{ll}$ aller Beobachtungen als Ergebnis der in Abschnitt 3.1 beschriebenen Netzausgleichung bereits vorliegt. Mithilfe Lagrangescher Multiplikatoren $\mathbf{k}_1$ und $\mathbf{k}_2$ kann ein Normalgleichungssystem aufgestellt werden [vgl. Kupferer, 2005, Gleichung (5.41)]:

$$
\begin{pmatrix} \mathbf{B}\mathbf{C}_{ll}\mathbf{B}^T & \mathbf{A} & \mathbf{0} \\ \mathbf{A}^T & \mathbf{0} & \mathbf{R}^T \\ \mathbf{0} & \mathbf{R} & \mathbf{0} \end{pmatrix} \begin{pmatrix} \mathbf{k}_1 \\ d\hat{\mathbf{x}} \\ \mathbf{k}_2 \end{pmatrix} = \begin{pmatrix} -\mathbf{w} \\ \mathbf{0} \\ -\mathbf{b} \end{pmatrix} ,
\tag{3-8}
$$

nach dessen Lösung man die ausgeglichenen Parameter durch Anbringen der geschätzten Zuschläge $d\hat{\mathbf{x}}$ an die Näherungswerte $\mathbf{x}_0$ erhält. Schließlich können weitere Kenngrößen abgeleitet werden, die die Ausrichtung des CR beschreiben. So berechnet sich der normierte Richtungsvektor der Mittelachse aus den Normalenvektoren der drei Ebenen:

$$
\begin{pmatrix} r_x \\ r_y \\ r_z \end{pmatrix} = \frac{1}{\sqrt{3}} \left[\begin{pmatrix} n_{x,l} \\ n_{y,l} \\ n_{z,l} \end{pmatrix} + \begin{pmatrix} n_{x,r} \\ n_{y,r} \\ n_{z,r} \end{pmatrix} + \begin{pmatrix} n_{x,u} \\ n_{y,u} \\ n_{z,u} \end{pmatrix} \right] . \tag{3-9}
$$

Aus diesem können wiederum Azimutwinkel A und Elevationswinkel E des CR berechnet werden:

$$
A = \arctan \frac{r_y}{r_x} \tag{3-10}
$$

$$
E = \arctan \frac{r_z}{\sqrt{r_x^2 + r_y^2}} . \tag{3-11}
$$

Die zugehörigen Standardabweichungen werden durch strenge Varianzfortpflanzung erhalten.

4 Qualitätsbeurteilung

In Tab. 4-1 ist zusammengestellt, welche Genauigkeiten für die ausgeglichenen Koordinaten der Sockelpunkte und des PRP am CR in Staufen erreicht wurden. Sie resultieren praktisch direkt aus den für die absoluten GNSS-Messungen angenommenen Genauigkeiten (vgl. Abschnitt 3.1), wobei die Verbesserung um den Faktor zwei darin begründet ist, dass insgesamt vier Punkte beobachtet wurden. Vor dem Hintergrund der Vernachlässigung etwaiger Korrelationen zwischen den vier Beobachtungen erscheint diese Genauigkeitssteigerung aber zu optimistisch. Alle terrestrischen Beobachtungstypen sind von übergeordneter Genauigkeit und spielen daher im Fehlerbudget nur eine untergeordnete Rolle.

Betrachtet man die Genauigkeit der Koordinatendifferenzen (etwa bezüglich CRS2, vgl. Tab. 4-1), so wird deutlich, dass die relative Lage der Punkte zueinander wesentlich besser bestimmt ist. Während die Standardabweichungen der Nord- und Ostkomponente im Bereich von einem Millimeter liegen, ist die Unsicherheit in der Höhenkomponente aufgrund des Feinnivellements geringer. Die Genauigkeiten der Höhenunterschiede zwischen den Sockelpunkten selbst spiegeln wiederum die für das Feinnivellement getroffenen Annahmen wider.

Tab. 4-1: Aus der Ausgleichung bestimmte Standardabweichungen der Sockelpunkte CRS1 bis CRS4 und des PRP des CR in Staufen – absolut sowie relativ zum Punkt CRS2.

Punkt	σ absolut [mm]			σ relativ [mm]		
	Nord	Ost	Hoch	Nord	Ost	Hoch
CRS1	5,1	2,7	7,5	1,18	1,40	0,03
CRS2	5,0	2,6	7,5	0,00	0,00	0,00
CRS3	5,1	2,6	7,5	1,16	1,14	0,03
CRS4	5,0	2,6	7,5	0,68	0,70	0,04
PRP	5,1	2,7	7,5	0,89	1,04	0,52

Tab. 4-2: Betrag der maximalen Abweichung der CCR-Punkte von den aus der Ausgleichung resultierenden Ebenen sowie der mittlere Fehler ς der Punkte.

	Δ_{max} [mm]	ς [mm]
links	0,38	0,20
rechts	0,74	0,30
unten	0,80	0,25

Tab. 4-3: Aus der Einmessung am 18. Juni 2009 abgeleitete Ausrichtung der Mittelachse des CR in Staufen sowie Winkel der drei Ebenen zueinander.

Tab. 4-4: Veränderung der Koordinaten des Phasenreferenzpunktes des CR in Staufen bezüglich der ersten Einmessung in mm.

[°]		Messung	Soll
Azimut	[°]	259,70 ± 0,05	259,83
Elevation	[°]	50,48 ± 0,04	50,25
∠ linke/rechte Ebene	[°]	89,95 ± 0,09	90,00
∠ linke/untere Ebene	[°]	89,92 ± 0,06	90,00
∠ rechte/untere Ebene	[°]	89,91 ± 0,07	90,00

Datum	Nord	Ost	Hoch
18.6.2009	0,0	0,0	0,0
12.1.2010	-0,8	-0,2	0,4
6.7.2010	-1,1	-0,4	1,1

Auch wenn das stochastische Modell noch residuelle Defizite aufweist, so wurden doch alle A-priori-Annahmen sehr sorgfältig getroffen. Insofern können die als Ergebnis vorliegenden Varianz-Kovarianz-Informationen als Richtwert für die tatsächliche Qualität der ausgeglichenen Parameter angesehen werden.

Azimut und Elevation des CR konnten mit einer Unsicherheit von 0,05° bestimmt werden, was eine Validierung der ursprünglich mit Kompass und Neigungsmesser vorgenommenen Ausrichtung ermöglichte (vgl. Tab. 4-3). Diese weicht nur um wenige zehntel Grad von der Sollausrichtung ab.

Weiterhin waren die Messungen geeignet, einige Spezifikationen zu überprüfen, nach denen die CR gefertigt wurden. Die Abweichung der Ebenen von der Rechtwinkligkeit betragen weniger als 0,1° (vgl. Tab. 4-3), was sich innerhalb der von Döring et al. [2007] angegebenen Toleranz von 0,2° bewegt. Die stark überbestimmte Einmessung der Ebenen ermöglicht zusätzlich eine Verifizierung der idealisierten Modellannahme einer ebenen Reflektorfläche. Die Ablagen der CCR-Punkte von den geschätzten Ebenen sind in Abbildung 4-1 dargestellt. Bei perfekter Ebenheit der Seitenflächen wären diese zufällig verteilt und gäben einen Anhaltspunkt zur Quantifizierung der Messunsicherheit. Es sind aber durchaus Bereiche mit systematischen Abweichungen erkennbar (Ellipse in Abbildung 4-1), die auf Wölbungen der Reflektorflächen hindeuten. An anderen Stellen scheinen wiederum keine Abhängigkeiten zwischen den Ablagen unmittelbar benachbarter Punkte zu bestehen (Pfeil in Abbildung 4-1), was zwar als Ausdruck des Messrauschens gewertet werden kann, jedoch auch auf lokale Unebenheiten rückführbar wäre. Während der maximale Punktabstand zu den Ebenen bis zu 0,8 mm beträgt, liegt der mittlere Fehler der m CCR-Punkte einer Ebene:

$$\varsigma = \sqrt{\frac{\sum_{i=1}^{m}(n_x x_i + n_y y_i + n_z z_i - d)^2}{m - 3}} \tag{4-1}$$

zwischen 0,2 mm und 0,3 mm (vgl. Tab. 4-2). Dieses Maß berücksichtigt sowohl die Ebenheit der Flächen als auch die Messunsicherheit und sollte daher eigentlich Anlass zu einer Revision des eingangs angenommenen stochastischen Modells (vgl. Abschnitt 3.1) geben. Während dies aber aufgrund hoher physikalischer Korrelation der Messungen nicht gerechtfertigt erscheint, kann auf der anderen Seite zumindest festgestellt werden, dass die von Döring et al. [2007] spezifizierte Toleranz von 0,75 mm eingehalten wurde.

Nach der Ersteinmessung am 18. Juni 2009 wurde die Lage des PRP relativ zu den Sockelpunkten noch zweimal im Abstand von jeweils einem halben Jahr überprüft. Damit sollte ausgeschlossen werden, dass sich die Aluminiumkonstruktion aufgrund äußerer Einflüsse verändert hat und so Bewegungen relativ zum Fundament stattfanden. Die in Tab. 4-4 dargestellten Relativbewegungen überschreiten kaum einen Millimeter und dürfen folglich vor dem Hintergrund der Beobachtungsgenauigkeit als nicht signifikant bewertet werden.

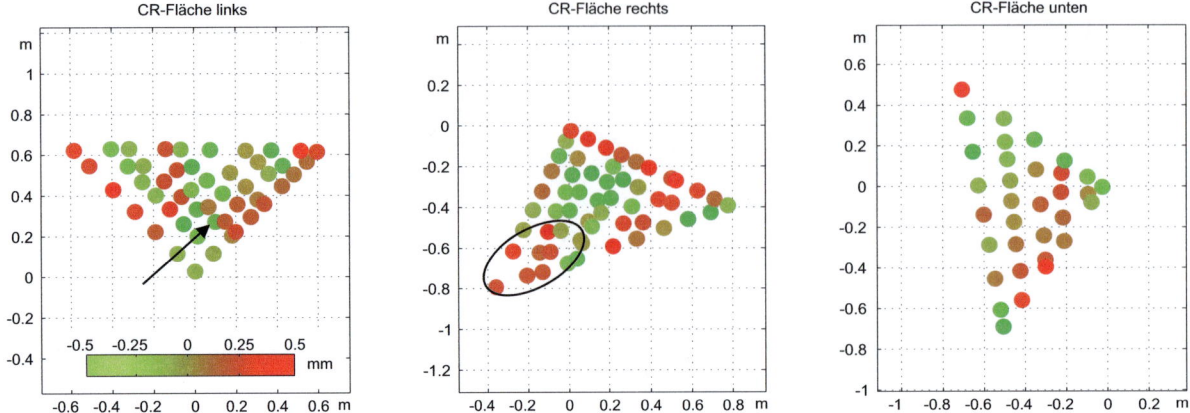

Abb. 4-1: Darstellung der Ablage der gemessenen CCR-Punkte von den ausgeglichenen Ebenen für die drei Seiten des CR in Staufen. Benachbarte Werte sind teilweise unkorreliert (Pfeil, linke Ebene), in bestimmten Bereichen gibt es aber auch systematische Tendenzen (Ellipse, rechte Ebene).

Die absolute Bewegung des Fundaments konnte auf Grundlage des Nivellements in der Höhenkomponente überwacht werden. Hier wurde zwischen dem 18. Juni 2009 und dem 6. Juli 2010 bezüglich des verwendeten Anschlusspunktes keine signifikante Hebung oder Senkung festgestellt. Horizontale Bewegungen können aufgrund der flachen Bauart des Fundaments praktisch ausgeschlossen werden.

5   Erkenntnisse

Die Einmessungen der Corner-Reflektoren in Staufen und Heitersheim wurden mit einer zweistufigen Modellbildung und unter Einhaltung strenger Varianzfortpflanzung ausgewertet. Beide PRP konnten demnach mit einer absoluten Genauigkeit von 1 cm oder besser bestimmt werden. Weiterhin konnte mit einer Restunsicherheit von 1 mm nachgewiesen werden, dass sich diese Punkte im Laufe eines Jahres relativ zu den Fundamenten nicht bewegt haben. Nebenbei konnten Ausrichtung und Fertigungstoleranzen der Reflektoren überprüft werden.

Die in Staufen und Heitersheim durchgeführten Messkampagnen hatten in gewisser Hinsicht experimentellen Charakter. Mit der gewählten Messanordnung ist es möglich, den PRP eines Corner-Reflektors in Bezug auf die Bodenpunkte indirekt und mit mm-Genauigkeit zu bestimmen. Dies ist selbst dann möglich, wenn der PRP als solcher aus praktischen Gründen (Loch für Regenablauf) nicht materialisiert ist. Für einen operationellen Einsatz könnte das Messprogramm an die jeweilige Zielsetzung angepasst und dementsprechend modifiziert werden.

Allein für die Bestimmung der Koordinaten des PRP würde eine Messung von nur vier CCR-Punkten genügen, wenn einer davon direkt in der Innenecke positioniert wird und die drei übrigen an den jeweiligen Innenkanten liegen. Auf diese Weise würde ein einzelner Punkt zugleich zur Bestimmung von mehr als einer Ebene beitragen. Berücksichtigt man zusätzlich eine robuste Überbestimmung, so wären etwa zehn CCR-Punkte in jedem Fall ausreichend. Eine doppelte Bestimmung des PRP von zwei Standpunkten zu Kontrollzwecken kann in Erwägung gezogen werden.

Die Einbeziehung der GNSS-Basislinie und der nivellierten Höhenunterschiede in die Auswertung diente primär der Genauigkeitssteigerung und erfolgte vor dem Hintergrund, dass diese Messungen anderweitig motiviert waren und daher bereits vorlagen. Während die GNSS-Beobachtungen Bestandteil des studentischen Praktikums waren, erfolgte das Nivellement, um Hebungen, Senkungen oder Kippungen des Fundaments mit hoher Genauigkeit detektieren zu können. Beide Beobachtungstypen können unter Inkaufnahme geringer Genauigkeitseinbußen auch entfallen, da sie zur reinen Referenzpunktbestimmung keinen unverzichtbaren Beitrag liefern.

Für eine Überwachung der dreidimensionalen Bewegung des PRP eines CR ist es letztendlich entscheidend, welche Festpunkte als Bezug verwendet werden. Liegen die Punkte auf dem Betonsockel, so kann nur die Bewegung der Konstruktion relativ zum Sockel überwacht werden. Soll eine Bewegung des Sockels, etwa bedingt durch einen variierenden Grundwasserspiegel, mit erfasst werden, so müssen die Messungen auf stabile Punkte in der unmittelbaren Umgebung bezogen werden. Im einfachsten Fall sind zusätzliche Nivellements hierfür ausreichend, da sich Grundwassereffekte bei flachen Fundamenten praktisch nur auf die Höhenkomponente auswirken. Muss hingegen auch mit horizontalen Lageänderungen des Sockels gerechnet werden, sind dreidimensionale Festpunkte an entfernten Objekten in die tachymetrische Vermessung mit einzubeziehen.

Dank

Wir danken dem Institut für Hochfrequenztechnik und Radarsysteme des DLR für die Bereitstellung der Corner-Reflektoren sowie der Stadt Staufen und dem Landratsamt Breisgau-Hochschwarzwald für die Unterstützung bei deren Installation.

Literatur

[Bamler et al. 2008] BAMLER, R. ; ADAM, N. ; HINZ, S. ; EINEDER, M.: SAR-Interferometrie für geodätische Anwendungen. In: *Allgemeine Vermessungsnachrichten* 115 (2008), Nr. 7, S. 243–252

[Döring et al. 2007] DÖRING, B. ; SCHWERDT, M. ; BAUER, R.: TerraSAR-X Calibration Ground Equipment. In: KEYDEL, W. (Hrsg.) ; CHANDRA, M. (Hrsg.): *Wellenausbreitung in Funk-, Mikrowellensystemen und Navigation, WFMN07, 4.-5. Juli 2007, Chemnitz*, 2007

[Knöpfler u. Mayer 2010] KNÖPFLER, A. ; MAYER, M.: Projektbezogene Lehre am Geodätischen Institut (KIT) am Beispielder Lehrveranstaltung „GPS-Praktikum 2009". In: *Mitteilungen des Deutschen Vereins für Vermessungswesen, Landesverein Baden-Württemberg* 57 (2010), Nr. 1, S. 42–52

[Kupferer 2005] KUPFERER, S.: *Anwendung der Total-Least-Squares-Technik bei geodätischen Problemstellungen.* Schriftenreihe des Studiengangs Geodäsie und Geoinformatik, 2005,1, Universitätsverlag Karlsruhe, 2005

[Marinkovic et al. 2008] MARINKOVIC, P. ; KETELAAR, G. ; LEIJEN, F. van ; HANSSEN, R.: InSAR Quality Control: Analysis of Five Years of Corner Reflector Time Series. In: LACOSTE, Huguette (Hrsg.) ; OUWEHAND, Leny (Hrsg.): *Proc. of FRINGE 2007 Workshop, Frascati, Italy, 26-30 November 2007 (ESA SP-649)*, 2008

[Sarabandi u. Chiu 1996] SARABANDI, K. ; CHIU, T.-C.: Optimum Corner Reflectors for Calibration of Imaging Radars. In: *IEEE Trans. on Antennas and Propagation* 44 (1996), Oktober, Nr. 10, S. 1348–1360

Anschrift der Autoren:

Dipl.-Ing. Hermann Bähr   Karlsruher Institut für Technologie (KIT)
Geodätisches Institut (GIK)
Englerstraße 7, 76131 Karlsruhe
baehr@kit.edu

Dipl.-Ing. Andreas Schenk   Karlsruher Institut für Technologie (KIT)
Geodätisches Institut (GIK)
Englerstraße 7, 76131 Karlsruhe
andreas.schenk@kit.edu

Innovative geodätische Methoden und GIS-Technologien für das Wassermanagement in einer Karstregion auf Java, Indonesien

Marco Benner, Peter Oberle und Franz Nestmann

1 Hintergrund und Motivation

Wasser ist für den Menschen unersetzlich. Dennoch hatten im Jahr 2000 über eine Milliarde Menschen keinen Zugang zu genügend Trinkwasser. Die Vereinten Nationen sehen daher großen Handlungsbedarf zur Verbesserung der Trinkwassermangelsituation. Insbesondere extreme klimatische und hydrogeologische Gegebenheiten beeinflussen die Verfügbarkeit und Vulnerabilität der Wasserressourcen.

Besonders gravierend ist die Situation in Karstgebieten. Ca. 20 % der Weltbevölkerung lebt auf Karbonatgestein, über ein Viertel der Menschheit ist von der Trinkwasserversorgung aus Karstgrundwasserleitern abhängig [Hötzl, 2009]. Durch die Bedingungen des Karsts mit relativ weiten Lösungshohlräumen wird ein hoher Anteil des Niederschlags rasch von der Oberfläche in den Karstkörper infiltriert. Ein Großteil der im Karst vorhanden Wasserressourcen ist deshalb in unterirdischen Grundwasserleitern mit stark schwankenden Abflüssen gespeichert. Aufgrund fehlender Speichermöglichkeiten auf der Oberfläche und der nur schwer zugänglichen Grundwasserleiter existieren gravierende, durch die in tropischen Klimazonen ausgeprägten Trockenzeiten mitunter existentielle, Versorgungsengpässe.

Die auf Karstgrundwasserleiter angewiesene Wasserversorgung sieht sich somit mit der Abhängigkeit von schwer zugänglichen und hochvulnerablen unterirdischen Wasserressourcen sowie extremen topographischen Ausprägungen des Einzugs- und Versorgungsgebietes konfrontiert. Zur Verbesserung der Lebensbedingungen in diesen Regionen ist die Bereitstellung angepasster Technologien zur Wasserförderung und Wasserverteilung sowie der Ressourcenschutz von entscheidender Bedeutung. Zu ihrer Realisierung bedarf es innovativer Methoden der geodätischen Datenerfassung und des Monitorings. Des Weiteren sind für ein nachhaltiges Ressourcenmanagement GIS-gestützte Entscheidungshilfesysteme zu entwickeln.

2 Verbundaktivitäten zur Karstwasserbewirtschaftung

In den vom Bundesministerium für Bildung und Forschung (BMBF) geförderten Verbundprojekten Erschließung und Bewirtschaftung unterirdischer Karstfließgewässer, Yogyakarta Special Province, Indonesien (siehe Kap. 2.1) und Integriertes Wasserressourcen-Management (IWRM) in Gunung Kidul, Java, Indonesien (siehe Kap. 2.2) arbeiten deutsche und indonesische Partner aus Universitäten, Forschungseinrichtungen, Industrie und Behörden seit 2002 zusammen, um Lösungskonzepte für eine nachhaltige Wasserversorgungssituation in Karstgebieten zu entwickeln und diese exemplarisch in einer Modellregion zu implementieren [Nestmann et al., 2009].

Die von tropischem Klima geprägte Region Gunung Sewu („tausend Hügel"), im Distrikt Gunung Kidul der Yogyakarta Special Province an der Südküste Mitteljavas, ist eine ca. 1400 Quadratkilometer große Karstlandschaft, die von einer Vielzahl miteinander vernetzter Höhlen durchzogen ist. Dieses Höhlennetz bildet ein regelrechtes unterirdisches Flusssystem, in dem sich die schnell versickernden Niederschläge sammeln und nahezu ungenutzt in Quellen an der Küste zutage treten. Der hieraus resultierende eklatante Wassermangel schwächt die auf Landwirtschaft angewiesene Region so stark, dass sie als das „Armenhaus Javas" bezeichnet wird. Darüber hinaus mangelt es auch an einer nachhaltigen Technologie zur Trinkwassergewinnung, -verteilung und Abwasserbehandlung. In der Trockenzeit stehen den Menschen im Durchschnitt lediglich zehn Liter Wasser pro Person und Tag zur Verfügung. Neben der Qualität der vorhandenen Wassermenge sind auch deren Zuverlässigkeit, Beschaffungsaufwand und Kosten stark schwankend. Als Konsequenz der geringen Lebensqualität wandern viele Menschen ab, was zur Stagnation der regionalen Entwicklung führt.

Hier setzen die am Karlsruher Institut für Technologie (KIT) entwickelten Konzepte an: Sicherung der Trinkwasserversorgung in der Region durch effektive Erschließung der unterirdischen Wasserressourcen in den Höhlensystemen der Gunung Sewu und des Karstgrundwassers des Wonosari-Plateaus, Implementierung kosteneffizienter Sanierungskonzepte und Betriebsstrategien für die Wasserverteilungssysteme sowie innovative Wasseraufbereitungs- und Abwasserbehandlungsmethoden für den Ressourcenschutz. Eine wesentliche Zielsetzung der Verbundprojekte ist hierbei, angepasste Methoden (alternative Bau- bzw. Bewirtschaftungs-Technologien) zu entwickeln sowie deren Übertragbarkeit auf andere Standorte zu beurteilen.

2.1 Realisierung der Wasserförderanlage Gua Bribin (2002-2008)

Eine Machbarkeitsstudie des Instituts für Wasser und Gewässerentwicklung (IWG) des KIT kam im Jahr 2001 zu dem Ergebnis, dass es technisch möglich wäre, das Höhlenwasser mithilfe von Wasserkraft zu fördern. Dies war die Ausgangsbasis für das 2002 gestartete deutsch-indonesische Pilotprojekt zum Bau einer unterirdischen Demonstrationswasserkraftanlage. Unter Federführung des IWG arbeiteten insgesamt sieben Institute unterschiedlicher Fachdisziplinen sowie industrielle Partner aus den Bereichen Tunnelvortriebs-, Pumpen- und Regelungstechnik daran mit. Für die vielfältigen geodätischen Aufgabenbereiche war das Geodätische Institut (GIK) des KIT unter Leitung von **Prof. Günter Schmitt** zuständig.

Die Wahl fiel nach intensiver Erkundung auf die Höhle („Gua") Bribin. Sie weist ein Speichervolumen von etwa 300.000 Kubikmetern auf und der Wasserdurchfluss beträgt auch während der Trockenzeit zumindest über 1.000 Liter pro Sekunde. Die Projektteilnehmer entschieden sich für die Errichtung eines Sperrwerks in der Höhle, um das kontinuierlich zuströmende Wasser aufzustauen und einen Teil davon mittels Wasserkraft nach oben zu pumpen (siehe Abb. 2-1). Zur Energieerzeugung sollten invers betriebene Pumpen der Fa. KSB AG eingesetzt werden. Diese sind gegenüber „echten" Turbinen kostengünstiger und zudem sehr robust und wartungsfreundlich.

Nach der infrastrukturellen Erschließung des Projektgebiets, unter anderem durch den Bau einer Zufahrtsstraße, wurde vom Department of Public Works, Yogyakarta, auf der Basis von Vermessungsdaten des GIK eine Sondierungsbohrung von 103 Metern Tiefe in die Höhle Bribin durchgeführt. Im Sommer 2004 konnte mit dem Abteufen eines Zugangsschachts begonnen werden. Hierzu entwickelte die Schwanauer Firma Herrenknecht AG im Rahmen des Verbundprojekts eine spezielle Vertikalvortriebsmaschine. Der Durchbruch in die Höhle erfolgte im Dezember 2004.

Nach etlichen Rückschlägen durch Erdbeben und Hochwassersituationen wurde im August 2008 nach erfolgreicher Fertigstellung der Staumauer sowie der Installation des ersten Fördermoduls ein erster Probeeinstau unter großer Anteilnahme der Öffentlichkeit durchgeführt. Bereits nach weniger als 2 Tagen war das Stauziel von 16 m erreicht. Während des Probeeinstaus erfolgte auch ein Testbetrieb des ersten Fördermoduls, wobei die Förderleistung erwartungsgemäß den Kennlinien der Laborversuche entsprach. In der Folgezeit wurden weitere vier KSB-Fördermodule installiert.

26

Abb. 2-1: Wasserförderanlage Gua Bribin (Schema)

Die Anlage hat bei Volllast genügend Potential um insgesamt ca. 75.000 Menschen mit mehr als 50 Liter am Tag (WHO-Richtlinie) zu versorgen (siehe auch `www.hoehlenbewirtschaftung.de`).

2.2 Verbundvorhaben „Integriertes Wasserressourcen-Management (IWRM)"

Aufbauend auf den positiven Ergebnissen des Pilotprojektes Gua Bribin wurde 2008 das wiederum durch das BMBF geförderte Verbundprojekt „Integriertes Wasserressourcenmanagement in Gunung Kidul, Indonesien (2008-2013)" initiiert (siehe Abb. 2-2).

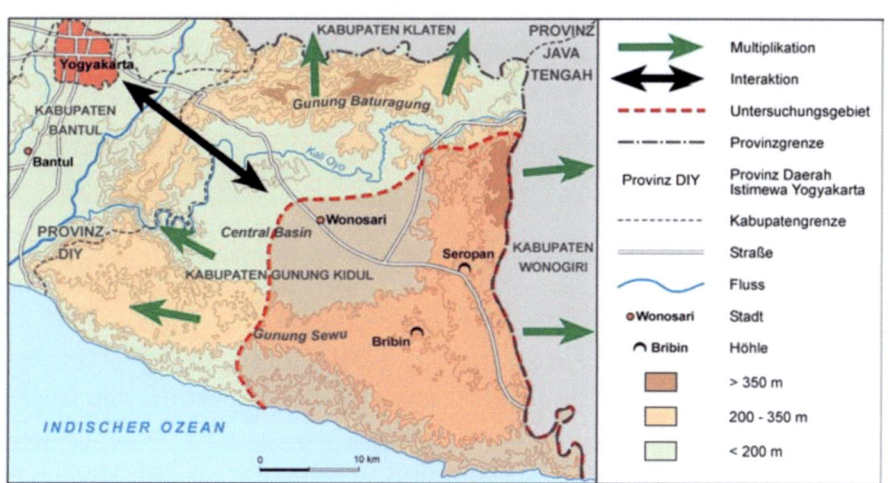

Abb. 2-2: IWRM-Modellregion Gunung Kidul

Hierbei werden neben der Erschließung der Wasservorkommen auch die Aspekte der optimierten Wasserverteilung, der Wasseraufbereitung sowie der Abwasserentsorgung in der ländlichen Gunung Sewu aber auch den urban geprägten Gebieten des angrenzenden Wonosari Plateaus unter Berücksichtigung der unterschiedlichen sozio-ökonomischen und ökologischen Belange aufgegriffen. Zur Gewährleistung der Nachhaltigkeit des IWRM werden die Entwicklungsarbeiten und Umsetzungen der verschiedenen Fachdisziplinen durch einen intensiven Wissenstransfer begleitet. Durch die Entwicklung und Umsetzung untereinander abgestimmter und angepasster Technologien sollen die Grundlagen für eine quantitativ ausreichende und qualitativ hochwertige Wasserversorgung entsprechend den WHO-Standards geschaffen werden.

Das Projekt ist in 7 Arbeitsschwerpunkte („Work-Packages") untergliedert, an welchen insgesamt 9 Institute unterschiedlicher Fachdisziplinen des KIT, ein Institut der Universität Gießen und das Technologiezentrum Wasser arbeiten. Außerdem sind 6 Industriepartner aus den Bereichen Pumpentechnik (KSB AG), Netzleittechnik (IDS GmbH), Geoinformatik (COS Systemhaus OHG), Geotechnik (GIF GmbH), Wasseraufbereitung (CIP GmbH) und Abwassertechnik (Huber AG) am Projekt beteiligt.

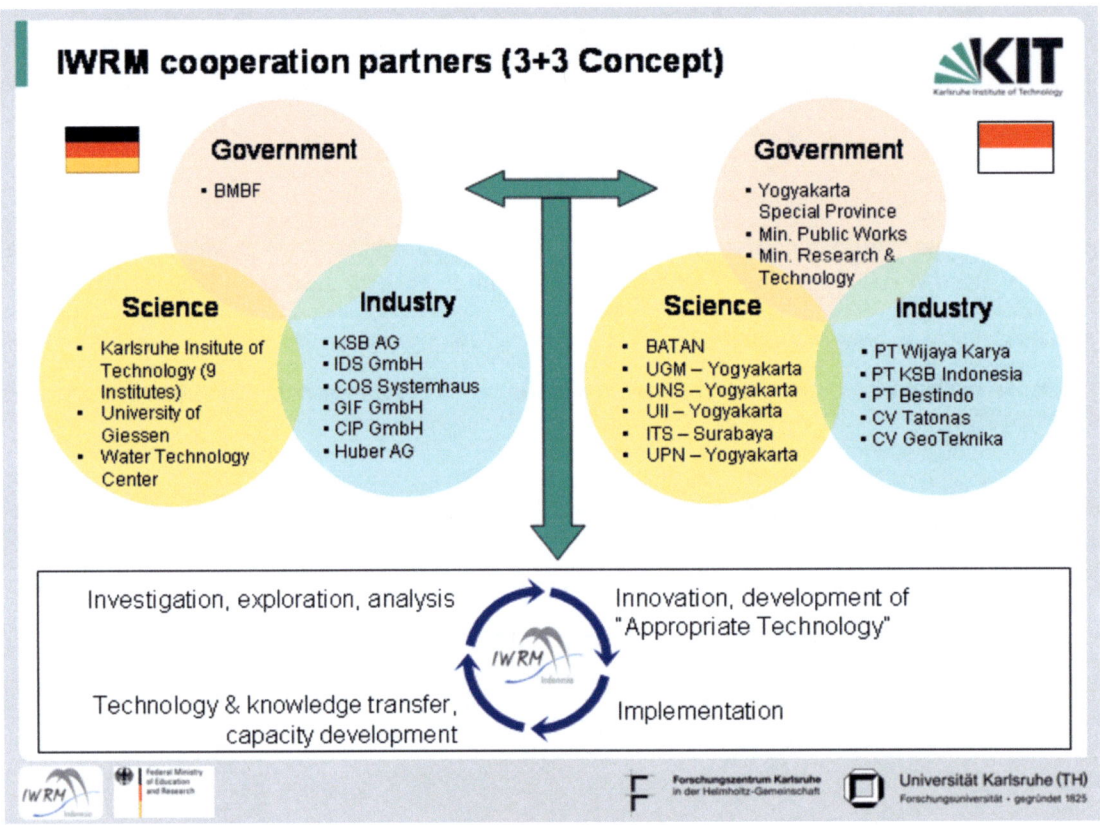

Abb. 2-3: Konzeption des IWRM Verbundvorhabens

Als Ergänzung zu dem in Gua Bribin umgesetzten Förderkonzept ist geplant, in einer weiteren Höhle Gua Seropan eine Wasserförderanlage zu implementieren, bei der die Energie für den Antrieb von Förderpumpen über eine Holzdruckrohrleitung erzeugt wird. In den ländlichen Gebieten der Gunung Sewu steht vor allem die Ertüchtigung bestehender Wasserverteilungssysteme auf Basis angepasster Netz- und Betriebskonzept im Vordergrund. Zur Sicherung der Wasserqualität wird ein System für das Monitoring des Rohwassers sowie des Wassers in den Verteilungssystemen entwickelt und umgesetzt. Im Krankenhaus in Wonosari wird eine Pilotanlage zur Wasseraufbereitung installiert, die bei Erfolg als Vorlage für weitere dezentrale Anlagen in der Region dienen soll. Zum Schutz der vulnerablen Wasserressource werden zudem Möglichkeiten des Einsatzes innovativer Methoden zur semizentralen Abwasserbehandlung (z. B. Co-Fermentierung) geprüft. Zur Planung und Umsetzung der unterschiedlichen Implementierungsmaßnahmen waren wiederum umfassende geodätische Arbeiten notwendig, welche vom GIK bzw. mit dessen Unterstützung ausgeführt wurden. Nähere Informationen finden sich unter www.iwrm-indonesien.de.

3 Geodätische Arbeiten

Im Rahmen der oben beschriebenen Projektaktivitäten wurden durch umfassende vermessungstechnische Arbeiten des Geodätischen Institutes (GIK) die geometrischen und GIS-technologischen Grundlagen zur Umsetzung der (wasser-)baulichen Konzepte geschaffen. Dazu zählen dreidimensionale (3D) Höhlenvermessungen, die Bohrstellen- und Bauachsabsteckungen, die Festlegung eines Referenzsystems, die Einmessung des bestehenden Wasserverteilungsnetzes und technischer Einrichtungen, der Aufbau und die Verwaltung eines Geoinformationssystems (GIS) sowie Spezialvermessungen (Staumauerüberwachung, Steuerung einer Vertikalbohrmaschine). Die Randbedingungen in der Zielregion stellten hierbei eine besondere Herausforderung dar und erforderten die Entwicklung und den Einsatz innovativer Methoden, die im Folgenden beschrieben werden.

3.1 3D-Höhlenvermessungen – Polygonierung

Eine präzise Vermessung der Höhlen, beginnend am Eingang des Zugangsstollens, entlang des unterirdischen Flusses bis über die geplante Baustelle hinaus, ist die Grundlage für sämtliche Planungen und für weitergehende Arbeiten des Anlagenbaus. Die Arbeiten waren 2003 in der Höhle Bribin [Kupferer et al., 2006] und 2006 in Seropan hinsichtlich der Methodik identisch.

3.1.1 Vorarbeiten

Zunächst wurde mit der am GIK entwickelten Software NetzCG [Derenbach et al., 2007] eine Netzplanung durchgeführt, um die zu erwartende Genauigkeit abschätzen und das entsprechende Instrumentarium und Messverfahren auswählen zu können. Zu der geplanten unterirdischen Baustelle sollte ein Vertikalschacht abgeteuft werden, der die Höhle tangential anschneidet. Als Absteckgenauigkeit wurden 20 cm gefordert. Die Wahl des Messverfahrens fiel auf einen Polygonzug, der im Hin- und Rückweg zwangszentriert gemessen werden muss. Er bestand in Bribin aus ca. 65 Standpunkten, verteilt auf einer unterirdischen Gesamtlänge von ca. 1,5 ,km. Die kürzeste Polygonseite war knapp 4 m. Als Instrumentarium wurden in Bribin ein Leica TCR1102 und in Seropan ein Leica TCRP1201 gewählt, deren Richtungsgenauigkeit bei ca. 0,5 mgon und die Streckengenauigkeit unter 2 mm lag.

Abb. 3-1: Messkonsole im Seebereich Bribin

Für die Messungen in sehr engen Höhlenbereichen (Höhe unter 50 cm) wurde ein Ministativ konstruiert und die Überbrückung der unterirdischen Seen erfolgte mit Hilfe selbst angefertigter Wandkonsolen (Abb. 3-1).

3.1.2 Messungen

Die Messungen erforderten 3 Standardstative aus Aluminium, das Ministativ und die entsprechenden Dreifüße und Reflektoren. Holzstative sind wegen der hohen Luftfeuchtigkeit ungeeignet. Die Stative wurden 2006 mit einem Laserlot zentriert, da das 2003 verwendete optische Lot in der extremen Luftfeuchtigkeit (bis 100 %, kondensierend) innen beschlug und in der Höhle sehr zeitaufwendig zerlegt und gereinigt werden musste. Während der über 3-wöchigen Messung waren mindestens 6 Personen im Einsatz, die neben den Messarbeiten auch den Transport der Messausrüstung, der Akkubohrmaschine, des Vermarkungsmaterials und des Proviants unter widrigen Bedingungen durchführen mussten. Hier war die Zusammenarbeit mit den Mitgliedern des ortsansässigen Speläologenvereins ASC, die auch über vermessungstechnisches Fachwissen verfügten, optimal.

Die Messungen unter Tage fanden unter äußerst schwierigen Randbedingungen statt. In Seropan erschwerten 2 Wasserfälle die Messungen zusätzlich. Das Klima in der Höhle und der überall vorhandene, extrem feine Schlamm setzten vor allem der Feinmechanik (Dreifüße, Stative) und der Optik (beschlagene Okulare, Objektive und Prismen) zu. Es konnte 2006 durch die Motorisierung und die automatische Anzielung „ATR" des TCRP1201 die Messzeit gegenüber der optischen Anzielung 2003 halbiert werden. Auch das Wegfallen der aufwendigen Ausleuchtung der Reflektoren für die optische Messung beschleunigte die Arbeiten 2006 erheblich. Das hervorragende Energiekonzept des Instruments ermöglichte es, einen kompletten Messtag trotz permanentem Einsatz von Motor und Laserpointer ohne Akkuwechsel durchzustehen. Beide Geräte überstanden die Einsätze, deren Bedingungen weit außerhalb der Herstellerspezifikationen lagen, problemlos.

Während der Polygonzugmessung wurde die Höhle Bribin vollständig dreidimensional über reflektorlose Messung erfasst. Über den ca. 1 km langen Höhlenverlauf wurden rund 5500 Punkte aufgenommen. Die Messung der Wassertiefen in den Seebereichen erfolgte von Schlauchbooten aus mit Teleskopstäben. In Seropan wurden bisher lediglich einige Profile aufgenommen, um die Holzdruckrohrleitung planen zu können.

Die oberirdische Absteckung der Bohrstelle erfolgte 2003 über einen Polygonzug, 2006 mit Hilfe von differenziellem GPS im Echtzeitmodus (RTK). Drei in einem annähernd gleichseitigen Dreieck (ca. 60 m Seitenlänge) angeordnete Punkte oberhalb des Höhleneingangs dienten als Passpunkte zur Bestimmung der Transformationsparameter für die GPS-Absteckung. Diese Absteckung konnte mit 2 Personen innerhalb eines halben Tags durchgeführt werden, während 2003 für die Messung des oberirdischen Polygonzugs und die Absteckung noch 4 Personen und 2 Tage nötig waren.

3.1.3 Ergebnisse

Die Auswertung der Messungen in Gua Bribin erfolgte wiederum mit NetzCG. Mit einer erreichten Punktgenauigkeit von 3 cm konnten die Vorgaben eingehalten werden (relative Fehlerellipse bei der Absteckung von 20 cm / 4 cm mit 38 % Wahrscheinlichkeit). Nach Abschluss der Schachtbohrung in Bribin 2005 bestand die seltene Möglichkeit, durch eine Lotung die tatsächlich erreichte Genauigkeit zu prüfen. Diese lag mit knapp 8 cm linearer Abweichung für die Lage des Schachts deutlich innerhalb der Vorgaben von 20 cm.

Die Polygonpunkte konnten im weiteren Verlauf der Arbeiten als Basis für Bauwerksabsteckungen und weitere Detailaufnahmen verwendet werden. Aus der Höhlenaufnahme wurde mit dem Programm Civil 3D der Firma Autodesk ein Höhlenmodell erzeugt, das zur Visualisierung und zur Volumenberechnung verwendet wurde [Schmitt et al., 2006].

3.2 3D-Höhlenvermessungen – TLS

Im Herbst 2009 und Frühjahr 2010 fanden zwei größere Messkampagnen mit terrestrischen Laserscannern (TLS) des GIK statt (Leica: HDS6000, ScanStation C10), um hochauflösende 3D-Modelle des Höhlenverlaufs in Seropan und der Staumauer samt Wasserkraftanlage in Bribin zu generieren.

3.2.1 TLS – Seropan

Im Rahmen des IWRM-Projekts in der Höhle Seropan ist u. a. die Konstruktion einer Holz-druckrohrleitung mit angeschlossener Kleinwasserkraftanlage geplant. Auf Wunsch der dafür verantwortlichen Teilprojekte wurde im August 2009 eine hochauflösende 3D-Aufnahme der Höhle Seropan mit einem terrestrischen Laserscanner durchgeführt. Mit Hilfe des daraus erzeugten zentimetergenauen 3D-Computermodells wurden der Achsverlauf der Holzleitung, die Lage der Aufhängungen und der Verankerungen sowie eine Wehrerhöhung detailliert geplant. Um die geforderte Genauigkeit des 3D-Modells ($< 1\,\mathrm{dm}$) zu erreichen, wurde für die Aufnahme entlang des unterirdischen Flusses – vom Wehr bis zum 2. Wasserfall – der Laserscanner Leica HDS6000 (Abb. 3-2) eingesetzt.

Abb. 3-2: TLS-Messungen in Seropan (HDS6000)

Der ca. 350 m lange Höhlenabschnitt konnte in 4 Tagen mit 21 Scannerstandpunkten aufgemessen werden. Die Scans wurden mit der zweithöchsten Auflösung durchgeführt, was einem mittleren Punktabstand von ca. 1 cm entsprach. Jeder Scan (Punktwolke pro Standpunkt) bestand somit aus ca. 400.000.000 Objektpunkten. Mit dem Zusammenschluss aller 21 Einzelscans zu einer einzigen, dreidimensionalen Punktwolke, die sich aus ca. 8 Mrd. einzelnen Messpunkten zusammensetzte, wurde die Basis für die anschließenden Computermodellierungsarbeiten geschaffen. Die Orientierung der einzelnen Scans erfolgte über Verknüpfungspunkte, die mit schwarz-weißen Zielmarken und Plastikbällen (als Kugelersatz) signalisiert wurden. Für den Anschluss an das lokale Höhlenkoordinatensystem wurden einige Verknüpfungspunkte (Plastikbälle) mit Stabstativen auf Polygonpunkten aufgestellt. Im Anschluss an jeden Scan wurden auf jedem Standpunkt noch Bilder mit einer externen Kamera gemacht, um ein möglichst photorealistisches Modell zu erzeugen.

Die Auswertung erwies sich auf Grund der riesigen Datenmengen (> 12 GB), die verarbeitet werden mussten, als sehr zeitaufwendig und stellte hohe Anforderungen an die eingesetzte Hard- und Software. Die Aufbereitung der Scans erfolgte mit der Software Cyclone von Leica, die Vermaschung mit Geomagic Studio und die Animation mit 3D Studio Max von Autodesk. Da die eingesetzte Planungssoftware der Teilprojekte (AutoCAD von Autodesk) nur bestimmte Datenmengen verarbeiten kann, musste in einer 2. Auswertung die Punktwolke ausgedünnt werden, um das Datenvolumen zu reduzieren. Weiterhin wurde die Höhle hierfür in 5–10 m breite Abschnitte unterteilt, die dann getrennt von einander bearbeitet wurden. Den Projektpartnern wurden für die weiteren Planungen letztendlich diese Einzelabschnitte als vermaschte 3D-Modelle mit ca. 1 dm Punktabständen zur Verfügung gestellt. Grundlage für die anschließende, photorealistische 3D-Animation (Flug durch die Höhle) war das Gesamtmodell mit 1 dm Auflösung.

Im Rahmen der Auswertung erkannten erfreulicherweise auch andere Teilprojekte den hohen Nutzen eines solchen 3D-Modells. Beispielsweise konnten aus geologischer Sicht kritische, instabile Höhlenbereiche mit Hilfe des vermaschten Computermodells sehr gut untersucht werden, um letztendlich aufschlussreiche Rückschlüsse auf die Stabilität des Felses bzw. der Schichtflächen zu ziehen.

3.2.2 TLS – Bribin

Im März 2010 fand eine weitere TLS-Messkampagne statt. Unter der Annahme, dass die Wasserkraftanlage in der Höhle Bribin bis dahin fertig gestellt sein sollte und bereits in Betrieb ist, wurde eine 3D-Aufnahme der Staumauer und der Förderanlage mit der ScanStation C10 (Leica) durchgeführt. Ziel dieser Vermessung war eine detaillierte, dreidimensionale Erfassung des Ist-Zustandes der Wasserkraftanlage, einschließlich aller technischer Einrichtungen und Leitungen, der Staumauer und der Drainagebohrungen (ergänzt durch Tachymeteraufnahmen). Durch den Soll-Ist-Vergleich sollen Nachbesserungen, Ergänzungen und sonstige Kontrollen effizienter durchgeführt werden können. Zusätzlich zu den unterirdischen Anlagen wurde noch das Gelände an der Erdoberfläche, rund um das Bohrloch, gescannt.

Da die Bau- und Reparaturarbeiten an der Anlage zum Aufnahmezeitpunkt leider noch nicht beendet waren, mussten die Höhlenaufnahmen in die Abend- und Nachtstunden verlegt werden. Nach ca. 6 h war der Höhlenabschnitt mit 5 Scannerstandpunkten dreidimensional erfasst. Das Gelände an der Oberfläche konnte zuvor in ca. 3 h mit 3 Standpunkten aufgemessen werden. Die Oberfläche wurde in der zweithöchsten Auflösung mit ca. 30.000.000 Objektpunkten je Standpunkt gescannt, der Höhlenabschnitt aber, auf Grund der kürzeren Zielweiten, in der dritthöchsten Auflösung mit ca. 25.000.000 Objektpunkten pro Scan. Diese Einstellungen waren in beiden Fällen angemessen, um einen mittleren Punktabstand von ca. 1 bis 2 cm zu erhalten. Die Verknüpfungspunkte wurden mit den in Abschnitt 3.2.1 bereits erwähnten Plastikbällen und schwarz-weißen Zielmarken signalisiert. Die Bilder für das Texture-Mapping wurden mit der im Scanner integrierten Kamera gemacht.

Ähnlich wie bei der Auswertung der Seropan-Messungen in Abschnitt 3.2.1 wurde auch hier für die Aufbereitung der Scans die Software Cyclone der Firma Leica verwendet. Aus der Gesamtpunktwolke der zusammengefassten Einzelscans heraus (ca. 180.000.000 Objektpunkte) erfolgte dann in Cyclone auch die 3D-Modellierung der Wasserkraftanlage inkl. der Rohre, Pumpen und Turbinen (Abb. 3-3) sowie der Staumauer, der Wände, des Bodens und der Höhlendecke

(Vermaschung). Im Anschluss daran wird die Vermaschung der Oberflächenscans, bestehend aus ca. 75.000.000 Objektpunkten, zu einem Geländemodell erfolgen, bevor dann abschließend mit der Software 3D Studio Max eine photorealistische 3D-Animation generiert wird.

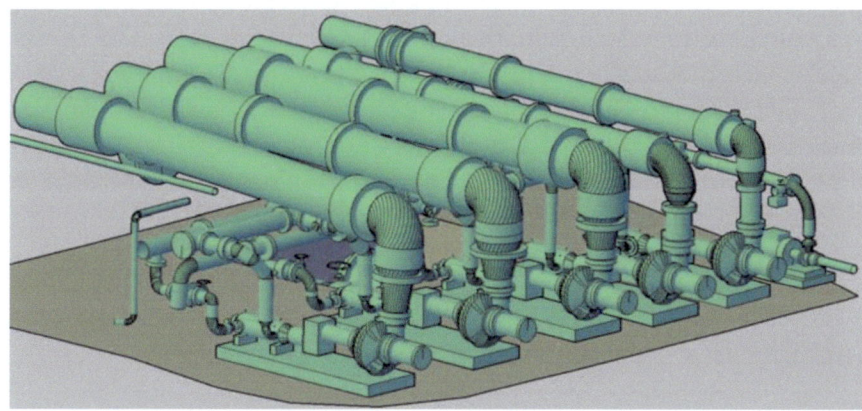

Abb. 3-3: Zwischenstand 3D-Modellierung Bribin (von Sarina Hoffmann)

3.3 Festlegung der Bezugssysteme

Im Rahmen der beiden Verbundprojekte wurden bis zum heutigen Zeitpunkt sehr viele Vermessungsaufgaben durchgeführt. Als Resultate all dieser überwiegend von einander unabhängigen Vermessungen entstanden Koordinaten und Höhen in unterschiedlichen Systemen, wie z. B. das GPS-System oder die lokalen Höhlensysteme. Um diese Ergebnisse, wie auch die zukünftigen Vermessungen und die Daten aller anderen Projektpartner, zusammenhängend darstellen und nutzen zu können, war ein gemeinsames, einheitliches Bezugssystem festzulegen. Da die Punktgenauigkeit im vorhandenen indonesischen Grundlagennetz mit bis zu 5 m der geforderten cm-Genauigkeit nicht annähernd entsprach, wurde mittels eigener statischer GPS-Messungen ein neues, hochgenaues Referenzpunktnetz angelegt. Es ist die Grundlage für alle georeferenzierten Daten (Koordinaten, Höhen, Sachdaten) im Projekt.

Für die Lage wurde die Universale Transversale Mercatorabbildung (UTM) mit dem globalen GRS80-Ellipsoid als zugrundeliegende Referenzfläche gewählt. Referenzrahmen ist der International Terrestrial Reference Frame 2005 (ITRF2005). Die Gebrauchshöhen wurden in einem globalen Geoidmodell, dem Earth Gravitational Model 2008 (EGM08)[1], festgelegt. Beides sind aktuelle, globale Bezugssysteme mit der höchstmöglichen Genauigkeit (cm-Bereich). Sie ermöglichen die derzeit optimale Einpassung, Zusammenführung und Darstellung der verschiedenen Daten unterschiedlichster Qualität.

Die Auswahl der Punkte des neuen Grundlagennetzes richtete sich nach bestimmten Kriterien wie einer homogenen, flächenhaften Verteilung über das gesamte Projektgebiet, einem stabilen und unbeweglichen Untergrund, rundum freien Sichten wegen der Abschattungsproblematik bei GPS, einer möglichst langen Lebensdauer der Punkte und ihrer Vermarkung und einer guten Anfahrbarkeit mit dem Auto. Die meisten der Wasserbehälter der Leitungsnetze Bribin und Seropan erfüllen diese Kriterien und somit wurden die Netzpunkte auf den Flachdächern der Behälter vermarkt.

Für die statischen GPS-Messungen wurden Empfänger vom Leica-System 1200 nach einem optimierten Beobachtungsplan auf den Dächern aufgestellt, um mehrere Stunden Phasenmessungen der Satelliten aufzuzeichnen. Wie bereits in den Jahren davor erfolgte auch diese Auswertung der

---

[1] http://earth-info.nga.mil/GandG/wgs84/gravitymod/egm2008/

statischen Messungen mit dem kanadischen Postprocessing-Online-Service CSRS-PPP (Canadian Spatial Reference System - Precise Point Positioning)[2]. Die daraus resultierenden Genauigkeiten der geografischen Koordinaten (Breite und Länge im WGS84 bzw. GRS80, ITRF2005) lagen zwischen 1 und 3 cm und die der ellipsoidischen Höhen zwischen 5 und 10 cm. Anschließend wurden die geografischen Koordinaten mit institutseigener Software ins UTM-System umgerechnet. Zur Berechnung der Gebrauchshöhen wurden die Geoidundulationen (bezogen auf WGS84) im EGM08 bestimmt. Die National Geospatial-Intelligence Agency (NGA) in den USA bietet hierfür die entsprechende Software zum freien Download und zur eigenständigen Nutzung an. Somit konnte ein hochgenaues Referenzpunktnetz im cm-Bereich eingerichtet werden, welches die Basis für alle folgenden Messungen und ortsabhängige Daten darstellt.

3.4 Überwachung der Vertikalbohrmaschine

Der Zugangsschacht zum Höhlenkraftwerk Gua Bribin wurde mit dem Prototyp einer Vertikalbohrmaschine (Abb. 3-4) der Firma Herrenknecht AG realisiert [ZurLinde u. Schmäh, 2009]. Das GIK entwickelte hierfür eine preisgünstige Methode, mit der die Position der Maschine über die prognostizierte Bohrtiefe von 100 m zuverlässig überwacht werden konnte. Es waren dabei 5 Freiheitsgrade zu berücksichtigen (3 Rotationen, 2 Translationen). Nach verschiedenen Testreihen wurden zwei am oberen Schachtende fixierte, exakt vertikal ausgerichtete Laser installiert, um das Rollen der Maschine (Rotation um die Längsachse) und ihre Lagestabilität zu überwachen. Die beiden verbleibenden Rotationen (Neigungen um die horizontalen Achsen) wurden über eine an der Maschine montierte Dosenlibelle überwacht. Als Laser boten sich Laserlote der Firma Leica an. Obwohl diese in erster Linie zur Zentrierung und Horizontierung von Vermessungsstativen gedacht waren, war der eingebaute Laser mit einer Strahlaufweitung von $\frac{2\,mm}{1,5\,m}$ auch in einer Entfernung von 50 m noch gut sichtbar. Die präzise Feinmechanik der Lote mit einer eingebauten Röhrenlibelle von $\frac{30''}{2\,mm}$ ermöglichte eine hinreichend vertikale

Abb. 3-4: Vertikalbohrmaschine der Firma Herrenknecht AG

Ausrichtung des Lasers von ca. $\frac{2\,cm}{100\,m}$. Die Justierung der Libelle und des Lasers konnte durch Drehen der Geräte überprüft werden. Nach der Montage der Lote auf einer Brücke über dem Bohrschacht konnte über terrestrische Messungen deren Lage bezüglich oberirdischer Festpunkte bestimmt und im Verlauf der Bohrarbeiten auch kontrolliert werden. Der Maschinenfahrer musste somit lediglich die Lage der Laserpunkte auf den Zieltafeln an der Maschine und die Blase der Dosenlibelle bei der Maschinensteuerung beachten. Nach der Hälfte der Gesamtbohrtiefe wurden in ca. 50 m Tiefe an den Tübbingen Konsolen angebracht und die Laserlote für den zweiten Bohrabschnitt nach unten versetzt. Diese Lösung war insgesamt sehr kostengünstig, leicht zu warten und für die genannten Rahmenbedingungen ausreichend präzise.

---

[2] http://www.geod.nrcan.gc.ca

3.5 Staumauerüberwachung

Nach Fertigstellung des unterirdischen Sperrwerks in Gua Bribin erfolgte 2008 der Testeinstau der Höhle. In der Einstauphase sollte die Staumauer mit verschiedenen geodätischen und geotechnischen Methoden hinsichtlich Bewegung und Verformung ständig überwacht werden. Hierzu wurde gemeinsam mit dem Institut für Boden- und Felsmechanik (IBF) ein Beobachtungskonzept aufgestellt, um Bewegungen im Submillimeterbereich zu registrieren.

Die Messreihen bestanden aus tachymetrischen Polarmessungen, Konvergenzmessungen mit Hilfe von Invardrähten und Pendelmessungen. Ergänzend hierzu wurden parallel noch Sickerwassermessungen an den in die Decke eingebrachten Drainagerohren gemacht. Zur Markierung der Messpunkte wurden 30 cm lange Konvergenzbolzen in die Decke, den Boden, die Seitenwände, den Fels und die Mauer selbst eingebracht (Abb. 3-5), auf deren Gewinde die Messvorrichtungen und Zieltafeln aufgeschraubt wurden. An der Staumauer wurden links und rechts Pendellote (P-Punkte) mit einer Millimeterablesevorrichtung installiert, die ein Kippen der Mauer anzeigen sollten. Um Horizontal- und Vertikalbewegungen der gesamten Plattform zu detektieren, wurde ein Horizontal- und Vertikalprofil (H- und V-Punkte) für die Konvergenzmessung angelegt. Für die Polaraufnahmen wurden schließlich noch Referenzpunkte (R-Punkte) im unbeweglichen Fels verankert.

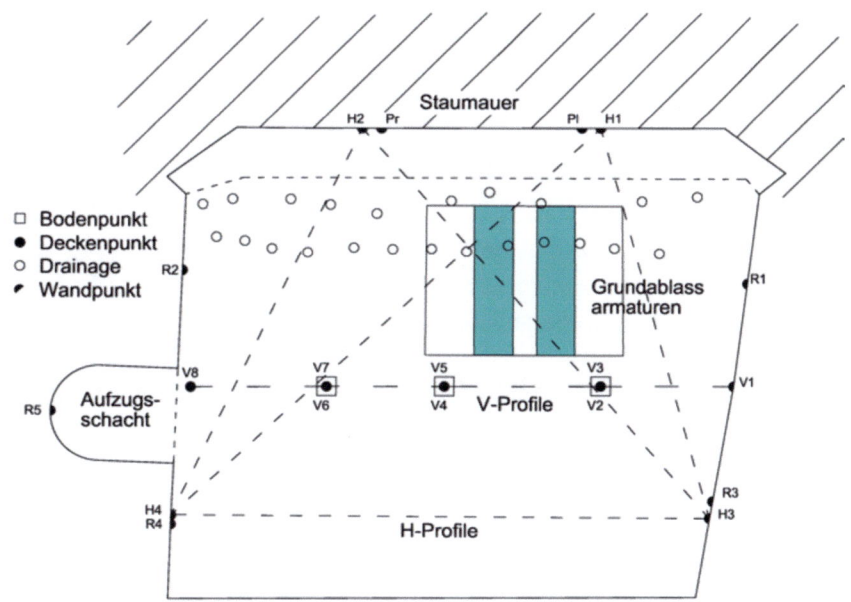

Abb. 3-5: Messpunkteübersicht der Staumauerüberwachung

Vor Beginn des Einstaus mussten die Nullmessungen gemacht werden. Die Polaraufnahme erfolgte zu Beginn und am Ende der Einstauphase. Sie diente lediglich der absoluten Positionierung aller Mess- und Standpunkte, da sie nur eine Genauigkeit von 1 mm lieferte. Die Konvergenz- und Pendelmessungen wurden in regelmäßigen Abständen, alle 2 bis 3 Stunden, durchgeführt. Anhand der Konvergenzmessungen, die mit dem Präzisionsdistometer ISETH durchgeführt wurden, konnten Längenänderungen zwischen den Profilpunkten besser 0,05 mm detektiert werden.

Nachdem sämtliche Durchlässe vollständig geschlossen wurden, begann die Überwachung bis zu einer Einstauhöhe von knapp 17 m. Bei einem Abfluss von ca. 1,2 m³/s erreichte man diesen maximalen Wasserstand nach ca. 48 h. Die Auswertung der Polarmessungen zeigte keine Bewegung der Mauer oder der Plattform an, obwohl ein Teil der Messungen zeitgleich zu abschließenden Betonierarbeiten durchgeführt werden musste. Die Ergebnisse der Konvergenzmessungen wiesen durchweg auf unkritische Bewegungen der Staumauer unterhalb von 0,1 mm hin. Nur bei einer der Seitenwände wurde eine Verschiebung von ca. 0,2 bis 0,3 mm detektiert. Zukünftig wird über ein regelmäßiges Monitoring das Langzeitverhalten des Sperrwerks unter Dauerstau beobachtet [Mutschler, 2009].

3.6 Bestandsaufnahme der Wasserverteilungssysteme

Die Bestandsaufnahme der Wasserverteilungssysteme Seropan und Bribin, die sich über ein Gebiet von ca. $40 \times 20 \, km^2$ erstrecken, ist eine weitere zentrale Aufgabe des GIK. Sie umfasst die Leitungsnetzaufnahme (Haupt- und Versorgungsleitungen) mit RTK-GNSS-Messungen, klassische Detailaufnahmen der Bauwerke wie Wasserbehälter, Schieber, Pumpen sowie die Erfassung von Zusatzinformationen wie Rohrdurchmesser, Material und Alter. Diese Messungen werden seitens des Instituts für Wasser und Gewässerentwicklung (IWG) für den Aufbau eines Simulationsmodells der Versorgungsnetze genutzt, um kosteneffiziente Rehabilitationsstrategien als Grundlage einer gesicherten Wasserversorgung zu entwickeln [Klingel u. Knobloch, 2009]. Alle Messungen erfolgen im Bezugssystem ITRF2005 (siehe Abschnitt 3.3), sodass sich der Zeitaufwand für die Auswertung erheblich reduziert und sich die Weiterverarbeitung der Ergebnisse vereinfacht.

3.7 GIS-gestütztes Datenmanagement und DSS

Im Rahmen des laufenden BMBF-Vorhabens „Integriertes Wasserressourcen Management (IWRM) in der Region Gunung Kidul" konzentrieren sich die Arbeiten des GIK auf den Aufbau eines IWRM-GIS.

Ein IWRM besteht oft aus einer großen Zahl von Teilprojekten (TP) unterschiedlichster Disziplinen. Jedes TP erhebt im Rahmen seiner Arbeit enorme Datenmengen. Um diese Daten allen Beteiligten vollständig und transparent zur Verfügung stellen zu können, ist eine zentrale Datenhaltung unabdingbar. Durch diese Transparenz kann Doppelarbeit bei der Datenerhebung vermieden werden und Datenlücken werden frühzeitig aufgedeckt. Bei der dezentralen Datenhaltung dagegen erfolgt häufig ein Austausch von Kopien der Daten unter den TPs und eine Weiterverarbeitung an verschiedenen Orten. Dies führt mittelfristig zu inhomogenen Datenbeständen, die sich in ihrer Aktualität mehr und mehr voneinander entfernen. Auch hier garantiert nur die zentrale Datenhaltung einen konsistenten Datenbestand und gewährleistet, dass alle Projektpartner aktuelle Daten zur Verfügung haben.

Als technische Grundlage der zentralen Datenhaltung dient ein Geographisches Informationssystem (GIS). Ein GIS besteht im Wesentlichen aus einer Datenbank, in der die Informationen abgelegt werden, einem Konstruktionssystem, über das Daten und Graphiken in das System eingespielt werden und einem Auskunftssystem, mit dem über das Internet die Informationen weltweit abgerufen werden können. Rollenbasierende Sichten auf die Datenbank ermöglichen dabei, den Anwendern genau die Daten zu zeigen, die für sie relevant sind oder die Daten zu verbergen, die nicht jedem zugänglich sein sollen. Analysemethoden ergänzen das GIS mit individueller Funktionalität, um den Anwender in seiner Entscheidungsfindung zu unterstützen. Des Weiteren können auch Schnittstellen zu externen Softwarepaketen, die der Anwender zur Entscheidungsfindung einsetzt (Decision Support System – DSS), bereitgestellt werden.

3.7.1 Die „4 Säulen" des IWRM-GIS

Der IWRM-Verbund besteht allein auf deutscher Seite aus 19 Teilprojekten der unterschiedlichsten Fachrichtungen aus Wissenschaft und Industrie, um in diversen Arbeitsgruppen gemeinsame Lösungsstrategien zu erarbeiten und zu realisieren. Hinzu kommen noch einige Kooperationspartner auf indonesischer Seite. Basis für eine effektive, interdisziplinäre Zusammenarbeit ist ein regelmäßiger Austausch der Fachdaten untereinander. Die „Fachdaten" umfassen Geodaten, Sachdaten (numerisch, alphanumerisch), Rasterdaten und auch Animationen (Videos) aus den Bereichen der Geodäsie und Geografie, der Siedlungswasserwirtschaft, der Mineralogie und Geochemie, der Mikrobiologie und Chemie, des Energiewasserbaus, der Boden- und Felsmechanik, des Massivbaus und der Baustofftechnologie, des Stahl-, Holz- und Steinbaus, der Wasserverteilungsnetze, der Geoökonomie und der Technikfolgenabschätzung. Im Gegensatz zu einem klassischen GIS, welches i. d. R. auf einen oder wenige Fachbereiche beschränkt ist, müssen im IWRM-GIS die Daten sehr vieler Fachbereiche (hier 19) erfasst, aufbereitet, strukturiert, abgeglichen, verknüpft und wieder bereitgestellt werden. Um dies zu erleichtern wurden Strategien erarbeitet, die ein einheitliches und strukturiertes Erfassen der Daten ermöglichen und eine redundante Datenhaltung minimieren sollen.

Die Qualität eines GIS, und somit auch sein Nutzen, stehen und fallen mit der Qualität der darin enthalten Daten. Sie sind das „Herzstück" eines jeden Informationssystems und werden in einer zentralen Datenbank verwaltet. Nach außen hin sichtbar ist die Oberfläche des Auskunftssystems COSVega[3], mit deren Hilfe die TPs Daten über das Internet (Webbrowser) abrufen und weiterverarbeiten können. Aus Sicherungsgründen sind beide Komponenten auf getrennten Serversystemen installiert, wobei das Auskunftssystem COSVega auf dem Web-Server über das Internet erreichbar ist. Der Datenbankserver mit der zentralen Oracle-Datenbank dagegen ist nur über einen VPN-Tunnel mit entsprechenden Zugangsrechten erreichbar. Das Auskunftssystem greift somit nicht direkt auf die Originaldaten in der Datenbank zu, sondern nur auf ein Image des Datenbestandes, welches in regelmäßigen Abständen von der Oracle-DB vollautomatisch erstellt und auf den Web-Server überspielt wird. Die dritte Säule des GIS ist der Konstruktionsarbeitsplatz von COSVega, auf den nur die Systemadministratoren Zugriff haben. Hier werden die Grafik für das Auskunftssystem erstellt (Kartensichten, Objekte, Analysefunktionen, ...) und die verschiedenen Daten und Objekte miteinander verknüpft (Topologie, Plausibilität, ...). Der vierte Bestandteil des GIS ist die universelle Sachdatenverwaltung (UDV). Sie ist eine Art elektronisches Erfassungsformular, welches eine strukturierte und formatierte Erfassung von Daten ermöglicht und an die jeweiligen Bedürfnisse der Teilprojekte individuell angepasst wird. Mit Hilfe der UDV können sowohl Daten anderer eingebundener Datenbanken (z. B. Access, MySQL, PostgreSQL, ...) abgerufen und verwendet wie auch die jeweiligen Fachdaten in der zentralen Datenbank (Oracle) eigenständig aktualisiert werden. Um hier ein unerwünschtes Lesen oder Schreiben der Fachdaten auszuschließen, können Zugriffsrechte auf die verschiedenen Fachdaten erteilt werden. Neben der Zentralisierung und Vereinheitlichung der unterschiedlichen Informationen gewährleistet die UDV durch Plausibilitäts- und Konsistenzprüfungen eine hohe Datenqualität. So können aussagekräftige, realistische und überprüfbare Auskünfte garantiert werden – sogar dann, wenn mehrere Teams die UDV parallel zur Erfassung einsetzen.

3.7.2 Sicht des Anwenders

Bei der Datenerfassung ist eine möglichst flexible Arbeitsweise für die Anwender bequem. Häufig werden deshalb Skizzen oder Tabellen auf Papier oder in unstrukturierten Excel-Tabellen geführt. Eine automatisierte Weiterverarbeitung dieser Daten ist kaum möglich. Fehlende Standards z.B. in der Benennung von Objekten und bei der Validierung der Daten führen zu Fehlern im Datenbestand. Mit der UDV ist deshalb ein Werkzeug entwickelt worden, das dem Anwender bei der Datenerfassung recht enge Vorgaben macht, die Einhaltung von Standards erzwingt (beispielsweise bei der Verwendung von Einheiten, Bezeichnungen etc.) und die Daten strukturiert

---

[3]COS Systemhaus, Homepage COSVega: `http://www.cosgeo.de/sys_0210.htm`

ablegt. Das Einpflegen neuer Daten in die zentrale Datenbank kann dann vom Anwender selbst erfolgen. Nur dies gewährleistet auch, dass der Anwender „Herr" über seine Daten bleiben kann, sie selbst pflegen und auch bestimmen kann, wer auf welche Daten mit welchen Rechten Zugriff erhält. Dem GIS-Administrator obliegt es dabei, zuvor aufgrund ausführlicher Gespräche mit den Anwendern die UDV so auf die jeweiligen Erfordernisse anzupassen, dass trotz der strengen Regeln bei der Datenerfassung alle relevanten Daten vollständig und auch bequem erhoben werden können. Die Sachdaten verwaltet jeder Anwender selbst, die Konstruktion von graphischen Elementen bleibt in der Hand spezialisierter GIS-Administratoren. Auf alle graphischen Daten und fremde Sachdaten kann über das Auskunftssystem zugegriffen werden. Hierzu genügen ein Webbrowser und eine Internetverbindung mittlerer Geschwindigkeit.

Werden eigene Programme zur Weiterverarbeitung eingesetzt, z. B. zur Datenanalyse, Simulation oder Entscheidungsfindung allgemein, werden Schnittstellen bereitgestellt, um den aktuellen Datenbestand aus dem GIS zu extrahieren und/oder die Ergebnisse der Berechnungen wieder in das GIS einzupflegen. Eine dezentrale Haltung von „Arbeitskopien" der Daten ist somit nicht nötig und auch aus den genannten Gründen unbedingt zu vermeiden.

3.7.3 Status Quo

Das Web-GIS ist bereits seit über einem Jahr im Einsatz. Die Datenmenge nimmt kontinuierlich zu. Derzeit sind überwiegend Geodaten, Rasterdaten und Fachdaten aus den Bereichen Geografie, Mineralogie, Siedlungswasserwirtschaft, Mikrobiologie und Chemie im GIS verfügbar. Die UDV wird von mehreren TPs zur Datenerhebung erfolgreich eingesetzt (z. B. im Bereich Mineralogie, Mikrobiologie und Siedlungswasserwirtschaft), die Datenübernahme wird aber noch zentral durchgeführt.

4 Ausblick

Im März 2010 wurde die unterirdische Wasserförderanlage an die zuständige indonesische Behörde übergeben, deren Mitarbeiter durch Schulungen auf den selbstständigen Betrieb der Anlage vorbereitet wurden. Um das Verhalten der Anlage im Dauerbetrieb zu bewerten sowie bei eventuell auftretenden Problemen das erarbeitete Know-how einbringen zu können, wird der Betrieb zunächst weiterhin durch Mitarbeiter des KIT begleitet. Für den langfristigen Erfolg des Vorhabens kommt es nun insbesondere darauf an, seitens der indonesischen Behörden die für den Betrieb der Anlage notwendigen strukturellen und organisatorischen Randbedingungen zu gewährleisten.

Es hat sich gezeigt, dass aufgrund der hohen Genauigkeitsanforderungen (z. B. bei der Festlegung der Schachtbohrstelle und -abteufung, Staumauerüberwachung, Trassenplanung für Druckrohrleitungen) sowie extremen naturräumlichen Randbedingungen (wasserdurchflossene, geometrisch hochkomplexe Höhlensysteme, starke Geländegradienten der Kegelkarstformationen) nur durch den zielgerichteten Einsatz bzw. die Kombination klassischer Vermessungsmethoden sowie innovativer Verfahren (u. a. Laser-gestützte Senkrechtlotung, Einsatz terrestrischen Laser-Scannings) die Realisierung baulicher Maßnahmen zur Wasserversorgung erreicht werden konnte. Hierdurch trug das Teilprojekt des Geodätischen Institutes (GIK) am KIT unter Leitung von **Prof. Schmitt** maßgeblich zum Erfolg des Projektes bei.

Neben den vermessungstechnischen Arbeiten liegt derzeit ein Schwerpunkt der IWRM-Arbeiten des GIK in der Entwicklung des GIS-gestützten Datenerfassungs- und Managementsystems. Während der restlichen Laufzeit des IWRM werden die Datenbank und das GIS mit seinen

Funktionalitäten permanent weiterentwickelt. Es ist geplant, alle Daten und Funktionalitäten gegen Ende der Projektlaufzeit an die indonesischen Partner zu geben. Um das System an die spezifischen Anforderungen der späteren Nutzer anzupassen, finden seit Beginn des Projektes regelmäßig Workshops mit den maßgebenden Universitäten und Behörden statt. Hier liegt bereits Erfahrung mit GIS vor und ausreichend Potential, den Datenbestand langfristig zu pflegen. Im Laufe des Projekts werden je nach Bedarf weitere projektbegleitende Vermessungen wie die Achsabsteckung der Holzdruckrohrleitung in Gua Seropan, die Lokalisierung von Bohrstellen, die Bestandsaufnahme des Wasserverteilungssystems Seropan einschließlich aller technischen Einrichtungen (ab 2010) oder weitere TLS-Messungen durchgeführt.

Die Erschließung des unterirdischen Fließgewässersystems in Verbindung mit der gesamtheitlichen Erarbeitung eines IWRM in Gunung Kidul wird einen Beitrag zur Lösung weltweit existierender Wasserknappheit in Karstgebieten liefern. Eine Vielzahl an Forschungsergebnissen des IWRM-Projektes werden sich zudem auch auf Gegenden mit nicht verkarstetem Untergrund übertragen lassen. Dies trifft auch auf die im Rahmen des Projektes erarbeiteten geodätischen Methoden sowie GIS-gestützten Werkzeuge zu. Nicht zuletzt wird das Projekt auch die interkulturelle Verständigung fördern, was gerade vor dem Hintergrund der weltpolitischen Situation von existentieller Bedeutung ist.

Literatur

[Derenbach et al. 2007] DERENBACH, H. ; ILLNER, M. ; SCHMITT, G. ; VETTER, M. ; VIELSACK, S.: *Ausgleichsrechnung – Theorie und aktuelle Anwendungen aus der Vermessungspraxis*. Universitätsverlag Karlsruhe, 2007. – ISBN 978-3-86644-124-8

[Hötzl 2009] HÖTZL, H.: Nutzung von Karstwasservorkommen für die Trinkwasserversorgung – Gefährdungspotentiale und Schutz. In: *WasserWirtschaft* 99, Nr. 7-8 (2009), S. 24–30

[Klingel u. Knobloch 2009] KLINGEL, P. ; KNOBLOCH, A.: Hydraulische Modellierung von Trinkwasserversorgungssystemen zur Analyse und Planung. In: *WasserWirtschaft* 99, Nr. 7-8 (2009)

[Kupferer et al. 2006] KUPFERER, St. ; SCHMITT, G. ; VETTER, M. ; ZIMMERMANN, J.: Vermessungsarbeiten in einem Wasserbewirtschaftungsprojekt unterirdischer Fließgewässer in Indonesien. In: *Zeitschrift für Geodäsie, Geoinformation und Landmanagement (ZfV)* Heft 3 (2006)

[Mutschler 2009] MUTSCHLER, T.: Geotechnische Aspekte beim Bau einer unterirdischen Wasserkraftanlage in einer Karsthöhle. In: *WasserWirtschaft* 99, Nr. 7-8 (2009)

[Nestmann et al. 2009] NESTMANN, F. ; OBERLE, P. ; IKHWAN, M. ; LUX, T. ; SCHOLZ, U.: Bewirtschaftung unterirdischer Fließgewässer in Karstgebieten – Pilotstudie auf Java, Indonesien. In: *WasserWirtschaft* 99, Nr. 7-8 (2009)

[Schmitt et al. 2006] SCHMITT, G. ; VETTER, M. ; ZIMMERMANN, J.: BMBF-Verbundprojekt: „Erschließung und Bewirtschaftung unterirdischer Karstfließgewässer". In: *Abschlussbericht Teilprojekt 3: Detailvermessung und dreidimensionale Modellierung eines unterirdischen Flusssystems* (2006). – `www.hoehlenbewirtschaftung.de/Deutsch/Files/TP3_Abschlussbericht_Version_4_2.pdf`

[ZurLinde u. Schmäh 2009] ZURLINDE, L. ; SCHMÄH, P.: Schachtbautechnik zur Realisierung eines Zugangsschachtes in eine Karsthöhle. In: *WasserWirtschaft* 99, Nr. 7-8 (2009)

Anschrift der Autoren:

Dipl.-Ing. Marco Benner

Karlsruher Institut für Technologie (KIT)
Geodätisches Institut (GIK)
Englerstraße 7, 76131 Karlsruhe
marco.benner@kit.edu

Dr.-Ing. Peter Oberle

Karlsruher Institut für Technologie (KIT)
Institut für Wasser und Gewässerentwicklung
Ernst-Gaber-Straße 4, 76131 Karlsruhe
peter.oberle@kit.edu

Prof. Dr.-Ing. Dr.h.c. mult.
Franz Nestmann

Karlsruher Institut für Technologie (KIT)
Institut für Wasser und Gewässerentwicklung
Ernst-Gaber-Straße 4, 76131 Karlsruhe
franz.nestmann@kit.edu

Geosensornetzwerke – neue Technologien und interessante Herausforderungen für die mathematische und datenverarbeitende Geodäsie und Geoinformatik

Ralf Bill

Eine persönliche Vorbemerkung zum Festschriftbeitrag für Günter Schmitt
Geosensornetzwerke sind ein aktuelles und spannendes Forschungsthema. Solche Sensornetzwerke bestehen aus großen Mengen von einfach auszubringenden Sensoreinheiten, die sich selbst organisieren, drahtlos miteinander kommunizieren und Messungen durchführen und auswerten können. Mit Einbeziehung der Positionsinformation für jeden einzelnen Sensor ist auch der Bezug zur mathematischen und datenverarbeitenden Geodäsie und Geoinformatik gelegt. Durch die große Menge der Sensoren, von denen jeder einzelne zudem i. d. R. hinsichtlich Energie, Speicherplatz und Rechnerleistung limitiert ist, stellen sie interessante Herausforderungen hinsichtlich der Numerik, des Netzwerkes und damit der geodätischen Ausgleichung als Positionsbestimmungsmethode, der Einbindung in Überwachungsnetze und Informationssysteme dar: Themen, denen sich Günter Schmitt in seinem wissenschaftlichen Leben intensiv gewidmet hat und mit denen er auch den Werdegang des Verfassers im Studium und zu Beginn der wissenschaftlichen Laufbahn wesentlich mitgeprägt hat. Insofern ist sich der Verfasser sicher, dass Günter Schmitt, würde er heute seinen Weg als Jungwissenschaftler in der Geodäsie starten, sich ebenfalls dem Thema Geosensornetzwerke widmen würde.

1 Digital Earth, Smart Dust und Crowd Sourcing – Trends in der Geoinformatik

Der ehemalige US-Vizepräsident Al Gore hat in seiner vielbeachteten Rede „The Digital Earth: Understanding our planet in the 21st Century" im California Science Center in Los Angeles am 31. Januar 1998 den Begriff „Digital Earth" geprägt. Er formulierte: *„A new wave of technological innovation is allowing us to capture, store, process and display an unprecedented amount of information about our planet and a wide variety of environmental and cultural phenomena. Much of this information will be ,georeferenced' - that is, it will refer to some specific place on the Earth's surface. [...] I believe we need a ,Digital Earth'. A multi-resolution, three-dimensional representation of the planet, into which we can embed vast quantities of geo-referenced data."* (z. B. unter `http://portal.opengeospatial.org/files/?artifact_id=6210&version=1&format= pdf`)

Seit dieser Rede sind insbesondere im Bereich der globalen Visualisierung enorme Fortschritte erreicht. Wichtige Player im IT-Markt wie Google und Microsoft haben sich als Vorreiter einer weltweiten Geodatenvisualisierung etabliert. Google hat mit seinem virtuellen Globus „Google Earth" (vgl. [Korduan, 2008]) Geodaten für ein breites Publikum zugänglich gemacht. Weltweit nutzen bereits mehrere 100 Millionen Menschen diese oder vergleichbare Plattformen, welche als „GIS für alle" von sich reden gemacht hat. Aber auch der Aufbau nationaler (GDI-DE (Geodateninfrastruktur Deutschland), `www.gdi-de.org`) oder europäischer (INSPIRE (Infrastructure for Spatial Information in the European Community), `inspire.jrc.ec.europa.eu`) Geodateninfrastrukturen, die Aktivitäten zur Erdbeobachtung (z. B. GMES (Global Monitoring for the Environment and Security, `www.gmes.info/`) sowie ortsbezogenen Diensten (Location-Based-Service) tragen entscheidend zur Untermauerung der „Digital Earth" bei.

In einer Pressemeldung Anfang des Jahres unter der Überschrift „‚Smart Dust'– From SciFi to Reality: The Coming Era of Sensor Computing." hat die Firma Hewlett-Packard den Start eines Projektes namens „Central Nervous System for the Earth" angekündigt, in dem sie in einer 10-Jahresinitiative bis zu einer Milliarde stecknadelgroßer Sensoren über den Globus verteilen möchte (`www.dailygalaxy.com`, Meldung 04.02.2010). Damit wird ein weiterer wichtiger Grundbaustein der „Digital Earth" verfügbar, mit dem die Dynamik des Systems Erde und unserer Umwelt überwacht werden kann. Die zum Teil bereits heute gegebene Allgegenwärtigkeit von untereinander vernetzten Sensoren, die Informationen über die Erde aufzeichnen, die fortwährende Miniaturisierung von Hardware, die Effizienzsteigerung der Ressourcennutzung und die Verfügbarkeit preisgünstiger massentauglicher Sensorkomponenten erschließt ein immer breiteres Anwendungsfeld für den Einsatz solcher Sensornetzwerke.

Jedermann ist heute in der Lage, mittels einfacher Hilfsmittel räumliche Daten seiner Umgebung zu erzeugen und der Allgemeinheit zur Verfügung zu stellen. Goodchild [2007] spricht in dem Zusammenhang von „Bürgern als Sensoren" und definiert eine neue Art der Geographie der Freiwilligen (engl. Volunteered Geography, alternative Bezeichnungen finden sich auch unter „Neogeography", „Geospatial Web", „Geoaware Web", „Geosocial Mapping" oder auch „Crowd Sourcing"). Diese ist hochgradig mit dem Web 2.0 und seinen erweiterten Diensten verbunden. Spezielle Werkzeuge um Geodaten zu erzeugen, abzulegen und zu verteilen werden in verschiedenen Plattformen geboten. Diese kollaborativen Kartierformen – wie z. B. das OpenStreetMap-Projekt – vereinen im Web gebotene Geoinformationen mit nutzerspezifischen Inhalten und Aktionen einer Vielzahl von Nutzern im Umfeld der Neogeography (`http://en.wikipedia.org/wiki/Neogeography`).

2 Geosensornetzwerke

2.1 Drahtlose Sensornetzwerke

Reichenbach [2007] beschreibt ein Sensornetzwerk als eine Menge von Sensorknoten, die über eine bestimmte Fläche platziert werden und physikalische Daten eines Phänomens von Interesse messen. Auf einem Knoten sind Detektoren/Messsensoren installiert, deren Signale stellvertretend für eine Messgröße stehen. Jeder Knoten ist durch einen ressourcenlimitierten Controller mit beschränkter Speicherkapazität, Prozessorleistung und Kommunikationseinheit auslesbar. Der einzelne Knoten hat heute Ausmaße im cm^3-Bereich, perspektivisch ist die Staubkorngröße (mm^3-Bereich, daher der Name „Smart dust") anvisiert. Limitierend hinsichtlich der Performanz und Miniaturisierung ist oftmals das zur Verfügung zu stellende Energieangebot. In der Regel leiten die einzelnen Sensorknoten ihre Signale zu einer zentralen Station, mitunter als Zentralknoten, Beacon oder auch schlicht als Datensenke bezeichnet, auf der mittels geeigneter Software die weiterführende Datenauswertung und gegebenenfalls einzuleitende Reaktionen erfolgen. Erfolgt die Kommunikation zwischen den Knoten funkbasiert (z. B. mittels Wireless Local Area Network (WLAN)), wobei Messdaten über die direkten Nachbarn bis zu einer Datensenke übertragen werden können, spricht man von einem *drahtlosen Sensornetzwerk* (DSN, engl. Wireless Sensor Network (WSN)). Organisiert sich ein solches Sensornetz zusätzlich noch spontan und selbst, so handelt es sich um ein *drahtloses ad hoc Sensornetzwerk*. Jeder einzelne Knoten ist in der Lage, bei Bedarf aktiviert zu werden und so lange zu arbeiten, wie seine Energiequelle ausreicht. Mittels Methoden wie Selbstheilung und Selbstorganisierung reagiert das Netzwerk auf Knotenausfälle und Störungen. Anwendung finden solche Sensornetzwerke heute schon im intelligenten Gebäudemanagement, oft als Smart Home oder Ambient Intelligence bezeichnet. Hier steuern sie Klimaanlagen, sorgen für Be- und Entlüftung oder registrieren Bewegungen im Raum. Sie dienen somit der Sicherheit von Menschen, Geräten und dem Gebäude selbst, der allgemeinen Komfortsteigerung im Gebäude und der ökonomischen Bewirtschaftung, z. B. der Reduzierung der Raumtemperatur, wenn keine Personen anwesend sind.

2.2 Geosensornetzwerke

Ein Geosensornetzwerk (GSN), als spezielle Ausprägung eines Sensornetzwerkes, verknüpft ein drahtloses Sensornetzwerk mit der Notwendigkeit, die Position eines oder mehrerer Knoten in einem übergeordneten Koordinatenreferenzsystem zu bestimmen (siehe auch [Stefanidis u. Nittel, 2005; Heunecke, 2008; Bill, 2010]). Dies kann entweder durch Aufbringung einer eigenständigen Lokalisierungskomponente (etwa einem GNSS-Empfänger (Global Navigation Satellite System)) auf dem Sensorknoten oder durch Ableitung der Position aus Mess- oder Kommunikationssignalen zwischen den Sensorknoten und den dann hinsichtlich der Position als bekannt vorausgesetzten Beacons selbst erfolgen.

Drahtlose ad hoc Geosensornetzwerke werden zukünftig aus hunderten bis zehntausenden winzigen, elektronischen, kostengünstigen und einfach auszubringenden Sensorknoten bestehen, die sich selbst organisieren, drahtlos miteinander kommunizieren, Messungen durchführen und auswerten können und die Beobachtung verschiedenster Gebiete und Phänomene ermöglichen [Bacharach, 2008]. Bei den ermittelten Informationen kann es sich z. B. um Temperatur, Luft- oder Bodenfeuchte, Windstärke oder Luftdruck handeln. Diese Messwerte werden dann über die direkten Sensornachbarn zur Datensenke (z. B. einem leistungsfähigen Rechner, einem Gateway) gesendet. Diese Datensenke ist üblicherweise auch nicht limitiert hinsichtlich Energie und Rechenleistung und übernimmt die Auswertung, Prozessierung und Weiterleitung der Daten (siehe Abb. 2-1).

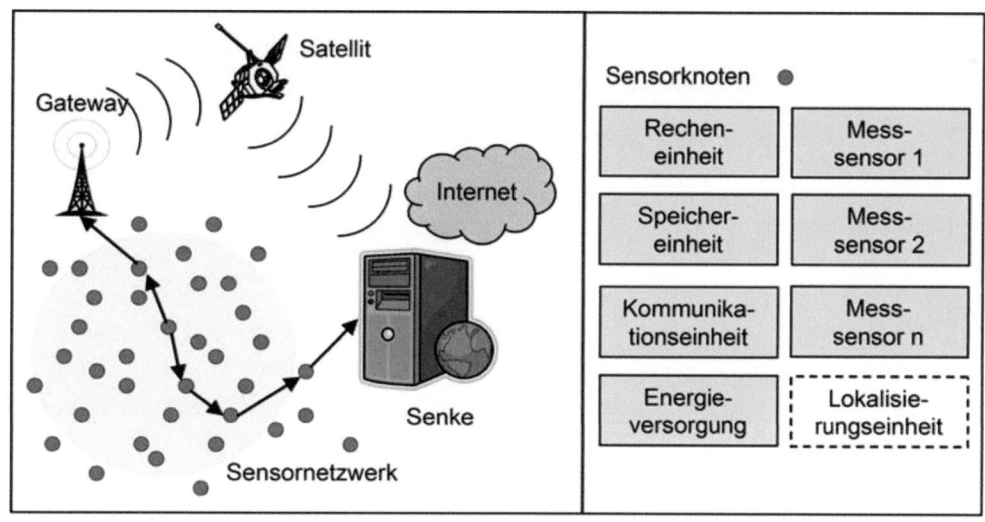

Abb. 2-1: Geosensornetzwerk und Sensorknoten (aus [Bill, 2010])

Das Geosensornetzwerk konfiguriert sich unmittelbar nach Ausbringung der Knoten selbst. Als hochgradig skalierbares und verteiltes System erlauben Geosensornetzwerke die Beobachtung verschiedenster Phänomene, welches die großräumige Erfassung von Umweltphänomenen in unterschiedlichsten Umgebungen, z. B. auch in schwer zugänglichen Regionen und bei sich bewegenden Objekten, erlaubt.

In Erweiterung von Heunecke [2008] werden in Tab. 2-1 Geosensornetzwerke unter anderem charakterisiert nach:

Tab. 2-1: Parameter und Unterscheidungsmerkmale von Geosensornetzwerken

Designparameter	Eigenschaften, Unterscheidungen
Anzahl der Knoten q	beliebig; i. d. R. q = 10 - 1.000
Mobilität der Knoten	statisch, Knoten tlw. in Bewegung (aktiv, passiv)
Autarkie der Knoten	Lebensdauer von einigen Stunden bis Jahre robust gegen äußere Einflüsse
Ausbringung der Knoten	geplant/zufällig (z. B. Abwurf aus Flugzeug) einmalig/ständige Erweiterung des Netzes
Abdeckung der Daten	vereinzelt/räumlich verdichtet und redundant homogen (alle Knoten gleiche Sensorik)/heterogen
Registrierung	permanent/sporadisch/ereignisgesteuert
Netztopologie (Kommunikation)	Infrastrukturell/ad hoc sternbasiert/netzbasiert
Datenkommunikation	unidirektional/bidirektional permanenter Datenfluss/nur auf Anfrage/sporadisch
Lokalisierung	nicht vorhanden/bei Ausbringung/aus Kommunikationssignalen (knoten-, netzwerkbasiert oder verteilt)/Positionssensor integriert

(nach [Heunecke, 2008])

Klassische geodätische Messtechnik/Sensorik – wie das Global Navigation Satellite System (GNSS), lokale Positionierungssysteme (LPS wie Tachymeter) oder Laserscanner (LS) – hat durchaus gewisse Ähnlichkeiten zu den Sensorknoten in Geosensornetzwerken. Als Beispiel soll einmal das System GOCA (GNSS/LPS/LS-based Online Control and Alarm Systems, www.goca. info/) charakterisiert werden. Dieses System dient der online Abbildung und Modellierung eines klassischen Deformationsnetzes. Die Aufzeichnung und Visualisierung der Messdaten geschieht in der GOCA-Zentrale vor Ort oder per Fernwartung. Die Daten werden als Zeitreihen gefiltert und analysiert. Eine automatisierte Alarmierung beim Erreichen kritischer Zustände am Objekt ist möglich. GOCA integriert auf der Hardwareseite Messsysteme wie GNSS-/LPS- oder LS-Sensoren und ist softwareseitig in der Lage, die Hardware zu steuern und die Kommunikation zu organisieren. Herzstück ist die umfangreiche leistungsfähige GOCA-Deformationsanalysesoftware. Für GOCA lässt sich nach den GSN-Kriterien Folgendes aussagen. I. d. R. sind nur wenige, dafür aber sehr leistungsfähige und eher homogene Sensoren ausgebracht. Diese sind robust gegen äußere Einflüsse und auf lange Lebensdauer ausgelegt. Das eher statische Netz wird gut vorgeplant/optimiert und setzt eine gewisse Infrastruktur (Stromversorgung, Vernetzung etc.) voraus. Der bidirektionale Datenfluss kann sowohl permanent als auch ereignisgesteuert erfolgen. Die Lokalisierung ergibt sich unmittelbar aus den Beobachtungen der Messsensoren, d. h. Positionssensoren sind direkt integriert.

Im Unterschied zu solchen klassischen geodätischen Netzkonstellationen ist bei Geosensornetzwerken der einzelne Sensorknoten eher unbedeutend. Erst die Kooperation von Hunderten oder Tausenden von Sensorknoten ergibt verwertbare Ergebnisse. Die einzelnen Sensorknoten sind auch eher zufällig verteilt. Die Position/Lokalisation des einzelnen Sensors ist anfänglich nicht bekannt.

Abbildung 2-2 zeigt einen im BMBF-Verbundprojekt SLEWS entwickelten Sensorknoten mit verschiedenen Messsensoren (Neigung, Druck, Beschleunigung u.a.), der mit einer drahtlosen Kommunikationskomponente ausgestattet ist und zufällig verteilt auf einem Hang platziert sein kann und klassische Messtechnik für Hangrutschungen ersetzt resp. ergänzt (http://slews.de/index.php).

(a) SLWES-Knoten geöffnet   (b) SLEWS-Knoten im Feldeinsatz

Abb. 2-2: Ein SLEWS-Knoten zur Beobachtung von Hangrutschungen (`http://slews.de/index.php`)

2.3 Zur Positionsbestimmung der Sensoren

Aus dem eben erwähnten Beispiel der Hangrutschung ergibt sich unmittelbar, dass die Position in solchen Geosensornetzwerken ein wichtiges Element (resp. Messgröße selbst) sein kann. Die Kenntnis der Position ist jedoch in GSN auch noch für andere Zwecke von Vorteil, so z. B. für das Netzmanagement. Auf welchem Wege wird die Information im drahtlosen Netzwerk weitergeleitet (Multi-Hop, räumliches Routing), besonders auch bei wechselnder Netztopologie durch Knotenausfall. Sensorknoten können räumlich in Clustern organisiert sein, die sich die Arbeiten (Messen, Kommunizieren, Rechnen) sinnvoll aufteilen. In dynamischen Umgebungen ist die Position des Knotens wichtig, um die Bewegungsraten abzuschätzen. Aus Sicht der Geoinformatik ist die Position natürlich ebenfalls relevant, um z. B. kombiniert mit anderen Geoinformationen Hindernisse erkennen zu können, vom Punkt in die Fläche zu interpolieren oder Sensordaten in Geodateninfrastrukturen zu integrieren.

Die klassische geodätische Vorgehensweise wäre, einen GNSS-Empfänger auf einem Sensorknoten zu integrieren. Auch wenn diese inzwischen sehr klein und auch durchaus kostengünstig verfügbar werden, so sprechen doch einige Aspekte gegen einen solchen Ansatz: Dies sind insbesondere der hohe Energie- und Ressourcenverbrauch, die zusätzlichen Kosten und die eingeschränkte Nutzung in Innenbereichen (Gebäude). Insofern sind alternative Wege zur Positionsbestimmung gefragt, die einerseits ressourcensparend im Hinblick auf Energie-, Kommunikations- und Rechenbedarf sowie robust und skalierbar sind, andererseits aber auch eine gewisse Präzision erreichen. Eine Übersicht hierzu gibt z. B. Reichenbach [2007] (siehe Abb. 2-3).

In Näherungslösungen wird oftmals nur die Positionsinformation der erreichbaren Beacons (nächster Beacon, Schwerpunktberechnung, Flächenüberlagerung) genutzt. Vielfach wird das Kommunikationssignal im drahtlosen Netz (WLAN) selbst als Messsignal verwendet, so z. B. die Signalstärke als Maß, aus dem eine Distanz abgeleitet werden kann. Damit sind Trilaterations-verfahren in Analogie zur Geodäsie einsetzbar. Gegen exakte Lösungen auf Basis geodätischer Ausgleichungstechniken sprach bisher der zu erwartende Ressourcenbedarf. In den DFG-Projekten GeoSens (Reichenbach [2007]; Born et al. [2008]) und GeoSens2 (Born et al. [2010]; Niemeyer et al. [2010]) konnte die Ausgleichungstechnik jedoch sehr performant auf die Geosensornetzwerke adaptiert werden. Hierzu wird von einem verteilten Ansatz ausgegangen, der in Reichenbach [2007] initiiert und in verschiedensten Varianten untersucht wurde.

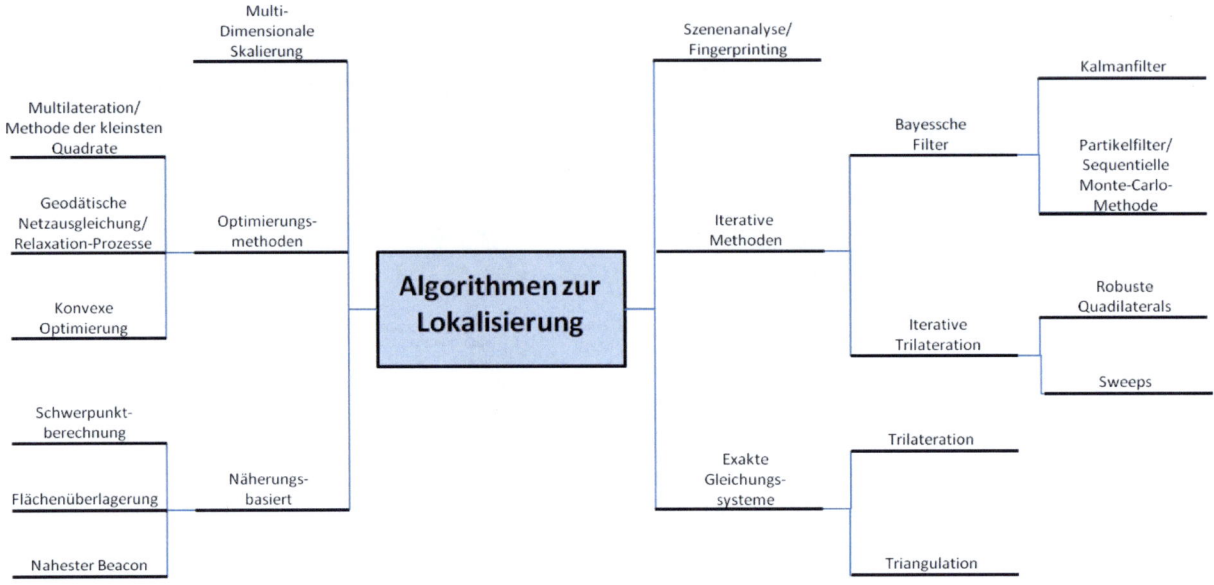

Abb. 2-3: Übersicht zur Positionsbestimmung in Sensornetzen (nach [Reichenbach, 2007])

Kurz sollen die wesentlichen Schritte anhand von Born et al. [2008] für einen einzelnen zu bestimmenden Sensorknoten – also eine Einzelpunkteinschaltung mittels Bogenschnitt – skizziert werden. Eine absolute Positionierung findet auf wenigen Beacons z. B. durch den Einsatz von GNSS-Empfängern statt. Die zu bestimmenden Sensorknoten ermitteln zu den erreichbaren Beacons anhand der Signalstärke ihre Distanzen. Die einzelnen Positionen der Sensorknoten werden mit einem Least-Squares-Ansatz verteilt (Distributed Least Squares, DLS) berechnet. Das funktionale Modell bei der Neupunktbestimmung baut auf der Trilateration auf, wobei an dieser Stelle mehr als drei Euklidische Distanzen $d_1 \ldots d_m$ ein überbestimmtes Gleichungssystem mit m Gleichungen (m resp. b ist die Anzahl der Beacons, zu denen von dem jeweiligen Sensorknoten Distanzen $d_i \; \forall i = 1, \ldots, m$ gemessen wurden) und im einfachsten 2D-Fall $n = 2$ Unbekannten (x_N, y_N) bilden. Zu b-Beacons seien Beobachtungen vom N-ten Sensorknoten möglich, so dass bei $b > 2$ bereits Überbestimmungen vorliegen.

$$(\tilde{x}_1 - x_N)^2 + (\tilde{y}_1 - y_N)^2 = \tilde{d}_1^2$$

$$\vdots$$

$$(\tilde{x}_m - x_N)^2 + (\tilde{y}_m - y_N)^2 = \tilde{d}_m^2$$

Um das nichtlineare Gleichungssystem zu linearisieren und auch auf eine Näherungswertberech-nung verzichten zu können, wurde die Linearisierung bei dem DLS-Algorithmus mithilfe eines Linearisierungswerkzeugs gewählt. Dazu dient die erste Gleichung als Linearisierungshilfe, in dem sie in jeder der b-gegebenen Beobachtungsgleichungen abgezogen wird.

$$(\tilde{x}_i - x_N + \tilde{x}_1 - \tilde{x}_1)^2 + (\tilde{y}_i - y_N + \tilde{y}_1 - \tilde{y}_1)^2 = \tilde{d}_i^2 \quad (i = 2, 3, \ldots, b)$$

Durch Umformen und Umstellen erhält man:

$$(x_N - \tilde{x}_1)(\tilde{x}_2 - \tilde{x}_1) + (y_N - \tilde{y}_1)(\tilde{y}_2 - \tilde{y}_1) = \frac{1}{2}(d_1^2 - d_2^2 + \tilde{d}_{21}^2)$$

$$(x_N - \tilde{x}_1)(\tilde{x}_3 - \tilde{x}_1) + (y_N - \tilde{y}_1)(\tilde{y}_3 - \tilde{y}_1) = \frac{1}{2}(d_1^2 - d_3^2 + \tilde{d}_{31}^2)$$

$$\vdots$$

$$(x_N - \tilde{x}_1)(\tilde{x}_b - \tilde{x}_1) + (y_N - \tilde{y}_1)(\tilde{y}_b - \tilde{y}_1) = \frac{1}{2}(d_1^2 - d_b^2 + \tilde{d}_{b1}^2)$$

In der für Geodäten gewohnten Matrizenschreibweise ergibt sich:

$$\mathbf{A} = \begin{pmatrix} \tilde{x}_2 - \tilde{x}_1 & \tilde{y}_2 - \tilde{y}_1 \\ \tilde{x}_3 - \tilde{x}_1 & \tilde{y}_3 - \tilde{y}_1 \\ \vdots & \vdots \\ \tilde{x}_b - \tilde{x}_1 & \tilde{y}_b - \tilde{y}_1 \end{pmatrix}, \qquad \mathbf{x} = \begin{pmatrix} x_N - \tilde{x}_1 \\ y_N - \tilde{y}_1 \end{pmatrix}, \qquad \mathbf{b} = \begin{pmatrix} b_{21} \\ b_{31} \\ \vdots \\ b_{b1} \end{pmatrix}$$

Die durch das Erweiterungsverfahren linearisierte Matrixform $\mathbf{A}$ besitzt die folgenden positiven Eigenschaften:

1. Alle Elemente der Koeffizientenmatrix $\mathbf{A}$ berechnen sich nur aus vor der Berechnung bereits bekannten Beaconpositionen $\tilde{B}_1(\tilde{x}_1; \tilde{y}_1), \ldots, \tilde{B}_b(\tilde{x}_b; \tilde{y}_b)$.

2. Vektor $\mathbf{b}$ – nicht zu verwechseln mit der Beaconanzahl b – beinhaltet einerseits die Distanzen zwischen dem Neupunkt N und allen Beacons $d_1, \ldots, d_b$ und andererseits die Distanzen $\tilde{d}_{21}, \ldots, \tilde{d}_{b1}$ zwischen dem ersten Beacon und allen anderen Beacons, welche ebenfalls vor der Berechnung zur Verfügung stehen.

Durch die Methode der kleinsten Quadrate soll das entstandene Gleichungssystem gelöst werden, welches am Beispiel der Lösung mittels Normalgleichungen dargelegt wird. Es wurden aber auch andere Orthogonalisierungsmethoden wie die *QR-Faktorisierung – (QVD)* und die *Singulärwertzerlegung – (SVD)* getestet.

$$\mathbf{A}^\mathrm{T}\mathbf{A}\mathbf{x} = \mathbf{A}^\mathrm{T}\mathbf{b} \tag{2-1}$$

Durch Umstellen der Normalgleichung (2-1) ergibt sich die Lösung zu:

$$\mathbf{x} = (\mathbf{A}^\mathrm{T}\mathbf{A})^{-1}\mathbf{A}^\mathrm{T}\mathbf{b} \tag{2-2}$$

Bei genauer Betrachtung der Funktionalmatrix und des Absolutgliedvektors bietet es sich an, die Berechnung des Gleichungssystems in einen komplexeren und einen weniger komplexen Teil zu unterteilen, d.h. die Berechnung der Lösung $\mathbf{x}$ wird in die *Vorberechnung* $\mathbf{A}_p = (\mathbf{A}^\mathrm{T}\mathbf{A})^{-1}\mathbf{A}^\mathrm{T}$ mit der komplexeren Invertierung und in die weniger komplexe *Nachberechnung* $\mathbf{A}_p \cdot \mathbf{b}$ aufgesplittet. Die grundlegend neue und bedeutsame Idee ist nun, die Vorberechnung auf einem leistungsstarken Knoten wie der Senke oder auch einem Beacon auszulagern und den Aufwand auf den ressourcenlimitierten Sensorknoten dadurch drastisch zu verringern. In den weiteren Betrachtungen übernimmt vorerst die Senke die Vorberechnung. Der Algorithmus läuft in drei Phasen ab, in denen Optima hinsichtlich Rechenaufwand (Anzahl der Rechenschritte resp. Floating point operations), Speicheraufwand (Kbytes) und Kommunikationsaufwand zu suchen sind.

- Alle Beacons senden ihre Positionsinformation an die Senke zur Initialisierung der Berechnungen.

- Die einmalige zentrale Ausführung der Vorberechnung auf der Senke verhindert redundante Berechnungen, da die Vorberechnung auf jedem Sensorknoten identisch ist. Dies resultiert daraus, dass die Vorberechnung nur auf Basis der Koeffizientenmatrix **A** stattfindet, die für jeden Sensorknoten gleich ist. Demzufolge muss die Vorberechnung anstatt auf s Sensorknoten nur noch auf einem Knoten (der Senke oder einem Beacon) durchgeführt werden.

- Unterschiedliche Distanzmessungen auf den Sensorknoten führen zu unterschiedlichen Absolutgliedern **b**. Dementsprechend muss die Nachberechnung auf jedem Sensorknoten individuell ausgeführt werden. Allerdings benötigt die Nachberechnung weitaus weniger Ressourcen als die Gesamtberechnung.

Reichenbach [2007] analysiert diesen Ressourcenverbrauch erstmals in seiner Dissertation. Er erweitert den DLS-Algorithmus zum einen auf mobile Geosensornetzwerke – mobile Distributed Least Squares-Algorithmus (mDSL) – und zum anderen zum iterative Distributed Least Squares-Algorithmus (iDLS), bei dem Geosensorknoten, die sich eine Position errechnet haben, auch zu Beacons werden und in die Berechnung der Positionen der verbliebenen Unbekannten einfließen. Born u. Reichenbach [2010] modifizieren diesen Ansatz zum Resource-Aware-Localisation-Verfahren (RAL), in dem sie die Gesamtperformanz erneut steigern. Ein Performanzvergleich mit Näherungslösungen und einem weiteren Ausgleichungsansatz belegt die Überlegenheit dieser in Rostock entwickelten Verfahren.

Beide Methoden setzen Kommunikationsverbindungen zwischen dem zu lokalisierenden Sensorknoten zu allen Beacons voraus; eine Bedingung, die in großen Sensornetzwerken nicht immer eingehalten werden kann. Eine fehlende Streckenbestimmung würde die Nachberechnung unmöglich machen oder durch Matrixupdating wesentlich erschweren. Aus diesem Grunde wurden beide Verfahren stabilisiert und im scalable Distributed Least Squares-Algorithmus (sDLS^{ne}) sowie im scalable Resource-Aware-Localisation-Verfahren (sRAL) zusammengefasst ([Behnke et al., 2010, 2011]. Im Wesentlichen heißt das, es werden ausschließlich der dichteste Beacon und die nächsten in direkter Sendereichweite des dichtesten Beacons verwendet. Jeder Beacon erhält dafür eine eigene Vorberechnung, welches zwar den Berechnungsaufwand erhöht. Da dieses allerdings auf einer Datensenke erfolgt und nicht die Sensorknoten betrifft, ist dieser Mehraufwand vertretbar. Weiterhin erfolgt dadurch eine Clusterpartitionierung des Sensorfeldes, was den Lokalisierungsaufwand nachhaltig stabilisiert.

2.4 Sensor Web Enablement (SWE) zur Einbindung in Geodateninfrastrukturen

Um die Sensoren und Sensorprozesse im Geosensornetzwerk in einem dienstebasierten Kontext formal eindeutig als Informationsressource präsentieren zu können, ist die Einhaltung gewisser Standards notwendig. Ziel ist es, Angaben zur Sensorart, dessen Aufbau und Funktionalität, unabhängig von spezifischen physischen Parametern, einheitlich zu erfassen und über das Internet zugängig zu machen. Der stetig wachsende Bedarf an sensorgestützten Echtzeitinformationen spiegelt sich in der Spezifikationsreihe des „Sensor Web Enablement (SWE)" des OGC [Botts, 2006] wider (siehe Tab. 2-2). Alle Sensoren bzw. Sensorknoten sollen via Internet in einer Art Suchmaschine auffindbar, zugreifbar und gegebenenfalls auch steuerbar gemacht werden. SWE stellt hierzu das Rahmenwerk mit definierten Schnittstellen und Formate auf XML-Basis für ein internetbasiertes „plug-and-play"-Sensor Web. Dieses umfasst eine Menge von Spezifikationen, die für verschiedenste Zwecke genutzt werden können. Somit wird eine standardisierte Einbindung von Sensorsystemen in internetbasierte Geodateninfrastrukturen (GDI) ermöglicht.

Tab. 2-2: SWE-Spezifikationen und ihre Beschreibung

Spezifikation	Beschreibung
Observations & Measurements Schema (O&M)	Schema und Modelle zur standardisierten Beschreibung von Sensordaten
Sensor Model Language (SensorML)	Schema und Modelle zur standardisierten Beschreibung von Sensorik und Sensorprozessen
Transducer Markup Language (TML)	Schema und Modelle zur standardisierten Beschreibung von Messwertgebern
Sensor Observations Service (SOS)	Standardisierter Dienst zur Anforderung von Sensorbeobachtungsdaten
Sensor Planning Service (SPS)	Standardisierter Dienst zur Anforderung und Planung von nutzerbasierten Datenanfragen
Sensor Alert Service (SAS)/Web Notification Services (WNS)	Standardisierte Dienste zur Übermittlung sensorbezogener Meldungen

3 Geosensornetzwerke am Beispiel von Massenbewegungen

Geosensornetzwerke werden in Abhängigkeit von der Verfügbarkeit der entsprechenden Messsensoren zukünftig als Quelle automatisierter Datengewinnungsmethoden für verschiedenste GIS-Anwendungsfelder sehr interessant. Sie ermöglichen z. B. die rechtzeitige Detektion von Waldbränden, die Überwachung von rutschungsgefährdeten Hanglagen und die Datengewinnung für die Teilflächenbewirtschaftung („Precision Farming"). Mit ihnen lassen sich räumliche und zeitliche Ausbreitungsprozesse von Schadstoffen verfolgen, Konzentrationen von Nährstoffen in Böden messen oder bewegte Objekte (Fahrzeuge, Personen, Tiere) auffinden und verfolgen. Generell sind Geosensornetzwerke für alle Aufgaben des Überwachens (Monitoring) geeignet. In allen diesen Anwendungsgebieten werden umfangreiche Daten gewonnen und mit aufwändigen Auswertungsalgorithmen in Geo-Informationssystemen analysiert.

Eine mögliche Anwendung der Geosensornetzwerke soll am Beispiel des Verbundprojektes SLEWS (Sensor based Landslide Early Warning System, siehe auch http://slews.de/index.php) skizziert werden [Fernández-Steeger et al., 2009; Bill et al., 2008]. Partner in diesem vom BMBF geförderten Projekt sind der Lehrstuhl für Ingenieurgeologie und Hydrogeologie der RWTH Aachen, die Professur für Geodäsie und Geoinformatik der Universität Rostock, die Bundesanstalt für Geowissenschaften und Rohstoffe aus Hannover und die ScatterWeb GmbH aus Berlin. SLEWS widmet sich der Weiterentwicklung von Technologien und Methoden klassischer Frühwarnsysteme. Ziel ist die prototypische Entwicklung eines flexiblen Systems für den Einsatz bei Hangrutschungen. Ein zentraler Aspekt ist dabei die Kombination einer innovativen diensteorientierten und auf internationalen offenen Standards basierenden Informationsinfrastruktur mit adaptierbaren und kostengünstigen Sensoreinheiten. Hiermit soll der Ablauf vom Messprozess bis hin zur Verteilung von Informationen und Warnhinweisen maßgeblich optimiert werden. Untersucht werden dabei die Einsatzmöglichkeiten von funkbasierten ad hoc Sensornetzwerken,

Kombinationsmöglichkeiten spezifischer preisgünstiger Sensoreinheiten (Sensorfusion) und der Aufbau einer Geodateninfrastruktur im Rahmen der OGC SWE-Initiative.

Das Gesamtszenario ist in Abbildung 3-1 skizzenhaft dargestellt. Ein drahtloses Geosensornetzwerk mit verschiedensten Sensorknoten (z. B. Neigungsmesser, Druck- und Temperatursensoren, Weggebern, Beschleunigungsmessern etc.) wird auf einem rutschenden Hang ausgebracht, der z. B. auch noch absolut mit einem geodätischen Netz (GNSS, Tachymetrie etc.) zur epochalen Bewegungsmessung für die klassische Deformationsanalyse oder zur Sensorlokalisierung versehen ist.

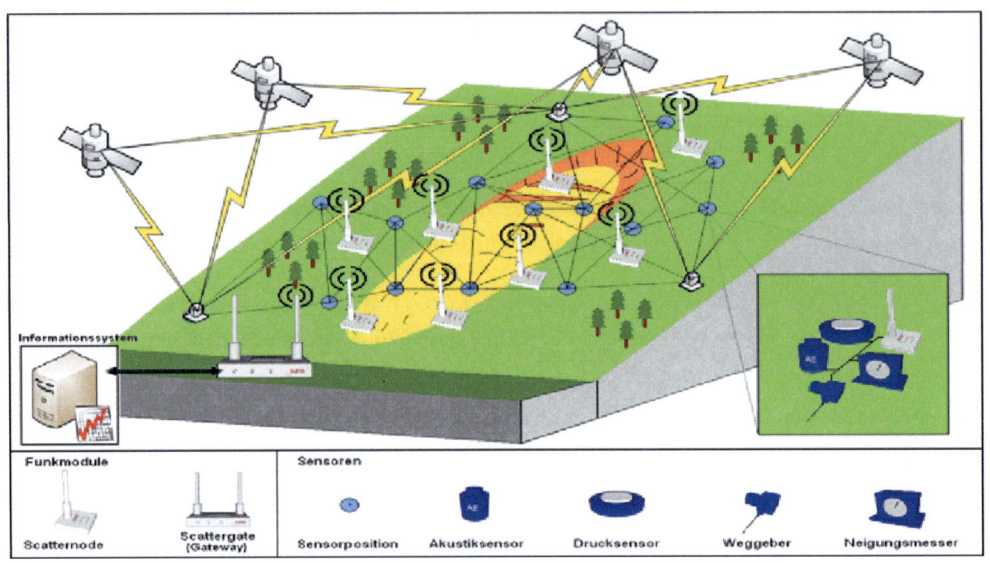

Abb. 3-1: Ein Geosensornetzwerk zur Überwachung von Hangbewegungen

Im Rahmen des Projektes SLEWS sind auf Basis der ScatterWeb®-Technologie Sensorknoten (vgl. Abb. 2-2) entwickelt worden, die sehr energieeffizient und präzise die lokale Deformation an der Geländeoberfläche messen können. Zurzeit stehen zwei Konfigurationen von Sensorknoten zur Verfügung, einer mit Neigungs-, Beschleunigungs- und Drucksensor und einer mit potentiometrischem Seilzug- oder alternativ linearem Wegaufnehmer. Die Sensorknoten verfügen über die Fähigkeit sich nach ihrer Aktivierung selbständig über eine WLAN ähnliche Funktechnologie spontan zu vernetzen und ihre Messwerte im multi-hop-Verfahren drahtlos zu einer Datensenke (Gateway) zu übermitteln. Von dieser können die Daten mittels Netzwerktechnologie oder GSM/GRPS weiter geleitet und umgekehrt die Sensoren im Netzwerk direkt abgefragt oder umprogrammiert werden [Fernández-Steeger et al., 2009].

Aus Sicht der Geoinformatik ist das Gesamtszenario vom Sensornetz bis zur Frühwarnung in Abbildung 3-2 angedeutet, welches von der Messung über den Informationsaustausch und die Informationsanreicherung bis zur Entscheidungsunterstützung und Frühwarnung reicht, nahezu vollständig auf OGC-konformen Diensten beruht und in eine interoperable Geodateninfrastruktur eingebettet ist [Bill et al., 2008].

Dabei werden OGC-standardisierte Dienste und Datenformate des SWE eingesetzt (Abb. 3-3). Nach außen repräsentiert ein Sensor Observation Service (SOS) das Sensornetzwerk, mit dem es möglich ist, OGC-konform Daten aus dem Testnetzwerk über die Geodatenbank abzufragen. In ihm werden alle Messwerte sowie alle Messkomponenten des drahtlosen Geosensornetzwerkes beschrieben, wie Sensortypen, Genauigkeit, Einheiten und mehr. Darüber hinaus kann der standardisierte Sensor Planning Service (SPS) zur Anforderung und Planung von nutzerbasierten Datenanfragen und der Sensor Alert Service (SAS) für die Übermittlung sensorbezogener Meldungen wie Schwellwertüberschreitungen verwendet werden.

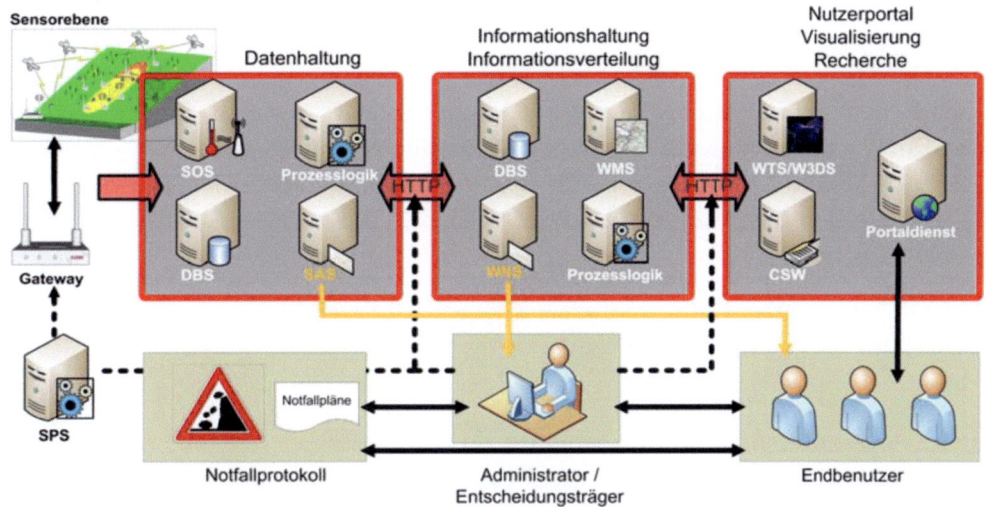

Abb. 3-2: Vom Geosensornetzwerk bis zur Frühwarnung

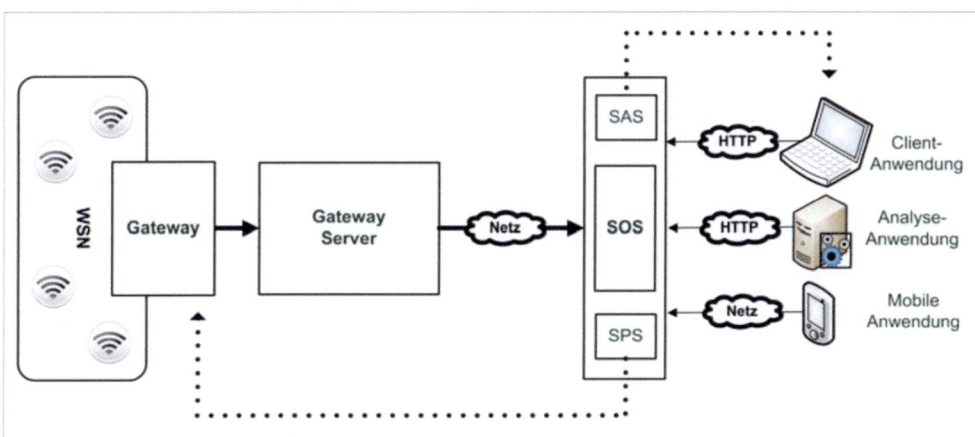

Abb. 3-3: Informationstechnische Komponenten des SLEWS-Frühwarnsystems unter Verwendung von Web und OGC konformen Schnittstellen und Datendiensten

4 Forschungsthemen zu Geosensornetzwerken

Wenn auch das Potenzial der Geosensornetzwerke enorm ist, so besteht aktuell im Umfeld der Geosensornetzwerke noch ein erhöhter Forschungs- und Entwicklungsbedarf. So sind z. B. Fragestellungen zur Positionierung und der Einbettung von der Echtzeiterfassung bis zur Echtzeitauswertung für verschiedenste Anwendungsszenarien zu lösen. Zahlreiche Implementationsaspekte wie z. B. die Verbindung von Hard- und Softwareebene (vgl. z. B. [Walter u. Nash, 2009]) sind auch im GDI-Kontext noch zu lösen, speziell hinsichtlich der Umsetzung der SWE-Spezifikationen. Standardisierte Mechanismen, Spezifikationen und Architekturen zu Geosensoren entwickeln sich gerade. Die spannende Frage ist jedoch, welche dieser Methoden sich auf den limitierten Geosensorknoten etablieren lassen. Die Praxistauglichkeit ist noch zu beweisen. Dennoch kann bereits jetzt vorhergesagt werden, dass Geosensornetze zukünftig die Modellierung, Messung und Auswertung von Prozessen in Raum und Zeit (und auch in Echtzeit) verändern werden. Daher ergeben sich hier für die jungen Nachfolger von Günter Schmitt extrem interessante Betätigungsfelder.

Danksagung

Der Autor dankt dem Bundesministerium für Bildung und Forschung (BMBF) der Bundesrepublik Deutschland für die Förderung im Rahmen des Verbundprojekts „SLEWS" (FKZ: 03G0662A) und der Deutschen Forschungsgemeinschaft für die Förderung der GeoSens-Projekte (Bi 467/17-1 und 17-2). Für die Bereitstellung von Bildmaterialien und Textpassagen sei den Projektpartnern und Mitarbeitern gedankt.

Literatur

[Bacharach 2008] BACHARACH, S.: Sensors and the Environment. In: *Vector 1 Magazine* (2008). http://www.vector1media.com/article/feature/sensors-and-the-environment/

[Behnke et al. 2011] BEHNKE, R. ; BORN, A. ; SALZMANN, J. ; TIMMERMANN, D. ; BILL, R.: *Combining Scalability and Resource Awareness in Wireless Sensor Network Localization*. 2011. – Paper submitted to: IEEE Wireless Communications & Networking Conference (IEEE WCNC 2011 – Network), Cancun, Mexico, 23.–31.03.2011

[Behnke et al. 2010] BEHNKE, R. ; SALZMANN, J. ; TIMMERMANN, D.: sDLSne – Improved Scalable Distributed Least Squares Localization with Minimized Communication. In: *21st Annual IEEE International Symposium on Personal, Indoor and Mobile Radio Communications (PIMRC 2010)*. Istanbul, Turkey, September 2010. – to be published

[Bill 2010] BILL, R.: *Grundlagen der Geo-Informationssysteme*. 5. Auflage. Herbert Wichmann Verlag, Offenbach, 2010. – 816 S.

[Bill et al. 2008] BILL, R. ; NIEMEYER, F. ; WALTER, K.: Konzeption einer Geodaten- und Geodiensteinfrastruktur als Frühwarnsystem für Hangrutschungen unter Einbeziehung von Echtzeit-Sensorik. In: *GIS – Zeitschrift für Geoinformatik* Heft 1 (2008), S. 26–35

[Born et al. 2010] BORN, A. ; NIEMEYER, F. ; SCHWIEDE, M. ; BILL, R.: Using Signal Propagation Models to Improve Distance Estimations for Localisation in Wireless Geosensor Networks. In: *Proceedings of the Ninth International Symposium on Spatial Accuracy Assessment in Natural Resources and Environmental Sciences (Accuracy 2010)*. Leicester, UK, 2010, S. 45–48

[Born u. Reichenbach 2010] BORN, A. ; REICHENBACH, F.: Converting the Nonlinear Least Squares Problem for Localization in Wireless Sensor Networks. In: *Proceedings of 19th ICCCN 2010 – WiMAN Workshop*, 2010

[Born et al. 2008] BORN, A. ; REICHENBACH, F. ; BILL, R. ; TIMMERMANN, D.: Lokalisierung in Ad Hoc Geosensornetzwerken mittels geodätischer Ausgleichungsrechnung. In: *GIS – Zeitschrift für Geoinformatik* Heft 1 (2008), S. 4–16

[Botts 2006] BOTTS, M.: *OGC White Paper – OGC Sensor Web Enablement: Overview and High Level Architecture*. 2006. – Version 2.0. http://www.opengeospatial.org/pt/06-046r2

[Fernández-Steeger et al. 2009] FERNÁNDEZ-STEEGER, T. ; ARNHARDT, C. ; HASS, S. ; WALTER, K. ; NIEMEYER, F. ; NAKATEN, B. ; HOMFELD, S.-D. ; ASCH, C. ; AZZAM, R. ; BILL, R. ; RITTER, H.: SLEWS – Ein prototypisches Beispiel für flexible Echtzeitüberwachung von Massenbewegungen mit offenen Geodateninfrastrukturen und Sensornetzwerken. Zittau, 2009. – 17. Tagung für Ingenieurgeologie und Forum „Junge Ingenieurgeologen"

[Goodchild 2007] GOODCHILD, M. F.: Citizens as sensors: the world of volunteered geography. In: *Journal of Geography* Volume 69. No. 4 (2007), S. 211–221

[Heunecke 2008] HEUNECKE, O.: Geosensornetze im Umfeld der Ingenieurvermessung. In: *Forum, Zeitschrift des Bundes der Öffentlich bestellten Vermessungsingenieure e. V.* 34. Jahrgang (2008), S. 357–364

[Korduan 2008] KORDUAN, P.: Kartendienste von Google. In: HARZER, B. (Hrsg.): *GIS-Report. Software – Daten – Firmen*, 2008, S. 62–74

[Niemeyer et al. 2010] NIEMEYER, F. ; BORN, A. ; BILL, R.: Analysing the Precision of Resource Aware Localisation Algorithms for Wireless Sensor Networks. In: *Proceedings of the Ninth International Symposium on Spatial Accuracy Assessment in Natural Resources and Environmental Sciences (Accuracy 2010)*. Leicester, UK, 2010, S. 41–44

[Reichenbach 2007] REICHENBACH, F.: *Ressourcensparende Algorithmen zur exakten Lokalisierung in drahtlosen Sensornetzwerken*, Universität Rostock, Diss., 2007

[Stefanidis u. Nittel 2005] STEFANIDIS, A. (Hrsg.) ; NITTEL, S. (Hrsg.): *GeoSensor Networks*. CRC press Boca Raton, 2005. – 296 S.

[Walter u. Nash 2009] WALTER, K. ; NASH, E.: Coupling Wireless Sensor Networks and the Sensor Observation Service: Bridging the Interoperability Gap. In: HAUNERT, J.-H. (Hrsg.) ; MILDE, B. (Hrsg.) ; AGILE (Veranst.): *Proceedings of the 12th AGILE International Conference on Geographic Information Science*. Hannover, 2009

Anschrift des Autors:

Prof. Dr.-Ing. Ralf Bill

Universität Rostock
Agrar- und Umweltwissenschaftliche Fakultät
Professur für Geodäsie und Geoinformatik
Justus-von-Liebig-Weg 6, 18051 Rostock
ralf.bill@uni-rostock.de

GIS-gestützte Modellierung von unsicherem Wissen zur Unterstützung archäologischer Prospektionen am Beispiel des keltischen Oppidum „Hunnenring"

Silke Boos, Sabine Hornung und Hartmut Müller

1   Einleitung

Im Rahmen eines seit November 2006 am Institut für Vor- und Frühgeschichte der Johannes Gutenberg-Universität Mainz laufenden Projektes zu Besiedlungsgeschichte, Kulturlandschaftsgenese und sozialem Wandel im Umfeld des „Hunnenrings" von Otzenhausen, Lkr. St. Wendel, Saarland, stellt neben der Erforschung zentraler Orte der Eisen- und Römerzeit auch die Frage nach der Einbindung dieser Zentren in ein ländliches Siedlungsumfeld einen wichtigen Forschungsschwerpunkt dar. Während aus dem Arbeitsgebiet, das einen Bereich von 10 km um den „Hunnenring" abdeckt, eine verhältnismäßig große Zahl römischer villae rusticae bekannt ist, nicht zuletzt aufgrund ihrer guten Sichtbarkeit im Gelände, fehlen Hinweise auf Gehöftsiedlungen der Eisenzeit fast völlig. Letztere sind im Gegensatz zu den leicht zu lokalisierenden römischen Siedlungen mit ihren Steingebäuden und Ziegeldächern ohne gezielte Ausgrabungen archäologisch nur schwer nachzuweisen. Um die Chancen einer Lokalisierung eisenzeitlicher Gehöfte bei Prospektionen optimieren zu können, sollte daher ein Predictive Modelling entwickelt werden, auf dessen Basis eine gezieltere Suche nach Spuren vorgeschichtlicher Siedlungstätigkeit möglich wird.

Eine Durchsicht der bislang bekannten Fundstellen meist römischer Zeitstellung ergab, dass die Wahl eines Siedlungsplatzes von verschiedenen Umweltfaktoren unmittelbar geprägt wird. Durch gezielte Verschneidung dieser unterschiedlichen Lageparameter sollte es daher möglich sein, Bereiche mit einer hohen Fundwahrscheinlichkeit isolieren zu können, wobei der Erfolg dieser Methode entscheidend von der korrekten Formulierung der besagten Lagekriterien abhängt. Aus diesem Grunde erschien es sinnvoll, das Predictive Modelling zunächst für ein kleines Testgebiet mit vergleichsweise gutem Forschungsstand auszuarbeiten und an diesem Beispiel die relevanten Lageparameter zu isolieren und zu schärfen.

Wichtiger Bestandteil der Untersuchung sollte aber auch die Überprüfung der statistisch ausgewiesenen Präferenzflächen in Form von Begehungen im Gelände sein. Deshalb beschränkte sich die Modellierung zunächst auf ein ca. 50 km^2 umfassendes Gebiet 4 km nordwestlich des „Hunnenringes" im Umfeld der Stadt Hermeskeil, Lkr. Trier-Saarburg, welches sich aufgrund seiner relativ großen Anzahl römischer Siedlungsfunde sowie einer Vielzahl von Gräbern römischer und eisenzeitlicher Datierung gut für eine erste Anwendung dieser Methodik zu eignen schien (Abb. 1-1). Aus praktischer Sicht spielen neben den aus archäologischen Erfahrungswerten abgeleiteten Lageparametern aber auch sekundäre Einflussfaktoren auf die Quellenlage eine wichtige Rolle.

Ziel dieses Artikels ist die Darstellung einer ersten GIS-basierten Modellierung von Besiedlungsstrategien der eisenzeitlichen und römerzeitlichen Bevölkerung für das ausgewählte Teilgebiet des Untersuchungsraumes rund um den „Hunnenring" von Otzenhausen, Gem. Nonnweiler, Lkr. St. Wendel, die es in Zukunft weiter auszuarbeiten gilt. Auf diese Weise soll versucht werden, einen Beitrag zur Erforschung auch anderer, vor allem peripherer Siedlungslandschaften zu

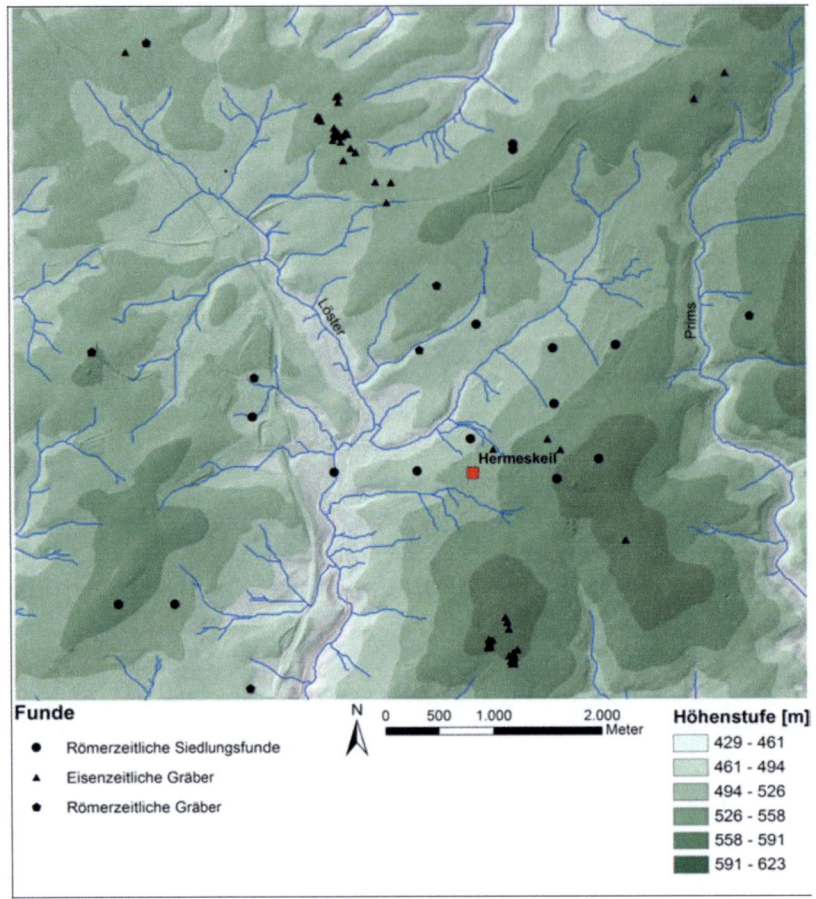

Abb. 1-1: Römerzeitliche und eisenzeitliche Funde im Untersuchungsgebiet bei Hermeskeil

leisten, deren landschaftliche Eigenheiten ebenso wie die hieraus resultierenden Formen moderner Umweltnutzung bzw. deren Folgen (z. B. Erosionsprozesse) die archäologische Forschung mit einer Reihe von methodischen Problemen konfrontieren.

Die als Testgebiet zur Entwicklung der angewandten Methoden ausgewählte Region um die Stadt Hermeskeil zeichnet sich durch ein dichtes naturbelassenes Gewässernetz aus, welches im Wesentlichen durch die in Nord-Süd-Richtung entwässernden Bäche Löster und Prims sowie ihre weitverzweigten Nebenflüsse (ebenso) gespeist wird. Die Tallagen des Untersuchungsraumes bewegen sich auf einem Höhenniveau zwischen 429 und 530 m und werden von verschieden ausgedehnten Höhenrücken umgeben, die auf bis zu 623 m ansteigen. Das heute eher dünn besiedelte Untersuchungsgebiet wird etwa zu gleichen Teilen durch bewaldete und landwirtschaftlich genutzte Flächen geprägt, bietet also aus archäologischer Sicht sehr unterschiedliche Voraussetzungen für die Lokalisierung neuer Fundstellen und damit eine flächendeckende Erfassung vor- und frühgeschichtlicher Siedlungsmuster.

2 Predictive Modelling

Das sogenannte Predictive Modelling ist ein Verfahren, welches in den späten 1970iger Jahren in den USA [Clarke, 1977; Hodder u. Orton, 1976] in Zusammenhang mit staatlichen Landmanagement-Projekten entwickelt wurde. Es basiert auf der Annahme, dass die Siedlungs- oder Bestattungsplatzwahl vergangener Gesellschaften in enger Beziehung zu naturräumlichen Faktoren und somit unter dem Einfluss sozio-kultureller Aspekte zu sehen ist. Ausgehend von dieser Hypothese ist es Ziel des Predictive Modelling, die angesprochenen Faktoren menschlicher Besiedlungsstrategien zu modellieren, um auf diese Weise signifikante Flächen mit einem spezifizierten Verdachtsmoment für die Anwesenheit archäologischer Hinterlassenschaften zu berechnen. Zur Analyse dieses empirisch ermittelten Musters wird vielfach ein Geographisches Informationssystem (GIS) herangezogen, da dieses über geeignete Werkzeuge für (raumbezogene) Analysen und die Modellierung aller relevanten Faktoren verfügt.

In Zusammenhang mit der Entwicklung eines archäologischen Prädiktionsmodells lassen sich grundsätzlich zwei verschiedene Zielsetzungen unterscheiden, die entweder einen korrelierenden oder einen erklärenden Ansatz verfolgen [van Leusen, 2002]. Projekte mit einem akademischen Hintergrund untersuchen die verschiedenen Aspekte des historischen Siedlungs- und Landnutzungsverhaltens und versuchen diese zu erklären, während für Projekte mit bodendenkmalpflegerischem Interesse die Konservierung des archäologischen Erbes im Vordergrund steht und der Fokus einer solchen Modellierung auf einer möglichst präzisen und in Form von Wahrscheinlichkeiten und Korrelationen bewerteten Fundprognose liegt. Auch wenn sich diese Zielsetzungen unterscheiden, besteht nur ein geringer Unterschied in Bezug auf die zur Erstellung des Modells angewendeten Verfahren.

Auch hinsichtlich der methodischen Herangehensweise bei der Entwicklung eines archäologischen Prädiktionsmodells können zwei grundlegende Ansätze unterschieden werden. *Induktive Modelle* greifen Beobachtungen von Umweltfaktoren eines Untersuchungsgebietes auf, nehmen auf dieser Basis Abschätzungen und Schlussfolgerungen über die Signifikanz der verwendeten Daten in Bezug auf bekannte Fundstellen vor und leiten hieraus allgemeingültige Regeln ab. Dies erfolgt in der Regel unter Verwendung statistischer Methoden, die das Lagemuster der Fundstellen abstrahieren, so dass auf diese Weise eine Aufteilung des Untersuchungsgebietes in Bereiche verschiedener Wahrscheinlichkeiten für das Auftreten von Funden erzeugt wird. *Deduktive Modelle* hingegen basieren auf abstrakten Theorien, die auf die Realität transformiert werden und diese auf Grundlage des Modells zu erklären versuchen. Die deduktive Methodik setzt somit bestimmte Annahmen über prähistorische Verhaltensweisen voraus, welche zu dem betrachteten Raum in Beziehung gesetzt und abgeglichen werden. Die bekannten Fundstellen des Untersuchungsgebietes dienen bei dieser Vorgehensweise zur Überprüfung des Ergebnisses.

Viele archäologische Prädiktionsmodelle lassen allerdings erkennen, dass die strenge Dichotomie dieser beiden Ansätze in der realen Umsetzung selten eingehalten werden kann und der Terminus hybride Modellierung diesen Sachverhalt eher trifft [van Leusen, 2002]. So lässt sich als Kritik an einer induktiven Modellierung die wertfreie Auswahl der Umweltparameter aufzeigen, die alleine auf der Verfügbarkeit der verwendeten Eingangsdaten beruht und somit archäologische Erklärungsansätze für Besiedlungsstrategien außer Acht lässt [Ebert, 2000]. Bei näherer Betrachtung zeigt sich allerdings, dass die Wahl der Umweltparameter nicht als vollkommen willkürlich anzusehen ist und oftmals immanente Annahmen über menschliche Verhaltensweisen bezüglich der Wahl eines Standortes beinhaltet. Andersherum schließt ein deduktiver Ansatz per se Induktion ein, da das diesem Ansatz zugrunde gelegte Wissen das Ergebnis sich wiederholender und somit statistisch belegbarer Erfahrungen und Beobachtungen zu verschiedenen Umweltfaktoren ist.

Bei der praktischen Umsetzung der Modellierung werden verschiedene Methoden angewendet, die sich hinsichtlich ihrer Komplexität von einfachen Additiven Methoden bis hin zu multivariaten Regressionsanalysen erstrecken. In jüngerer Zeit greift man verstärkt auf Methoden der Fuzzy Logik [Bailey et al., 2009] oder Probabilistische Ansätze [Canning, 2005; Ducke et al., 2009; Ejstrud, 2008] zurück, die es ermöglichen, das einer archäologischen Vorhersagemodellierung implizite unsichere bzw. unscharfe Wissen über menschliche Verhaltensweisen mit in die Prognose einzubeziehen. Ducke et al. [2009] und Ejstrud [2003] stellten in ihren Untersuchungen die Ergebnisse verschiedener Modellierungsansätze gegenüber und konnten die Wirksamkeit probabilistischer Methoden nachweisen, die durchweg bessere Ergebnisse erzielten als die klassischen

Verfahren. Als Maß für die Modellgüte zogen sie den gain-Faktor [Kvamme, 1988] heran, der sich mathematisch folgendermaßen ausdrücken lässt:

$$\text{gain factor} = 1 - \frac{\text{Prozentanteil Verdachtsfläche}}{\text{Prozentanteil Fundplätze in Verdachtsfläche}}$$

Ein gutes Modellierungsergebnis drückt sich durch einen hohen gain-Faktor für Verdachtsflächen mit großem archäologischem Potential aus, was dieser Formel zufolge gleichbedeutend mit einem hohen Anteil an Fundplätzen in einer prozentual geringen Verdachtsfläche ist.

Im Folgenden sollen die wichtigsten Methoden, die im Zusammenhang mit dem Predictive Modelling Anwendung finden, kurz erörtert werden, um schließlich näher auf die in dieser Arbeit angewandte Theorie von Dempster-Shafer einzugehen.

2.1   Additive Methoden

Bei diesen Verfahren wird für jeden betrachteten Parameter ein Wertebereich definiert,der für den Zustand Fundstellenanwesenheit gilt oder alternativ ein Wahrscheinlichkeitswert übergeben und die einzelnen Werte durch Intersektion zu einem Gesamtergebnis vereinigt. Eine Abwandlung des Verfahrens kann durch eine Gewichtung der Parameter erreicht werden, die z. B. aus dem Flächenanteil eines Einzelfaktors an der Gesamtfläche berechnet wird oder aber auch aus einer Berücksichtigung von Expertenwissen resultieren kann [Deeben et al., 2002].

2.2   Regressionsbasierte Verfahren

Diese am häufigsten angewendeten Verfahren [Kvamme, 1992; Hobbs et al., 2002; Münch, 2003] basieren auf einer induktiven Logik und ermitteln die räumliche Korrelation zwischen verschiedenen unabhängigen Variablen (meist Umweltparametern) und bekannten Fundstellen, woraus unter Anwendung statistischer Methoden Wahrscheinlichkeiten für Fundplatzvorkommen prognostiziert werden.

2.3   Fuzzylogik und Probabilistische Theorien

Methoden aus dem Bereich der Wahrscheinlichkeitstheorie und der Fuzzylogik setzen sich mit dem Thema der Wissensrepräsentation von unsicherem oder vagem Wissen auseinander. Klassische statistische Ansätze vernachlässigen diese, einer Vorhersagemodellierung inhärente Komponente, und tragen auf diese Weise zu einer unvollständigen Modellierung des abzubildenden Prozesses bei. Nicht nur aus diesem Grund erweisen sich probabilistische Methoden und Fuzzylogik als sinnvolle Alternative zu den bewährten Verfahren. Auch ermöglichen sie es, Erfahrungen und Intuitionen archäologischer Experten hinsichtlich des Wirkungsgrades der verschiedenen Einflussfaktoren zu integrieren [Bailey et al., 2009; Ducke et al., 2009].

Fuzzylogik wurde ursprünglich zur Modellierung linguistischer Beschreibungen mit dem Ziel der Transformation dieser Ausdrücke in mathematisch verallgemeinerte charakteristische Funktionen entwickelt. Grundlage der Fuzzylogik sind die so genannten unscharfen Mengen, die im Gegensatz zu traditionellen Mengen, in denen ein Element in einer vorgegebenen Grundmenge entweder enthalten oder nicht enthalten sein kann, Elemente auch nur ein wenig enthalten sein können [Zadeh, 1965]. Der Grad der Zugehörigkeit wird meist durch eine Zugehörigkeitsfunktion (membership function) μ beschrieben, die den Elementen einer Grundmenge eine reelle Zahl zwischen 0 und 1 zuordnet. So nutzen Bailey et al. [2009] Fuzzylogik für die Modellierung von Siedlungspräferenzen durch Integration von archäologischem Expertenwissen und von Literaturquellen, um somit zu einer Einschätzung der einen Besiedelungsprozess beeinflussenden Parameter zu gelangen sowie eine Landschaft hinsichtlich ihres archäologischen Potentials bewerten zu können. Der Einfluss der einzelnen Parameter wird in Form verbal festgelegter Wahrscheinlichkeiten auf einer Skala von sehr unwahrscheinlich bis sehr wahrscheinlich bewertet, welche daraufhin analog dazu in eine metrisch skalierte Klassifikation der Parameter transformiert wird.

Im Gegensatz zu klassischen statistischen Verfahren versuchen Probabilistische Ansätze Schlussfolgerungen, die sich vielfach nicht mittels strikt deterministischer Gesetze ziehen lassen, anhand von Wahrscheinlichkeiten zu generieren. Es ist bekannt, welche Ereignisse (Aussagen) eintreten können. Welches der Ereignisse letztlich dann aber eintritt, ist unsicher, was sich als Wahrscheinlichkeit des Eintretens in Form eines numerischen Wertes ausdrücken lässt, der üblicherweise zwischen 0 und 1 liegt. Mit diesem Wert wird festgelegt, wie wahrscheinlich (nahe dem Wert 1) oder unwahrscheinlich (nahe dem Wert 0) eine Aussage ist.

Ein sehr verbreiteter Ansatz unter den probabilistischen Methoden ist das Bayes-Theorem [Verhagen, 2007a], welches die Repräsentation von Unsicherheit durch das Einbeziehen von bedingten und unbedingten Wahrscheinlichkeiten abbildet. Wahrscheinlichkeit wird bei diesem Ansatz also unter der Voraussetzung des Eintretens eines bedingenden anderen Ereignisses betrachtet und durch die Einbeziehung zusätzlicher quantitativer Daten modifiziert. Diese Regelhaftigkeit ist für beliebig viele Aussagen erweiterbar und lässt somit eine Wahrscheinlichkeitsverteilung für eine Menge von Aussagen erzeugen.

Als eine Weiterentwicklung des Bayes-Theorems ist die Theorie von Dempster-Shafer anzusehen, die anstelle von Wahrscheinlichkeiten mit Glaubensmaßen oder Evidenzen arbeitet, um auf diese Weise Unsicherheit zu modellieren.

2.4 Die Dempster-Shafer-Theorie

Die Dempster-Shafer-Theorie[Dempster, 1968; Shafer, 1976] beschäftigt sich mit dem Unterschied zwischen Unsicherheit und Unwissen. Es wird nicht die Wahrscheinlichkeit einer Aussage berechnet, sondern die Wahrscheinlichkeit, mit der bestimmte Informationsteile (Evidenzen oder Glaubensmaße) eine Aussage stützt. Dies wird durch so genannte Belief-Funktionen ausgedrückt, geschrieben $Bel(X)$.

Vereinfacht ausgedrückt handelt es sich bei der Theorie um eine Aggregationsvorschrift, in welche im Zuge von Entscheidungsfindungsprozessen mit unterschiedlichem „Gewicht" (Vertrauen, Zustimmung zu einer Hypothese = *degree of belief*) eingehen können, um bestimmte Hypothesen zu unterstützen bzw. auszuschließen. Die Kernaussage der Dempster-Shafer-Theorie besagt, dass jede Wissensdomäne Unwissen impliziert und dass daher als das Komplement einer Hypothese nicht automatisch deren Negation zuzusprechen ist, sondern vielmehr dem Faktor Unwissen zufällt. Mathematisch ausgedrückt lässt sich eine Modellierung nach Dempster-Shafer folgendermaßen darstellen:

- Das Modell setzt sich aus einer Menge von Hypothesen $H = h_1, \ldots, h_n$ zusammen, welche alle möglichen und sich gegenseitig ausschließenden Ausprägungen dieser Hypothesen beinhaltet. Diese Menge wird als *Frame of Discernment* (Ω) bezeichnet.

- Jede Hypothese lässt sich als eine Teilmenge von Ω darstellen. Ein Basismaß $m(A)$ (auch Basic Probability Assignment $\rightarrow$ BPA) repräsentiert das Maß an Glauben, das man exakt der Menge (bzw. dieser Hypothese) zuweist. Dieses genügt den folgenden beiden Bedingungen:

$$m(\emptyset) = 0 \tag{2-1}$$

$$\sum_{A \subseteq \Omega} m(A) = 1 \qquad (2\text{-}2)$$

- Der Glaube $Bel(A)$ an eine einzelne Hypothese lässt sich als die Summe aller Teilmengen $m(B)$, die diese Hypothese unterstützen, ausdrücken:

$$Bel(A) = \sum_{B \subseteq A} m(B) \qquad (2\text{-}3)$$

- Als ein weiteres wichtiges Maß repräsentiert Plausibilität (Pl) den Grad mit dem eine Hypothese nicht zurückgewiesen werden kann (also genau der Glauben, der nicht gegen diese Hypothese spricht) und beinhaltet somit jeglichen Glauben an Mengen, die mit dieser Hypothese konsistent sind:

$$Pl(A) = \sum_{A \cap B \neq 0} m(B) \qquad (2\text{-}4)$$

- Die Differenz aus *Belief* und *Plausibility* ist eine weitere wichtige Größe des Dempster-Shafer-Formalismus und wird als Beliefintervall bezeichnet. Das Beliefintervall repräsentiert somit den Bereich in dem das größte Unwissen herrscht.

- Die einzelnen Glaubensmaße lassen sich mit Hilfe der *Dempster's Rule of Combination* durch paarweise Verknüpfung kombinieren und auf diese Weise sukzessive zu einem Gesamt-Belief aggregieren:

$$m(Z) = \frac{\sum m_1(X) \cdot m_2(Y)}{1 - \sum m_1(X) \cdot m_2(Y)} \frac{\text{wenn } (X \cap Y) = Z}{\text{wenn } (X \cap Y) = \Phi} \qquad (2\text{-}5)$$

Wenn $\sum m_1(X) \cdot m_2(Y) = 0$ für $X \cap Y = \Phi$, dann gilt

$$m(Z) = \sum m_1(X) \cdot m_2(Y) \text{ für } (X \cap Y) = Z \qquad (2\text{-}6)$$

Die Stärke des Ansatzes von Dempster-Shafer im Zusammenhang mit Predictive Modelling ist, dass dieser im Gegensatz zu den angesprochenen induktiven Methoden den Zustand der Unvollständigkeit des Fundaufkommens eines Untersuchungsraumes mit in die Modellierung einbezieht. Induktive Methoden unterteilen den Raum in Bereiche mit und ohne archäologischen Befund, was impliziert dass alle Funde und alle Informationen über den Raum bekannt sind. Diese Annahme entspricht selten der Realität. Die Theorie von Dempster-Shafer definiert nun neben den beiden Hypothesen {Fundplatzanwesenheit} und {Fundplatzabweseheit} eine dritte Hypothese, mit deren Hilfe sich dieser Zustand der Unkenntnis oder Unwissenheit modellieren lässt. Zur Unterstützung der einzelnen Hypothesen werden Variablen definiert, mit deren Hilfe sich die Wirkung auf den Befund ausdrücken lässt. Mit Hilfe der zuvor angesprochenen Größe „Belief" lässt sich all der Glauben vereinen, der für eine der einzelnen Hypothesen spricht oder aber auch der Bereich in dem eine Hypothese nicht abgelehnt werden kann (Plausibilität) beziffern.

3 Modellierung nach Dempster-Shafer

3.1 Eingangsdaten

Die Prozessierung der Daten aus dem zuvor gewählten Arbeitsgebiet und die Modellierung nach dem Konzept von Dempster-Shafer wurden in einem Geographischen Informationssystem (GIS) durchgeführt. Als wesentliche Datengrundlage für die Ermittlung der meisten Standortfaktoren diente ein aus amtlichen Airborne-Laserscanning-Daten generiertes Digitales Geländemodell (DGM) in einer Auflösung von 50 cm. Da anzunehmen ist, dass feinskaliertere Prozesse geringen Einfluss auf die historische Besiedlung gehabt haben dürften, wurde das DGM auf eine Rasterweite von 10 m umgerechnet. Eine Auswertung von Ortsakten der zuständigen Denkmalpflege sowie weiterer Fundberichte und Literaturquellen diente als Grundlage für die Erstellung einer Fundstellendatenbank. In diese wurden alle in die Römerzeit und Eisenzeit datierbaren Fundstellen des Untersuchungsraumes aufgenommen. Die Lagekriterien dieser Fundstellen dienten zum Teil als Basis für die Quantifizierung der Glaubensmaße, wurden aber auch als Referenz für die abschließende Modellvalidierung herangezogen.

Bei der Auswertung der Quellen galt es, die bis in das 19. Jahrhundert zurückreichenden Fundberichte mit ihren stellenweise sehr vagen Angaben über die Lage einer Fundstelle im Sinne einer Maximierung der Positionsgenauigkeit mit verschieden maßstäbigen topographischen Karten und dem DGM abzugleichen. Insbesondere bei den meist eisenzeitlichen, aber auch römischen Hügelgräbern der Region, die sich im DGM als deutlich abgegrenzte meist kreisrunde Strukturen abzeichnen, konnte mit Hilfe dieses Vorgehens stellenweise eine gegenüber den vorliegenden Positionsangaben deutlich präzisere Lokalisierung der Fundstellen erfolgen. Darüber hinaus ließ sich sogar der archäologische Kenntnisstand durch Ansprache bisher undokumentierter Gräber im Gesamtkomplex bekannter Gräberfelder zusätzlich erweitern. Insgesamt konnten durch die Auswertung aller zur Verfügung stehenden Quellen im Bereich des Untersuchungsgebiets bei Hermeskeil 14 römische Siedlungsfunde sowie 61 Gräberfunde vor- und frühgeschichtlicher Zeitstellung erfasst werden (Abb. 1-1).

Ergänzt wurde die Datenbank durch weitere römische Siedlungsfunde im Großraum des Untersuchungsgebietes. Da im Umfeld des „Hunnenringes" nur sehr wenige, noch dazu eher unsichere eisenzeitliche Siedlungsfunde bekannt sind, wurde mit dem Ziel eines Vergleiches von eisenzeitlichen und römerzeitlichen Standortfaktoren die Datenbank darüber hinaus um weitere, sicher belegte Siedlungsfunde des Hunsrück-Eifel-Raumes angereichert, um eine möglichst gute Vergleichbarkeit der landschaftlichen wie kulturellen Gegebenheiten zu gewährleisten. Bei den zusätzlich herangezogenen Gebieten mit eisenzeitlichen Fundstellen handelt es sich um das recht gut erforschte Umfeld des Kultplatzes Goloring (85 km nordwestlich des „Hunnenrings") sowie die Region um die späthallstatt- und frühlatènezeitliche Siedlung Wierschem, Lkr. Mayen-Koblenz (70 km nordwestlich des „Hunnenrings").

3.2 Modellannahmen und Modellbildung

Da die Funktion befestigter Siedlungen der Eisenzeit nicht vollständig geklärt ist und individuell bzw. den unterschiedlichen Stadien gesellschaftlicher Entwicklung entsprechend zu variieren scheint, lässt sich ihr räumliches Vorkommen schwer prognostizieren. Daher beschränkt sich die in der Folge vorgestellte Modellierung auf offene Gehöfte und Weiler, die sich gleichzeitig als produzierende, also unmittelbar umweltabhängige Siedlungen ansprechen lassen [Hornung, 2008]. Des Weiteren erscheint es sinnvoll, die Modellierung im Sinne einer diachronen Betrachtung durchzuführen, da eine statistische Analyse verschiedener Standortfaktoren eisenzeitlicher und römerzeitlicher Fundstellen aufzeigen konnte, dass es bezüglich der relevanten Lagekriterien bestenfalls geringe Unterschiede gibt.

Viele archäologische Prädiktionsmodelle beschränken sich auf die Abbildung naturräumlicher Faktoren als Einflussgrößen eines Besiedlungsprozesses. Diese Reduktion auf einen reinen Naturdeterminismus erscheint insofern problematisch, als die Standortsuche vergangener Gesellschaften durch ein Zusammenspiel naturräumlicher Faktoren und sozio-kultureller Einflüsse geprägt worden sein dürfte. Bei der Bewertung dieser meist induktiven Modelle schlägt sich dieser Umstand daher in einer vergleichsweise schlechten Performanz nieder [Verhagen, 2007b]. Aus diesem Grund schien es erfolgversprechender, in dieser Arbeit neben der Analyse des Naturraums auch archäologisches Fachwissen hinsichtlich menschlicher Verhaltensweisen in die Betrachtungen einzubeziehen.

Die Modellierung nach der Theorie von Dempster-Shafer setzt einen vollständigen Hypothesenraum voraus. Demzufolge müssen also alle ein Problem beschreibenden Hypothesen bekannt sein. Für die Beurteilung des Untersuchungsraumes hinsichtlich seines archäologischen Potentials ist diese Voraussetzung erfüllt. Abb. 3-1 zeigt die Menge der zu prüfenden Hypothesen, welche sich aus den Hypothesen {Fundplatzanwesenheit}, {Fundplatzabwesenheit} sowie der Hypothese {Fundplatzanwesenheit oder Fundplatzabwesenheit} zusammensetzt, wobei letztere Aussage den Faktor Unsicherheit hinsichtlich einer Fundstellenpräsenz repräsentiert.

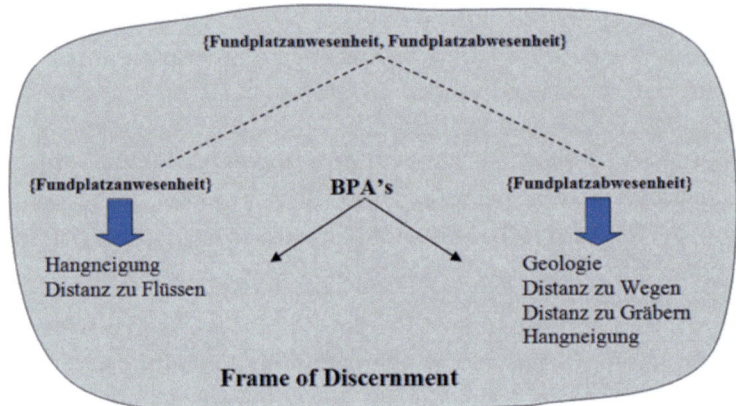

Abb. 3-1: Der Frame of Discernment mit den einzelnen Hypothesen und ihre unterstützenden Variablen

Weiterhin zeigt die Abbildung alle im Modell verwendeten Variablen, welche die eine oder andere Hypothese unterstützen. Die Zuweisung der Variablen zu den Hypothesen und die Quantifizierung der Glaubensmaße (BPAs) beruhen auf subjektiven Einschätzungen vor dem Hintergrund statistischer Auswertungen der Lageparameter von bekannten Fundstellen.

Für die Modellimplementierung und alle notwendigen GIS-Analysen wurden mit dem Ziel einer Automatisierung aller Prozesse in der Software ESRI ArcGIS 9.3. mit Hilfe des integrierten Modelbuilder, einer grafisch-interaktiven Benutzeroberfläche zur Verkettung von Geoverarbeitungs-Funktionalitäten, die einzelnen Arbeitsschritte miteinander verknüpft. Dieses Vorgehen ermöglicht neben der angesprochenen Automatisierung hintereinander geschalteter Arbeitsschritte auch eine maximale Flexibilität bei der Parametrisierung der Hypothesen im Zusammenhang möglicher Anpassungen der Eingangsgrößen.

4 Modellimplementierung im GIS

Im Folgenden werden die für die Modellierung verwendeten Standortfaktoren, deren Einfluss auf die Standortwahl der römerzeitlichen und eisenzeitlichen Bevölkerung sowie auch das Vorgehen bei der Ermittlung der Glaubensmaße im Einzelnen erörtert.

4.1 Hangneigung

Für die Quantifizierung des Glaubensmaßes des Standortfaktors Hangneigung wurde zunächst eine statistische Analyse aller erfassten römerzeitlichen und eisenzeitlichen Siedlungsfunde des Arbeitsgebietes wie auch der als Vergleich gewählten Regionen durchgeführt[1].

Tabelle 4-1 zeigt differenziert nach Zeitstellung die Verteilung der Siedlungsfunde auf einzelne zuvor definierte Hangneigungsstufen sowie den Anteil an Siedlungen am Flächenanteil der jeweiligen Stufe. Es wird deutlich, dass sowohl die eisenzeitliche als auch die römerzeitliche Bevölkerung schwach geneigte Standorte auf Hangneigungsstufen zwischen 2° und 6° als bevorzugte Siedlungslage gewählt hat. Standorte zwischen 6 – 10° Hangneigung waren dagegen weniger beliebt, Siedlungen auf Hangneigungen > 10° stellten schließlich eher eine Ausnahme dar. Auffällig ist ein deutlicher Unterschied der eisenzeitlichen und römerzeitlichen Fundstellenanteile auf die Hangneigungsstufe 0 – 2°. Während für die Eisenzeit diese Hangneigungsstufe als Präferenzstandort einzustufen ist, wurde sie von der römerzeitlichen Bevölkerung anscheinend gemieden. Die Ursache dieser differierenden Verhaltensweisen muss allerdings möglicherweise in den pedologischen Besonderheiten der unterschiedlichen Untersuchungsräume gesucht werden. Für das Untersuchungsgebiet bei Hermeskeil ist die Meidung ebener bis sehr schwach geneigter Flächen durch die ausgeprägt staunassen Böden des Raumes gut erklärbar. Entsprechende bodenkundliche Informationen liegen jedoch für die untersuchten eisenzeitlichen Siedlungsstandorte nicht vor, so dass Erklärungsansätze für eine Präferenz dieser Hangneigungsstufe spekulativer Natur bleiben müssen. Das gegebene Staunässe-Risiko im Gebiet bei Hermeskeil sollte aber die Entscheidung der Standortwahl der eisenzeitlichen Bevölkerung in gleicher Weise wie die der römerzeitlichen Siedler beeinflusst haben. Aus diesem Grund und auch weil sich bei den anderen Hangneigungsstufen keine gravierenden Unterschiede im Verhältnis Siedlungsanteil/Flächenanteil zeigen, wurde bei der Quantifizierung der Glaubensmaße dieses Faktors kein Unterschied zwischen den beiden Zeitstellungen gemacht.

Aus den zuvor angesprochenen Zusammenhängen lassen sich die nun folgenden Schlüsse ziehen und in Form von Glaubensmaßen nach dem Dempster-Shafer-Formalismus umsetzen. Als bevorzugte Siedlungsstandorte wurden sowohl zur Römerzeit als auch zur Eisenzeit schwach geneigte Standorte auf Hangneigungen zwischen 2–10° gewählt. Diese Lokalitäten sind deshalb der Hypothese {Fundplatzanwesenheit} zuzuschlagen. Mit zunehmender Hangneigung nimmt in diesem Wertebereich der Anteil an Siedlungen pro Flächenanteil ab. Um die abnehmende Siedlungsgunst mit zunehmender Hangneigung zu quantifizieren, erfolgte die Berechnung der Glaubensmaße über eine monoton abfallende sigmoidale Fuzzy-Zugehörigkeitsfunktion. Standorte mit Hangneigungen im Wertebereich 0–2° und ab einer Hangneigung > 10° sprechen für die Hypothese {Fundplatzabwesenheit}. Die Quantifizierung der Glaubensmaße der Rasterzellen dieser Wertebereiche wurde ebenfalls mit Hilfe von Fuzzy-Zugehörigkeitsfunktionen modelliert.

4.2 Landschaftsform

Es lässt sich annehmen, dass sich bei einem Besiedlungsprozess bestimmte topographische Lagen als Gunststandorte für eine Besiedelung angeboten haben. Um dies zu überprüfen, wurde eine Klassifikation der Landschaft in charakteristische Landschaftsformen vorgenommen. Dies erfolgte auf Basis eines Konzeptes von Weiss [2001], der einen rasterbasierten Algorithmus zur Typisierung der Landschaft entwickelt hat. Dabei werden zellbasierte Höhendifferenzen auf zwei

---

[1] Im Statistik-Programm *R* wurde zunächst mittels eines Chi-Quadrat-Homogenitätstestes überprüft, ob sich die Flächenanteile der zugrunde gelegten Hangneigungsstufen in den verschiedenen Untersuchungsgebieten signifikant unterscheiden. Da kein signifikanter Unterschied feststellbar ist, sind die beiden Gebiete und die Verteilung der Siedlungsfunde auf die Hangneigungsstufen miteinander vergleichbar.

Tab. 4-1: Verteilung von römerzeitlichen und eisenzeitlichen Siedlungen auf unterschiedliche Hangneigungsstufen

Hangneigungs-stufe [°]	Fläche [km²]	Flächen-anteil [%]	Siedlungen	Anteil Sied-lungen [%]	Siedlungen/ Fläche
	Fläche aller Gebiete = 152,09 km²		Römisch ($n = 30$)		
0 – 2	16,19	10,65	0	0	0
2 – 4	34,35	22,59	11	36,67	1,62
4 – 6	33,63	22,11	10	33,33	1,51
6 – 8	22,19	14,59	4	13,33	0,91
8 – 10	16,38	10,77	3	10	0,93
> 10	29,36	19,3	2	6,67	0,35
	Fläche aller Gebiete = 95,18 km²		Eisenzeitlich ($n = 31$)		
0 – 2	10,85	11,4	6	19,35	1,7
2 – 4	21,42	22,51	9	29,03	1,29
4 – 6	20,56	21,6	8	25,81	1,19
6 – 8	14,42	15,15	4	12,9	0,85
8 – 10	13,35	14,03	4	12,9	0,92
> 10	14,57	15,31	0	0	0

unterschiedlichen Maßstäben ermittelt, was eine grobe Einteilung der Topographie in Tallagen, Höhenrücken und Ebenen ermöglicht. Unter Hinzunahme eines Hangneigungs-Rasters lassen sich durch Kombination der beiden unterschiedlich maßstäblichen Raster 10 verschiedene Klassen von Landschaftsformen herausbilden (Abb. 4-1).

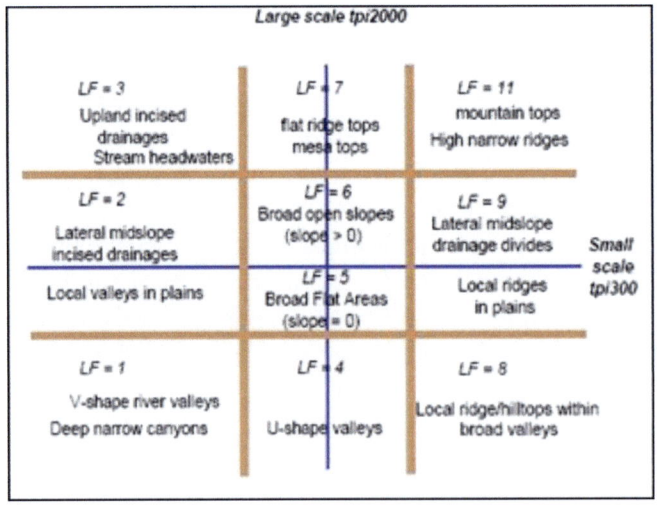

Abb. 4-1: Klassifikationsschema von Landschaftsformen nach Weiss [2001]

Im Untersuchungsgebiet finden sich 5 Klassen dieses Klassifikationsschemas wieder (Abb. 4-2). Der flächenmäßig sehr geringe Anteil der Klasse „Lokaler Bergrücken innerhalb Hochfläche" wur-de dabei für eine statistische Analyse (Tab. 4-2)[2] dieses Lagekriteriums der Klasse „Hochfläche" zugeschlagen. Das Ergebnis der Analyse zeigt eine Tendenz der römerzeitlichen Bevölkerung zur

[2]Im Statistik-Programm R wurde zunächst mittels eines Chi-Quadrat-Homogenitätstestes überprüft, ob sich die Flächenanteile der zugrunde gelegten Landschaftsformen in den verschiedenen Untersuchungsgebieten signifikant

Anlage von Siedlungen auf Hochflächen sowie eine Präferenz der eisenzeitlichen Bevölkerung für muldenartige seichte Tallagen. Wie sich mittels eines Chi-Quadrat-Anpassungstestes feststellen lässt, ist die Verteilung der Siedlungen auf die einzelnen Klassen für beide Zeitstellungen nicht signifikant unterschiedlich. Die Variable Landschaftsform wird deshalb im Rahmen dieser Untersuchung nicht weiter für die Abschätzung des Siedlungspotentials berücksichtigt, sollte aber bei einer Erweiterung der Fundstellendatenbank erneut in Betracht gezogen werden.

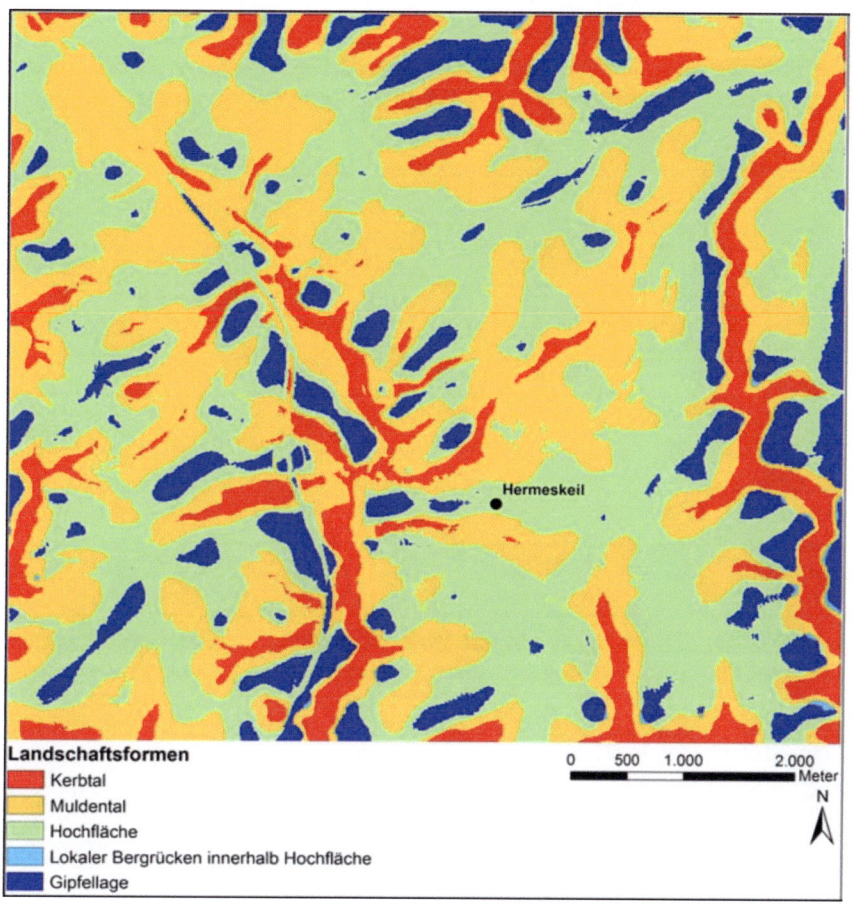

Abb. 4-2: Landschaftsformen des Untersuchungsgebietes

4.3 Distanz zu Flüssen

Die Wahl eines Siedlungsplatzes wird wesentlich vom menschlichen Bedürfnis nach Gewässernähe zur Sicherung der Wasserversorgung geprägt gewesen sein. Diese Annahme spiegelt sich in allen betrachteten Untersuchungsgebieten in der Form wieder, dass es sowohl zur Eisen- als auch zur Römerzeit eine Häufung von Siedlungsfunden in einem Abstand von 0 – 700 m zum nächstgelegenen Gewässer gegeben hat (Tab. 4-3). Diese Zusammenhänge beziehen sich auf das rezente Flusssystem und könnten möglicherweise durch Geländeuntersuchungen ergänzt werden, die das Ziel haben, die Datenbasis um ausgetrocknete Bachtäler zu erweitern.

Im Untersuchungsgebiet bei Hermeskeil muss für eine Beurteilung des Faktors Gewässernähe zusätzlich in Betracht gezogen werden, dass der Untersuchungsraum ein sehr dichtes Netz von meist sehr kleinen Bachläufen aufweist. Die maximale Distanz zum nächstgelegenen Gewässer

---

unterscheiden. Da kein signifikanter Unterschied feststellbar ist, sind die beiden Gebiete und die Verteilung der Siedlungsfunde auf die Landschaftsformen miteinander vergleichbar.

Tab. 4-2: Verteilung von römerzeitlichen und eisenzeitlichen Siedlungen auf unterschiedlichen Landschaftsformen

Landschafts-form	Fläche [km²]	Flächen-anteil [%]	Siedlungen	Anteil Sied-lungen [%]	Siedlungen/ Fläche
	Fläche aller Gebiete = 152,09 km²		Römisch ($n = 30$)		
Kerbtal	16,98	11,16	2	6,67	0,6
Muldental	58,34	38,36	10	33,33	0,87
Hochfläche	58,88	38,71	15	50,00	1,29
Gipfel	17,89	11,76	3	10,00	0,85
	Fläche aller Gebiete = 95,18 km²		Eisenzeitlich ($n = 31$)		
Kerbtal	7,40	7,77	3	9,68	1,25
Muldental	39,72	41,73	17	54,84	1,31
Hochfläche	39,70	41,71	9	29,03	0,70
Gipfel	8,36	8,78	2	6,45	0,73

Tab. 4-3: Verteilung von römerzeitlichen und eisenzeitlichen Siedlungen auf unterschiedliche Distanzstufen zu Flüssen

Wasserdistanz [m]	Anzahl Siedlungen	Anteil [%]	Anzahl Siedlungen	Anteil [%]
	Römisch ($n = 30$)		Eisenzeitlich ($n = 31$)	
0–100	3	9,68	6	19,35
100–200	6	19,35	8	25,81
200–300	8	25,81	4	12,90
300–400	6	19,35	6	19,35
400–500	2	6,45	1	3,23
500–600	2	6,45	3	9,68
600–700	1	3,23	9	29,03
700–800	0	0,00	1	3,23
800–900	2	6,45	0	0,00
900–1000	0	0,00	1	3,23

beträgt im gesamten Untersuchungsgebiet nur etwa 700 m. Trotz dieser methodischen Beschränkung wurde für die Modellierung dieses Faktors angenommen, dass aus rein pragmatischen Gründen Standorte mit geringeren Distanzen zum nächsten Gewässer bevorzugt worden sind. Um den örtlichen Gegebenheiten der bewegten Topographie des Untersuchungsraumes Rechnung zu tragen, wurde für die Quantifizierung dieses Faktors statt der euklidischen Distanz zu den Gewässerläufen eine Berechnung der Distanz in Gehminuten vorgenommen.

Zu diesem Zweck wurde im GIS eine sogenannte Anisotropische Cost-Distance-Berechnung durchgeführt, bei der nach einer Funktion von Tobler [1993] die Hangneigung und die Hangneigungsrichtung (Bewegung bergauf oder bergab) als eine die Laufgeschwindigkeit beeinflussende Größe berücksichtigt wurde.

Die angenommene abnehmende Wahrscheinlichkeit des Antreffens einer Siedlungsfundstelle mit zunehmender Distanz zu einem Fluss wurde mathematisch mit Hilfe einer monoton abfallenden sigmoidalen Fuzzy-Zugehörigkeitsfunktion modelliert. Zudem wurde durch Zuweisung eines Glaubensmaßes von 0.1 für Distanzen $< 0,5$ Minuten ein anzunehmendes Überschwemmungsrisiko für diesen Distanzbereich mit in die Modellierung integriert. Da sich die Modellierung auf das rezente Flusssystem bezieht und mögliche ausgetrocknete Flussbetten oder alte Quellen unberücksichtigt lässt, wurde diesem Unsicherheitsfaktor bei der Quantifizierung der Glaubensmaße mittels Multiplikation mit einem Gewichtungsfaktor von 0.9 Ausdruck verliehen.

4.4 Geologie

Einen wichtigen Einfluss auf die Besiedlung eines Raumes hatten zweifelsohne zu jeder Zeit auch dessen pedologische Eigenschaften. So dürfte die Entscheidung für eine Ansiedlung sowohl von der Bodengüte im Sinne einer landwirtschaftlichen Inwertsetzung des Bodens, aber im umgekehrten Sinne auch von negativen Eigenschaften wie einem hohen Staunässerisiko beeinflusst worden sein. Da für das Untersuchungsgebiet flächendeckend keine bodenkundlichen Daten vorliegen, wurde für die Modellierung dieses Einflusses das geologische Substrat als Ausgangsmaterial der Bodenbildung herangezogen.

Die Geologische Karte des Untersuchungsgebietes weist dieses als kleinräumig sehr heterogen aus (Abb. 4-3). Prägende geologische Substrate sind wechselnde Folgen von Devonischen Glimmer-Sandsteinen und Schiefer mit eingelagerten ältesten Phyllitschollen. Vereinzelt lockern freigestellte Quarzitkuppen und Quarzitschotter die Bergrücken auf, welche aufgrund der Nährstoffarmut dieses zu $100\,\%$ silikatischen und sehr verwitterungsresistenten Gesteins im Hinblick auf eine landwirtschaftliche Nutzung eher gemieden worden sein dürften. Daneben treten tertiäre und quartäre Lehme auf, deren Standorte heute aufgrund ausgeprägter Staunässe der Waldnutzung vorbehalten sind und wohl auch in der Vergangenheit für eine landwirtschaftliche Nutzung und sicherlich auch für eine Ansiedlung als ungeeignet angesehen wurden. Ebenfalls schlechte Standorteigenschaften sind aufgrund der ausgeprägten Wassersättigung dieses Substrates für ein etwa $3\,\mathrm{km}^2$ großes Torfgebiet rund einen Kilometer nordöstlich der Stadt Hermeskeil zu erwarten. Die Flussauen werden durch holozäne Auenablagerungen (Alluvium) wechselnder Ausdehnung geprägt. Aufgrund temporärer Überschwemmungen dieser Bereiche dürften diese ebenfalls für eine Besiedlung als ungünstig anzusehen sein. Demnach lassen sich also einige Bereiche herausstellen, die aufgrund der geologischen Eigenschaften als Ungunstgebiete für eine Besiedlung anzusehen sein dürften und aus diesem Grund die Hypothese {Fundplatzabwesenheit} unterstützen. Die Quantifizierung der Glaubensmaße erfolgte auf Basis einer subjektiven Einschätzung des Einflusses der jeweiligen Substrate auf die historische Besiedlung (Tab. 4-4) und wird für die Eisenzeit und Römerzeit aufgrund ähnlicher Umweltnutzungsstrategien als konstant angenommen.

Tab. 4-4: Glaubensmaße für die Variable Geologie

Klasse	BPA
Alluvium	0.9
Quarzitschotter	0.7
Quarzit Phyllite	0.7
Torf	0.9
Alle anderen geolog. Substrate	0.1

4.5 Distanz zum Wegenetz

Die Anlage von Siedlungen und ihren zugehörigen Gräberfeldern zeigt sowohl zur Eisenzeit als auch in römischer Zeit Kontinuitäten hinsichtlich ihrer relativen Lage zum historischen

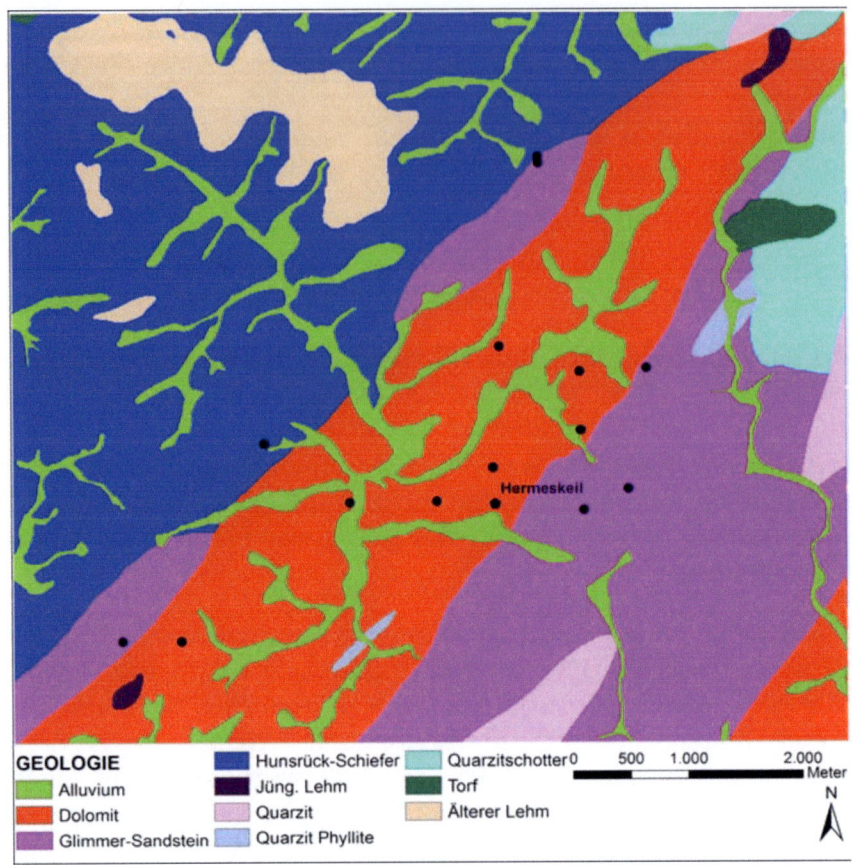

Abb. 4-3: Geologie des Untersuchungsgebietes

Wegenetz. Während Siedlungen üblicherweise in einigem Abstand zu den Hauptwegen angelegt wurden, sind Gräber und Gräberfelder der römischen und keltischen Zeit hingegen häufig in unmittelbarer Nähe von Straßen oder Wegen zu finden. Diese Regelhaftigkeit soll für den Versuch einer Rekonstruktion des historischen Wegenetzes im Arbeitsgebiet aufgegriffen werden.

Nach Haffner [1976] sind im Untersuchungsgebiet mehrere Römerstraßen nachgewiesen, die im Bereich der heutigen Stadt Hermeskeil sowie im Umfeld der weitläufigen Hügelgräbernekropole auf dem „Königsfeld" bei Rascheid verkehrstechnische Knotenpunkte erkennen lassen (Abb. 4-4). Am Verlauf dieser Wegeverbindungen orientiert sich die Verbreitung zahlreicher eisen- und römerzeitlicher Gräber. Gleichzeitig weisen jedoch weitere Fundstellen in größerer Distanz zu den bekannten Römerstraßen darauf hin, dass das vor- und frühgeschichtliche Wegenetz dichter gewesen sein dürfte, als bisher bekannt.

Um einen Beitrag zur Rekonstruktion des alten Wegenetzes leisten zu können, wurde im GIS eine sogenannte Least-Cost-Path-Analyse durchgeführt. Diese gängige GIS-Analyse-Technik [Bell u. Lock, 2000] ermöglicht die rasterbasierte Berechnung von Routen, indem für die Bewegung im Raum definierte Einflüsse (sogenannte Kosten) auf die Bewegungsrichtung in die Kalkulation einbezogen werden. Zu diesem Zweck wird zunächst ein Raster berechnet, in dem für jede Rasterzelle die akkumulierten Kosten zu einer Ausgangszelle kalkuliert sind. Dieses Modell kann in einem weiteren Schritt dazu verwendet werden, ausgehend von dem zuvor definierten Startpunkt kostenminimierte Wege zu einer oder mehreren Zielzellen zu errechnen.

Für das Untersuchungsgebiet wurde eine solche Least-Cost-Path-Analyse vom Schnittpunkt zweier Römerstraßen durchgeführt, die laut Haffner [1976] im Bereich der Stadt Hermeskeil liegen. Um die Existenz dieses Verkehrsknotenpunktes methodisch zu untermauern, erschien eine

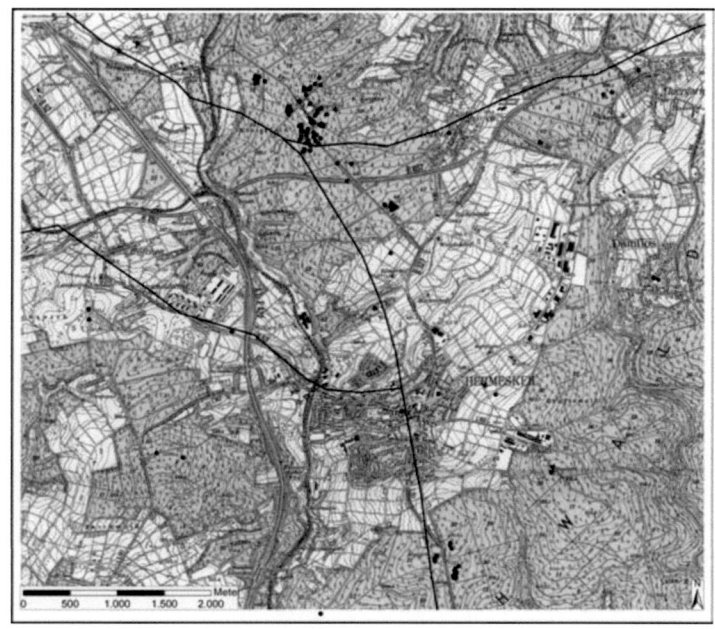

Abb. 4-4: Verlauf von Römerstraßen nach Haffner [1976]

zusätzliche Wegeberechnung sinnvoll, in deren Zusammenhang großräumig Idealverläufe von Routen zwischen bekannten römischen Siedlungen berechnet wurden (Abb. 4-5). Die Tatsache, dass römische Straßenführungen sich üblicherweise eng an den Wasserscheiden orientieren, fand hierbei als Kosten minimierender Faktor Berücksichtigung.

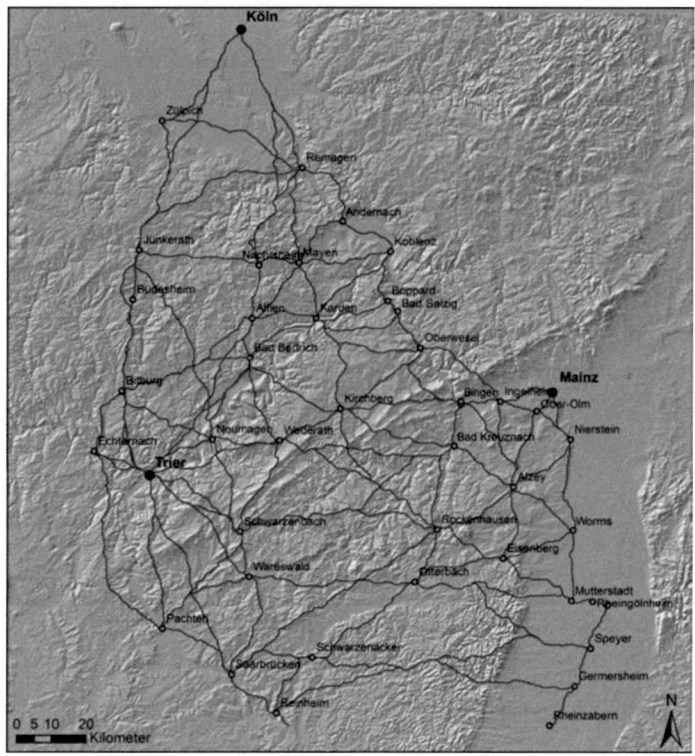

Abb. 4-5: Idealisierter Verlauf von Römerstraßen auf Basis der Least-Cost-Path-Analyse

Ein Vergleich des im GIS berechneten Verlaufs der Römerstraßen mit dem von Haffner publizierten, bestätigt dass im Bereich der Ortschaft Hermeskeil eine Wegekreuzung vorhanden gewesen sein dürfte (Abb. 4-6). Zwar weicht der berechnete Straßenverlauf von diesem Schnittpunkt aus geringfügig von der Kartierung Haffners ab, dies stellt jedoch keinen grundlegenden Widerspruch dar, da bei der Berechnung mit einiger Wahrscheinlichkeit ehemals wichtige Zwischenstationen nicht berücksichtigt werden konnten. Durch Optimierung der für die Berechnung angenommenen Zielpunkte ließe sich das Ergebnis zweifelsohne weiter verbessern.

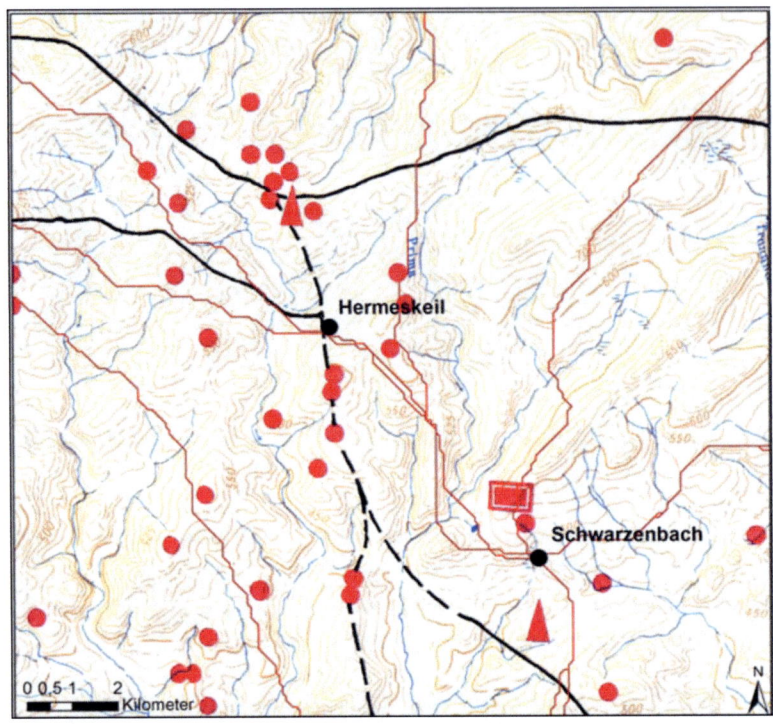

Abb. 4-6: Verlauf von Römerstraßen nach Haffner (schwarz) und berechnete Routen (rot)

Abb. 4-7 zeigt das Ergebnis der Least-Cost-Path-Analyse dargestellt auf der Preußischen Generalstabskarte (M 1:86400, aufgenommen zwischen 1816 und 1847). Hier zeigt sich, dass die berechneten Wege vielfach einen parallelen Verlauf zum historischen Wegenetz des 19. Jahrhunderts aufweisen. Dies könnte dafür sprechen, dass diese Verbindungen bereits in der Eisen- und Römerzeit existiert haben. Aus einer Verknüpfung aller vorliegenden Informationen resultiert schließlich das rekonstruierte Wegenetz, welches einen Versuch darstellt, die berechneten mit den anhand der historischen Karten ersichtlichen Wegeverläufe sowie dem Verlauf der Römerstraßen nach Haffner [1976] (Abb. 4-4) in Einklang zu bringen.

Für die Quantifizierung der Glaubensmaße als Basis der Wegeberechnung im GIS wurde die oben angesprochene Regelhaftigkeit, dass Siedlungen erst ab einem bestimmten Mindestabstand zum Wegenetz angelegt wurden, aufgegriffen. Allen Rasterzellen, die in einem Abstand von < 100 m zum berechneten Wegenetz liegen, wurde ein Glaubensmaß von 0.9 für das Eintreten der Hypothese {Fundplatzabwesenheit einer Siedlung} zugewiesen, während Distanzen zwischen 100 m und einem angenommenen Maximalabstand von 700 m zu den Wegen in Form einer monoton ansteigenden sigmoidalen Fuzzy-Membership-Funktion modelliert wurden. Alle Rasterzellen ab einem Abstand von mehr als 700 m zum nächstgelegenen Weg lassen wiederum eine geringe Wahrscheinlichkeit für die Anlage von Siedlungen annehmen, was mit einem Glaubensmaß von 0.9 in das Modell einfließt. Das rekonstruierte Wegenetz darf jedoch sicher nicht als vollständig angesehen werden, ein Unsicherheitsfaktor, dem durch Multiplikation aller Glaubensmaße mit einem Gewichtungsfaktor von 0.8 Rechnung getragen wird.

70

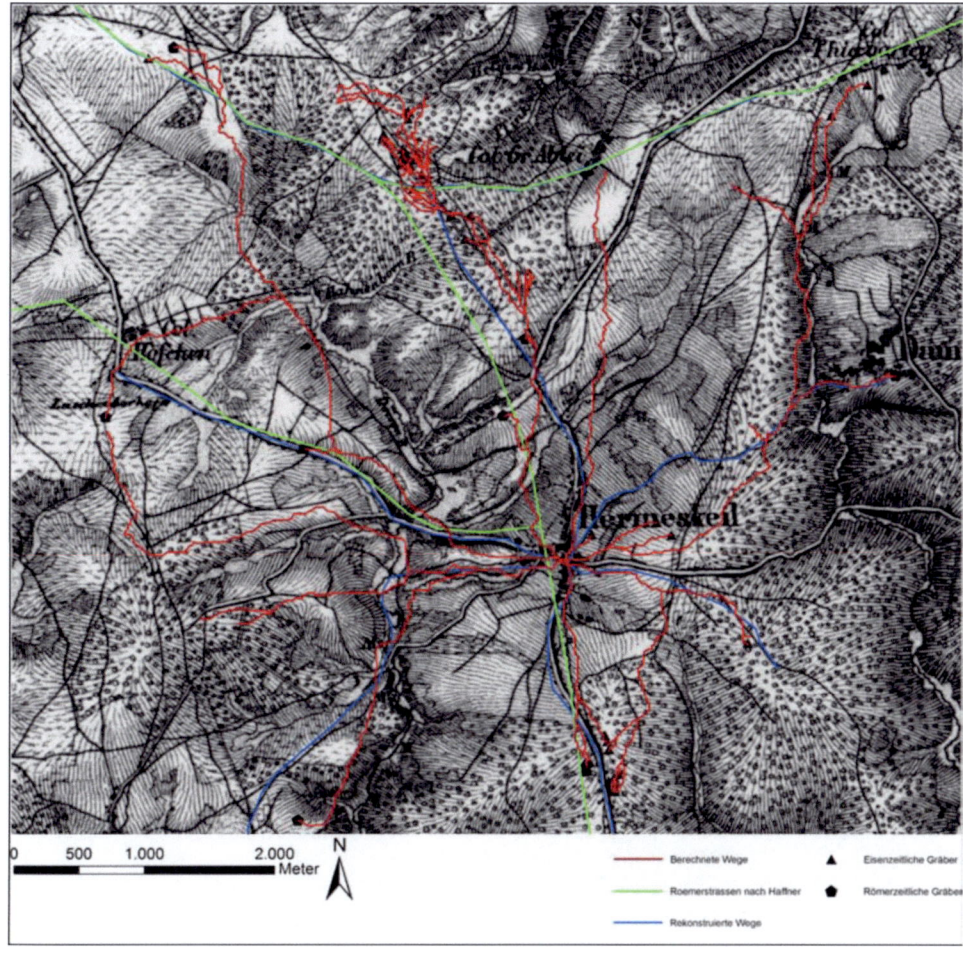

Abb. 4-7: Durch Kombination aller zur Verfügung stehenden Informationen rekonstruiertes Wegenetz (blau) vor dem Hintergrund der bekannten Römerstrassen nach Haffner [1976] (grün) und dem unbereinigten Ergebnis der Least Cost Path-Analyse (rot)

4.6 Distanz zu Gräbern

Die Anlage von Gräbern in räumlicher Nähe zu den zeitgleichen Siedlungen ist sowohl für die Eisen- als auch die Römerzeit festzustellen[3]. Üblicherweise lässt sich zwischen den Gehöften und den zugehörigen Nekropolen jedoch ein Mindestabstand von rund 150 m feststellen. Dies ist nicht zuletzt auch vor dem Hintergrund zu verstehen, dass die Gräberfelder im Hinblick auf das Gedenken der Verstorbenen in unmittelbarer Nähe zu den Wegen (also auf den Höhen) angelegt wurden, wo sie auch von Reisenden gesehen werden konnten, während die Siedlungs-platzwahl durch andere Faktoren wie Gewässernähe bestimmt wurde. Für die Modellierung dieser Variablen wird also die Hypothese {Fundplatzabwesenheit} für eine Pufferdistanz von 150 m um alle Gräberfunde unterstützt. Quantitativ in Form von Glaubensmaßen ausgedrückt, wird einem Abstand von < 150 m zu allen Gräbern des Untersuchungsraumes ein Glaubensmaß von 0.99 zugeschrieben, wohingegen alle Rasterzellen die sich außerhalb dieses Radius befinden ein Glaubensmaß von 0.01 erhalten.

---

[3]Für die Region um den „Hunnenring" sind hierbei allenthalben Kontinuitäten zumindest in der gesamten Latènezeit und der folgenden Römerzeit festzustellen. Dies vermag die im Laufe des Betrachtungszeitraumes recht unterschiedliche Quellenlage durch die allmähliche Abkehr von der Grabhügelsitte am Übergang zur Mittellatènezeit (also spätestens im 3. Jh. v. Chr.) auszugleichen. Die Gräberfelder der Mittel- und Spätlatènezeit liegen ebenso wie die römischen Gräber oft in direkter Nähe der Grabhügelfelder der Hunsrück-Eifel-Kultur.

5 Interpretation, Validierung und Diskussion der Ergebnisse

Gemäß Dempsters Aggregationsvorschrift lassen sich die einzelnen Glaubensmaße zu einem Gesamtergebnis zusammenfassen, woraus sich der Gesamtbelief für die Unterstützung der Hypothese {Fundplatzanwesenheit} berechnet. Abb. 5-1 zeigt den die Hypothese unterstützenden Gesamtbelief im Kontext mit allen bekannten Fundstellen des Untersuchungsgebietes.

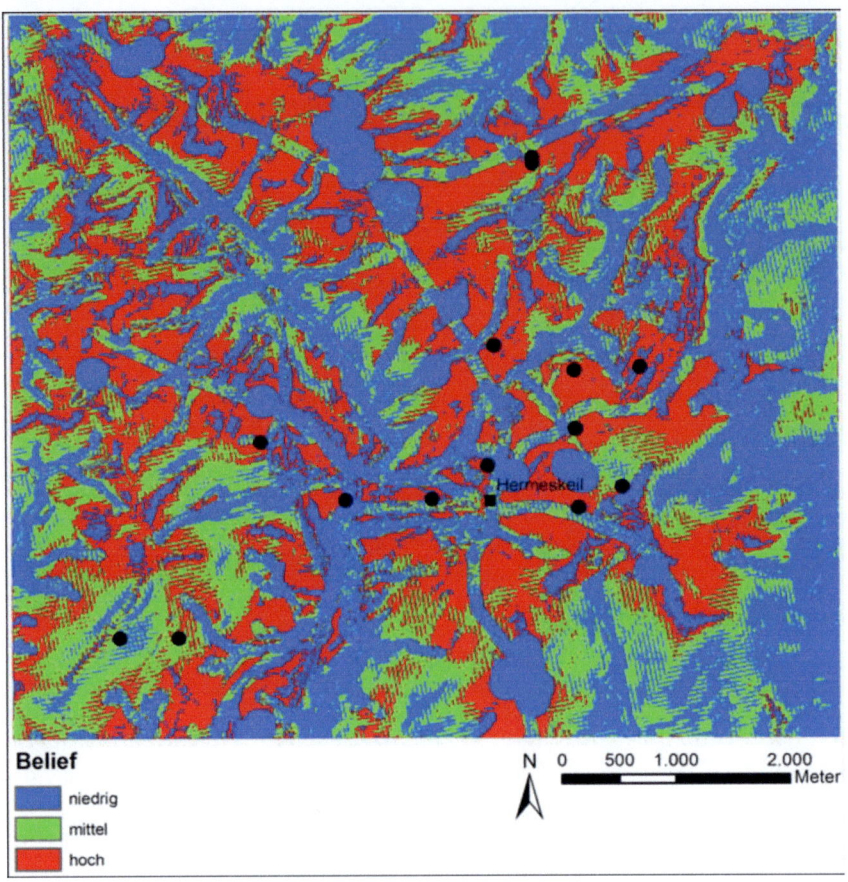

Abb. 5-1: Gesamtbelief für die Hypothese „Fundplatzanwesenheit" in Kontext mit den bekannten römischen Siedlungsfundstellen

Das Ergebnis, welches die Eignung einer bestimmten Örtlichkeit für eine Besiedlung innerhalb eines Gradienten von 0 bis 1 widerspiegelt, wurde dabei in drei gleich große Klassen eingeteilt. Betrachtet man das Ergebnis in Zusammenhang mit Kvammes gain-Faktor (Tab. 5-1) zur Abschätzung der Güte des Prädiktionsmodells, so zeigt sich in diesem Kontext ein deutliches Verbesserungspotential des Modells. Ein gutes Prädiktionsmodell zeichnet sich wie bereits angesprochen durch hohe gain-Faktoren aus (je näher an 1/-1 desto besser). Für Flächen mit hohem Potential wären ideale Bedingungen und damit ein hoher gain-Faktor gegeben, wenn ein Maximum an Fundstellen in einer möglichst kleinen Fläche hohen archäologischen Potentials zu finden wäre.

Der berechnete gain-Faktor dieser Kategorie von 0,61 ist wie auch der Vergleich mit anderen Prädiktionsmodellen zeigt [Ducke et al., 2009] von diesem Idealzustand weit entfernt, könnte aber durch die Integration weiterer Einflussfaktoren wie zum Beispiel eine vermutete windgeschützte Lage von Siedlungen (Hauptwindrichtung ist Westen) oder dem bereits angesprochenen Einfluss der Landschaftsform angenähert werden. Der Verbesserungsbedarf der Modellierung äußert sich auch durch den relativ hohen Anteil an Zellen in der Kategorie des mittleren Belief, welcher sich ebenfalls durch die Hinzunahme weiterer Parameter reduzieren lassen sollte. Das Ergebnis

Tab. 5-1: Güte (gain-Faktor) des Prädiktionsmodells im Zusammenhang mit den Ergebnissen der Modellierung

Kategorie	Belief	Siedlungen	% Siedlungen	Zellen	% Zellen	Gain-Faktor
1	niedrig	2	14,29	216827	45,65	-0,69
2	mittel	1	7,14	111902	23,56	-0,70
3	hoch	11	78,57	146253	30,79	0,61

weist zudem Widersprüchlichkeiten auf, die sich in der Ausweisung von Fundstellen in Bereichen niedrigen Potentials niederschlagen. Dieser Umstand lässt unpräzise Quellenangaben hinsichtlich der Lage dieser Fundstellen vermuten und sollte mittels Geländearbeit überprüft werden, um die Vorhersage und deren Ergebnis zu verbessern. Darüber hinaus stellt es zweifelsohne einen Schwachpunkt des Modells dar, dass keinerlei Interdependenzen zwischen den einzelnen Variablen berücksichtigt werden und auch Priorisierungen einzelner Faktoren, die bei der Entscheidungsfindung für einen bestimmten Siedlungsstandort sicherlich eine Rolle gespielt haben dürften, unterbleiben. Allerdings ist dies aus heutiger Sicht auch wohl nur schwer möglich, so dass im Zuge der Optimierung des Modells noch eine Reihe von Versuchen mit unterschiedlichen Parametern und Gewichtungen nötig sein werden. Von besonderer Bedeutung ist hierbei die archäologische Grundlagenarbeit, die durch präzise Lokalisierung von Fundstellen entscheidend zur Ansprache exakter Lagekriterien und somit zur Verbesserung der Prognose beitragen kann.

Aus archäologischer Sicht ist darüber hinaus aber auch ein direkter Vergleich des Ergebnisses mit einem Erosionsmodell von besonderem Interesse, da die Überprüfung des Prognosemodells im Gelände konkrete Daten zum Einfluss von Erosions- und Akkumulationsprozessen auf die Quellenlage in Abhängigkeit von moderner Landschaftsnutzung liefern sollte.

6 Ausblick

Als Fazit der oben vorgestellten Untersuchungen lässt sich festhalten, dass die Modellierung vor- und frühgeschichtlicher Besiedlungsmuster auf der Grundlage von Lageparametern bereits bekannter Fundstellen einiges Potential bietet, die archäologische Forschung vor allem bei der Suche nach bislang unbekannten Siedlungen der Eisenzeit zu unterstützen. Gleichzeitig konnten jedoch auch einige Probleme und Unschärfen aufgezeigt werden, die es durch intensive Grundlagenforschung methodischer Art, wie auch mittels Prospektionen im Gelände in Zukunft zu minimieren gilt. Eine der wesentlichen Anforderungen an die Archäologie ist es hierbei, eine verlässliche Datengrundlage vor allem im Hinblick auf exakt lokalisierte Siedlungsstellen der Eisen- und Römerzeit in der Region zu schaffen und auf diesem Wege zur Präzisierung der bei der Modellierung angewandten Kriterien beizutragen. Durch ein besseres Verständnis des Verhältnisses von Landschaft und menschlicher Besiedlung sollte es in Zukunft möglich sein, das zunächst nur für eine Beispielregion formulierte Modell auch auf andere Siedlungslandschaften übertragen und entsprechend anpassen zu können.

Literatur

[Bailey et al. 2009] BAILEY, K. ; DAVIS, D. ; GROSSARDT, T. H. ; HIXON, J. ; MINK, P. ; RIPY, J. ; SHIELDS, C.: Predictive Archaeological Modelling using GIS-Based Fuzzy Set Estimation: A Case Study in Woddford County, Kentucky. In: *Proceedings of the Transportation Research Board 88th Annual Meeting.* Washington, 2009. – 11.01.2009 – 15.01.2009

[Bell u. Lock 2000] BELL, T. ; LOCK, G.: Topographic and cultural influences on walking the Ridgeway in later prehistoric times. In: LOCK, G. (Hrsg.): *Beyond the Map: Archaeology and spatial technologies.* Amsterdam, etc : IOS Press, 2000, S. 85–100

[Canning 2005] CANNING, S.: ‚BELIEF‘ in the past: Dempster Shafer theory, GIS and archaeological predictive Modelling. In: *Ausralian Archaeology* Number 60 (2005)

[Clarke 1977] CLARKE, D. L.: *Spacial Archaeology.* London, 1977

[Deeben et al. 2002] DEEBEN, J. H. C. ; HALLEAS, D. P. ; MAARLEVELT, Th. J.: Predictive Modelling in archaeological heritage management of the netherlands: The indicative map of archaeological values (2nd generation). In: *Berichten ROB 45.* Amersfoort, 2002, S. 9–56

[Dempster 1968] DEMPSTER, A. P.: A Generalization of Bayesian Inference. In: *Journal of Royal Statistical Society* Series B 38 (1968), S. 205–247

[Ducke et al. 2009] DUCKE, B. ; LEUSEN, M. van ; MILLARD, A. R.: Dealing with uncertainty in archaeological prediction. In: KAMERMANS, H. (Hrsg.) ; LEUSEN, M. van (Hrsg.) ; VERHAGEN, P. (Hrsg.): *Archaeological Prediction and Risk Management. Alternatives to current practise.* Leiden University Press, 2009, S. 123–160

[Ebert 2000] EBERT, J.: The State of the Art in „Inductive" Predictive Modelling: Seven Big Mistakes (and Lots of Smaller Ones). In: WESCOTT, K. L. (Hrsg.) ; BRANDON, R. J. (Hrsg.): *Practical Applications of GIS for Archaeologists.* CRC Press, 2000, S. 129–134

[Ejstrud 2003] EJSTRUD, B.: Indicative Models in Landscape Management: Testing the methods. In: *Forschungen zur Archäologie im Land Brandenburg 8, Archäoprognose Brandenburg I, Besiedelungsdynamik und prähistorische Raumordnung.* Wünsdorf, 2003

[Ejstrud 2008] EJSTRUD, B.: Maroons and Landscapes. In: *Journal of Caribbean Archaeology* 8 (2008), S. 1–18

[Haffner 1976] HAFFNER, A.: Die westliche Hunsrück-Eifel-Kultur. In: *Römisch-Germanische Forschungen* 36 (1976)

[Hobbs et al. 2002] *Kapitel* 7: Model Development and Evaluation. In: HOBBS, E. ; JOHNSON, C. M. ; GIBBON, G. E.: *A Predictive Model of Precontact Archaeological Site Location for the state of Minnesota.* 2002. – http://www.mnmodel.dot.state.mn.us/chapters/chapter7.htm

[Hodder u. Orton 1976] HODDER, I. ; ORTON, C.: *Spatial Analysis in Archaeology.* Cambridge University Press, 1976

[Hornung 2008] HORNUNG, S.: *Die südöstliche Hunsrück-Eifel-Kultur. Studien zur Späthallstatt- und Frühlatenezeit in der deutschen Mittelgebirgsregion.* Bonn : Universitätsschriften zur Prähistorischen Archäologie 153, 2008

[Kvamme 1988] KVAMME, K. L.: Development and Testing of Quantitative Models. In: JUDGE (Hrsg.) ; SEBASTIAN (Hrsg.): *Quantifying the Present and Predicting the past: Theory, Method, and Application of Archaeological Predictive Modelling.* 1988, S. 325–428

[Kvamme 1992] KVAMME, K. L.: A predictive site location model on the High Plains: an example with an independent test. In: *Plains Anthropologist* 37(138) (1992), S. 19–38 [van Leusen 2002] *Kapitel* 5: A Review of wide area Predictive Modelling using GIS. In: LEUSEN, P. van: *Pattern to Process: Methodological investigations into the formation and interpretation of spatial patterns in Archaeological Landscapes.* Groningen, 2002, S. 1–23

[Münch 2003] MÜNCH, U.: *Überlegungen zur Quellenkritik als eingrenzender Faktor der Archäoprognose. Die Entwicklung und Bewertung von Prognosemodellen für verschiedene Testgebiete im Land Brandenburg und ihre Anwendbarkeit in der Bodendenkmalpflege.* 2003. – Inauguraldissertation, Bamberg

[Shafer 1976] SHAFER, G.: *A Mathematical Theory of Evidence.* Princeton University Press, 1976

[Tobler 1993] TOBLER, W.: *Three Presentations on Geographical Analysis and Modeling.* Technical Report 93-1, 1993. – National Center for Geographic Information and Analysis

[Verhagen 2007a] VERHAGEN, P.: Quantifying the Qualified: The Use of Multicriteria Methods and Bayesian Statistics for the Development of Archaeological Predictive Models. In: *Case Studies in Predictive Modelling.* Leiden University Press, 2007a, S. 71–87

[Verhagen 2007b] VERHAGEN, P.: First thoughts on the incorporation of cultural variables into predictive modelling. In: *Case Studies in Predictive Modelling.* Leiden University Press, 2007b, S. 203–208

[Weiss 2001] WEISS, A.: *Topographic Position and Landforms Analysis.* The Nature Conservancy.TPI-Poster-TNC_18x22.pdf, 2001. – `http://www.jennessent.com/downloads/TPI-Poster-TNC\_18x22.pdf`

[Zadeh 1965] ZADEH, L. A.: Fuzzy Sets. In: *Information and Control* 8 (1965), S. 338–353

Anschrift der Autoren:

Silke Boos M.Eng.   Fachhochschule Mainz
i3mainz am Fachbereich 1 – Geoinformatik und Vermessung
Lucy-Hillebrand-Straße 2, 55128 Mainz
boos@geoinform.fh-mainz.de

Dr. Sabine Hornung M.A.   Universität Mainz
Institut für Früh- und Vorgeschichte
Schillerstrasse 11, 55116 Mainz
hornusa@uni-mainz.de

Prof. Dr.-Ing. Hartmut Müller   Fachhochschule Mainz
i3mainz am Fachbereich 1 – Geoinformatik und Vermessung
Lucy-Hillebrand-Straße 2, 55128 Mainz
mueller@geoinform.fh-mainz.de

Zum Stacking von Phasenresiduen aus GNSS-Auswertungen mittels Precise Point Positioning

Thomas Fuhrmann, Andreas Knöpfler, Xiaoguang Luo und Michael Mayer

1   Einleitung

Dieser Beitrag behandelt die Analyse von GNSS-Phasenresiduen von an GNSS-Referenzstationen erfassten Beobachtungen. Die Datenverarbeitung erfolgt im Post-Processing und wird insbesondere auf kontinuierlich vorliegende Daten angepasst. Um systematische Effekte in den Residuen separat für jede Referenzstation detektieren zu können, werden die GNSS-Beobachtungen mittels Precise Point Positioning (PPP) ausgewertet. Grundlagen zu diesem präzisen Einzelpunktverfahren liefert Abschnitt 2. Im Gegensatz zu einer differentiellen Auswertung können Residuen aus einer PPP-Auswertung ohne einschränkende Annahmen direkt zur Residuenanalyse verwendet werden. Abschnitt 3 stellt die Grundidee des Stapelns (Stacking) von Residuen zur Reduktion von systematischen Einflüssen vor. Weiterführende Aspekte des räumlichen Stackings und die am GIK neu entwickelte Vorgehensweise werden detailliert beschrieben. Abschnitt 4 präsentiert schließlich die Ergebnisse des entwickelten Stacking-Verfahrens anhand von GPS-Daten einer Station des GNSS Upper Rhine Graben Network (GURN). Der vorliegende Beitrag schließt mit einer Zusammenfassung und einem Ausblick.

2   Precise Point Positioning

In einer GNSS-Auswertung im PPP-Modus werden im Gegensatz zu einer differentiellen Auswertung Ungenauigkeiten in den eingeführten Satellitenbahn- und Satellitenuhrdaten nicht eliminert. Auch Effekte, die sich mit dem Durchlauf der GNSS-Signale durch die Atmosphäre ergeben, fließen bei PPP vollständig mit in die GNSS-Ausgleichung ein und müssen dort explizit berücksichtigt werden. Die Beobachtungsgleichung für Phasenmessungen unter Verwendung der ionosphärenfreien Linearkombination L3, die zur Reduktion von ionosphärischen Einflüssen verwendet wird, ergibt sich für eine PPP-Auswertung zu

$$\psi_R^S = \frac{f}{c} \cdot \rho_R^S - f \cdot \Delta t_R + R_R^S + \frac{f}{c} \cdot \Delta_R^{S,NEU} + \epsilon_R^S \tag{2-1}$$

ψ : Trägerphase

R, S : Empfänger, Satellit

f : Frequenz des Signals (L3)

c : Lichtgeschwindigkeit im Vakuum (299792458 m/s)

ρ : geometrische Entfernung (Empfänger – Satellit)

Δt_R : Empfängeruhrfehler

Δ^{NEU} : neutrosphärische Laufzeitverzögerung

ϵ : Rauschen, Restfehler

R_R^S : rationale Konstante aus L1- und L2-Ambiguities

Durch die Verwendung der L3-Linearkombination können Ambiguities aktuell nicht wie bei einer differentiellen Auswertung auf einen ganzzahligen Wert fixiert werden. In einer Standard-PPP-Auswertung werden Ambiguities daher als Float-Parameter in der Ausgleichung geschätzt. Für Satellitenbahn- und Satellitenuhrdaten werden in der Regel hochgenaue und hochauflösende Produkte von internationalen Diensten (z. B. [IGS, 2010]) eingeführt. Die Neutrosphärenmodellierung innerhalb der Auswertung erfolgt meist zweiteilig. Die trockene Komponente der neutrosphärischen Laufzeitverzögerung wird apriori aus meteorologischen Daten modelliert, die wesentlich kleinere feuchte Komponente wird in der Ausgleichung als Parameter geschätzt. Innerhalb der GNSS-Modellbildung bestehen Abhängigkeiten zwischen geschätzten Parametern und modellierten Größen. Abbildung 2-1 stellt die Abhängigkeiten für eine PPP-Auswertung grafisch dar.

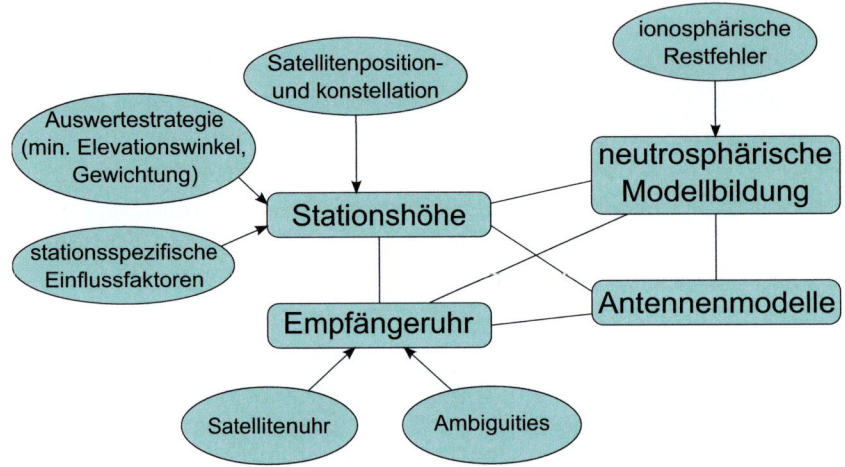

Abb. 2-1: Bermuda-Polygon für PPP-Auswertungen

Eine Ungenauigkeit in der Antennenmodellierung ruft beispielsweise einen Fehler in der Bestimmung der Stationskoordinaten, insbesondere der Stationshöhe hervor. In [Fuhrmann et al., 2010] werden beispielhaft die Korrelationen zwischen den geschätzten Parametern einer Referenzstation für eine Auswertung von 24h-Beobachtungsmaterial beschrieben. Die dort gefundenen Korrelationen bestätigen in großen Teilen auch die Ergebnisse einer detaillierten Untersuchung der Korrelationen innerhalb einer PPP-Auswertung in [Witchayangkoon, 2000]. Sämtliche Ungenauigkeiten in den verwendeten Modellen und Annahmen (Neutrosphärenmodellierung, ionosphärenfreie Linearkombination, Antennenmodellierung, Mehrwegeffekte) verbleiben als Restfehler in den Phasenresiduen der Ausgleichung.

3 Residuen-Stacking zur Reduktion systematischer Einflüsse

PPP-Phasenresiduen eignen sich gut für die Residuenanalyse, da sich bei PPP nur die Einflüsse der Beobachtungen einer Referenzstation auf die Auswerteergebnisse auswirken. Bei Residuen aus differentiellen Auswertungen besteht hingegen stets eine Abhängigkeit der Residuen von der Basislinie zwischen zwei Stationen. Ziel des Residuen-Stackings ist es, systematische Anteile der GNSS-Auswertung zu detektieren und zu reduzieren. Hierbei sind unterschiedliche Ansätze bekannt.

Auf zeitlichem Stacking basierende Verfahren nutzen die Wiederholung der Satellitenkonstellation nach ungefähr einem siderischen Tag (für GPS). Eine Wiederholung der Satellitenkonstellation hat eine Wiederholung der Konstellation von Reflexionen und Streuungen der GNSS-Signale im Umfeld einer Station zur Folge. Daher können so beispielsweise Mehrwegeffekte durch Stapeln zeitsynchroner Residuen detektiert werden. Die Kenntnis der exakten Wiederholungszeit jedes einzelnen Satelliten ist für das zeitliche Stacking von Residuen essentiell [Agnew u. Larson, 2006]. Die Wiederholungszeit der GPS-Satelliten ist im Mittel ca. acht bis neun Sekunden kürzer als ein siderischer Tag und variiert von Satellit zu Satellit um zehn Sekunden und mehr. Daher sollte für das Stacking von Residuen aus hochfrequenten Beobachtungen (1-Hz-Daten) für jeden Satelliten eine individuelle Wiederholungszeit bestimmt werden. Für GLONASS beträgt die Wiederholung exakt derselben Satellitenkonstellation ca. acht siderische Tage, für GALILEO ca. zehn siderische Tage. Zeitliches Stacking ist für diese beiden Systeme also nur mit Beobachtungen aus einer größeren zeitlichen Basis sinnvoll durchführbar.

Im Gegensatz dazu werden beim räumlichen Stacking die Residuen anhand der Richtung der Beobachtung gestapelt (Azimut und Elevation). Dazu wird ein repräsentativer Wert für die Residuen eines bestimmten Bereichs (Zelle) über einen bestimmten Zeitraum ermittelt. Im Hinblick auf geometrische und statistische Aspekte des räumlichen Stackings wurden am GIK detaillierte Untersuchungen durchgeführt, die in [Fuhrmann et al., 2010] ausführlich erklärt werden und im Folgenden kurz erläutert werden sollen.

3.1 Geometrische Aspekte des räumlichen Residuen-Stackings

Zum räumlichen Stapeln von Phasenresiduen eines bestimmten Bereichs über einen bestimmten Zeitraum muss ein Zugehörigkeitskriterium definiert werden. Die Position eines Residuums ist durch Azimut- und Elevationswinkel räumlich eindeutig definiert, sodass alle Residuen, die innerhalb eines gewissen Bereichs liegen, zu einer Zelle zusammengefasst und anschließend statistisch weiter untersucht werden können. Die Größe des Bereichs und damit die Auflösung der Staking-Zellen sollte in Abhängigkeit von der Gesamtanzahl der zu stackenden Residuen gewählt werden. Für kurze Zeiträume (wenige Tage) stehen weniger Residuen zur Verfügung und es muss eine geringere Auflösung gewählt werden, z. B. $2° \times 5°$ (Elevation $\times$ Azimut). Für lange Zeiträume kann die Auflösung der Zellen erhöht werden, da mehr Residuen zur Verfügung stehen. [Iwabuchi u. Miyazaki, 2003] verwenden beispielsweise eine Auflösung von $1° \times 1°$ für Beobachtungsmaterial eines ganzen Jahres.

Die bisher veröffentlichten Varianten des räumlichen Stackings verwenden eine konstante Auflösung in Azimutrichtung. Dies hat allerdings zur Folge, dass die Zellen mit zunehmendem Elevationswinkel schmaler werden, da $1°$ Azimut bei einer hohen Elevation ein kleineres Bogenstück beschreibt als bei einer niedrigen Elevation (siehe Abbildung 3-1). Daher stehen bei höheren Elevationen allein aufgrund der Geometrie weniger Residuen innerhalb einer Zelle zur Verfügung als bei niedrigen Elevationen.

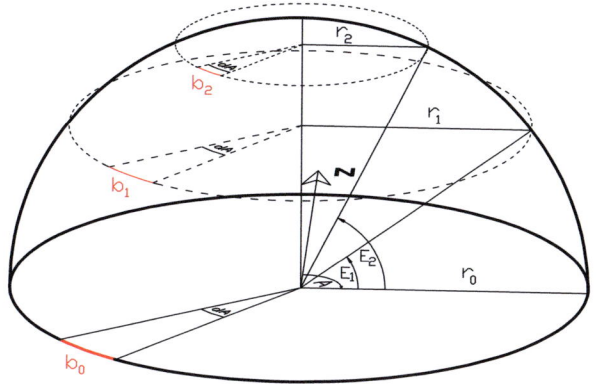

Abb. 3-1: Änderung der Azimutbögen auf der Horizonthalbkugel

Ein Bogenstück b_i kann wie in Gleichung 3-1 angegeben in Abhängigkeit von Azimutschrittweite und Elevation beschrieben werden. Tabelle 3-1 veranschaulicht die Änderungen eines Bogenstücks b mit identischen Azimutschrittweiten in verschiedenen Elevationen.

$$
\cos E_i = \frac{r_i}{r_0}
$$

$$
r_i = \cos E_i \cdot r_0
$$

$$
\frac{b_i}{r_i} = \frac{dA}{\rho} \tag{3-1}
$$

$$
\Rightarrow b_i = \frac{dA}{\rho} \cdot \cos E_i \cdot r_0
$$

A, E : polare Winkel (Azimut, Elevation) im Topozentrum zu einem Satelliten

dA : Azimutschrittweite

r_0 : Radius des Azimutkreises auf Stationshöhe $(E = 0°)$

r_i : Radius des Azimutkreises für Elevation E_i

b_i : Ausschnitt des Kreisbogens für Elevation E_i

$\rho : \dfrac{180}{\pi}$

Tab. 3-1: Länge eines Bogenstücks b in verschiedenen Elevationen (mit $dA = 1°$ und $r_0 = 10$ km)

$b(0°)$	$b(10°)$	$b(50°)$	$b(70°)$	$b(85°)$
174.5 m	171.9 m	112.2 m	59.7 m	15.2 m

In [Fuhrmann et al., 2010] wird ein Ansatz vorgestellt, mit dem die Residuen kongruenten Zellen zugewiesen werden können. Dazu wird die Azimutschrittweite für jede Elevationsstufe individuell berechnet, sodass die Länge eines Bogenstück b_i in einer Elevationsstufe E_i der Länge des Bogenstücks b_0 bei 0° Elevation entspricht. In der Praxis des Residuen-Stackings zeigt sich, dass durch die Verwendung dieser stufenweisen Azimutanpassung auch in hohen Elevationsbereichen statistisch fundierte Korrekturwerte berechnet werden können, da mehr Residuen innerhalb einer Zelle zur Verfügung stehen als ohne die Azimutanpassung.

Generell hängt die Qualität der Korrekturwerte stark von der gewählten Auflösung der Zellen ab. Abbildung 3-2 visualisiert gestapelte Werte von Residuen aus einem Beobachtungszeitraum von acht Tagen an der Station FRTT in einer dreidimensionalen Darstellung für verschiedene Auflösungen[1].

Beim Vergleich von Abbildung 2(e) mit Abbildung 2(a) oder 2(b) wird deutlich, dass lokale, systematische Effekte in den Residuen bei einer zu geringen Auflösung nicht mehr detektiert werden können. Eine möglichst hohe Auflösung ist daher wünschenswert. Andererseits sollte eine gewisse Mindestanzahl an Residuen pro Zelle vorliegen, um statistisch gesicherte Korrekturwerte zu erhalten. Eine zu hohe Auflösung der Zellen würde dann dazu führen, dass für viele Zellen kein Korrekturwert berechnet werden kann, weil zu wenige oder keine Residuen in den Zellen liegen. Auf statistische Aspekte beim räumlichen Residuen-Stacking wird im folgenden Abschnitt näher eingegangen.

---

[1]Die angegebenen Azimutauflösungen beziehen sich stets auf die Elevationsstufe 0°. Bei höheren Elevationsstufen ist die Auflösung geringer.

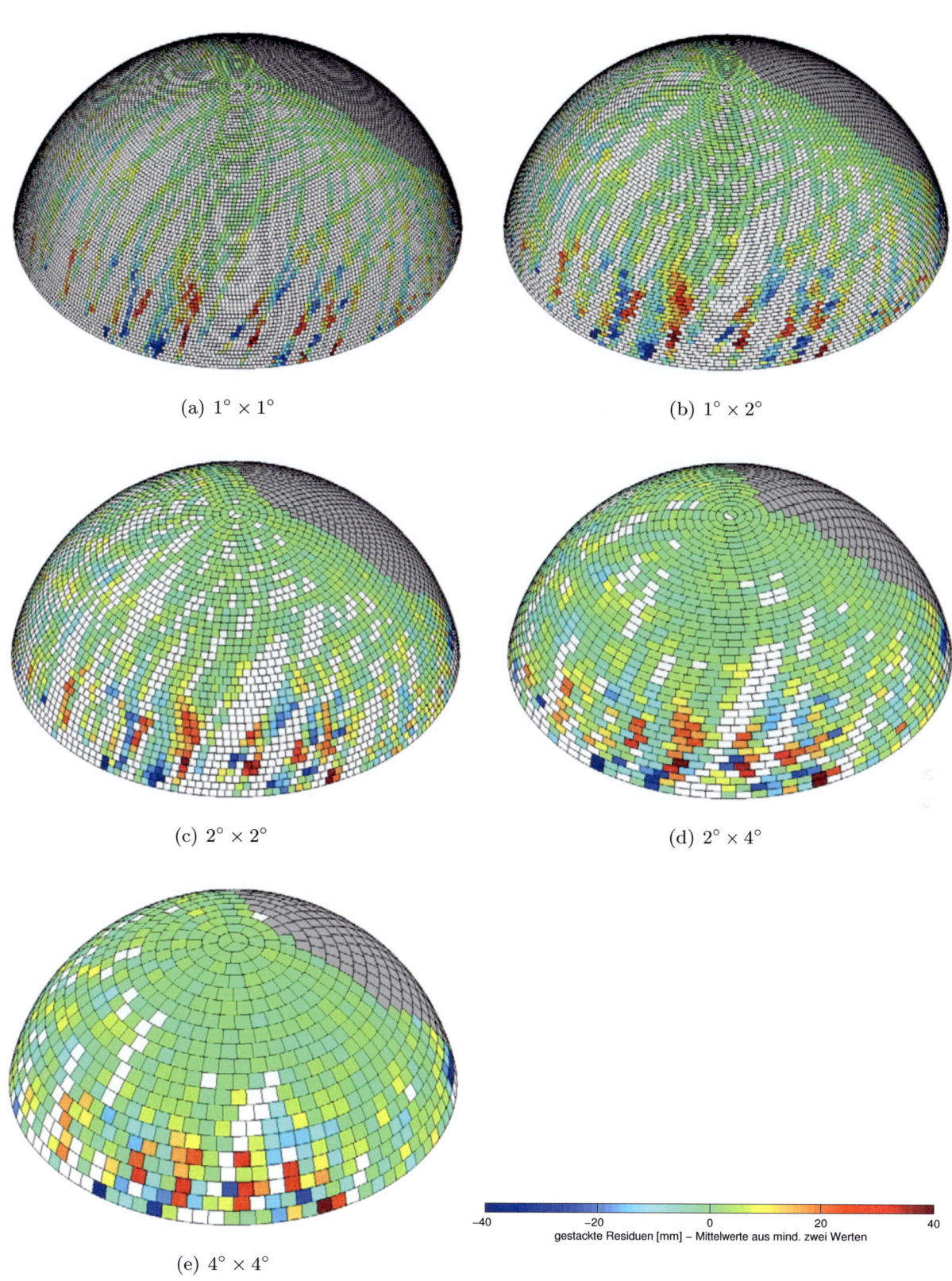

(a) $1° \times 1°$

(b) $1° \times 2°$

(c) $2° \times 2°$

(d) $2° \times 4°$

(e) $4° \times 4°$

gestackte Residuen [mm] – Mittelwerte aus mind. zwei Werten

Abb. 3-2: 3D-Stacking-Maps für FRTT (DOY 276–283, 2008)

3.2 Statistische Aspekte des räumlichen Residuen-Stackings

Ziel des Residuen-Stackings ist, statistisch gesicherte und repräsentative Korrekturwerte aus den Residuen einer Zelle zu bestimmen. In diesem Abschnitt werden zwei unterschiedliche Varianten zur Korrekturwertbestimmung vorgestellt, die sich vor allem im verwendeten Filteransatz unterscheiden (Abbildung 3-3). Beide Varianten verwenden eine minimale Anzahl an Residuen pro Zelle, um die statistische Sicherheit der Korrekturwerte zu gewährleisten.

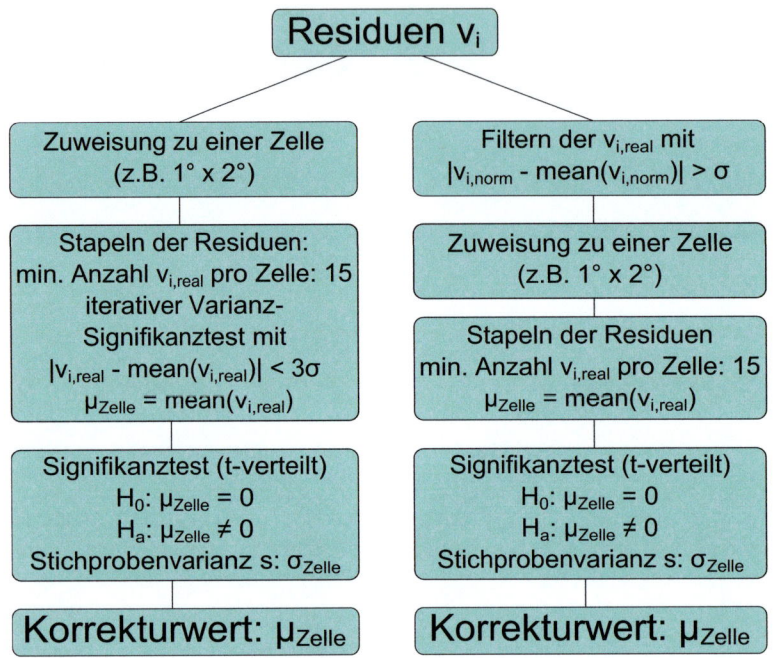

Abb. 3-3: Ablauf des Stackings

Während bei Variante 1 (linker Weg) nur ungewichtete Residuen zum Einsatz kommen ($v_{i,real}$), werden bei Variante 2 (rechter Weg) auch normalisierte Residuen ($v_{i,norm}$) verwendet. Normalisierte Residuen entstehen durch Gewichtung der ($v_{i,real}$) mit den Diagonalelementen der Kofaktormatrix Q_{vv} der Verbesserungen wie in Gleichung (3-2) dargestellt.

$$v_{norm}(i) = \frac{v_{real}(i)}{\sqrt{Q_{vv}(i,i)}} \tag{3-2}$$

Beobachtungen aus niedrigen Elevationen sind im Allgemeinen qualitativ schlechter als Beobachtungen aus höheren Elevationen. Dies ist in erster Linie darin begründet, dass Beobachtungen aus niedrigeren Elevationen einen längeren Weg durch die Atmosphäre zurück legen müssen. Daher werden die Beobachtungen innerhalb der GNSS-Auswertung gewichtet, z. B. in Abhängigkeit des Elevationswinkels der eintreffenden Signale. Die Normalisierung der Residuen v_{real} führt dazu, dass die Elevationsabhängigkeit aus den Residuen beseitigt wird. Unter der Annhame, dass systematische Effekte die Residuen systematisch verfälschen, erhalten bei Variante 2 nur die korrekturbedürftigen Residuen eine Korrektur. Zum Filtern der korrekturbedürftigen Residuen wird eine Schwellwert ($1\,\sigma$) eingesetzt. Das Filterkriterium verwendet normalisierte Residuen, da diese nicht elevationsabhängig sind und somit auch systematische Verfälschungen in höheren Elevationen detektiert werden können. Danach werden die korrekturbedürftigen, ungewichteten Residuen den Stacking-Zellen zugewiesen und die Korreturwerte bestimmt.

Variante 1 ist dagegen von Beginn an zellbasiert. Nach der Zuweisung zu den einzelnen Stacking-Zellen wird innerhalb der Zelle überprüft, ob ein statistisch gesicherter Korrekturwert bestimmt werden kann. Dazu werden Ausreißer in den Residuen innerhalb einer Zelle detektiert und schrittweise entfernt. Um zu überprüfen, ob tatsächlich ein Ausreißer in den Residuen vorliegt oder ob der vorgegebene Grenzwert ($3\,\sigma$) nur minimal, also nicht signifikant, überschritten wird, wird ein iterativer Varianz-Signifikanztest durchgeführt. Die Testgröße T berechnet sich aus der Varianz aller Residuen einer Zelle dividiert durch die Varianz der Residuen, die den Grenzwert nicht überschreiten. Da die Varianz aller Residuen stets größer oder gleich der Varianz der Residuen, die den Grenzwert nicht überschreiten, ist, handelt es sich um einen einseitigen Test von empirschen Varianzen. Die kritischen Werte k für einen solchen Signifikanztest berechnen sich aus der Fisher-Verteilung [Niemeier, 2008, S. 110 f.]. Ist T kleiner als k, gibt es keinen signifikanten Unterschied zwischen den beiden Varianzen (Nullhypothese H_0), und alle Residuen der Zelle fließen in die Korrekturwertbestimmung für die Zelle ein. Ist T größer als k, gibt es einen signifikanten Unterschied zwischen den beiden Varianzen (Alternativhypothese H_a) und das Residuum, das am weitesten vom Mittelwert entfernt ist, wird aus der Bestimmung des Korrekturwerts für die Zelle entfernt. Es folgt ein erneuter Test der Varianzen mit neu berechneten statistischen Kenngrößen. Der komplette Ablauf des iterativen Testverfahrens ist in Abbildung 3-4 schematisch dargestellt.

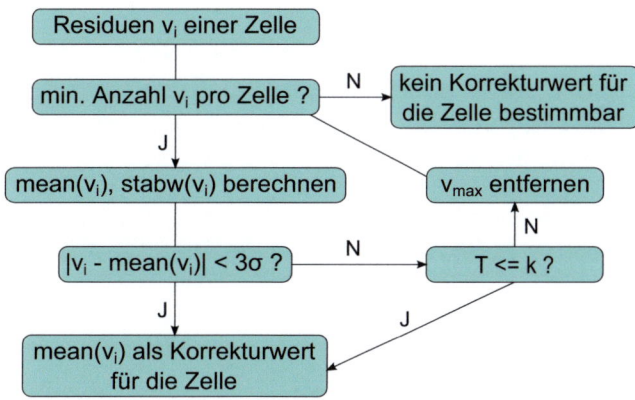

Abb. 3-4: Schematische Darstellung des iterativen Varianz-Signifikanztests

Nach den jeweiligen Filteroperationen der beiden Varianten in Abbildung 3-3 wird überprüft, ob sich die berechneten Korrekturwerte signifikant von Null unterscheiden. Korrekturwerte von Zellen, die zwar eine große Streuung aufweisen, deren Mittelwert aber in der Nähe von Null liegt, können so aus der Auswertung entfernt werden. Hierbei handelt es sich um einen zweiseitigen Signifikanztest von Mittelwerten einer normalverteilten Grundgesamtheit, dessen Testgröße sich nach [Niemeier, 2008, S. 86 f.] aus der Student-Verteilung (t-Verteilung) berechnen lässt.

3.3   Rechentechnische Aspekte des räumlichen Residuen-Stackings

Zur Berechnung der Korrekturwerte und zur anschließenden Korrektur der originären Residuen müssen große Datenmengen verarbeitet werden. An einer Station ergeben sich an einem Tag bei einer Abtastrate von 30 s ca. 25000 L3-Phasenresiduen. Um den rechentechnischen Aufwand möglichst gering zu halten, ist die Beachtung rechentechnischer Aspekte nützlich, insbesondere wenn die Routinen zum Stacking der Residuen von langen Beobachtungszeiträumen (z. B. ein Jahr) verwendet werden sollen. Sämtliche Berechnungen zum räumlichen Stacking werden mit dem Softwarepaket MATLAB in der Version 7.0.4 durchgeführt.

Zur Zuordnung der Residuen zu einer Stacking-Zelle (in Variante 1 und Variante 2) werden Azimut und Elevation der Residuen zunächst auf den Wert in der Mitte der Zelle gerundet (Stützstelle).

Anschließend folgt eine Sortierung der Residuen nach Elevation und Azimut. Danach werden alle Residuen derselben Stützstelle gesammelt und in einem temporären Vektor gespeichert und weiterverarbeitet. Durch diese Vorgehensweise muss die komplette Liste der Residuen zur Zuordnung und statistischen Überprüfung der Residuen nur einmal durchlaufen werden. Vor allem bei Variante 1, wo alle Residuen des Beobachtungszeitraums ausgewertet werden, ist dieser Algorithmus von Vorteil.

Für das Aufspalten der Residuen in einen korrekturbedürftigen und einen nicht korrekturbedürftigen Anteil in Variante 2 werden die ungewichteten Residuen nach dem Abstand eines normalisierten Residuums zum Mittelwert aller normalisierten Residuen sortiert. Alle Residuen für die dieser Abstand unterhalb der vorgegebenen Schranke liegt ($1\,\sigma$), können so innerhalb von ca. 0.5 s aus der Auswertung entfernt werden (für Residuen aus zehn Beobachtungstagen). Ein Vergleich des Schwellwerts mit dem Abstand zum Mittelwert für jedes einzelne Residuum in einer ungeordneten Liste dauert für dieselben Daten über 45 min(!)[2].

4 Ergebnisse des räumlichen Resdiuen-Stackings

Die Ergebnisse des Stackings hängen stark vom verwendeten Beobachtungsmaterial, der gewählten Auflösung der Zellen und den statistischen Parametern (Grenzwerte, Irrtumswahrscheinlichkeit bei statistischen Tests) ab. Für die im Folgenden präsentierten Ergebnisse des räumlichen Stackings werden die hier aufgelisteten Parameter verwendet:

- Auflösung: $1° \times 2°$

- Anzahl der ausgewerteten Tage: 10 (Sample Interval: 30 s)

- minimale Anzahl an Residuen pro Zelle: 15

- Schwellwerte:
  $3\,\sigma$ für Varianz-Signifikanztest in Variante 1
  $1\,\sigma$ für korrekturbedürftige Residuen in Variante 2

- Irrtumswahrscheinlichkeit α bei den Tests: 1 %

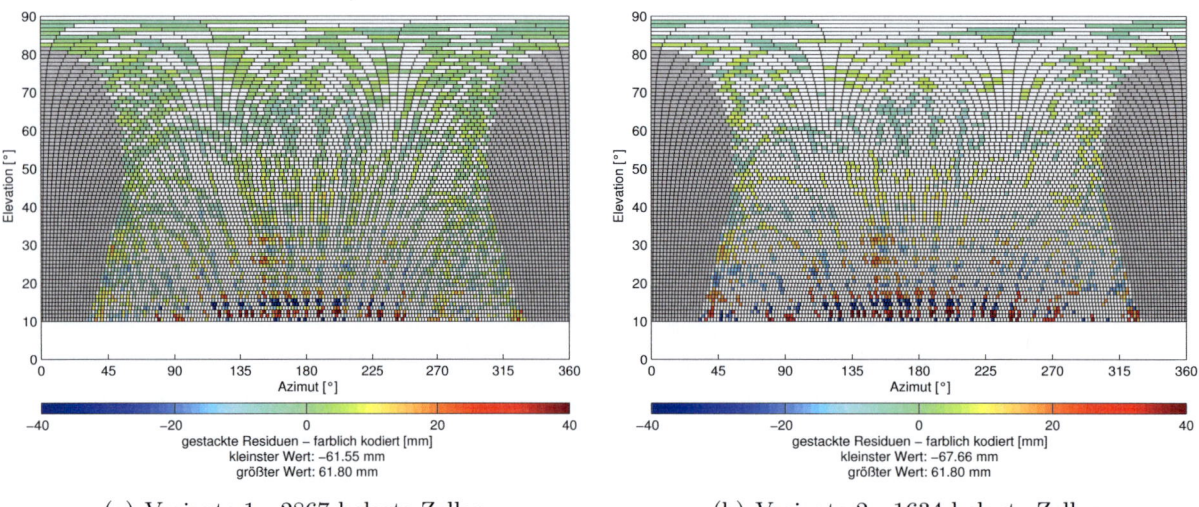

(a) Variante 1 - 2867 belegte Zellen   (b) Variante 2 - 1634 belegte Zellen

Abb. 4-1: Korrekturwerte für Station TANZ, zehn Tage (DOY 276–285, 2008)

---

[2]Die Rechenzeiten beziehen sich auf einen Intel Pentium M Prozessor mit 1.73 GHz Taktrate und 504 MB Arbeitsspeicher.

Abbildung 4-1 zeigt die durch Stacking bestimmten Korrekturwerte an der Station TANZ für die beiden in Abschnitt 3.2 beschriebenen Varianten. Die Größenordnung der gestackten Werte ist den Farbbalken zu entnehmen. Bei Variante 2 sind weniger Zellen belegt als bei Variante 1, da hier nur die korrekturbedürftigen Residuen gestackt werden. Aus demselben Grund nehmen die Korrekturwerte in Variante 2 auch größere Absolutbeträge an als die Korrekturwerte für Variante 1. In den Grafiken beider Varianten wird deutlich, dass an der Station TANZ starke Effekte in den gestapelten Residuen bei niedrigen Elevation auftreten.

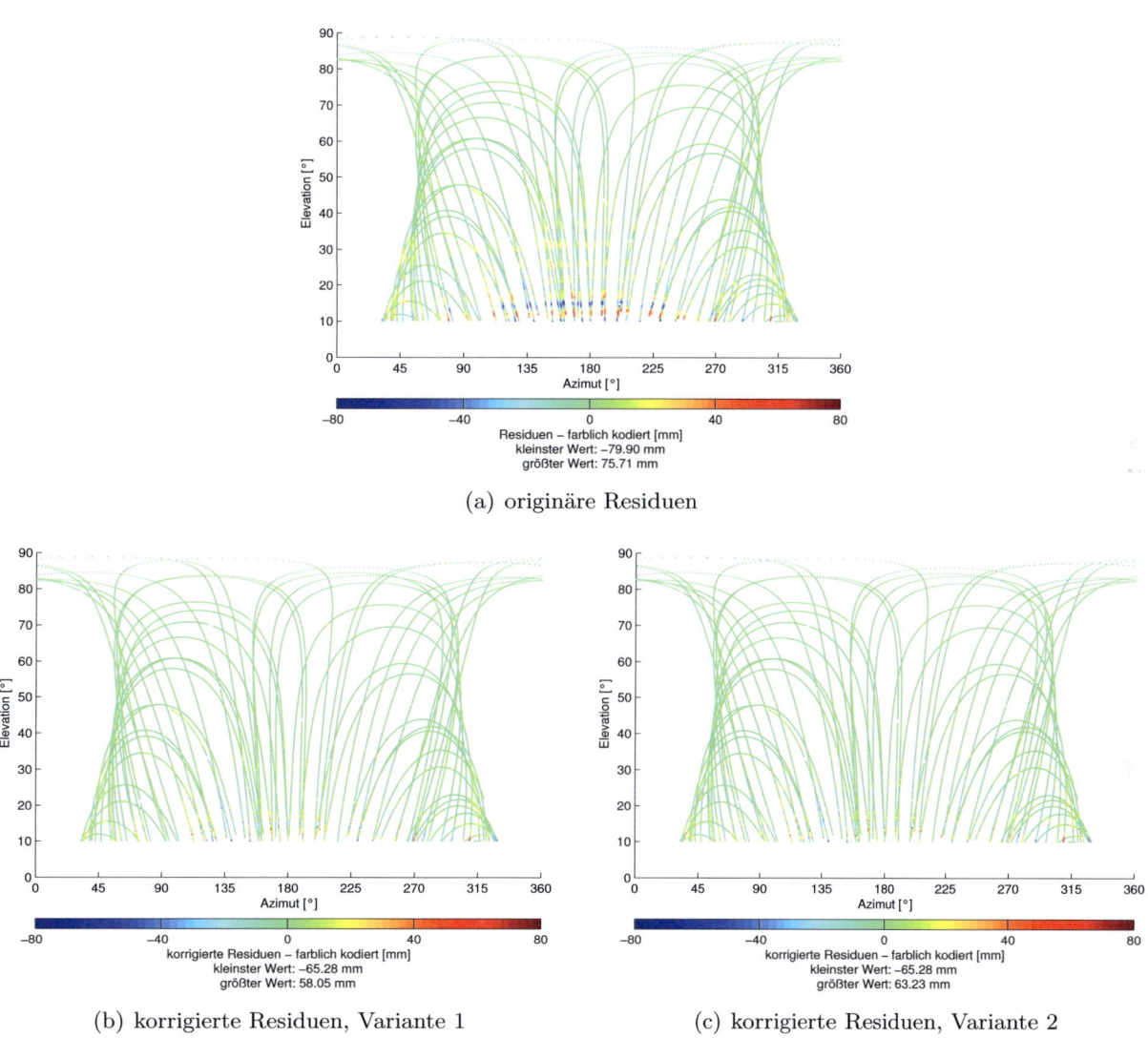

(a) originäre Residuen

(b) korrigierte Residuen, Variante 1   (c) korrigierte Residuen, Variante 2

Abb. 4-2: Originäre und korrigierte Residuen, Station TANZ, DOY 278 (2008)

Abbildung 2(a) zeigt eine räumliche Darstellung der orignären Residuen eines Tages an der Station TANZ. Deutlich sichtbar ist in dieser Darstellung ein oszillierendes, streifenförmiges Muster, das bei niedrigen Elevationen große Werte annimmt, aber auch noch bei über 40° Elevation zu sehen ist. Solche Muster treten in den Residuen von stark Mehrweg-belasteten Signalen auf, vgl. [Rost u. Wanninger, 2009]. Die Korrektur der orgniären Residuen mit den gestackten Werten aus Abbildung 4-1(a) bzw. 4-1(b) liefert das in Abbildung 4-2(b) bzw. Abbildung 4-2(c) dargestellte Ergebnis. In beiden Varianten werden die in den originären Residuen vorhandenen systematischen Effekte signifikant reduziert. Die entwickelte Vorgehensweise zum räumlichen Stacking ist offensichtlich gut für die Beseitigung von Mehrwegeffekten aus den Phasenresiduen geeignet. Die Effizienz des räumlichen Stackings wird in [Fuhrmann et al., 2010] auch für Fehler in der Antennenmodellierung nachgewiesen.

5 Zusammenfassung und Ausblick

In diesem Beitrag zur Festschrift zu Ehren von Prof. Dr.-Ing. Dr.-Ing. E.h. Günter Schmitt wurde eine Strategie zur Beseitigung von systematischen Effekten aus PPP-Phasenresiduen vorgestellt. Der beschriebene Ansatz sorgt für eine korrekte Berücksichtigung der geometrischen Verteilung der Residuen, indem flächengleiche Zellen für das Aufstapeln der Residuen verwendet werden. Die beiden auf der Basis statistischer Untersuchungen entwickelten Varianten zum Stacking liefern gute Ergebnisse in Bezug auf die Beseitigung systematischer Effekte aus den Residuen.

Die Beseitigung von systematischen Effekten aus den Residuen wurde am GIK bisher in erster Linie zur Verwendung der Residuen für die zeitlich und räumlich hochaufgelöste Bestimmung des atmosphärischen Wasserdampfgehalts an GNSS-Referenzstationen verwendet. Durch die Verwendung von Residuen zur Wasserdampfbestimmung können auch azimutal-anisotrope Anteile des Wasserdampfs berücksichtigt werden. In diesem Kontext konnte nachgewiesen werden, dass eine Korrektur der Residuen erforderlich ist, wenn diese zur Wasserdampfbestimmung verwendet werden sollen.

Eine weitere Anwendung des räumlichen Stackings liegt in der Korrektur von GNSS-Beobachtungen mit den errechneten Korrekturwerten. Anschließend kann eine erneute GNSS-Ausgleichung mit korrigierten Beobachtungen durchgeführt werden, die im Allgemeinen zu einer Verbesserung in den ausgeglichenen Parametern führt. Erste, vielversprechende Untersuchungen hierzu wurden am GIK bereits durchgeführt.

Literatur

[Agnew u. Larson 2006] AGNEW, D. C. ; LARSON, K. M.: Finding the Repeat Times of the GPS Constellation / Institute of Geophysics and Planetary Physics, Scripps Institution of Oceanography, University of California, San Diego, La Jolla CA 92093-0225. Department of Aerospace Engineering Sciences, University of Colorado, Boulder CO 80309-0429. 2006. – Forschungsbericht

[Fuhrmann et al. 2010] FUHRMANN, T. ; KNÖPFLER, A. ; MAYER, M. ; LUO, X. ; HECK, B.: *Zur GNSS-basierten Bestimmung des atmosphärischen Wasserdampfgehalts mittels Precise Point Positioning*. Schriftenreihe des Studiengangs Geodäsie und Geoinformatik, Bd. 2010,2, KIT Scientific Publishing, 2010

[IGS 2010] IGS: *International GNSS Service*. Version: Februar 2010. http://igscb.jpl.nasa.gov, Abruf: 3.3.2010. Internet

[Iwabuchi u. Miyazaki 2003] IWABUCHI, T. ; MIYAZAKI, S.: Characteristics of Multipath and Phase Center Variation Errors in GEONET. In: *International Workshop on GPS Meteorology - GPS Meteorology: Ground-Based and Space-Borne Applications*. Tsukuba, Japan, Januar 2003

[Niemeier 2008] NIEMEIER, W.: *Ausgleichungsrechnung*. de Gruyter, Berlin, 2008

[Rost u. Wanninger 2009] ROST, C. ; WANNINGER, L.: Carrier phase multipath mitigation based on GNSS signal quality measurements. In: *Journal of Applied Geodesy* 3 (2009), S. 81–87

[Witchayangkoon 2000] WITCHAYANGKOON, B.: *Elements of GPS Precise Point Positioning*, University of Maine, Diss., 2000

Anschrift der Autoren:

Dipl.-Ing. Thomas Fuhrmann   Karlsruher Institut für Technologie (KIT)
Geodätisches Institut (GIK)
Englerstraße 7, 76131 Karlsruhe
fuhrmann@kit.edu

Dipl.-Ing. Andreas Knöpfler   Karlsruher Institut für Technologie (KIT)
Geodätisches Institut (GIK)
Englerstraße 7, 76131 Karlsruhe
andreas.knoepfler@kit.edu

Dipl.-Ing. Xiaoguang Luo   Karlsruher Institut für Technologie (KIT)
Geodätisches Institut (GIK)
Englerstraße 7, 76131 Karlsruhe
xiaoguang.luo@kit.edu

Dr.-Ing. Michael Mayer   Karlsruher Institut für Technologie (KIT)
Geodätisches Institut (GIK)
Englerstraße 7, 76131 Karlsruhe
michael.mayer@kit.edu

Die Stokes-Funktion und modifizierte Kernfunktionen

Thomas Grombein und Kurt Seitz

1   Einleitung

Als amtliches Höhensystem sind in der Bundesrepublik Deutschland Normalhöhen eingeführt. Die mathematischen Grundlagen und physikalischen Voraussetzungen hierfür wurden von Molodenskii et al. [1962] formuliert. Das Quasigeoid stellt die Höhenbezugsfläche für Normalhöhen dar, ist selbst jedoch keine Äquipotentialfläche des Schwerefeldes [Torge, 2003]. Die Normalhöhe eines Punktes P ist sein Abstand vom Quasigeoid, der entlang der durch P verlaufenden Ellipsoidnormalen gemessen wird. Die Beschreibung des Quasigeoids erfolgt durch dessen Abstand von einem Niveauellipsoid [Moritz, 1980b], der als Höhenanomalie ζ bezeichnet wird.

Bei der gravimetrischen Quasigeoidbestimmung werden aus Schwereanomalien Δg in der Definition nach Molodenskii Höhenanomalien ζ erhalten. Bei dieser Feldtransformation tritt die Stokes-Funktion als Integralkern auf. Wird die regionale Quasigeoidbestimmung mit der Remove-Compute-Restore-Technik im Konzept der spektralen Zerlegung durchgeführt [Forsberg u. Tscherning, 1997; Denker, 2006; Wolf, 2008], so wird die nach Molodenskii definierte Schwereanomalie in einen lang-, kurz- und residualen Anteil zerlegt. Die spektrale Zerlegung wird im Remove-Step auf die Schwereanomalie Δg und im Restore-Step auf die zu bestimmende Höhenanomalie ζ angewendet. Der langwellige Anteil wird dabei durch das Kugelfunktionsmodell eines globalen Geopotentialmodells (GPM) dargestellt, der kurzwellige Anteil wird der Topographie zugeordnet und durch das Residual Terrain Modelling auf der Grundlage von digitalen Geländemodellen berechnet. Die im Remove-Step erhaltenen residualen Schwereanomalien werden im Compute-Step mittels Anwendung des Stokes-Integrals in den residualen Anteil an den Höhenanomalien umgerechnet (Feldtransformation). Die als Kernfunktion auftretende Stokes-Funktion ist in Anbetracht der regionalen Ausdehnung des Berechnungsgebietes zu modifizieren, da nicht über die gesamte Erdoberfläche integriert wird.

Neben der unmodifizierten Stokes-Funktion wird in diesem Beitrag ausführlich auf die Notwendigkeit ihrer Modifikation sowie die deterministischen Modifikationsverfahren nach Meissl, Wong & Gore, Heck & Grüninger, Molodenskii, Vaníček & Kleusberg und Featherstone et al. eingegangen. Abschließend wird ein kurzer Ausblick auf den praktischen Einsatz modifizierter Kernfunktionen im Rahmen der regionalen Quasigeoidbestimmung für Baden-Württemberg gegeben, die aktuell am Geodätischen Institut Karlsruhe (GIK) durchgeführt wird.

2   Die Geodätische Randwertaufgabe

Die geodätische Randwertaufgabe (GRWA) umfasst die Bestimmung der physikalischen Erdoberfläche und des äußeren Schwerefeldes aus Messungen auf oder in der Nähe der Erdoberfläche [Torge, 2003]. Die Randfläche S wird hierbei als Unbekannte eingeführt, weshalb von einem freien Randwertproblem gesprochen wird. Die folgende Beschreibung des Randwertproblems nach Molodenskii beschränkt sich dabei auf die rein skalare Darstellung des Problems.

Im Gegensatz zur klassischen Formulierung des Randwertproblems nach Stokes wird innerhalb der Theorie von Molodenskii nicht das Geoid, sondern die physikalische Erdoberfläche als unbekannte Randfläche eingeführt. Zur Lösung der skalar freien Randwertaufgabe nach Molodenskii wird das formulierte Problem in zwei Schritten linearisiert [Heck, 1989; Seitz, 1997]. Das unbekannte Schwerepotential W der Erde wird durch das Normalschwerepotential U eines Niveauellipsoids approximiert und lässt sich dadurch mit Hilfe von U linearisieren. Die Differenz zwischen Schwere- und Normalschwerepotential in einem Punkt P wird als Störpotential T bezeichnet:

$$T(P) = W(P) - U(P). \tag{2-1}$$

Eine zweite Linearisierung erfolgt durch die Approximation der Randfläche S. Molodenskii's Grundgedanke hierbei war, die unbekannte physikalische Erdoberfläche punktweise auf eine Hilfsfläche abzubilden. Jedem Oberflächenpunkt P wird dabei ein Raumpunkt Q zugeordnet, der auf derselben Ellipsoidnormalen liegt und dessen normale geopotentielle Kote $c(Q) = U_0 - U(Q)$ mit der geopotentiellen Kote $C(P) = W_0 - W(P)$ übereinstimmt. Aus der Gesamtheit aller Punkte Q_i ergibt sich das sogenannte Telluroid. Der Abstand zwischen den Punkten P und Q entlang der Ellipsoidnormalen, d.h. zwischen der Erdoberfläche und dem Telluroid, wird als Höhenanomalie ζ bezeichnet. Trägt man die Höhenanomalie über dem Niveauellipsoid ab, so entsteht das Quasigeoid.

Im Außenraum Ω_a der Randfläche S verhält sich das Störpotential T harmonisch und genügt daher der Laplaceschen Differentialgleichung:

$$\Delta T(x) = 0, \quad x \in \Omega_a. \tag{2-2}$$

An das Störpotential wird die Bedingung gestellt, dass es sich wie $T(x) \sim 1/r$ verhält und damit für $r \to \infty$ gegen Null geht, wobei $r = |x|$. Dies entspricht der Regularitätsforderung im Unendlichen.

Als Randwerte werden die nach Molodenskii definierten skalaren Schwereanomalien

$$\Delta g = g_P - \gamma_Q \tag{2-3}$$

verwendet. Sie berechnen sich als Differenz des in P gemessenen Schwerewerts g_P und des im zugehörigen Telluroidpunkt Q mit der Normalschwereformel [Moritz, 1980b; Wenzel, 1985] berechenbaren Normalschwerewerts γ_Q. Nach Heiskanen u. Moritz [1967, S 85ff], kann die Schwereanomalie in linearer und sphärischer Näherung in einer Randbedingung mit dem zu lösenden Störpotential T verknüpft werden:

$$\Delta g = -\frac{\partial T}{\partial r} - \frac{2}{r} T, \quad \text{am Telluroid.} \tag{2-4}$$

Diese Gleichung wird als Fundamentalgleichung der physikalischen Geodäsie bezeichnet. Die GRWA kann somit für den Außenraum Ω_a über eine Integralformel gelöst werden [Stokes, 1849; Moritz, 1980a]:

$$T(r, \varphi, \lambda) = \frac{R}{4\pi} \iint_\sigma (\Delta g + g_1 + \cdots) S(r, \psi) \, d\sigma. \tag{2-5}$$

Hierbei ist σ die Oberfläche der Einheitskugel mit dem zugehörigen Flächenelement $d\sigma$ und dem mittleren Erdradius R. Durch die Molodenskii-Terme g_i werden die Randwerte von der Erdoberfläche auf die Referenzkugel harmonisch fortgesetzt. Sie resultieren aus der Molodenskii-Reihe [Brovar, 1964; Moritz, 1971] und sind von der Topographie abhängig. Die vom sphärischen

Abstand ψ und dem geozentrischen Abstand r abhängige Kernfunktion $S(r, \psi)$ wird als Stokes-Pizzetti-Funktion bezeichnet. Die Integralformel (2-5) lautet für einen Punkt auf der sphärisch approximierten Randfläche

$$T(\varphi, \lambda) = \frac{R}{4\pi} \iint_\sigma (\Delta g + g_1 + \cdots) S(\psi) \, d\sigma. \tag{2-6}$$

Sie wird als Stokes-Formel, Integralformel von Stokes oder Stokes-Integral bezeichnet und geht mit dem Theorem von Bruns [Heiskanen u. Moritz, 1967, S 293]

$$\zeta = \frac{T}{\gamma_Q} \tag{2-7}$$

in das Stokes-Integral für Höhenanomalien über

$$\zeta = \frac{R}{4\pi\gamma_Q} \iint_\sigma (\Delta g + g_1 + \cdots) S(\psi) \, d\sigma, \tag{2-8}$$

welches die Feldtransformation von Schwereanomalien Δg in Höhenanomalien ζ realisiert. In sphärischer Approximation werden in Gleichung (2-8) die Terme g_i vernachlässigt und es resultiert die Höhenanomalie aus linearer und sphärischer Näherung der Randbedingung und konstanter Radiusapproximation der Randfläche:

$$\zeta = \frac{R}{4\pi\gamma_Q} \iint_\sigma \Delta g \, S(\psi) \, d\sigma. \tag{2-9}$$

3 Die Stokes-Funktion

Die unter dem Stokes-Integral als Kern auftretende Stokes-Funktion $S(\psi)$ hängt vom sphärischen Abstand ψ zwischen Berechnungspunkt $P(\varphi, \lambda)$ und variablem Integrationspunkt $P'(\varphi', \lambda')$ ab, der aus dem sphärischen Kosinussatz

$$\cos\psi = \sin\varphi \sin\varphi' + \cos\varphi \cos\varphi' \cos(\lambda' - \lambda) \tag{3-1}$$

berechnet werden kann. Mit φ, λ und φ', λ' sind geozentrische sphärische Koordinaten bezeichnet. In geschlossener Form lässt sich die Stokes-Funktion durch

$$S(\psi) = \frac{1}{\sin(\psi/2)} - 6\sin\frac{\psi}{2} + 1 - 5\cos\psi - 3\cos\psi \ln\left(\sin\frac{\psi}{2} + \sin^2\frac{\psi}{2}\right) \tag{3-2}$$

angeben [Heiskanen u. Moritz, 1967, S 94]. In Abb. 3-1 ist der Verlauf der Stokes-Funktion im Definitionsbereich des sphärischen Abstandes ($0^o \leq \psi \leq 180^o$) graphisch dargestellt. Ausgewählte Funktionswerte sind in Tab. 3-1 zusammengestellt. Im Weiteren ist von zentraler Bedeutung, dass die Stokes-Funktion auch durch eine Reihenentwicklung nach Legendreschen Polynomen $P_n(\cos\psi)$ ausgedrückt werden kann:

$$S(\psi) = \sum_{n=2}^{\infty} \frac{2n+1}{n-1} P_n(\cos\psi). \tag{3-3}$$

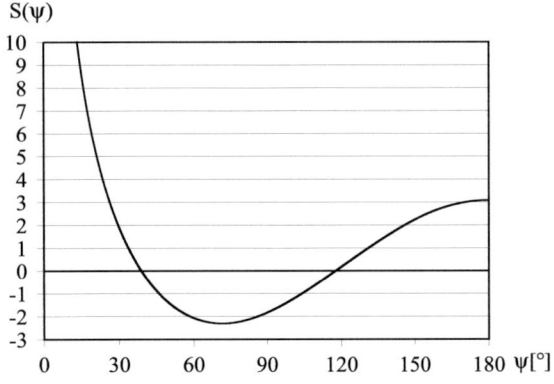

Abb. 3-1: Stokes-Funktion

Tab. 3-1: Nullstellen und Minimum der Stokes-Funktion $S(\psi)$

$\psi[°]$	$S(\psi)$	Bezeichnung
0.0000000000	∞	Singularität
38.9620729031	0.0000000000	1. Nullstelle
71.5364071014	-2.3068282358	Minimum
117.6615291199	0.0000000000	2. Nullstelle
180.0000000000	3.0794415417	

4 Modifikation der Stokes-Funktion

In der originären Integralformel von Stokes erstreckt sich der Integrationsbereich über die gesamte Erdoberfläche, genauer die Oberfläche der Referenzkugel. Für große Teile der Erdoberfläche liegen jedoch keine terrestrischen Schwerewerte vor oder sie sind nur mit einer ungenügenden Auflösung oder Genauigkeit verfügbar. Für eine präzise Quasigeoidlösung sind die dafür erforderlichen Daten hoher Auflösung und Genauigkeit oft nur regional vorhanden. Um diesem Umstand Rechnung zu tragen, wird der Integrationsbereich σ des Stokes-Integrals in eine innere Zone σ_c und eine äußere Zone σ_R aufgeteilt:

$$\iint_{\sigma} = \iint_{\sigma_c} + \iint_{\sigma_R} . \tag{4-1}$$

Das Integrationsgebiet der inneren Zone σ_c, in dem präzise, hochauflösende Daten vorliegen, ist durch den sphärischen Radius ψ_c ausgehend vom jeweiligen Berechnungspunkt P begrenzt und entspricht einer Kugelkappe. Während der Integrationsbereich σ_c (innere Zone) direkt ausgewertet werden kann, ist bei der praktischen Berechnung der äußeren Zone σ_R der Einfluss der Schwereanomalien im äußeren Bereich unbekannt, muss vernachlässigt werden und wird zu Null gesetzt. Diese Beschränkung bewirkt auf der anderen Seite natürlich einen Abbruchfehler $\delta\zeta$ in der resultierenden Höhenanomalie:

$$\delta\zeta = \frac{R}{4\pi\gamma_Q} \int_{\alpha=0}^{2\pi} \int_{\psi=\psi_c}^{\pi} \Delta g\, S(\psi)\, d\sigma. \tag{4-2}$$

In Polarkoordinaten ψ und α, welche auf den jeweiligen Berechnungspunkt P bezogen sind, lautet das Flächenelement $d\sigma = \sin\psi\, d\psi\, d\alpha$. Durch Anwendung der Remove-Compute-Restore-Technik bei der Quasigeoidbestimmung wird zusätzlich der langwellige Anteil aus der äußeren Zone σ_R durch die Informationen aus einem GPM bis zum Entwicklungsgrad N_{max} berücksichtigt. Es verbleiben langwellige Fehleranteile im GPM und unmodellierte Frequenzanteile ab dem Grad $N_{max} + 1$ der Kugelfunktionsentwicklung. Der dadurch verursachte Abbruchfehler $\delta\zeta_{TE}$ (truncation error) ergibt sich daher zu:

$$\delta\zeta_{TE} = \frac{R}{4\pi\gamma_Q} \int_{\alpha=0}^{2\pi} \int_{\psi=\psi_c}^{\pi} (\Delta g - \Delta g_{GPM})\, S(\psi)\, d\sigma. \tag{4-3}$$

Ziel ist es, diesen Abbruchfehler soweit reduzieren zu können, dass er sicher vernachlässigt werden kann und akzeptable Ergebnisse in den Höhenanomalien erreicht werden, die den Genauigkeitsanforderungen, wie z.B. dem Ableiten von Gebrauchshöhen aus GNSS-Messungen, genügen.

Zur Reduzierung des Abbruchfehlers kommt der unter dem Integral als Kernfunktion auftretenden Stokes-Funktion (3-2) eine besondere Rolle zu. Von Molodenskii wurde nachgewiesen, dass eine signifikante Reduktion des Abbruchfehlers durch die Modifikation der Stokes-Funktion im Bereich der inneren Zone bewirkt werden kann. Formal wird die Abhängigkeit des Abbruchfehlers von der Modifikation des Integralkerns z.B. in Featherstone et al. [1998] hergeleitet. In verschiedenen numerischen Untersuchungen, u.a. Heck u. Grüninger [1983], konnte gezeigt werden, dass der Integrationsbereich der inneren Zone bei Verwendung einer modifizierten Stokes-Funktion $K(\psi)$ in Abhängigkeit vom Modifikationsgrad gegenüber der ursprünglichen Integralformel von Stokes stark eingeschränkt werden kann.

4.1 Allgemeiner Ansatz

Im Rahmen der Modifikation der Stokes-Funktion werden deterministische und stochastische Verfahren unterschieden. Die nachfolgend ausführlich erläuterten deterministischen Verfahren können in zwei Gruppen eingeteilt werden.

Bei den Verfahren nach Meissl, Wong & Gore sowie Heck & Grüninger wird eine schnellere Konvergenz des Abbruchfehlers angestrebt, damit der Einfluss von Schwereanomalien der äußeren Zone σ_R vernachlässigbar wird. Aus Formel (4-3) für den Abbruchfehler folgt mit der Einführung eines Fehlerkerns $\Delta K(\psi)$:

$$\delta\zeta_{TE} = \frac{R}{4\pi\gamma_Q} \int\limits_{\alpha=0}^{2\pi} \int\limits_{\psi=0}^{\pi} (\Delta g - \Delta g_{GPM})\, \Delta K(\psi)\, d\sigma. \tag{4-4}$$

Der Fehlerkern $\Delta K(\psi)$ bei Verwendung der originären Stokes-Funktion $S(\psi)$ lautet:

$$\Delta K(\psi) = \begin{cases} 0 & \text{für } 0 < \psi \leq \psi_c \\ S(\psi) & \text{für } \psi_c < \psi \leq \pi. \end{cases} \tag{4-5}$$

An der Stelle ψ_c weist der Fehlerkern eine Unstetigkeit auf. Aus der Analyse von Fourierreihen ist bekannt, dass stetige Funktionen schneller gegen Null konvergieren als unstetige Funktionen [Jekeli, 1981]. Um möglichst schnelle Konvergenz erreichen zu können, ist daher ein stetiger Funktionsverlauf anzustreben. Stetigkeit an der Stelle ψ_c des Fehlerkerns kann unmittelbar durch die Bedingung $S(\psi_c) = 0$ erreicht werden. Die Nullstellen der Stokes-Funktion sind daher von besonderem Interesse. Aus der Analyse von auf die Höhenanomalien einwirkenden Fehlerfunktionen zeigte De Witte [1967, S 458], dass diese in den Nullstellen lokale Minima annehmen.

Aus diesen Überlegungen lässt sich schlussfolgern, dass der Restfehler reduziert werden kann, falls die Kern-Funktion am Rand der inneren Zone σ_c bei ψ_c eine Nullstelle aufweist [Heck u. Grüninger, 1983; Featherstone et al., 1998]. Wird die Stokes-Funktion nicht modifiziert, so müsste bei der praktischen Berechnung von Höhenanomalien nach der Formel von Stokes der Bereich der inneren Zone bis zur ersten Nullstelle von $S(\psi)$ ausgedehnt werden. Da die Stokes-Funktion ihre erste Nullstelle allerdings erst bei $\psi_0 \approx 39°$ aufweist (siehe Tab. 3-1), stellt dies eine unrealistische Forderung an die Gebietsgröße hochauflösender Daten dar. Die ursprüngliche Stokes-Funktion $S(\psi)$ ist deshalb durch eine modifizierte Kernfunktion $K(\psi)$ zu ersetzen, mit dem Ziel die Lage der ersten Nullstelle ψ_0 an die Gebietsgröße anzupassen und dadurch die Lage des lokalen Minimums der Fehlernorm an den Rand der Kugelkappe zu verschieben.

Einen etwas anderen Ansatzpunkt für die Modifikation verfolgen die Verfahren der zweiten Gruppe von Molodenskii, Vaníček & Kleusberg sowie Featherstone et al., die eine grundsätzliche

Minimierung des Abbruchfehlers anstreben. Hierbei werden im Sinne der Methode der kleinsten Quadrate in Abhängigkeit vom Kappenradius ψ_c Bedingungen an die modifizierte Kernfunktion $K(\psi)$ gestellt.

Zu beachten ist, dass bei den deterministischen Verfahren allerdings nur explizit der Abbruchfehler minimiert wird. Andere Fehlerkomponenten wie Fehler in den Schwereanomalien, den Potentialkoeffizienten des globalen Modells oder Diskretisierungsfehler werden dagegen nicht berücksichtigt. Demgegenüber fließen bei den hier nicht weiter betrachteten stochastischen Modifikationen zusätzlich Genauigkeitsinformationen bezüglich der Schwereanomalien sowie der harmonischen Koeffizienten des verwendeten GPMs mit in die Berechnung spektraler Gewichte ein [Wenzel, 1981]. Von Jekeli [1981] konnte jedoch gezeigt werden, dass der bei den deterministischen Verfahren vernachlässigte Fehlereinfluss bei gleichzeitiger Verwendung eines GPMs sogar bei kleinen Kugelkappen vernachlässigbar klein ist. Für eine eingehende Diskussion und Untersuchung aller auf die Berechnung der Höhenanomalie einwirkenden Fehlerkomponenten sei an dieser Stelle auf Heck u. Grüninger [1983] sowie Smeets [1994] verwiesen.

4.2 Modifikation nach Meissl

Zur Beschleunigung der Konvergenz des Abbruchfehlers wurde von Meissl [1971] eine einfach zu realisierende Modifikation des Integralkerns vorgeschlagen. Um eine Nullstelle der Kernfunktion beim fest gewählten Kappenradius ψ_c zu erreichen, wird von der ursprünglichen Stokes-Funktion $S(\psi)$ der konstante Funktionswert $S(\psi_c)$ subtrahiert. Für die modifizierte Kernfunktion nach Meissl gilt daher:

$$K_M(\psi) = S(\psi) - S(\psi_c). \tag{4-6}$$

In Abb. 4-1 ist die modifizierte Stokes-Funktion nach Meissl für $\psi_c \in \{1°, 2°, 3°, 4°\}$ dargestellt. Die entsprechende Fehlerfunktion

$$\Delta K(\psi) = \begin{cases} S(\psi_c) & \text{für } 0 < \psi \leq \psi_c \\ S(\psi) & \text{für } \psi_c < \psi \leq \pi, \end{cases} \tag{4-7}$$

nimmt nun im Gegensatz zur ursprünglichen Form der Fehlerfunktion (4-5) einen C_0-stetigen Verlauf an der Stelle ψ_c an. Anhand von empirischen Untersuchungen konnte gezeigt werden, dass bei der kombinierten Verwendung mit einem GPM eine signifikante Reduzierung des Abbruchfehlers durch die Modifikation nach Meissl erreicht werden kann [Jekeli, 1981].

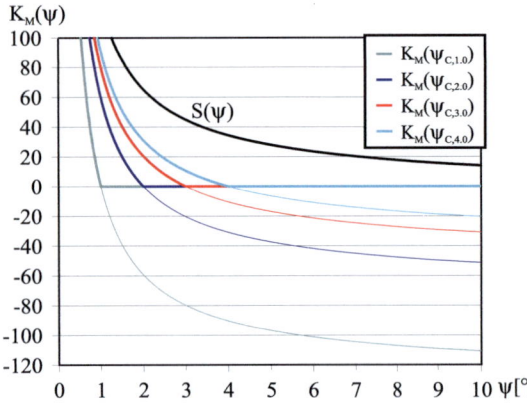

Abb. 4-1: Modifizierte Stokes-Funktionen nach Meissl

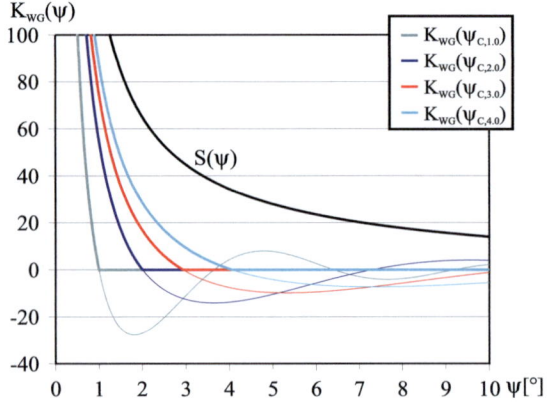

Abb. 4-2: Modifizierte Stokes-Funktionen nach Wong & Gore

4.3 Modifikation nach Wong & Gore

Ausgehend von der Reihendarstellung der Stokes-Funktion (3-3) werden bei der Modifikation nach Wong u. Gore [1969] die ersten Reihenglieder bis zum Grad $\tau - 1$ von der Stokes-Funktion subtrahiert. Die modifizierte Kernfunktion ist C_0-stetig und lautet:

$$K_{WG}(\psi) = \sum_{n=\tau}^{\infty} \frac{2n+1}{n-1} \, P_n(\cos\psi) \qquad \text{für } \tau \geq 2. \tag{4-8}$$

Um die Summe dieser unendlichen Reihe numerisch auswerten zu können, werden von der geschlossenen Form der Stokes-Funktion (3-2) die Terme bis $\tau - 1$ abgezogen:

$$K_{WG}(\psi) = S(\psi) - \sum_{n=2}^{\tau-1} \frac{2n+1}{n-1} \, P_n(\cos\psi). \tag{4-9}$$

τ wird als Grad der Modifikation bezeichnet. Durch die Subtraktion der Legendreschen Polynome niederen Grades werden langwellige Anteile in der Stokes-Funktion entfernt. Die ursprüngliche Motivation von Wong & Gore für diese Modifikation lag darin, durch diesen Abzug Konsistenz bei gleichzeitiger Verwendung eines globalen GPMs zu erreichen. Wenn $\tau = N_{max} + 1$ gesetzt wird, werden die langwelligen Anteile aus der Stokes-Funktion bis zum maximalen Grad N_{max} des GPMs entfernt.

Durch die Variation von τ kann eine Verschiebung der ersten Nullstelle der Kernfunktion erreicht werden. Für $\tau = 2$ resultiert die ursprüngliche Stokes-Funktion. Bei jeder Erhöhung des Wertes von τ wird ein weiteres Legendre-Polynom abgezogen, wodurch die Kernfunktion jeweils eine weitere Nullstelle erhält. Die erste Nullstelle ψ_0 verschiebt sich mit steigendem Modifikationsgrad immer weiter gegen den Grenzwert $\psi_0 = 0°$, was in Abb. 4-3 deutlich erkennbar ist. Der Verlauf der Kernfunktionen für die Werte $\tau \in \{64, 32, 22, 16\}$ denen die Kappenradien $\psi_c \in \{1°, 2°, 3°, 4°\}$ zugeordnet sind, ist in Abb. 4-2 dargestellt.

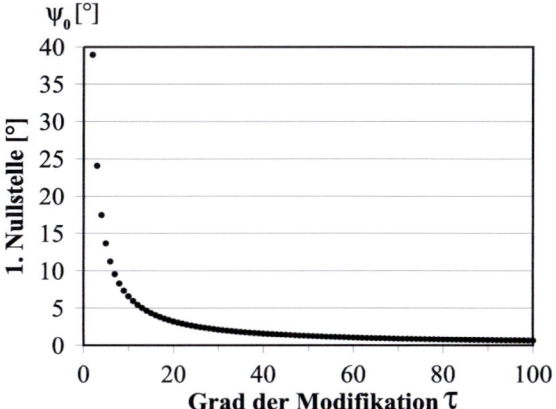

Abb. 4-3: Erste Nullstelle der modifizierten Stokes-Funktionen nach Wong & Gore in Abhängigkeit vom Grad τ der Modifikation

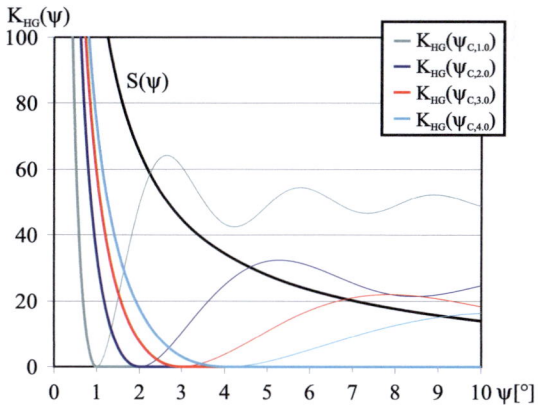

Abb. 4-4: Modifizierte Stokes-Funktionen nach Heck & Grüninger

4.4 Modifikation nach Heck & Grüninger

Ausgangspunkt der Überlegungen für die Modifikation nach Heck u. Grüninger [1983, 1987] ist eine weitere Glättung des Fehlerkerns durch die zusätzliche Forderung nach Stetigkeit der ersten Ableitung an der Stelle ψ_c, wodurch für die Kernfunktion C_1-Stetigkeit realisiert wird. Übertragen auf die Kernfunktion bedeutet dies, dass an der Stelle des Kappenradius neben der eigentlichen Funktion auch deren erste Ableitung verschwinden muss. Die ursprüngliche Stokes-Funktion wird in zwei Schritten modifiziert: Zunächst werden wie beim Verfahren nach Wong & Gore die Legendre-Polynome bis zum Grad $\tau - 1$ von der Stokes-Funktion subtrahiert. Bei diesem Verfahren wird über den Grad der Modifikation τ nicht die Verschiebung der Nullstellen, sondern der Extremstellen der modifizierten Stokes-Funktion gesteuert. Damit die Kernfunktion zusätzlich auch noch die Bedingung $K(\psi_c) = 0$ einhält, wird in einem zweiten Schritt analog zum Verfahren nach Meissl der Funktionswert der schon reduzierten Stokes-Funktion an der Stelle ψ_c subtrahiert. Somit verschwinden die Kernfunktion und deren erste Ableitung bei ψ_c (siehe Abb. 4-4). Die so modifizierte Kernfunktion lautet nach Heck & Grüninger:

$$K_{HG}(\psi) = S(\psi) - \sum_{n=2}^{\tau-1} \frac{2n+1}{n-1} P_n(\cos\psi) - K_{WG}(\psi_c) \qquad \text{für } \tau \geq 2. \qquad (4\text{-}10)$$

Numerische Untersuchungen [Heck u. Grüninger, 1987] haben gezeigt, dass bei diesem Verfahren durch die Kombination der beiden Ansätze von Meissl und Wong & Gore der mittlere quadratische Abbruchfehler gegenüber der Variante mit der ursprünglichen Stokes-Funktion etwa um den Faktor acht reduziert werden kann.

4.5 Modifikation nach Molodenskii

Bei Molodenskiis Methode wird eine Minimierung der oberen Schranke des Abbruchfehlers gefordert. Ausgehend von der ursprünglichen Stokes-Funktion entsteht der modifizierte Integralkern nach Molodenskii durch:

$$K_{Mol}(\psi) = S(\psi) - \sum_{k=2}^{L} \frac{2k+1}{2} s_k P_k(\cos\psi). \qquad (4\text{-}11)$$

Hierbei wird L als Grad der Modifikation nach Molodenskii bezeichnet. Um eine Minimierung zu erzielen, haben die Parameter s_k für einen festgelegten Kappenradius ψ_c ein lineares Gleichungssystem mit $L - 1$ linearen Gleichungen zu erfüllen. Dieses ist gegeben durch [siehe Evans u. Featherstone, 2000]:

$$\sum_{k=2}^{L} \frac{2k+1}{2} s_k e_{nk}(\psi_c) = Q_n(\psi_c) \qquad \text{für } 2 \leq n \leq L, \qquad (4\text{-}12)$$

wobei die Koeffizienten Q_n in der Literatur als Molodenskii truncation coefficients bezeichnet werden und durch die Integralformel

$$Q_n(\psi_c) = \int_{\psi_c}^{\pi} S(\psi) P_n(\cos\psi) \sin\psi \, d\psi \qquad (4\text{-}13)$$

gegeben sind. Die Koeffizienten e_{nk} ergeben sich zu:

$$e_{nk}(\psi_c) = \int_{\psi_c}^{\pi} P_n(\cos\psi) P_k(\cos\psi) \sin\psi \, d\psi. \qquad (4\text{-}14)$$

Für einen festgelegten Wert von ψ_c können die Integrale (4-13) und (4-14) numerisch durch rekursive Algorithmen berechnet werden [Paul, 1973].

4.6 Modifikation nach Vaníček & Kleusberg

Wie bei der Vorgehensweise von Molodenskii wird auch bei diesem Verfahren eine Reduzierung der oberen Schranke des Abbruchfehlers im Sinne der Methode der kleinsten Quadrate angestrebt. Anders als beim Verfahren nach Molodenskii wird allerdings keine Modifikation ausgehend von der ursprünglichen Stokesfunktion durchgeführt, sondern die bereits modifizierte Kernfunktion nach Wong & Gore als Ausgangspunkt genommen. Die Kernfunktion nach Vaníček & Kleusberg ergibt sich entsprechend zu:

$$K_{VK}(\psi) = K_{WG}(\psi) - \sum_{k=2}^{L} \frac{2k+1}{2} t_k P_k(\cos\psi). \tag{4-15}$$

Um eine Minimierung zu erreichen, wird für die Parameter t_k wiederum ein lineares Gleichungssystem mit $L-1$ linearen Gleichung aufgestellt [siehe Featherstone et al., 1998]:

$$\sum_{k=2}^{L} \frac{2k+1}{2} t_k\, e_{nk}(\psi_c) = Q_n(\psi_c) - \sum_{k=2}^{\tau-1} \frac{2k+1}{2} e_{nk}(\psi_c) \qquad \text{für } 2 \leq n \leq L. \tag{4-16}$$

Für einen festgelegten Kappenradius ψ_c können dabei die Koeffizienten Q_n und e_{nk} wieder durch die Integrale (4-13) und (4-14) bestimmt werden.

4.7 Modifikation nach Featherstone et al.

Analog zum Verfahren nach Heck & Grüninger entsteht auch diese Methode durch eine Kombination zweier bereits diskutierter Varianten. Ausgehend von der modifizierten Kernfunktion nach Vaníček & Kleusberg wird die Kernfunktion wie bei der Methode von Meissl zusätzlich an der Stelle des Kappenradius durch Subtraktion des konstanten Wertes $K_{VK}(\psi_c)$ zu Null gesetzt. Die Grundgedanken der beiden Gruppen der deterministischen Verfahren werden in dieser Modifikation somit miteinander verknüpft. Der modifizierte Integralkern nach Featherstone et al. wird somit durch

$$K_F(\psi) = K_{VK}(\psi) - K_{VK}(\psi_c) \tag{4-17a}$$

$$= K_{WG}(\psi) - \sum_{k=2}^{L} \frac{2k+1}{2} t_k P_k(\cos\psi) - K_{VK}(\psi_c) \tag{4-17b}$$

beschrieben. Durch Anwendung der zweiten Greenschen Identität kann gezeigt werden, dass durch den so modifizierten Kern der Abbruchfehler weiter reduziert werden kann [Featherstone et al., 1998].

Eine Nullstelle der Kernfunktion in ψ_c kann alternativ auch direkt bei der Modifikation nach Vaníček & Kleusberg durch geschickte Wahl von L und τ erreicht werden. Dies erfordert allerdings einige iterative Schritte, da die zu bestimmenden Koeffizienten t_k selbst wieder von ψ_c abhängig sind.

5 Praktische Umsetzung und Ausblick

Die in diesem Beitrag diskutierten deterministischen Modifikationen der Stokes-Funktion nach Meissl, Wong & Gore sowie Heck & Grüninger werden im Rahmen der aktuell am GIK durchgeführten regionalen Quasigeoidbestimmung von Baden-Württemberg bei der Feldtransformation von residualen Schwereanomalien in residuale Höhenanomalien eingesetzt und untersucht. Das Datengebiet der hierfür kompilierten residualen Schwereanomalien erstreckt sich über $2° \leq \lambda \leq 16°$ und $43° \leq \varphi \leq 54°$. Das Berechnungsgebiet, in dem auf einem $1' \times 1'$ Raster die spektralen Anteile der Höhenanomalien ausgewertet werden, ist durch $7° \leq \lambda \leq 11°$ und $47° \leq \varphi \leq 50°$ begrenzt.

Zur praktischen Auswertung des Stokes-Integrals ist die Kernfunktion $K(\psi)$ sowie der Integrationsradius ψ_c zu wählen. Bei Verwendung der Modifikation nach Meissl kann der Radius ψ_c frei gewählt werden und ist nur durch die Größe des Datengebiets limitiert und mit diesem abzustimmen. Wird die Kernfunktion nach Wong & Gore oder Heck & Grüninger gewählt, so sind zunächst in Abhängigkeit vom Grad der Modifikation τ die erste Nullstelle sowie das erste Minimum der in Gleichung (4-9) bzw. (4-10) dargestellten Kernfunktion zu berechnen. Soll die Integration für jeden Berechnungspunkt bis zu einem speziellen ψ_c ausgedehnt werden, so ergibt sich das zugehörige τ aus der nächstgelegenen Nullstelle bzw. dem ersten Minimum der modifizierten Kernfunktion.

Tab. 5-1: Erste Nullstelle und erstes Minimum der Kernfunktion $K(\psi, \tau)$

τ	erste Nullstelle $\psi_0 [°]$	erstes Minimum $\psi_{min} [°]$	$K_{WG}(\psi_{min})$ $[-]$	Bezeichnung der Kernfunktion
2	38.962073	71.536407	-2.306828	$K_S(\psi_{c,x.0})$
16	**4.055708**	7.363834	-7.275038	$K_{WG}(\psi_{c,4.0})$
22	**2.931965**	5.327577	-9.816060	$K_{WG}(\psi_{c,3.0})$
29	2.215773	**4.028397**	**-12.788389**	$K_{HG}(\psi_{c,4.0})$
32	**2.005799**	3.647264	-14.063473	$K_{WG}(\psi_{c,2.0})$
39	1.642604	**2.987736**	**-17.040243**	$K_{HG}(\psi_{c,3.0})$
58	1.101333	**2.004150**	**-25.125467**	$K_{HG}(\psi_{c,2.0})$
64	**0.997533**	1.815426	-27.679501	$K_{WG}(\psi_{c,1.0})$
116	0.549052	**0.999638**	**-49.819776**	$K_{HG}(\psi_{c,1.0})$

In Tab. 5-1 sind die erste Nullstelle und das erste Minimum der Stokes-Funktion und den modifizierten Kernfunktionen nach Meissl, Wong & Gore sowie Heck & Grüninger angegeben. Dabei ist der zugehörige Modifikationsgrad τ so gewählt, dass der Integrationsradius die Werte von $\psi_c \in \{1°, 2°, 3°, 4°\}$ annimmt. In Anbetracht des eingeschränkten Datengebiets bei einer regionalen Quasigeoidbestimmung sind dies realistische Werte für Kappenradien, die es zu untersuchen gilt.

Erste durchgeführte numerische Untersuchungen für das Gebiet von Baden-Württemberg haben deutlich gezeigt, dass bei Auswertung des Stokes-Integrals unter Einschränkung des Integrationsbereichs eine Modifikation der Kernfunktion notwendig ist, um den resultierenden Abbruchfehler zu reduzieren. Die mit den unterschiedlich modifizierten Kernfunktionen erzielten Resultate weisen dabei eine große Übereinstimmung auf. Eine optimale Wahl bezüglich der Modifikation und der Festlegung der Parameter ist generell gesehen nicht möglich und muss daher stets für das jeweilige Gebiet individuell vorgenommen werden [vgl. Forsberg u. Featherstone, 1998]. Im Fall von Baden-Württemberg ist zu erwarten, dass die Differenzen aus der Feldtransformation des residualen Anteils an der Höhenanomalie mit den modifizierten Kernfunktionen nach Meissl, Wong & Gore und Heck & Grüninger durch eine abschließende Auffelderung auf identische Punkte mittels eines Polynomansatzes niedrigen Grades egalisiert werden können. Eine ausführliche Beschreibung der durchgeführten numerischen Untersuchungen sowie die Darstellung und Analyse der Ergebnisse werden in einem künftigen Artikel veröffentlicht.

Literatur

[Brovar 1964] BROVAR, V. V.: On the solutions of Molodensky's boundary value problem. In: *Bulletin Géodésique* 72 (1964), S. 167–173

[De Witte 1967] DE WITTE, L.: Truncation errors in the Stokes and Vening Meinesz formulae for different order spherical harmonic gravity terms. In: *Geophysical Journal of the Royal Astronomical Society* 12 (1967), Nr. 5, S. 449–464

[Denker 2006] DENKER, H.: Das Europäische Schwere- und Geoidprojekt (EGGP) der Internationalen Assoziation für Geodäsie. In: *Zeitschrift für Vermessungswesen* 131 (2006), Nr. 6, S. 335–344

[Evans u. Featherstone 2000] EVANS, J. D. ; FEATHERSTONE, W. E.: Improved convergence rates for the truncation error in gravimetric geoid determination. In: *Journal of Geodesy* 74 (2000), S. 239–248. – 10.1007/s001900050282

[Featherstone et al. 1998] FEATHERSTONE, W. E. ; EVANS, J. D. ; OLLIVER, J. G.: A Meissl-modified Vaníček and Kleusberg kernel to reduce the truncation error in gravimetric geoid computations. In: *Journal of Geodesy* 72 (1998), S. 154–160. – 10.1007/s001900050157

[Forsberg u. Featherstone 1998] FORSBERG, R. ; FEATHERSTONE, W. E.: Geoids and cap sizes. In: FORSBERG, R. (Hrsg.) ; FEISSEL, M. (Hrsg.) ; DIETRICH, R. (Hrsg.): *Geodesy on the Move: Gravity, Geoids, Geodynamics, and Antarctica.* Springer Berlin, 1998, S. 194–200. – 10.1007/BFb0011707

[Forsberg u. Tscherning 1997] FORSBERG, R. ; TSCHERNING, C.: Topographic effects in gravity field modelling for BVP. In: SANSÓ, F. (Hrsg.) ; RUMMEL, R. (Hrsg.): *Geodetic Boundary Value Problems in View of the One Centimeter Geoid* Bd. 65. Springer Berlin/Heidelberg, 1997, S. 239–272. – 10.1007/BFb0011707

[Heck 1989] HECK, B.: A contribution to the scalar free boundary value problem of physical geodesy. In: *manuscripta geodaetica* 14 (1989), S. 87–99

[Heck u. Grüninger 1983] HECK, B. ; GRÜNINGER, W.: *Zur Genauigkeit gravimetrisch bestimmter absoluter und relativer Geoidhöhen.* Deutsche Geodätische Kommission, Reihe A, Heft 97, München, 1983

[Heck u. Grüninger 1987] HECK, B. ; GRÜNINGER, W.: Modification of Stokes's integral formula by combining two classical approaches. In: *Proceedings of the XIXth General Assembly of the International Union of Geodesy and Geophysics.* Vancouver, Canada, 1987

[Heiskanen u. Moritz 1967] HEISKANEN, W. A. ; MORITZ, H.: *Physical Geodesy.* San Francisco, USA : W.H. Freeman & Co., 1967

[Jekeli 1981] JEKELI, C.: Modifying Stokes's function to reduce the error of geoid undulation computations. In: *Journal of Geophysical research* 86 (1981), Nr. B8, S. 6985–6990

[Meissl 1971] MEISSL, P.: Preparation for the numerical evaluation of second order Molodensky-type formulas / Department of Geodetic Science, The Ohio State University. Columbus, USA, 1971. – Report 163

[Molodenskii et al. 1962] MOLODENSKII, M. S. ; EREMEEV, V. F. ; YURKINA, M. I.: *Methods for study of the external gravitational field and figure of the earth.* Jerusalem, Israel : Translated from Russian by Israel Program for Scientific Translations, 1962

[Moritz 1971] MORITZ, H.: *Series Solutions of Molodensky's Problem.* Deutsche Geodätische Kommission, Reihe A, Heft 70, München, 1971

[Moritz 1980a] MORITZ, H.: *Advanced Physical Geodesy*. Karlsruhe : Herbert Wichmann Verlag, 1980

[Moritz 1980b] MORITZ, H.: Geodetic reference system 1980. In: *Bulletin Géodésique* 54 (1980), S. 395–405

[Paul 1973] PAUL, M.: A method of evaluating the truncation error coefficients for geoidal height. In: *Bulletin Géodésique* 110 (1973), S. 413–425

[Seitz 1997] SEITZ, K.: *Ellipsoidische und topographische Effekte im geodätischen Randwertproblem*. Deutsche Geodätische Kommission, Reihe C, Heft 483, München, 1997

[Smeets 1994] SMEETS, I.: An error analysis of the height anomaly determined by a combination of mean terrestrial gravity anomalies and a geopotential model. In: *Bolletino de Geodesia e Scienze Affini* 53 (1994), Nr. 1, S. 57–96

[Stokes 1849] STOKES, G. G.: On the variation of gravity on the surface of the Earth. In: *Transactions of the Cambridge Philosophical Society* 8 (1849), S. 672–695

[Torge 2003] TORGE, W.: *Geodäsie*. 2. Auflage. Berlin : Walter-de-Gruyter, 2003

[Wenzel 1981] WENZEL, H. G.: Zur Geoidbestimmung durch Kombination von Schwereanomalien und einem Kugelfunktionsmodell mit Hilfe von Integralformeln. In: *Zeitschrift für Vermessungswesen* 106 (1981), Nr. 3, S. 102–111

[Wenzel 1985] WENZEL, H. G.: Hochauflösende Kugelfunktionsmodelle für das Gravitationspotential der Erde / Universität Hannover. 1985. – Wissenschaftliche Arbeiten der Fachrichtung Vermessungswesen der Universität Hannover, 137

[Wolf 2008] WOLF, K. I.: Evaluation regionaler Quasigeoidlösungen in synthetischer Umgebung. In: *Zeitschrift für Vermessungswesen* 133 (2008), Nr. 1, S. 52–63

[Wong u. Gore 1969] WONG, L. ; GORE, R.: Accuracy of geoid heights from modified Stokes kernels. In: *Geophysical Journal of the Royal Astronomical Society* 18 (1969), Nr. 1, S. 81–91

Anschrift der Autoren:

Dipl.-Ing. Thomas Grombein   Karlsruher Institut für Technologie (KIT)
Geodätisches Institut (GIK)
Englerstraße 7, 76131 Karlsruhe
grombein@kit.edu

Dr.-Ing. Kurt Seitz   Karlsruher Institut für Technologie (KIT)
Geodätisches Institut (GIK)
Englerstraße 7, 76131 Karlsruhe
kurt.seitz@kit.edu

Bemerkungen zur räumlichen Helmert-Transformation

Bernhard Heck

Zusammenfassung

Die räumliche Helmert-Transformation ist mit dem Vordringen satellitengeodätischer Messverfahren zu einem unentbehrlichen Handwerkszeug für die Transformation zwischen lokalen und globalen geodätischen Referenzsystemen und Referenzrahmen geworden. Der Beitrag beschreibt zunächst die algebraischen Eigenschaften des zu Grunde liegenden Modells der räumlichen Ähnlichkeitstransformation zwischen Euklidischen Punkträumen E^3. Auf der Basis der räumlichen Ähnlichkeitstransformation und des von Helmert [1893] aufgestellten Minimumsprinzips werden die Formeln für die räumliche Helmert-Transformation für (kleine) Drehungen um den Koordinatenursprung abgeleitet. Es wird gezeigt, dass das Gleichungssystem für vier der sieben Transformationsparameter Diagonalform annimmt, wenn der Schwerpunkt des Punkthaufens der homologen Punkte als Drehpunkt verwendet wird; durch eine zusätzliche Drehung der Koordinatenachsen in das orthogonale System der Hauptträgheitsachsen wird das Gleichungssystem vollständig diagonal. Ferner werden die Defizite des i. Allg. unrealistischen stochastischen Modells der Helmert-Transformation dargestellt und erweiterte Formulierungen der überbestimmten dreidimensionalen Ähnlichkeitstransformation diskutiert. Drei angesprochene praktische Aspekte bei der Anwendung der räumlichen Helmert-Transformation betreffen Tests auf Ausreißer in den dreidimensionalen Punktkoordinaten, die Dekorrelation der berechneten Transformationsparameter durch eine geeignete Vortransformation sowie den Zusammenhang zwischen den Transformationsparametern der Hin- und Rücktransformation bei (beliebig) großen Translationsparametern.

1   Einleitung

Mit dem Vordringen satellitengeodätischer Messverfahren hat sich in den letzten dreißig Jahren die Verwendung dreidimensionaler Referenzsysteme für die Beschreibung von Positionen und positionsabhängiger Größen durchgesetzt. Über die Verknüpfung unterschiedlicher Satellitentechniken wie SLR (Satellite Laser Ranging), VLBI (Very Long Baseline Interferometry), GNSS (Global Navigation Satellite System) und DORIS (Doppler Orbitography and Radio Positioning Integrated by Satellite) sind von der IAG (International Association of Geodesy) hochgenaue globale terrestrische Referenzrahmen geschaffen worden, die mit der neuesten, 2010 veröffentlichten Lösung ITRF 2008 (International Terrestrial Reference Frame 2008) eine Genauigkeit im Subzentimeterbereich erreicht haben [Seitz et al., 2010]. Mit diesem sowie weiteren globalen und regionalen, mittels Satellitenbeobachtungen realisierten Referenzrahmen sind jeweils dreidimensionale kartesische Koordinatensysteme verbunden, die durch ihren Ursprung und drei zueinander orthogonale Koordinatenachsen charakterisiert sind [Heck, 2003]; die Achsen werden üblicherweise im rechtshändigen (mathematisch positiven) Sinne angeordnet und besitzen dieselbe Maßeinheit. Weitere, i. Allg. im linkshändigen (geodätischen) Sinne orientierte dreidimensionale kartesische Koordinatensysteme sind mit lokalen Positionierungssystemen (z. B. elektronische Tachymeter, terrestrische Laserscanner) oder mit photogrammetrischen Modellen verbunden.

Da in der Praxis die Positionen derselben räumlichen Punkte in unterschiedlichen Referenzsystemen beschrieben werden, entsteht die Aufgabe, unter Berücksichtigung der unterschiedlichen Ursprungspositionen und Richtungen der Koordinatenachsen im Raum die Koordinaten von einem System in ein anderes zu transformieren. Bekannterweise werden die Beziehungen zwischen zwei kartesischen Koordinatensystemen durch eine orthogonale Transformation ausgedrückt, welche durch eine Translation des Koordinatenursprungs und eine Drehung beschrieben wird. Falls ein ebener Punkthaufen vorliegt, sind hierbei zwei Translations- und ein Rotationsparameter zu berücksichtigen, während im dreidimensionalen Falle jeweils drei Translations- und drei Rotationsparameter erforderlich sind. Wenn zusätzlich ein – ggf. durch unterschiedliche Streckenmessverfahren bedingter – Maßstabsparameter $m \neq 1$ hinzukommt, geht die orthogonale Transformation in eine Ähnlichkeitstransformation mit insgesamt vier (in 2D) bzw. sieben (in 3D) Parametern über.

In vielen Fällen sind die numerischen Werte der Transformationsparameter nicht bekannt, sondern aus den im Start- und im Zielsystem gegebenen Koordinatentupeln sogenannter homologer (oder identischer) Punkte zu bestimmen. Während die vier Transformationsparameter der zweidimensionalen Ähnlichkeitstransformation durch die Vorgabe der Koordinatenpaare von zwei nicht zusammenfallenden homologen Punkten eindeutig berechnet werden können, besteht in allen anderen genannten Fällen keine derartige Eins-zu-Eins-Beziehung. Mit der Vorgabe von drei homologen Punkten im dreidimensionalen Raum stehen den $3 \times 3 = 9$ unabhängigen Informationen nur sieben Transformationsparameter der räumlichen Ähnlichkeitstransformation gegenüber, sodass eine Überbestimmung vorliegt, die i. Allg. mit einer Inkonsistenz der neun Bestimmungsgleichungen einhergeht. Das Problem der Überbestimmung hat Helmert [1893] durch die Einführung einer der Methode der kleinsten Quadrate entlehnten Minimumsbedingung für die nach der Transformation verbleibenden Restklaffungen gelöst. Diese zunächst auf die überbestimmte zweidimensionale Ähnlichkeitstransformation bezogene Helmert-Transformation kann auf den dreidimensionalen Raum erweitert werden; man bezeichnet diese Abbildung als überbestimmte räumliche Ähnlichkeitstransformation oder als räumliche Helmert-Transformation [Schmitt et al., 1991]. Gegenüber dem zweidimensionalen Fall wird die Berechnung der Parameter der dreidimensionalen Ähnlichkeitstransformation erschwert durch den Umstand, dass die Bestimmungsgleichungen nichtlinear bezüglich der Parameter sind. In der Praxis wird dieses Problem durch eine Zerlegung der Transformation in zwei Schritte gelöst, wobei im ersten Schritt eine näherungsweise Vortransformation durchgeführt wird und im zweiten Schritt linearisierte Gleichungen für „infinitesimal kleine" Parameter verwendet werden.

Im vorliegenden Beitrag werden einige bekannte und manche in Geodätenkreisen vielleicht weniger geläufige Eigenschaften der räumlichen Helmert-Transformation zusammengestellt. Kapitel 2 enthält algebraische Betrachtungen zum funktionalen Modell der räumlichen Helmert-Transformation, der dreidimensionalen Ähnlichkeitstransformation. Kapitel 3 bezieht sich auf die Lösung der überbestimmten dreidimensionalen Ähnlichkeitstransformation auf der Basis des von Helmert [1893] angegebenen Minimumsprinzips sowie auf die Diskussion des hierdurch implizierten stochastischen Modells. In Kapitel 4 werden schließlich drei für die Anwendung wichtige praktische Aspekte diskutiert.

2 Algebraische Betrachtungen zur räumlichen Ähnlichkeitstransformation

Von der mathematischen Seite aus gesehen stellt jede orthogonale Transformation eine Abbildung f des dreidimensionalen Euklidischen Punktraumes auf sich selbst dar, symbolisch ausgedrückt durch $f : E^3 \rightarrow E^3$. Da es sich bei orthogonalen Transformationen um lineare Abbildungen handelt, können diese mittels der Matrizenschreibweise in der Form $\underline{x} \rightarrow \underline{T} \cdot \underline{x} + \underline{t}$ bzw.

$$\underline{x}' = \underline{T} \cdot \underline{x} + \underline{t} \tag{2-1}$$

beschrieben werden. Die dreidimensionalen Spaltenvektoren $\underline{x} = (x_i) \in \mathbb{R}^3$ und $\underline{x}' = (x_i') \in \mathbb{R}^3$ geben die Koordinatentripel der Ortsvektoren $\vec{x}$ und $\vec{x}'$ eines Punktes $P \in E^3$ bezüglich der jeweiligen Dreibeine $\{O, \vec{e}_i\}$ und $\{O', \vec{e}_i'\}$, $i \in \{1, 2, 3\}$ mit orthonormalen Basisvektoren $\vec{e}_i$ und $\vec{e}_i'$ sowie dem Ursprung $O \in E^3$ bzw. $O' \in E^3$ an. Die Ortsvektoren $\vec{x}$ und $\vec{x}'$ sind jeweils Elemente des dreidimensionalen Euklidischen Vektorraumes $\mathcal{E}^3$ und können als Linearkombinationen der den $\mathcal{E}^3$ aufspannenden Basisvektoren $\vec{e}_i$ bzw. $\vec{e}_i'$ betrachtet werden (z. B. [Martensen, 1972]), d. h.

$$\vec{x} = \overrightarrow{OP} = x_i \vec{e}_i, \qquad\qquad \vec{x}' = \overrightarrow{O'P} = x_i' \vec{e}_i' \qquad\qquad (2\text{-}2)$$

$$\langle \vec{e}_i, \vec{e}_j \rangle = \delta_{ij}, \qquad\qquad \langle \vec{e}_i', \vec{e}_j' \rangle = \delta_{ij}, \qquad\qquad (2\text{-}3)$$

wobei in (2-2) die Einsteinsche Summationskonvention („Über doppelt vorkommende Indizes wird summiert") verwendet wurde. Die Beziehungen (2-3) mit dem in Euklidischen Vektorräumen definierten Skalarprodukt $\langle \cdot, \cdot \rangle$ und dem Kroneckersymbol δ_{ij} ($\delta_{ij} = 1 \; \forall i = j$ und $\delta_{ij} = 0 \; \forall i \neq j$) drücken die Orthonormalität der Basisvektoren $\vec{e}_i \in \mathcal{E}^3$ bzw. $\vec{e}_i' \in \mathcal{E}^3$ mit der Länge $|\vec{e}_i| = |\vec{e}_i'| = 1$, $\forall i$ aus. Aus der Linearen Algebra (siehe z. B. [Koecher, 1985]) ist bekannt, dass auf Grund der Beziehungen (2-2) mit den Vektoren $\vec{x} \in \mathcal{E}^3$, $\vec{x}' \in \mathcal{E}^3$ sowie den Spaltenvektoren der Koordinaten $\underline{x} = (x_i) \in \mathbb{R}^3$, $\underline{x}' = (x_i') \in \mathbb{R}^3$ der Euklidische Vektorraum $\mathcal{E}^3$ und der dreidimensionale reelle Raum $\mathbb{R}^3$ isomorph sind.

Die Transformationsparameter sind in der 3×3-Matrix $\underline{T}$ und dem Spaltenvektor $\underline{t}$, der die Koordinaten von O bezüglich des Dreibeins $\{O', \vec{e}_i'\}$ angibt, angeordnet. Da die Beziehung zwischen den Basisvektoren des Start- und des Zielsystems mittels der Transformationsmatrix $\underline{T} = (T_{ij})$ hergestellt wird, d. h.

$$\vec{e}_i' = T_{ij} \vec{e}_j \qquad\qquad (2\text{-}4)$$

und die Tripel der Basisvektoren jeweils als orthogonal vorausgesetzt wurden, ist $\underline{T}$ eine orthogonale Matrix, welche die Bedingungen

$$\underline{T} \cdot \underline{T}^\mathsf{T} = \underline{T}^\mathsf{T} \cdot \underline{T} = \underline{I} \qquad\qquad (2\text{-}5)$$

($\underline{T}^\mathsf{T}$ transponierte Matrix, $\underline{I}$ Einheitsmatrix) erfüllt; mit (2-5) gilt für die Inverse $\underline{T}^{-1}$, die – ebenso wie $\underline{T}$ selbst – wegen der Orthogonalität immer regulär ist:

$$\underline{T}^{-1} = \underline{T}^\mathsf{T}. \qquad\qquad (2\text{-}6)$$

Wegen (2-5) erfüllt ferner die Determinante die Beziehung [Koecher, 1985]

$$\det \underline{T} = \pm 1;$$

das positive Vorzeichen gilt im Falle einer reinen Drehung des Dreibeins im Raum, während im Falle des negativen Vorzeichens ein Übergang von einem rechts- auf ein linkshändiges System hinzukommt, der mittels einer Spiegelung beschrieben wird [Heck, 2003, S. 362 ff].

Aus der Bedingung (2-5) folgt weiter, dass die $3 \times 3 = 9$ Elemente der Matrix $\underline{T}$ nicht unabhängig sind, sondern $3 + 2 + 1 = 6$ nichtlineare Bedingungen erfüllen müssen, sodass $9 - 6 = 3$ unabhängige Parameter zur vollständigen Charakterisierung der Matrix $\underline{T}$ notwendig und hinreichend sind. Diese drei Parameter zur Beschreibung einer allgemeinen Drehung im Raum können auf die unterschiedlichsten Weisen gewählt werden, z. B.

- anschaulich durch Eulersche oder Cardansche Drehwinkel [Heck, 2003, S. 361],

- durch Angabe einer Drehachse im Raum und einem Drehwinkel für die Beschreibung der Drehung um diese Achse,

- durch Rodriguez-Elemente [Koecher, 1985, S. 220],

- mittels Quaternionen [Kuipers, 1999; Shen et al., 2006],

- mittels alternierender Matrizen $\underline{S}$ [Koecher, 1985, S. 185]

$$\underline{S} = \begin{pmatrix} 0 & c & -b \\ -c & 0 & a \\ b & -a & 0 \end{pmatrix}, \quad \begin{aligned} \underline{T} &= (\underline{I} - \underline{S})^{-1}(\underline{I} + \underline{S}) \\ &= (\underline{I} + \underline{S}) \cdot (\underline{I} - \underline{S})^{-1} \end{aligned} \tag{2-7}$$

und den Parametern $a, b, c \in \mathbb{R}$.

Im Folgenden soll lediglich der für die geodätischen Anwendungen besonders wichtige Fall „kleiner" (infinitesimaler) Drehungen im Detail ausgeführt werden. Bezeichnet man mit $\delta\alpha$, $\delta\beta$, $\delta\gamma$ jeweils Drehungen um die (mitgedrehten) Koordinatenachsen, so ergibt sich nach Linearisierung der trigonometrischen Funktionen für eine reine Drehung im Raum [Heck, 2003, S. 362]

$$\underline{T} = \begin{pmatrix} 1 & \delta\gamma & -\delta\beta \\ -\delta\gamma & 1 & \delta\alpha \\ \delta\beta & -\delta\alpha & 1 \end{pmatrix}. \tag{2-8}$$

Die Drehparameter $\delta\alpha, \delta\beta, \delta\gamma$ beschreiben jeweils Drehungen im mathematisch positiven Sinn um die 1-, 2- und 3-Achsen.

In der Linearen Algebra wird gezeigt, dass die durch (2-1) vermittelte Abbildung $\mathbb{R}^3 \to \mathbb{R}^3$ strecken- und winkeltreu (formtreu) ist, sodass mittels einer Bewegung im Raum Kongruenz hergestellt werden kann. Bei dieser Interpretation wird – im Gegensatz zur Koordinatentransformation, wo das geometrische Objekt im Raum fixiert ist und sich das Koordinatensystem verschiebt und dreht – eine sogenannte Punkttransformation mit festem Koordinatensystem und bewegtem Objekt beschrieben. Da jede orthogonale Matrix $\underline{T}$ der Dimension 3 und $\det \underline{T} = +1$ (d. h. $\underline{T}$ ist eine reine Drehmatrix), kurz $\underline{T} \in O^+(3)$, genau einen reellen Eigenwert besitzt, existiert für die Abbildung $\underline{x} \to \underline{T} \cdot \underline{x}$ genau eine Fixgerade, die geometrisch als Drehachse interpretiert werden kann [Koecher, 1985, S. 218]. Diese Deutung verweist wiederum auf die Darstellung von $\underline{T}$ mittels Eulerscher Drehwinkel oder Rodriguez-Elementen.

Lässt man nun ferner einen unterschiedlichen Maßstab $m \neq 1$ bei der Fixierung von Längen im Start- und Zielsystem zu, so erhält man schließlich das Modell der räumlichen Ähnlichkeitstransformation

$$\underline{x}' = m \cdot \underline{T} \cdot \underline{x} + \underline{t}, \ m \in \mathbb{R}^+. \tag{2-9}$$

Als Punkttransformation interpretiert ist die Abbildung (2-9) mit orthogonaler Transformationsmatrix $\underline{T}$ für $m \neq 1$ zwar nicht mehr längentreu, jedoch noch immer winkel- bzw. formtreu. In der Literatur findet man gelegentlich eine Erweiterung der Transformation (2-9) auf jeweils unterschiedliche Maßstabsfaktoren in den drei Koordinatenrichtungen [Koch, 2002]; es ist jedoch festzuhalten, dass die Abbildung

$$\underline{x} \to \underline{M} \cdot \underline{T} \cdot \underline{x} \text{ mit } \underline{M} = \begin{pmatrix} m_1 & 0 & 0 \\ 0 & m_2 & 0 \\ 0 & 0 & m_3 \end{pmatrix}, \ m_i \in \mathbb{R}^+ \tag{2-10}$$

nicht winkeltreu ist und *keine* orthogonale Transformation, sondern einen Spezialfall der räumlichen Affintransformation darstellt.

Nach dem Mathematiker Felix Klein bilden die Mengen der mittels (2-1), (2-9) und (2-10) erhaltenen Umformungen jeweils eine Transformationsgruppe. Als Transformationsgruppen bezeichnet man allgemein eine Menge G von Transformationen $y_i = f_i(x_j)$, wenn folgende drei Eigenschaften erfüllt sind [Duschek, 1963, S. 108]:

i) Das Produkt (d. h. die wiederholte Anwendung) zweier Transformationen aus G ist assoziativ und stets wieder eine Transformation aus G.

ii) Für jede Transformation von G ist auch eine inverse Transformation erklärt, welche ebenfalls zu G gehört.

iii) Die identische Transformation ist in G enthalten.

Insofern definiert Gleichung (2-1) die orthogonale Gruppe (Bewegungsgruppe) des E^3, die wiederum aus den Untergruppen der Parallelverschiebungen und Drehungen besteht. Mit der Transformation (2-9) ist die Ähnlichkeitsgruppe gegeben. Jede Transformationsgruppe ist durch eine Anzahl von Invarianten gekennzeichnet, das sind geometrische Größen, die sich nach Ausführung einer beliebigen Transformation aus G nicht ändern. Im Bezug auf die Ähnlichkeitstransformation sind Winkel und Streckenverhältnisse Invarianten, während für die Bewegungsgruppe auch die absoluten Strecken invariant sind. Der hieraus sichtbare, enge Zusammenhang zwischen Gruppentheorie und Geometrie wird in dem von Felix Klein aufgestellten „Erlanger Programm" deutlich, das besagt, dass jede Geometrie (euklidische, affine, projektive Geometrie) mit der Invariantentheorie einer bestimmten Transformationsgruppe identisch ist.

Mit der Erweiterung um den Maßstabsfaktor m besitzt die räumliche Ähnlichkeitstransformation 7 Parameter, die geometrisch als drei Rotationen, drei Translationen und ein Maßstabsfaktor interpretiert werden können. In der Darstellung (2-9) erfolgt die Drehung um den Ursprung des Koordinatensystems. Der Übergang auf einen beliebig vorgegebenen Drehpunkt mit den Koordinatenvektoren $\underline{a}, \underline{a}'$ im Start- bzw. Zielsystem wird durch die Darstellung

$$\underline{x}' = \underline{a}' + m \cdot \underline{T} \cdot (\underline{x} - \underline{a}) \tag{2-11}$$

vollzogen. Der Zusammenhang zwischen dem sogenannten Bursa-Wolf-Modell (2-9) und dem Molodenskii-Badekas-Modell (2-11) wird über den Translationsvektor

$$\underline{t} = \underline{a}' - m \cdot \underline{T} \cdot \underline{a} \tag{2-12}$$

hergestellt.

Da der Maßstabsparameter in den geodätischen Anwendungen meist nur wenig von der Einheit abweicht, kann in der Zerlegung

$$m = 1 + \delta m \tag{2-13}$$

der Maßstabsunterschied δm wiederum als „kleine" Größe betrachtet werden, sodass die räumliche „Ähnlichkeitstransformation nahe der Identität" in folgender Form geschrieben werden kann:

$$\begin{pmatrix} x'_1 \\ x'_2 \\ x'_3 \end{pmatrix} = \begin{pmatrix} x_1 \\ x_2 \\ x_3 \end{pmatrix} + \begin{pmatrix} \delta m & \delta\gamma & -\delta\beta \\ -\delta\gamma & \delta m & \delta\alpha \\ \delta\beta & -\delta\alpha & \delta m \end{pmatrix} \cdot \begin{pmatrix} x_1 \\ x_2 \\ x_3 \end{pmatrix} + \begin{pmatrix} t_1 \\ t_2 \\ t_3 \end{pmatrix}. \tag{2-14}$$

Im folgenden Abschnitt wird auf die Bestimmung der Transformationsparameter $\{t_1, t_2, t_3; \ \delta m; \ \delta\alpha, \delta\beta, \delta\gamma\}$ bei vorgegebenen Koordinaten homologer Punkte eingegangen.

3 Die überbestimmte räumliche Ähnlichkeitstransformation

Sind die Koordinatentripel von $p \geq 3$ homologen (identischen) Punkten in zwei dreidimensionalen kartesischen Systemen gegeben, deren Orientierung und Maßstab sich nur geringfügig unterscheidet, so liegen mit den Transformationsgleichungen (2-14) insgesamt $3 \cdot p$ Bestimmungsgleichungen vor, aus denen die $u = 7$ Unbekannten (je drei Translations- und Rotationsparameter, ein Maßstabsfaktor) zu berechnen sind. Mit den in diesem Abschnitt eingeführten Bezeichnungen $x = x_1$, $y = x_2$, $z = x_3$, $x' = x_1'$, $y = x_2'$, $z = x_3'$, $t_x = t_1$, $t_y = t_2$, $t_z = t_3$ können die Gleichungen (2-14) für jeden Punkt P_i, $i = 1, \ldots, p$, in folgender Form geschrieben werden:

$$
\begin{pmatrix} x' \\ y' \\ z' \end{pmatrix}_i = \begin{pmatrix} x \\ y \\ z \end{pmatrix}_i + \begin{pmatrix} 1 & 0 & 0 & x & 0 & -z & y \\ 0 & 1 & 0 & y & z & 0 & -x \\ 0 & 0 & 1 & z & -y & x & 0 \end{pmatrix}_i \cdot \begin{pmatrix} t_x \\ t_y \\ t_z \\ \delta m \\ \delta \alpha \\ \delta \beta \\ \delta \gamma \end{pmatrix},
\tag{3-1}
$$

in Matrizenschreibweise

$$
\underline{x}_i' = \underline{x}_i + \underline{A}_i \cdot \underline{u}, \ i = 1, \ldots, p,
\tag{3-2}
$$

wobei alle Unbekannten im Spaltenvektor $\underline{u}$ zusammengefasst sind. Da auf Grund ihrer Entstehung die Punktkoordinaten $\underline{x}_i'$ und $\underline{x}_i$ in unterschiedlicher Weise mit zufälligen (und ggf. systematischen und groben) Fehlern behaftet sind, stellt die Menge der Gleichungen (3-2) ein inkonsistentes Gleichungssystem dar, das keine eindeutige Lösung besitzt. Um eine eindeutige Lösung zu erzwingen, kann nach Helmert [1893] das aus der Gaußschen Methode der kleinsten Quadrate bekannte Minimumsprinzip angewandt werden (z.B. [Wolf, 1968; Niemeier, 2008]). Bezeichnet man mit $(x, y, z)_i$ die gegebenen Koordinaten des homologen Punktes P_i im Startsystem, mit $(\bar{x}, \bar{y}, \bar{z})_i$ dessen gegebene Koordinaten im Zielsystem und mit $(x', y', z')_i$ die aus dem Ansatz der Ähnlichkeitstransformation hervorgehenden Koordinaten, so sind nach dem Helmertschen Prinzip die Unbekannten $\underline{u}$ so zu bestimmen, dass die Quadratsumme der nach der Transformation verbleibenden Restklaffungen

$$
\xi_i' = \bar{x}_i - x_i', \qquad \eta_i' = \bar{y}_i - y_i', \qquad \zeta_i' = \bar{z}_i - z_i'
\tag{3-3}
$$

minimal wird, d. h.

$$
\Phi(\underline{u}) = \sum_{i=1}^{p} (\xi_i'^2 + \eta_i'^2 + \zeta_i'^2) \to \min.
\tag{3-4}
$$

Eine notwendige Bedingung für die Existenz eines lokalen Minimums ist durch das Postulat verschwindender partieller Ableitungen erster Ordnung gegeben:

$$
\frac{\partial \Phi}{\partial \underline{u}} = \underline{0}.
\tag{3-5}
$$

Setzt man (3-1) in (3-3), (3-4), (3-5) ein, so erhält man das lineare Gleichungssystem der Dimension 7

$$
\begin{pmatrix}
p & 0 & 0 & \sum x_i & 0 & -\sum z_i & \sum y_i \\
  & p & 0 & \sum y_i & \sum z_i & 0 & -\sum x_i \\
  &   & p & \sum z_i & -\sum y_i & \sum x_i & 0 \\
  &   &   & \sum(x_i^2 + y_i^2 + z_i^2) & 0 & 0 & 0 \\
  &   &   &   & \sum(y_i^2 + z_i^2) & -\sum x_i y_i & -\sum x_i z_i \\
  & \text{symm.} &   &   &   & \sum(x_i^2 + z_i^2) & -\sum y_i z_i \\
  &   &   &   &   &   & \sum(x_i^2 + y_i^2)
\end{pmatrix} \cdot
$$

$$\cdot \begin{pmatrix} t_x \\ t_y \\ t_z \\ \delta m \\ \delta\alpha \\ \delta\beta \\ \delta\gamma \end{pmatrix} = \begin{pmatrix} \sum \xi_i \\ \sum \eta_i \\ \sum \zeta_i \\ \sum(x_i\xi_i + y_i\eta_i + z_i\zeta_i) \\ \sum(z_i\eta_i - y_i\zeta_i) \\ \sum(-z_i\xi_i + x_i\zeta_i) \\ \sum(y_i\xi_i - x_i\eta_i) \end{pmatrix}, \quad (3\text{-}6)$$

mit symmetrischer Gleichungsmatrix, wobei das Summensymbol jeweils $\sum\limits_{i=1}^{p}$ bedeutet.

Die Koordinatendifferenzen

$$\xi_i = \bar{x}_i - x_i, \qquad \eta_i = \bar{y}_i - y_i, \qquad \zeta_i = \bar{z}_i - z_i \tag{3-7}$$

werden auch als „Klaffungen vor der Transformation" bezeichnet.

Mit der Einführung der auf die Schwerpunkte des Punkthaufens der homologen Punkte im Start- und Zielsystem bezogenen Koordinatenunterschiede $(u, v, w)_i$, $(\bar{u}, \bar{v}, \bar{w})_i$ und den Schwerpunktkoordinaten (x_s, y_s, z_s), $(\bar{x}_s, \bar{y}_s, \bar{z}_s)$

$$
\begin{aligned}
x_s &= \sum x_i/p, & y_s &= \sum y_i/p, & z_s &= \sum z_i/p \\
\bar{x}_s &= \sum \bar{x}_i/p, & \bar{y}_s &= \sum \bar{y}_i/p, & \bar{z}_s &= \sum \bar{z}_i/p \\
\Delta x_s &= \bar{x}_s - x_s, & \Delta y_s &= \bar{y}_s - y_s, & \Delta z_s &= \bar{z}_s - z_s \\
u_i &= x_i - x_s, & v_i &= y_i - y_s, & w_i &= z_i - z_s \\
\bar{u}_i &= \bar{x}_i - \bar{x}_s, & \bar{v}_i &= \bar{y}_i - \bar{y}_s, & \bar{w}_i &= \bar{z}_i - \bar{z}_s
\end{aligned}
\tag{3-8}
$$

erhält das Gleichungssystem (3-6) die Form

$$\begin{pmatrix} p & 0 & 0 & p\cdot x_s & 0 & p\cdot z_s & -p\cdot y_s \\ & p & 0 & p\cdot y_s & -p\cdot z_s & 0 & p\cdot x_s \\ & & p & p\cdot z_s & p\cdot y_s & -p\cdot x_s & 0 \\ & & & \begin{matrix} p\cdot(x_s^2+y_s^2+z_s^2)+ \\ +\sum(u_i^2+v_i^2+w_i^2) \end{matrix} & 0 & 0 & 0 \\ & & & & \begin{matrix} p\cdot(y_s^2+z_s^2)+ \\ +\sum(v_i^2+w_i^2) \end{matrix} & \begin{matrix} -p\cdot x_s\cdot y_s- \\ -\sum u_iv_i \end{matrix} & \begin{matrix} -p\cdot x_s\cdot z_s- \\ -\sum u_iw_i \end{matrix} \\ & & \text{symm.} & & & \begin{matrix} p\cdot(x_s^2+z_s^2)+ \\ +\sum(u_i^2+w_i^2) \end{matrix} & \begin{matrix} -p\cdot y_s\cdot z_s- \\ -\sum v_iw_i \end{matrix} \\ & & & & & & \begin{matrix} p\cdot(x_s^2+y_s^2)+ \\ +\sum(u_i^2+v_i^2) \end{matrix} \end{pmatrix} \cdot$$

$$\cdot \begin{pmatrix} t_x \\ t_y \\ t_z \\ \delta m \\ \delta\alpha \\ \delta\beta \\ \delta\gamma \end{pmatrix} = \begin{pmatrix} p\cdot\Delta x_s \\ p\cdot\Delta y_s \\ p\cdot\Delta z_s \\ p\cdot(x_s\Delta x_s + y_s\Delta y_s + z_s\Delta z_s) + \sum(u_i\xi_i + v_i\eta_i + w_i\zeta_i) \\ p\cdot(y_s\Delta z_s - z_s\Delta y_s) + \sum(v_i\zeta_i - w_i\eta_i) \\ p\cdot(z_s\Delta x_s - x_s\Delta z_s) + \sum(w_i\xi_i - u_i\zeta_i) \\ p\cdot(x_s\Delta y_s - y_s\Delta x_s) + \sum(u_i\eta_i - v_i\xi_i) \end{pmatrix} \tag{3-9}$$

Aus diesem Gleichungssystem lassen sich die Translationsparameter leicht eliminieren

$$
\begin{aligned}
t_x &= \Delta x_s - \delta m \cdot x_s - \delta\beta \cdot z_s + \delta\gamma \cdot y_s \\
t_y &= \Delta y_s - \delta m \cdot y_s + \delta\alpha \cdot z_s - \delta\gamma \cdot x_s \\
t_z &= \Delta z_s - \delta m \cdot z_s - \delta\alpha \cdot y_z + \delta\beta \cdot x_s,
\end{aligned}
\tag{3-10}
$$

woraus das vierdimensionale residuale Gleichungssystem für die Maßstabs- und Drehparameter folgt

$$
\begin{pmatrix}
\sum(u_i^2 + v_i^2 + w_i^2) & 0 & 0 & 0 \\
& \sum(v_i^2 + w_i^2) & -\sum u_i v_i & -\sum u_i w_i \\
& & \sum(u_i^2 + w_i^2) & -\sum v_i w_i \\
\text{symm.} & & & \sum(u_i^2 + v_i^2)
\end{pmatrix} \cdot
$$

$$
\cdot \begin{pmatrix} \delta m \\ \delta \alpha \\ \delta \beta \\ \delta \gamma \end{pmatrix} =
\begin{pmatrix}
\sum(u_i \xi_i + v_i \eta_i + w_i \zeta_i) \\
\sum(v_i \zeta_i - w_i \eta_i) \\
\sum(w_i \xi_i - u_i \zeta_i) \\
\sum(u_i \eta_i - v_i \xi_i)
\end{pmatrix}. \qquad (3\text{-}11)
$$

Da der Maßstabsparameter offensichtlich nicht mit den Drehwinkeln korreliert ist, kann dieser direkt aus der ersten Gleichung des Systems (3-11) berechnet werden:

$$
\delta m = \frac{\sum(u_i \xi_i + v_i \eta_i + w_i \zeta_i)}{\sum(u_i^2 + v_i^2 + w_i^2)}. \qquad (3\text{-}12)
$$

Somit verbleibt noch das vollbesetzte dreidimensionale Gleichungssystem für die Drehwinkel zu lösen:

$$
\begin{pmatrix}
\sum(v_i^2 + w_i^2) & -\sum u_i v_i & -\sum u_i w_i \\
& \sum(u_i^2 + w_i^2) & -\sum v_i w_i \\
\text{symm.} & & \sum(u_i^2 + v_i^2)
\end{pmatrix} \cdot
\begin{pmatrix} \delta \alpha \\ \delta \beta \\ \delta \gamma \end{pmatrix} =
\begin{pmatrix}
\sum(v_i \zeta_i - w_i \eta_i) \\
\sum(w_i \xi_i - u_i \zeta_i) \\
\sum(u_i \eta_i - v_i \xi_i)
\end{pmatrix} \qquad (3\text{-}13)
$$

Es ist an dieser Stelle zu betonen, dass die durch (3-6) – (3-13) gegebenen Gleichungssysteme – auch nach Einführung der schwerpunktsbezogenen Koordinaten – auf den Koordinatenursprung des Startsystems als Drehpunkt bezogen sind. Aus der ebenen Helmert-Transformation ist bekannt, dass das Normalgleichungssystem Diagonalgestalt annimmt und deshalb sehr einfach lösbar ist, wenn der Schwerpunkt des Startsystems als Drehpunkt verwendet wird; formal wird dies erreicht, indem in den Gleichungen $x_s = y_s = 0$ gesetzt wird. Wendet man diese Vorgehensweise auf das Normalgleichungssystem (3-9) der räumlichen Helmert-Transformation an, so zeigt sich, dass mit $x_s = y_s = z_s = 0$ zwar die Nebendiagonalelemente der ersten vier Zeilen und Spalten verschwinden, die auf die Drehwinkel bezogene 3 × 3-Submatrix nach wie vor aber voll besetzt ist [Schmitt et al., 1991]. Bei näherer Betrachtung ist festzustellen, dass die Elemente der mit (3-13) identischen Submatrix den mechanischen Momenten (Trägheits- bzw. Deviationsmomente) des als Massenpunktsystem betrachteten Punkthaufens der homologen Punkte entsprechen. Bekanntweise kann eine i. Allg. vollbesetzte, symmetrische Trägheitsmatrix durch eine sogenannte Hauptachsentransformation, d. h. eine Drehung des Koordinatensystems im Raum, in das System der Hauptträgheitsachsen transformiert werden, sodass die Deviationsmomente $\sum u_i v_i$, $\sum u_i w_i$, $\sum v_i w_i$ verschwinden und auch die resultierende 3 × 3-Submatrix Diagonalgestalt annimmt.

Fällt der Schwerpunkt des Startsystems – ggf. nach Subtraktion der Schwerpunktskoordinaten von den Punktkoordinaten – mit dem Koordinatenursprung zusammen, so ergeben sich die Translationsparameter auf sehr einfache Weise aus (3-10):

$$
t_x = \bar{x}_s, \qquad t_y = \bar{y}_s, \qquad t_z = \bar{z}_s. \qquad (3\text{-}14)
$$

Die Gleichungen für δm (3-12) und $\delta \alpha$, $\delta \beta$, $\delta \gamma$ (3-13) bleiben unverändert.

Die Anwendung des Helmertschen Minimumsprinzips impliziert einen engen Zusammenhang mit der Ausgleichung nach der Methode der kleinsten Quadrate, speziell nach vermittelnden Beobachtungen [Wolf, 1968; Niemeier, 2008]. Das der Helmert-Transformation zugeordnete Gauß-Markov-Modell [Koch, 2004] kann auf der Grundlage der Gleichung (3-2) spezifiziert werden:

Die Koordinaten $\bar{\underline{x}}_i$ im Zielsystem werden als fehlerbehaftete, jedoch unkorrelierte und gleich genaue „Beobachtungen" betrachtet, während die Koordinaten $\underline{x}_i$ im Startsystem als fehlerfrei angenommen werden. Somit kann der Helmert-Transformation das folgende Gauß-Markov-Modell zugeordnet werden:

$$E\{\bar{\underline{x}}\} = \underline{A} \cdot \underline{u}, \qquad E\{\underline{x}\} = \underline{x}, \qquad \underline{x} = \begin{pmatrix} \underline{x}_1 \\ \underline{x}_2 \\ \vdots \\ \underline{x}_p \end{pmatrix}, \qquad \bar{\underline{x}} = \begin{pmatrix} \bar{\underline{x}}_1 \\ \bar{\underline{x}}_2 \\ \vdots \\ \bar{\underline{x}}_p \end{pmatrix}, \qquad \underline{A} = \begin{pmatrix} \underline{A}_1 \\ \underline{A}_2 \\ \vdots \\ \underline{A}_p \end{pmatrix} \qquad (3\text{-}15)$$
$$D\{\bar{\underline{x}}\} = \sigma^2 \cdot \underline{I}, \qquad D\{\underline{x}\} = \underline{0},$$

E und D bezeichnen den Erwartungswert und die Dispersion der als stochastisch betrachteten Variablen, die durch die „beobachteten" Werte $\underline{x}$ bzw. $\bar{\underline{x}}$ realisiert werden. Wie allgemein üblich bezeichnet σ^2 einen (unbekannten) Varianzfaktor. Es kann leicht gezeigt werden, dass unter den Grundannahmen (3-15) und den Spezifikationen von $\underline{A}$ und $\underline{u}$ nach (3-1) die Ergebnisse der Helmert-Transformation resultieren.

Die unrealistische Annahme fehlerfreier Koordinaten im Startsystem ($D\{\underline{x}\} = \underline{0}$) kann durch eine Erweiterung des Gauß-Markov-Modells (3-15) aufgefangen werden. Betrachtet man nunmehr $\underline{x}$ ebenso wie $\bar{\underline{x}}$ als Realisierung eines stochastischen Vektors, so ergibt sich mit

$$D\{\underline{x}\} = \sigma^2 \underline{P}_S^{-1}, \qquad D\{\bar{\underline{x}}\} = \sigma^2 \underline{P}_Z^{-1} \qquad (3\text{-}16)$$

und den Gewichtsmatrizen der Koordinaten im Startsystem und Zielsystem ($\underline{P}_S$ und $\underline{P}_Z$) ein Gauß-Helmert-Modell als Verallgemeinerung des Gauß-Markov-Modells [Bleich u. Illner, 1989]. Wie Koch [2002] gezeigt hat, erhält man dieselben Ergebnisse auch nach Einführung zusätzlicher unbekannter Parameter im Gauß-Markov-Modell. Eine weitere Möglichkeit zur Transformation des Gauß-Helmert-Modells in ein einfaches Gauß-Markov-Modell wurde von Schön et al. [2000] vorgeschlagen. Es ist jedoch darauf hinzuweisen, dass die Annahme variabler, d. h. mit zufälligen Fehlern behafteter Koordinaten $\underline{x}$ im Startsystem zwar zu einer realitätsnahen Lösung der überbestimmten räumlichen Ähnlichkeitstransformation führt, dieses Ergebnis jedoch nicht mehr dem Helmertschen Prinzip entspricht; in der Praxis wird bisher in der Regel die ursprüngliche, mit den Beziehungen (3-15) konsistente Form der räumlichen Helmert-Transformation verwendet.

Die Bedingung (3-5) ist lediglich notwendig, jedoch nicht hinreichend. Eine hinreichende Bedingung für die Existenz eines (lokalen) Minimums ist durch die Forderung gegeben, dass die Matrix der partiellen Ableitungen zweiter Ordnung der Zielfunktion Φ nach den Unbekannten u_k positiv definit ist. Die Matrix $\frac{\partial^2 \Phi}{\partial u_k \partial u_l}$, $k, l \in \{1, \ldots, 7\}$, ist jedoch identisch mit der Matrix in (3-6) bzw. (3-9), die wiederum für $n \geq 3$ homologe, nicht auf einer Geraden liegende (nicht kollineare) Punkte immer positiv definit ist [Heindl, 1986]. Deshalb ist unter dieser Voraussetzung immer eine eindeutige Lösung des Helmertschen Minimumspostulats gegeben.

Die explizite Darstellung des Transformationsansatzes (3-1) bezieht sich auf die räumliche Ähnlichkeitstransformation „nahe der Identität", d. h. auf „kleine" Maßstabs- und Drehparameter δm, $\delta \alpha$, $\delta \beta$, $\delta \gamma$ und eine entsprechend linearisierte funktionale Beziehung. Im Falle beliebig großer Parameter m, α, β, γ sind die funktionalen Zusammenhänge jedoch nichtlinear und damit weitaus komplizierter. Exakte Lösungen des nichtlinearen Problems wurden von Heindl [1986] auf der Quaternionen-Darstellung der Transformationsmatrix $\underline{T}$ und der Lösung eines Polynoms vierten Grades beruhend angegeben, während Bleich u. Illner [1989] ein iteratives Verfahren bei Vorliegen grober Näherungswerte der Transformationsparameter vorschlugen. Weitere Möglichkeiten zur Lösung der nichtlinearen räumlichen Helmert-Transformation auf der Grundlage von Groebner-Basen, der Resultanten-Methode von Dixon und dem Kombinations-Algorithmus nach Gauß-Jacobi wurden von Awange et al. [2010, Kapitel 17] untersucht.

4 Praktische Aspekte

Im Rahmen der geodätischen Deformationsanalyse wird die (ebene oder räumliche) Helmert-Transformation oft herangezogen, um die Kongruenz zweier – zumindest teilweise – aus homologen Punkten bestehenden geodätischen Netzen zu überprüfen bzw. um durch Verschiebungen einzelner Punkte entstandene Abweichungen von der Kongruenz zu analysieren. Unter dem Postulat der Gültigkeit der grundlegenden Annahmen (3-15) kann das in Heck [1985] angegebene Analyseverfahren sinngemäß auf den Fall der räumlichen Helmert-Transformation erweitert werden. Nimmt man eine potenzielle Verschiebung des homologen Punktes P_k an, so führt der entsprechende dreidimensionale Ausreißertest auf die Testgröße

$$T_k = \frac{(\xi_k')^2 + (\eta_k')^2 + (\zeta_k')^2}{3 \cdot \hat{\hat{\sigma}}^2 \cdot q_k} \sim F_{3,3p-10} \tag{4-1}$$

mit

$$\hat{\hat{\sigma}}^2 = \frac{(3p-7) \cdot q_k \cdot \hat{\sigma}^2 - (\xi_k')^2 - (\eta_k')^2 - (\zeta_k')^2}{(3p-10) \cdot q_k} \tag{4-2}$$

$$\hat{\sigma}^2 = \frac{\sum\limits_{i=1}^{p} \left[(\xi_i')^2 + (\eta_i')^2 + (\zeta_i')^2 \right]}{3p-7} \tag{4-3}$$

$$q_k = 1 - \frac{1}{p} - \frac{u_k^2 + v_k^2 + w_k^2}{\sum\limits_{i=1}^{p} (u_i^2 + v_i^2 + w_i^2)}. \tag{4-4}$$

Die Testgröße T_k ist Fisher-verteilt mit 3 Freiheitsgraden des Zählers und $(3p-10)$ Freiheitsgraden des Nenners. T_k ist abhängig von der räumlichen Restklaffung d_k nach der Transformation

$$d_k = \sqrt{(\xi_k')^2 + (\eta_k')^2 + (\zeta_k')^2}, \tag{4-5}$$

ferner von dem für ξ_k', η_k' und ζ_k' identischen Kofaktor q_k und der empirischen Varianz $\hat{\sigma}^2$, die sich aus der Quadratsumme aller Restklaffungen nach (4-3) ergibt; die Varianz $\hat{\hat{\sigma}}^2$ entspricht der Quadratsumme der Restklaffungen, die entsteht, wenn man den Punkt P_k aus der Liste der homologen Punkte streicht und die räumliche Helmert-Transformation mit $p-1$ homologen Punkten durchführt.

Die Nullhypothese eines kongruenten bzw. konformen Punktfeldes wird geprüft, indem die für jeden homologen Punkt P_k, $k \in \{1, \ldots, p\}$ berechnete Testgröße T_k mit dem entsprechenden kritischen Wert der Fisher-Verteilung bei vorgegebenem Signifikanzniveau $(1 - \alpha)$ verglichen wird. Gilt

$$T_k > F_{3,3p-10;1-\alpha}, \tag{4-6}$$

so wird der Punkt P_k als Ausreißer betrachtet. Eliminiert man jeweils den Punkt mit der maximalen Testgröße aus der Liste der homologen Punkte und wiederholt diese Vorgehensweise schrittweise mit einer verringerten Zahl homologer Punkte, so lässt sich für $p \geq 4$ ein iteratives Verfahren aufbauen, mit dem aus der Gesamtmenge der ursprünglich als homolog angenommenen Punkte eine Gruppe von Ausreißern isoliert werden kann. Dieses Verfahren entspricht einer dreidimensionalen Variante des iterativen Data-Snooping nach Baarda [1968].

Ein *zweiter* Aspekt hinsichtlich der praktischen Anwendung der räumlichen Helmert-Transformation betrifft die Tatsache, dass für Transformationen zwischen einem globalen Äquatorsystem (z. B. ITRF 2008) und einem lokalen System geringer Ausdehnung im Falle einer Drehung um den

Koordinatenursprung nach Gleichung (3-1) die resultierenden Transformationsparameter stark miteinander korreliert sind, sodass numerische Probleme entstehen können. Diese Schwierigkeiten äußern sich u. a. darin, dass die erhaltenen „globalen" Transformationsparameter t_x, t_y, t_z, $\delta\alpha = \epsilon_x$, $\delta\beta = \epsilon_y$, $\delta\gamma = \epsilon_z$ mit großen Standardabweichungen behaftet sind, obwohl die Restklaffungen möglicherweise recht klein sind. Um in kleinen Gebieten der Erdoberfläche eine Separation der Translations- und Rotationsparameter vornehmen zu können, kann es deshalb zweckmäßig sein, eine Vortransformation des globalen Äquatorsystems in ein lokales topozentrisches System durchzuführen und dieses verschobene und gedrehte System als Startsystem anzunehmen. Wie in Abschnitt 3 gezeigt wurde, entartet die Gleichungsmatrix (3-6) zu einer Diagonalmatrix, wenn der Koordinatenursprung des Startsystems in den Schwerpunkt P_s des Punkthaufens gelegt und die Koordinatenachsen in die zueinander orthogonalen Richtungen der Hauptträgheitsachsen orientiert werden. In diesem Fall sind die Schätzwerte der Transformationsparameter vollständig unkorreliert; für die Bestimmung der Drehwinkel zwischen dem globalen und dem lokalen System ist jedoch ein Eigenwertproblem zu der in (3-13) enthaltenen, dreidimensionalen Matrix zu lösen. Ein nahezu ebenso gutes Ergebnis erhält man, wenn anstelle der Hauptträgheitsachsen die gedrehten Koordinatenachsen so gewählt werden, dass für die Richtung der 3-Achse die geographischen Koordinaten von P_s (oder der Mittelwert der geographischen Koordinaten des Punkthaufens) und für die Richtung der 1-Achse die auf der 3-Achse senkrecht stehende Nordrichtung angenommen wird. Die auf diese Weise erhaltenen „lokalen" Transformationsparameter, insbesondere $\delta\alpha$, $\delta\beta$, $\delta\gamma$ sind in diesem Falle nur schwach korreliert und weisen in der Regel Standardabweichungen in der Größenordnung der Restklaffungen auf. Selbstverständlich werden – von numerischen Effekten abgesehen – für beide Transformationsvarianten dieselben Werte der transformierten Koordinaten für die homologen und nicht-homologen Punkte erhalten.

Eine *dritte* Anmerkung zur praktischen Anwendung bezieht sich auf eine in der Geoinformatik oft gebräuchliche Approximation im Zusammenhang mit der Umkehrtransformation zu (2-9) bzw. (3-1). Vielfach werden die Parameter für die Rücktransformation $\underline{x}' \rightarrow \underline{x}$ einfach durch die negativen Werte der Parameter für die Transformation $\underline{x} \rightarrow \underline{x}'$, d. h. $\underline{x}' = \underline{t} + m \cdot \underline{T} \cdot \underline{x}$, ersetzt. Mit der für „kleine" Transformationsparameter $\delta m, \delta\alpha, \delta\beta, \delta\gamma$ gültigen Näherung

$$\frac{1}{m} = (1 + \delta m)^{-1} \approx 1 - \delta m$$
$$\underline{T}^{-1} = (\underline{I} + \delta\underline{R})^{-1} \approx \underline{I} - \delta\underline{R} \tag{4-7}$$

und schiefsymmetrischer Matrix $\delta\underline{R}$ ergibt sich bei Anwendung der zu (2-9) „inversen" Transformation auf $\underline{x}'$

$$\begin{aligned}
\underline{x}'' &= -\underline{t} + \frac{1}{m} \cdot \underline{T}^{-1} \cdot \underline{x}' \\
&= -\underline{t} + (1 - \delta m) \cdot (\underline{I} - \delta\underline{R}) \cdot (\underline{t} + (1 + \delta m) \cdot (\underline{I} + \delta\underline{R}) \cdot \underline{x}) \\
&= -(\delta m \cdot \underline{I} + \delta\underline{R}) \cdot \underline{t} + \underline{x} + \text{Effekte 2. Ordnung} \\
&= \underline{x} + \delta\underline{t}.
\end{aligned} \tag{4-8}$$

Offensichtlich existiert für $\delta m \neq 0$ und $\delta\underline{R} \neq \underline{0}$ eine Inkonsistenz ($\underline{x}'' \neq \underline{x}$), die durch eine kleine Änderung der Translationsparameter $\delta\underline{t}$

$$\delta\underline{t} = -(\delta m \cdot \underline{I} + \delta\underline{R}) \cdot \underline{t} \tag{4-9}$$

aufgefangen werden kann. Anstelle von $\underline{t}' = -\underline{t}$ ist einfach

$$\underline{t}' = -\underline{t} + \delta\underline{t} = -(m\underline{I} + \delta\underline{R}) \cdot \underline{t} \tag{4-10}$$

zu wählen. Die Differenz $\delta\underline{t}$ ist vor allem dann signifikant, wenn die Translationsparameter $\underline{t}$ selbst große Beträge annehmen, wie dies oft bei der Transformation zwischen konventionellen

Systemen der Landesvermessung und einem (quasi-)geozentrischen System vorkommt. Für den Fall der Transformation zwischen dem DHDN und dem ETRF89 erhält man z. B. mit den in Ihde u. Lindstrot [1995] angegebenen Transformationsparametern

$$t_x = +582\,m, \qquad t_y = +105\,m, \qquad t_z = +414\,m,$$
$$\epsilon_x = -1{,}''04, \qquad \epsilon_y = -0{,}''35, \qquad \epsilon_z = +3{,}''08,$$
$$\delta m = +8{,}3 \cdot 10^{-6}$$

Korrekturen $\delta\underline{t}$ in der Größenordnung von 1 cm, die in der Praxis oft vernachlässigt werden, für hohe Genauigkeitsanforderungen jedoch berücksichtigt werden müssen.

Literatur

[Awange et al. 2010] AWANGE, J. L. ; GRAFAREND, E. W. ; PALANCZ, B. ; ZALETNYIK, P.: *Algebraic Geodesy and Geoinformatics.* 2nd edition. Springer-Verlag Berlin, Heidelberg, 2010

[Baarda 1968] BAARDA, W.: *A Testing Procedure für Use in Geodetic Networks.* Netherlands Geodetic Commission, Publications on Geodesy, New Series, Vol. 2, No. 5, Delft, 1968

[Bleich u. Illner 1989] BLEICH, P. ; ILLNER, M.: Strenge Lösung der räumlichen Koordinatentransformation durch iterative Berechnung. In: *Allgmeine Vermessungsnachrichten (AVN)* 96. Jg. (1989), S. 133–144

[Duschek 1963] DUSCHEK, A.: *Höhere Mathematik. II. Band.* 3. Auflage. Springer-Verlag Wien, 1963

[Heck 1985] HECK, B.: Ein- und zweidimensionale Ausreißertests bei der ebenen Helmert-Transformation. In: *Zeitschrift für Geodäsie, Geoinformation und Landmanagement (ZfV)* 110 (1985), S. 461–471

[Heck 2003] HECK, B.: *Rechenverfahren und Auswertemodelle der Landesvermessung. Klassische und moderne Methoden.* 3. Auflage. H. Wichmann Verlag, Heidelberg, 2003

[Heindl 1986] HEINDL, G.: *Ein neuer Weg zur Berechnung dreidimensionaler Helmerttransformationen.* Deutsche Geodätische Kommission, Reihe A, Heft-Nr. 103, München, 1986

[Helmert 1893] HELMERT, F. R.: Die Europäische Längengradmessung in 52 Grad Breite von Greenwich bis Warschau. I. Heft. In: *Veröffentlichungen des Königlich Preußischen Instituts und Centralbureaus der Internationalen Erdmessung. Verlag Stankiewicz, Berlin* (1893), S. 47–50

[Ihde u. Lindstrot 1995] IHDE, J. ; LINDSTROT, W.: Datumstransformation zwischen den Bezugssystemen ETRF/WGS, DHDN und System 42. In: *Zeitschrift für Geodäsie, Geoinformation und Landmanagement (ZfV)* 120 (1995), S. 192–196

[Koch 2002] KOCH, K. R.: Räumliche Helmert-Transformation variabler Koordinaten im Gauß-Helmert- und im Gauß-Markoff-Modell. In: *Zeitschrift für Geodäsie, Geoinformation und Landmanagement (ZfV)* 127 (2002), S. 147–152

[Koch 2004] KOCH, K. R.: *Parameterschätzung und Hypothesentests in linearen Modellen.* 4. Auflage. Ferd. Dümmlers Verlag, Bonn, 2004

[Koecher 1985] KOECHER, M.: *Lineare Algebra und analytische Geometrie.* 2. Auflage. Springer-Verlag Berlin/Heidelberg/New York/Tokyo, 1985

[Kuipers 1999] KUIPERS, J. B.: *Quaternions and Rotation Sequences.* Princeton University Press, New Jersey, 1999

[Martensen 1972] MARTENSEN, E.: *Analysis Teil V: Funktionalanalysis und Integralgleichungen.* Bibliographisches Institut, Mannheim/Wien/Zürich, 1972

[Niemeier 2008] NIEMEIER, W.: *Ausgleichungsrechnung – Statistische Auswertemethoden.* 2. Auflage. de Gruyter, Berlin, 2008

[Schmitt et al. 1991] SCHMITT, G. ; ILLNER, M. ; JÄGER, R.: Transformationsprobleme. In: *GPS und Integration von GPS in bestehende geodätische Netze*, DVW Landesverein Baden-Württemberg, 1991 (38. Jahrgang, Sonderheft), S. 125–142

[Schön et al. 2000] SCHÖN, S. ; KUTTERER, H. ; MAYER, M. ; HECK, B.: *On the Datum Quality of a Continental ITRF96-based Reference Network in Antarctica.* 2000. – Interner Bericht, Geodätisches Institut, Universität Karlsruhe (TH)

[Seitz et al. 2010] SEITZ, M. ; ANGERMANN, D. ; BLOSSFELD, M. ; GERSTL, M. ; HEINKELMANN, R. ; KELM, R. ; MÜLLER, H.: Die Berechnung des Internationalen Terrestrischen Referenzrahmens ITRF2008 am DGFI. In: *Zeitschrift für Geodäsie, Geoinformation und Landmanagement (ZfV)* 135 (2010), S. 73–79

[Shen et al. 2006] SHEN, Y-Z. ; CHEN, Y. ; ZHENG, D.-H.: A quaternion-based geodetic datum transformation algorithm. In: *Journal of Geodesy* 80 (2006), S. 233–239 `http://dx.doi.org/10.1007/s00190-006-0054-8`. – DOI 10.1007/s00190–006–0054–8

[Wolf 1968] WOLF, H.: *Ausgleichungsrechnung nach der Methode der kleinsten Quadrate.* Dümmler, Bonn, 1968

Anschrift des Autors:

Prof. Dr.-Ing. Dr. h.c.   Karlsruher Institut für Technologie (KIT)
Bernhard Heck   Geodätisches Institut (GIK)
    Englerstraße 7, 76131 Karlsruhe
    bernhard.heck@kit.edu

Zur Erweiterung des Mess- und Kalibrierlabors des Geodätischen Instituts des KIT (GIK) aufgrund des Paradigmenwechsels im neuen Jahrtausend

Maria Hennes

1 Einleitung

Qualitätssicherung in der Messtechnik ist eine wichtige Komponente des Qualitätsmanagements, nicht nur im Vermessungswesen. Ihre Bedeutung steigt auch für die Prüfprozesse in der Fertigungstechnik, weil man erkannt hat, dass – mit immer enger werdenden Toleranzen – auch der Messtechnik ein nicht (mehr) zu vernachlässigender Unsicherheitsbeitrag zugestanden werden muss. Gerade hier wird die enge Verzahnung zwischen Qualitätssicherung des Objekts und der damit verbundenen Qualitätssicherung der Messtechnik selbst deutlich, (vgl. z.B. [DIN, a]). Die Diskussion um Genauigkeitsmaße und Messunsicherheitsangaben [DIN, b] ist aus unterschiedlichen Blickwinkeln entfacht (vgl. [Hennes, 2007b; Hennes u. Heister, 2007]), während diejenige um System- versus Komponentenkalibrierung [Hennes u. Ingensand, 2000] zur Präferenz einer jeweils zielorientierten Einzelfallentscheidung geführt hat. Darüber hinaus sind mit der Jahrtausendwende verschiedene Paradigmenwechsel deutlich geworden, die die klassische statische und punktorientierte Vermessung mehr und mehr zu einer flächenhaften und kinematischen werden ließen. Dies hat unmittelbare Folgen für die Aufgaben und Anforderungen eines Mess- und Kalibrierlabors.

Im Hinblick auf die Qualitätssicherung ist die Betrachtung von Messmittel **und** Messprozess und somit auch von Prüfmittel und Prüfprozess existentiell geworden. Die Gesellschaft zur Kalibrierung Geodätischer Messmittel (GKGM e.V.) hat sich seit ihrer Gründung im Jahr 2005 genau dies zum Ziel gesetzt, nämlich die Überwachung von Prüf- und Kalibrier**prozessen**, beispielsweise durch gegenseitige Kontrollen mittels Ringversuchen. Das GIK ist Gründungsmitglied, wobei ein funktionstüchtiges Kalibrierlabor nachgewiesen werden muss, in dem zumindest ein Messmitteltyp oder ein Messprozess nach den höchsten Qualitätsmaßstäben und unter Beachtung der Prinzipien der Rückführung überwacht wird.

Eine Auswahl dieser am GIK neu eingerichteten Kalibrier- und Prüfmittel wird im Folgenden vorgestellt. Auf die bereits vor dem Jahrtausendwechsel am GIK implementierten Prüfverfahren wie beispielsweise Additionskonstantenbestimmung und Frequenzprüfung für EDM wird nicht eingegangen, ebenso wird auf die Darstellung der implementierten Feldprüfverfahren wie [ISO] verzichtet. Stattdessen werden die Prüf- bzw. Kalibrierverfahren durch Anwendungen oder Experimente in ihrer Leistungsfähigkeit veranschaulicht. Wesentliche, insbesondere den Paradigmenwechsel prägende Begriffe, führen in die Thematik ein.

2 Grundlegende Begriffe

2.1 Kalibrierung und Rückführung

Das Wörterbuch der Metrologie [VIM] definiert: „Kalibrieren umfasst die Tätigkeiten zur Ermittlung des Zusammenhanges zwischen den ausgegebenen Werten eines Messmittels [...] und den bekannten Werten der Messgröße unter bekannten Bedingungen." Dabei wird der bekannte Wert der Messgröße von einem Normal höherer Ordnung abgeleitet. Kalibrierung stellt lediglich die Abweichung des individuellen Messmittelexemplars in Bezug auf die bekannten Bedingungen fest. Damit also ist weder eine Verifikation der Spezifikationskonformität gegeben noch eine Aussage für abweichende Messbedingungen oder auftretende Driften getroffen worden. Unter Rückführung versteht man den Vergleich des Messwertes einer Messeinrichtung oder einer Maßverkörperung mit dem nationalen Normal in einem oder mehreren Schritten. Diese Schritte beinhalten den Vergleich mit abgeleiteten Normalen, also Referenzmesseinrichtungen oder Maßverkörperungen, die letztendlich vom nationalen Normal abgeleitet sind. Auf die Rückführung wird insbesondere in Messprozessen des Maschinenbaus Wert gelegt.

2.2 Geometrische Restriktionen

Das Normal höherer Ordnung kann auch in einer geometrischen Restriktion bestehen, zum Beispiel, dass die Winkelsumme über einen Vollkreis 400 gon ergibt. In ähnlicher Weise können auch andere geometrische Figuren ausgenutzt werden, beispielsweise Dreiecke, Kreise, Ebenen oder Kugeln. Hier liegt der Vorteil in einer meist einfachen oder einfacheren technischen Realisierung der Figur, der Nachteil in der Beschränkung auf kleine Ausschnitte des Arbeitsbereiches des Messmittels. Hier besteht also noch Forschungs- und Entwicklungsbedarf, diese Strategie auf Messbereiche auszudehnen, die den Arbeitsbereich großräumiger abdecken, insbesondere im Hinblick auf neue flächenorientierte Verfahren wie dem Laserscanning.

2.3 Synchronisation

Weil die kinematische Vermessung, also die raum-zeitliche Erfassung von Objekten, einen immer größeren Stellenwert bekommen wird, sind auch hierfür neue Prüf- und Kalibrierverfahren zu entwickeln, die speziell auf das (richtige) Zusammenwirken der räumlichen und zeitlichen Messwerte abzielen. Neu wird nun nicht eine einzelne Messgröße betrachtet, sondern ein Quadrupel aus drei Raum- und einer Zeitkoordinate. Hier tritt nun die Problematik auf, dass jede der drei Raumkoordinaten synchron, also zeitgleich mit der Zeitkoordinate oder zumindest exakt zeitgleich in Bezug auf ein definiertes (Trigger-)Signal erfasst werden muss. Dies bedeutet, dass diese Zeitgleichheit nun auch ein Prüf- bzw. Kalibrierkriterium ist. Es wird schnell klar, dass für gewisse Anwendungen das führen von Tabellen mit jeweils unabhängigen Zeitstempeln für jede Koordinate bzw. geometrische Messgröße nicht zielführend ist bzw. den Toleranzforderungen nicht genügt – oder dass zumindest derartige Tabellen bezüglich ihrer raum-zeitlichen Qualität geprüft werden müssen. Für die Prüfung bedeutet dies, dass auch das Prüfmittel mit dem eigentlichen Messprozess synchronisiert sein muss. Prinzipiell können die Ablagen eines kinematischen (raum-zeitlich erfassenden) Messmittels dem Raum oder der Zeit zugeschrieben werden; welche Variante gewählt wird, hängt vom Einsatzzweck des Messmittels ab.

3 Neue Prüfmittel und Prüfverfahren am GIK

3.1 Ti4Calibs – zur Untersuchung des zeitreferenzierten raum-zeitlichen Verhaltens und zur Kalibrierung der Latenzzeit

Messmittel**untersuchungen** sind erforderlich, um geeignete Kalibrier- und Prüfverfahren für neuartige Messmittel oder Messmittel in neuen Applikationen zu entwickeln. Beispielsweise sind Robottachymeter lediglich für den Stop-and-Go-Betrieb konzipiert, weswegen auch ihre Eigenschaften bezüglich kinematischer Leistungsmerkmale nur unzureichend spezifiziert sind. Trotzdem lassen sie sich vorteilhaft für raum-zeitliche Messprozesse einsetzen, insbesondere dann, wenn die Latenzzeiten zwischen der Erfassung einzelner Messelemente vernachlässigbar sind oder wenn sie stabil und bekannt sind. Im Prinzip trifft dies für alle Messsysteme zu, die raum-zeitliche Daten erfassen. Deswegen wurde hierfür eine Untersuchungseinrichtung (**Ti4CalibS**, **Ti**me-referenced **4**D test and **Calib**ration **S**ystem) am GIK entwickelt [Depenthal, 2009], die eine Messunsicherheit kleiner $20\,\mu m$ aufweist (vgl Abb. 3-1).

Abb. 3-1: Ti4CalibS des GIK, mit Komponenten des iGPS (oberes Ende und Mitte des Dreharms) und CCR (unteres Ende, optional, für simultane Vergleichsmessungen mit dem Lasertracker)

Sie gestattete beispielsweise dem Hersteller des iGPS neben der Feststellung der raum-zeitlichen Leistungsfähigkeit und der zugehörigen raum-zeitlichen Offsets auch die Optimierung des hochpräzisen Messsystems [Depenthal, 2010]. Bei der Prüfung des Lasertrackers hinsichtlich der Latenzzeit sind die Systemgrenzen erreicht. In Abb. 3-2 ist ein Experiment zur Bestimmung der Latenzzeit des Vertikalwinkels eines Lasertrackers Leica AT901 dargestellt. Die rote Kurve in der unteren Graphik zeigt die erwartete Messunsicherheit (mit $k = 1$), mit der die Latenzzeit bestimmt werden kann. Die grau markierten Bereiche sind Kreisarmpositionen, an denen sich der Vertikalwinkel zu wenig ändert, um eine Latenzzeitbestimmung im Rahmen der generell gesuchten Genauigkeit (ca. $20\,\mu s$) zuzulassen, also der obere und untere Bereich des Kreises. (Dies bedeutet umgekehrt: Für Trajektorienabschnitte, die keine nennenswerte Vertikalkomponentenänderung aufweisen, erfolgt die Vertikalwinkeländerung **langsam**, und die Latenzzeit des Vertikalwinkels, bzw. ihre ggf. funktionale Abhängigkeit von anderen Parametern wird für diese Messbedingung nahezu bedeutungslos.) Der obere Teil der Graphik zeigt nun, dass sich die auftretende Latenzzeit kaum signifikant aus ihrem Unsicherheitsbereich, der überwiegend kleiner als $10\,\mu s$ ist, heraushebt. Bei näherer Betrachtung ist eine gewisse Feinstruktur im linken Teil der Graphik zu erahnen. Es wird deutlich, dass hier die Grenzen von Ti4CalibS liegen. Transformiert in den Raumbereich bedeutet dies eine Bestimmbarkeit der raum-zeitlichen Position mit einer Unsicherheit in der Größenordnung weniger Dutzend μm, also in der Größenordnung einer Haaresbreite, womit alle Unzulänglichkeiten des Prüflings und des Prüfmittels Ti4CalibS sowie der Umgebungseinflüsse eingeschlossen sind. Die Rückführung des Ti4CalibS ist prinzipiell nur für die Komponenten der Zeit- und Armrichtungserfassung notwendig. Die zu messenden Zeitunterschiede sind extrem klein (unterhalb $1\,s$), weswegen herkömmliche Zeitgeber mit wenig ambitiösen Genauigkeitsangaben bereits ausreichend sind und auf eine anspruchsvolle Rückführung verzichtet werden kann. Die Rückführung der Richtungserfassung wurde indirekt über geometrische Restriktionen realisiert (vgl. Abschnitt 3.5).

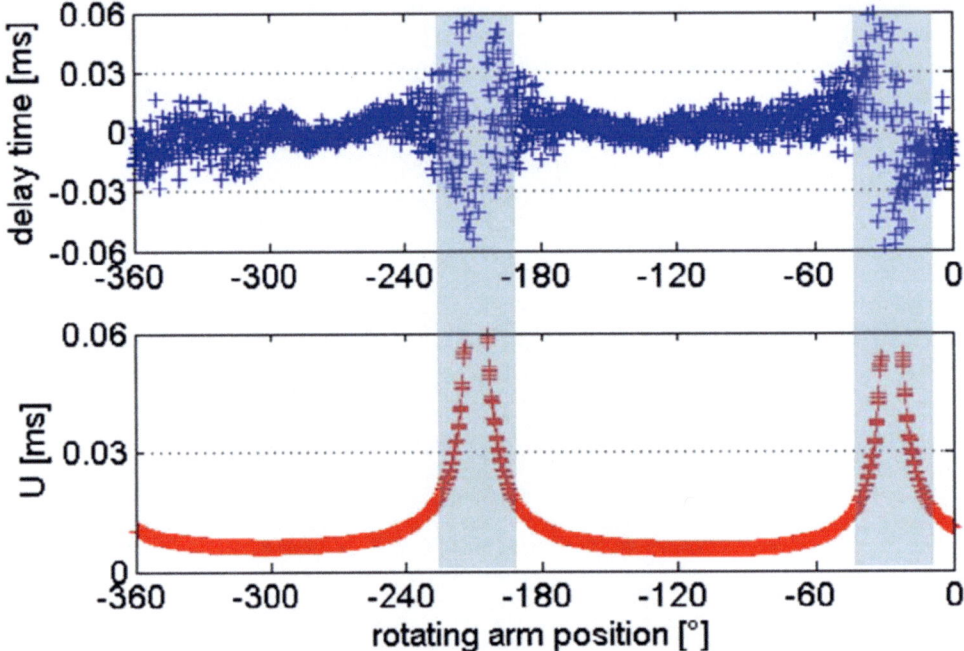

Abb. 3-2: Latenzzeit für Vertikalwinkel eines Lasertrackers AT901, Objektgeschwindigkeit $3.3\,m/s$, Winkelgeschwindigkeit des Kopfes bzw. des Kippspiegels: $2.7\,rad/s$

3.2 PHIL – zur Untersuchung des raum-zeitlichen Verhaltens

PHIL steht für **P**recise **HI**gh-speed **L**inear track, also für Präzisions-Hochgeschwindigkeits-Messbahn. Da PHIL auf die Prüfung von Messmitteln ausgelegt ist, die raum-zeitliche Zusammenhänge erfassen können, wird dem Paradigmenwechsel vom bisherigen statischen Prüfen eines EDM oder einer Nivellierlatte zum kinematischen Untersuchen gefolgt.

Diese Forderung führte zu einer vollständig neuen Konzeption. Lediglich die Führungsschienen der bestehenden Linearbahn (Länge 24 m, vgl. Abb. 3-3) und die interferometrische Rückführung (HP-Interferometer Typ Agilent 5519A in Kombination mit Agilent 10885A PC Axis Board) wurden in der ersten, jetzt realisierten Entwicklungsphase beibehalten. Die geforderten Verfahrgeschwindigkeiten von 9 m/s bei minimaler Beschleunigungsstrecke wurden durch ein neues Antriebs- und Kraftübertragungssystem gewährleistet. Dieses besteht aus einem doppelt geführten Zahnriemen, der an der Vorder- und Hinterkante eines gewichtsoptimierten Messschlittens angreift. Durch diese Art der Krafteinleitung wurde die Möglichkeit der optischen Ablotung sichergestellt, wodurch der Bezug zwischen interferometrischem Nullpunkt und Zentrierung des Prüflings hergestellt werden kann. Hierbei wird das Abbé'sche Komparatorprinzip streng eingehalten. Insgesamt kann so für die Bestimmung der Additionskorrektion eine Unsicherheit von 0.2 mm garantiert werden. Dieser Absolutbezug zur Prüflingsstehachse liefert in der jetzigen Ausführung den größten Beitrag zum Unsicherheitsbudget. Wohl deswegen wird der Stehachsbezug nur von sehr wenigen Kalibrierstellen realisiert. Die meteorologische Korrektion wird unter anderem über mehrere Temperatursensoren, die rückgeführt sind, abgeleitet und erreicht eine Unsicherheit von 0.1 ppm. Die Steuerung und die Messwerterfassung erfolgen vollautomatisch. Hierfür wurde am GIK das Softwarepaket **COMET-PRO** (**CO**ntrol and **ME**asuring **T**ool for **P**recise **R**apid **O**bject-tracking) entwickelt. Es unterstützt sowohl klassische Messabläufe mit statischer Messwerterfassung als auch kinematische Messabläufe. Für die raum-zeitliche synchronisierte Erfassung wird einer der Lasertracker des GIK verwendet, weil diese Systeme 12-fach höhere Objektbewegungen verkraften als das derzeit implementierte Interferometer. Die Rückführung des Interferometers als auch beider Lasertracker ist durch den Hersteller zertifiziert. An einem Verfahren der Maßstabsrückführung beider Referenzsysteme über Schwebungsfrequenzen wird derzeit gearbeitet. Aufgrund der hervorragenden Eigenschaften der Zahnriemen, ihrer Führung der Krafteinleitung und dem Antriebsencoder kann PHIL auch **ohne** übergeordnetes Distanzmessmittel mit hoher Genauigkeit betrieben werden. Dann werden Positionsunsicherheiten ($k = 1$) zwischen $60\,\mu m$ bei $0.25\,m/s$ und $300\,\mu m$ bei $3\,m/s$ erreicht, wobei durch Optimierung der Masse und der Aufbauten (Luftwiderstand!) die Unsicherheiten weiter vermindert werden können. Darüber hinaus ermöglicht PHIL das Studium des dynamischen Verhaltens von Fertigungsstrecken [Günther, 2009]. In weiteren Ausbauphasen werden die Optimierung der Führungsschienen sowie die zeitliche Referenzierung des Interferometers angestrebt. Ein leicht modifiziertes Layout dieser Konstruktion wurde bereits bei einem Instrumentenhersteller implementiert.

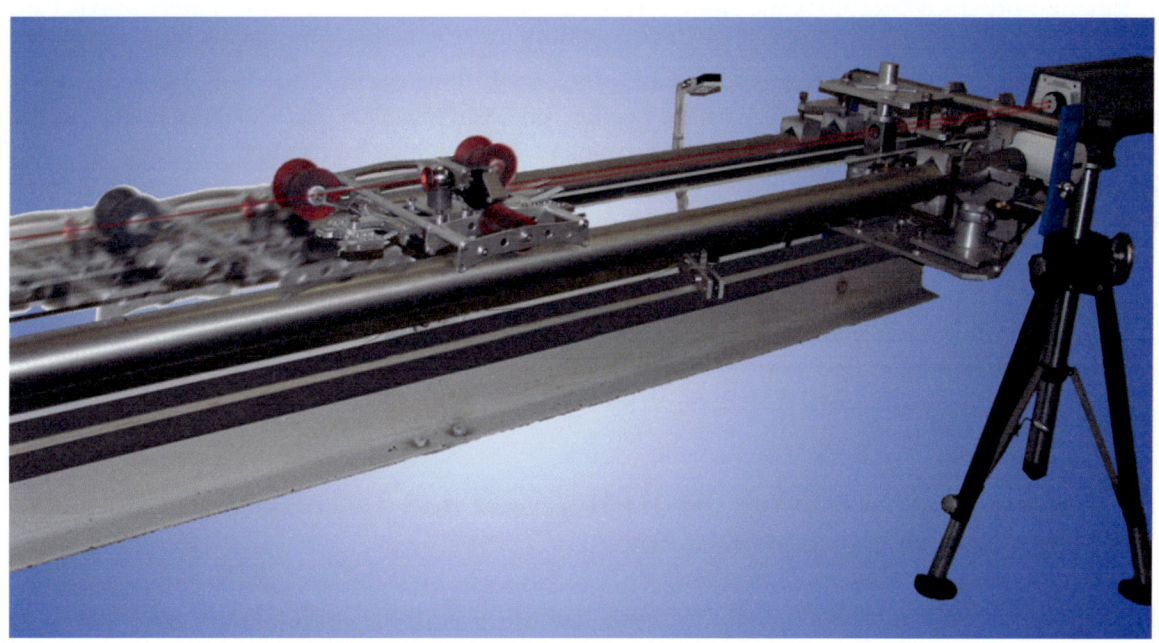

Abb. 3-3: Hochgeschwindigkeitsmessbahn, Betriebsmodus „kinematisch"

Eine Anwendung im statischen Bereich ist die Untersuchung der material-abhängigen Eindringtiefe bei reflektorloser Distanzmessung. Die Eindringtiefe gehört zu den limitierenden Faktoren, die sich im klassischen Anwendungsfall beispielsweise bei Messungen auf Styropor in unvertretbarer Größe bemerkbar macht (vgl. Abb. 3-4 und [Richter u. Juretzko, 2007]. Sie ist als systematischer Distanzmessfehler korrigierbar, sobald die entsprechenden Kalibrierfunktionen bestimmt sind. Dies ist empfehlenswert für viele moderne Baumaterialien, zu denen auch GFK und CFK zählen.

In Präzisionsanwendungen (Prüfung von Rotorblättern von Windkraftanlagen, Flugzeugmontage[1]) tauchen bei CFK-Materialien ähnliche Fragestellungen auf, die derzeit für das Laserradar am GIK untersucht werden. Hier liegt die Herausforderung in der Gestaltung von geeigneten Testkörpern, die die Verknüpfung von antastenden und berührungslosen Messprozessen im μm-Bereich ermöglichen [Naab, 2010; Hennes, 2007a].

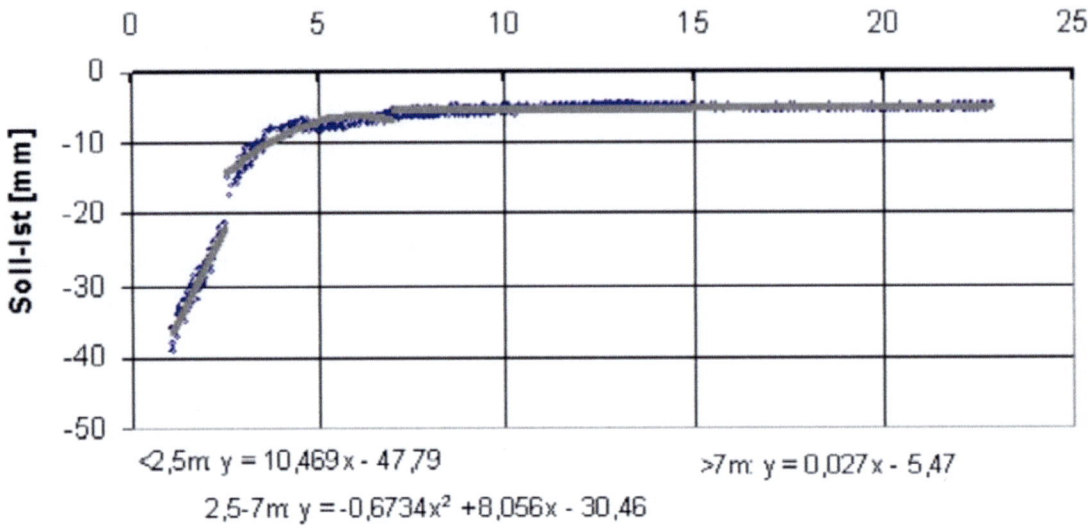

Abb. 3-4: Additionskorrektur reflektorlos auf Styropor

Ein Beispiel für die Untersuchung eines terrestrischen Laserscanners im kinematischen Betrieb (vgl. auch [Vennegeerts et al., 2010]) zeigt die Abbildung 3-5, in der die im Profilmodus auftretenden Abweichungen während einer Messfahrt über 15 m dargestellt sind. Bei Distanzen ab 10 m wird die Abweichung zur Referenzstrecke größer, und verhält sich periodisch mit der Modulationswellenlänge von etwa 0.7 m – analog zum bekannten „zyklischen Fehler" bei EDM. Dass die Ursache mit der bekannten Eigenschaft des optischen Übersprechens zusammenhängt, wird an der Verringerung des Effekts nach der Spiegelreinigung deutlich. Natürlich ist ein Übersprechen durch den Mixed-Pixel-Effekt gleichfalls nicht auszuschließen, wenn in den Nachbarbereichen des betrachteten Scan-Ausschnitts stark abweichende Reflexionseigenschaften herrschen. Dies zeigt sich dann auch in spiegeldrehzahl-abhängigen Amplituden des zyklischen Effekts. Hier wird außerdem deutlich, dass Prüfungen oder gar Rekalibrierungen in Abhängigkeit von Arbeitsbedingungen und Gebrauchszustand erforderlich sind.

3.3 Lasertracker – Nutzung als 4D-Referenz und Testobjekt für die Entwicklung von Präzisionsprüfprozessen

Das Labor des GIK verfügt über zwei Lasertracker der Firma Leica (LTD500 und AT901). Diese sind, im Gegensatz zu Lasertrackern anderer Hersteller von vorne herein triggerbar, was sie als Referenzinstrumente in raum-zeitlichen Untersuchungen und Kalibrierungen geringerer bis mittlerer Genauigkeit prädestiniert. Unter diesem Aspekt werden sie neben dem Einsatz in Verbindung mit PHIL bei der Kalibrierung von (kooperierenden) Robotern verwendet, wobei der synchronisierte Einsatz von zwei Lasertrackern in optimierter Konfiguration zu erheblichen Genauigkeitssteigerungen führen kann, weil die höhere Qualität der Distanzmessung (vgl. auch [Juretzko, 2007]) ausgenutzt werden kann (vgl. Beitrag C. Herrmann in diesem Band). Mit den beiden Lasertrackern konnte Ti4CalibS im statischen Betrieb ausreichend gut vermessen und

---

[1]50 % des Gewichts des Airbus A350 wird CFK sein

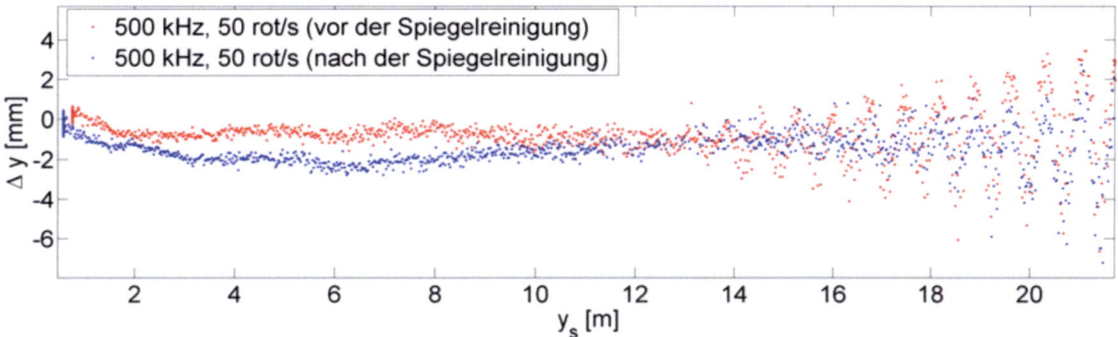

Abb. 3-5: Experiment zur Additionskorrektur am Beispiel eines Laserscanners im kinematischen Betrieb

geprüft werden sowie seine Leistungsfähigkeit in raum-zeitlichen Anwendungen umrissen werden (vgl. [Depenthal, 2009]). Weitere Untersuchungen zur Leistungsfähigkeit im raum-zeitlichen Modus werden in einem laufenden DFG-Projekt derzeit untersucht. Hinsichtlich der Rückführung der Lasertracker vgl. Abschnitt 3.2.

Bezüglich der statischen Kalibrierung wurden bisher die vom Hersteller vorgesehenen Verfahren verwendet, die – abgesehen vom Interferometer-Maßstab – weitgehend alle Parameter mit ausreichender Genauigkeit bestimmbar machen. Die Variabilität der Kalibrierparameter erwies sich im Rahmen der Spezifizierung als hinreichend stabil. Problematischen Konfigurationen gemäß Muralikrishanan et al. [2009] wird Beachtung geschenkt.

3.4 Reflektorprüfeinrichtung – Exzentrizitätsbestimmung

Für Lasertracker werden diverse Reflektortypen angeboten, nämlich Winkelspiegel (CCR), herkömmliche Prismen (TBR), CatEyes und n2-Reflektoren. Diese unterscheiden sich im maximalen Arbeitsbereich und in der Gewährleistung der Bedingungen, dass der einfallende Strahl parallel zum ausfallenden sein soll sowie unabhängig vom Einfallswinkel gleichlange (optische) Wege zurücklegt. Diese Reflektoren sind – mit Ausnahme des n2-Reflektors – in Kugelschalen aus Stahl gefasst. Für den n2-Reflektor ist eine solche Fassung nachträglich realisierbar: eine derartige Fassung wurde von der mechanischen Werkstatt designed, die nun dem Hersteller als konstruktive Lösung zur Verfügung steht und dort bezogen werden kann. Somit erhebt sich die Frage nach möglichen Additionskonstanten bzw. Exzentrizitäten dieser Reflektoren. Zu deren Untersuchung werden derweil Prüfvorrichtungen entwickelt und getestet.

3.5 Winkelprüfeinrichtung – halbautomatisierte Vollkreiskalibrierung

Die Kalibrierung von Winkelencodern erfolgt am GIK nicht durch Rückführung, sondern über geometrische Restriktion. Das übliche Rosettenverfahren wurde durch „eingehängte Messreihen" (vgl. [Depenthal, 2006]) weiterentwickelt und erlaubt nun mit einem 12-seitigen Spiegelpolygon auch Aussagen über kurzperiodische Richtungsfehler. Das Verfahren ist halbautomatisiert. In Abb. 3-6 rechts ist das Kalibrierergebnis für einen Drehtisch dargestellt. Dabei wird die Reduktion des über 40″ (ptp) betragenden Richtungsfehlers (dünne Linie) durch die mit dem Verfahren ermittelte Kalibrierfunktion (gestrichelt) auf etwa ein Zehntel der ursprünglichen Abweichung (dicke Linie) deutlich. Da sich das Verhalten des Drehtischs als stabil, d.h. reproduzierbar erwies, kann mit diesem Verfahren die Qualität von derartigen Drehtischen bzw. ihren Richtungsencodern erheblich gesteigert werden.

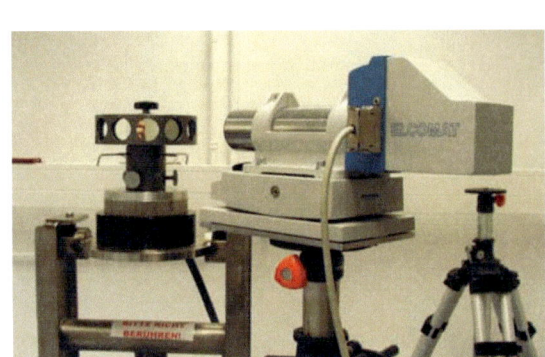
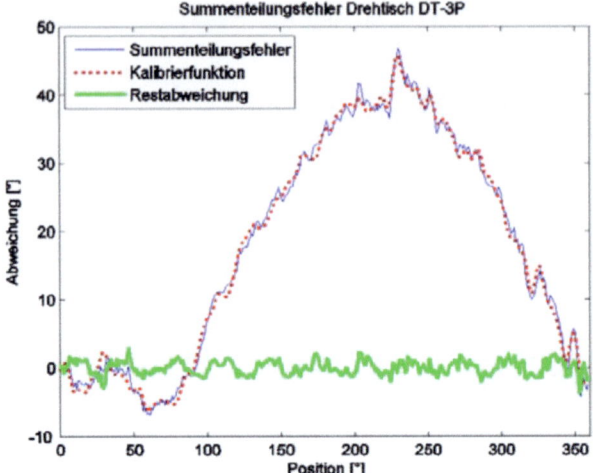

Abb. 3-6: Kalibrierung durch Rückführung auf Winkelsumme des Spiegelpolygons: links: Versuchsaufbau mit Spiegelpolygon am GIK, rechts: Kalibrierergebnis

3.6 Elektronischer Autokollimator – kleinskalige Präzisionsprüfung

Das Messlabor verfügt über einen elektronischen Kollimator des Typs Elcomat mit einer Messgenauigkeit[2] von ±0.25″ über 1000″. Dieser wird beispielsweise verwendet, um Interpolationsfehler bei Richtungsmesssystemen zu prüfen. Diese können laut Herstelleraussagen heute durchaus die langperiodischen Richtungsfehler übertreffen. Der Kollimator wird, neben dem klassischen visuellen Leitzkollimator, auch in den Übungen der Geodätischen Messtechnik und Sensorik eingesetzt. Die Beschaffung des Kollimators geschah unter strengen Kriterien, wobei das Alternativmodell, das im Hinblick auf kinematische Anwendungen durch die erheblich höhere Datenrate bestach, nicht die Spezifikationskonformitätstests bestand (vgl. Abb. 3-7).

Für den elektronischen Autokollimator Theta Scan T40 der Firma Micro-Radian findet man folgende Angabe auf der Internetseite eines Vertriebspartners: „The ThetaScan T40 dual-axis digital autocollimator resolves to 0.1 arc sec over a range of ±1°."[3] Dies bedeutet lediglich, dass der kleinste angezeigte Messschritt 0.1″ beträgt und sagt noch nichts über die Messunsicherheit aus. Im Prüfzertifikat des Herstellers wird eine Winkelmessgenauigkeit von 7.2″ über einen Messbereich von 3600″ für einen (Standard-)Arbeitsabstand von 300 mm angegeben, in den Spezifikationen des untersuchten Exemplars wurde diese Genauigkeit sogar für Arbeitsabstände bis zu 1 m garantiert. Tatsächlich zeigt sich jedoch am Rand des Messbereichs bereits für den Standardarbeitsabstand ein deutliches Überschreiten der Spezifikation (vgl. Abb. 3-7), das für größere Arbeitsabstände noch weiter zunimmt. Der Hersteller verweist bezüglich dieser Diskrepanz auf das Prüfverfahren des NIST (National Institute of Standards, USA), bei dem nur ein einzelner (vergleichsweise kleiner) Referenzwinkel an wenigen ausgesuchten Positionen des Messbereichs überprüft wird. Für diese Positionen würde die Toleranz nicht überschritten. Somit kann der Nutzer die erreichbare Messqualität nur vollständig bewerten, wenn er auch den Kalibrierprozess kritisch prüft. In diesem Fall führt das Aneinanderketten von kleinen Prüfwinkeln (nach NIST) zur

---

[2]Aus dem Kontext der Spezifikation ist Winkelmessgenauigkeit ($1\,\sigma$) gemeint

[3]http://www.optoiq.com/index/photonics-technologies-applications/lfw-display/lfw-article-display/38867/articles/laser-focus-world/volume-35/issue-9/products/optolink-offers-information-faster.html; Abruf: 23.02.2010

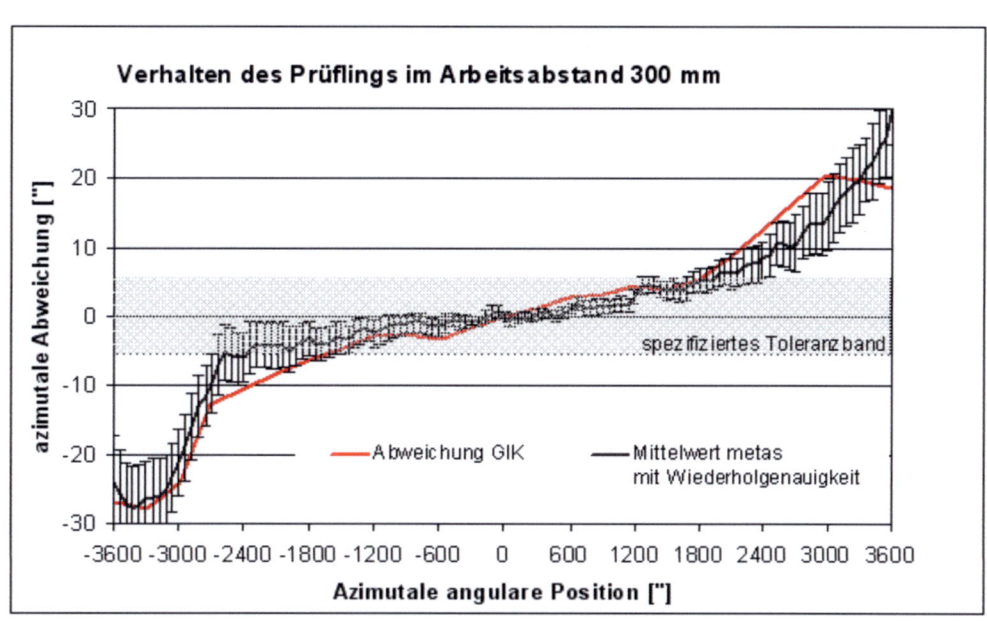

Abb. 3-7: Überschreiten der spezifizierten Messunsicherheit, ermittelt durch Prüfungen am GIK (rot) und durch die metas (Nationales Metrologieinstitut der Schweiz, schwarz mit Angabe der Wiederholgenauigkeit)

Unaufdeckbarkeit von systematisch wirkenden Abweichungen, während das am GIK verwendete Verfahren diesen Mangel nicht aufweist.

3.7 Ballbar – Prüfmittel zur Kalibrierung von Lasertrackern

Die Justierbedingungen von Lasertrackern umfassen mehr Parameter als die klassische Tachymeterjustierung, weil nun auch die Strahllage und -führung (von Interferometer und IFM) mit berücksichtigt werden muss. Größenordnungsmäßig sind knapp 20 Parameter (je nach Bauart) festzustellen. Hierbei werden einerseits übliche Verfahren wie Messung in zwei Lagen verwendet, aber teilweise auch spezielle Testvorrichtungen. Hierzu zählt die so genannte Ballbar, ein rotierender Arm, der den Reflektor auf einem Kreis mit einem Durchmesser von etwa 1 m führt. Hierbei ist die Einhaltung des Durchmessers von untergeordneter Bedeutung, während die Rundheit und Planarität unmittelbar auf die Kalibrierqualität wirken, womit hier höchste Genauigkeitsforderungen einzuhalten sind. Am GIK wurde eine solche Ballbar neu konzipiert und gefertigt, die der Original-Ballbar von Leica qualitativ überlegen ist (vgl. Abb. 3-8). Sie liefert eine radiale Abweichung besser als $2.2\,\mu m$ und eine planare Abweichung besser als $1\,\mu m$. Da diese Ergebnisse mit dem Lasertracker erzielt wurden, sind dessen Unsicherheitsbeiträge ebenfalls enthalten. Die Messungen an der Achse selbst mit einem Messtaster lieferten

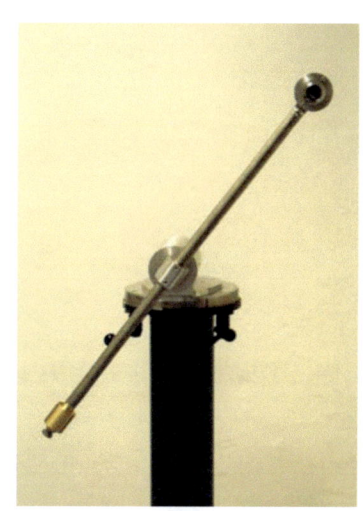

Abb. 3-8: GIK-Eigenkonstruktion der Ballbar

für die Lagerung eine Genauigkeit besser als $1\,\mu m$. Gefordert sind $5\,\mu m$ (radiale Abweichung) bzw. $10\,\mu m$ (planare Abweichung).

3.8 Tetronom CFK-Stab – Maßverkörperung und Antastgenauigkeit

Für die Überprüfung von Messgeräten sieht die VDI/VDE [2002] den Einsatz von Maßverkörperungen vor. Anders als bei einer Basislatte sind diese Maßverkörperungen darauf optimiert, die „Kooperation" mit den aktuellen Messsystemen in optimaler Weise zu gewährleisten und sind anstelle eines Strichkreuzes mit einer Kugel bzw. Kugelaufnahme ausgestattet. Die Kugel besteht aus Keramik, deren Oberfläche sowohl das optische Anmessen mit einem Laserradar (oder einem klassischen terrestrischen Laserscanner) gewährleistet, oder aus Edelstahl. Beide ermöglichen auch das taktile Antasten mit einem Lasertracker. So sind Antastgenauigkeiten bestimmbar und Längen überprüfbar. Die Kugelaufnahme erlaubt die Aufnahme eines CCRs und damit die Längenprüfung eines Lasertrackers. Das Tetronom des GIK (vgl Abb. 3-9) besitzt eine Länge von 1000 mm mit einer Längenunsicherheit ($k = 2$) von $1.8\,\mu m$ bezogen auf Kugelmittelpunkt, die Kugeln selbst eine Unsicherheit ($k = 2$) im Durchmesser von etwa $0.2\,\mu m$ und in der Rundheit von $0.1\,\mu m$. Der Stab besteht aus CFK mit einem Ausdehnungskoeffizienten von $-0.2\,ppm/K$ (also deutlich geringer als das typischerweise in Basislatten verwendete Invar) mit patentierten, selbstkompensierenden Köpfen. Diese Maßverkörperung gestattet auch eine unkomplizierte Prüfung beider Winkelmesseinrichtungen von Lasertrackern und über die Anmessung der Kugeln auch von Laserscannern (incl. Laserradar) und iGPS.

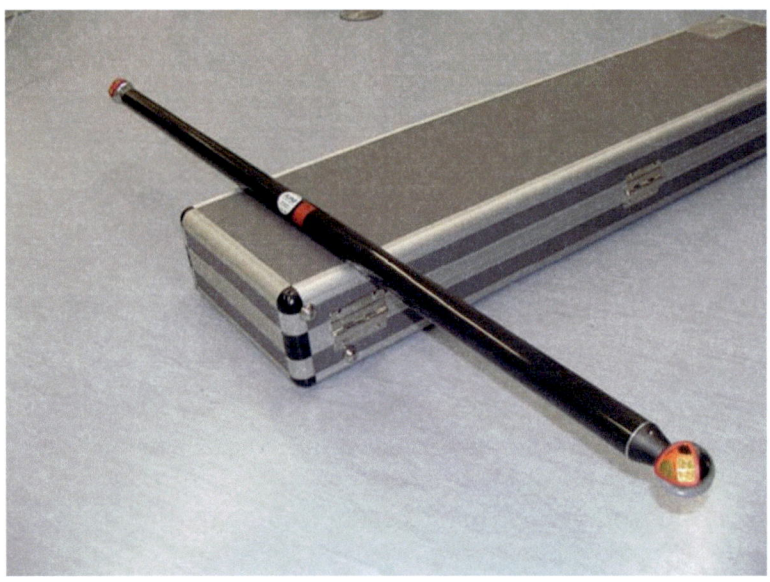

Abb. 3-9: Tetronom mit CCR

3.9 Testnetz – Ableitung der Performance

Im IB-Labor wurde ein Testnetz angelegt, um bei Globalprüfungen von Lasertrackern und Tachymetern die verwendeten Prüflings- und Zielpositionen weitgehend vergleichbar zu halten. Es ist nicht mit übergeordneter Genauigkeit bestimmt, weil Gebäudebewegungen nicht auszuschließen sind. Aus der Netzausgleichung kann aber für jeden Prüfling die Winkel- und Streckenmessgenauigkeit abgeleitet werden. Hierzu werden derzeit entsprechende Datensätze mit teilweise leihweise zur Verfügung stehenden Systemen gesammelt. Die Abbildung 3-10 zeigt ein Netzbild (Netzausdehnung etwa 23 m). Aus räumlichen und Stabilitätsgründen wurde von der Anlage einer ASME B89.4.19-konformen (vgl. [ASME, 2005]) Testanordnung bisher abgesehen.

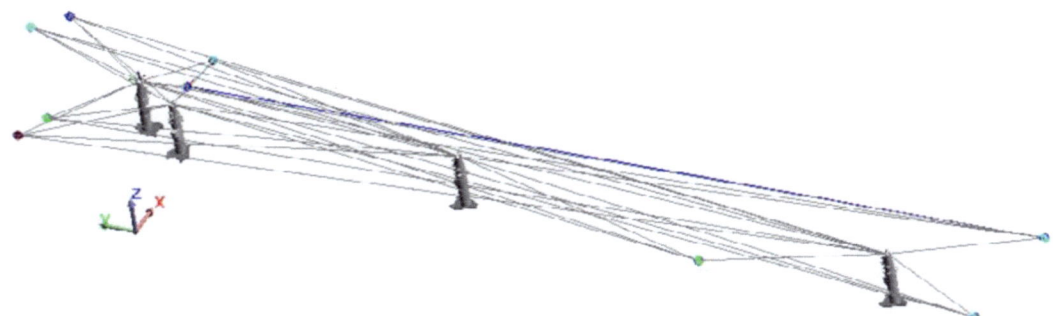

Abb. 3-10: Netzbild des Prüfnetzes. Punkte werden von der Software „Spatial Analyzer" nach dem Zufallsprinzip farbig markiert. Die gestreckte Netzanordnung ist durch räumliche Restriktionen bedingt.

4 Fazit und Ausblick

Mit den neuen Kalibriereinrichtungen wird dem Paradigmenwechsel hin zu geforderter Rückführung und kinematischer Vermessung gefolgt. Hinsichtlich der flächenhaften Vermessungen sind die Anstrengungen bisher gering gehalten worden, weil sich eine gewisse Schwerpunktbildung an den Kalibrierinstitutionen als sinnvoll erweist. Trotz allem ist auch eine gewisse Redundanz erforderlich, nämlich dann, wenn Ringversuche zur Qualitätssicherung beitragen. Solche Ringversuche sind bei der Einrichtung der neuen Distanz-Vergleichsstrecke der Universität der Bundeswehr vorgesehen, woran sich das GIK mit beiden Lasertrackern und seinem mobilen Temperaturmesssystem beteiligen wird. Im Rahmen von vielen anderen Qualitätssicherungsmaßnahmen (vgl. z.B. [Hennes, 2010] und andere Beiträge in diesem Tagungsband) bleibt die Messmitteluntersuchung und -kalibrierung ein zentrales Thema und damit auch Aufgabengebiet von Hochschulinstitutionen.

Literatur

[VIM] *Internationales Wörterbuch der Metrologie.* 2. Auflage. Deutsches Institut für Normung. – ISBN: 3-410-13086-1

[DIN a] DIN EN ISO 14253-1: *Geometrische Produktspezifikation (GPS). Prüfung von Werkstücken und Messgräten durch Messen. Teil 1: Entscheidungsregeln für die Feststellung von Übereinstimmung oder Nichtübereinstimmung mit Spezifikationen.* Beuth-Verlag, Berlin, 1999,

[DIN b] DIN V ENV 13005: *Leitfaden zur Angabe der Unsicherheit beim Messen.* ENV 13005. Beuth-Verlag, Berlin, 1999,

[ISO] ISO 17123: *Optics and optical instruments – Field procedures for testing geodetic and surveying instruments.* International Organizaton for Standardization, Switzerland, ab 2001,

[ASME 2005] ASME: B89.4.19: *Performance Evaluation of Laser Based Spherical Coordinate Measuring Systems.* American Society of Mechanical Engineers, New York, 2005

[Depenthal 2006] DEPENTHAL, C.: Automatisierte Kalibrierung von Richtungsmesssystemen in rotativen Direktantrieben. In: *Allgemeine Vermessungsnachrichten (AVN)* Heft 8/9 (2006), S. 305–309

[Depenthal 2009] DEPENTHAL, C.: Quaternion-Based Delay Time Determination for Kinematic Optical Measuring Systems. In: *IEEE Proceedings Eurocon 2009.* Saint Petersburg, Russia, 2009, S. 1139–1144

[Depenthal 2010] DEPENTHAL, C.: *iGPS used as kinematic measuring system, FIG 2010.* Version: 2010. `http://www.gik.uni-karlsruhe.de/fileadmin/mitarbeiter/depenthal/ iGPS_FIG2010_Depenthal.pdf`, Abruf: 06.08.2010

[Günther 2009] GÜNTHER, A.: *Eigenschaften der Linearmessbahn im kinematischen Betrieb.* 2009. – Diplomarbeit, GIK, unveröffentlicht

[Hennes 2007a] HENNES, M.: Flächenerfassung mit Lasertrackern als Alternative zu scannenden Verfahren. In: *3. Dresdener Ingenieurgeodäsietag, Berufliche Weiterbildung (BWB) Industriemesstechnik* TU Dresden, Geodätisches Institut, 2007, S. 59–65

[Hennes 2007b] HENNES, M.: Konkurrierende Genauigkeitsmaße – Potential und Schwächen aus der Sicht des Anwenders. In: *Allgemeine Vermessungsnachrichten (AVN)* (2007), S. 136–146

[Hennes 2010] HENNES, M.: Ausgewählte Inititiaven zur Qualitätssicherung in der Messtechnik. In: *Qualitätsmanagement geodätischer Mess- und Auswerteverfahren, 93. DVW-Seminar* Bd. 61. Hannover, Juni 2010, S. 239–252

[Hennes u. Heister 2007] HENNES, M. ; HEISTER, H.: Neuere Aspekte zur Definition und zum Gebrauch von Genauigkeitsmaßen in der Ingenieurgeodäsie. In: *Allgemeine Vermessungsnachrichten (AVN)* (2007), S. 375–383

[Hennes u. Ingensand 2000] HENNES, M. ; INGENSAND, H.: Komponentenkalibrierung versus Systemkalibrierung. In: SCHNÄDELBACH, K. (Hrsg.) ; SCHILCHER, M. (Hrsg.): *Ingenieurvermessung 2000 : XIII. International Course on Engineering Surveying.* München : Wittwer Verlag, Stuttgart, 2000, S. 166–177

[Juretzko 2007] JURETZKO, M.: Untersuchungen zur Wiederholgenauigkeit eines geregelten Winkelmesssystems am Beispiel eines Lasertrackers LTD 500. In: BRUNNER, F. K. (Hrsg.): *Ingenieurvermessung 07: Beiträge zum 15. Internationalen Ingenieurvermessungskurs.* Graz : Herbert Wichmann Verlag, Heidelberg, 2007, S. 181–186

[Muralikrishanan et al. 2009] MURALIKRISHANAN, D. ; BLACKBURN, S. ; BLOCKARDT, B. ; ESTLER, W.: Performance Evaluation Tests and Geometric Misalignments in Laser Tracker. In: *Journal of Research of the National Bureau of Standards* Technology 114 (2009), S. 21–335

[Naab 2010] NAAB, C.: *Eigenschaften des Laser Radars.* 2010. – Diplomarbeit, GIK, unveröffentlicht

[Richter u. Juretzko 2007] RICHTER, E. ; JURETZKO, M.: Das Messverhalten des reflektorlosen Distanzmessmoduls R300 der Leica TPS1200-Serie an Kanten. In: *Allgemeine Vermessungsnachrichten (AVN)* 6 (2007)

[VDI/VDE 2002] VDI/VDE: 2634: *Blatt 1: Optische 3D-Messsysteme. Bildgebende Systeme mit punktförmiger Antastung, Blatt 2: Optische 3D-Messsysteme. Bildgebende Systeme mit flächenhafter Antastung.* `www.beuth.de`, 2002

[Vennegeerts et al. 2010] VENNEGEERTS, H. ; RICHTER, E. ; PAFFENHOLZ, J.-A. ; KUTTERER, H.-J. ; HENNES, M.: Genauigkeitsuntersuchungen zum kinematischen Einsatz terrestrischer Laserscanner. In: *Allgemeine Vermessungsnachrichten (AVN)* (2010), S. 140–147

Anschrift der Autorin:

Prof. Dr.-Ing. Maria Hennes   Karlsruher Institut für Technologie (KIT)
Geodätisches Institut (GIK)
Englerstraße 7, 76131 Karlsruhe
maria.hennes@kit.edu

Positionierung und Synchronisation von kooperierenden Robotern

Christoph Herrmann, Maria Hennes, Manfred Juretzko,
Markus Schneider und Christian Munzinger

1 Zielstellung

Im Rahmen des „Sonderforschungsbereich Transregio 10" entsteht eine Prozesskette zur flexiblen Produktion und Verarbeitung von stranggepressten Aluminiumprofilen. Das Projekt ist eine Zusammenarbeit des wbk – Institut für Produktionstechnik des Karlsruher Instituts für Technologie (KIT), der Universität München und der Universität Dortmund. In dieser Prozesskette kommen Industrieroboter für die vollautomatische Handhabung der Profile zum Einsatz. Aufgrund hoher Qualitäts und Genauigkeitsforderungen an die Produkte des Prozesses ist es notwendig, die Roboter exakt an den Profilen auszurichten. Um diese Aufgabe zu erfüllen müssen die Tool Center Points (TCP), also die Bezugspunkte der Roboterwerkzeuge, exakt bekannt sein. Es wird eine Methode vorgestellt, die mit der Bestimmung von sechs Freiheitsgraden (6 DOF) die TCP erfasst. Neben den hohen Anforderungen an die Positionierung gilt es überdies die Synchronität der Roboter zur überprüfen.

2 Messgeräte

Für die Vermessung nutzte das Geodätische Institut (GIK) des Karlsruher Instituts für Technologie zwei Lasertracker von Leica: den LTD500 und den Absolute Tracker AT901 in Kombination mit der 6DOF (6 Degrees of Freedom) Ausrüstung T-Cam und T-Probe (Abb. 2-1 und 2-2). Die T-Probe bestimmt sowohl die Position als auch die Orientierung eines Objektes, an dem sie befestigt ist. Die T-Probe enthält dabei einen Corner Cube Reflektor (CCR) und zehn Infrarotdioden. Der Lasertracker bestimmt die Position der T-Probe über den CCR auf konventionelle Weise. Die Kamera, die sich auf dem AT901 befindet, macht Bilder von den IR Dioden der T-Probe. Photogrammetrische Routinen analysieren die räumliche Verteilung der Dioden und bestimmen die drei Orientierungswinkel der T-Probe. In Abhängigkeit der Vermessungsaufgabe kann die T-Probe mit verschiedenen Tastern für die Bestimmung von Punkten auf der Objektoberfläche ausgerüstet werden.

Abb. 2-1: AT901 mit T-Cam

Das GIK verwendete die T-Probe anstelle des speziell für diesen Einsatz von Leica entwickelten T-Mac, um die Position des Roboterwerkzeugs zu bestimmen. Abschnitt 3.1 stellt das Verfahren näher vor. Die Bestimmung der Synchronisation zwischen den Robotern war mit der T-Probe nicht möglich, weil nur ein 6DOF Equipment zur Verfügung stand. Die Roboter wurden anstelle der T-Probe mit Cateye Reflektoren ausgerüstet. Diese Reflektoren weisen einen größeren Öffnungswinkel als die CCR auf und gewährleisten damit, dass der Messstrahl während der Messung nicht abreißt. Magnetische Reflektorhalterungen trugen die Cateyes und waren mit Heißkleber an den Roboterwerkzeugen befestigt (Abb. 2-3). Das Verfahren wird in Abschnitt 3.2 näher erläutert.

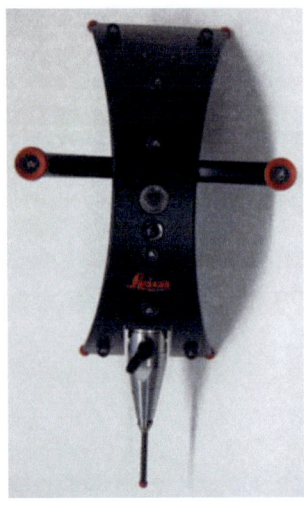

Abb. 2-2: T-Probe

Abb. 2-3: Cateye Reflektor

3 Messungen und Ergebnisse

Das Koordinatensystem in dem alle Messungen statt fanden ist über die Strangpresse definiert. Dabei stellt die Pressenfront (Abb. 3-1) die X-Z-Ebene dar. Mehrere, weiträumig um die Presse verteilte Magnetnester für die 1.5 Zoll Corner Cube Reflektoren (Abb. 3-2) dienten als Realisierung des Systems bzw. fester Bezug für alle weiteren Messungen. Sie bieten darüber hinaus die Möglichkeit die Daten der verschiedenen Lasertracker bzw. von verschiedenen Standpunkten in ein gemeinsames System zu transformieren.

Abb. 3-1: Pressenfront

Abb. 3-2: 1.5 Zoll CCR

3.1 Positionierung

Das Ziel war es, die Roboterwerkzeuge exakt am Zentrum des gepressten Aluminiumstrangs auszurichten. Dazu war es notwendig, den TCP des Werkzeugs zu bestimmen. Jedoch war es nicht möglich den TCP direkt physisch mit taktilen oder reflektorlosen Messmethoden zu erfassen. Mit der T-Probe wurde die Aufgabe trotzdem erfüllt.

Dazu wurde die T-Probe am Roboterwerkzeug befestigt und eine Kalibrierroutine bestimmte die Spitze des Tasters. Diese Kalibrierroutine ist im Tracker Programmier- und Steuerinterface emScon von Leica integriert und dient normalerweise zur Kalibrierung der verschiedenen Taster, mit denen die T-Probe ausgerüstet werden kann. Die Kalibrierung bestimmt die Koordinaten der Tasterspitze über eine Zahl unterschiedlicher Bewegungen der T-Probe. Dabei bleibt die Tasterspitze immer auf derselben Position. Die zugrunde liegende Idee war, den TCP als Bezugspunkt der T-Probe zu definieren. Folglich bewegte sich der mit der T-Probe ausgerüstete Roboter um sein TCP. Das Ergebnis dieser Prozedur war eine „virtuelle" Definition der Tasterspitze mit einer Genauigkeit von etwa 0.2 mm (vgl. Absolutgenauigkeit der Roboter etwa ein bis zwei Millimeter). Jede weitere Messung auf die T-Probe bezog sich nun auf den TCP des Roboters. Damit konnte der Roboter bzw. sein Werkzeug exakt am Zentrum des Aluminiumprofils ausgerichtet werden. Das Zentrum des Aluminiumstranges wurde über die Messung eines Zylinders entlang des Profils und Berechnung dessen Achse bestimmt.

3.2 Synchronisation

Um die Synchronisation der Roboter untereinander zu überprüfen, fanden getriggerte Messungen auf beide Roboter zur selben Zeit statt. Dabei bewegten sich die Roboter auf einer 500 Millimeter langen, geraden Bahn parallel zur Y-Achse des definierten Koordinatensystems. Abbildung 3-3 stellt den Messaufbau mit den beiden Roboterwerkzeugen R1 und R2 dar. Ein Messzyklus umfasste dabei die „Fahrt" der Roboter von Null auf 500 Millimeter, kurze Pause an diesem Umkehrpunkt und anschließender „Fahrt" zurück auf Null. Die Versuche umfassten drei dieser Messzyklen.

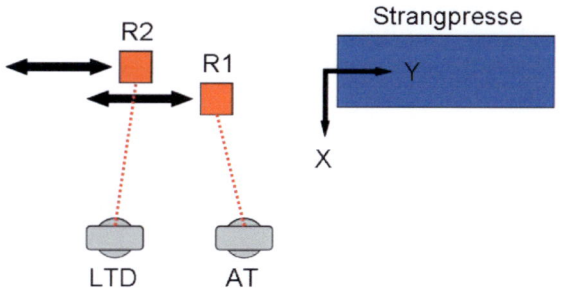

Abb. 3-3: Versuchsaufbau

Die Robotersteuerung stellte ein 500 Hz Triggersignal bereit, um die volle Synchronisation zwischen den Trackern zu gewährleisten. Der Trigger sorgte dafür, dass die Tracker die Messungen zum selben Zeitpunkt starteten. Um sicherzugehen, dass etwaige Zeitdifferenzen zwischen den Robotern nicht aus der Messung kommen, wurden die Effekte einer Uhrdrift in [Juretzko, 2008] untersucht. Diese Experimente zeigten ein Driftverhalten. Solange die Messungen jedoch über den Trigger gesteuert sind, d. h. jeder einzelne Takt eine Messung auslöst, hat die Drift keine signifikante Auswirkung.

Die Sollwerte für die Roboterbahnen wurden der Robotersteuerung als Liste mit den räumlichen Positionen, die die Roboter anfahren sollen, übergeben. Die Koordinaten beziehen sich auf das Roboterkoordinatensystem. Die X- und Z-Koordinaten aller darin enthaltenen Punkte hatten den Wert Null. Der zeitliche Abstand der Listenwerte beträgt 4 ms. Die Robotersteuerung stellt den Robotern alle 12 ms eine neue Sollposition aus dieser Liste bereit. Um einen zeitlichen Versatz zwischen den Robotern festzustellen musste die Messfrequenz mindestens 250 Hz betragen. Mit der oben erwähnten Frequenz von 500 Hz wurde dieses Kriterium erfüllt. Die zeitliche Auflösung lag damit also bei 2 ms. Der Vergleich der gemessenen mit den Sollbahnen gelang über das Ausdünnen der gemessenen Daten.

Die Synchronisation zwischen den Robotern ist von größter Wichtigkeit. Folglich muss ein zeitlicher Versatz zwischen den Robotern exakt bestimmt werden. Eine Kreuzkorrelation der gemessenen Bahnen beider Roboter eines Zyklus trifft die Aussage über den zeitlichen Versatz. Aufgrund der geringen Abweichungen der Roboter von der Sollbahn rechtwinklig zur Hauptbewegungsrichtung (vgl. Abb. 3-6) wurden nur die Y-Koordinaten der Bahnen für die Kreuzkorrelation herangezogen. Abbildung 3-4 stellt die Kreuzkorrelationsfunktion in Abhängigkeit des Verschiebeparameters τ dar (siehe dazu (3-1)). Die Position des Maximums der Funktion ergibt den zeitlichen Versatz zwischen den Robotern. Die Auswertung der Kreuzkorrelation liefert einen zeitlichen Versatz von 3 Takten ($\widehat{=}$ 6 ms). Diese Methode erlaubt es, den zeitlichen Versatz mit der Auflösung der Messfrequenz zu bestimmen.

$$R(\tau) = \int\limits_{-\infty}^{\infty} Y_1(t)Y_2(t+\tau)dt \tag{3-1}$$

mit

R	Kreuzkorrelationskoeffizient
τ	zeitliche Verschiebung
$Y_1(t),\ Y_2(t)$	gemessene Bahnen der Roboter R1 und R2

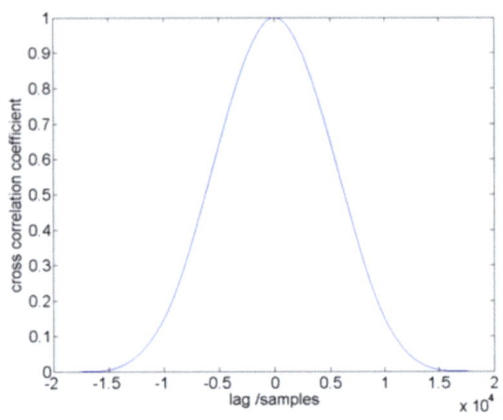

Abb. 3-4: Kreuzkorrelationsfunktion

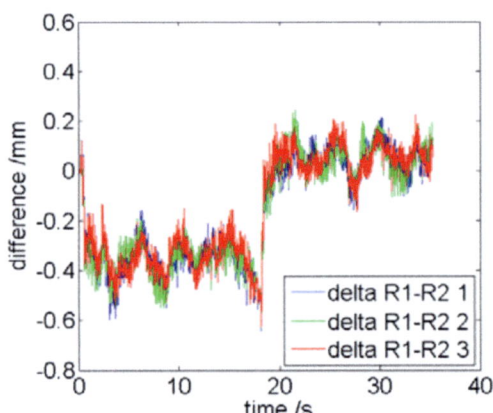

Abb. 3-5: Differenz der gemessenen Bahnen für die Messzyklen 1, 2 und 3

Das Ergebnis des direkten Vergleichs zwischen den gemessenen Bahnen der Roboter R1 und R2 ist in Abbildung 3-5 dargestellt. Es wurden die Differenzen der Bahnen von R1 und R2 je Zyklus berechnet. Die Abbildung zeigt die bekannt hohe Wiederholgenauigkeit der Roboter. Die gefahrenen Bahnen der Zyklen 1, 2 und 3 liegen maximal 0.1 mm auseinander. Die Abbildung macht überdies deutlich, dass die Roboter zur selben Zeit, im Rahmen ihrer Verfahrgenauigkeit, dieselbe Position haben und ähnlich schnell beschleunigen bzw. bremsen. Aus dem Diagramm wird der oben bestimmte Zeitunterschied ersichtlich. Der Roboter R2 läuft dem Roboter R1 nach. Dies macht der Vorzeichenwechsel nach dem Umkehrpunkt der Bahn (bei etwa 18 s) deutlich.

Obwohl ein Triggersignal die Messungen aktiviert hat, konnte der Zeitpunkt des Messbeginns der Tracker nicht eindeutig aus der Robotersteuerung ermittelt werden. Aus Gründen der Datenaufzeichnung entstand ein zeitlicher Offset zwischen Beginn der Messung und Beginn der Roboterbahn in der Robotersteuerung. Um die gemessenen Bahnen mit den Sollbahnen vergleichen zu können wurde erneut das Prinzip der Kreuzkorrelation angewendet. Jede einzelne gemessene Roboterbahn wurde mit der Sollbahn korreliert, um den zeitlichen Versatz zu bestimmen. Der

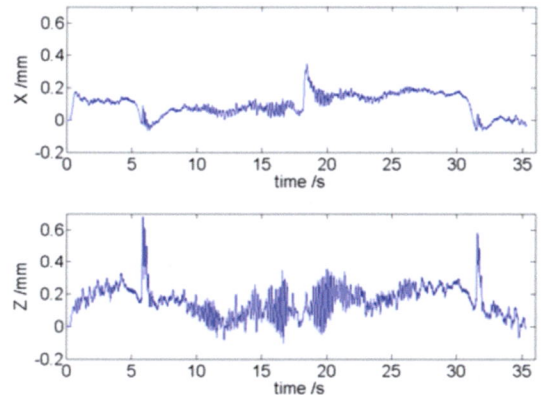 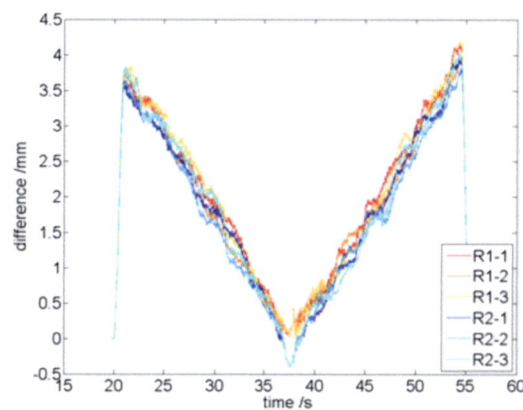

Abb. 3-6: Abweichung in X und Z von der Sollbahn

Abb. 3-7: Abweichungen in Y von der Sollbahn

Vergleich (Differenz) der gemessenen Bahnen mit der Sollbahn ist in den Abbildungen 3-6 und 3-7 dargestellt.

Abbildung 3-6 zeigt die Abweichungen von der Sollbahn quer zur Bewegungsrichtung. Die maximale Abweichung beträgt 0.65 mm in Z bei Roboter 1. Die Standardabweichungen der Differenzen zur Sollbahn sind für Roboter 1 0.09 mm in Z und 0.07 mm in X und für Roboter 2 0.08 mm in Z und 0.03 mm in X. Damit liegen sie unterhalb der vom Hersteller angegebenen Wiederholgenauigkeit von ±0.12 mm.

Abbildung 3-7 zeigt den Vergleich (die Differenzen) der gemessenen Roboterbahnen mit der Sollbahn in Y-Richtung. Hier sind eindeutig sehr große Abweichungen von bis zu 4 mm zu erkennen. Die Gründe für diese großen Abweichungen sind Schleppfehler und Reaktionszeiten. Das Problem der Schleppfehler ist hinlänglich bekannt, kann aber nicht komplett beseitigt werden. Solange die Roboter jedoch dieselben Schleppfehler aufweisen, hat dies keinen Effekt auf deren Synchronität.

4   Zusammenfassung

Die hier vorgestellten Experimente haben gezeigt, wie mit der T-Probe auf einfache Weise der TCP eines Roboter bestimmt und damit der Roboter, respektive das Roboterwerkzeug, an einer Produktionslinie ausgerichtet werden kann. Mit der T-Probe ist es darüber hinaus möglich, die Orientierungsparameter des Werkzeugs abzuleiten.

Des Weiteren wurde gezeigt, dass Lasertracker über ein Triggersignal gesteuert werden können. Sie sind damit bestens für die Vermessung raumzeitlicher Bewegungen geeignet. Das vorgestellte Verfahren erlaubt die Synchronität kooperierender Roboter zu überprüfen und damit Potential für die Verbesserung des Produktionsprozesses aufzuzeigen.

Literatur

[Juretzko 2008] JURETZKO, M.: Überwachung der raumzeitlichen Bewegung eines Fertigungsroboters mit Hilfe eines Lasertrackers. In: *Allgemeine Vermessungsnachrichten (AVN)* Heft 5 (2008), S. 171–178

Anschrift der Autoren:

Dipl.-Ing. (FH) Christoph Herrmann	Karlsruher Institut für Technologie (KIT) Geodätisches Institut (GIK) Englerstraße 7, 76131 Karlsruhe christoph.herrmann@kit.edu
Prof. Dr.-Ing. Maria Hennes	Karlsruher Institut für Technologie (KIT) Geodätisches Institut (GIK) Englerstraße 7, 76131 Karlsruhe maria.hennes@kit.edu
Dr.-Ing. Manfred Juretzko	Karlsruher Institut für Technologie (KIT) Geodätisches Institut (GIK) Englerstraße 7, 76131 Karlsruhe manfred.juretzko@kit.edu
Dipl.-Ing. Markus Schneider	Karlsruher Institut für Technologie (KIT) wbk Institut für Produktionstechnik Kaiserstraße 12, 76131 Karlsruhe schneider@wbk.uni-karlsruhe.de
Dr.-Ing. Christian Munzinger	Karlsruher Institut für Technologie (KIT) wbk Institut für Produktionstechnik Kaiserstraße 12, 76131 Karlsruhe munzinger@wbk.uni-karlsruhe.de

Die Überwachung der Linachtalsperre als Teilprojekt der Hauptvermessungsübungen III

Michael Illner

1 Einleitung

Traditionell ist die Ingenieurvermessung wesentlicher Bestandteil der Aufgabenstellung innerhalb der Hauptvermessungsübungen III. Im Jahre 2003 entschied die Stadt Vöhrenbach, ein in einem mehrjährigen Prozess entwickeltes Konzept zur Sanierung und Reaktivierung der Linachtalsperre/Südschwarzwald in die Realität umzusetzen. In diesem Zusammenhang wurde das Landesamt für Geoinformation und Landentwicklung (LGL) sowie das Geodätische Institut des Karlsruher Instituts für Technologie (KIT) in die Erarbeitung eines neuen geodätischen Überwachungskonzeptes für die Linachtalstaumauer eingebunden. Ziel war es dabei, ein der modernen Beobachtungstechnik angepasstes Kontrollnetz zu entwerfen, mit dem Aussagen über die Stabilität der Staumauer im Sinne statistisch fundierter Deformationsanalysen ableitbar sind.

Damit bestand die Gelegenheit, die geplanten Überwachungsmessungen an der Staumauer und deren Auswertung im Rahmen der HVÜ III zukünftig als Projektarbeit von Studierenden des Studiengangs Geodäsie und Geoinformatik durchführen zu lassen und die Ergebnisse der Stadt Vöhrenbach zur Übernahme in die amtlichen Unterlagen zu überlassen. Somit bietet das Projekt eine hervorragende Ausgangsbasis, den Studierenden durch Einsatz der modernsten Messgeräte die neuesten Entwicklungen auf dem Gebiet der Messtechnik und deren praktischen Einsatz aufzuzeigen. Auf der anderen Seite ist das Projekt auch sehr gut geeignet, die im Studium erworbenen Kenntnisse in der Auswertetechnik – angefangen von der Modellbildung bei den Netzausgleichungen der selbst durchgeführten Beobachtungen bis hin zur Ermittlung statistisch fundierter Bewegungsvektoren für die Objektpunkte – in der praktischen Anwendung zu vertiefen. Im Folgenden wird näher auf die bisher durchgeführten Überwachungsmessungen sowie die dabei erzielten Resultate eingegangen.

2 Das Bauwerk Linachtalsperre

Die Linachtalsperre bei Vöhrenbach (Südschwarzwald) ist die erste und von ihrer Größe einzige aus Eisenbeton hergestellte Gewölbe-Reihenstaumauer in Deutschland. Das um 1920 von dem Karlsruher Ingenieur Dr. Fritz Maier als Vielfachbogenmauer konzipierte Bauwerk besteht aus den Konstruktionselementen Gewölbe, Pfeiler und Querriegel. Der von Fritz Maier stammende technische Entwurf des Bauwerks wurde von dem Darmstädter Architekten Prof. Paul Meißner optisch zu der heute bekannten, zeitlos eleganten, futuristischen Anlage gestaltet [Dold et al., 2008]. Durch die aufgelöste Bauweise (Abb. 2-1) konnte gegenüber der klassischen Vollbauweise der Materialbedarf an Beton auf ca. 1/5 reduziert werden [Seim, 2004].

Die Arbeiten zur Errichtung der Talsperre erstreckten sich von 1922-1925. Wegen nicht durchgeführter Sanierungsmaßnahmen musste 1988 der Stausee abgelassen werden. Erst im Jahr 2005 konnte mit der beschlossenen Generalsanierung begonnen werden, die 2007 erfolgreich abgeschlossen wurde. Die Staumauer selbst ist 143 m lang, 25 m hoch, und der Stausee hat ein Fassungsvermögen von 1,1 Mio. m^3 bei einer Seelänge von ca. 1 km.

Abb. 2-1: Linachtalsperre

3 Überwachungskonzept

Die Anlage der geodätischen Überwachungsmessungen an der Linachtalstaumauer erfolgte von Beginn an als sogenanntes Deformationsnetz. Hierbei wird zwischen Stabil- oder Referenzpunkten, die außerhalb des Verformungsbereiches des Bauwerks in geologisch stabilen Zonen liegen, und den Objektpunkten, die das zu überwachende Bauwerk möglichst gut diskretisieren sollen, unterschieden.

Bis auf die von den Sanierungsmaßnahmen weitgehend unbeeinflussten Stabilpunkte – fünf auf der Luftseite der Staumauer gelegene Betonpfeiler (Punkte 78, 3000, 5000, 6000, 7000) – war es unumgänglich, die Objektpunkte an der Staumauer neu zu signalisieren. Dies bot die Chance, die Punkte mit Reflektoren zu bestücken und von dem bei der bisherigen Überwachung angewandten reinen Vorwärtseinschneiden auf Polarmessungen mit den Messelementen Strecke, Richtung und Zenitdistanz überzugehen. Dadurch ist es für die Objektpunktbestimmung möglich, auch das Potential der heute verfügbaren geodätischen Entfernungsmesser zu nutzen und damit neben der Lagekomponente auch trigonometrische Höhen im Netz zu bestimmen. Zur Aufnahme der Reflektoren im Objektpunktbereich wurden im Zuge der Sanierungsarbeiten Horizontalbolzen mit entsprechenden Steckzapfen zur Aufnahme der Prismen in die Mauer eingebracht (vgl. Abb. 3-1). Somit ist eine strenge Zwangszentrierung in Lage und Höhe für diese Punkte gewährleistet. Entsprechend des mit dem Statiker abgestimmten Konzepts für die Bauwerksüberwachung wurden die Lageobjektpunkte sowohl im Bereich der Mauerkrone (Pkt.-Nr.: 200-212) als auch im Fußbereich (Pkt.-Nr.: 303-310) der Staumauer mit diesen Bolzen vermarkt.

Die Überwachung des Bauwerks in der Höhenkomponente erfolgt primär mittels Feinnivellement, wobei die für die Lagemessungen eingebrachten Horizontalbolzen im oberen Bereich der Pfeiler-scheiben zusätzlich auch trigonometrisch erfasst werden. Insofern ist zwischen den nivellitischen (Bezug: Bolzen) und trigonometrischen Höhen (Bezug: Mitte Prisma) dieser Punkte ein über alle Beobachtungsepochen theoretisch konstanter Versatz δh zu erwarten.

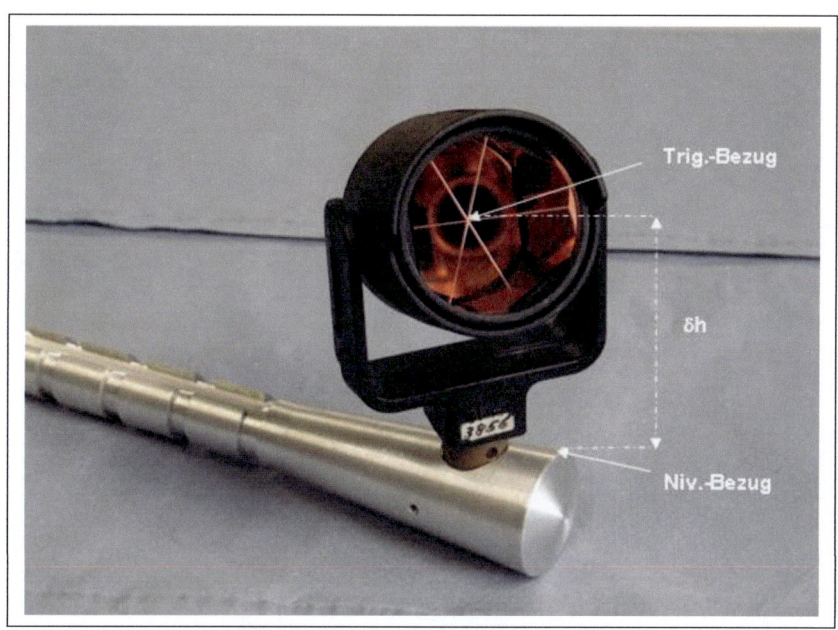

Abb. 3-1: Horizontalbolzen mit Prisma und Höhenversatz δh

Ferner gehören Pfeilerkontrollnivellements der Stabilpunkte zur Erfassung etwaiger Kippungen zum Beobachtungsprogramm jeder Epoche. Die Bestimmung der für die trigonometrische Höhenbestimmung erforderlichen Kippachshöhen der Gerätestandpunkte erfolgt über angenähert horizontale Visuren zu einer analogen Nivellierlatte unter Messung von Zenitdistanz und Strecke.

Für die Netzmessungen wurde seither folgendes Instrumentarium eingesetzt:

- Tachymeter Leica TCA2003: $\sigma_s = 0,3\,\text{mm} + 1\,\text{ppm}$
  (1.–6. Epoche) $\sigma_{Hz} = 0,06\,\text{mgon}$
  $\sigma_V = 0,10\,\text{mgon}$ (zertifizierte Genauigkeiten)

- Tachymeter Leica TS30: $\sigma_s = 0,6\,\text{mm} + 1\,\text{ppm}$
  (7. Epoche) $\sigma_{Hz} = 0,15\,\text{mgon}$
  $\sigma_V = 0,15\,\text{mgon}$ (Firmenspezifikationen)

- DiNi 10/10T: 0,3 mm/km

- Leica DNA03:   0,3 mm/km

Die Tachymeter werden im Modus Satzmessung mit automatischer Zielerfassung (ATR) eingesetzt. Die Erfassung der meteorologischen Parameter zur Reduktion der gemessenen Strecken erfolgt jeweils am Instrumentenstandpunkt sowie an weiteren für die Zielpunkte möglichst repräsentativen Standorten. Aus wirtschaftlichen Gründen werden als Zielpunktinformation für alle Staumauerpunkte gemeinsam die Daten einer für diese Punkte zentral gelegenen Station verwendet.

Einen Eindruck von der Netzkonfiguration liefert z. B. das Netzbild der letzten Messepoche (Abb. 3-2), aus dem auch ersichtlich ist, dass alle Beobachtungen nur von den drei der Staumauer am nächsten gelegenen Pfeilern aus durchgeführt werden. Es ist erkennbar, dass die Stabilpunkte eine deutlich bessere Genauigkeitssituation als die Objektpunkte aufweisen, was jedoch z. T. auch durch die gewählte Datumsfestlegung bedingt ist.

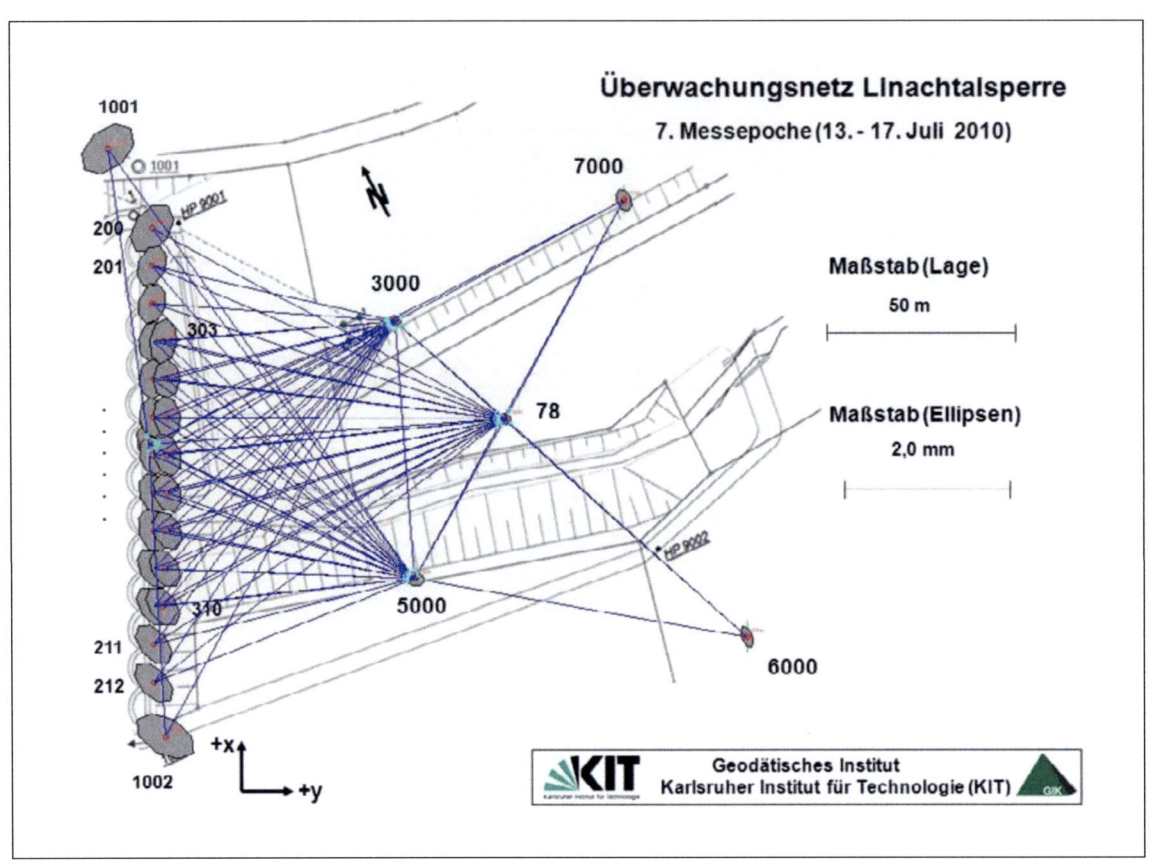

Abb. 3-2: Netzbild mit Punktfehlerellipsen der 7. Messepoche

4 Auswertung der Messepochen

4.1 Netzausgleichung

Die registrierten Daten werden in die Netzausgleichungssoftware **NetzCG** des Geodätischen Instituts am KIT unter Nutzung leicht anzupassender, flexibler Formatfiles importiert. Die eigentliche Netzausgleichung erfolgt in der Software getrennt nach Lage und Höhe. Nach dem Import der Rohdaten nach **NetzCG** werden Mehrfachmessungen (Satzmessung, Hin–Rück) zunächst gemittelt, so dass in die Netzausgleichung für jede beobachtete, geometrische Punktverknüpfung nur eine Strecke eingeht. Der Lageausgleichung wird ein Bezugssystem im Messungshorizont zu Grunde gelegt, wobei die Ausrichtung der Koordinatenachsen parallel bzw. senkrecht zur Staumauer gewählt wird. Um keinen äußeren Zwang auf die Beobachtungen auszuüben, wird als Ausgleichungsmodell die freie Netzausgleichung mit Teilspurminimierung über die fünf als stabil angenommenen Beobachtungspfeiler gewählt. Die aus der ersten Messepoche resultierenden ausgeglichenen Koordinaten dienen in den nachfolgenden Epochen als Näherungskoordinaten, so dass die Beurteilung der Koordinatenverbesserungen in den Ausgleichungen der Folgeepochen schon einen ersten Eindruck hinsichtlich der Stabilität der Netzpunkte zulässt.

Durch die Anwendung strenger statistischer Testverfahren werden das mathematische und stochastische Modell global geprüft und das eingeführte Beobachtungsmaterial auf grobe Fehler untersucht. Die Ausgleichungen der bisher durchgeführten 7 Messepochen, deren charakteristische Kenndaten aus Tab. 4-1 ersichtlich sind, führten zu durchschnittlichen mittleren Punktfehlern zwischen $\sigma_P = 0,3$ mm bis $0,4$ mm. Die ersten drei Messepochen wurden in der für die Stabilität der Staumauer besonders kritischen Anstauphase durchgeführt, während bei allen anderen Epochen Vollstau herrschte.

Tab. 4-1: Kenngrößen der Epochenausgleichungen

Messepoche	Anstauhöhe [m]	Temperatur	Punkte	Redundanz	σ_P [mm]
1. Epoche (März 2007)	—	$\approx 5\,°C$	25	80	0,30
2. Epoche (April 2007)	837,5	$\approx 19\,°C$	28	84	0,36
3. Epoche (Juli 2007)	843,2	$\approx 23\,°C$	28	88	0,38
4. Epoche (April 2008)	847,4	$\approx 3\,°C$	30	109	0,37
5. Epoche (Juli 2008)	847,4	$\approx 19\,°C$	29	89	0,31
6. Epoche (Juli 2009)	847,4	$\approx 24\,°C$	29	99	0,32
7. Epoche (Juli 2010)	847,5	$\approx 26\,°C$	29	101	0,27

4.2 Koordinatenvergleich

Für die Analyse eventueller Deformationen eines Überwachungsobjektes über einen längeren Zeitraum ist die Stabilität der eingeführten Referenzpunkte von entscheidender Bedeutung. Bevor auf statistisch fundierte Verfahren zur Prüfung dieses Sachverhaltes und deren Ergebnisse eingegangen wird, soll hier an Hand sukzessiver Koordinatenvergleiche von der 1. bis zur 7. Messepoche ein erster Trend in dem Bewegungsverhalten der Stabil- und Objektpunkte aufgezeigt werden (Tab. 4-2). Wichtig hierbei ist, dass durch geeignete Datumswahl stets der gleiche Bezugsrahmen realisiert wird.

Tab. 4-2: Koordinatenvergleich zwischen den Epochen bei gleicher Datumsrealisierung

Punkt	Epochen 2 − 1		Epochen 3 − 2		Epochen 4 − 3		Epochen 5 − 4		Epochen 6 − 5		Epochen 7 − 6		Epochen 7 − 1	
	dy	dx	dy	dx	dy	dx	dy	dx	dy	dx	dy	dx	dy	dx
	[1/10 mm]													
Stabilpunkte (Beobachtungspfeiler)														
3000	-1	-3	1	3	-2	-2	2	1	2	0	-2	-1	0	-3
5000	-2	2	-8	20	0	46	2	-16	-7	10	6	-5	-10	58
6000	4	-3	-3	-1	-2	5	2	-6	2	2	-1	-2	2	-5
7000	3	6	-4	-2	4	-2	-3	6	2	-4	-1	3	1	7
78	-4	-3	-10	29	—	—	—	—	-5	2	3	0	-16	23
Objektpunkte (obere Pfeilerscheiben)														
200	11	14	-2	-7	-4	4	4	-13	-1	3	-1	-1	8	0
201	11	20	4	2	-5	-8	3	5	2	7	0	-2	15	24
202	15	14	4	5	-6	-2	7	-2	2	2	2	4	24	21
203	15	14	10	5	1	3	10	-3	2	1	1	4	39	24
204	18	7	14	6	9	6	9	-4	4	-3	1	5	56	17
205	17	9	17	5	14	-3	8	-1	2	6	1	0	58	17
206	23	5	18	4	6	8	14	-8	4	1	-2	3	63	14
207	11	-3	17	7	10	0	7	-3	4	3	-1	-1	47	2
208	10	9	16	-1	5	11	8	-8	2	1	-1	-3	41	9

Punkt	Epochen 2 − 1		Epochen 3 − 2		Epochen 4 − 3		Epochen 5 − 4		Epochen 6 − 5		Epochen 7 − 6		Epochen 7 − 1	
	dy	dx	dy	dx	dy	dx	dy	dx	dy	dx	dy	dx	dy	dx
	[1/10 mm]													
209	—	—	—	—	3	-1	10	-2	0	3	4	-5	42	7
210	9	2	11	6	1	6	10	0	-1	2	7	-3	37	12
211	2	5	12	12	3	0	11	-2	2	2	9	-8	40	9
212	-1	4	13	5	-12	18	10	-11	5	-1	6	-3	20	12
Objektpunkte (untere Pfeilerscheiben)														
303	16	18	13	0	-4	-3	11	-1	0	1	6	1	41	17
304	12	9	8	-7	9	10	11	-8	0	9	11	-10	51	3
305	15	7	13	-8	3	2	11	3	-2	-5	10	-1	50	-1
306	16	2	17	0	-2	7	12	0	0	-6	7	0	50	3
307	19	6	9	-1	-5	-1	12	-2	-1	-2	7	-2	42	-3
308	11	7	10	3	-4	6	8	-7	0	2	6	-2	33	8
309	11	3	13	1	-7	7	13	-3	-1	1	6	-5	35	4
310	—	—	11	11	-6	7	11	-8	-2	3	10	-7	—	—
Objektpunkte Talhänge														
1001	—	—	5	-3	7	8	-13	-10	-1	-1	4	2	—	—
1002	—	—	13	16	4	13	10	-9	-22	15	11	-9	—	—

Es ist erkennbar, dass Pfeiler 5000 bei einer Deformationsanalyse sicherlich nicht als Stabilpunkt verwendet werden kann, da er – primär in der x-Komponente – Koordinatenänderungen aufweist, die die Messgenauigkeit um ein Vielfaches übersteigen. Bereits frühere Überwachungsmessungen bestätigen, dass die Stabilität des Punktes 5000 als kritisch zu beurteilen ist und sich dieser Punkt langfristig gesehen Hang abwärts bewegt. Auch für Punkt 78 ist im Vergleich der 2. und 3. Messepoche eine deutliche Koordinatenänderung in Richtung der positiven x-Achse erkennbar, was auch die durchgeführten Pfeilerkontrollnivellements bestätigen. Die hierbei festgestellte Pfeilerneigung kompensiert sich bis zur 4. Epoche wieder fast auf die Hälfte. Mögliche Ursachen für die Instabilität dieses zentral gelegenen Pfeilers können Erdmassenbewegungen und Planierungsarbeiten in unmittelbarer Nähe des Punktes während der Sanierungsarbeiten sein. Ab der 5. Epoche können keine weiteren Pfeilerveränderungen mehr festgestellt werden, so dass Punkt 78 ab der 6. Epoche mit seinen aus der 5. Epoche stammenden ausgeglichenen Koordinaten wieder als Stabilpunkt verwendet werden kann.

Bei den Objektpunkten bauen sich von der 1. bis zur 5. Messepoche systematische Punktverschiebungen in Richtung Luftseite (+ y-Achse) bis zu einem maximalen Wert von ca. 6,5 mm in der Mitte der Staumauer auf. Danach scheinen diese Bewegungen deutlich abzuklingen, und die festgestellten Koordinatenänderungen liegen nur noch in etwa im Rahmen der Messgenauigkeit.

5   Statistisch fundierte Deformationsanalyse

Im Folgenden werden die Grundzüge des hier zur Deformationsanalyse angewandten Kongruenzmodells kurz erläutert und die daraus resultierenden Ergebnisse für das Staudammüberwachungsnetz Linachtalsperre dargestellt. Im Sinne der Deformationsanalyse stellt ein Staudammüberwachungsnetz mit der Unterteilung der Netzpunkte in Referenz- und Objektpunkte ein absolutes Überwachungsnetz dar. Hierbei wird davon ausgegangen, dass die auch unter Berücksichtigung geologischer Aspekte festgelegten Standorte für die Referenzpunkte aller Voraussicht nach langfristig ihre Lage nicht verändern und die relativ zu den Referenzpunkten geschätzten Änderungen in den Objektpunktkoordinaten die Deformation des Überwachungsobjektes zwischen entsprechenden Messepochen repräsentieren.

Die grundlegende Problematik bei der Berechnung von Deformationsanalysen liegt darin, dass sich auf Grund der Stochastizität der durchgeführten Beobachtungen die geschätzten Epochenkoordinaten im Rahmen der Messgenauigkeit unterscheiden werden, selbst wenn keine realen Deformationen vorliegen. Hier gilt es also durch Anwendung statistischer Tests zwischen vorliegendem Messrauschen und eigentlicher Deformation zu unterscheiden. Das hier zur Anwendung kommende koordinatenbezogene Verfahren zur Deformationsanalyse geht aus von den Ergebnissen $\boldsymbol{x}_i$ (Koordinaten) und $\boldsymbol{C}_{x,i}$ (Kovarianzmatrizen) der Einzelepochenausgleichungen. Es bietet gegenüber den beobachtungsbezogenen Verfahren der Deformationsanalyse den Vorteil, dass lediglich die Endergebnisse der Einzelepochenausgleichungen nicht aber das hierzu verwendete Beobachtungsmaterial für die nachfolgenden Analysen zu archivieren sind. Nachfolgend wird kurz auf die einzelnen Stufen des Analysekonzepts eingegangen wie es in Karlsruhe in dem Softwarepaket **CODEKA2D** umgesetzt und z. B. in Jäger et al. [2005] näher beschrieben ist.

Da Deformationsnetze in den einzelnen Epochen i. d. R. frei ausgeglichen werden, können sich die Ausgleichungsresultate – sofern Näherungskoordinaten verschieden gewählt oder wenn über den Rangdefekt der Netze unterschiedlich verfügt wurde – auf nicht einheitliche Koordinatenrahmen beziehen. Diesem Umstand ist vor Beginn einer koordinatenbezogenen Deformationsanalyse dadurch Rechnung zu tragen, dass alle beteiligten Koordinatensätze und deren Kovarianzmatrizen unter Schätzung der vom Defekt des Netzes abhängigen Transformationsparameter auf einen einheitlichen Bezugsrahmen transformiert werden.

5.1 Prüfung des Referenzpunktfeldes

Auch wenn die Auswahl von Referenz- oder Stabilpunkten für ein Deformationsnetz unter dem Aspekt langfristiger Stabilität zu erfolgen hat, ist in einem ersten Schritt die Kongruenz der verwendeten Stabilpunkte statistisch nachzuweisen. Vorher kann es sinnvoll sein, das Stabilpunktfeld über eine robuste Transformation zu prüfen, um so gezielt a-priori Informationen bzgl. eventuell instabiler Referenzpunkte zu erhalten.

Bei der Prüfung von Referenzpunkten wird das funktionale Grundmodell der gemeinsamen Ausgleichung zur Deformationsanalyse um einen Vektor $\nabla \hat{\boldsymbol{x}}_j^{\mathsf{T}} = (\nabla \hat{x}_j, \nabla \hat{y}_j)$ von Störparametern erweitert, über den die Verschiebung im j-ten Referenzpunkt modelliert wird. Für das Vorliegen von zwei Epochen ergibt sich die Darstellung

$$
\begin{pmatrix} \boldsymbol{x}_{R_1} \\ \boldsymbol{x}_{O_1} \\ \boldsymbol{x}_{R_2} \\ \boldsymbol{x}_{O_2} \end{pmatrix} + \begin{pmatrix} \boldsymbol{v}_{x_{R_1}} \\ \boldsymbol{v}_{x_{O_1}} \\ \boldsymbol{v}_{x_{R_2}} \\ \boldsymbol{v}_{x_{O_2}} \end{pmatrix} = \begin{pmatrix} \boldsymbol{I}_R & \boldsymbol{0} & \boldsymbol{0} \\ \boldsymbol{0} & \boldsymbol{I}_{O_1} & \boldsymbol{0} \\ \boldsymbol{I}_R & \boldsymbol{0} & \boldsymbol{0} \\ \boldsymbol{0} & \boldsymbol{0} & \boldsymbol{I}_{O_2} \end{pmatrix} \cdot \begin{pmatrix} \hat{\boldsymbol{x}}_R \\ \hat{\boldsymbol{x}}_{O_1} \\ \hat{\boldsymbol{x}}_{O_2} \end{pmatrix} + \begin{pmatrix} \boldsymbol{0} \\ \boldsymbol{0} \\ \boldsymbol{B}_{j,2} \\ \boldsymbol{0} \end{pmatrix} \cdot \begin{pmatrix} \nabla \hat{x} \\ \nabla \hat{y} \end{pmatrix}_j \tag{5-1}
$$

Auf der linken Seite sind die geschätzten Koordinaten aus den Einzelepochen ($\boldsymbol{x}_{R_1}$, $\boldsymbol{x}_{R_2}$: Referenzpunktkoordinaten Epoche 1/2; $\boldsymbol{x}_{O_1}$, $\boldsymbol{x}_{O_2}$: Objektpunktkoordinaten Epoche 1/2) als Beobachtungen zusammen mit den korrespondierenden Verbesserungen ($\boldsymbol{v}_{x_{R_1}}$, $\boldsymbol{v}_{x_{O_1}}$, $\boldsymbol{v}_{x_{R_2}}$, $\boldsymbol{v}_{x_{O_2}}$) angeordnet. Im Unbekanntenvektor auf der rechten Seite von (5-1) wird mit $\hat{\boldsymbol{x}}_R$ nur ein für beide Epochen gemeinsamer Satz von Referenzpunktkoordinaten eingeführt, während für die Objektpunkte mit $\hat{\boldsymbol{x}}_{O_1}$ und $\hat{\boldsymbol{x}}_{O_2}$ unterschiedliche Koordinatensätze in beiden Epochen parametrisiert werden. Die dem Unbekanntenvektor zugeordnete Designmatrix setzt sich aus den Einheitsmatrizen $\boldsymbol{I}_R$,

I_{O_1}, I_{O_2}, über die jeweils genau die Referenzpunkt- bzw. die Objektpunktkoordinaten für beide Epochen angesprochen werden, und aus lauter Nullmatrizen entsprechender Dimensionierung zusammen.

Das zugehörige stochastische Modell wird aufgebaut aus den Kovarianzmatrizen $C_{x_{Epoche1}}$, $C_{x_{Epoche2}}$ der Einzelepochenausgleichungen und lautet

$$C_{xx} = \left(\begin{array}{c|c} C_{x_{Epoche1}} & 0 \\ \hline 0 & C_{x_{Epoche2}} \end{array} \right) = \left(\begin{array}{cc|cc} C_{x_{R_1}x_{R_1}} & C_{x_{R_1}x_{O_1}} & \multicolumn{2}{c}{} \\ C_{x_{O_1}x_{R_1}} & C_{x_{O_1}x_{O_1}} & \multicolumn{2}{c}{0} \\ \hline \multicolumn{2}{c|}{} & C_{x_{R_2}x_{R_2}} & C_{x_{R_2}x_{O_2}} \\ \multicolumn{2}{c|}{0} & C_{x_{O_2}x_{R_2}} & C_{x_{O_2}x_{O_2}} \end{array} \right) , \quad (5\text{-}2)$$

wobei eine epochenweise Partitionierung in die entsprechenden Submatrizen für die beobachteten Referenz- bzw. Objektpunktkoordinaten beider Epochen vorzunehmen ist. Korrelationen zwischen den Epochen werden dabei ausgeschlossen.

Die eingeführten Störparameter sind im Zuge der Ausgleichung zu schätzen und auf Signifikanz zu prüfen. Diese Vorgehensweise entspricht dem verallgemeinerten „Datasnooping" bzw. der Suche grober Fehler in GPS-Beobachtungen oder stochastischen Anschlusspunkten bei der geodätischen Netzausgleichung (vgl. [Illner u. Jäger, 1993; Jäger et al., 2005]). Über die Matrix $B_{j,2}$, die aus lauter Nullen und einer (2×2)-Einheitsmatrix besteht, werden die Störparameter $\nabla \hat{x}_j^{\mathsf{T}} = (\nabla \hat{x}_j, \nabla \hat{y}_j)$ genau der j-ten Referenzpunktbeobachtung der zweiten Epoche zugeordnet. Den Schätzwert für die Verschiebung erhält man über

$$\nabla \hat{x}_j = -(B_j^{\mathsf{T}} P Q_{vv} P B_j)^{-1} B_j^{\mathsf{T}} P v \quad \text{mit} \quad Q_{\nabla \hat{x}_j \nabla \hat{x}_j} = (B_j^{\mathsf{T}} P Q_{vv} P B_j)^{-1}. \quad (5\text{-}3)$$

Hierin beschreibt Q_{vv} die Kofaktormatrix der Verbesserungen v und P die Gewichtsmatrix der Koordinatenbeobachtungen beider Epochen. Zur Signifikanzprüfung der Störparameter lassen sich die Testgrößen

$$T_{j,\text{priori}} = \frac{\nabla \hat{x}_j^{\mathsf{T}} Q_{\nabla \hat{x}_j \nabla \hat{x}_j}^{-1} \nabla \hat{x}_j}{m \cdot \sigma_0^2} \sim F_{m,\infty}, \quad T_{j,\text{post}} = \frac{\nabla \hat{x}_j^{\mathsf{T}} Q_{\nabla \hat{x}_j \nabla \hat{x}_j}^{-1} \nabla \hat{x}_j}{m \cdot \hat{\sigma}_0^2} \sim F_{m,r-m} \quad (5\text{-}4)$$

(σ_0^2: a-priori Varianzfaktor) mit dem a-posteriori Varianzfaktor

$$\hat{\sigma}_0^2 = \frac{v^{\mathsf{T}} P v - \nabla \hat{x}_j^{\mathsf{T}} Q_{\nabla \hat{x}_j \nabla \hat{x}_j}^{-1} \nabla \hat{x}_j}{r - m} \quad (5\text{-}5)$$

berechnen. Die Dimension des Vektors der Störparameter (Verschiebungsvektor) wird dabei mit m und die Gesamtsumme der Redundanzen aus den Einzelepochenausgleichungen mit r bezeichnet. Überschreiten die auf die a-priori bzw. a-posteriori Varianz bezogenen Testgrößen (5-4) die von der Irrtumswahrscheinlichkeit α abhängigen kritischen Werte $F_{m,\infty,1-\alpha}$ bzw. $F_{m,r-m,1-\alpha}$, so ist mit einer Sicherheitswahrscheinlichkeit von $1 - \alpha$ zu vermuten, dass sich der betroffene Referenzpunkt signifikant verschoben hat.

Mit der Software **CODEKA2D** werden wie beim Datasnooping in der Netzausgleichung alle Referenzpunkte über (5-4) in einem Berechnungslauf simultan geprüft. Der Referenzpunkt mit der größten signifikanten Testgröße ist aus der Gruppe der Referenzpunkte auszuschließen, den Objektpunkten zuzuordnen und eine Neuberechnung zu starten. Dies geschieht solange, bis für die verbliebenen Referenzpunkte keine signifikanten Verschiebungen mehr nachgewiesen werden können.

5.2 Prüfung der Objektpunkte

Auf der Grundlage des stabilen Referenzpunktfeldes erfolgt die Analyse der einzelnen diskreten Objektpunkte, von denen dann auf die Deformation des Überwachungsobjektes geschlossen werden kann. Hierzu ist zunächst aus den Epochenkoordinaten für die Gruppe der Objektpunkte punktweise der m-dimensionale Verschiebungsvektor d_j des j-ten Objektpunktes mit zugehöriger Kovarianzmatrix Q_{d_j} zu berechnen (z. B. [Niemeier, 2008]). Die Prüfung der Nullhypothese, dass keine Verschiebung des Objektpunktes stattgefunden hat, erfolgt über die Fisher-verteilten Testgrößen

$$T_{j,\text{priori}} = \frac{d_j^\mathsf{T} Q_{d_j d_j}^{-1} d_j}{m \cdot \sigma_0^2} \sim F_{m,\infty}, \quad T_{j,\text{post}} = \frac{d_j^\mathsf{T} Q_{d_j d_j}^{-1} d_j}{m \cdot \hat{\sigma}_0^2} \sim F_{m,r} \tag{5-6}$$

mit

$$\hat{\sigma}_0^2 = \frac{v^\mathsf{T} P v}{r}. \tag{5-7}$$

Die Entscheidung, ob ein Punkt als signifikant verschoben zu betrachten ist, erfolgt analog zur expliziten Suche instabiler Referenzpunkte durch Vergleich der berechneten Testgrößen mit ihren zugehörigen kritischen Werten.

Die geometrische Interpretation bzw. Veranschaulichung der Testergebnisse erfolgt durch Interpretation von z. B.

$$d_j^\mathsf{T} Q_{d_j d_j}^{-1} d_j = m \cdot \hat{\sigma}_0^2 \cdot F_{m,r,1-\alpha} \tag{5-8}$$

als Gleichung eines m-dimensionalen Konfidenz-Hyperellipsoids, dessen Volumen dem Signifikanzniveau von $100 \cdot (1 - \alpha)\%$ entspricht (vgl. z. B. [Heck, 1983]). Für ebene Lagenetze ($m = 2$) geht das Konfidenz-Hyperellipsoid in eine 2-dimensionale Konfidenzellipse über, wodurch sich eine einfache Möglichkeit zur graphischen Veranschaulichung der Testergebnisse ergibt. Wird die Konfidenzellipse im Objektpunkt j zusammen mit dem zugehörigen Verschiebungsvektor d_j dargestellt, so gilt die Nullhypothese zur Prüfung des Objektpunktes j solange als angenommen, wie der Verschiebungsvektor innerhalb der Konfidenzellipse liegt. Liegt der Vektor d_j nicht mehr vollständig innerhalb der Konfidenzellipse, ist mit einer Sicherheitswahrscheinlichkeit von $(1 - \alpha)$ zu vermuten, dass sich der betreffende Punkt signifikant verändert hat.

6 Analyseergebnisse für das Staudammüberwachungsnetz der Linachtalsperre

Im Folgenden werden die mit **CODEKA2D** berechneten Analyseergebnisse für den Vergleich der 1. und 7. Messepoche sowie für den Vergleich der beiden letzten Epochen exemplarisch dargestellt.

6.1 Epochenvergleich 1 − 7

Die beiden Beobachtungsepochen weisen einen zeitlichen Abstand von etwas mehr als 3 Jahren auf. Sie fanden bei unterschiedlichen äußeren Bedingungen und unterschiedlicher Füllhöhe des Staubeckens (vgl. Tab. 4-1) statt. Die Testgrößen $T_{j,\text{priori}}$ für den Einzelpunkttest (5-4) des Referenzpunktfeldes mit den Freiheitsgraden $f_1 = 2$, $f_2 = \infty$ und einer Irrtumswahrscheinlichkeit von 1 % überschreiten für die beiden Pfeiler 78 und 5000, wie auf Grund der vorhandenen Vorinformation erwartet, signifikant den zugehörigen kritischen Wert, so dass diese Punkte als nicht stabil anzunehmen und im Weiteren als Objektpunkte zu behandeln sind.

Bei der Objektpunktanalyse ergeben sich mit Ausnahme des Punktes 200 (Mauerwiderlager) Testgrößen, die den kritischen Wert von 4,6 um ein Vielfaches übersteigen und damit auf hochsignifikante Bewegungen im Objektpunktfeld hindeuten. Die Ergebnisse der Tests für die Objektpunkte im Bereich der Mauerkrone sind in Abb. 6-1 in graphischer sowie in Tab. 6-1 in numerischer Form dargestellt (statistische Parameter: Irrtumswahrscheinlichkeit $\alpha = 1\%$, Güte des Tests $\beta = 80\%$). Die Beträge der hoch signifikanten Bewegungsvektoren wachsen von den Randbereichen der Staumauer zur Mitte hin stetig an und nehmen dort den Maximalwert von 6,5 mm (Punkt 206) an. Sie vermitteln den Eindruck einer Ausbuchtung der Staumauer ausgehend von den Widerlagern der Mauer und dem Scheitel in 206. Die Analyseergebnisse für die Objektpunkte im Fußbereich der Staumauer zeigen ein ähnliches Deformationsbild.

Tab. 6-1: Numerische Ergebnisse der Objektpunktanalyse der 7. Epoche relativ zur 1. und 6. Messepoche

Punkt-Nr.	Analyse 1. Epoche - 7. Epoche März 2007 – Juli 2010				Analyse 6. Epoche - 7. Epoche Juli 2009 – Juli 2010			
	Verschiebungsvektor [mm]	Richtung des Vektors [gon] Nullr. = x-Achse	Testgröße (krit. Wert: 4.6)	Deformation	Verschiebungsvektor [mm]	Richtung des Vektors [gon] Nullr. = x-Achse	Testgröße (krit. Wert: 4.6)	Deformation
Stabilpunkte								
78	3,0	361,2	99,1	JA	—	—	—	—
5000	6,1	387,2	383,1	JA	0,4	163,4	2,4	NEIN
Objektpunkte Dammkrone								
200	1,0	72,7	1,7	NEIN	0,3	372,5	0,2	NEIN
201	3,3	32,1	21,5	JA	0,3	25,7	0,2	NEIN
202	3,5	47,2	29,8	JA	0,9	15,5	1,8	NEIN
203	4,8	58,9	67,0	JA	0,9	6,3	1,7	NEIN
204	5,9	76,6	119,2	JA	1,0	4,0	2,1	NEIN
205	6,1	77,6	131,2	JA	0,5	394,5	0,5	NEIN
206	6,5	81,8	146,9	JA	0,9	371,8	1,8	NEIN
207	4,6	91,1	72,4	JA	0,5	346,1	0,7	NEIN
208	4,1	78,8	56,3	JA	0,4	323,0	0,6	NEIN
209	4,2	81,8	56,2	JA	0,1	120,8	0,0	NEIN
210	3,8	70,8	47,6	JA	0,3	80,6	0,5	NEIN
211	4,0	77,7	48,2	JA	0,6	141,7	0,6	NEIN
212	2,4	51,0	14,1	JA	0,2	35,1	0,1	NEIN
Objektpunkte Dammfuß								
303	4,6	69,6	66,1	JA	0,7	44,8	0,9	NEIN
304	5,1	90,1	92,5	JA	1,1	131,4	5,5	JA
305	4,9	95,7	85,7	JA	0,9	71,8	3,8	NEIN
306	4,9	90,3	85,5	JA	0,7	51,8	1,9	NEIN
307	4,1	97,1	43,7	JA	0,5	73,1	0,9	NEIN
308	3,4	74,9	19,1	JA	0,4	66,6	0,7	NEIN

309	3,4	84,2	29,3	JA	0,3	122,8	0,3	NEIN
310	—	—	—	—	0,7	130,1	1,3	NEIN
Objektpunkte Talhänge								
1001	—	—	—	—	0,9	42,5	0,7	NEIN
1002	—	—	—	—	0,8	144,3	0,5	NEIN

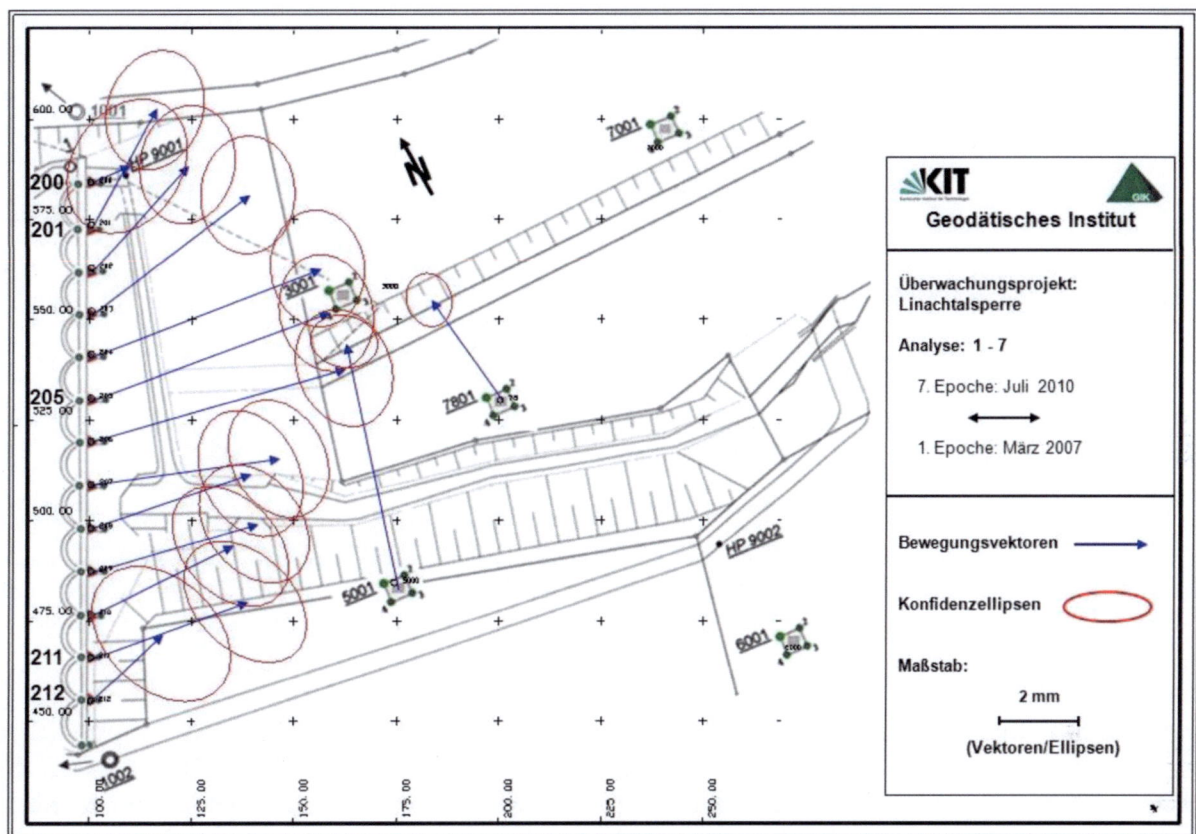

Abb. 6-1: Epochenvergleich 1 − 7 (Objektpunkte Mauerkrone)

Zusammen mit den Verschiebungsvektoren sind die zugehörigen Konfidenzellipsen dargestellt. Entsprechend (5-8) ist eine Verschiebung dann als signifikant zu bewerten, wenn der Anfangspunkt eines Vektors außerhalb der um die Spitze dargestellten Konfidenzellipse zu liegen kommt.

6.2 Epochenvergleich 6 − 7

Die Zeitbasis für diesen Vergleich beträgt ein Jahr, wobei die Beobachtungen bei vergleichbaren äußeren Bedingungen stattfanden. Als Referenzpunkte dienen die vier Beobachtungspfeiler 78, 3000, 6000 und 7000, die auch alle durch den Referenzpunkttest als Stabilpunkte bestätigt werden. Der Punkt 5000 wird aus den o. g. Gründen von vornherein als Objektpunkt behandelt. Bei gleicher Wahl der statistischen Parameter α und β wie beim Epochenvergleich 1 − 7 wird lediglich für den Punkt 304 mit 5,5 eine Testgröße berechnet, die größer als der kritische Wert 4,6 ist. Der zugehörige Deformationsvektor weist eine Länge von 1,1 mm auf. Alle anderen Objektpunkte mit geschätzten Bewegungsvektoren von deutlich kleiner als 1,0 mm (vgl. Tab. 6-1) werden im statistischen Sinne als nicht deformiert beurteilt. Abb. 6-2 zeigt wiederum für die oberen Objektpunkte diese Ergebnisse in graphischer Form.

145

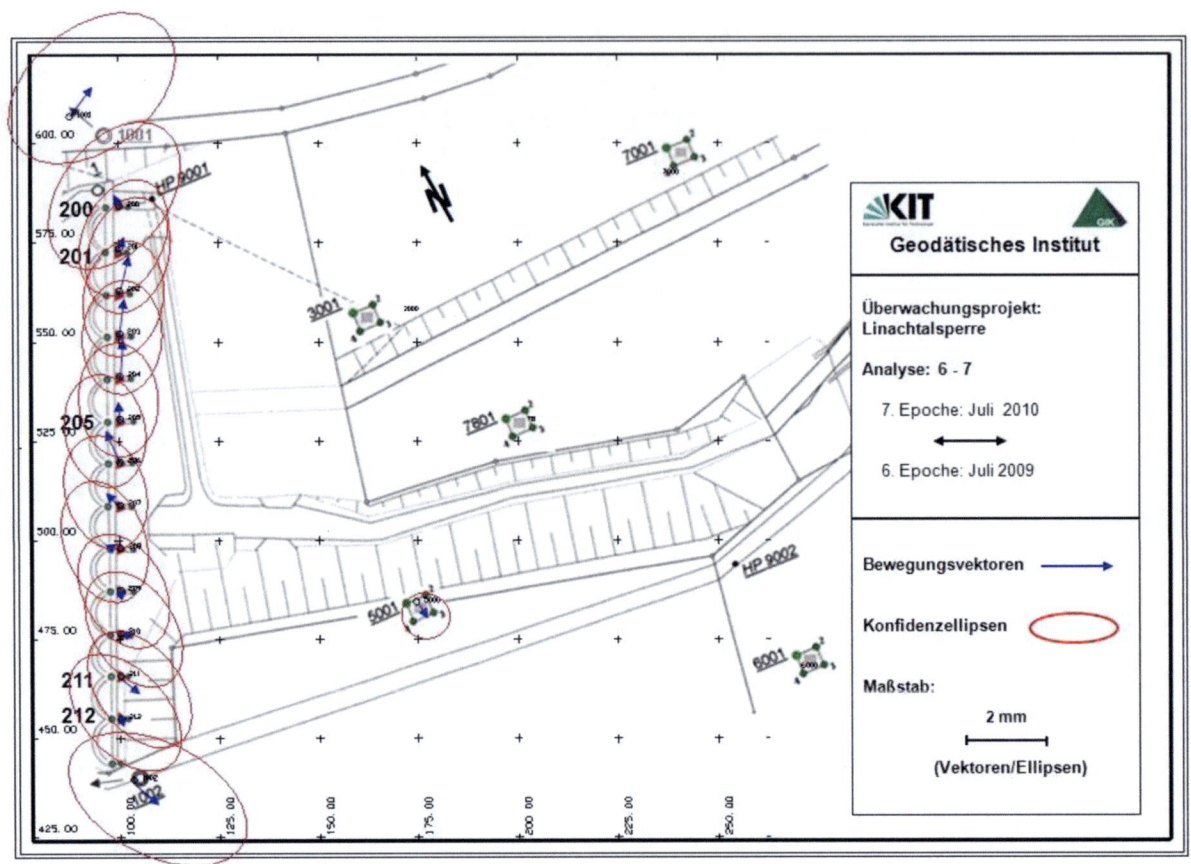

Abb. 6-2: Epochenvergleich 6 − 7 (Objektpunkte Mauerkrone)

In Abb. 6-3 sind die sukzessiven Vektorzüge zwischen Epoche 1 und Epoche 7 darstellt. Es ist ersichtlich, dass die wesentlichen Deformationsbeiträge bis einschließlich zur 5. Messepoche zustande kommen. Danach sind die resultierenden Bewegungsvektoren in Betrag und Richtung inhomogen und werden auch im Rahmen der Deformationsanalysen als nicht signifikant beurteilt.

6.3 Höhenauswertung

Sowohl die nivellierten als auch die trigonometrischen Höhendifferenzen werden im Rahmen des Auswerteverfahrens über Netzausgleichung prozessiert. Die daraus resultierenden Höhen können somit ebenfalls von Epoche zu Epoche miteinander verglichen werden. Abb. 6-4 zeigt für die luftseitigen Objektpunkte an der Dammkrone exemplarisch den Höhenvergleich zwischen der 3. und 4. Wiederholungsmessung (4./5. Messepoche). In der Mitte der Staumauer zeigt sich eine Hebung von ca. 3 mm, die nach außen hin langsam bis auf ca. 1,5 mm abklingt. Dabei ist kein wesentlicher Unterschied zwischen den Nivellementergebnissen und den trigonometrischen Höhen feststellbar. Bei der Interpretation der Resultate sind die zum Zeitpunkt der Messung vorherrschenden äußeren Einflüsse von entscheidender Bedeutung.

Setzt man einen Wärmeausdehnungskoeffizienten für Stahlbeton von $1 \cdot 10^{-5} / \,^{\circ}C$ an und rechnet für den Pfeiler 5 (Punkt 205) mit einer Länge über Grund von 20 m, so verursacht allein ein Temperaturunterschied von 16 °C (vgl. Tab. 4-1) eine Höhenänderung von 3,2 mm. Somit lassen sich die festgestellten Höhenänderungen offensichtlich weitgehend auf Temperatureffekte zurückführen.

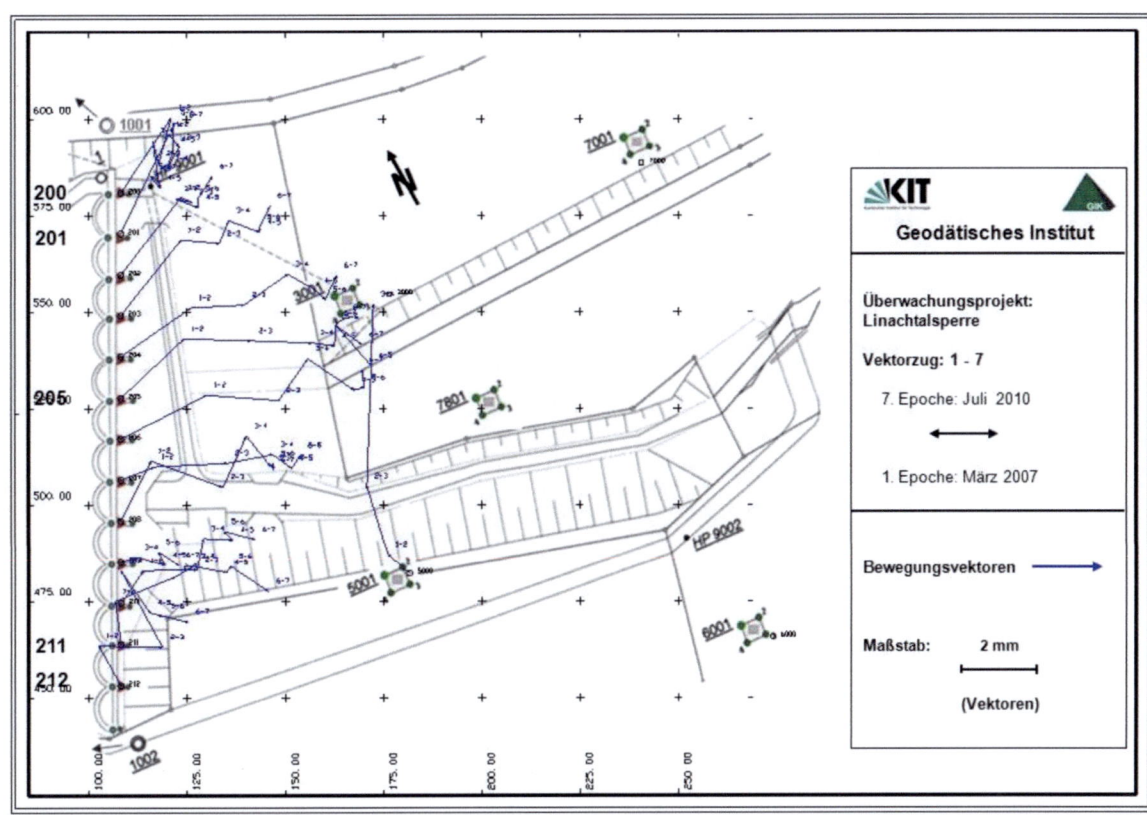

Abb. 6-3: Sukzessive Bewegungsvektoren von Epoche 1 bis Epoche 7

Dass die mit den Tachymetern einseitig gemessenen Höhendifferenzen ebenfalls von sehr hoher Qualität sind, wird auch durch sukzessiven Epochenvergleich der nivellitischen und trigonometrischen Höhen für die luftseitigen oberen Objektpunkte eindrucksvoll bestätigt. In Tab. 6-2 sind die epochenweisen Differenzen in den Höhenversätzen δh_i (vgl. Abb. 3-1) für diese Punkte aufgeführt.

Tab. 6-2: Epochenweiser Vergleich der Höhenversätze δh_i

Punkt	Epochenvergleiche δh_i					
	$2-1$	$3-2$	$4-3$	$5-4$	$6-5$	$7-6$
	[1/10 mm]					
200	9	-8	4	-3	-4	8
201	5	-4	1	-2	0	4
202	4	-8	2	0	0	5
203	-4	-7	4	-2	3	-1
204	0	-8	4	-1	3	4
205	23	-8	3	-1	3	0
206	-1	1	4	1	3	-5
207	—	-4	5	0	3	-5
208	—	-9	0	4	5	-5
209	—	—	4	0	4	-5
210	-4	-3	3	-1	5	-8
211	—	-5	2	-2	4	-4
212	—	-3	4	-3	4	-4

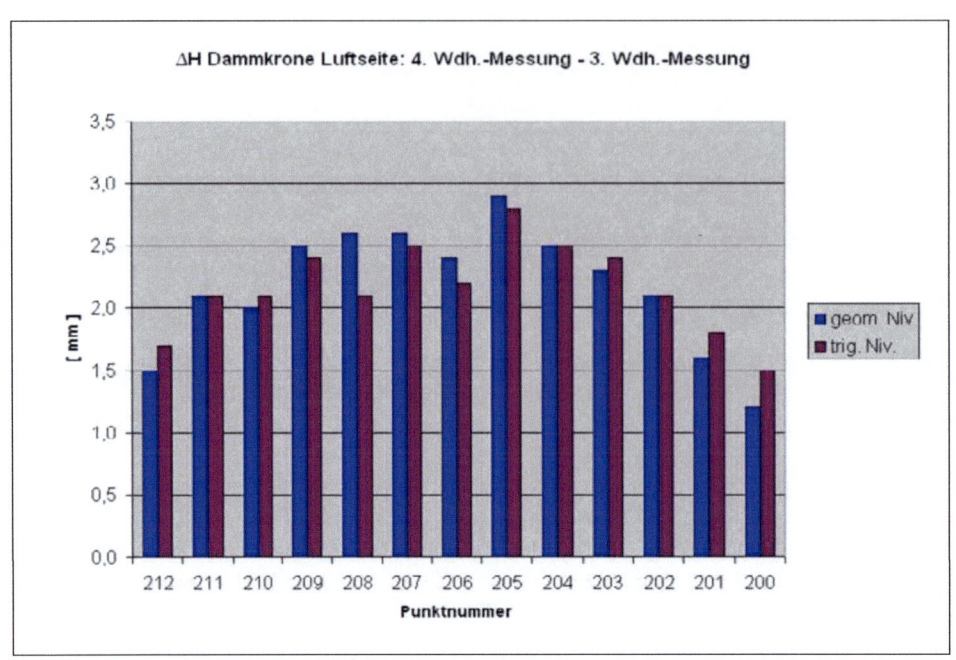

Abb. 6-4: Höhenvergleich zwischen 4. und 5. Messepoche

Nur im Vergleich der 1. und 2. Messepoche übersteigt ein Wert den Betrag von 1,0 mm. Alle anderen Größen sind deutlich kleiner und liegen im Mittel bei ca. 0,5 mm. Damit bringt dieser Vergleich die hohe Güte der aus zwei unterschiedlichen Messmethoden abgeleiteten Höhen eindrucksvoll zum Ausdruck.

7 Zusammenfassung

Die Einbettung der epochenweisen Überwachungsmessungen an der Linachtalsperre in ein Teilprojekt der HVÜ III wurde von den Studierenden sehr gut angenommen. Die Tatsache, dass ihre Messungen vor Ort und die darauffolgende Auswertung mit den Ergebnissen Eingang in die amtlichen Unterlagen zum Nachweis der Stabilität der Staumauer finden, hat die Motivation der Studierenden durchaus positiv beeinflusst. Aus den bisher erzielten Ergebnissen ist ablesbar, dass sich auf Grund des Anstauvorgangs die Mitte der Staumauer um ca. 6,5 mm Richtung Luftseite bewegt hat. Diese Bewegung, die statistisch hochsignifikant nachgewiesen wurde, klingt nach außen hin bis zu den Widerlagern rasch ab. Ab der 6. Messepoche (Juli 2009) sind keine signifikanten weiteren Deformationsbeiträge mehr feststellbar, so dass die Bewegung des Bauwerks infolge des Aufstauvorgangs offensichtlich zur Ruhe gekommen ist.

Literatur

[Dold et al. 2008] DOLD, W. ; JANZING, B. ; SEIM, W.: *Das große Buch der Linachtalsperre.* Dold Verlag, Vöhrenbach, 2008

[Heck 1983] HECK, B.: Das Analyseverfahren des Geodätischen Instituts der Universität Karlsruhe Stand 1983. In: *Schriftenreihe Wissensch. Studiengang Vermessungswesen, HSBw München* Heft 9 (1983), S. 153–182

[Illner u. Jäger 1993] ILLNER, M. ; JÄGER, R.: Ein Konzept zur Integration von GPS in Verdichtungsnetze – Modellbildung und Ableitung von zugehörigen Genauigkeits- und Zuverlässigkeitsmaßen. In: *Zeitschrift für Geodäsie, Geoinformation und Landmanagement (ZfV)* 118 (1993), S. 552–574

[Jäger et al. 2005] JÄGER, R. ; MÜLLER, T. ; SALER, H. ; SCHWÄBLE, R.: *Klassische und robuste Ausgleichungsverfahren.* Herbert Wichmann Verlag, Heidelberg, 2005

[Niemeier 2008] NIEMEIER, W.: *Ausgleichungsrechnung.* 2. Auflage. Walter de Gruyter, Berlin, New York, 2008

[Seim 2004] SEIM, W.: Instandsetzung der Linachtalsperre in Vöhrenbach im Schwarzwald. In: *WasserWirtschaft* 6 (2004), S. 48–50

Anschrift des Autors:

Dr.-Ing. Michael Illner   Karlsruher Institut für Technologie (KIT)
Geodätisches Institut (GIK)
Englerstraße 7, 76131 Karlsruhe
michael.illner@kit.edu

Geodätische Infrastrukturen für GNSS-Dienste (GIPS)

Reiner Jäger

Abstract

The worldwide ongoing process of the establishment of high precise DGNSS-positioning services and respective GNSS-reference station networks, which are related to the globally GNSS-consistent ITRF and ITRF-derivatives (e.g. ETRF89), implies the replacement of the georeferencing in the old independent classical national reference frames by an ITRF-related one. Accordingly the new age of GNSS-positioning services – as interdisciplinary tool with a broad and growing spectrum of precise satellite positioning, navigation, mobile GIS and mobile IT applications – requires the establishment and maintenance of a geodetic infrastructure for GNSS positioning services (GIPS). The development of mathematical models and software for a GIPS must be appropriate to fulfil the requirements of its implementation with respect to the existing and to future belongings, technical concepts and standardizations (e.g. RTCM).

The geodetic infrastructure for GNSS-services (GIPS) is divided into a transformation and a geomonitoring component.

As concerns the transformation component, the old plan position data, which is related to a classical reference frame, has to be transformed to the ITRF-related horizontal georeferencing (B, L) provided by the GNSS-service. This forward transformation (trafo-1) concerns the establishment of modern GNSS-related databases for the infrastructure for spatial information in Europe (INSPIRE) and worldwide (cadastre, GIS, navigation, urban planning, construction, transportation, meteorology, land management, precise agriculture, etc.). It is necessary for a direct horizontal positioning by GNSS services. The backward transformation (trafo-2) of the ITRF-related GNSS-position to an old classical datum is needed, because the classical non-ITRF-related reference frames will still be relevant for at least one decade or more. The presented concept and software CoPaG (COntinuously PAtched Georeferencing) solves the above 3D-datum transformation problems (trafo-1, trafo-2) by a finite element related mathematical modelling (FEM) in a strict and general concept, including quality assessment. The computed high precise parameters are stored to transformation parameter data-bases. The ellipsoidal GNSS-heights always need a further processing, in order to transform h (by H=h-N) to the physical height H referring to the height reference surface (HRS) N. The software DFHBF solves that height transformation problem (trafo-3) again in a Finite Element (FEM) concept. Global geopotential models (GPM), existing HRS models, vertical deflections, terrestrial gravity g and identical points (h, H) can be used as observations for the computation of a HRS database by the DFHBF-software. The CoPaG (trafo-2) and DFHBF (trafo-3) databases can be used on all GNSS-controller types. Alternatively the databases can be implemented as so-called reference transformations for setting up the recent world-standard of RTCM 3.1 transformation messages for the GNSS rover-clients using a RTCM transformation messages server. The new RTCM 3.1 transformation messages allow the GNSS service to provide their users with all necessary information for an RTK 2D positioning (trafo-2) and a GNSS-based heighting (trafo-3). So RTCM-compatibility is regarded as a general GIPS requirement.

The capacity of an absolute positioning by GNSS-positioning services requires, that possible changes of the coordinates of the GNSS reference stations in the amount of few millimetres are detected immediately. To solve that task, the GNSS-reference-station MONItoring by the

KArlsruhe approach and software (MONIKA) has been developed. The MONIKA approach and software can, besides the coordinate control of GNSS-positioning services, also be applied for a use of the permanent GNSS reference-stations as geosensor-networks for geodynamical questions and research, as well as for setting up temporary GNSS-arrays as a disaster monitoring and early warning GNSS service e.g. for land-slides, flood and construction areas.

The author presents the mathematical models, the software and the technical realization of the above GIPS components in a closed modular and general concept. The transformation component is deepened with respect to the part DFHBF (trafo-3). GIPS realizations for different countries and projects, such as e.g. MOLDPOS-project funded by the German Ministry of Research and Education (BMBF) and related to the Moldavian GNSS-service, are presented.

1 Definitionen und Vorbetrachtungen

1.1 GNSS-Positionierungsdienste – Geodätische Grundlagen und technischer Aufbau

Mit der breiten Nutzung von GNSS (GPS/GLONASS), und künftig auch dem europäischen GALILEO sowie dem chinesischen COMPASS, stehen mit Fertigstellung aller vier Orbitsegmente ab 2013 mindestens 105 gegenüber derzeit ca. 45 Satelliten sowie auch weitere Nutzerfrequenzen für eine präzise GNSS-basierte Positionierung und Navigation bereit [Lekkerkerk, 2010]. Die obige Prognose zur Satellitenverfügbarkeit beschleunigt weltweit die Einrichtung präziser GNSS-Positionierungsdienste. Allein in Deutschland gibt es mit SAPOS, Axio-Net und VRSNow bereits drei flächendeckende GNSS-Positionierungsdienste (Abb. 1-1). Diese ermöglichen über die Bereitstellung von RTCM-Korrekturdaten jederman eine direkte und – über einen präzisen GNSS-Empfänger als GNSS-Rover-Client (Abb. 1-1) – auch hochgenaue (cm-Genauigkeit) und flächendeckende Georeferenzierung positionsbezogener Daten im GNSS-konsistenten global zusammenhängenden International Terrestrial Reference Frame (ITRF). Im Auf- und Ausbau moderner Geoinfrastrukturen und zugehöriger positionsbezogener Geodatenbanken lösen die im ITRF georeferenzierten GNSS-Positionierungsdienste zusammen mit der technisch fortschreitenden Satellitennavigation und Mobile IT [Taylor u. Blewitt, 2006; Jäger, 2010] damit den Fortbestand der klassischen Bezugsrahmen zugunsten des ITRF-Bezugs graduell auf.

Der GNSS-konsistente erdfeste ITRF-Bezugsrahmen ist in erster Instanz über die VLBI/GNSS-Stationen des International GNSS Service (IGS) an den inertialen ECIF-Bezug angebunden. Die RINEX-Daten der GNSS-Stationen liefern die Möglichkeit mit differentiellem GNSS hochgenaue absolute erdfeste ITRF-Positionen zu bestimmen, was inzwischen über die RTCM-Korrekturdaten des IGS-IP Dienstes [Jäger, 2010] auch online möglich ist. Gleichzeitig wird auch die hochgenaue absolute GNSS-Positionierung („OPPP") vorangetrieben [Biber et al., 2009]. In jedem Fall weisen die ITRF-Koordinaten infolge von Plattenbewegungen (ca. 2.5 cm pro Jahr auf der eurasischen Platte) sowie einer geringen Datumsdrift aller Platten ein zeitlich dynamisches Verhalten auf. Diese zeitliche Dynamik des ITRF ist über die durch den International Earth Rotation Service (IERS) bereitgestellten Parametrisierungen ebenso wie über identische Punkte aus den betreffenden Epochen genau (cm/sub-cm) modellierbar.

Der in den nationalen Territorien über die Koordinaten der Referenzstationen von GNSS-Positionierungsdiensten hergestellte Bezug kann aufgrund der o. g. Transformationsmöglichkeiten zwischen unterschiedlichen zeitlichen ITRF-Bezügen bezüglich eines bestimmten ITRF-Datums und Plattenstandes zum Zeitpunkt t_0 „eingefroren" und auf diesem Wege statisch gehalten werden. In Europa gilt für den mit ETRF89 bezeichneten eingefrorenen ITRF-Bezug $t_0 = 1989.0$.

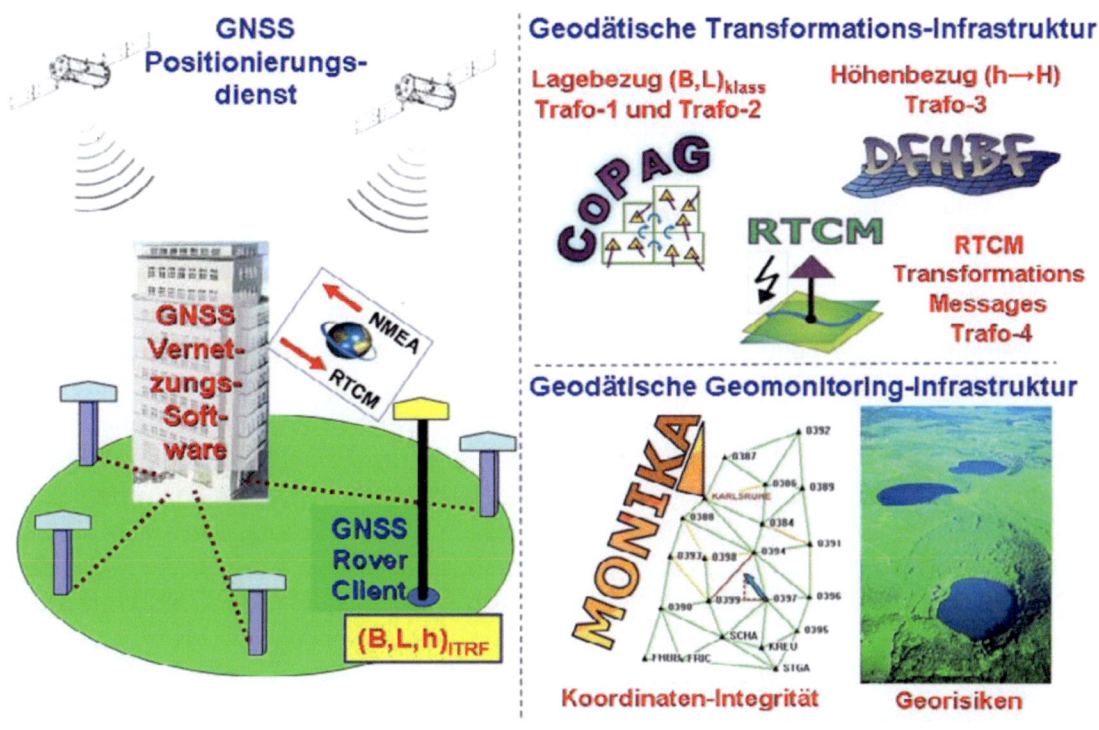

Abb. 1-1: GNSS-Positionierungsdienst und geodätische Infrastrukturen

Nach diesem Muster werden auch in anderen Staaten bzw. auf anderen Kontinenten sog. ITRF-basierte statische Bezugsrahmen für eine stetig wachsende Zahl von präzisen (1 cm bis 3 cm genauen) GNSS-Positionierungsdiensten hergestellt. Wie mit ETRF89 in Europa geschieht dies in der Regel zweistufig. D. h. zunächst erfolgt die Bestimmung der Koordinaten eines hochgenauen Referenznetzes, und hiernach werden die GNSS-Referenzstationen des betreffenden Positionierungsdienstes (Abb. 1-1) an dieses Referenznetz angeschlossen. Mittels der aus den vernetzten GNSS-Referenzstationskoordinaten in Echtzeit ermittelten und standardmäßig über mobiles Internet am GNSS-Rover-Client (Abb. 1-1) bereitgestellten RTCM-Korrekturdaten, kann so eine präzise ITRF-basierte Echzeitpositionierung unter Bestimmung dreidimensionaler Positionen $(B, L, h)_{\text{ITRF}}$ auch ohne geodätische Fachkenntnisse durch jedermann im betreffenden ITRF-Bezug – in Europa ETRF89, in Brasilien SIRGAS (Kap. 4.1) etc. – erfolgen.

Damit löst der global einheitliche ITRF-Bezug die weltweit ca. 500 astronomisch und nicht zusammenhängend gelagerten klassischen Datumsbezüge ab.

1.2 Geodätische Transformations-Infrastruktur

Die geodätische Transformationsinfrastruktur umfasst – als erste Komponente der beiden Geodätischen Infrastrukturen von GNSS-Positionierungsdiensten – die vier Teilkomponenten der Transformationen Trafo-1 bis Trafo-4 (Abb. 1-1). Die aus vernetzen Referenzstationen über die GNSS-Vernetzungssoftware (Abb. 1-1) ermittelten und dem Rover-Client über mobiles Internet (standardmäßig im sog. NTRIP-Format) bereitgestellten RTCM-Korrekturen erlauben online die Ermittlung der Roverposition im ITRF-Bezug im (1-3) cm Genauigkeitsbereich. Um den einheitlichen ITRF-Bezug jedoch effektiv und interdisziplinär durchgängig nutzen zu können, müssen die in den klassischen Referenzrahmen vorliegenden Lagekoordinaten $(B, L)_{\text{klass}}$ – in Deutschland dem DHDN-Datum [Jäger u. Kälber, 2000] – an den ITRF-Bezug angeknüpft werden. Dies bedeutet, dass die Lagekoordinaten $(B, L)_{\text{klass}}$ hochgenau in den ITRF-Bezug

$(B, L)_{\text{ITRF}}$ überführt werden müssen. Diese Aufgabe wird nachfolgend als Trafo-1 bezeichnet. Die Trafo-1 (Kap. 2.1) wurde mit der Einrichtung von GNSS-Positionierungsdiensten bisher sowohl von den in den nationalen Territorien ansässigen staatlichen Vermessungs- und anderen Verwaltungen, wie auch in starkem Maße vonseiten des Privatsektors wahrgenommen. Global betrachtet erfolgten hochgenaue Transformationen (cm-Genauigkeit) bisher eher sporadisch bzw. projekt- und zweckgebunden, und selten in landesweiter Dimension. Den definitiven legislativen Auftakt zu einer zwingenden genauen Umreferenzierung $(B, L)_{\text{klass}}$ nach $(B, L)_{\text{ITRF}}$ im Sinne von Trafo-1, auch im genauen Bereich, gab in Europa 2007 die Richtlinie INSPIRE (Infrastructure for Spatial Information in Europe) des EU-Parlaments [EU, 2007]. Erst eine solche ITRF-basierte Geodatenreferenzierung ermöglicht eine einheitliche Geodateninfrastruktur und macht den Weg frei für interdisziplinäre und wirtschaftlich bedeutsame nachhaltige Potenziale. Dies betrifft die in breitem Spektrum aufgestellten Bereiche Navigation, Verkehrs-, Bau- und Planungswesen, Management von Facilities, Mobiles GIS, Datenerfassungs- und Drohnensysteme, LBS-Dienste- und Anwendungen, Landmanagement, Umwelt-/Geowissenschaften, Landwirtschaft und nicht zuletzt auch den Katastrophenschutz-/Management. Die Realisierung der Trafo-1 wird kurz- bis mittelfristig so für alle Staaten der Welt unabdinglich. Dabei sind die Verfügbarkeit der GNSS-Positionierungsdienste sowie die aufkommende Ära des Low-Cost-GNSS zusätzlich Katalysatoren für den weltweiten Bedarf einer vereinheitlichten Geodatenstruktur und damit der Trafo-1 (Abb. 1-1) als erste Komponente der entsprechenden geodätischen Infrastruktur für GNSS-Positionierungsdienste.

Die inverse Transformation von $(B, L)_{\text{ITRF}}$ nach $(B, L)_{\text{klass}}$ – im folgenden als Trafo-2 (Kap. 2.1) bezeichnet – ist im operativen Betrieb von GNSS-Positionierungsdiensten jedoch noch so lange erforderlich, wie die klassischen Bezugssysteme parallel zum ITRF-Bezug nachgefragt werden. Wegen der besonderen Rechtslage sowie auch den hohen Genauigkeitsansprüchen vollziehen sich die Realisierung der Trafo-1 und die Einführung des ITRF als gesetzlich gültiger Bezugsrahmen, z. B. im Katasterwesen sowie in anderen hoheitlichen Bereichen wie Verkehrs- sowie Wasser- und Schifffahrtswesen, weltweit nur langsam. Daher besteht sicherlich bis in die kommende Dekade noch die Notwendigkeit, die Trafo-2 in einer Übergangsphase in Form einer Online-Transformation der originären GNSS-Position $(B, L, h)_{\text{ITRF}}$ nach $(B, L)_{\text{klass}}$ vorzuhalten.

Mit der online verfügbaren cm-Genauigkeit der GNSS-Position $(B, L, h)_{\text{ITRF}}$ erschließt sich auch das Potenzial einer genauen Höhenbestimmung mittels GNSS-Positionierungsdiensten. Die GNSS-basierte Bestimmung von Landeshöhen H erfordert die Umreferenzierung des ellipsoidischen GNSS-Höhenbezugs h_{ITRF} auf die potenzialtheoretisch definierte Höhenbezugsfläche N eines klassischen Höhensystems H. Die Berechnung von Höhenbezugsflächen N [Illner u. Jäger, 1995; Jäger, 1997; Jäger u. Kälber, 2000] – und die damit einhergehende Bereitstellung des Übergangs $H = h - N$ – werden im folgenden als Trafo-3 (Abb. 1-1, Kap. 2.2) bezeichnet.

Die Transformationsaufgaben Trafo-2 und Trafo-3 münden mit den neuen RTCM 3.1 Transformationsnachrichten [Jäger u. Kälber, 2008] in eine technisch orientierte Transformationskomponente (Abb. 1-1), die als Trafo-4 (Kap. 2.3) bezeichnet wird. Die Transformationsnachrichten ermöglichen es, dass der Datumsübergang (Trafo-2) und die Höhentransformation (Trafo-3) nicht mehr auf den GNSS-Controller-Clients (Abb. 1-1) der Nutzer eines GNSS-Positionierungsdienstes geleistet werden müssen. An deren Stelle werden auf der Grundlage von Trafo-2 und Trafo-3 serverseitig bzw. seitens des GNSS-Positionierungsdienstes (Abb. 1-1) die o.g. RTCM-Transformationsmessages generiert und den GNSS-Clients bereitgestellt. Geodätischerseits kommt es hierbei darauf an, Konzepte und Software zu realisieren (Trafo-4), um die spezifischen Referenztransformationen bzgl. Trafo-2 und Trafo-3 möglichst verlustfrei in die Daten- und Modellstruktur der RTCM-Transformationsmessages abzubilden.

1.3 Geodätische Geomonitoring-Infrastruktur

Die Bereitstellung des geodätischen Raumbezugs über die Koordinaten der landesweiten Netze der Referenzstationen von GNSS-Positionierungsdiensten erfordert, dass etwaige Änderungen der GNSS-Referenzstationskoordinaten (Abb. 1-1) in der Größenordnung von Millimetern in kurzer Zeit erkannt und durch eine entsprechende Nachführung der veränderten Koordinaten berücksichtigt werden. Dies erfordert eine auf die Epochenzustandsschätzungen - typischerweise GNSS-Netzausgleichungen der RINEX-Tagesdaten – aufbauende koordinatenbezogene 3D-Deformationsanalyse [Jäger u. Spohn, 2010]. Gefordert ist im Kern des sog. Koordinatenintegritäts-Monitoring (Abb. 1-1) die echtzeitnahe Realisierung des mathematischen Modells zur statistischen Analyse einer multiepochalen und multivariaten Netzkongruenz (Kap. 3). Gleichzeitig können die Sensordaten der GNSS Referenzstationen im Bereich der Minderung von Georisiken eingesetzt werden [Jäger et al., 2007; Jäger u. Spohn, 2010]. Eine leistungsfähige geodätische Deformationsanalyse erschließt – über die zweite Komponente der geodätischen Infrastruktur von GNSS-Positionierungsdiensten – somit auch Potenzial für den entsprechenden Einsatz der GNSS-Referenzstationen als Komponente eines skalierbaren Geosensornetzwerks im Bereich von Geoforschung und Georisiken (Kap. 3). Diese zweite Teilkomponente ermöglicht es, die GNSS-Referenzstationen selbst bei der Beobachtung und Erforschung landesweiter geodynamischer Vorgänge ebenso wie für ein geodätisches Geomonitoring für regionale und lokale Deformations-vorgänge einzusetzen (Abb. 1-1, Abb. 4-4). Letzteres erfolgt durch die Anbindung zusätzlicher permanenter oder temporärer GNSS-Arrays an die GNSS-Referenzstationen, dies auch im Verbund mit anderen Systemen wie z. B. GOCA (`www.goca.info`). Mit der im IT-Zeitalter somit von der globalen bis hin zur lokalen Dimension durchgängig gangbaren Vernetzung stellen die landesweiten GNSS-Positionierungsdienste ein wichtiges Element für die Einrichtung skalierbarer Frühwarnsysteme zur Minderung unterschiedlicher Arten von Georisiken dar. Dieses auf eine leistungsfähige geodätische Deformationsanalyse zurückführende Gesamtspektrum erschließt sich zudem auch über die Implementierung der mathematischen Modelle entsprechender – früher als komplexe Deformationsmodelle und – modern als virtuelle Sensoren [Fuchs, 2010] bezeichneten weiteren Deformationsanalysemodelle.

2 Mathematische Modelle und Software zur Realisierung der geodätischen Transformationsinfrastrukturen

2.1 CoPaG-Konzept und Datenbanken zur Realisierung von Trafo-1 und Trafo-2

Dieses Kapitel befasst sich mit der homogenisierenden cm-genauen und nachbarschaftstreuen Transformation zwischen den Lagekoordinaten klassischer nationaler Bezugssysteme $(B, L)_\text{klass}$ und dem ITRF-Bezug $(B, L)_\text{ITRF}$. Mit dem nachfolgend hierzu vorgestellten CoPaG-Konzept wird mit der Trafo-1 die Verbesserung und Homogenisierung der geometrischen Qualität der klassischen Netze beim Übergang in den ITRF-Bezug erzielt. So wird die Voraussetzung für die Nutzbarkeit und Fortführung bestehender klassischer Datenbestände im ITRF geschaffen. Diese können so, wie bereits im o.g. Kontext erläutert, auf der Grundlage bzw. in Form einer einheitlichen Geodateninfrastruktur (INSPIRE, [EU, 2007]) auf breiter Basis interdisziplinär und nachhaltig ausgeschöpft werden.

Das CoPaG-Ansatzkonzept basiert auf einer streng dreidimensionalen räumlichen Ähnlichkeits-transformation [Schmitt et al., 1991] zwischen zwei Bezugsrahmen 1 und 2. Linearisiert man die Beziehung zwischen den geozentrisch kartesischen (x, y, z) und den geographischen Koordinaten (B, L, h) und führt dort eine differentielle Ähnlichkeitstransformation ein, so resultiert mit dem

Linearisierungspunkt der geographischen Koordinaten im Ausgangssystem $(B, L, h)_1$ die sog. Molodenski-Transformation. Diese lautet:

$$\left(\begin{bmatrix} B \\ L \\ h \end{bmatrix}_2 - \begin{bmatrix} \Delta B_{(a,b)_1,(a,b)_2} \\ \Delta L_{(a,b)_1,(a,b)_2} \\ \Delta h_{(a,b)_1,(a,b)_2} \end{bmatrix} - \begin{bmatrix} B \\ L \\ h \end{bmatrix}_1 \right)_i + \begin{bmatrix} v_B \\ v_L \\ v_h \end{bmatrix}_i = \begin{bmatrix} \text{Molodenski} \end{bmatrix}_{(B,L,h)_1,i} \cdot \begin{bmatrix} \epsilon_x \\ \epsilon_y \\ \epsilon_z \\ \Delta s \\ t_x \\ t_y \\ t_z \end{bmatrix} . \qquad (2\text{-}1)$$

Die in der der obigen Molodenski-Transformation als Designmatrix auftretende [3,7]-Molodenski-Matrix stellt sich ausführlich dar als:

$$\begin{bmatrix} -\sin L \cdot \frac{a \cdot W + h}{M+h} & \cos L \cdot \frac{a \cdot W + h}{M+h} & 0 & \frac{-\sin B \cdot \cos B \cdot N \cdot e^2}{M+h} \\ \frac{\sin B \cdot \cos L \cdot (N \cdot (1 - e^2) + h)}{(N+h) \cdot \cos B} & \frac{\sin B \cdot \sin L \cdot (N \cdot (1 - e^2) + h)}{(N+h) \cdot \cos B} & -1 & 0 & \cdots \\ -N \cdot e^2 \cdot \sin B \cdot \cos B \cdot \sin L & N \cdot e^2 \cdot \sin B \cdot \cos B \cdot \cos L & 0 & h + a \cdot W \end{bmatrix}$$

$$\begin{matrix} & \frac{-\sin B \cdot \cos L}{M+h} & \frac{-\sin B \cdot \sin L}{M+h} & \frac{\cos B}{M+h} \\ \cdots & \frac{-\sin L}{(N+h) \cdot \cos B} & \frac{\cos L}{(N+h) \cdot \cos B} & 0 \\ & \cos B \cdot \cos L & \cos B \cdot \sin L & \sin B \end{matrix} \Bigg] \qquad (2\text{-}2)$$

Auf der Grundlage der Position $(B, L, h)_1$ bzw. $(x, y, z)_1$ im Ausgangsbezug berechnen sich streng nicht-linear die nachfolgenden Korrekturen $(\Delta B, \Delta L, \Delta h)$, welche wegen der i. A. unterschiedlichen Ellipsoiddimensionen im Ausgangs- (Referenzrahmen-1) und Zielbezugsrahmen (Referenzrahmen-2) vorliegen. Die Beziehungen hierfür lauten:

$$\begin{aligned} \Delta B_{(a_1,b_1),(a_2,b_2)} &= B(a_2, b_2 | (X, Y, Z)_1) - B(a_1, b_1 | (X, Y, Z)_1) \\ \Delta L_{(a_1,b_1),(a_2,b_2)} &= 0 \\ \Delta h_{(a_1,b_1),(a_2,b_2)} &= h(a_2, b_2 | (X, Y, Z)_1) - h(a_1, b_1 | (X, Y, Z)_1) \end{aligned} \qquad (2\text{-}3)$$

Der Molodenski-Ansatz und die Herleitung der obigen Beziehungen (2-1), (2-2), (2-3) werden in einfacher Form ohne eine FEM-Vermaschung in der Software WTRANS (www.geozilla.de) bereitgestellt. Als Datums- bzw. Transformationsparameter d treten in (2-1) die drei Translationen (t_x, t_y, t_z), die Maßstabsdifferenz Δs sowie die drei Rotationen $(\epsilon_x, \epsilon_y, \epsilon_z)$ zwischen den Bezugsrahmen 1 und 2 auf.

In der für die praxisgerechte Realisierung von Trafo-1 und Trafo-2 auf der Grundlage des Molodenski-Ansatzes ((2-1), (2-2), (2-3)) erfolgten Softwareentwicklung CoPaG (COntinuously PAtched Georeferencing) wurde eine unregelmäßige FEM-Vermaschung für die betreffenden Landesgebiete implementiert (Abb. 2-1, Abb. 4-1). Anstelle eines einzigen Transformationsparametersatzes d werden in dem in CoPaG realisierten Ausgleichungsansatz – der Maschenzahl n entsprechend – n-Sätze von Transformationsparametern $(d_i \; i = 1, \ldots n)$ geschätzt. Dabei werden zusätzliche stochastische Stetigkeitsbedingungen entlang der Maschengrenzen eingeführt (Abb. 2-1, rechts). Die Stochastizität der Stetigkeitsbedingungen entspricht dabei dem Punktrauschen in den FEM-Maschen selbst. Die Kantenstetigkeit wird ausgleichungstechnisch entweder über die Forderung von Stetigkeit für fiktive auf den Kanten gelegenen Punkten, oder über die Forderung identischer Residuen für kantennahe physikalische Passpunkte erreicht. Entsprechende Bedingungen werden jeweils bzgl. der Parameter der beteiligten benachbarten Maschen formuliert.

Mit diesem „Patching" eines Landesgebietes in Einzelmaschen (Abb. 2-1, Abb. 4-1) werden die im Falle nur eines Transformationsparametersets d in Form eines Feldes großer Residuen, der sog. Hauptschwachform [Jäger, 1988; Jäger u. Leinen, 1992] der klassischen trigonometrischen Netze (Abb. 2-1, rechts), auftretenden Problematiken vermieden. Die FEM-Vermaschung mit lokalen Transformationsparametern (d_i $i = 1, \ldots n$) ermöglicht so mit dem CoPaG-Ansatz zum einen die notwendige Suche grober Fehler in den identischen Punkten $(B, L, h)_1$ und $(B, L, h)_2$. Bei nur einem Parametersatz d und entsprechend großen Residuen dagegen ist die Aufdeckung grober Fehler nur auf der Basis der i. A. jedoch nicht verfügbaren Kovarianzmatrizen der Netzkoordinaten möglich. Zum zweiten implizieren die großen Residuen bei nur einem Parametersatz d (Abb. 2-1, rechts) – in Anbetracht eines zu erwartenden prozentualen Interpolationsfehlers – einen betragsmäßig entsprechend größeren Residueninterpolationsfehler bei der Transformation von Neupunkten, als dies bei einer FEM-Vermaschung und kleineren Residuen (Abb. 2-1, links) der Fall ist. Bei der Trafo-1, der Überführung der klassischen Lagekoordinaten $(B, L)_{\text{klass}}$ in den ITRF-Bezug, werden die Hauptschwachformen der klassischen Netzgeometrie (Abb. 2-1, rechts) netzverbessernd getilgt. D. h., es erfolgt mit dem ITRF-Übergang bzw. der Trafo-1 die Homogenisierung und Richtigstellung der langwellig deformierten klassischen Landesnetze (Abb. 2-1, rechts). Bei der Trafo-2 wird dagegen die keinen ausgeprägten Hauptschwachformen unterliegende Geometrie des ITRF-Bezugs beim Übergang in ein klassisches Landessystem stets langwellig deformiert.

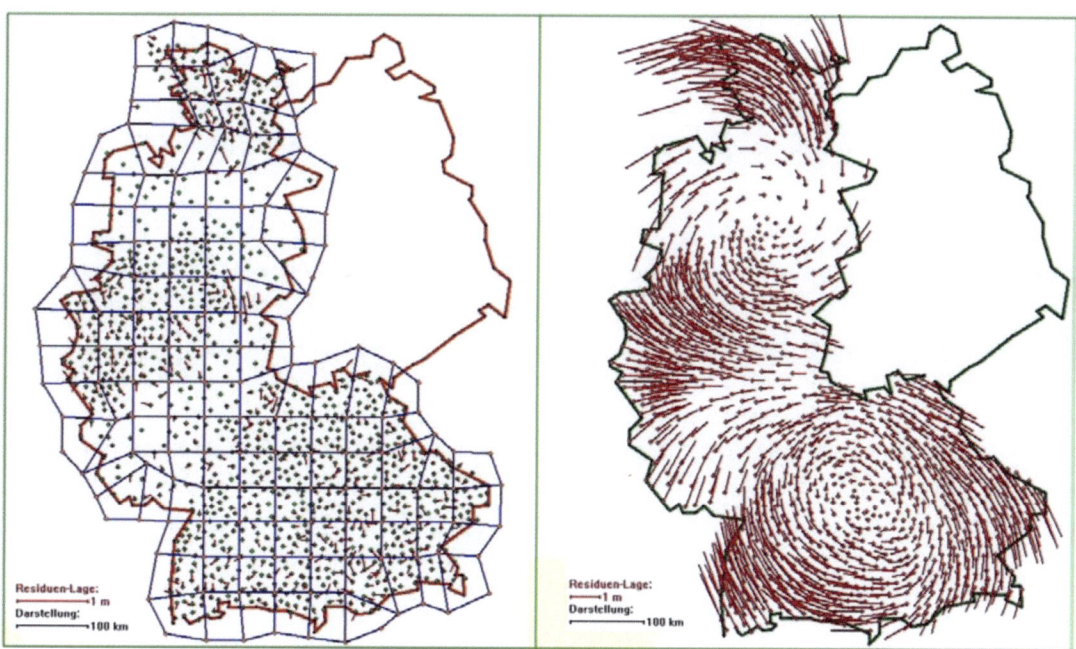

Abb. 2-1: Links: Strenge CoPaG-Transformation zwischen den Lagekoordinaten im DHDN und ITRF-Bezug ETRF89 unter Aufteilung Westdeutschlands in 81 „Patches" mit Residuen unter 3 cm im Mittel.
Rechts: Residuen (bis 2.5 m) bei bundesweit nur einem Transformationsparametersatz bzw. nur einer Masche

Die ermittelten stetigen Transformationsparameter (d_i $i = 1, \ldots n$) werden zusammen mit den Residuen auf sog. Transformationsparameter-Datenbanken geschrieben. Neben den oben bereits genannten positiven Eigenschaften der FEM-Maschenaufteilung in Bezug auf die Suche grober Fehler und die Restklaffungsinterpolation bestehen weitere Vorteile und Alleinstellungsmerkmale des FEM-basierten 3D-Transformationsansatzes CoPaG. Dies sind:

1. Im Gegensatz zu 3D-Ansätzen in kartesischen Koordinaten kann explizit zwischen TP- (3D), AP- (2D) und Nivellement- (1D) Passpunkten unterschieden werden. Diese können unabhängig und mit individuellen Genauigkeiten zur Bestimmung der Transformationsparameter herangezogen werden.

2. Als Ausgleichungskonzept erlaubt CoPaG neben einer statistisch fundierten Qualitätskontrolle der berechneten Transformationsparameterdatenbanken auch die Berechnung einer landesweiten Genauigkeitsfläche [Jäger u. Kälber, 2008] für den Übergang zwischen ITRF und klassischen Referenzrahmen.

3. Für eine genaue Lagetransformation (Trafo-1, Trafo-2) werden die Höhen im Ausgangssystem $(B, L, h)_1$ nur in untergeordneter Genauigkeit benötigt. Daher kann die Höheninformation – z. B. im Fall von reinen Lagepasspunkten – bei der Berechnung der Transformationsparameterdatenbanken aus frei zugänglichen HBF- und Höhenmodell-Datenquellen gewonnen werden.

4. Im Molodenski-Ansatz von CoPaG kann durch eine entsprechende Aufsplittung der Spalte 4 der Molodensimatrix (2-2) in zwei Spalten – im Gegensatz zu anderen Konzepten – eine aus physikalischen Gründen auch prinzipiell notwendige Trennung zwischen einem Lage- und einem Höhenmaßstab erfolgen.

5. Die Allgemeingültigkeit der strengen 3D-Modellierung CoPaG erlaubt eine Anwendung zur Berechnung von Transformationsparameterdatenbanken für die Aufgaben Trafo-1 und Trafo-2 in beliebigen Ländern (Übersicht, siehe www.geozilla.de).

2.2 DFHBF-Konzept und Datenbanken zur Realisierung des Höhenübergangs Trafo-3

Die geodätische Infrastruktur für die Transformationskomponente Trafo-3 erfordert mit $H = h - N$ die Bereitstellung der Höhenbezugsfläche (HBF) N zur Überführung der ITRF-basierten ellipsoidischen GNSS-Höhe h in die physikalische Höhe H am Ort (B, L, h). Kennzeichnend für das Berechnungskonzept DFHBF (Digitale Finite Elemente (FEM) Höhenbezugsfläche) ist die stetige FEM-Repräsentation $NFEM(\boldsymbol{p}|B, L)$ der Höhenbezugsfläche (HBF) über bivariate Maschenpolynome (Abb. 2-2). Das DFHBF-Konzept (www.dfhbf.de) wurde erstmals in [Jäger, 1997] vorgestellt. Mit dem FEM-Modell der HBF stellt sich die Beziehung zwischen der ITRF-basierten ellipsoidischen GNSS-Höhe h und der physikalischen Landeshöhe H dar als:

$$h = H + NFEM(\boldsymbol{p}|B, L) \tag{2-4}$$

Bei älteren Gebrauchshöhensystemen (z. B. in Deutschland das DHHN12) tritt in (2-4) noch die Modellierung eines zusätzlichen Maßstabsterms hinzu. Dieser entfällt bei modernen Höhensystemen, wie den europäischen Normalhöhen (www.euref.eu), da deren Festlegung auf ein Referenzschwerefeld (GRS80) mit einem Niveauellipsoid basiert, dessen Oberflächenpotenzial U_0 dem Potenzialwert W_0 der Geoidoberfläche des tatsächlichen Schwerefelds der Erde entspricht.

Die Potenzialwerte $U_0 = W_0$ legen auf den jeweiligen Höhenbezugsflächen N mit den Orten $H_{\mathrm{orth}} = H_N = 0$ zugleich das Nullniveau moderner orthometrischer bzw. Normalhöhensysteme fest. Die Höhenbezugsflächen (HBF) für orthometrische H_{orth} bzw. Normalhöhen H_N sind das Geoid $N_G(B, L)$ bzw. das Quasigeoid $N_{\mathrm{QG}}(B, L, h)$.

Das DFHBF-Konzept zielt auf die Berechnung von Quasigeoid-Modellen N_{QG} nach der Theorie von Molodenski ab. Quasigeoidmodelle $N_{\mathrm{QG}}(B, L, h)$ hängen im Gegensatz zu Geoidmodellen prinzipiell von der Höhe h ab. Analog zur QGeoid-Griddarstellung anderer Konzepte kann die

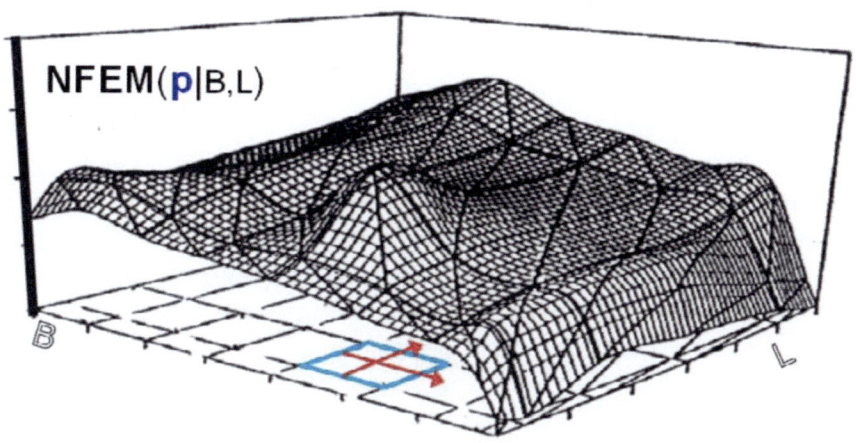

Abb. 2-2: $NFEM(\boldsymbol{p}|B,L)$ als stetige Taylorentwicklung der Höhenbezugsfläche (HBF)

resultierende Q-Geoidfläche mit $NFEM(\boldsymbol{p}|B,L)$ ((2-6), Abb. 2-2) – infolge schwacher über die Passpunkte $(B,L,h|H)$ (Abb. 4-2) eingeflossenen Höhenabhängigkeit h – für die Praxis allein in (B,L) parametrisiert werden. Die Höhenbezugsfläche (HBF) des Quasigeoids und der zugehörige Höhensystemtyp der Normalhöhen setzen sich in der modernen Geodäsie als Infrastrukturbasis zur Höhenpositionierung in GNSS-Positionierungsdiensten zunehmend durch (www.euref.eu). Ein wesentlicher Grund hierfür ist, dass im Gegensatz zu Geoid und orthometrischen Höhen, hier neben einem Geopotenzialmodell (GPM) und dem Referenzpotenzial (GRS80) keine weiteren Modelle bzw. Hypothesen zum tatsächlichen Erdschwerefeld zu deren mathematischer Darstellung am Ort $P(B,L,h)$ benötigt werden. Das gilt auch im Fall der zugehörigen Normalhöhen H_N, die terrestrisch allein aus der aus Nivellement und Schweremessungen ermittelten geopotentiellen Kote und dem Referenzschwerefeld (GRS80) am Ort $P(B,L,h)$ resultieren [Illner u. Jäger, 1995].

In einer unabhängigen zweiten Stufe kann die hypothesenfrei berechnete HBF eines Quasi-Geoids $N_{QG}(B,L,h)$ mit

$$N_G = N_{QG} + \frac{\bar{g} - \bar{\gamma}}{\bar{\gamma}} \cdot H \tag{2-5}$$

im Bedarfsfall punktweise in ein Geoid-Grid N_G umgeformt werden. Mit $\bar{g}$ und $\bar{\gamma}$ werden die aus einem regionalen Dichtemodel bzw. die direkt aus dem Referenzpotential berechneten mittleren Schwerewerte entlang der Lotlinie bezeichnet. Die lokale Höhe H wird in (2-5) höhentypunabhängig in untergeordneter Genauigkeit benötigt. Im DFHBF-Ausgleichungsansatz wird in (2-4) als Skalarprodukt zwischen dem ortsabhängigen sog. Vandermond'schen Vektor $\boldsymbol{f}$ und dem Unbekanntenvektor $\boldsymbol{p}$ der Polynomparameter umgeschrieben. Wir erhalten:

$$h + v = H + NFEM(\hat{\boldsymbol{p}}|B,L) = \hat{H} + \boldsymbol{f}(B,L)^\mathsf{T} \cdot \hat{\boldsymbol{p}}, \quad \text{mit} \tag{2-6}$$

$$\boldsymbol{f}(B,L) = [1|B',L'|B'^2, B' \cdot L', L'^2| \dots]^\mathsf{T} \text{ und } \hat{\boldsymbol{p}} = [\hat{p}_{00}|\hat{p}_{10}, \hat{p}_{01}|\hat{p}_{20}, \hat{p}_{11}, \hat{p}_{02}| \dots]^\mathsf{T}.$$

Mit (B',L') werden die auf die lokalen Maschenzentren (B_0,L_0) reduzierten geographischen Koordinaten bezeichnet (Abb. 2-2). Als weitere Verbesserungsgleichungen (2-7), (2-8) und (2-9) treten mit $N_{QG}(B,L,h)$ und (ξ,η) die Beobachtungskomponenten aus vorhandener QGeoid- bzw. Lotabweichungsinformation hinzu. Diese stehen in Form regionaler i. A. nicht gefitteter QGeoid-Modelle sowie globaler, ebenfalls nicht gefitteter Geopotenzialmodelle (GPM), wie z. B. EIGEN05 oder EGM2008 bereit.

$$N_{QG}(B,L,h)^j + v = NFEM(\hat{\boldsymbol{p}}|B,L) + \partial N_{QG}(\hat{\boldsymbol{d}}_N^j) \tag{2-7}$$

$$\xi^j + v = \frac{-f_B}{M(B)+h} \cdot \hat{\boldsymbol{p}} + \partial B(\hat{\boldsymbol{d}}_{\xi,\eta}^j) \tag{2-8}$$

$$\eta^j + v = \frac{-f_L}{(N(B)+h)\cdot\cos B} \cdot \hat{\boldsymbol{p}} + \partial L(\hat{\boldsymbol{d}}_{\xi,\eta}^j) \tag{2-9}$$

Über (2-8) und (2-9) können auch Lotabweichungen aus Zenitkamerabeobachtungen einfließen. Die Datumsanteile bzw. -Parametrisierungen ($\partial N \partial B, \partial L$) sind auf den Molodenskiansatz (2-2) zurückzuführen. Sie erlauben die Tilgung langwelliger Systematiken („Schwachformen" [Jäger, 1988; Jäger u. Leinen, 1992]) in den Beobachtungskomponenten (2-7), (2-8) und (2-9) über Maschenverbände, sog. „Patches" (Abb. 4-2, links). Bei gleicher Datenbasis sind die Parameter $\hat{\boldsymbol{d}}_N^j$ und $\hat{\boldsymbol{d}}_{\xi,\eta}^j$ im j-ten „Patch" identisch. Mit H (2-10) und C (2-11) gehen die physikalischen Höhen der Höhenpasspunkte ($B, L, h|H$) bzw. die Kantenstetigkeitsbedingungen von $NNFEM(\boldsymbol{p}|B,L)$ (Abb. 2-2) in den DFHBF-Ausgleichungsansatz ein.

$$H + v = \hat{H} \tag{2-10}$$

$$C + v = C(\hat{\boldsymbol{p}}) \tag{2-11}$$

Treten im DFHBF-Konzept physikalische Beobachtungen hinzu [Jäger, 2007], so werden diese in einem regionalen sog. Kugelkappenmodell [Schneid, 2006] mit den Kugelfunktionskoeffizienten $\overline{C}'_{n(k),m}$ und $\overline{S}'_{n(k),m}$ parametrisiert. Diese Parametrisierung wird als physikalische Komponente des DFHBF-Ausgleichungsansatzes bezeichnet. Der Vorteil der Parametrisierung in einer regionalen Kugelkappe, gegenüber einem globalen Kugelfunktionsmodell besteht darin, dass für die gleiche Auflösung einer HBF in ersterem Modell wesentlich weniger unbekannte Kugelfunktionsparameter auftreten. So erfordert die 1cm-Auflösung der HBF mit einer globalen Kugelfunktionsentwicklung den Grad und Ordnung 7200 und damit ca. 50 Mio. Unbekannte, während z. B. für die Gebietsgröße Baden-Württemberg ein Kugelkappenmodell in Grad und Ordnung von ca. $k_{max} = 220$ ausreichend ist, welches mit ca. 50.000 Unbekannten auskommt.

Die im lokalen astronomischen System (LAV) durchgeführten Schweremessungen g_{LAV} werden neben der Gezeitenreduktion um den Zentrifugalbeschleunigungsanteil reduziert und dann in das lokale geodätische vertikale System (LGV) der Kugelkappe rotiert [Jäger, 2007]. Für den resultierenden Schwerewert g_{LGV} gilt dann in der Kugelkappenparametrisierung die Verbesserungsgleichung [Schneid, 2006]:

$$g_{LGV} + v = \sum_{k=0}^{k_{max}} \left(\frac{a}{r}\right)^{n(k)+1} \frac{n(k)+1}{r} \sum_{m=0}^{k} \left(\hat{\overline{C}}'_{n(k),m} \cdot \cos m\lambda' + \hat{\overline{S}}'_{n(k),m} \cdot \sin m\lambda'\right) \cdot P_{n(k),m}(\cos\theta'). \tag{2-12}$$

Die Parameter ($\overline{C}_{nm}, \overline{S}_{nm}$) eines globalen Modells $V(r,\lambda\theta) = V(\overline{C}_{nm}, \overline{S}_{nm})$ können aufgrund der an beliebigen Orten $P(B,L,h)$ identischen Gravitationspotenzialwerte in die Koeffizienten des Gravitationsmodells der Kugelkappe überführt werden. Dies geschieht, indem entsprechend der Anzahl der mit k_{max} vorliegenden Unbekannten ($\overline{C}'_{n(k),m}, \overline{S}'_{n(k),m}$) die Gleichsetzung von $V(\overline{C}'_{n(k),m}, \overline{S}'_{n(k),m}|r,\lambda',\theta')$ und $V(\overline{C}_{nm}, \overline{S}_{nm}|r,\lambda,\theta)$ erfolgt. Wir erhalten das bzgl. der Kugelkappenkoeffizienten lineare Gleichungssystem:

$$\sum_{k=0}^{k_{max}} \left(\frac{a}{r}\right)^{n(k)+1} \sum_{m=0}^{k} (\overline{C}'_{n(k),m} \cdot \cos m\lambda' + \overline{S}'_{n(k),m'} \cdot \sin m\lambda') \cdot P'_{n(k),m}(\cos\theta')$$
$$= V(\overline{C}_{nm}, \overline{S}_{nm}|r,\lambda,\theta) \quad \text{(2-13a)}$$

Auf der Grundlage des LGL (2-13a) lassen sich aus den Koeffizienten ($\overline{C}_{nm}, \overline{S}_{nm}$) globaler GPM generell die Parameter ($\overline{C}'_{n(k),m}, \overline{S}'_{n(k),m}$) regionaler Kugelkappen ermitteln; bei Vorliegen der Kovarianzmatrix des globalen GPM unter Anwendung der Fehlerfortpflanzung auch deren Kovarianzmatrix. Als weitere Komponente des DFHBF-Ansatzes gehen dann die über (2-13a) ermittelten Kugelkappenparameter als direkte Beobachtungen ein. Wir erhalten:

$$\overline{C}'_{n(k),m} + v = \hat{\overline{C}}'_{n(k),m} \quad \text{und} \tag{2-13b}$$

$$\overline{S}'_{n(k),m} + v = \hat{\overline{S}}'_{n(k),m} \tag{2-13c}$$

Zur Behebung der Doppelparametrisierung bzgl. geometrischer und physikalischer Komponente erfolgt schließlich mittels der fingierten Beobachtungsgleichung die Gleichsetzung

$$0 + v_{\Delta N} = N_{QG}(\hat{\overline{C}}'_{n(k),m}, \hat{\overline{S}}'_{n(k),m}) - (\boldsymbol{f}^{\mathsf{T}} \cdot \hat{\boldsymbol{p}}) \tag{2-14}$$

bzgl. der im Ziel der Berechnungen stehenden HBF. Über die Verbesserungsgleichungen (2-13a, 2-13b, 2-13c) erfolgt auch das Fitting der GPM-Information bzgl. der Passpunkte (2-6) und (2-10). Nach Schneid [2006] erfolgen die weiteren Fortentwicklungen des DFHBF-Konzeptes zur Einbindung der physikalischen Komponente gegenwärtig im Rahmen von [Younis], wo auch die Berechnung des gefitteten QGeoidmodells von Baden-Württemberg aus GPM-Information, Passpunkten und Schweredaten erfolgt.

2.3 RTCM-Transformationsmessages – Trafo-4

Die 2007 von der amerikanischen RTCM-Kommission (www.rtcm.org) verabschiedeten RTCM Transformationsnachrichten [Jäger u. Kälber, 2008] wurden von 2004 bis 2007 von einer internationalen Arbeitsgruppe unter Mitwirkung des Autors dieses Beitrages entwickelt. Sie ermöglichen, dass Trafo-2 und Trafo-3 nicht mehr in Form von Transformationsparameter-Datenbanken oder Grids auf den GNSS-Controllern der Nutzer (Abb. 1-1) vorzuhalten sind, sondern von den Betreibern der GNSS-Positionierungsdienste serverseitig geleistet werden können. Die RTCM Darstellung und Parametrisierung von Trafo-2 und Trafo-3 erfolgt in zwei RTCM-Messages (1021 oder 1022) und (1023 oder 1024). In diesen RTCM-Messages sind neben einer Reihe von Konfigurationsparametern die Transformationskomponenten eines Gitters und die Parameter einer 3D-Ähnlichkeitstransformation hinterlegt (Abb. 2-3). In diesen beiden Komponenten sind beliebige bestehende sog. Referenztransformationen abzubilden.

Die algorithmische Realisierung der Message-Generierung stellt sich wie folgt dar: Das lokale RTCM Gitter wird bzgl. der seitens des Nutzers an den Betreiber (Abb. 1-1) zugesandten NMEA-Positionsmessage (B, L, h) zentriert. Bezogen auf dieses Gitter (Abb. 2-3) werden virtuelle Passpunkte im ITRF-Bezug („Source CRS", Abb. 2-3) generiert. Unter Anwendung der designierten Referenztransformationen des GNSS-Dienstbetreibers werden die entsprechenden Passpunktpositionen im klassischen Zielbezugsrahmen („Target CRS", Abb. 2-3) generiert. Auf der Basis dieser virtuellen Passpunkte wird als Datumsübergang (Trafo-2) eine 3D-Ähnlichkeitstransformation berechnet. Für eine im GNSS-Rover-Client nachgeschaltete Residueninterpolation werden die 3D-Residuen (vB, vL, vh) den Gitterpunkten zugewiesen. Mit Blick darauf, dass mit Vollzug der Trafo-1 künftig auch die Trafo-2 graduell überflüssig wird, kann das RTCM-Gitter bereits jetzt auch so konfiguriert werden, dass dort anstelle des Residuums vh die Geoid- bzw. Quasigeoidhöhe N repräsentiert wird.

3 MONIKA-Konzept und -Software – Geodätische Geomonitoring-Infrastruktur

Das Konzept und die Software MONIKA (Geomonitoring für GNSS-Positionierungsdienste nach dem Karlsruher Modellansatz) realisieren eine bzgl. dem Netzdesign multivariate und

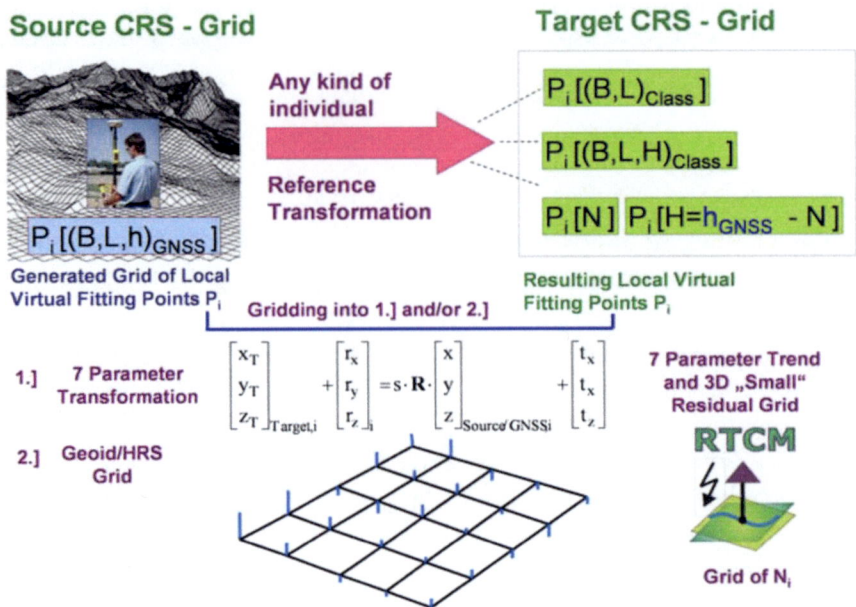

Abb. 2-3: RTCM-Transformations-Messages. Generierung über die Referenztransformationen (Trafo-2 und Trafo-3) im Konzept der virtuellen Passpunkte

multiepochale Deformationsanalyse ([Jäger et al., 2007; Jäger u. Spohn, 2010], www.monika.ag). Diese basiert auf den Zustandsinformationen der Koordinaten $\boldsymbol{x}'(t_i)$ und Kovarianzmatrizen $\boldsymbol{C}_{x'}(t_i)$ des betreffenden Geosensornetzes bzw. GNSS-Referenzstationsnetzes zur Zeit t_i. Diese Zustandsinformationen resultieren in der softwaremäßigen Realisierung des Konzeptes MONIKA aus der baseline- bzw. netzartigen Ausgleichung der RINEX-Daten, können aber auch im SINEX-Format bereitgestellt werden. Unter Vorgabe einer Epochendauer δt wird in MONIKA die betreffende Teil- bzw. Gesamtnetzinformation $(\boldsymbol{x}'(t_i), \boldsymbol{C}_{x'}(t_i))$ automatisiert in 3D-Ausgleichungen mit statistisch fundierter Suche grober Fehler zu Tages- bzw. Mehrtagesepochen $(\boldsymbol{x}(t_i), \boldsymbol{C}_x(t_i))$ zusammengeschlossen. Diese Epochen können nahtlos aneinander liegen oder in Abständen dt überlappen bzw. auseinander liegen. Für die automatische Deformationsanalyse ist die Anzahl der Epochen n vorzugeben, für die das Basismodell einer multiepochalen Kongruenzanalyse erfolgen soll. Multivariat bedeutet, dass die aufeinander folgenden Epochennetze – vor dem Hintergrund stattfindender Änderungen im Stationsdesign – lediglich eine Schnittmenge gemeinsamer Punkte aufzuweisen haben. Das Basismodell zur Modellannahme der Kongruenz des GNSS-Netzes über alle $(i = 1, \ldots, n)$ Epochen im Zeitfenster ΔT der Deformationsanalyse lautet:

$$\boldsymbol{x}(t_i) + v_{x(t_i)} = \boldsymbol{D}_r^i \cdot d\hat{\boldsymbol{x}}_R + \boldsymbol{D}_O^i \cdot d\hat{\boldsymbol{x}}_O^i + \boldsymbol{x}_0^i \quad \text{und} \tag{3-1a}$$

$$\boldsymbol{C}_x(t_i). \tag{3-1b}$$

Mit $\hat{\boldsymbol{x}}_R$ werden die als stabil bzw. kongruent erachteten GNSS-Referenzstationen bezeichet, mit $\hat{\boldsymbol{x}}_O^i$ die bereits a priori als beweglich deklarierten Objektpunkte.

Zum Kongruenztest wird das funktionale Modell (3-1a, 3-1b) um den dreidimensionalen Zusatzparametervektor $\hat{\nabla}\boldsymbol{x}_R^{i,k}(t_i)$ erweitert, der die Verschiebung des k-ten Referenzpunktes in der i-ten Epoche modelliert. Die betreffende Erweiterung des Gauß-Markov-Modells (3-1a, 3-1b) lautet:

$$(\boldsymbol{x}(t_i) - \boldsymbol{x}_0^i) + \boldsymbol{v}'_{x(t_i)} = \boldsymbol{D}_R^i \cdot d\hat{\boldsymbol{x}}'^i_R + \boldsymbol{D}_O^i \cdot d\hat{\boldsymbol{x}}'^i_O + \boldsymbol{B}_i^k \cdot \hat{\nabla}\boldsymbol{x}_R^{i,k}(t_i) \quad \text{mit} \tag{3-2a}$$

$$\boldsymbol{B}_i^k \cdot \hat{\nabla}\boldsymbol{x}_R^{i,k}(t_i) = \left[\begin{bmatrix} 0 & 0 & 0 \\ 0 & 0 & 0 \\ 0 & 0 & 0 \end{bmatrix} \ldots \begin{bmatrix} 1 & 0 & 0 \\ 0 & 1 & 0 \\ 0 & 0 & 1 \end{bmatrix} \ldots \begin{bmatrix} 0 & 0 & 0 \\ 0 & 0 & 0 \\ 0 & 0 & 0 \end{bmatrix} \right]^{\mathsf{T}} \cdot \hat{\nabla}\boldsymbol{x}_R^{i,k}(t_i) \tag{3-2b}$$

Die Parameterschätzung (3-2a, 3-2b) kann auf der Grundlage der Designmatrix $\boldsymbol{B}_i^k$ der Modellerweiterung auf die Ergebnisse des Basismodells (3-1a, 3-1b) zurückgeführt werden [Jäger et al., 2005, 2007]. Wir erhalten für den Verschiebungsvektor $\hat{\nabla}\boldsymbol{x}_R^{i,k}(t_i)$ und dessen Kofaktorenmatrix:

$$\hat{\nabla}\boldsymbol{x}_R^{i,k}(t_i) = -(\boldsymbol{B}_i^{k\mathsf{T}}\boldsymbol{P}^i\boldsymbol{Q}_{vv}^i\boldsymbol{P}^i\boldsymbol{B}_i^k)^{-1}\cdot\boldsymbol{B}_i^{k\mathsf{T}}\boldsymbol{P}^i\cdot\boldsymbol{v}_{x(t_i)} \quad \text{und} \tag{3-3a}$$

$$\boldsymbol{Q}_{\hat{\nabla}\hat{\nabla}_R}^{i,k}(t_i) = (\boldsymbol{B}_i^{k\mathsf{T}}\boldsymbol{P}^i\boldsymbol{Q}_{vv}^i\boldsymbol{P}^i\boldsymbol{B}_i^k) \tag{3-3b}$$

Die statistische Prüfung der 3D-Verschiebung $\hat{\nabla}\boldsymbol{x}_R^{i,k}(t_i)$ bzgl. der Signifikanz erfolgt auf der Grundlage der a posteriori Varianz bezogenen Testgröße [Jäger u. Spohn, 2010] als

$$T(\hat{\nabla}\boldsymbol{x}_R^{i,k}) = \frac{\hat{\nabla}\boldsymbol{x}_R^{i,k\mathsf{T}}\cdot(\boldsymbol{Q}_{\hat{\nabla}\hat{\nabla}_R}^{i,k})^{-1}\cdot\hat{\nabla}\boldsymbol{x}_R^{i,k}}{3\cdot\hat{\bar{\sigma}}^2}\sim F_{3,r-3},\text{ mit} \tag{3-4a}$$

$$\hat{\bar{\sigma}}^2 = \frac{\boldsymbol{v}^\mathsf{T}\boldsymbol{P}\boldsymbol{v} - \hat{\nabla}\boldsymbol{x}_R^{i,k\mathsf{T}}\cdot(\boldsymbol{Q}_{\hat{\nabla}\hat{\nabla}_R}^{i,k})^{-1}\cdot\hat{\nabla}\boldsymbol{x}_R^{i,k}}{r-3}. \tag{3-4b}$$

Die der obigen Deformationsanalyse unterzogenen Referenzpunkte werden zusammen mit den Konfidenzintervallen unter Trennung in Lage und Höhe visualisiert (Abb. 3-1, Abb. 4-4). Instabile Referenzpunkte werden nach erstmaligem Auftreten einer signifikanten Verschiebung im Weiteren als Objektpunkte behandelt (Abb. 3-1, Epoche 9). Die betreffenden Objektpunktverschiebungen werden dann von Epoche zu Epoche geschätzt und statistisch geprüft. Sofern sich eine 3D-Verschiebung dann wieder als nicht signifikant erweist, erhält der betreffende Punkt den Referenzpunkt-Status zurück (Abb. 3-1, Epoche 15) und wird im Folgenden wieder gemäß (3-4a, 3-4b) geprüft.

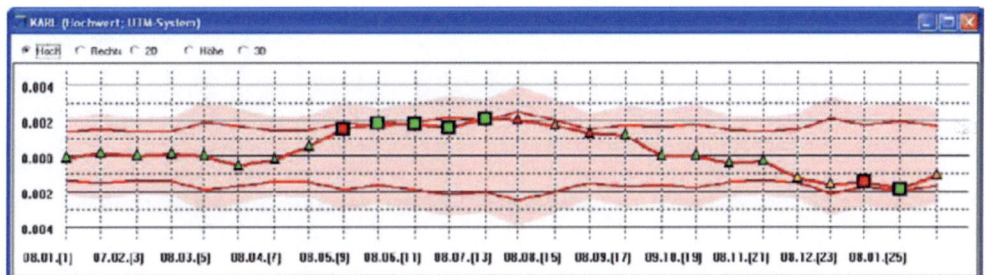

Abb. 3-1: Zeitreihe für den Hochwert der GNSS-Referenzstation Station Karlsruhe (KARL) im Verlauf eines Jahres bei 14-Tage-Epochen. Die Dreiecke bezeichnen nicht signifikante, die Vierecke signifikante 3D-Verschiebungen beim Referenz- bzw. Objektpunkt-Test

Der zeitliche Abstand ΔT_{DEF} aufeinander folgender multiepochaler Deformationsanalysen nach (3-1a, 3-1b) bis (3-4a, 3-4b) kann in MONIKA ebenfalls frei konfiguriert werden.

4 Beispiele für den Einsatz der entwickelten GIPS-Konzepte

4.1 Lagebezugssystemübergänge – Trafo-1 und Trafo-2

Die graphikunterstützte CoPaG-Software (Abb. 4-1) realisiert die statistisch kontrollierte Umformung zwischen ITRF und dem klassischen Landeslagebezug.

Die berechneten stetigen Transformationsparameter werden auf standardisierten Transformationsparameter-Datenbanken abgelegt, welche mittels Zugriffssoftware (DLL) gelesen werden können. Die Abb. 4-1 zeigt die FEM-Vermaschung von Brasilien und die identischen Punkte des

ITRF-bezogenen SIRGAS-Datums und des klassischen SAD96-Datums. Das alle Transformationskomponenten (Trafo-1 bis Trafo-4) umfassende Brasilien-Projekt wird in Zusammenarbeit mit der brasilianischen Landesvermessung IBGE (Instituto Brasileiro de Geografia e Estatística), Rio de Janeiro durchgeführt.

Die CoPaG-Datenbanken können auf der Basis dieser DLL mit Blick auf Trafo-1 (Kap. 2.1) in beliebige GIS-Systeme implementiert werden. Eine unter Linux implementierte Web-basierte Onlinetransformation für West-Deutschland findet sich auf `www.geozilla.de`. Die im Fall der inversen Transformation (Trafo-2) als DFLBF_DB bezeichneten Datenbanken (DB) können zur Realisierung der Online-Überführung vom ITRF-Bezug $(B, L, h)_{ITRF}$ in einen klassischen Landesbezug $(B, L)_{klass}$ (Trafo-2) auf allen GNSS-Controllertypen eingesetzt werden, ebenso wie als sog. Referenztransformation zur Generierung von RTCM-Transformationsnachrichten (Kap. 2.3, Kap. 4.3).

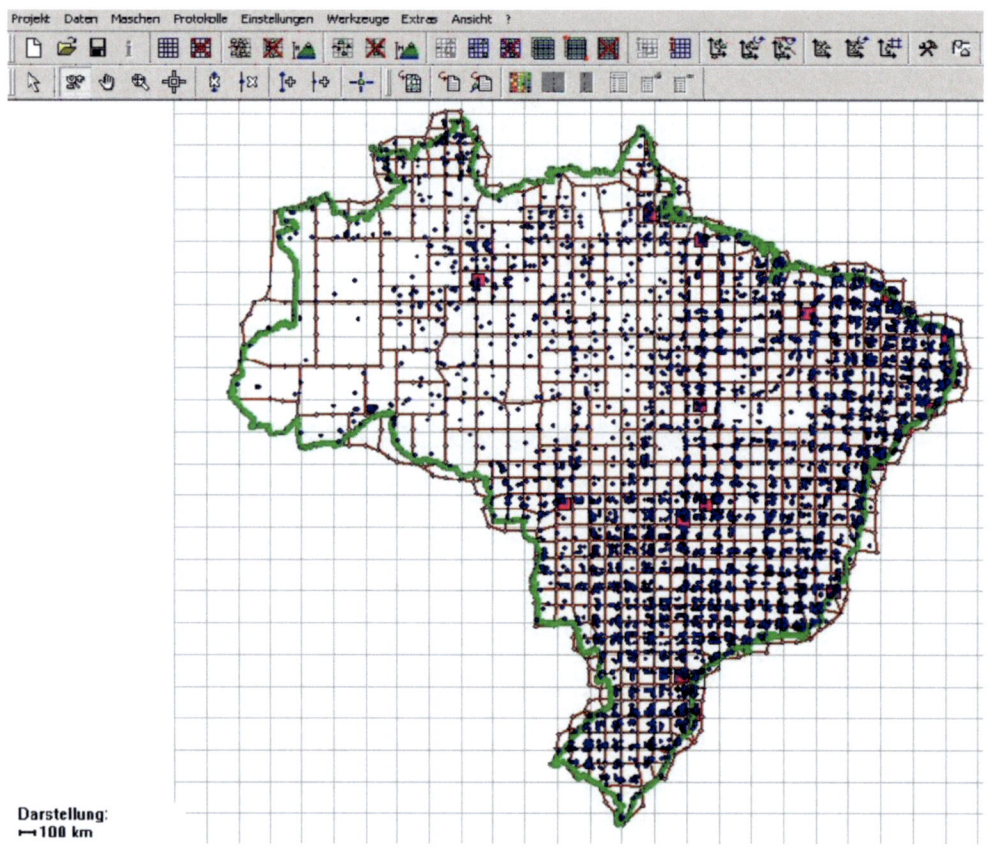

Abb. 4-1: CoPaG-Software Screenshot mit Vermaschungsansicht für Brasilien mit identischen Punkten im ITRF-Bezug (SIRGAS) und SAD96 einem der klassischen Lagedatumsbezüge Brasiliens

4.2 HBF-Berechnung und Online-Höhentransformation von h nach H – Trafo-3

Die DFHBF-Software (`www.dfhbf.de`) realisiert den in Kap. 2.2 vorgestellten Ansatz zur Berechnung von Höhenbezugsflächen in Form von Quasigeoid-Modellen.

Im Zugriff auf die – die DFHBF-Parameter p sowie die Designparameter des FEM-Gitters (Abb. 2-2, Abb. 4-2) enthaltende – DFHBF_DB erhält der GNSS-Nutzer über $NFEM(p|B, L)$ (2-4) den Quasigeoidwert N_{QG} zur direkten Ermittlung der Normalhöhe H über $H = h - N_{QG}$.

DFHBF_DB sind auf GNSS-Controllern lauffähig und können auch als Referenztransformation zur Generierung von RTCM-Transformationsmessages (Trafo-4) verwendet werden (Kap. 2.3, Kap. 4.3).

Abb. 4-2, links zeigt als Screenshot der DFHBF-Software die FEM-Vermaschungsansicht (dünne blauen Linien, $5 \times 5km$ FEM-Maschen), die „Patches" (dicke blaue Linien) sowie die identischen Punkte (grün) zum Projekt der Quasigeoid-Berechnung für Moldawien. Die Berechnungen wurden im Rahmen des BMBF-Projektes MOLDPOS (`www.moldpos.eu`) durchgeführt. Die Genauigkeit der berechneten Höhenbezugsfläche für Moldawien liegt bei (1-3) cm. Abb. 4-2, rechts zeigt die Unterschiede im Ergebnis der HBF zwischen der Verwendung von EGG97-Gridbeobachtungen im Vergleich zu entsprechenden EGM2008 Beobachtungen in den Verbesserungsgleichungen (2-7, 2-8, 2-9). Signifikante Unterschiede bestehen – wegen der nicht gefitteten Beobachtungstypen (2-7, 2-8, 2-9) – naturgemäß im Wesentlichen an dem passpunktlosen (Trennlinie in lila) Grenzbereich zur Ukraine.

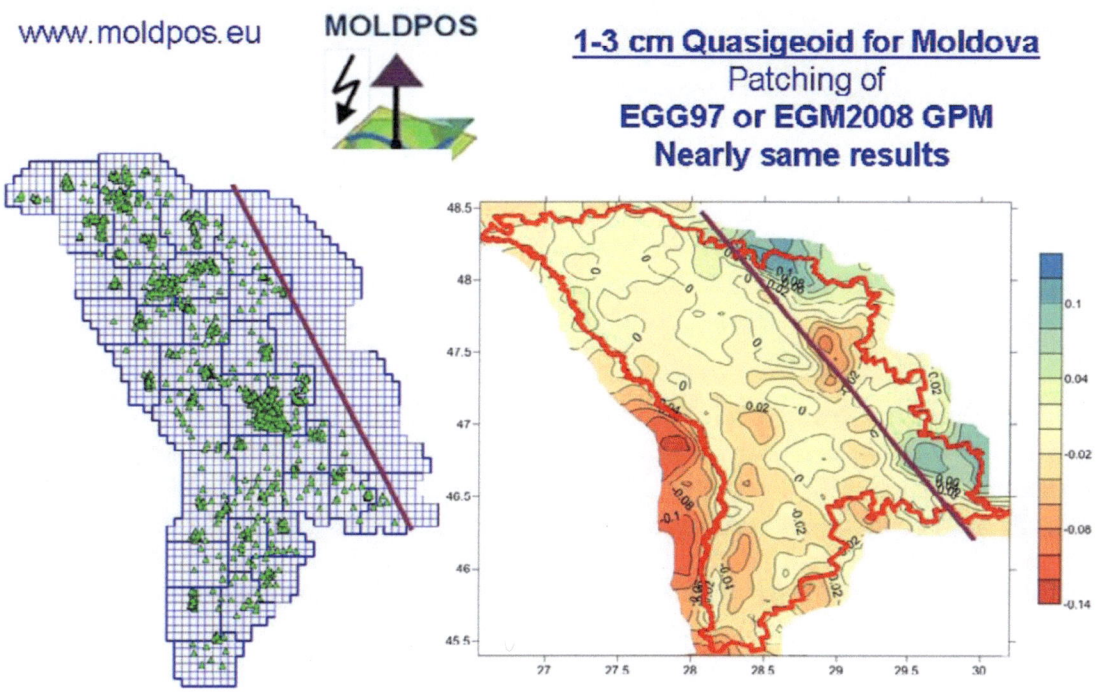

Abb. 4-2: Quasigeoidberechnung für Moldavien mittels DFHBF-Software

4.3 Generierung von RTCM-Transformationsnachrichten aus Referenztransformationen zur Lage und Höhe – Trafo-4

Die Abb. 4-3 zeigt den parallel zu den Aktivitäten in der Working Group RTCM-Transformation-Messages entwickelten RTCM-Transformationsserver GZTraS.

Neben dem RTCM-Transformationsmessages Server GZTraS wurde auch ein GNSS-Rover-Client (GZTraC) entwickelt. Beide stehen zusammen mit den Referenztransformationen der DFLBF Lagetransformations-DB für Bayern und der DFHBF-DB für Florida, USA auf `http://www.geozilla.de/eng/software/software_gztras.htm` zur Verfügung. Ein vollständiges Set von RTCM-Transformationsmessages besteht minimal aus zwei Transformationsnachrichten, (1021 oder 1022) und (1023 oder 1024). Mit den weiteren Messages (1025, 1026 und 1027) wird lediglich die etwaig benötigte Zusatzinformation, wie z. B. Projektionsinformation, bereitgestellt. Die Messages 1021 und 1023 stellen die Trafo-2 und Trafo-3 in einer Georeferenzierung mittels

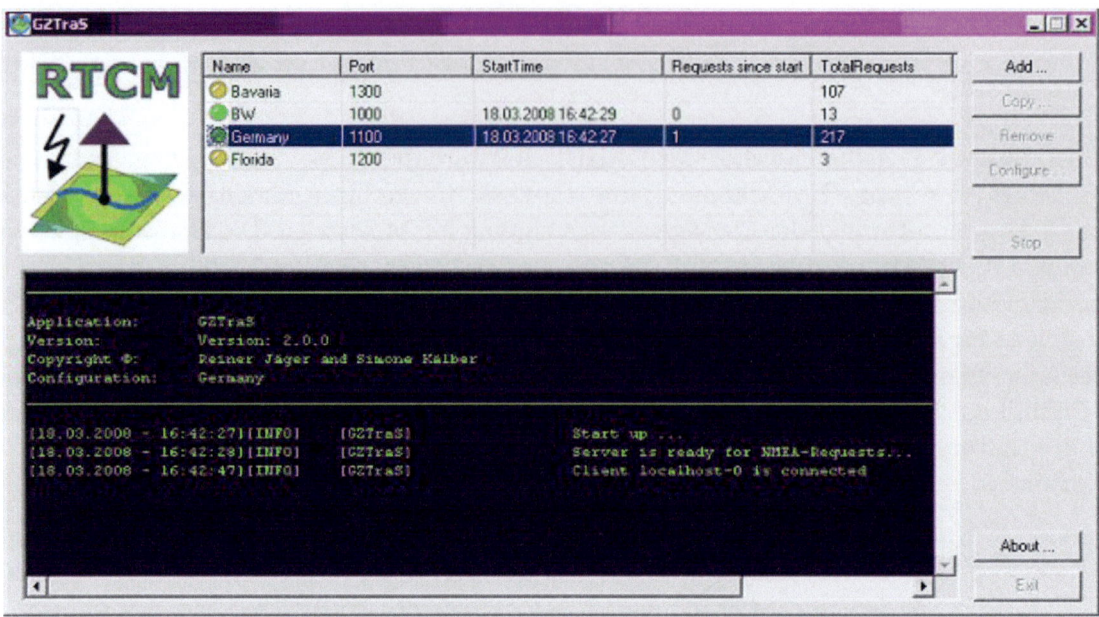

Abb. 4-3: Ansicht des Hauptfensters des RTCM-Transformations-Messages Servers GZTraS

geographischer Koordinaten (B, L), die Messages 1022 und 1024 alternativ mittels projizierter kartesischer Koordinaten bereit. Die Messages (1021 oder 1022) bzw. (1023 oder 1024) umfassen im Wesentlichen die o. g. 7 Parameter, die Georeferenzierung des lokalen RTCM-Grids sowie die Gridinformation der Residuen.

Die Konfigurierung des geometrischen und des inhaltlichen Message-Designs sowie die Festlegung der für die Message-Generierung an einem bestimmten Port (Abb. 4-3) zu verwendenden Referenztransformationen erfolgt serverseitig in GZTraS mittels einer Ini-Datei. Die Anforderung eines Sets von RTCM-Transformations-Nachrichten durch den GNSS-Rover-Client (GZTraC) basiert auf den Versand einer NMEA-Positionsmessage (Abb. 1-1) an den Server (GZTraS). Der GZTraS antwortet im TCP/IP-basierten Konzept mit dem entsprechenden RCTM-Messages-Set an die IP-Adresse des GNSS-Rover-Clients. Verlässt der Client den Gültigkeitsbereich der Message-Deklaration (Abb. 2-3), so wird GNSS-Rover-seits eine erneute Anforderung an den Server veranlasst etc.

4.4 Geodätische Geomonitoring-Infrastruktur – Beispiel zur Software MONIKA

Die Software MONIKA wird seit 2009 am Landesamt für Geoinformation und Landentwicklung (LGL) Baden-Württemberg zum Deformationsintegritäts-Monitoring des GNSS-Referenzstationsnetzes SAPOS eingesetzt.

Das Netzdesign für Baden-Württemberg ist in Abb. 1-1 rechts unten dargestellt, siehe dazu auch www.sapos.de. Die Berechnung der Zustandsinformationen $(x'(t_i), C_{x'}(t_i))$, welche in MONIKA zu Epochen zusammengeschlossen werden (Kap. 3), erfolgt am LGL automatisiert über die Processing-Engine der Berner GNSS-Software in Form von Mehrstunden- und Tages-Lösungen. Schnittstelle zwischen Berner GNSS-Software und MONIKA sind die SINEX-Daten der o.g. Zustandsschätzungen (Kap. 3).

Ab Ende 2010 findet die Software MONIKA (www.monika.ag) Einsatz am Landesamt für Vermessung und Geobasisinformation Rheinland-Pfalz Einsatz. Hier wird MONIKA zum einen zum SAPOS Deformationsintegritäts-Monitoring und zum anderen – in einer Vernetzung mit GNSS-Stationen in Belgien und Nordrhein-Westfalen – für das geodynamische Geomonitoring-Projekt Eifel-Plume genutzt. Gegenstand des Projekts Eifel-Plume ist die Ermittlung der rezenten Bewegungsraten bzw. des Aktivitätsgrades der Eifelvulkane (Abb. 1-1, unten rechts). Die Abb. 4-4 zeigt als Screenshot auf das Hauptfenster der Software MONIKA den Ausschnitt des SAPOS-Netzes Rheinland-Pfalz als Teilbestand des geodynamischen Geosensor-Netzwerks Eifel-Plume. Die Visualisierung zeigt die mittels MONIKA auf der Basis der originären RINEX-Daten der GNSS-Stationen nachgewiesene Inkongruenz am Punkt 0514. Diese konnte ursächlich auf einen systematischen Fehler im Zusammenhang mit einem GNSS-Antennenwechsel zurückgeführt werden.

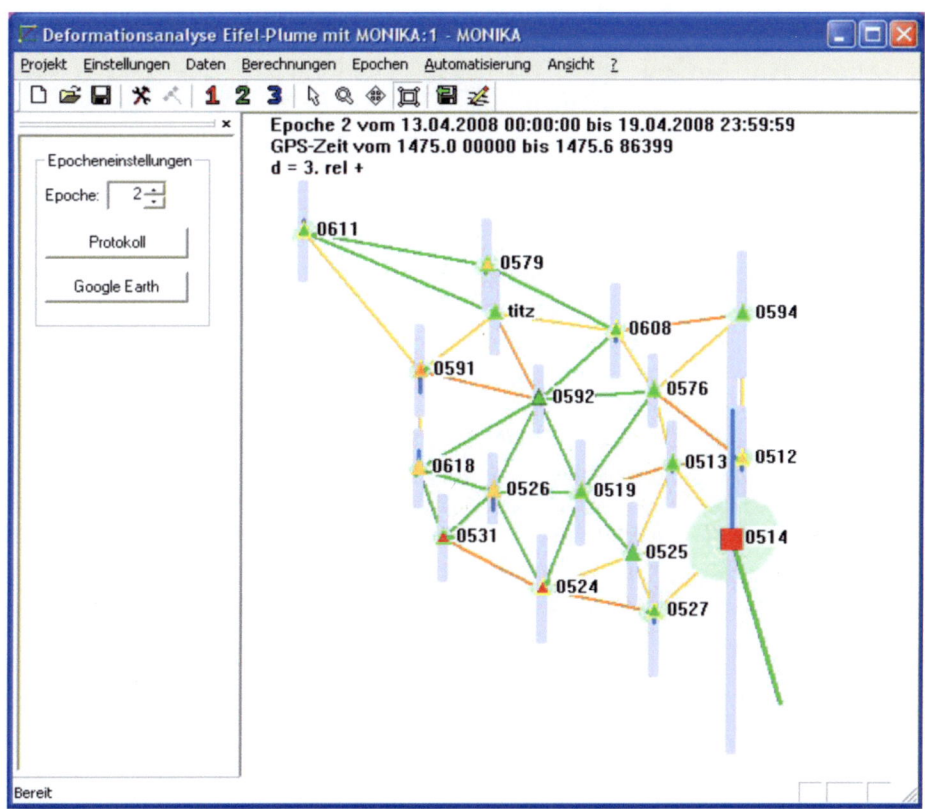

Abb. 4-4: Ansicht zur Software MONIKA. Projekt Eifel-Plume mit signifikanter „Deformation" bei der GNSS-Referenzstation 0514 nach einem Antennenwechsel

Literatur

[EU 2007] *Richtlinie 2007/2/EG des Europäischen Parlaments und des Rates vom 14. März 2007 zur Schaffung einer Geodateninfrastruktur in der Europäischen Gemeinschaft (INSPIRE).* 2007

[Biber et al. 2009] BIBER, P. ; JÄGER, R. ; PILZ, J. ; ZWIENER, J.: *Online Precise Point Positioning (OPPP) im Server-Client-Konzept mit IGS-Produkten.* 2009. – Posterpräsentation, INTERGEO 2009, Karlsruhe

[Fuchs 2010] FUCHS, A.: *Konzipierung und Implementierung einer modularen Software (GOCA-Virtual-Sensor) sowie Algorithmen für virtuelle Sensoren im Geomonitoring und Anwendung auf die historischen Daten des Moskauer Kreml*. 2010. – Masterthesis. Fakultät für Geomatik, Hochschule Karlsruhe Technik und Wirtschaft. Unveröffentlicht

[Illner u. Jäger 1995] ILLNER, M. ; JÄGER, R.: Integration von GPS-Höhen ins Landesnetz – Konzept und Realisierung im Programm HEIDI. In: *Allgemeine Vermessungsnachrichten (AVN)* Heft 1 (1995), S. 1–17

[Jäger 1988] JÄGER, R.: *Analyse und Optimierung geodätischer Netze nach spektralen Kriterien und mechanische Analogien*. Deutsche Geodätische Kommission, Reihe C, Nr. 342, München, 1988

[Jäger 1997] JÄGER, R.: Modell- und Softwareentwicklung zur Integration von GPS-Höhen in Landeshöhensysteme und zu Qualitätsanalyse und Verfeinerung von Geoidmodellen. In: *Horizonte 4/97, Zeitschrift Forschung an Fachhochschulen Baden-Württemberg, Mannheim* (1997)

[Jäger 2007] JÄGER, R.: DFHRS – A rigorous Approach for the Integrated Adjustment and Fitting of Height Reference Surfaces. In: HOCHSCHULE KARLSRUHE TECHNIK UND WIRTSCHAFT – UNIVERSITY OF APPLIED SCIENCES (Hrsg.): *Forschung aktuell*. 2007, S. 78–82. – ISSN 1613-4958

[Jäger 2010] JÄGER, R.: Geodätische FuE-Projekte im Bereich GNSS-Echtzeittechnologien und Mobile IT. In: HOCHSCHULE KARLSRUHE TECHNIK UND WIRTSCHAFT – UNIVERSITY OF APPLIED SCIENCES (Hrsg.): *Forschung aktuell*. 2010, S. 41–45. – ISSN 1613-4958

[Jäger et al. 2007] JÄGER, R. ; DICK, H.-G. ; SPOHN, P.: GNSS-Referenzstationskoordinaten-Monitoring nach dem Karlsruher Modellansatz (MONIKA) – Konzept, Realisierung und Ergebnisse. In: CHESI, G. (Hrsg.) ; WEINOLD, T. (Hrsg.): *14. Internationale Geodätische Woche, Obergurgl*. Wichmann-Verlag, Heidelberg, 2007

[Jäger u. Kälber 2000] JÄGER, R. ; KÄLBER, S.: Konzepte und Softwareentwicklungen für aktuelle Aufgabenstellungen für GPS und Landesvermessung. In: *DVW Mitteilungen, Landesverein Baden-Württemberg* 10 (2000). – ISSN 0940-2942

[Jäger u. Kälber 2008] JÄGER, R. ; KÄLBER, S.: The New RTCM 3.1 Transformation Messages – Declaration, Generation from Reference Transformations and Implementation as a Server-Client Concept for GNSS-Services. (2008). – RTCM Paper 110-2008-SC104-508. RTCM Committee SC 104. Arlington, VA, USA

[Jäger u. Leinen 1992] JÄGER, R. ; LEINEN, S.: Spectral Analysis of GPS-Networks and Processing Strategies due to Random and Systematic Errors. In: DEFENSE MAPPING AGENCY AND OHIO STATE UNIVERSITY (Hrsg.): *Proceedings of the Sixth International Symposium on Satellite Positioning, Columbus/Ohio (USA)* Bd. Volume 2, 1992, S. 530–539

[Jäger et al. 2005] JÄGER, R. ; MÜLLER, T. ; SALER, H. ; SCHWÄBLE, R.: *Klassische und robuste Ausgleichungsverfahren*. Herbert Wichmann Verlag, Heidelberg, 2005

[Jäger u. Spohn 2010] JÄGER, R. ; SPOHN, P.: Deformation Integrity Monitoring for GNSS-Positioning Services Including a Scalable Hazard Monitoring by the Karlsruhe Approach (MONIKA). (2010). – Paper submitted to Bulletin of Geodesy and Geomatics. Firenze, Italy. In press

[Lekkerkerk 2010] LEKKERKERK, H.-J.: GNSS-Update – Interface Control. In: *Geoinformatics* 6, Vol. 13 (2010), S. 32–33

[Schmitt et al. 1991] SCHMITT, G. ; ILLNER, M. ; JÄGER, R.: Transformationsprobleme. In: *GPS und Integration von GPS in bestehende geodätische Netze*, DVW Landesverein Baden-Württemberg, 1991 (38. Jahrgang, Sonderheft), S. 125–142

[Schneid 2006] SCHNEID, S.: *Investigation of the Digital Finite Element Height Reference Surface (DFHRS) Concept for the Determination of Vertical Reference Systems.* 2006. – Promotion im FuE-Projekt DFHBF der HSKA. Kooperatives Verfahren zwischen der Nottingham Trent University (UK) und der Hochschule Karlsruhe – Technik und Wirtschaft

[Taylor u. Blewitt 2006] TAYLOR, G. ; BLEWITT, G.: *Intelligent Positioning: GIS-GPS Unification.* Wiley & Sons, Chichester, UK, 2006

[Younis] YOUNIS, G.: *Further Development of the DFHRS Approach and its Extension for Physical Observations.* – Dissertation im FuE-Projekt DFHBF der HSKA. Kooperatives Verfahren zwischen der Universität Darmstadt und der Hochschule Karlsruhe – Technik und Wirtschaft. Promotions-Stipendium des DAAD. Laufend

Anschrift des Autors:

Prof. Dr.-Ing. Reiner Jäger   Hochschule Karlsruhe – Technik und Wirtschaft
                               Fakultät für Geomatik
                               Moltkestraße 30, 76133 Karlsruhe
                               reiner.jaeger@hs-karlsruhe.de

Hochpräzise Vermessungsarbeiten am KATRIN-Spektrometertank

Manfred Juretzko

1 Einleitung

Am Karlsruher Institut für Technologie (KIT) wird das Experiment KATRIN zum Nachweis der Masse des Neutrinos vorbereitet. In der zentralen Apparatur dieses Experiments – dem weltgrößten Ultrahochvakuumtank – werden 248 vorgefertigte hochempfindliche Elektrodenmodule eingebaut, für die Montagetoleranzen im Zehntelmillimeter-Bereich einzuhalten sind. Im vorliegenden Beitrag werden die vorbereitenden und begleitenden Vermessungsarbeiten zur Inbetriebnahme des Spektometers beschrieben.

2 KATRIN

Mit Hilfe von KATRIN (**KA**rlsruhe **TRI**tium **N**eutrino Experiment) soll am Institut für Kernphysik (IK) des KIT die Masse des kleinsten Elementarteilchens – des Neutrinos – nachgewiesen werden [Drexlin u. Weinheimer, 2007]. Hierbei soll mit bisher weltweit einmaliger Empfindlichkeit die Energie der Elektronenstrahlung beim radioaktiven Zerfall des Wasserstoffisotops Tritium analysiert werden. Der Hauptspektrometertank (Abb. 2-1) von KATRIN ist mit einer Länge von 23 m, einem Durchmesser von 10 m und einem Volumen von 1250 m^3 der weltgrößte Ultrahochvakuumbehälter.

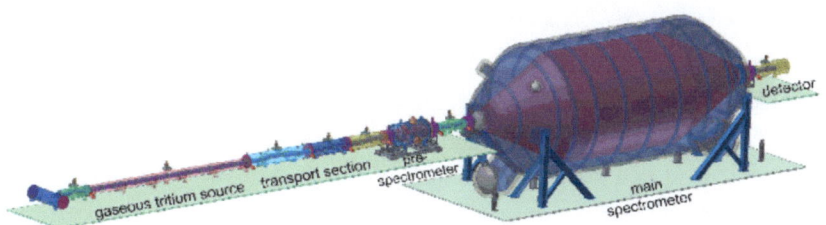

Abb. 2-1: Hauptspektrometertank

Eine außergewöhnliche Herausforderung an die Vermessung stellen – neben den geforderten Genauigkeiten im Zehntelmillimeter-Bereich in Verbindung mit der Größe des Objekts – die einzuhaltenden Reinraumbedingungen im Inneren des Tanks dar (siehe Abb. 2-2(a)).

Aufgrund der einzuhaltenden Reinraumbedingungen ist es nicht möglich, den eingesetzten Lasertracker innerhalb des Tanks zu postieren. Es bleibt nur die Möglichkeit, den Lasertracker an den beiden äußeren Stutzen des Tanks zu befestigen und durch Öffnungen von 500 mm in den Tank hineinzumessen (Abb. 2-2(b)). Ein künstlich erzeugter Überdruck im Tankinneren verhindert dabei, dass Staub durch die Öffnungen in den Tank eindringen kann. Die außergewöhnlichen Dimensionen des Objekts und die belastenden Arbeitsbedingungen machten es notwendig, die Vermessung sehr präzise vorzubereiten um einen reibungslosen und zeitoptimierten Arbeitsablauf zu gewährleisten.

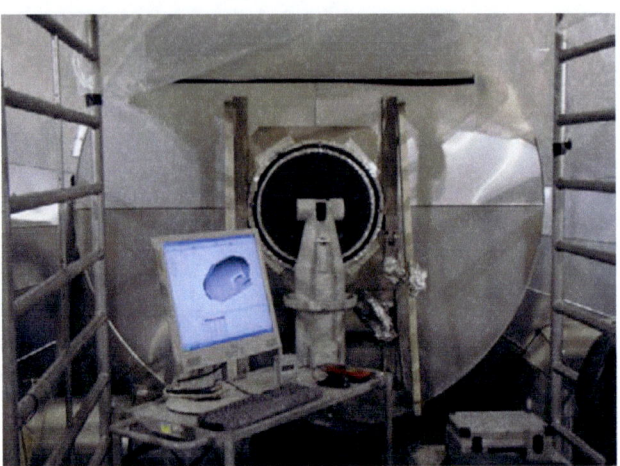

| (a) Gerüstsystem im Inneren von KATRIN | (b) Befestigung des Lasertrackers |

Abb. 2-2: Innen- und Außenansicht von KATRIN

3 Vermessung der Befestigungsbolzen

In einem ersten Schritt wurde das Objekt-Koordinatensystem entsprechend den Erfordernissen des Betreibers der Anlage wie folgt definiert (Abb. 3-1): Die Z-Achse des Koordinatensystems entspricht der Zylinderachse, die durch die Innenflächen der beiden 500 mm-Flansche an den Kegelspitzen definiert wird. Beim späteren Betrieb des Spektrometers entspricht dies der theoretischen Achse des Elektronenstrahls. Der Nullpunkt liegt auf der Z-Achse in der Mitte zwischen den Außenflächen der 500 mm-Flansche an den Kegelspitzen. Die positive Z-Achse weist von der Tritium-Quelle zu den Absaugstutzen. Per Definition soll die YZ-Ebene durch die Zentrierbohrung eines bestimmten Bolzens in der Mitte der unteren Bolzenreihe verlaufen. Die Y-Achse weist nach oben. Die X-Achse weist (bei Blickrichtung von der Tritium-Quelle zu den Absaugstutzen) nach links. Die Ausrichtung des Koordinatensystems am Schwerefeld der Erde (Horizontierung) ist ausdrücklich nicht beabsichtigt.

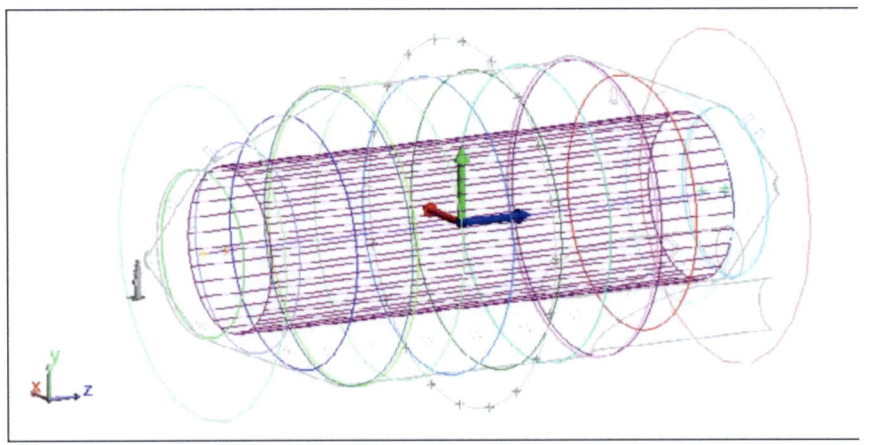

Abb. 3-1: Objekt-Koordinatensystem

Der Spektrometertank verfügt in seinem Inneren über ca. 380 Bolzen zur Befestigung eines Schienensystems, das wiederum zur Aufnahme vorgefertigter Elektrodenmodule dient (Abb. 3-2). Statische Berechnungen des Tanks von Seiten des IK sowie eigene Untersuchungen ergaben, dass die Lage dieser Bolzen hinreichend stabil ist, um sie als Festpunkte zu benutzen. Die thermische Stabilität des Tanks wird dadurch gewährleistet, dass der gesamte Tank während der Vermessungs- und Montagearbeiten auf 20,0 °C temperiert wird.

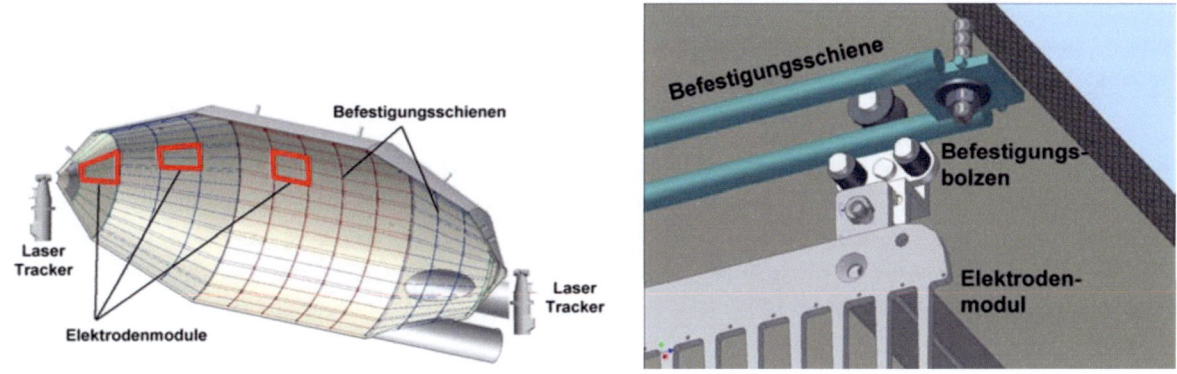

Abb. 3-2: Elektrodenmodule und Befestigung

Für diese Bolzen sollten die Abweichungen in Position und Orientierung gegenüber den Planungsdaten festgestellt werden. Gleichzeitig sollten diese Bolzen als Festpunktfeld dienen. Zur Vermessung der Bolzen wurden Adapter entwickelt und getestet, die es ermöglichen, mit Hilfe einer „Vektor-Bar" (Abb. 3-3) ähnlich dem Prinzip eines Kanalmessstabes die Position eines unzugänglichen Punktes sowie die Raumrichtung des Bolzens zu bestimmen [Juretzko, 2009].

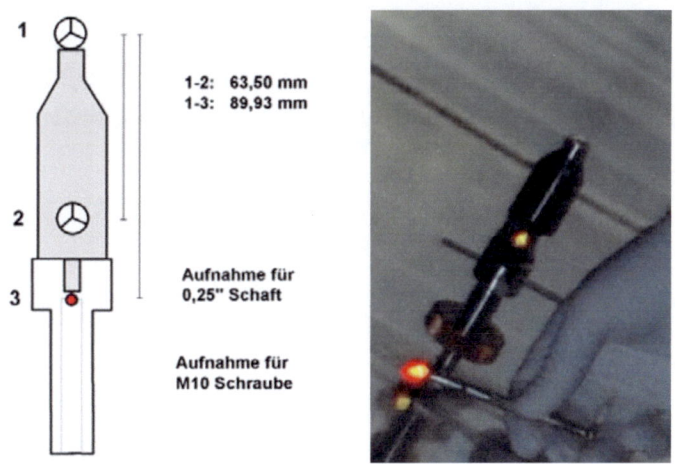

Abb. 3-3: Vektor-Bar

Nachdem der Adapter mit der Vektor-Bar am Bolzen fixiert wurde, wurden die beiden Reflektoren jeweils in zwei Lagen angezielt. Die verwendete Mess- und Auswertesoftware „Spatial Analyzer" bietet die Möglichkeit, die Messungen zu den beiden Reflektoren der Vektor-Bar so zu kodieren, dass automatisch die Bolzenspitze berechnet wird. Die Koordinaten der beiden Reflektoren wurden zusätzlich abgespeichert und erlauben eine (nachträgliche) Berechnung der Raumrichtung des Bolzens. Die Raumrichtung ist von entscheidender Bedeutung für die spätere Einstellung der Befestigungsschienen. Die Abweichungen der Bolzenspitzen von ihren Soll-Positionen betrugen bis zu 20 mm bei einer Standardabweichung von 0,3 mm für die Punktlage [Juretzko, 2009].

4 Vermessung des Schienensystems

An den Befestigungsbolzen wurden entsprechend ihrer Ablage von den Planungsdaten 18 Doppelschienen montiert, die zur Aufnahme der vorgefertigten Elektrodenmodule dienen (Abb. 3-2). Vor der Montage der Module wurde abermals die Lage der Befestigungsschienen überprüft. Die Bestimmung der Lage jeder Schiene sollte jeweils an den (i. d. R. 20) Stoßstellen der Schienenteile erfolgen.

4.1 Messhilfsmittel

Da die vorangegangene Vermessung der Bolzen mit Hilfe einer Vektor-Bar (bei der jeder Reflektor einzeln angezielt werden musste) sehr zeitaufwändig war, sollte bei der Vermessung der Schienen die Möglichkeit zur kinematischen Erfassung von Positionen genutzt werden. Hierfür wurde eine Mess- und Auswertestrategie entwickelt, die auf einem Adaptionsmodul in Form eines Mess-Schlittens (Abb. 4-1 und Abb. 4-2) und einem Lasertracker basiert [Juretzko, 2010].

Bei dieser „Vektor-Methode" wird ähnlich wie bei der Vermessung der Befestigungsbolzen die Lage eines Punktes auf der Schienenachse durch die Messung zweier Punkte einer Vektor-Bar bestimmt. Hier liegt die Herausforderung in der Konstruktion eines entsprechenden Adapters für die Vektor-Bar. Eine ideale Lösung würde die Vektor-Bar derart um die Schiene zentrieren, dass die Verlängerung der Achse der beiden Reflektoren immer zur Schienenachse weist und der Abstand der Reflektoren zur Schienenachse immer gleich bleibt.

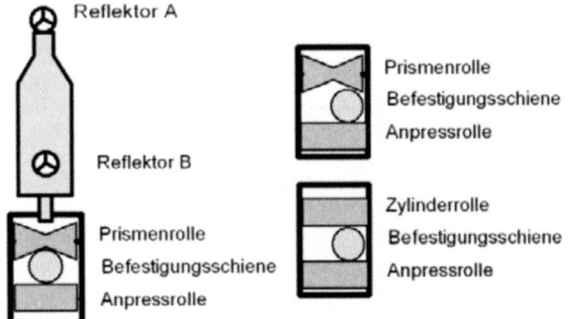

links: Ideallösung ohne Seitenkräfte
rechts: Wirkung von Seitenkräften
oben rechts: Aufbockeffekt
unten rechts: Beibehaltung des Rollenachsabstands zur Schienenachse

Abb. 4-1: Zentrierung der Vektor-Bar auf der Befestigungsschiene

Die Idealvorstellung einer Zentrierung der Vektor-Bar um die Schiene mit Hilfe einer Prismenrolle und einer Anpressrolle hat sich in der Praxis nicht bewährt, obwohl theoretisch die Normale auf die Anpressrollenachse durch das Prismenrollenzentrum die Schienenachse schneidet. Bei Vorversuchen kam es häufig durch auftretende Seitenkräfte zu einem unkontrollierten „Aufbocken" des Adapters. Die Schiene wurde dann nicht mehr von der Prismenrolle zentriert und der Abstand von der Schienenachse zu den Reflektoren änderte sich merklich (bis zu 1 mm). Ersetzt man die Prismenrolle durch eine Zylinderrolle, geht zwar der Zentrierungseffekt der Prismenrolle verloren, der Abstand der Schienenachse zu den Reflektoren bleibt aber wegen der nicht auftretenden „Aufbockeffekte" erhalten. Da es bei der Vermessungsaufgabe vor allem auf die radiale Verformung der Schienen ankam, nicht so sehr auf die seitliche Fehlstellung, fiel die Wahl auf den Einsatz der Zylinderrolle.

Weil die Vermessung einzelner Positionen mit Hilfe der Vektor-Bar (bei separatem Anzielen beider Reflektoren) sehr zeitaufwändig bleibt, sollte ein Verfahren entwickelt werden, bei dem

Teilbereiche der Schiene durch Verschieben einer auf einem Schlitten montierten Vektor-Bar erfasst werden können. Dazu wurde am Institut für Kernphysik ein „Vektor-Schlitten" gefertigt, der die Vektor-Bar über die Schienen gleiten lässt.

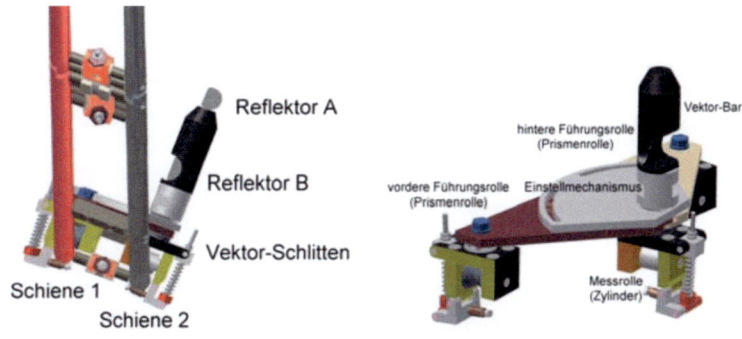

Abb. 4-2: Vektor-Schlitten

Der Vektor-Schlitten wird mit dem Messrollenpaar an die zu vermessende Schiene und mit den beiden Führungsrollenpaaren an die gegenüberliegende Schiene des Befestigungs-Doppelrings geklemmt. Er verfügt über einen Einstellmechanismus, um den Abstand der Führungsrollen an die Neigung des Befestigungs-Doppelrings so anzupassen, dass die Vektor-Bar immer orthogonal zum Kegelmantel steht, der durch den Doppelring beschrieben wird („Schienenkegel", siehe Abb. 4-5). Die Bestimmung des Abstands von der Position des unteren Reflektors bis zur unteren Tangente an die Messrolle erfolgte mit Hilfe eines Messschiebers mit einer Genauigkeit von wenigen 1/100 mm und wurde durch „antastende" Messungen auf einer Testschiene (Abb. 4-3) überprüft.

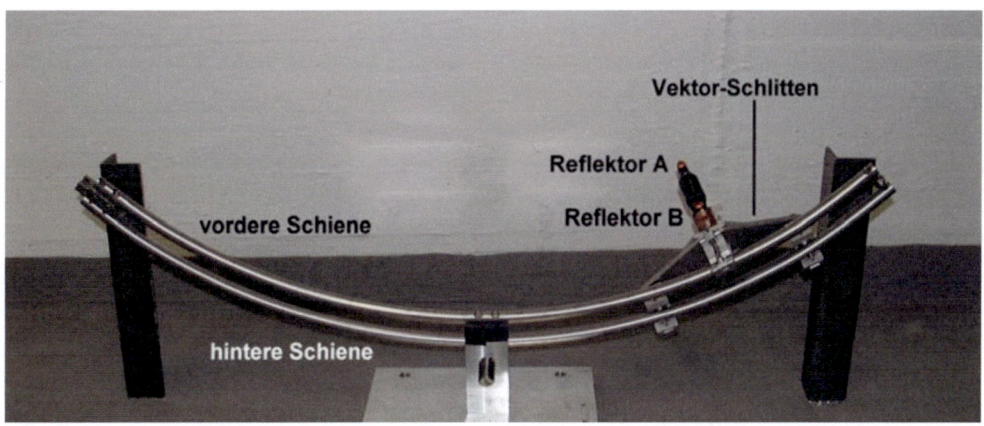

Abb. 4-3: Schienenausschnitt auf dem Prüfstand

4.2 Auswertemethoden

Zur Bestimmung der Schienenachse wird der Vektor-Schlitten zweimal entlang der zu vermessenden Schiene verschoben (Abb. 4-3). Dabei werden mit dem Lasertracker nacheinander die Spuren der beiden Reflektoren A und B aufgezeichnet. Zur Berechnung der extrapolierten Punkte der Schienenachse wurden zwei Methoden zur Extrapolation näher untersucht: Die Extrapolation über eine Punktzuordnung (Zuordnungs-Methode) und über eine Kegelspitze.

Die Zuordnungs-Methode (Abb. 4-4) eignet sich für den allgemeinen Fall, dass der Schlitten beim Verschieben über die Schienen zweimal eine hinreichend identische Bahn beschreibt. Dabei ist es nicht erforderlich, dass die Schienenachse eine (genäherte) Regelform (z. B. Kreisform) beschreibt. Bei dieser Methode werden mit einem Suchverfahren Punkte der Reflektoren A und B, die jeweils eine eigene Spur bilden, einander zugeordnet. Als Zuordnungskriterium gilt nicht etwa der kürzeste Abstand zwischen den Punkten (das kann in engen Kurven oder bei Schiefstellung der Vektor-Bar zu Fehlern in der Zuordnung führen), sondern die möglichst kleine Differenz zum bekannten (mechanischen) Abstand der Reflektoren A und B.

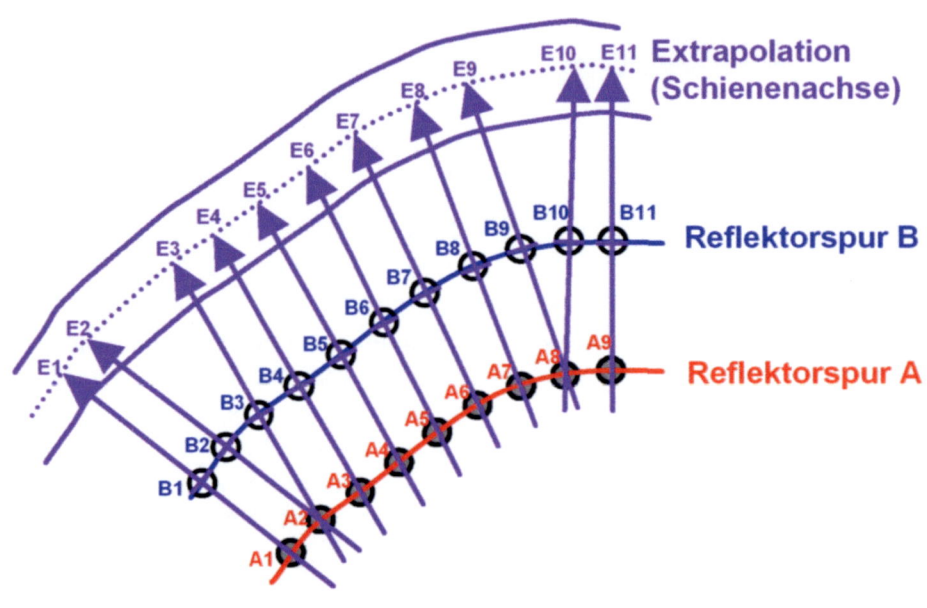

Abb. 4-4: Extrapolation durch Punktzuordnung

Der Vorteil dieser Methode liegt in ihrer großen Universalität. Bei dieser Methode können jedoch durch die Zuordnung Lücken entstehen. Außerdem können Messungenauigkeiten Einfluss auf die Zuordnung haben, so dass nicht der eigentliche Partner-Punkt zum Ausgangspunkt der Extrapolation wird, sondern ein Nachbarpunkt. Dies führt zu einer scheinbaren Schiefstellung der Vektor-Bar und bewirkt, dass die Extrapolation nicht hinreichend orthogonal zur Spur des Reflektors erfolgt. Auch der Abstand der Punkte innerhalb einer Spur hat einen Einfluss auf die Genauigkeit der Extrapolation. Liegen die Punkte zu weit auseinander, kommt es ebenfalls zu einer scheinbaren Schiefstellung der Vektor-Bar. Liegen die Punkte zu dicht beieinander, steigt das Risiko der Fehlzuordnung von Partner-Punkten durch Messungenauigkeiten. Durchgeführte Simulationen haben gezeigt, dass bei den bekannten Dimensionen der zu vermessenden Ringe, bei den maximal zu erwartenden mechanischen Schiefstellungen der Vektor-Bar und den Messungenauigkeiten des Lasertrackers ein Punktabstand von 5 mm ein günstiges Verhältnis von Extrapolationsgenauigkeit und Zuordnungsschärfe aufweist.

Bei der alternativen Methode, der Extrapolation aus der Kegelspitze, geht man davon aus, dass sich die Vektor-Bar beim Verschieben des Vektor-Schlittens aufgrund ihrer (konstanten) Schiefstellung gegenüber der Kreisebene auf einem Kegelmantel bewegt (Abb. 4-5). Die Reflektoren A und B des Vektor-Schlittens beschreiben dann die Spuren A und B, die ihrerseits Teil des Kegelmantels „Spurenkegel" sind. Extrapoliert man die Verbindung von der Kegelspitze des Spurenkegels zu einem der Reflektoren um das Extrapolationsmaß, so ergibt sich die Spur „Ex", die theoretisch in der Mitte der zu bestimmenden Schiene liegen sollte.

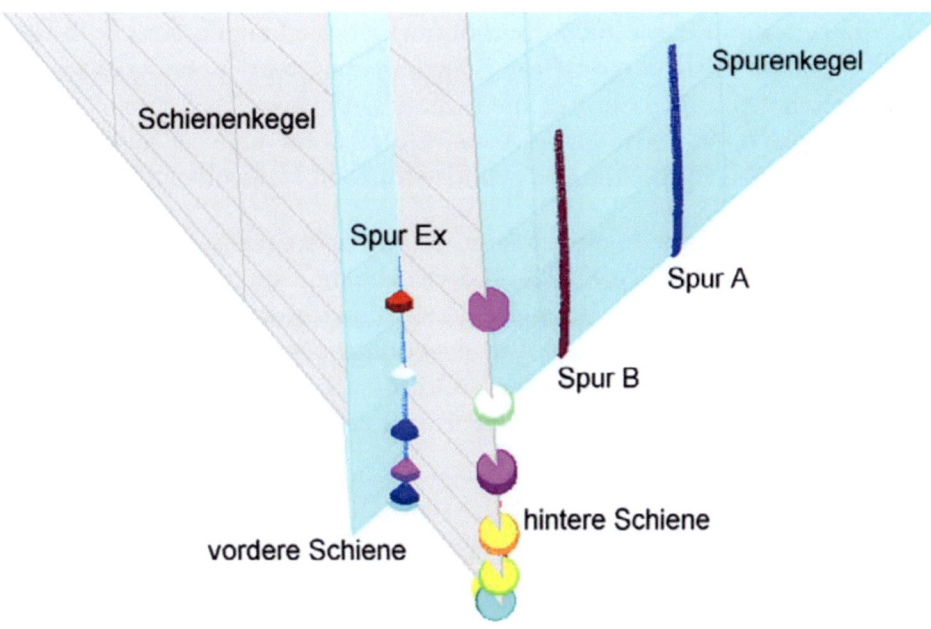

Abb. 4-5: Kegelextrapolation

4.3 Auswertung der örtlichen Messung

Zunächst wurde aus den Messpunkten der beiden Spuren A und B eines einzelnen Ringes der jeweilige Spurenkegel berechnet (siehe auch Abb. 4-5). Offensichtliche Ausreißer in den Messwerten – hervorgerufen z. B. durch ein „Aufbocken" des Vektor-Schlittens – wurden dabei eliminiert. Die Extrapolation der Spuren aus der Kegelspitze wurde mit einem eigens entwickelten Extrapolations-Programm durchgeführt. Um Fehler aufdecken zu können, die durch eventuelle mechanische Unzulänglichkeiten (z. B. „Aufbocken" des Vektor-Schlittens) hervorgerufen werden können, wurden alle Varianten der Extrapolation durchgeführt: Die Extrapolation aus der Kegelspitze sowohl der Reflektorspur A als auch B sowie die Extrapolation nach der Zuordnungs-Methode mit Reflektor A als auch Reflektor B als Ursprung der Extrapolation. Die Ergebnisse unterschieden sich nur um wenige 1/100 mm, so dass ausgeschlossen werden kann, dass der Vektorschlitten bei der Erfassung der Spur des Reflektors A einen anderen Weg gefahren ist als bei der Erfassung der Spur des Reflektors B. Für den zylinderförmigen Mittelteil des Spektrometertanks wurden die Abweichungen zu den Sollkreisen der Konstruktion berechnet und dargestellt. Die nachfolgende Abbildung 4-6 zeigen beispielhaft die Abweichungen des Ringes „C1V".

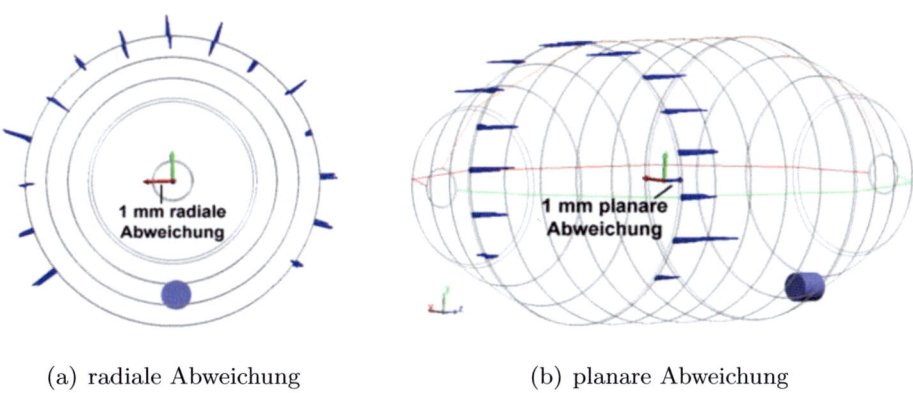

(a) radiale Abweichung   (b) planare Abweichung

Abb. 4-6: Abweichungen im zylindrischen Teil des Tanks

Dargestellt sind die (um den Faktor 1000 überhöhten) Abweichungen vom Sollkreis, wobei die Länge eines Pfeils des in der Mitte dargestellten Koordinatensystems 1 mm Abweichung entspricht. Im vorgestellten typischen Beispiel beträgt die radiale Durchschnittsabweichung vom Sollkreis +0, 16 mm. Die im Vergleich mit der radialen Abweichung höhere planare Abweichung von +0, 72 mm lässt sich durch das seitliche Gleiten der zylinderförmigen Messrolle auf der Schiene erklären.

Die Abweichungen im Bereich der kegelförmigen Teile werden zusätzlich noch als orthogonale Abweichungen gegenüber einem Sollkegel (Kegelabweichungen) dargestellt. Ein seitliches Gleiten der Messrolle auf den kegelförmigen Doppelschienen führt sowohl zu radialen (Abb. 4-7(a)) als auch zu planaren Abweichungen (Abb. 4-8) gegenüber den Sollkreisen. Für die Justierung der Elektrodenmodule ist in erster Linie der orthogonale Abstand zum Kegel entscheidend (Abb. 4-7(b)), die seitliche Abweichung ist dagegen von untergeordneter Bedeutung.

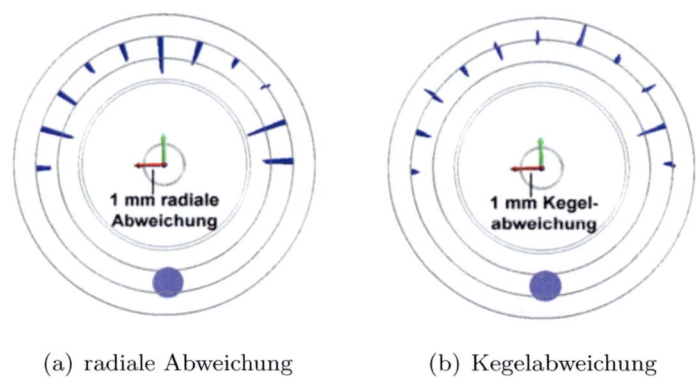

(a) radiale Abweichung   (b) Kegelabweichung

Abb. 4-7: Abweichungen im kegelförmigen Teil des Tanks

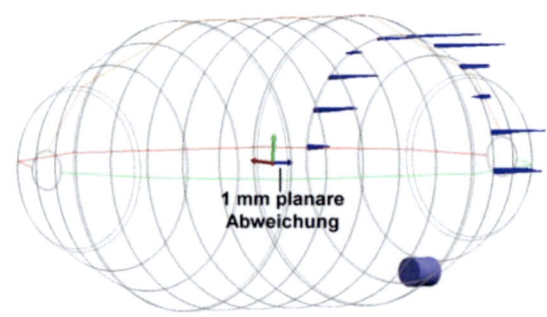

Abb. 4-8: Planare Abweichungen im kegelförmigen Teil des Tanks

Das obige Beispiel (Abb. 4-7 und Abb. 4-8) zeigt eine seitliche Abweichung der gemessenen Punkte von durchschnittlich +1, 36 mm gegenüber der Soll-Lage, die zu einer Verkleinerung des Radius gegenüber dem Sollradius von 0, 63 mm führt, während die orthogonalen Abweichungen mit durchschnittlich 0, 07 mm gering sind.

Insgesamt sind auf die zuvor beschriebene Weise 18 Doppelringe an i. d. R. 20 Ringpositionen vermessen worden. Die Abweichungen zur Sollposition lagen dabei bis auf wenige Ausnahmen unter 1 mm, wobei die planaren Abweichungen aufgrund der Möglichkeit des seitlichen Gleitens der Messrolle naturgemäß größer waren als die radialen bzw. orthogonalen Abweichungen vom Sollkegel. Die geringen Abweichungen sind, neben der äußerst sorgfältigen Arbeit des Montageteams des Instituts für Kernphysik, auch als Erfolg der in der ersten Phase durchgeführten Vermessung der Montagebolzen anzusehen, die als Grundlage für die Montagearbeiten diente.

5 Vermessung des Magnetometers

Eine weitere Aufgabe bestand darin, die Position und Ausrichtung eines Magnetfeldsensors (Magnetometers) innerhalb des Tanks zu vermessen. Mit Hilfe dieses Sensors soll die Auswirkung eines künstlich erzeugten Magnetfelds an verschiedenen Positionen im Tank bestimmt werden. Zu diesem Zweck wurde eine Plattform gefertigt, auf der das Magnetometer sowie vier $1,5''$-Corner-Cube-Reflektoren (p1 bis p4) montiert werden konnten (Abb. 5-1).

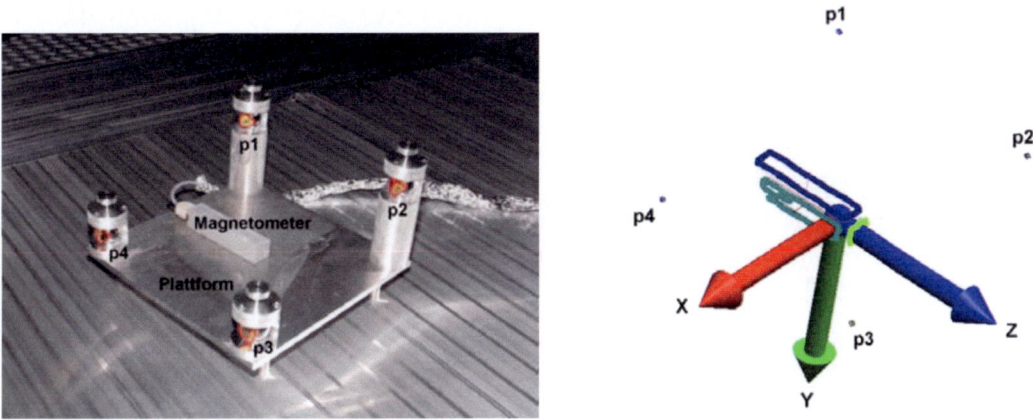

Abb. 5-1: Plattform mit Referenzrahmen und Magnetometer

Über die Achsen des Magnetometers, die durch das Gehäuse definiert sind, wurde das Plattform-Koordinatensystem definiert. Dazu wurde das Gehäuse des Magnetometers im kinematischen Modus des Lasertrackers mit einem $0,5''$-Reflektor abgescannt. Die ausgleichenden Ebenen des Gehäuses wurden miteinander verschnitten und es wurde eine Translation des Schnittpunktes in das Sensorzentrum vorgenommen.

Die Plattform wurde auf 46 verschiedenen Stellen (Abb. 5-2) innerhalb des KATRIN-Tanks positioniert und die 3D-Koordinaten der durch die Reflektoren definierten Passpunkte p1 bis p4 mit dem Lasertracker bestimmt. Mit Hilfe der Passpunkte wurde das Plattform-Koordinatensystem in die einzelnen Plattformpositionen transformiert und im Koordinatensystem des KATRIN-Tanks dargestellt. Die Standardabweichung eines Passpunktes (abgeleitet aus der Orientierungsberechnung) betrug dabei 0,04 mm.

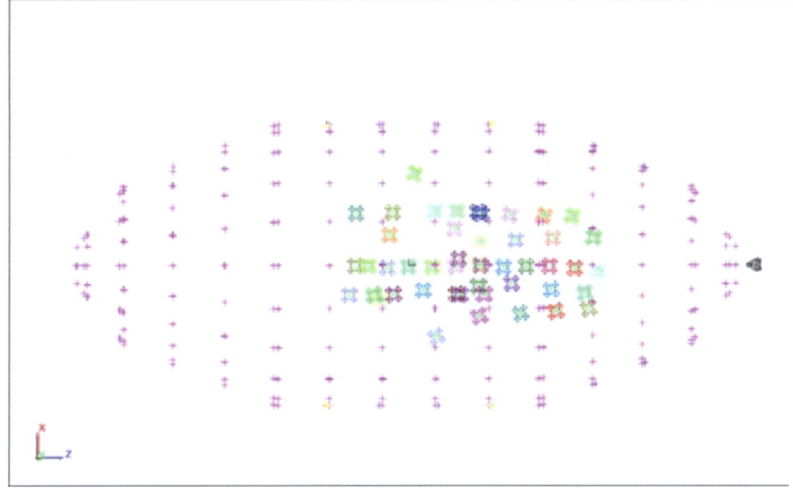

Abb. 5-2: Magnetometerpositionen innerhalb des Tanks

6 Zusammenfassung

Als Grundlage für die Vermessungsarbeiten am KATRIN-Spektrometertank wurde zunächst ein objektbezogenes Koordinatensystem definiert und durch die Aufnahme von objekteigenen Festpunkten (Befestigungsbolzen) materialisiert. Es folgte eine Analyse der Abweichung der Positionen und Orientierungen dieser Befestigungsbolzen von den Planungsvorgaben. Diese Analyse wiederum war Grundlage für die Montage von Befestigungsschienen, deren Einbaulage wiederum vermessen und entsprechend korrigiert wurde. Eine weitere Aufgabenstellung war die Ermittlung der Positionen und Orientierungen eines dreiachsigen Magnetometers, das an 46 verschiedenen Positionen innerhalb des Tanks positioniert wurde um die Auswirkungen eines künstlich erzeugten Magnetfeldes zu detektieren.

Bei allen Aufgabenstellungen war es notwendig, spezielle Messhilfsmittel zu konzipieren und zu testen sowie möglichst optimale Vermessungs- und Auswertemethoden zu entwickeln um die geforderte Genauigkeit im 1/10 mm-Bereich zu gewährleisten.

Literatur

[Drexlin u. Weinheimer 2007] DREXLIN, G. ; WEINHEIMER, C.: KATRIN – ein Schlüsselexperiment der Astroteilchenphysik. In: *NACHRICHTEN – Forschungszentrum Karlsruhe* Jahrgang 39/1 (2007), S. 63–68

[Juretzko 2009] JURETZKO, M.: Positionsbestimmung der Elektrodenmodule des KATRIN-Experiments mit Hilfe eines Lasertrackers. In: *Allgemeine Vermessungsnachrichten (AVN)* 6 (2009), S. 220–230

[Juretzko 2010] JURETZKO, M.: Hochpräzise Vermessung ringförmiger Befestigungsschienen der Neutrinowaage KATRIN. In: WUNDERLICH, Th. (Hrsg.): *Ingenieurvermessung 10: Beiträge zum 16. Internationalen Ingenieurvermessungskurs.* München : Herbert Wichmann Verlag, 2010, S. 357–368

Anschrift des Autors:
Dr.-Ing. Manfred Juretzko   Karlsruher Institut für Technologie (KIT)
                                   Geodätisches Institut (GIK)
                                   Englerstraße 7, 76131 Karlsruhe
                                   manfred.juretzko@kit.edu

GPS-Beobachtungskampagnen zur Bestimmung von hochpräzisen rezenten Bewegungen

Andreas Knöpfler und Michael Mayer

1 Motivation

Das Geodätische Institut der Universität Karlsruhe (GIK) leitete Anfang der 1990er Jahre eine neue Ära der praxis- und projektorientierten Forschung ein. Sie zeichnete sich dadurch aus, dass die das GIK bildenden Lehrstühle ihre Kompetenzen bündelten, um transnationale Projekte intra- und interdisziplinär zu bearbeiten. Basierend auf realen Daten und praxisrelevanten Fragestellungen konnten Forschungsprojekte mit großem methodischen Forschungspotenzial entwickelt werden. Zur Beantwortung und Lösung von wissenschaftlichen Fragestellungen trugen nicht nur die akademischen Mitarbeiter des GIK bei, die zudem die Ergebnisse ihrer Forschungsarbeit in die Lehre einfließen lassen konnten. Gleichzeitig konnte Studierenden eine nachhaltige und aktive Form des fachlichen und überfachlichen Kompetenzerwerbs angeboten werden, die sowohl durch Studien- und Diplomarbeiten als auch durch wissenschaftliche Hilfsassistenz Kompetenzen aktiv vermittelt und vertieft. Im Rahmen dieses Beitrags zur Festschrift zur Verabschiedung von Prof. Dr.-Ing. Dr.-Ing. E.h. Günter Schmitt sollen GPS-basierte Forschungsarbeiten angeführt werden, die dieser Philosophie Rechnung tragen. Der besondere Fokus wird dabei auf rezente geodynamische Großprojekte gelegt.

2 Alpentraverse

Im Rahmen des Sonderforschungsbereichs 108 „Spannung und Spannungsumwandlung rezenter Erdkrustenbewegung" wurde im Bereich der Ostalpen ein Überwachungsnetz, die so genannte „Alpentraverse" angelegt. Hierbei war das GIK federführend. Mit diesem Netz wurde die Relativbewegung der apulischen und der eurasischen Platte bestimmt. Hierzu wurden während der Laufzeit des SFB 108 in den Jahren 1991, 1992 und 1994 drei Messkampagnen sowie nach erfolgreichem SFB-Abschluss eine Wiederholungskampagne im Jahr 1999 durchgeführt (Lemp [2000]). Das mit großem logistischen Aufwand gemessene Netz umfasste 43 Punkte mit einem mittleren Punktabstand von ca. 20 km und erstreckte sich vom Alpenvorland bei München bis nach Triest in Italien. Neben der Detektion von Bewegungen der beiden Großplatten gegeneinander wurden auch lokale Störzonen, deren Existenz sich immer wieder durch starke Erdbeben zeigte, aufgedeckt (Vogel [1995]). Das Netz der Alpentraverse ist in Abb. 2-1 dargestellt.

Die erste Messkampagne wurde vom 27. Mai bis zum 08. Juni 1991 mit zwölf WM 102-Empfängern, die zweite Messkampagne im Zeitraum 25.08.-04.09.1992 mit 14 Empfängern vom Typ Wild GPS-System 200 durchgeführt. Für die Messkampagne 1994 wurde der Zeitraum 29.08.-02.09.1994 gewählt, 1999 fanden die Messungen vom 30.08. bis zum 05.09. statt. Neben den Daten der Kampagnenstationen standen zusätzlich die Daten von verschiedenen GPS-Referenzstationen zur Verfügung. Die Punkte wurden jeweils für mehrere Stunden während guter Satellitenkonstellationen besetzt. Während in der aktuellen Ausbaustufe von GPS auf Grund von gut 30

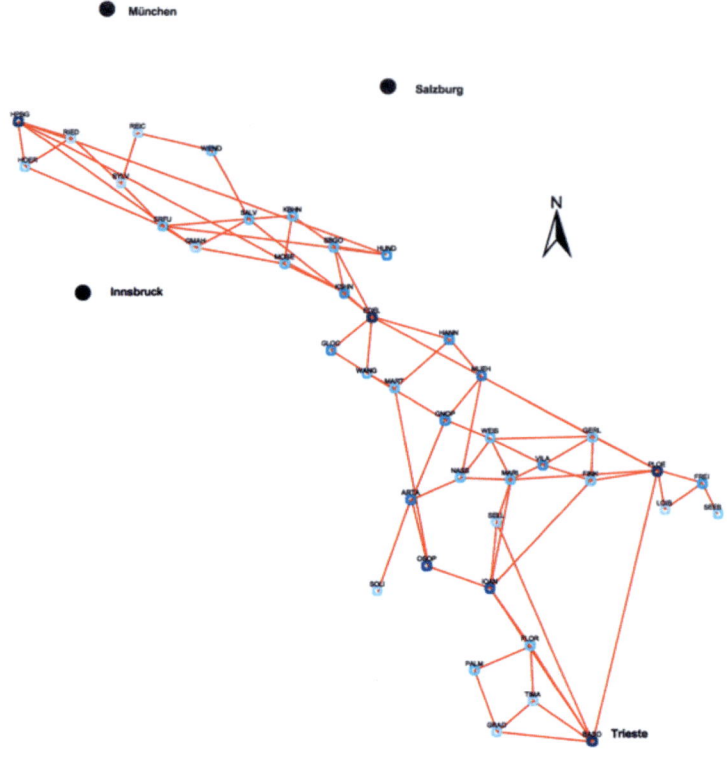

Abb. 2-1: Netz der Alpentraverse (Lemp [2000])

aktiven Satelliten für nicht abgeschattete Punkte bei einem minimalen Elevationswinkel von 10° bis auf wenige Ausnahmen Signale von mehr als acht Satelliten empfangen werden können, waren bei GPS-Beobachtungen, die zeitlich vor Vollendung der vollen GPS-Ausbaustufe durchgeführt wurden, höchst exakte Erkundungen sowie restriktive Zeitplanungen notwendig, um eine ausreichende Anzahl von 5-7 simultan beobachtbaren Satelliten garantieren zu können.

Die Auswertung der GPS-Daten erfolgte mittels der Bernese GPS Software in verschiedenen Versionen. Die Daten von 1994 und 1999 wurden mit der damals aktuellsten Version 4.2 (Hugentobler et al. [2001]) ausgewertet. Nach der drei-dimensionalen GPS-Auswertung wurde lageorientiert eine Netzausgleichung mit der am GIK entwickelten Software Netz2D (Schmitt [1995]) durchgeführt. Zur Bestimmung der Punktbewegungen wurde anschließend die ebenfalls am GIK entwickelte Software CODEKA2D (Illner et al. [1996]) verwendet.

Aus der Deformationsanalyse der vorliegenden Epochen konnten signifikante Einzelpunktbewegungen abgeleitet werden. Die durchschnittliche Punktbewegung wurde zu 4 mm/Jahr bestimmt. Aus den Epochen 1992 und 1999 lassen sich zudem deutliche Blockstrukturen ableiten. Die Punkte des südlichen Alpengebiets bewegen sich in nördlicher Richtung, die Punkte im nördlichen Alpengebiet in südöstlicher Richtung. Die im östlichen Gebiet liegenden Punkte werden daher scheinbar in nordöstliche Richtung bewegt. Zusätzlich lassen sich einige Punkte detektieren, welche sich entgegen der Tendenz der umliegenden Punkte bewegen, wodurch Hinweise auf lokale Effekte gegeben werden konnten (Lemp [2000]). Hierin liegt letztendlich wiederum Forschungspotenzial für künftige Arbeiten im Bereich der Alpen.

Die in eine rezente geodynamische Fragestellung eingebetteten Forschungsarbeiten im Bereich der Alpen sowie die im Kontext des SFB 108 insbesondere bis zur Mitte der 1990er Jahre durchgeführten grundlegenden und methodischen Studien eröffneten zusammen mit den gewonnenen logistischen Erkenntnissen vielschichtige Chancen einer innovativen und zukunftsorientierten Teilneuausrichtung der GIK-Forschung auf den Gebieten der angewandten Satellitengeodäsie sowie der Ausgleichungsrechnung. Die wichtigsten am GIK erzielten Resultate des SFB 108 sind in van Mierlo et al. [1997] zusammengestellt.

3 Referenznetz Antarktis

Im Rahmen von zwei BMBF[1]-geförderten Verbundprojekten wurde ab Mitte der 1990er Jahre am GIK in Kooperation mit nationalen und internationalen Partnern der geodynamisch aktive und geophysikalisch interessante Bereich der Antarktischen Halbinsel basierend auf GPS-Beobachtungskampagnen bearbeitet. Übergeordnetes Ziel dieser Projekte war die zuverlässige und präzise erstmalige Einbindung der so genannten Antarktischen Halbinsel in den globalen Referenzrahmen ITRF (International Terrestrial Reference Frame), wodurch eine grundlegende und neue Basis für alle geowissenschaftlichen Arbeiten in diesem Bereich der Erde geschaffen wurde (Dietrich et al. [2001]). Das GIK widmete sich andererseits detailliert der geologisch motivierten Deformationsanalyse der Antarktischen Halbinsel. Alternativ zur Vorgehensweise bei der Ermittlung von absoluten, datumsbezogenen ITRF-Bewegungsraten wurden dabei im aktiven Rückengebiet Bransfield Strait unter Berücksichtigung geologischer Gesichtspunkte signifikante horizontale Relativbewegungen von Einzelpunkten und Punktgruppen bestimmt, wodurch das geowissenschaftliche Verständnis für diesen Erdteil geschärft werden konnte. Grundlegend hierbei waren insbesondere vertiefte methodische Forschungsarbeiten zum stochastischen GPS-Auswertungsmodell (z. B. Howind [2005]) und die Untersuchung atmosphärischer Einflussfaktoren (z. B. Mayer [2006]).

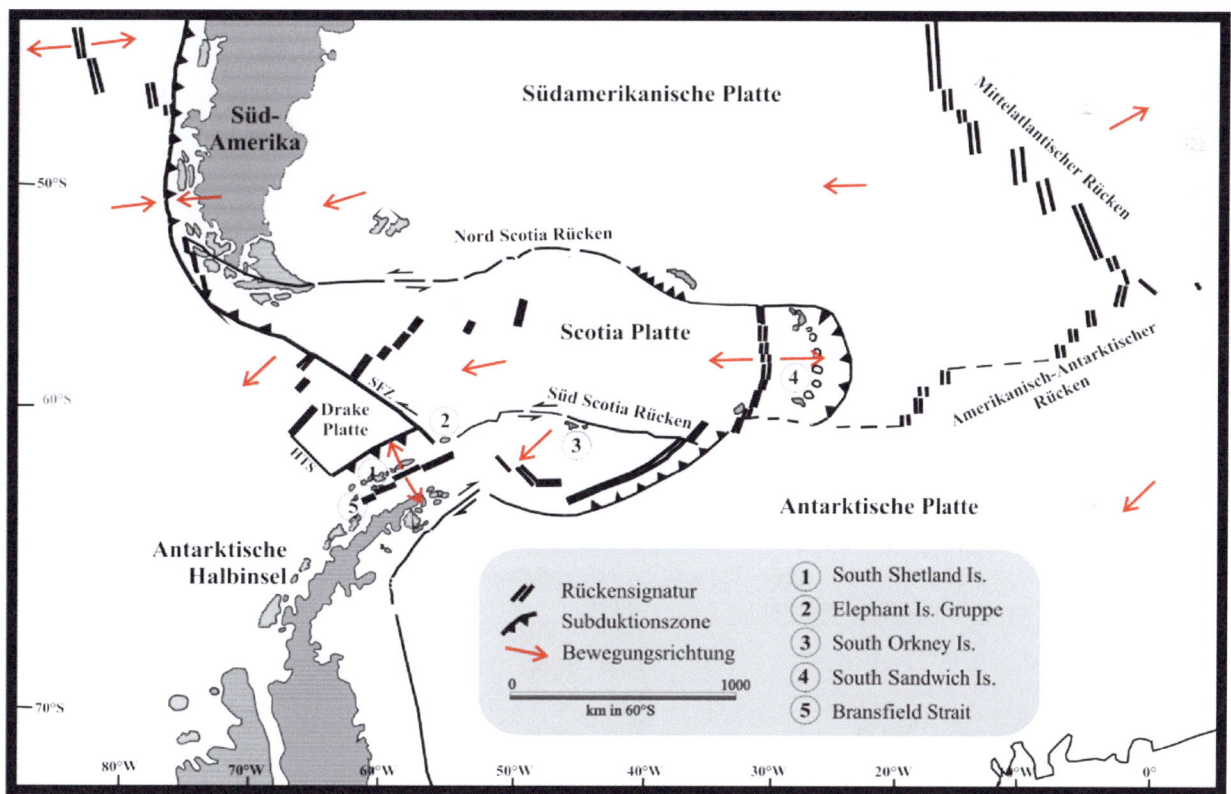

Abb. 3-1: Geologische Situation im Bereich der Antarktischen Halbinsel (Veit u. Miller [2000])

---

[1]Bundesministerium für Bildung und Forschung

Beginnend mit dem Südsommer 1994/95 wurden alljährlich mit sehr hohem logistischem Aufwand auf Stationen der Antarktis und umliegender Kontinente der Südhalbkugel im Zeitraum 20. Januar - 10. Februar kontinuierliche (24 h pro Tag) geodätische GPS-Beobachtungen (Sampling Rate: 15 s) erfasst. Die Durchführung von Beobachtungskampagnen war notwendig geworden, weil im Bereich der Westantarktis zu Projektbeginn sehr wenige Permanentstationen etabliert waren. Mit Beendigung der SCAR[2]-GPS-Kampagne Epoche 1998 (SCAR98) lagen somit GPS-Beobachtungen aus vier Kampagnen vor, die im Bereich der Antarktischen Halbinsel insbesondere auf Grund der geringen Abstände zwischen den Netzpunkten (mittlerer Punktabstand: ca. 115 km), wodurch entfernungsabhängige GPS-Einflussfaktoren im Zuge differenzieller Auswerteverfahren stark reduziert werden konnten, sowie auf Grund von am GIK entwickelten beständigen Vermarkungen (Lindner et al. [2000]) für ein hochgenaues regionales Deformationsnetz geeignet waren. Das Deformationsnetz der Antarktischen Halbinsel umfasste 22 Stationen. Es wurden jedoch nicht auf allen Stationen in den Beobachtungsepochen SCAR95, SCAR96, SCAR97 und SCAR98 GPS-Beobachtungen erfasst. Bei der Beobachtung der Punkte wurde auf homogenes Antennen/Empfänger-Design großer Wert gelegt. Im Anschluss an die genannten Beobachtungskampagnen konnte das GIK – ebenfalls eingebettet in die Aktivitäten des SCAR – logistisch eigenständig im antarktischen Sommer 2002 eine kleinere Folgekampagne durchführen.

4 Dreidimensionale Plattenkinematik in Rumänien

In Analogie zum vorigen Abschnitt (Kap. 3), in dem die Verdichtung des bestehenden Netzes von permanent betriebenen GPS-Referenzstationen im Bereich der Antarktischen Halbinsel beschrieben wurde, erfolgte in den 1990er Jahren auch in Osteuropa sukzessive der Aufbau von GPS-bezogenen Referenzstationsnetzen. Hierbei wurden zudem wichtige Grundlagen zur Verknüpfung bestehender Landesnetze mit regionalen und globalen Referenzrahmen gelegt. Gleichzeitig wurden räumlich und zeitlich besser aufgelöste geodynamische Studien ermöglicht.

Der Sonderforschungsbereich 461 „Starkbeben: Von geowissenschaftlichen Grundlagen zu Ingenieurmaßnahmen" wurde von Juli 1996 bis Dezember 2007 von der Deutschen Forschungsgemeinschaft finanziert. Innerhalb des SFB 461 war das Projekt B1 „Dreidimensionale Plattenkinematik in Rumänien" angesiedelt, welches vom GIK durchgeführt wurde. Hauptziel dieses Teilprojekts war, durch den Aufbau und wiederholte Messungen eines GPS-Überwachungsnetzes in Mittel- und Ostrumänien mit dem Zentrum in der Vrancea-Region, dreidimensionale Bewegungen und Deformationen der Erdkruste zu bestimmen.

Tab. 4-1: Übersicht der im SFB 461 zur Verfügung stehenden Messkampagnen

Institutionen	Jahre
NATO	1999, 2001
CEGRN	1995, 1996, 1997, 1999, 2001
SFB 461	1997, 1998, 2000
ISES	2002, 2005
SFB 461 und ISES	2003, 2004, 2006

Aufbauend auf vorhandene Stationen des CEGRN (Central European GPS Geodynamic Reference Network) in Rumänien wurden seit 1997 in enger Kooperation mit lokalen Behörden

---

[2]Scientific Committee on Antarctic Research

und Forschungspartnern eigene Stationen vermarkt. Details zu CEGRN sind auf der Homepage des CEGRN Consortiums unter http://www.fomi.hu/CEGRN/ zu finden. Im Jahr 2002 wurde eine Kooperation mit der geodätischen Projektgruppe des Netherland Research Center for Integrated Solid Earth Sciences (ISES) am Department of Earth Observation and Space Systems (DEOS) ins Leben gerufen, durch die das Netz signifikant erweitert und verdichtet werden konnte. In der Vrancea-Region wurden vom ISES auch einige wenige permanent betriebene GPS-Stationen eingerichtet. Für die letzte Messkampagne im Jahr 2006 stand somit ein Netz von ca. 55 Stationen zur Verfügung. Eine Übersicht der für die Auswertung zur Verfügung stehenden Messkampagnen ist in Tab. 4-1 zusammengestellt. In Abb. 4-1 sind die Stationen des Deformationsnetzes visualisiert.

Die Daten der 15 verfügbaren Messkampagnen wurden in der letzten Phase des SFB im Teilprojekt B1 nochmals vollständig neu ausgewertet. Hierzu wurde die Bernese GPS Software (Dach et al. [2007]) verwendet. Die abschließende konsistente Neuauswertung erschien auf Grund von stetigen Verbesserungen insbesondere des funktionalen GPS-Auswertemodells sinnvoll. Neben den GPS-Beobachtungsdaten sind hierbei unter Anderem hochpräzise Produkte (z. B. Bahndaten des International GNSS Service) und absolute Typmittelwerte für die verwendeten GPS-Empfangsantennen berücksichtigt worden. Ausgehend von den Ergebnissen der differenziellen GPS-Prozessierung wurde eine koordinatenbezogene Deformationsanalyse für Lage und Höhe durchgeführt. Mit den auf diese Weise bestimmten Geschwindigkeiten der unregelmäßig verteilten GPS-Stationen kann unter Zuhilfenahme der Multilevel B-Spline Approximation ein dreidimensionales Geschwindigkeitsfeld abgeleitet werden (Nuckelt [2007a]). In Abb. 4-2(a) und 4-2(b) sind die ermittelten horizontalen und vertikalen Geschwindigkeitsfelder im Deformationsgebiet dargestellt (SFB 461 [2008]).

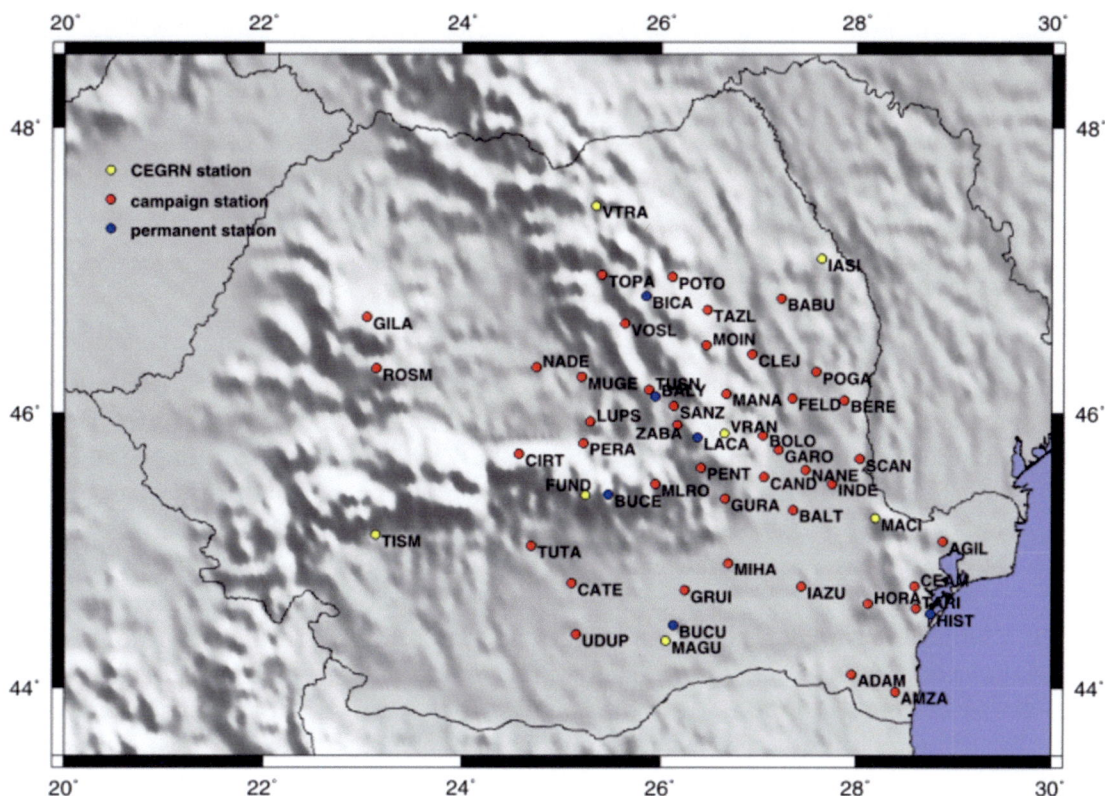

Abb. 4-1: Stationen des Deformationsnetzes in Rumänien, Stand: Messkampagne 2006 (Nuckelt [2007b])

Durch die vergleichende Validierung der am GIK erzielten Ergebnisse der beiden international und interdisziplinär angesiedelten und beachteten Großprojekte Referenznetz Antarktis und SFB 461 ergaben sich wiederum wichtige Impulse für künftige Forschungsarbeiten am GIK. So wurde beispielsweise das Empfangsverhalten der eingesetzten GPS-Antennen als eine wichtige die Genauigkeit und Zuverlässigkeit von GPS-Ergebnissen limitierende stationsspezifische Fehlerquelle realisiert. Zur Durchführung von klärenden Untersuchungen aber auch zur Kalibrierung von GPS-Antennen wurde in diesem Zusammenhang auf dem Messdach des GIK ein Testfeld für GPS-Antennen etabliert (Knöpfler et al. [2007]).

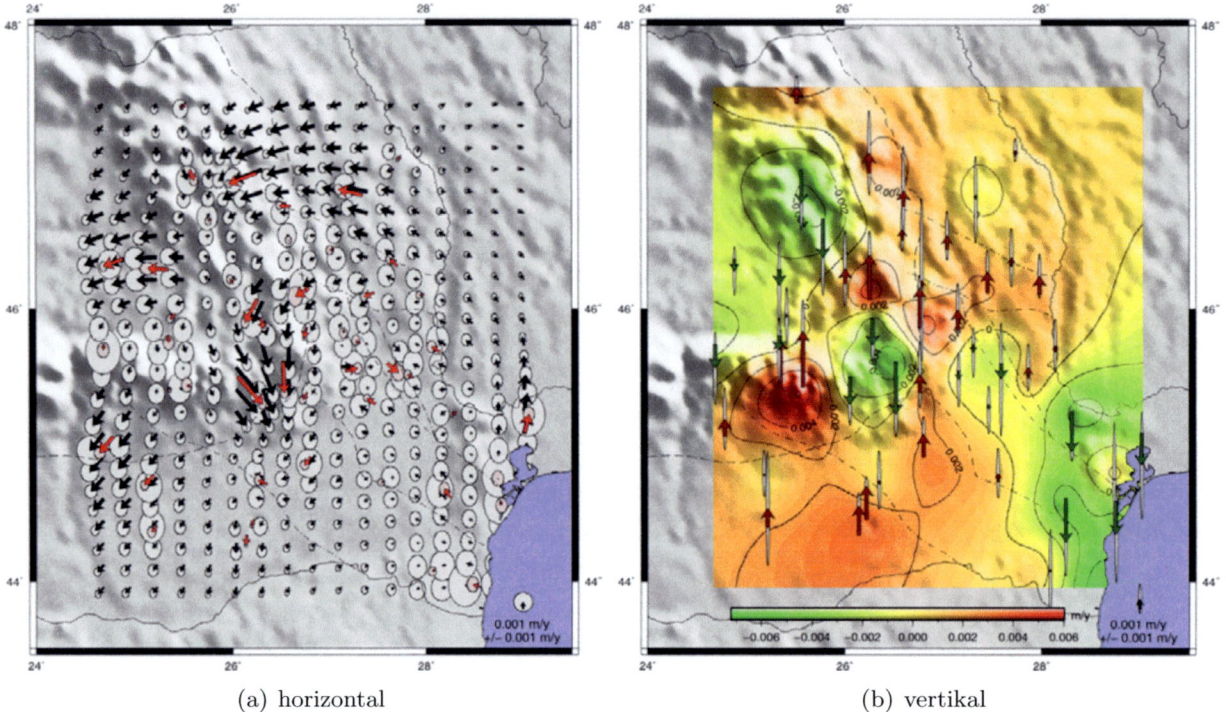

(a) horizontal   (b) vertikal

Abb. 4-2: Interpolierte Geschwindigkeitsfelder (Nuckelt [2007a])

5 EUCOR-URGENT

Der Rheingraben ist das zentrale und bekannteste Segment des erdneuzeitlichen europäischen Grabensystems, das sich auf einer Länge von einigen 1000 km von der Nordsee durch Deutschland und Frankreich bis zum Mittelmeer erstreckt (z. B. Ziegler [1992], Bourgeois et al. [2007]). Der in direkter Nähe zum GIK gelegene Oberrheingraben ist ein 300 km langer und 40 km breiter Graben, der in Richtung SSW-NNO von Basel (Schweiz) bis Frankfurt am Main verläuft. Im Westen ist der Oberrheingraben durch die Vogesen und im Osten durch den Schwarzwald begrenzt. Im Norden grenzt er an die Hebungszone des Rheinischen Schiefergebirges. Zum Süden hin repräsentieren die Leymen-, Ferrette- und Vendlincourt-Falten die nördlichsten Jura-Ausläufer. Diese dünne kompressive Deformationsfront erstreckt sich noch ca. 30 km weiter bis nördlich von Mulhouse (Frankreich). Durch vulkanisches Einwirken wurde das Grabensystem im späten bis frühen Eozän (42-31 Ma) angeregt und begann mit einer breiten Ausdehnung in Richtung OW bzw. ONO-WSW. Heute wird das südliche Ende des Oberrheingrabens durch geringe Hebungs- und Senkungsraten und ein quasi-kompressives linkslaterales tektonisches Strike-Slip-System mit der maximalen Stress-Achse in Richtung NW-SO charakterisiert. Der Oberrheingraben wird als die seismisch aktivste Zone in Nordwest-Europa mit signifikanter

Wahrscheinlichkeit für das Auftreten großer Erdbeben angesehen (Meghraoui et al. [2001]). Um die Prozesse, die zu seismischer Aktivität führen, verstehen zu können, ist es notwendig, nicht nur die Lage der Falten und Gräben sondern auch ihre Änderungsraten zu untersuchen. Hierbei leistet die Geodäsie wichtige Beiträge, um beispielweise zuverlässige und präzise Randbedingungen an der Erdoberfläche für geophysikalische Modellierungen zu bestimmen.

Im Rahmen einer transnationalen Kooperation von so genannten EUCOR-Universitäten (EUropean Confederation of Upper Rhine Universities, Internet: http://www.eucor-uni.org) wurden Rahmenabkommen zur kooperativen und kolaborativen Aus- und Weiterbildung sowie Forschung getroffen. Auf dieser Plattform wurde das Projekt URGENT (Upper Rhine Graben Evolution and NeoTectonics, Internet: http://comp1.geol.unibas.ch, Behrmann et al. [2005]) ins Leben gerufen, in dem am GIK unter Anderem erstmalig terrestrische und satellitengeodätische Techniken im Bereich des Oberrheingrabens kombiniert eingesetzt wurden, um lokal rezente geodynamische Aussagen ableiten zu können. Insbesondere wurden in den Jahren 1999, 2000 und 2003 GPS-Kampagnen durchgeführt, siehe hierzu Rozsa et al. [2005]. Die Analyse der resultierenden horizontalen und vertikalen Punktbewegungen erbrachte vielversprechende Ergebnisse. So konnten z. B. horizonale jährliche Bewegungen von knapp 1 mm festgestellt werden. Auf Grund der bei GPS schlechter festgelegten vertikalen Komponente sowie der kurzen Zeitbasis konnten keine signifikanten vertikalen Bewegungen erhalten werden. Deshalb wurden ergänzend ebenso Nivellementdaten mit einer langen Zeitbasis in die Analyse einbezogen, wodurch signifikante lokale jährliche Bewegungen von 0.2 mm erhalten werden konnten, die sehr gut mit seismotektonischen Untersuchungen übereinstimmten. Somit konnte im Rahmen von EUCOR-URGENT zudem belegt werden, dass im Bereich des Oberrheingrabens weiterhin aktive rezente geodynamische Prozesse ablaufen.

6 GNSS Upper Rhine Graben Network

Das Projekt EUCOR-URGENT (siehe Kap. 5) lieferte sehr vielversprechende Ergebnisse, hatte jedoch insbesondere GPS-seitig unter einer geringen Datenbasis zu leiden. Im Rahmen von EUCOR-URGENT wurden beispielsweise Kampagnenmessungen über wenige Tage auf einzelnen Stationen durchgeführt. Zudem wurde nur in direkter Nähe zum Untersuchungsgebiet Oberrheingraben beobachtet. Heutzutage ist es im Rahmen GNSS-basierter, geodynamischer Projekte jedoch state-of-the-art, auf Daten permanent betriebener Stationen zurückzugreifen, um möglichst lange kontinuierliche und damit aussagekräftige und belastbare Zeitreihen generieren zu können. Darüber hinaus bieten solche Zeitreihen eine sehr gute Möglichkeit, die Qualität der abgeleiteten Größen (z. B. Bewegungen) realistisch abschätzen zu können. Ein solches Vorgehen wird zudem aktuell – im Gegensatz zu Beobachtungskampagnen der 1990er Jahre – weder durch limitierten Speicherplatz z. B. auf den GPS-Ausrüstungen noch durch fehlende Kommunikationsmöglichkeiten zur Datenübertragung beschränkt.

Im Jahr 2008 wurde von der Ecole et Observatoires des Sciences de la Terre (EOST, CNRS und Universität Strasbourg, Frankreich) und vom GIK die transnationale Forschungskooperation GURN (GNSS Upper Rhine Graben Network) ins Leben gerufen. Im Rahmen von GURN wird ein hochpräzises Netz permanent betriebener GNSS-Stationen zur Detektion rezenter Krustenbewegungen in der Region des Oberrheingrabens aufgebaut. Hierzu werden zunächst keine neuen Stationen errichtet. Stattdessen werden die im Untersuchungsgebiet vorhandenen Stationen verschiedener Netzbetreiber verwendet und erstmals konsistent ausgewertet.

Von deutscher Seite umfasst das Netz derzeit die Stationen von SA*POS*®-Baden-Württemberg und SA*POS*®-Rheinland-Pfalz. Zusätzlich werden verschiedene frei verfügbare Stationen wie beispielsweise die GPS-Station am Black Forest Observatory (BFO1, Luo u. Mayer [2008]) verwendet. Von der Schweizer Landesvermessung swisstopo werden einige Stationen des automatischen GNSS-Netz Schweiz (AGNES) zur Verfügung gestellt. Die Daten der französischen Stationen werden von verschiedenen Netzbetreibern geliefert: EOST unterhält selbst einige Stationen, weiter werden Daten des französischen Forschungsnetzes RENAG, des RGP (Netz des Institut Geographique National) und von Stationen der privaten Betreiber Teria und Orphéon verwendet. Außerdem werden die Daten frei verfügbarer EPN[3]- und IGS[4]-Stationen im Bereich des GURN berücksichtigt und integriert. Bei einer Netzausdehnung von ca. 500 km in Nord-Süd- und ca. 350 km in Ost-West-Richtung umfasst das Netz derzeit ca. 80 Stationen, deren Daten täglich automatisiert auf einem zentralen Server eingehen. Eine Karte der aktuellen Verteilung der GURN-Stationen ist mit Abb. 6-1 gegeben.

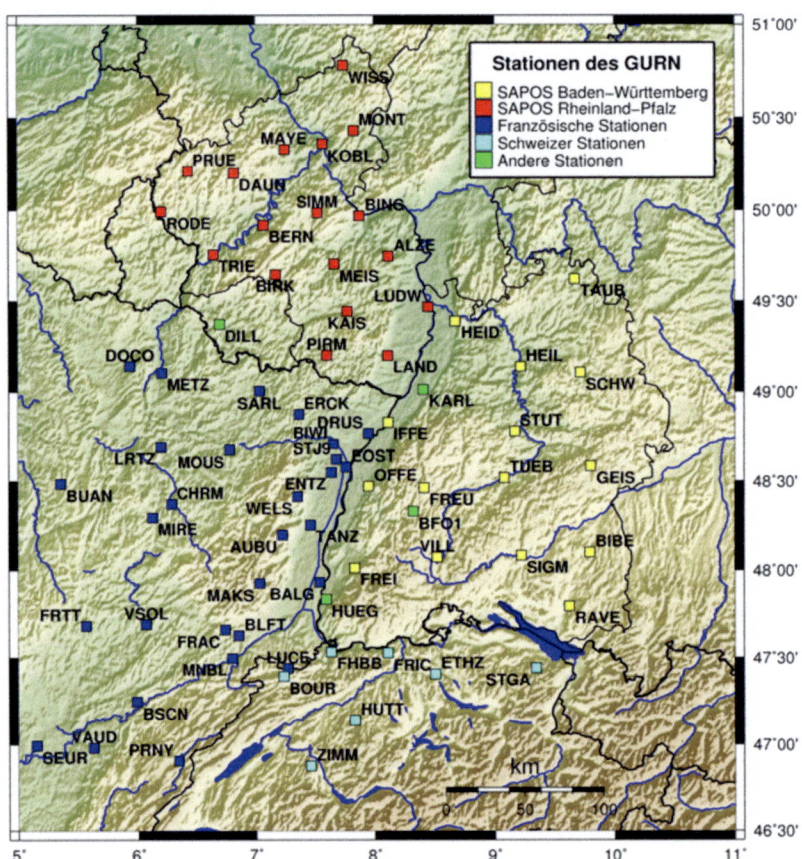

Abb. 6-1: Stationen des GNSS Upper Rhine Graben Networks (GURN)

Die derzeitige Datenbasis von GURN reicht bis ins Jahr 2002 zurück, als SA*POS*®-Baden-Württemberg offiziell den Betrieb aufnahm. Seit dieser Zeit liegen die Beobachtungsdaten dieser Stationen durchgehend mit einer Datenrate von mindestens 15 s vor. Für SA*POS*®-Rheinland-Pfalz liegen die Daten seit Beginn 2004 vor. Die französischen Stationen sind meist jüngeren Datums, so dass hier meist nur kurze Zeitreihen (2-3 Jahre) zur Verfügung stehen. Seit Mitte 2009 werden die Daten einiger swisstopo-Stationen übertragen.

---

[3]EUREF Permanent Network, Internet: http://www.epncb.oma.be/
[4]International GNSS Service, Internet: http://igscb.jpl.nasa.gov/

Zunächst wurden verschiedene Untersuchungen zur Validierung der Qualität der Stationen durchgeführt. Dies erschien insbesondere deshalb sinnvoll, weil SA*POS*®-Stationen originär nicht zur Ableitung von geodynamisch nutzbaren Ergebnissen etabliert wurden, sondern insbesondere um wirtschaftlich in Echtzeit Katastervermessungsarbeiten zu ermöglichen. Somit unterscheidet sich beispielsweise die Vermarkungsart von SA*POS*®-Stationen, die vornehmlich auf Hausdächern öffentlicher Gebäude angebracht sind, von den typischerweise mit dem anstehenden Gestein mittels Pfeilermonumentierungen verbundenen Vermarkungen von geodynamischen Großprojekten.

Neben Koordinaten-bezogenen Voranalysen, die basierend auf den mit Precise Point Positioning (PPP) bestimmten Koordinatenzeitreihen durchgeführt wurden, wurden auch die Mehrwegebelastungen der Phasenbeobachtungen untersucht (Knöpfler et al. [2010]). Zusätzlich wurden an zwei Stationen exemplarisch Neigungssensoren installiert, um Stationsbewegungen zu monitoren (Knöpfler et al. [2009]). Nach diesen am GIK durchgeführten Vortests wurde von beiden Institutionen EOST und GIK eine unabhängige Prozessierung aller vorhandenen Daten durchgeführt. Am EOST wird zur Prozessierung der GNSS-Daten die Software GAMIT/GLOBK (Herring et al. [2006]) verwendet, am GIK kommt die Bernese GPS Software zum Einsatz. Die Strategien der beiden Institute unterscheiden sich nicht nur in der eingesetzten Software, sondern auch hinsichtlich der Lagerung der Stationen im übergeordneten Netz und den in die Auswertung eingehenden externen Produkten (z. B. finale hochpräzise Orbitinformation, Erdorientierungsparameter).

Mittels der Prozessierungen beider Institutionen kann eine wechselseitige Validierung der Ergebnisse erfolgen. Zusätzlich soll am GIK ein weiterer Vergleich mit den Ergebnissen des routinemäßigen Stationsmonitoring von SA*POS*®-Baden-Württemberg erfolgen. Hierdurch kann dieses Monitoring im Rahmen der SA*POS*®-Qualitätssicherung von einer unabhängigen Stelle überprüft werden. Neben der Ableitung eines geodynamischen Bewegungsfeldes kann aus diesen Daten auch ein neues, revidiertes geodynamisches Modell für die Region des Oberrheingrabens erstellt werden. Als weiteres innovatives Produkt können mittels GURN hochauflösende regionale Wasserdampffelder ermittelt werden, die Klimaforschung und Wettervorhersage stützen können, siehe hierzu Luo et al. [2007] und Fuhrmann et al. [2010].

7 Ausblick

In diesem Beitrag wurden regionale Forschungsaktivitäten des GIK dargestellt, bei denen der Sensor GPS zur Bestimmung von Punktkoordinaten verwendet wurde. Die ermittelten Punktkoordinaten werden anschließend weiterverarbeitet, um zur Klärung von geologischen bzw. geophysikalischen Fragestellungen beitragen zu können. Die dafür notwendigen GPS-Beobachtungen werden i.d.R. innerhalb von Beobachtungskampagnen erfasst. Hierbei werden für einen Zeitraum von wenigen Tagen (z. B. Referenznetz Antarktis, Kap. 3, 22 Tage) an geologisch repräsentativen Örtlichkeiten hochgenaue geodätische GPS-Ausrüstungen verwendet, um zweifrequente Phasenbeobachtungen aufzuzeichnen. Basierend auf diesen Daten und einer geeigneten Auswertestrategie können mm-genaue dreidimensionale Koordinaten ermittelt werden. Die abgeleiteten Koordinaten entstammen i.d.R. so genannten Tageslösungen, bei denen das gesamte Beobachtungsmaterial eines Tages verarbeitet wird, um eine repräsentative dreidimensionale Koordinate pro Tag zu schätzen.

Um aussagekräftige Positionsänderungen von Punkten bzw. geologischen Einheiten ableiten zu können, sind einerseits langzeitstabile Monumentierungen notwendig, die eine wiederholte Beobachtung desselben Punktes garantieren. Andererseits ist darauf zu achten, dass die erfassten Beobachtungen die Bewegungen der Punkte repräsentieren können, so dass insbesondere auf eine ausreichende Besetzungsdauer zu achten ist. Im Gegensatz zu den hier beschriebenen Beobachtungskampagnen erscheint somit die Etablierung von GPS-Permanentstationen, die lückenlose Zeitreihen garantieren, als sehr gut geeignet, um belastbare Zeitreihen zu erzeugen. Bei der Errichtung von Permanentstationen treten jedoch – insbesondere wenn geringe Punktabstände angestrebt werden – neben geologischen auch logistische Gesichtspunkte (z. B. Stromversorgung, Standleitung) verstärkt in den Vordergrund. Viele bestehende Permanentstationen sind deshalb nicht bodennah monumentiert sondern auf Dächern. Die Analyse der Daten solcher Stationen muss somit – beispielsweise um Pseudobewegungen ausschließen zu können – ebenfalls eine Analyse der geologischen Repräsentativität der unter Verwendung dieser Stationen erzielten Ergebnisse einschließen. Pseudobewegungen können jedoch auch durch ein verändertes Instrumentarium resultieren: z. B. wurden in den letzten Jahren alle SA*POS*®-Stationen, um Daten des russischen GLONASS-Systems erfassen zu können, durch GNSS-fähige Ausrüstungen ersetzt. Hierdurch ändert sich die Punktkoordinate beispielsweise durch veränderte Empfangseigenschaften der GNSS-Antenne. Ein weiterer kritischer Aspekt betrifft den minimalen Elevationswinkel, unter dem GPS-Beobachtungen erfasst werden. Während früher ein minimaler Elevationswinkel von 15° angehalten wurde, werden aktuell alle Beobachtungen bis zur Elevation 0° erfasst. Eine Auswertung mit allen verfügbaren Daten kann ebenso zu Pseudobewegungen, hervorgerufen durch Sprünge in Zeitreihen, führen. Wie im vorliegenden Beitrag angeführt, führt zudem die stetige Verbesserung der verwendeten wissenschaftlichen Auswertesoftware unumgänglich zur Notwendigkeit der wiederholten konsistenten Datenverarbeitung, um Pseudobewegungen ausschließen zu können.

Neben Veränderungen der erdgebundenen Hard- und Software wird auch das Raumsegment bei GPS stetig modernisiert. Gleichzeitig werden neue Satellitennavigationssysteme entwickelt (z. B. GALILEO). Ebenso wurde in das russische GLONASS-System in den letzten Jahren stark investiert, wodurch aktuell ca. 20 GLONASS-Satelliten verfügbar sind. Künftig muss somit im Rahmen von hochpräzisen Auswertungen verstärkt auf

- Interoperabilität: im Rahmen der Positionsgenauigkeit mit mehreren verschiedenen Systemen dieselbe Position erhalten,

- Kompatibilität: gemeinsame oder separate Nutzung von mehreren verschiedenen Systemen ohne gegenseitige Störung und

- Austauschbarkeit: vier Signale beliebiger GNSS können zur Positionsbestimmung verwendet werden

geachtet werden. Eine immer wichtigere Rolle im Rahmen von GNSS-Asuwertungen kommt so genannten Produkten zu. Produkte werden beispielsweise im Rahmen des IGS generiert und betreffen z. B. die Satellitenposition oder die Erdatmosphäre. Diese kostenfrei verfügbaren Produkte sind ebenfalls abhängig von der bei der Generierung angehaltenen Auswertestrategie und insbesondere auch der Datumsfestlegung. Die verbesserte Qualität und die erhöhte zeitliche Auflösung von Produkten (z. B. Satellitenuhr) führt unter Anderem dazu, dass künftig neben der hochpräzisen differenziellen Auswertung von GNSS-Daten der PPP-Ansatz weiter an Bedeutung gewinnen wird. Ein wichtiger Vorteil von PPP-Auswerteansätzen ist in der nicht mit Beobachtungsdaten anderer Stationen korrelierten Herangehensweise begründet, die beispielsweise vergleichend zu differenziellen Auswertestrategien leichter interpretierbare Ergebnisse erzeugen kann.

In diesem Beitrag wurden ausgewählte GPS-orientierte, geophysikalisch motivierte Forschungsprojekte aufgegriffen. Aktuelle Arbeiten am GIK (Heck et al. [2010]) zielen darauf ab, neben GNSS weitere Sensoren (z. B. InSAR, Nivellement) kombiniert einzusetzen, um von den Vorteilen der einzelnen Sensoren profitieren zu können. Gleichzeitig können so die Ergebnisse der einzelnen Sensoren zu valideren und robusteren Resultaten fusioniert werden. Als Untersuchungsgebiet wurde hierzu der Oberrheingraben gewählt.

Literatur

[Behrmann et al. 2005] BEHRMANN, J. ; ZIEGLER, P. ; SCHMID, S. ; HECK, B. ; GRANET, M.: The EUCOR-URGENT Project. In: *International Journal of Earth Sciences (Geologische Rundschau)* 94 (2005), Nr. 4, S. 505–506

[Bourgeois et al. 2007] BOURGEOIS, O. ; FORD, M. ; DIRAISON, M. ; VESLUD, C. Le Carlier d. ; GERBAULT, M. ; PIK, R. ; RUBY, N. ; BONNET, S.: Separation of rifting and lithospheric folding signatures in the NW-Alpine foreland. In: *International Journal of Earth Sciences (Geologische Rundschau)* 96 (2007), S. 1003–1031. http://dx.doi.org/10.1007/s00531-007-0202-2. – DOI 10.1007/s00531–007–0202–2

[Dach et al. 2007] DACH, R. ; HUGENTOBLER, U. ; FRIDEZ, P. ; MEINDL, M.: *Bernese GPS Software Version 5.0.* Astronomical Institute, University of Bern, Switzerland, January 2007

[Dietrich et al. 2001] DIETRICH, R. ; DACH, R. ; ENGELHARDT, G. ; IHDE, J. ; KORTH, W. ; KUTTERER, H. ; LINDNER, K. ; MAYER, M. ; MENGE, F. ; MILLER, H. ; MÜLLER, C. ; NIEMEIER, W. ; PERLT, J. ; POHL, M. ; SALBACH, H. ; SCHENKE, H.-W. ; SCHÖNE, T. ; SEEBER, G. ; VEIT, A. ; VÖLKSEN, C.: ITRF coordinates and plate velocities from repeated GPS campaigns in Antarctica - an analysis based on different individual solutions. In: *Journal of Geodesy* 74 (2001), S. 756–766

[Fuhrmann et al. 2010] FUHRMANN, T. ; KNÖPFLER, A. ; MAYER, M. ; LUO, X. ; B., Heck: Zur GNSS-basierten Bestimmung des atmosphärischen Wasserdampfgehalts mittels Precise Point Positioning / Schriftenreihe des Studiengangs Geodäsie und Geoinformatik / Karlsruher Institut für Technologie, Studiengang Geodäsie und Geoinformatik, KIT Scientific Reports, KIT Scientific Publishing Verlag. Version: 2010. http://uvka.ubka.uni-karlsruhe.de/shop/download/1000019249. 2010 (2). – Forschungsbericht

[Heck et al. 2010] HECK, B. ; MAYER, M. ; WESTERHAUS, M. ; ZIPPELT, K.: Karlsruhe Integrated Displacement Analysis Approach - towards a Rigorous Combination of Different Geodetic Methods. In: *FIG Congress 2010 - Facing the Challenges - Building the Capacity, 11. - 16. April 2010, Sydney, Australien*, 2010

[Herring et al. 2006] HERRING, T. ; KING, B. ; MCCLUSKY, S.: *Introduction to GAMIT/GLOBK. Reference manual. Global Kalman filter VLBI and GPS analysis program. Release 10.3.* Department of Earth, Atmospheric and Planetary Sciences, Massachusetts Institute of Technology, USA, 2006

[Howind 2005] HOWIND, J.: *Analyse des stochastischen Modells von GPS-Trägerphasen-beobachtungen*. München : Bayerische Akademie der Wissenschaften, Deutsche Geodätische Kommission (DGK), 2005 (Reihe C, Heft-Nr. 584)

[Hugentobler et al. 2001] HUGENTOBLER, U. ; SCHAER, S. ; FRIDEZ, P.: *Bernese GPS Software Version 4.2*. Astronomical Institute, University of Bern, Switzerland, February 2001

[Illner et al. 1996] ILLNER, M. ; JÄGER, R. ; NKUITE, G.: *Koordinatenbezogene Deformations- und Sensitivitätsanalyse im Profil der Software CODEKA-1D/2D*. 1996. – unveröffentlicht

[Knöpfler et al. 2009] KNÖPFLER, A. ; MASSON, F. ; MAYER, M. ; ULRICH, P. ; HECK, B.: GURN (GNSS Upper Rhine Graben Network) - Status and First Results. In: *95th Journées Luxembourgeoises de Géodynamique (JLG95), November 9th to 11th 2009, Echternach, Luxembourg*, 2009

[Knöpfler et al. 2010] KNÖPFLER, A. ; MASSON, F. ; MAYER, M. ; ULRICH, P. ; HECK, B.: GURN (GNSS Upper Rhine Graben Network) - Status and First Results. In: *FIG Congress 2010 — Facing the Challenges — Building the Capacity, 11. - 16. April 2010, Sydney, Australia*, 2010

[Knöpfler et al. 2007] KNÖPFLER, A. ; MAYER, M. ; NUCKELT, A. ; HECK, B. ; SCHMITT, G.: Untersuchungen zum Einfluss von Antennenkalibrierwerten auf die Prozessierung regionaler GPS-Netze / Universität Karlsruhe, Schriftenreihe des Studiengangs Geodäsie und Geoinformatik. Version: 2007. http://digbib.ubka.uni-karlsruhe.de/volltexte/1000005746. 2007 (1). – Forschungsbericht

[Lemp 2000] LEMP, D.: *Abschlußbericht Alpentraverse 99*. 2000. – unveröffentlicht

[Lindner et al. 2000] LINDNER, K. ; MAYER, M. ; KUTTERER, H. ; HECK, B.: Die Vermarkung der Netzpunkte - Eine Bestandsaufnahme. In: DIETRICH, R. (Hrsg.): *Deutsche Beiträge zu GPS-Kampagnen des Scientific Committee on Antarctic Research (SCAR) 1995-1998* Bd. 310. München : Deutsche Geodätische Kommission (DGK), 2000, S. 27–30

[Luo u. Mayer 2008] LUO, X. ; MAYER, M.: Automatisiertes GNSS-basiertes Bewegungsmonitoring am Black Forest Observatory (BFO) in Nahezu-Echtzeit. In: *Zeitschrift für Geodäsie, Geoinformatik und Landmanagement (ZfV)* 133 (2008), Nr. 5, S. 283–294

[Luo et al. 2007] LUO, X. ; MAYER, M. ; HECK, B.: Bestimmung von hochauflösenden Wasserdampffeldern unter Berücksichtigung von GNSS-Doppeldifferenzresiduen / Universität Karlsruhe, Schriftenreihe des Studiengangs Geodäsie und Geoinformatik. Version: 2007. http://www.uvka.de/univerlag/volltexte/2007/203/. 2007 (2). – Forschungsbericht

[Mayer 2006] MAYER, M.: *Modellbildung für die Auswertung von GPS-Messungen im Bereich der Antarktischen Halbinsel*. München : Bayerische Akademie der Wissenschaften, Deutsche Geodätische Kommission (DGK), 2006 (Reihe C, Heft-Nr. 597)

[Meghraoui et al. 2001] MEGHRAOUI, M. ; DELOUIS, B. ; FERRY, M. ; GIARDINI, D. ; HUGGENBERGER, P. ; SPOTKE, I. ; GRANET, M.: Active normal faulting in the Upper Rhine Graben and paleoseismic identification of the 1356 Basel earthquake. In: *Science* 293 (2001), S. 2070–2073

[Nuckelt 2007a] NUCKELT, A.: *Dreidimensionale Plattenkinematik : Strainanalyse auf B-Spline-Approximationsflächen am Beispiel der Vrancea-Zone / Rumänien*. Karlsruhe, Diss., 2007. http://www.uvka.de/univerlag/volltexte/2007/254/

[Nuckelt 2007b] NUCKELT, A.: Interpolating a velocity field using multilevel B-splines. In: *Proceedings of the EGU G11 Symposium „Geodetic and geodynamic Programmes of the CEI*

(Central European Initiative)" Warsaw University of Technology, Poland, 2007 (Reports on Geodesy), S. 55–64

[Rozsa et al. 2005] ROZSA, S. ; HECK, B. ; MAYER, M. ; SEITZ, K. ; WESTERHAUS, M. ; ZIPPELT, K.: Determination of Displacements in the Upper Rhine Graben Area from GPS and Leveling Data. In: *International Journal of Earth Sciences (Geologische Rundschau)* 94 (2005), S. 538–549

[Schmitt 1995] SCHMITT, G.: *NETZ2D-Handbuch.* 1995. – unveröffentlicht

[SFB 461 2008] SFB 461: *Abschlussbericht für die Jahre 1996 - 2007 mit Berichtsband für die Jahre 2005 - 2007.* http://digbib.ubka.uni-karlsruhe.de/volltexte/1000007971. Version: 2008

[van Mierlo et al. 1997] VAN MIERLO, J. ; OPPEN, S. ; VOGEL, M.: Monitoring of recent crustal movements in the Eastern Alps with the Global Positioning System (GPS). In: *Tectonophysics* 275 (1997), July, Nr. 11, S. 273–283. http://dx.doi.org/10.1016/S0040-1951(97)00032-2. – DOI 10.1016/S0040–1951(97)00032–2

[Veit u. Miller 2000] VEIT, A. ; MILLER, H.: Geochemische Charakterisierung des pliozänen/quartären Vulkanismus beiderseits der Bransfield Straße - Ein Beitrag zur plattentektonischen Situation an der Nordspitze der Antarktischen Halbinsel. In: DIETRICH, R. (Hrsg.): *Deutsche Beiträge zu GPS-Kampagnen des Scientific Committee on Antarctic Research (SCAR) 1995-1998.* Bd. 310. München : Deutsche Geodätische Kommission (DGK), 2000, S. 145–154

[Vogel 1995] VOGEL, M.: *Analyse der GPS-Alpentraverse: ein Beitrag zur geodätischen Erfassung rezenter Erdkrustenbewegungen in den Ostalpen.* München, Diss., 1995

[Ziegler 1992] ZIEGLER, P.A.: European Cenozoic Rift System. In: *Tectonophysics* 208 (1992), S. 91–111

Anschrift der Autoren:

Dipl.-Ing. Andreas Knöpfler   Karlsruher Institut für Technologie (KIT)
Geodätisches Institut (GIK)
Englerstraße 7, 76131 Karlsruhe
andreas.knoepfler@kit.edu

Dr.-Ing. Michael Mayer   Karlsruher Institut für Technologie (KIT)
Geodätisches Institut (GIK)
Englerstraße 7, 76131 Karlsruhe
michael.mayer@kit.edu

Optimierung geodätischer Netze
- Standpunkt und Anschlussziele 2020 -

Hansjörg Kutterer

Zusammenfassung

Die zweckmäßige Anlage geodätischer Netze ist eine Standardaufgabe der geodätischen Praxis, die mit Hilfe von Verfahren der mathematischen Optimierung hinsichtlich Kriterien wie Genauigkeit, Zuverlässigkeit und Wirtschaftlichkeit bestmöglich gelöst werden kann. Dieser Aufsatz betrachtet den Stand der Wissenschaft und zeigt für aktuelle Aufgaben innovative Ansatzpunkte auf.

1 Einführung

„Die Frage nach dem zweckmäßigsten Aufbau eines geodätischen Netzes ist eine der Standardfragen der Geodäsie". Dieser einleitende Satz der Habilitationsschrift von Prof. Günter Schmitt [Schmitt, 1979], die sich im Speziellen mit der Numerik der Gewichtsoptimierung in geodätischen Netzen befasst hat, ist auch heute noch gültig. Mit der wissenschaftlich fundierten Beantwortung der gestellten Frage hat sich die Geodäsie international über drei Jahrzehnte hinweg eingehend beschäftigt.

Zentraler Ansatzpunkt war die mathematische Optimierung, die im Gegensatz zu dem in der Praxis üblichen Pragmatismus Methoden ermöglichte, die transparent, objektiv und mit identischem Ergebnis wiederholbar waren. Ein maßgeblich durch Günter Schmitt geschaffener und geprägter Schwerpunkt mit einer Vielzahl an Arbeiten lag am Geodätischen Institut der Universität Karlsruhe. Nachdem vor gut einer Dekade ein gewisser Stand erreicht war, ging das breitere Interesse an der Thematik zurück, zumal andere Themen ein stärkeres Engagement der Geodäsie einforderten.

Dies ist Ausgangspunkt der vorliegenden Arbeit, die der Frage nachgeht, ob die Optimierung geodätischer Netze tatsächlich als abgeschlossenes Thema betrachtet werden kann. Dazu soll der erreichte Stand umrissen und diskutiert werden, um vor dem Hintergrund aktueller Aufgaben und Möglichkeiten zu klären, inwieweit sich eine künftige wissenschaftliche Auseinandersetzung mit der Optimierung geodätischer Netze – ggf. in moderner Auffassung – lohnt und welche Fortschritte zu erwarten sind.

Dieser Beitrag ist wie folgt gegliedert. In Abschnitt 2 wird nach einer kurzen Diskussion geodätischer Netze auf die Ansätze und Methoden zu deren Optimierung eingegangen. Abschnitt 3 befasst sich mit heutigen Rahmenbedingungen für eine Optimierung, Abschnitt 4 mit aktuellen Aufgaben. In Abschnitt 5 wird beispielhaft die Effizienz geodätischer Netzmessungen behandelt, ehe Abschnitt 6 die Ausführungen mit einem Fazit beschließt.

2 Stand

Geodätische Netze sind das fundamentale Werkzeug der Geodäsie, um einen einheitlichen Koordinatenrahmen (heute auch: Raumbezug oder Georeferenz) bereit zu stellen (vgl. [Pelzer, 1980, 1985; Torge, 2001]). Ein solcher ist für alle Aufgaben unverzichtbar, bei denen Positionen und

Orientierungen eine Rolle spielen. Geodätische Netze bestehen traditionell aus präzise vermarkten Vermessungspunkten, die durch Beobachtungen wie Strecken- oder Richtungsmessungen miteinander verknüpft sind. Neben der Bestimmung der sogenannten inneren Geometrie, der relativen Lage der Punkte zueinander, ist oft ein absoluter Bezug zu einem übergeordneten Koordinatensystem erforderlich, das sogenannte geodätische Datum, das – in letzter Konsequenz – aus astronomischen bzw. astrophysikalischen Messungen abgeleitet wird.

In der Praxis haben sich verschiedenste Arten von geodätischen Netzen etabliert. Sie unterscheiden sich in den verwendeten Beobachtungstypen, in ihrer räumlichen Dimension, Ausdehnung und Form, ihren Verknüpfungsstrukturen, aber auch in ihrer Entstehungsgeschichte sowie in ihrem Zweck. Typische Beispiele sind die Grundlagennetze der Landesvermessungen und die Netze der Ingenieurgeodäsie für die Aufnahme, Absteckung und Überwachung von Objekten.

Die Ausgleichungsrechnung nach der Methode der kleinsten Quadrate stellt ein universelles Werkzeug dar, um – trotz der genannten Vielfalt – die unbekannten Punktpositionen und falls erforderlich weitere Größen auf Grundlage der Beobachtungen optimal zu bestimmen. Üblicherweise wird das Netz als Gauß-Markov-Modell beschrieben, bei dem die messbaren Größen als Funktion von unbekannten Parametern formuliert werden (funktionales Modell). Die Genauigkeiten aller interessierenden Größen werden mit Hilfe von Varianz-Kovarianz-Matrizen modelliert bzw. berechnet (stochastisches Modell).

Wesentliches Merkmal geodätischer Netze ist die Überbestimmung (Redundanz) der gesuchten Größen durch geometrisch nicht notwendige Beobachtungen, die es jedoch gestatten, die Genauigkeit empirisch abzuschätzen und diese durch verallgemeinerte Mittelbildung zu steigern. Zudem ermöglicht die Redundanz statistische Tests, mit deren Hilfe sich Fehler in den Messdaten sowie ggf. in den Positionen von Anschlusspunkten ermitteln lassen. Darauf aufbauend wird die Zuverlässigkeit eines geodätischen Netzes beschrieben, d. h. seine Resistenz gegenüber nicht aufgedeckten Fehlern. Spricht man von der Qualität eines geodätischen Netzes, sind damit Genauigkeit und Zuverlässigkeit gemeint.

Der Entwurf geodätischer Netze ist eine zentrale Aufgabe in der geodätischen Praxis. Diese Aufgabe soll so gelöst werden, dass gestellte Anforderungen im Rahmen von Ausschreibungen oder wissenschaftlichen Experimenten erfüllt werden können. Es ist leicht einzusehen, dass hier ein gewisser Spielraum für die Realisierung besteht. Beispielsweise kann die Punktbestimmung mittels Streckenmessungen geometrisch als Schnitt zweier Kreisbögen aufgefasst werden kann, der orthogonal (und somit günstig) oder schleifend (und somit ungünstig) sein kann. Außerdem lassen sich genauere Ergebnisse erzielen, wenn mit genauerem Instrumentarium (oder verbesserten Auswertemethoden) gearbeitet wird. Die Zuverlässigkeit ist durch gezielte Aufnahme von weiteren Beobachtungen steuerbar. Eine Verbesserung der Gesamtsituation ist somit durch erhöhten Aufwand möglich, so dass neben der Genauigkeit und der Zuverlässigkeit ein weiteres Entwurfskriterium zu beachten ist – die Wirtschaftlichkeit der praktischen Umsetzung.

An diesem Punkt setzt die mathematische Optimierung geodätischer Netze an [Grafarend u. Sansò, 1985]. Zu optimierende Zielfunktionen und eventuell einzuhaltende Restriktionen ergeben sich aus Genauigkeits- und Zuverlässigkeitsmaßen sowie aus Wirtschaftlichkeitsforderungen. Freie, durch das Verfahren zu optimierende Parameter beziehen sich auf das geodätische Netz und die ihm zugrunde liegenden Beobachtungsverfahren. Etabliert hat sich die Einteilung in vier Entwurfsdesigns [Schmitt, 1979]: das Design 0. Ordnung (Optimierung des Netzdatums; siehe [Illner, 1985]), das Design 1. Ordnung (Konfigurationsoptimierung, d. h. Optimierung der Lage der Netzpunkte; siehe [Koch, 1982]), das Design 2. Ordnung (Gewichtsoptimierung, d. h. die Optimierung der Genauigkeiten der Netzmessungen; siehe [Schmitt, 1979]) sowie das Design 3. Ordnung (optimale Netzverdichtung, d. h. Optimierung eines existierenden Netzes durch weitere Punkte und Beobachtungen; siehe [Illner, 1986]).

Zunächst wurden einfache Aufgaben des geodätischen Rechnens behandelt, wie z. B. der Vorwärtsschnitt oder der Bogenschnitt [Schmitt, 1975], bevor bestimmte Klassen geodätischer Netze wie Dreiecks- oder Diagonalenviereckssketten eingehender diskutiert wurden. Das Gros der wissenschaftlichen Arbeiten zur Optimierung geodätischer Netze war mit der Genauigkeitsoptimierung im Design 2. Ordnung befasst, verschiedene Arbeiten widmeten sich anderen Designs sowie der Zuverlässigkeit, wenige der Wirtschaftlichkeit. Letztere wurden oft an Proxy-Größen geknüpft, z. B. an die primär mit der Zuverlässigkeit verbundenen Redundanzanteile von Beobachtungen, sowie auf Wiederholungszahlen für Richtungssätze auf einzelnen Standpunkten zurückgeführt. Auf Beobachtungen mit hohem Redundanzanteil konnte verzichtet werden, die Anzahl an Wiederholungsmessungen wurde auf das notwendige Minimum begrenzt.

Neben den genannten Zielfunktionen hat vor allem die Stabilität eines geodätischen Netzes eine gewisse Bedeutung erlangt, die durch das Eigenwertspektrum der Varianz-Kovarianz-Matrix beschrieben und durch Minimierung der Spanne der zwischen minimalem und maximalem Eigenwert optimiert wird [Jäger, 1988]. In gewissem Umfang sind Nebenbedingungen, z. B. für die zulässigen Änderungen der Punktlagen, in Form von Bedingungsungleichungen angesetzt worden [Kaltenbach, 1992].

Abschließend zu diesen Ausführungen lässt sich festhalten, dass die Optimierung der Genauigkeitsstruktur geodätischer Netze – beschrieben durch die Varianz-Kovarianz-Matrix der geschätzten Punktlagen – in den unterschiedlichen Designs als gelöst betrachtet werden kann. Für eine Reihe an Netzstrukturen wurde dies auch geeignet visualisiert, so dass Orientierungshinweise für den zweckmäßigen Entwurf geodätischer Netze in der Praxis verfügbar sind. Die mathematische Optimierung von Beobachtungsplänen wurde auch in der geodätischen VLBI (Very Long Baseline Interferometry) angewendet [Steufmehl, 1994; Vennebusch, 2008].

Bevor im nächsten Abschnitt mit Hilfe einer aktualisierten Sichtweise der Bogen weiter gespannt wird, sollen einige offene Punkte bereits hier angerissen werden. So stellt sich die Frage nach den konkret zulässigen Veränderungen der Punktlagen, die in der Realität z. B. durch die gegenseitige Sichtbarkeit oder – bei Einsatz von GNSS – durch die Empfangsbedingungen beschränkt werden. Ähnliches gilt für die Beobachtungsgenauigkeiten, die durch das verfügbare Instrumentarium bestimmt werden. Daneben steht die Frage nach der erforderlichen Strenge hinsichtlich der Optimierung der Zielgrößen: Oft würde bereits ein Einhalten von Schwellwerten – im Sinne einer Satisfizierung der Aufgabe – genügen. Außerdem ist die Berücksichtigung der Wirtschaftlichkeit über die Zuverlässigkeit bislang ein reines Nebenprodukt.

3 Heutige Situation

Betrachtet man die wissenschaftlichen und technologischen Entwicklungen in der Geodäsie und in benachbarten Disziplinen in den vergangenen ein bis zwei Dekaden, so lässt sich ein grundlegender Wandel beobachten. Wesentlicher Motor ist die Informations- und Kommunikationstechnologie, die in großem Umfang auch in die geodätische Mess- und Auswertepraxis eingezogen ist. So gibt es heute in der Ingenieurgeodäsie kein nennenswertes Messverfahren mehr, das noch analog abläuft. Vielmehr ist ein vollständiger, digitaler Datenfluss von der Erfassung der Messwerte bis zur Bereitstellung der gewünschten Ergebnisse vorhanden. Verfahren der drahtlosen Kommunikation gestatten darüber hinaus automatisierte, ggf. autonom ablaufende kinematische Mess- und Auswerteverfahren – falls erforderlich mit Internetanbindung. So erfolgt die Vortriebssteuerung im Straßen- und Tunnelbau heute vollständig maschinell, ggf. überwacht durch einen geschulten Operateur [Stempfhuber u. Ingensand, 2008]. Hierfür wird die Sensorik gemeinsam mit einer zweckmäßigen Aktorik in einen (automatischen oder semi-automatischen) Regelkreis eingebunden.

Eine weitere Innovation ist die signifikante Beschleunigung der Messabläufe, die teils durch innovative Sensorik und teils durch schnellere Aktorik wie die neuerdings in Totalstationen eingesetzten Piezo-Antriebe möglich wurde. Hier ist vor allem auch das Terrestrische Laserscanning (TLS) zu nennen, das es in sehr kurzer Zeit und ohne umfangreiche Vorbereitung gestattet, Objekte dreidimensional in hoher Auflösung zu vermessen. Diese hohe Geschwindigkeit wird insbesondere durch eine sehr schnelle, reflektorlose Entfernungsmessung ermöglicht. Der dafür aus methodischer Sicht zu entrichtende „Preis" ist der Übergang von der Betrachtung weniger, hochgenau und eindeutig definierter Messpunkte hin zu quasi in einem Zug diskretisiert beobachteten Flächen, die in Form von Punktwolken bereitgestellt werden.

Außerdem ist die Zeit als wesentlicher, eigenständiger Parameter in die Modelle und Methoden der Geodäsie eingeflossen. Dies zeigt sich zum einen in der Vielzahl an kinematischen Messverfahren, die die Beobachtung und das Monitoring zeitabhängiger Prozesse gestatten. Auf diese Weise können zeitabhängige Prozesse adäquat erfasst und beschrieben werden. Zum anderen wird so die Bearbeitung zeitkritischer Aufgaben bis hin zu Echtzeitanforderungen möglich, z. B. bei Absteckungsaufgaben. Die Zeit ist somit auch unter Wirtschaftlichkeitsaspekten eine relevante Größe, zumal geodätische Arbeiten oft in übergeordnete Prozesse, z. B. im Rahmen von Bauvorhaben, eingebettet sind.

Des Weiteren hat die Heterogenität der in Messsystemen und -verfahren anzutreffenden Sensorik zugenommen. Neben traditionellen geodätischen Sensoren und Sensorsystemen in modernem Gewand ist ein Trend hin zu Low-Cost-Sensorik sowie – aus geodätischer Sicht – Nicht-Standard-Sensorik wie Inertialmesssysteme oder faseroptische Sensoren zu erkennen. Derartige Sensoren werden verteilt platziert und – als Geo-Sensornetze – drahtlos untereinander vernetzt [Heunecke, 2008] oder auf einer gemeinsamen Plattform installiert. Eine geringere Stabilität von Sensorparametern kann deren Bestimmung parallel zur eigentlichen Messung erfordern (On-the-Job-Kalibrierung). Es ist festzustellen, dass die Rechenkapazitäten gewachsen sind bei gleichzeitig kleineren Prozessorgrößen, wodurch eine schnelle Aufbereitung und ggf. Verarbeitung von Messwerten bereits direkt am Sensor bzw. Sensorsystem erfolgen kann.

Ein zentrales Problem ist die Verknüpfung der Beobachtungen der einzelnen Sensoren in einem gemeinsamen Modell. Bei klassischen geodätischen Netzen war dies vergleichsweise einfach, da Strecken- und Richtungsmessungen aus dem Verfahren heraus, ggf. über eine Zwangszentrierung, auf eindeutig definierte und reproduzierbare Punkte bezogen waren. Bei der Verwendung von Sensorik mit deutlich unterschiedlichen Observablen ist dies nicht unmittelbar möglich. Beispiele sind die Verknüpfung von punktbezogenen und flächenhaften Beobachtungen, die Kombination von GNSS-Raumvektoren und Neigungswerten sowie die sogenannten Local Ties auf Kollokationsstationen geodätischer Raumverfahren. Bei zeitabhängigen Aufgaben sind zudem die System- oder Netzkomponenten miteinander zu synchronisieren.

Eine mögliche Lösung für das Verknüpfungsproblem ist das Zusammenwachsen von Funktionalität, wie dies z. B. bei den Intelligenten Assistierten Totalstationen der Fall ist – automatisierte, um digitale Kameras ergänzte Tachymeter [Wasmeier, 2009]. Zu nennen sind auch Terrestrische Laserscanner, die um GPS und ggf. weitere Sensorik erweitert werden, um die Registrierung und Georeferenzierung von Punktwolken schnell, direkt und hochgenau zu ermöglichen [Paffenholz et al., 2010].

Angesichts gestiegener Genauigkeitsanforderungen sind tiefere Einblicke in die Beobachtungen erforderlich. Dies hat auch mit der stärkeren Beachtung des ursprünglich aus der Metrologie stammenden Standards „Guide to the Expression of Uncertainty in Measurement" [ISO, 1995], kurz GUM, zu tun. Gemäß GUM ist Genauigkeit ein qualitativ zu verwendender Begriff. Vielmehr ist von Unsicherheit zu sprechen, die hinsichtlich aller relevanten Beiträge zu quantifizieren ist, also auch systematisch wirkende Fehleranteile und ggf. weitere Kenntnisse sowie Expertenmeinungen zu den Messungen berücksichtigen soll. Zentral ist die geforderte Transparenz und Tiefe hinsichtlich Modellbildung und Erhebungsmethoden. Da Fehlermodelle traditionell zum Handwerkszeug in der Geodäsie gehören, ist eine eingehende, auf Einflussgrößen zurückgeführte Modellierung von Unsicherheit leicht zu realisieren.

Qualitativ hochwertige, dreidimensionale Umgebungsinformation steht heute virtuell in Form von CAD-Modellen oder 3D-Stadtmodellen zur Verfügung bzw. kann für Planungs- oder Entwurfszwecke – falls erforderlich – mittels Mobile Mapping [Kutterer, 2009] schnell bereit gestellt werden. Auch kann Vorwissen über ein Objekt abgerufen oder generiert werden, falls dies für eine Messaufgabe erforderlich ist. In diesem Zusammenhang ist die Bestimmung von Objekt- oder Prozessparametern als Teilaufgabe des geodätischen Monitorings zu nennen, die z. B. durch die Anbindung von geodätischen Messungen an ein Strukturmodell gelöst werden kann.

Die Reduzierung einer geodätischen Leistung auf die Teilaufgabe „Geodätisches Netz" lässt wesentliche Schritte im Gesamtablauf außer acht und entspricht damit den Anforderungen aus der Praxis nur teilweise. Die vorangehende Aufzählung zeigt, dass heute aus verschiedenen Gründen das übergeordnete Ziel der jeweiligen Aufgabe sowie die Abläufe bei Messung und Auswertung im Mittelpunkt der Betrachtung stehen und dass häufig Vorwissen vorhanden ist. Deshalb sind die einzelnen Prozessschritte von Beginn an so gestalten, dass die Anforderungen an die Ergebnisse im Sinne einer Satisfizierung am Ende sicher eingehalten werden.

Betrachtet man die eingangs genannten, an ein geodätisches Netz gestellten Kriterien der Genauigkeit, Zuverlässigkeit und Wirtschaftlichkeit, so wird auch deutlich, dass diese Kriterien auf die skizzierte heutige Situation zu übertragen sind und dabei teils neu interpretiert werden müssen und teils um weitere Kriterien sinnvoll zu ergänzen sind. Darüber hinaus sind die neuen Beobachtungstypen in den Konfigurationen und Prozessen zu berücksichtigen; zu nennen sind vor allem die flächenorientierten Verfahren. Außerdem sind die über die reine Geometrie hinausgehenden Formen der Vernetzung geeignet im Ausgangsmodell abzubilden, um prozessorientiert optimieren zu können.

4   Aktuelle Aufgaben

Die Ausführungen in Abschnitt 3 zeigen, dass der klassische Begriff eines geodätischen Netzes heute weder in der Wissenschaft noch in der Praxis ausreicht, um dem dargelegten Fortschritt und den gestiegenen Anforderungen gerecht zu werden. Vielmehr ist allgemein von geodätischen Messanordnungen zu sprechen, zu denen Multisensorsysteme und Sensornetze zählen. Außerdem sind die Mess-, Auswerte- und Regelungsprozesse wesentlich, die auf ihnen ablaufen. Zwar spielt auch bei allgemeinen Messanordnungen die Bestimmung der Positionen von einzelnen Punkten eine gewisse Rolle. Tatsächlich geht es aber um die Erfassung von weiteren Größen, mit deren Hilfe Objekte und Prozesse verschiedenster Art beschrieben werden können. Ein Beispiel sind flächen- oder volumenorientierte Parameter, die die innere Geometrie eines Objekts oder die relative Lage mehrerer Objekte beschreiben. Es können aber auch Trajektorien oder Verzerrungsmaße gefragt sein, die eine Bewegung oder Verformung des Objekts charakterisieren.

Die einsetzbaren Beobachtungsverfahren und die mit ihrer Hilfe zu erhaltenden Beobachtungsgrößen sind vielfältiger denn je. Aus Sicht der Optimierung besteht die Aufgabe, die jeweiligen Verfahren im Hinblick auf die zu erfüllende Aufgabe optimal kombiniert einzusetzen. Neben den Positionen der Beobachtungsstationen ist vor allem das Zusammenspiel verschiedenartiger Verfahren wie z. B. Tachymetrie, TLS und digitaler Fotografie von Interesse. Eine konsistente Parametrisierung, ggf. auf Basis von kontinuierlichen geometrischen Objektmerkmalen, ist hierfür erforderlich, zumal über die klassischen, langzeitstabilen, präzise definierten Stand- und Zielpunkte eines geodätischen Netzes hinaus ausgedehnte, bewegte und ggf. vorab nicht hinreichend spezifizierte Ziele zu betrachten sein können. Eine Möglichkeit zur gleichzeitigen optimalen Bestimmung von Kalibrierparametern für die Sensoren während der Messung ist zu schaffen.

Vergleichbare Fragestellungen gibt es seit längerem bei der Bestimmung terrestrischer Referenzsysteme, wobei derartige Netze als Spezialfall der aktuellen Betrachtung anzusehen sind. Die eingesetzten geodätischen Raumverfahren wie GNSS (Global Navigation Satellite Systems), VLBI (Very Long Baseline Interferometry), SLR (Satellite Laser Ranging) und DORIS (Doppler Orbitography and Radiopositioning Integrated by Satellite) haben unterschiedliche Stärken und Schwächen, die zu betonen bzw. zu vermeiden sind. Aufgrund von politischen und wirtschaftlichen Randbedingungen sind die Eingriffsmöglichkeiten in die Netzgestaltung jedoch recht gering. Bei der geodätischen VLBI besteht ein Gestaltungsspielraum in der Reihenfolge der Beobachtungen, der zur Stabilisierung der recht schwachen Geometrie der Beobachtungsnetze genutzt wird [Vennebusch, 2008].

Allgemeinere Konfigurationen lassen größere Variationen im Design zu. Dies bezieht sich zum einen auf die Auswahl des Instrumentariums und seine Platzierung am oder im Messvolumen und zum anderen auf die Reihenfolge der Messungen. In klassischer Sprechweise berührt dies die Designs aller vier Ordnungen gleichzeitig. Auch spielen alle drei Kriterien Genauigkeit, Zuverlässigkeit und Wirtschaftlichkeit eine Rolle, wobei diese – siehe die Anmerkungen in Abschnitt 3 zur Unsicherheit – modern zu interpretieren sind. Geht es um die Detektion besonderer Phänomene oder Effekte, so ist auch die Sensitivität einzubeziehen. Bei nicht genauer Kenntnis des zu erwartenden Effekts kann eine erweiterte Betrachtung in Form von Multisensitivität erforderlich sein.

Insgesamt ist zu beachten, dass die Qualität von Multisensorsystemen und Sensornetzen durch Genauigkeit, Zuverlässigkeit und Sensitivität allein nicht hinreichend beschrieben wird, sondern weitere Merkmale enthalten muss, die teils ergebnisorientiert sind wie die Vollständigkeit oder Aktualität der zu liefernden Größen und teils prozessorientiert wie die Integrität des Systems, d. h. sein nachweislich korrektes Funktionieren, oder eine Robustheit gegenüber Störungen im Ablauf, z. B. durch wegfallende Sichten oder Standpunkte. Die Sicherung der Qualität der Ergebnisse als Grad, in dem sie einen Satz inhärenter Merkmale erfüllen, gewährleistet die Effektivität der Messanordnungen und -prozesse und ist somit ein Ziel der Optimierung. Ein zweites ist die Minimierung des erforderlichen Aufwands, die als Effizienz im Sinne von Kosten oder Zeitaufwand zu verstehen ist.

Zudem können Randbedingungen bestehen, die im Ansatz zu berücksichtigen sind. Dies betrifft zum einen die Sicherstellung der gegenseitigen Sichtbarkeit, die für verschiedene Sensoren erforderlich ist. Bei optischen Sensoren geht es z. B. um die Sichten untereinander und zum Objekt und bei der Satelliten- oder Indoor-Positionierung um die Sender-Empfänger-Verbindung. In solchen Fällen sind – unter Verwendung von Vorwissen über die Umgebung – geometrische Restriktionen hinsichtlich der räumlichen Platzierbarkeit für Messpunkte zu formulieren. Ebenfalls in diesen Zusammenhang ist das Wegenetz einzuordnen, das die zulässigen Verbindungen für die messtechnische Bedienung der Netzpunkte, z. B. zum Aufbauen oder Ausrichten des Instrumentariums, beschreibt.

Eine vergleichbare Forderung gibt es in zeitlicher Hinsicht, da nicht gewährleistet ist, dass alle Messungen jederzeit möglich sind. So kann es bei Bauvorhaben infolge des Baustellenbetriebs zur temporären oder dauerhaften Einschränkung der Zugänglichkeit von Messpunkten sowie der Verfügbarkeit von Sichten kommen. Die zu formulierenden Randbedingungen können sich aus der Situation heraus ergeben und entweder hart sein, d. h. sie müssen zwingend eingehalten werden, oder weich, d. h. sie können in geringem Umfang verletzt werden. Ein Extrembeispiel für simultan geltende, komplexe räumliche und zeitliche Restriktionen ist die optimale Gestaltung der Trajektorie eines GNSS-gestützten Mobile-Mapping-Systems im Hinblick auf größere Abschattungen, wie dies z. B. innerstädtisch aufgrund von Bebauung der Fall sein kann.

Eine Zielvorstellung der Arbeiten zur Optimierung wäre die Vorgabe einzuhaltender Spezifikationen für ein Produkt oder eine Dienstleistung sowie die Formulierung des möglichen Spielraums für Variationen und Alternativen in den Designs, um anschließend die optimale Konfiguration und die effizienteste Vorgehensweise vollkommen automatisch und in vertretbarer Rechenzeit bereitgestellt zu bekommen. Bis heute gibt keine Software, die den praxisgerechten Entwurf geodätischer Netze streng auf Grundlage von Methoden der mathematischen Optimierung ermöglicht.

Betrachtet man die vorangehenden Ausführungen, so erscheint die Weiterführung der Optimierung geodätischer Netze als ein hoch aktuelles und auch für die Praxis wichtiges Ziel. Die bestehende Systematisierung ist dabei hinsichtlich Kriterien und Designs zu diskutieren und anzupassen sowie – mindestens um Randbedingungen – zu erweitern. Des Weiteren lassen sich aus wissenschaftlicher Sicht mehrere grundlegende Aufgaben ableiten, die es zu lösen gilt. Dies sind die integrierte funktionale bzw. relationale Modellierung des Messobjekts, der Messanordnung und der Messprozesse, die Formulierung der Zielfunktionen und des in aller Regel diskreten Lösungsraums sowie die Wahl eines zweckmäßigen Optimierungsverfahrens. Beispielhaft wird dies im nächsten Abschnitt an einer tachymetrischen Netzmessung veranschaulicht.

5 Beispiel: Effizienzoptimierung von Messprozessen

Die Effizienzoptimierung von Messprozessen kann als Fortschreibung der Wirtschaftlichkeitsoptimierung geodätischer Netze verstanden werden. Zur Lösung dieser Aufgabe ist nicht nur ein Modell für das geodätische Netz erforderlich, sondern auch ein Prozessmodell, das detailliert genug ist, um alle relevanten Bearbeitungsschritte abzubilden. Die Effizienz eines Prozesses ist zu quantifizieren. Um eine gestellte Messaufgabe möglichst effizient durchzuführen, sind die dafür erforderliche Dauer oder die zu erwartenden Kosten bezüglich sinnvoller Designparameter zu minimieren, um einen optimalen Beobachtungsplan zu erhalten. Im Rahmen des von der Deutschen Forschungsgemeinschaft geförderten Projekts „EQuiP – Effizienzoptimierung und Qualitätssicherung ingenieurgeodätischer Prozesse im Bauwesen", einem Kooperationsprojekt von Partnern aus der Geodäsie, der Bauinformatik und dem Baubetrieb, wird diese Fragestellung aktuell bearbeitet. Eine detailliertere Darstellung des Projekts sowie der Ausführungen in diesem Abschnitt findet sich in Rehr et al. [2010].

Die Effizienz eines Messprozesses lässt sich grundsätzlich recht leicht über den erforderlichen Aufwand quantifizieren, indem sie mittels der anfallenden Kosten oder der benötigten Zeit beschrieben wird. Beide Varianten beruhen auf einer durchgängigen Bewertung der Messanordnung, hier: des tachymetrischen Netzes, und der zur Bearbeitung erforderlichen Teilschritte, wobei das Personal, das Instrumentarium und die möglichen Wege zwischen den Netzpunkten zu berücksichtigen sind. Das bedeutet, dass eine konkrete Kosten- bzw. Zeitfunktion aufzustellen ist, die den jeweiligen Aufwand fortlaufend addiert.

Für die Modellierung der Messprozesse haben sich Petri-Netze, konkret: Stellen-Transitions-Netze, im Rahmen der Untersuchungen als besonders zweckmäßig erwiesen. Sie gestatten die flexible Modellierung sequentiell oder parallel ablaufender Prozesse, die Integration zusätzlicher Teilprozesse, die einfache Handhabung wiederkehrender Prozesse und die Berücksichtigung zeitlicher Aspekte. Abbildung 5-1 zeigt ein beispielhaftes Petri-Netz für den Ablauf einer tachymetrischen Netzmessung. Dieses ermöglicht eine variable Anzahl an Standpunkten, eine variable Anzahl an Messgehilfen, die für das Aufbauen bzw. Einrichten der Zielpunkte eingesetzt werden, sowie – zum derzeitigen Stand – einen einzelnen Beobachter. Das mögliche parallele Arbeiten der beteiligten Personen kann der Abbildung entnommen werden. Die Integration eines Wegenetzes, dessen Verbindungen von denen der gegenseitigen Sichten abweichen können, ist möglich.

Die Bereitstellung eines optimalen Beobachtungsplans kann als eine Erweiterung des klassischen Travelling-Salesman-Problems (Multisalesman-Problem) aufgefasst werden. Da die Anzahl der Alternativen endlich ist, wird ein diskretes Optimierungsverfahren benötigt, bei dem grundsätzlich alle möglichen Lösungen auszuwerten und hinsichtlich des Effizienzmaßes zu vergleichen sind. Aufgrund der hohen Komplexität der Aufgabe ist ein solches vollständiges Vorgehen nur bei Anordnungen möglich, die in der Praxis irrelevant sind. Dies bedeutet, dass heuristische Verfahren eingesetzt werden müssen. Im Rahmen von EQuiP wird mit Genetischen Algorithmen gearbeitet. Das soll hier nicht weiter ausgeführt werden, zumal es in der angegebenen Literatur nachgelesen werden kann. Es ist aber abschließend festzuhalten, dass die ansatzweise vorgestellten Modelle und Methoden eine gute Grundlage bieten für eine systematische und signifikante Weiterentwicklung der Optimierung geodätischer Netze vor dem Hintergrund aktueller Anforderungen.

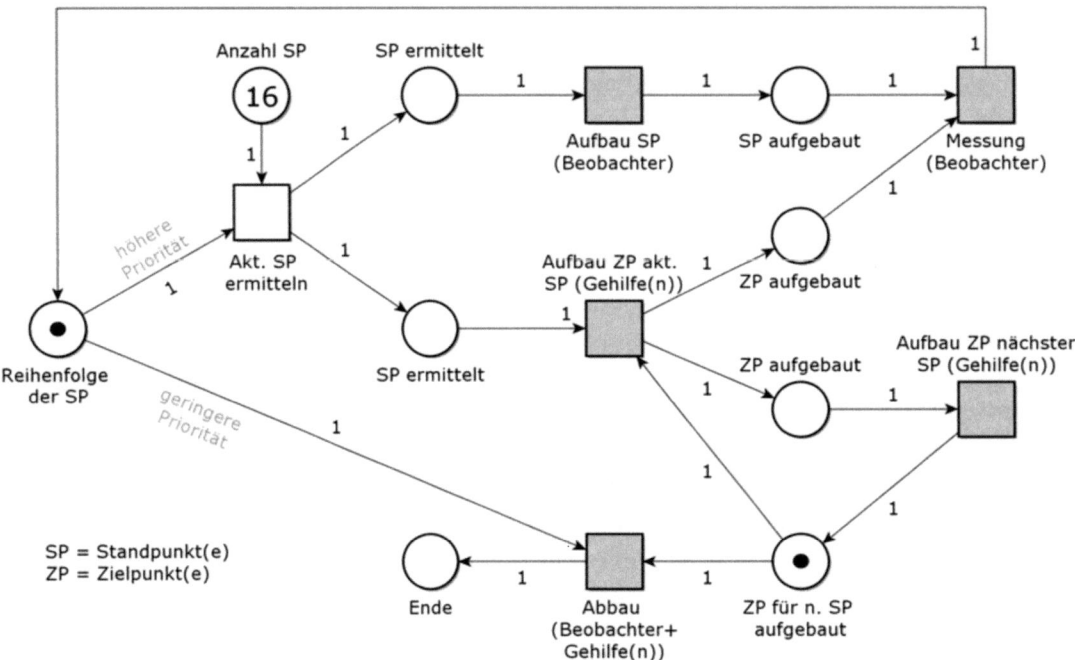

Abb. 5-1: Beispielhaftes Petri-Netz für den Ablauf einer tachymetrischen Messung eines geodätischen Netzes [Rehr et al., 2010]

6 Fazit

Entwurfsfragen für geodätische Messanordnungen spielen auch heute – über den klassischen Begriff eines geodätischen Netzes hinaus – eine wesentliche Rolle. Anordnungen sind dabei nicht streng von den Abläufen zu trennen, die zum Erreichen eines bestimmten Ergebnisses erforderlich sind. Diese Prozesse sind geeignet zu modellieren, um mit Methoden der mathematischen Optimierung, insbesondere solchen, die auf Heuristiken beruhen, bestmöglich gestaltet zu werden. Wie dies möglich ist, wurde am Beispiel der tachymetrischen Netzmessung veranschaulicht.

Vor dem Hintergrund der im Titel dieses Beitrags angedeuteten Zehnjahresperspektive ergibt sich eine Reihe von lohnenden wissenschaftlichen Fragen. Grundlegend zu diskutieren sind mögliche Varianten der Modellierung von Anordnungen und Prozessen. Zentral ist auch die Formulierung von Zielfunktionen, Randbedingungen und freien Parametern der Optimierung. Dabei ist zu betrachten, ob ein echtes Optimum innerhalb eines gesetzten Termins tatsächlich berechnet werden kann, aber auch, inwieweit ein solches überhaupt erforderlich ist. Möglicherweise können derartige zeitliche Restriktionen auch dazu führen, dass Lösungsvarianten bereits dann akzeptiert werden müssen, wenn Optimierungsziele in akzeptablem Umfang erfüllt sind.

Außerdem ist zu beantworten, welche Kriterien für die Optimierung heute benötigt werden, welche Abhängigkeiten zwischen diesen bestehen und wie ein möglicher Zielkonflikt aufgelöst werden könnte. Unabhängig davon, in welche Richtung entsprechende Aktivitäten gehen werden, gilt, dass die vorliegenden Theorien, Methoden und Erkenntnisse aus der Optimierung geodätischer Netze eine solide und aussichtsreiche Grundlage für alle weiteren Aktivitäten bieten. Es ist sehr zu hoffen, dass dieser attraktive Themenbereich neues und nachdrückliches Interesse findet.

Literatur

[ISO 1995] *Guide to the Expression of Uncertainty in Measurement.* 1995. – International Organization for Standardization, Geneve

[Grafarend u. Sansò 1985] GRAFAREND, E. W. ; SANSÒ, F.: *Optimization and Design of Geodetic Networks.* Springer Verlag, Berlin, 1985

[Heunecke 2008] HEUNECKE, O.: Geosensornetze im Umfeld der Ingenieurvermessung. In: *Forum, Zeitschrift des Bundes der Öffentlich bestellten Vermessungsingenieure e. V.* 34. Jahrgang (2008), S. 357–364

[Illner 1985] ILLNER, I.: *Datumsfestlegung in freien Netzen.* Deutsche Geodätische Kommission, Reihe C, Nr. 309, München, 1985

[Illner 1986] ILLNER, M.: *Anlage und Optimierung von Verdichtungsnetzen.* Deutsche Geodätische Kommission, Reihe C, Nr. 317, München, 1986

[Jäger 1988] JÄGER, R.: *Analyse und Optimierung geodätischer Netze nach spektralen Kriterien und mechanische Analogien.* Deutsche Geodätische Kommission, Reihe C, Nr. 342, München, 1988

[Kaltenbach 1992] KALTENBACH, H.: *Optimierung geodätischer Netze mit spektralen Zielfunktionen.* Deutsche Geodätische Kommission, Reihe C, Nr. 393, München, 1992

[Koch 1982] KOCH, K. R.: *Optimization of the Configuration of Geodetic Networks.* Deutsche Geodätische Kommission, Reihe B, Nr. 258/III, München, 1982. – S. 82-89

[Kutterer 2009] KUTTERER, H.: Chapter 9 – Mobile Mapping. In: VOSSELMAN, G. (Hrsg.) ; MAAS, H.-G. (Hrsg.): *Airborne and terrestrial laser scanning,* Whittles Publishing, Dunbeath, U.K., 2009

[Paffenholz et al. 2010] PAFFENHOLZ, J.-A. ; ALKHATIB, H. ; KUTTERER, H.: Adaptive Extended Kalman Filter for Geo-Referencing of a TLS-Based Multi-Sensor-System. In: *Journal of Applied Geodesy* (2010). – akzeptiert

[Pelzer 1980] PELZER, H.: *Geodätische Netze in Landes- und Ingenieurvermessung.* Wittwer, Stuttgart, 1980

[Pelzer 1985] PELZER, H.: *Geodätische Netze in Landes- und Ingenieurvermessung II.* Wittwer, Stuttgart, 1985

[Rehr et al. 2010] REHR, I. ; RINKE, N. ; KUTTERER, H. ; BERKHAHN, V.: Maßnahmen zur Effizienzsteigerung bei der Durchführung tachymetrischer Netzmessungen. In: *Allgemeine Vermessungsnachrichten (AVN)* (2010). – akzeptiert

[Schmitt 1975] SCHMITT, G.: Optimaler Schnittwinkel der Bestimmungsstrecken beim einfachen Bogenschnitt. In: *Allgemeine Vermessungsnachrichten (AVN)* 6 (1975), S. 226–230

[Schmitt 1979] SCHMITT, G.: *Zur Numerik der Gewichtsoptimierung in geodätischen Netzen*. Deutsche Geodätische Kommission, Reihe C, Nr. 256, München, 1979

[Stempfhuber u. Ingensand 2008] STEMPFHUBER, W. ; INGENSAND, H.: Baumaschinenführung und -steuerung – Von der statischen zur kinematischen Absteckung. In: *Zeitschrift für Geodäsie, Geoinformation und Landmanagement (ZfV)* 1 (2008), S. 36–44

[Steufmehl 1994] STEUFMEHL, H.: *Optimierung von Beobachtungsplänen in der Langbasisinterferometrie*. Deutsche Geodätische Kommission, Reihe C, Nr. 406, Frankfurt am Main, 1994

[Torge 2001] TORGE, W.: *Geodesy*. Walter de Gruyter, Berlin, 2001

[Vennebusch 2008] VENNEBUSCH, M.: *Singular Value Decomposition and Cluster Analysis as Regression Diagnostics Tools in Geodetic VLBI*. Dissertation, Schriftenreihe des Instituts für Geodäsie und Geoinformation der Universität Bonn, Heft 3, 2008

[Wasmeier 2009] WASMEIER, P.: *Grundlagen der Deformationsbestimmung mit Messdaten bildgebender Tachymeter*. Deutsche Geodätische Kommission, Reihe C, Nr. 638, München, 2009

Anschrift des Autors:

Prof. Dr.-Ing. habil.   Leibniz Universität Hannover
Hansjörg Kutterer   Geodätisches Institut (GIH)
                              Nienburger Straße 1, 30167 Hannover
                              kutterer@gih.uni-hannover.de

Vergleich der Ergebnisse verschiedener Netzausgleichungsprogramme

Michael Lösler und Hermann Bähr

1 Allgemeines

Die Ausgleichungsrechnung ist bei Ingenieuraufgaben im Vermessungswesen nicht mehr weg zu denken. Neben Sonderaufgaben wie bspw. der Koordinatentransformation oder der Analyse von Formen und Regelgeometrien spielt die Ausgleichung von geodätischen Netzen eine zentrale Rolle in der praktischen Ingenieurvermessung. Es gibt hierzu verschiedene Programme am Markt, die teilweise auch frei verfügbar sind. Im deutschsprachigen Raum zählen zu den kommerziellen Lösungen: CAPLAN, Geo3D, KAFKA, Neptan, NetzCG und PANDA. Als Freeware (nicht quellcodeoffen) stellt Xdesy eine Alternative zu den kostenpflichtigen Lösungen dar. Im kostenfreien OpenSource-Bereich gibt es bspw. die Programme GNU Gama und das plattformunabhängige JAG3D.

Dass es den Alleskönner nicht gibt, ist klar. Jedes Programm hat seine Stärken und Einschränkungen. Fakt ist jedoch, dass alle Ausgleichungsprogramme mit klassischen terrestrischen Beobachtungen umgehen können. Eine Auswertung von tachymetrischen Daten (Horizontalstrecken und Richtungen bzw. Schrägstrecken, Zenitwinkel und Richtungen) ist somit mit jedem Produkt möglich, sodass alle Programme für Standardaufgaben eingesetzt werden können. Ein Vergleich zwischen den Ergebnissen erscheint daher gerechtfertigt und sollte keine größeren Differenzen hervorrufen.

Genau dieser Vergleich wurde von drei Hochschulen mit jeweils unterschiedlichen Paketen durchgeführt. Die erzielten Ergebnisse wurden beim DVW-Seminar *Qualitätsmanagement geodätischer Mess- und Auswerteverfahren* in Hannover vorgestellt [Schwieger et al., 2010]. Abweichungen von mehreren Millimetern wurden dabei zwischen den Ergebnissen von verschiedenen Programmen festgestellt. Primär wurden beim DVW-Beitrag kommerzielle Lösungen miteinander verglichen. Für den hier vorliegenden Beitrag wurde die Liste der zu vergleichenden Programme erweitert (Tabelle 1-1), wobei diesmal auch freie Programme mit einbezogen wurden. Als Vergleichskriterium sollen hier lediglich die ausgeglichenen Koordinaten dienen, da diese in der Regel als Endprodukt abzugeben sind. Eine Wertung von stochastischen Größen und Zuverlässigkeitsmaßen (Standardabweichung, Redundanzanteil, geschätzter grober Fehler usw.) spielt zwar für den Sachbearbeiter während der Auswertung eine wichtige Rolle, kleine numerische Abweichungen sind dort jedoch wesentlich unkritischer. Für den Auftraggeber ist es letztlich entscheidend, dass die ausgeglichenen Koordinaten stimmen und dass sie bei gleicher Bearbeitung auch in anderen Programmen reproduzierbar sind. Schließlich sollte es schon aus rein wirtschaftlicher Sicht vermieden werden, sich von einem Produkt abhängig zu machen. Auch wird hier nicht untersucht, welche Speichermethoden (z. B. Sparse-Matrizen) und Rechenalgorithmen von den einzelnen Programmen eingesetzt werden und wie sich diese auf die benötigte Rechenzeit auswirken.

Ein für den Anwender wichtiger Punkt ist sicherlich die graphische Bedienoberfläche (GUI), mit der er arbeiten muss. Nicht alle getesteten Produkte verfügen über eine GUI. Aber auch bei den Programmen, bei denen eine Bedienoberfläche vorhanden ist, sind enorme Unterschiede zu verzeichnen: Das Repertoire reicht von einer schlichten Oberfläche, mit der nur ein paar

Tab. 1-1: Übersicht über die verglichenen Programme

Softwarepaket	Entwickler	Lizenz	Dimension	Modell[1]
CAPLAN – Cremers Auswertung und Planerstellung	Cremer Programmentwicklung GmbH	Proprietär	1D, 2D, (2D+H[2])	(3-1) oder (3-2)
Gama – Geodesy and Mapping	Prof. Dr. Aleš Čepek	OpenSource (GNU-GPL)	1D, 2D, 3D	(3-1)[3]
Geo3D	Prof. Dr. Wilhelm Benning	Proprietär	1D, 2D, (2D+H[2])	(3-1)
HANNA – Hannoversche Netzausgleichung	Geodätisches Institut Hannover	Proprietär	1D, 2D, 3D	(3-2)
JAG3D – Java Graticule 3D	Michael Lösler	OpenSource (GNU-GPL)	1D, 2D, 3D[4]	(3-2)
KAFKA – Komplexe Analyse Flächenhafter Kataster-Aufnahmen	Prof. Dr. Wilhelm Benning	Proprietär	1D, 2D, (2D+H[2])	(3-1)
LGO – Leica Geo Office	Leica Geosystems AG/Grontmij	Proprietär	1D, 2D, 3D	(3-1)
Neptan	technet GmbH	Proprietär	1D, 2D, (2D+H[2])	(3-1)
Netz3D	Geodätisches Institut Karlsruhe	Proprietär	3D	(3-1)
NetzCG – Netz COS GIK	Geodätisches Institut Karlsruhe/COS Systemhaus OHG	Proprietär	1D, 2D, (2D+H[2])	(3-1)
PANDA – Programm zur Ausgleichung von Netzen und zur DeformationsAnalyse	Prof. Dr. Wolfgang Niemeier/GeoTec GmbH	Proprietär	1D, 2D, 3D	(3-2)
SpatialAnalyzer	New River Kinematics	Proprietär	3D	MCM[5]
Xdesy	Prof. Dr. Fredie Kern	Freeware	1D, 2D, 3D[4]	(3-1)

ausgewählte Steuerparameter gesetzt werden können, bis zum interaktiven Arbeiten direkt in einer CAD-Graphik. Weiterhin wird die Auswertung von GNSS-Daten nicht von allen Programmen unterstützt. Auch die Netzdimension, mit der ein Programm rechnen kann, ist nicht bei allen Ausgleichungspaketen identisch. So erlauben einige Programme keine echten 3D-Netze sondern liefern eine sogenannte 2D+H-Lösung, indem die Lage von der Höhe getrennt ausgewertet wird. Mathematische Abhängigkeiten (Korrelationen) zwischen den beiden Komponenten werden in diesem Fall ignoriert. Andere Pakete sind hingegen nur im Stande, räumliche Netze zu berechnen. Eine Teilspurminimierung ist darüber hinaus nicht mit allen getesteten Produkten möglich, sodass auch bei der Art der Netzausgleichung bzw. des Netzanschlusses Unterschiede zu verzeichnen sind.

Die Entwickler der getesteten Programme wurden beim Auftreten von Unstimmigkeiten in den Auswerteprozess mit eingebunden. Zum einen sollten so Anwenderfehler ausgeschlossen werden,

---

[1] Stochastisches Modell für Streckenbeobachtungen gemäß Gleichung (3-1) bzw. (3-2)

[2] Es erfolgt *automatisch* eine Trennung von Lage und Höhe bei räumlichen Beobachtungen.

[3] Das stochastische Modell in Gama lautet $\sigma_{\text{Dist}} = a_1 + a_2 \cdot s^{a_3}$ und entspricht für $a_3 = 1$ dem Modell (3-1).

[4] Ausschließlich Raumnetze mit parallelen Lotlinien

[5] Monte-Carlo-Methode mit unbekanntem Modellansatz

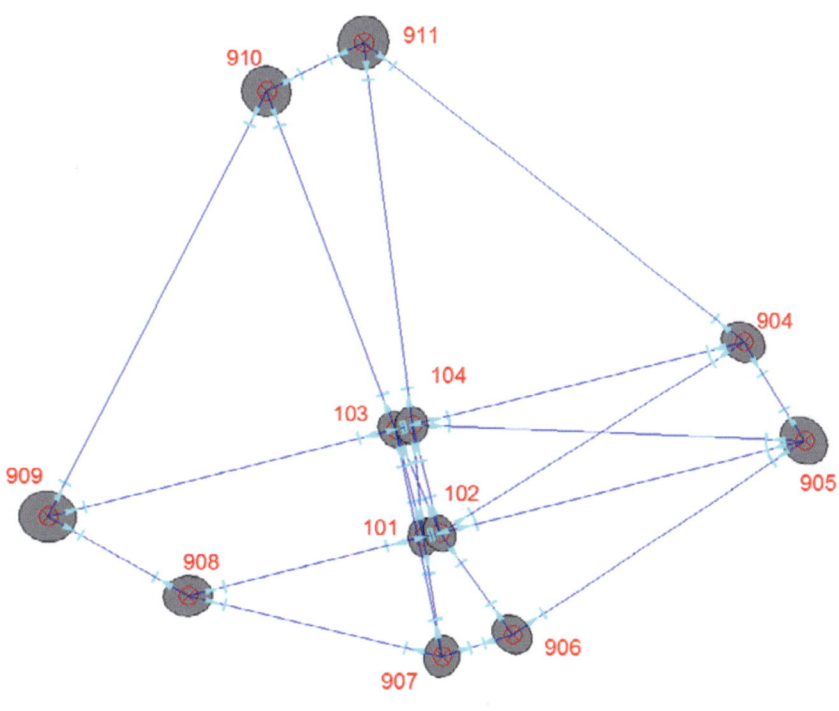

Abb. 2-1: Netzbild (NetzCG)

zum anderen lieferten diese z. T. Software-spezifische Informationen, durch die sich auftretende Differenzen klären ließen.

2 Vergleichsnetze

Der direkte Vergleich wurde an einem 2D- und einem 3D-Netz vorgenommen. Beide Netze wurden den Autoren von Dr. Hans Neuner vom Geodätischen Institut Hannover zur Verfügung gestellt und bereits im Vergleich von Schwieger et al. [2010] verwendet (Abbildung 2-1). Dabei handelt es sich um fiktive Netze von 1.2 km Ausdehnung, für die Beobachtungen mit vorgegebenen Standardabweichungen simuliert wurden. Sie bestehen aus 12 Punkten und sind frei auszugleichen. Im 2D-Fall liegen 50 horizontale Strecken und 50 Richtungen in 12 Sätzen als Eingangsdaten vor. Beim 3D-Netz sind es 49 Schrägstrecken, 50 Zenitwinkel und ebenfalls 50 Richtungen. An allen Beobachtungen wurden etwaige Korrektionen und Reduktionen bereits angebracht. Als Beobachtungsgenauigkeit sei für die Richtungen 0.3 mgon, für die Vertikalwinkel 0.6 mgon und für die Strecken ein entfernungsabhängiger Genauigkeitsansatz von 2 mm und 2 ppm vorgegeben [Schwieger et al., 2010]. Diese Vorgaben entsprechen der Genauigkeit eines modernen Tachymeters.

Die bereits angebrachten Reduktionen berücksichtigen insbesondere die Erdkrümmung. Während Auswirkungen auf die Lagekomponente auf die gekrümmte Bezugsfläche zurückzuführen sind, resultiert der deutlich größere Einfluss k_E auf die Höhenkomponente aus den nicht parallelen Lotrichtungen. Letzterer ergibt sich näherungsweise zu [Witte u. Schmidt, 2000]:

$$k_E = \frac{s^2}{2R} \qquad (2\text{-}1)$$

worin s die Horizontalentfernung und R der mittlere Erdradius (6371 km) ist. Bei einer Strecke von 500 m beträgt diese Korrektion bereits 2 cm und kann damit keinesfalls vernachlässigt werden.

Die Handhabung dieser Effekte durch die einzelnen Programme ist durchaus unterschiedlich. Insbesondere kann der Nutzer nicht immer festlegen, ob und wie eine Reduktion anzubringen ist. Während manche Programme auf vorverarbeitete Daten angewiesen sind, arbeiten andere wiederum ausschließlich mit originären Messwerten. Bisweilen bleibt es aber dem Nutzer überlassen zu entscheiden, welche Reduktionen mit welchen Parametern angebracht werden sollen oder nicht.

Programme mit einer 2D+H-Lösung zerlegen das Ausgleichungsproblem intern und werten Lage und Höhe getrennt voneinander aus. In einer Vorverarbeitung werden aus der Schrägstrecke und dem Vertikalwinkel die horizontale Strecke und der Höhenunterschied berechnet. Leider ist dabei nicht immer ersichtlich, wie die abgeleiteten Höhenunterschiede zustande kommen und in der Ausgleichung gewichtet werden. Die konsequente Anwendung des Fehlerfortpflanzungsgesetzes, bei der sich die individuelle A-priori-Genauigkeit jedes Höhenunterschieds aus der Strecken- und Vertikalwinkelunsicherheit ergibt, scheint nicht der Normalfall zu sein. Bei gleichen Eingangsdaten ist jedoch davon auszugehen, dass alle Programme zumindest in der Höhenausgleichung, bei der das funktionale Modell von Hause aus linear und damit sehr einfach ist, zu identischen Lösungen kommen. Da sich auch hier Differenzen in den Ergebnissen ergeben, liegt deren Ursache somit eher in der Vorverarbeitung der Daten als in der Ausgleichung selbst.

Aufgrund der z. T. unterschiedlich reduzierten Beobachtungen in der Vorverarbeitung und der differierenden stochastischen Modelle ist ein Vergleich der Programme, die eine 2D+H-Lösung anbieten, schwierig bis unmöglich. Ähnliches gilt für die Ausgleichung des Raumnetzes mit LGO, wo die Vorverarbeitung integraler Bestandteil des Konzeptes ist und nicht umgangen werden kann. Aus diesem Grund werden in diesem Beitrag nur diejenigen Lösungen miteinander verglichen, bei denen vom selben Beobachtungsmaterial ausgegangen werden kann.

Es sei an dieser Stelle betont, dass die Verwendung vorverarbeiteter Messwerte im Wesentlichen dadurch motiviert ist, eine bessere Vergleichbarkeit herzustellen. Ziel dieses Artikels soll es schließlich sein, die Ausgleichungsergebnisse zu bewerten und nicht die Art der Vorverarbeitung. Aus dem gleichen Grund erfolgte auch der Ausschluss einzelner Lösungen aus der Gegenüberstellung der Raumnetzausgleichungen, was deshalb keinesfalls als Abwertung angesehen werden darf.

Da nicht alle zur Verfügung stehenden Programme eine Teilspurminimierung erlauben, werden beim 2D-Netz alle 12 Punkte zur Datumsbildung genutzt. Beim 3D-Netz hingegen werden die Punkte 101-104 als Neupunkte und die übrigen 8 als Datumspunkte in eine freie Ausgleichung eingeführt. Zur Behebung des Rangdefektes der Normalgleichungsmatrix sind drei Zusatzbedingungen (zwei Translationen und eine Rotation) beim Lagenetz in der Ausgleichung zu berücksichtigen. Beim Raumnetz beträgt der Defekt vier [Illner, 1983].

Für diesen Vergleich wird auch auf erzielte Ergebnisse von anderen zurück gegriffen, da nicht alle Programme zur Verfügung standen. Prozessiert wurden die Netze mit CAPLAN (v2.7-15.12.2009), Geo3D[1] , Gama (v1.9.07), JAG3D (v3.1.20100907), LGO (v7.0.1), NetzCG (v2009.4.30), Netz3D (v4.0) und Xdesy (v1.9.18). Die Ergebnisse von HANNA (v01.06.1) hat Dr. Hans Neuner (Geodätisches Institut Hannover) freundlicherweise zur Verfügung gestellt. Die Ausgleichung mit KAFKA (v7.005) hat Prof. Dr. Wilhelm Benning (RWTH Aachen) vorgenommen. Neptan (v9.43) wertete Thore Overath (Vermessungsbüro Overath & Sand) aus. Die Ergebnisse von PANDA (v4.12X) stellte Karl-Heinz Steffens (GOS GmbH) zur Verfügung. Die Prozessierung mit SpatialAnalyzer (v2009.11.13) führte Christoph Herrmann (Geodätisches Institut Karlsruhe) durch. Die Nutzung von CAPLAN wurde durch Prof. Dr. Cornelia Eschelbach (Fachhochschule Frankfurt am Main) ermöglicht.

---

[1]Buch-CD; W. Benning: Statistik in Geodäsie, Geoinformation und Bauwesen, Wichmann, Heidelberg, 2010

3 Ergebnis des Lagenetzes

Bei den Ausgleichungsergebnissen des Lagenetzes zeigen sich weitgehend übereinstimmende Resultate (Tabellen 3-1 und 3-2). Die Abweichungen liegen im 1/10-mm-Bereich. Interessant ist, dass sich hier zwei Gruppen zu bilden scheinen. So sind die ausgeglichenen Koordinaten bspw. von CAPLAN, HANNA, JAG3D und PANDA identisch; auf der anderen Seite gibt es praktisch keine Differenzen zwischen CAPLAN, Gama, LGO, Neptan, NetzCG und Xdesy.

Eine Ursache liegt in der Verwendung unterschiedlicher Datentypen. So speichert Geo3D die Normalgleichungen bspw. nicht mit doppelter Genauigkeit ab [Benning, 2010a]. Eine weitere Ursache liegt im stochastischen Modell. So bieten die meisten Programme die Möglichkeit, für einen Beobachtungstyp (oder eine Beobachtungsgruppe) eine A-priori-Standardabweichung vorzugeben. Bei streckenabhängigen Unsicherheiten wird aus diesen Gruppenunsicherheiten erst zur Laufzeit die Gewichtung ermittelt. Im vorliegenden Fall ist die Streckengenauigkeit von der Länge der gemessenen Distanz abhängig. In NetzCG wird bspw. die Genauigkeit der Strecke nach folgender Formel berechnet [GIK, 2008]:

$$\sigma_{\mathrm{Dist}} = a_1 + a_2 \cdot s \tag{3-1}$$

worin in diesem Fall der absolute Anteil $a_1 = 2\,\mathrm{mm}$ und der streckenabhängige Anteil $a_2 = 2\,\mathrm{ppm}$ betragen. In JAG3D hingegen werden, wie im offengelegten Quellcode leicht nachvollzogen werden kann, die A-priori-Genauigkeiten nach dem Varianzfortpflanzungsgesetz bestimmt:

$$\sigma_{\mathrm{Dist}} = \sqrt{a_1^2 + (a_2 \cdot s)^2} \tag{3-2}$$

Dieser Modellansatz wird auch von Niemeier [2008] vorgeschlagen. Bei einer Strecke von 500 m, wie sie im o. g. Beispiel vorkommt, ergibt sich nach (3-1) eine Standardabweichung von 3.0 mm für die Strecke. Durch Anwendung von (3-2) beträgt diese nur 2.2 mm. Der Unterschied zwischen beiden Modellen beträgt somit fast 1 mm. Um zu untersuchen, ob das abweichende stochastische Modell die Ursache für die sich ergebenen Differenzen ist, wurde das Programm JAG3D temporär modifiziert, sodass derselbe Berechnungsansatz wie in NetzCG zur Bestimmung der A-priori-Genauigkeiten der Strecken benutzt wird. Die Ergebnisse der modifizierten Version entsprachen denen, die u. a. NetzCG lieferte. Eine weitere Verifizierung konnte direkt mit dem Programmsystem CAPLAN vorgenommen werden, bei dem der Nutzer vor der Ausgleichung selbst entscheiden kann, ob Modell (3-1) oder (3-2) Anwendung finden soll.

4 Ergebnis des Raumnetzes

Werden die Ergebnisse des Raumnetzes betrachtet, so sind die Differenzen zwischen den verglichenen Programmen schon deutlicher (Tabellen 4-1, 4-2 und 4-3). Eine echte 3D-Lösung bieten Gama, JAG3D, LGO, Netz3D, PANDA, SpatialAnalyzer und Xdesy an, wobei LGO sowie Softwarepakete, die lediglich eine 2D+H-Lösung liefern, aus o. g. Gründen vom Vergleich ausgeschlossen wurden.

Die Ergebnisse von Gama, JAG3D, Netz3D und PANDA sind äquivalent. Die geringen Unterschiede zwischen den Lösungen sind analog zum 2D-Fall im stochastischen Modell der Schrägstrecken zu suchen, was durch eine temporäre Modifizierung von Netz3D bestätigt werden konnte. Die

Tab. 3-1: Rechtswert in m (2D-Gesamtspurminimierung)

Pkt.nr.	CAPLAN, Gama, Neptan, NetzCG, Xdesy	Geo3D	CAPLAN, HANNA, JAG3D, PANDA	KAFKA	LGO
101	6856.0736	6856.0739	6856.0736	6856.0736	6856.0736
102	6881.9490	6881.9493	6881.9491	6881.9491	6881.9490
103	6811.0377	6811.0378	6811.0377	6811.0377	6811.0377
104	6836.9014	6836.9016	6836.9014	6836.9014	6836.9014
904	7366.0620	7366.0623	7366.0621	7366.0620	7366.0620
905	7465.4456	7465.4460	7465.4457	7465.4457	7465.4456
906	6998.0765	6998.0767	6998.0766	6998.0766	6998.0765
907	6887.0250	6887.0250	6887.0250	6887.0249	6887.0250
908	6483.9104	6483.9101	6483.9103	6483.9103	6483.9104
909	6262.1745	6262.1741	6262.1742	6262.1744	6262.1745
910	6604.0581	6604.0580	6604.0582	6604.0582	6604.0581
911	6756.8711	6756.8711	6756.8711	6756.8711	6756.8711

Tab. 3-2: Hochwert in m (2D-Gesamtspurminimierung)

Pkt.nr.	CAPLAN, Gama, Neptan, NetzCG, Xdesy	Geo3D	CAPLAN, HANNA, JAG3D, PANDA	KAFKA	LGO
101	65128.6555	65128.6554	65128.6557	65128.6554	65128.6555
102	65135.3754	65135.3752	65135.3755	65135.3753	65135.3754
103	65302.1074	65302.1074	65302.1075	65302.1073	65302.1074
104	65308.8249	65308.8249	65308.8250	65308.8249	65308.8249
904	65445.4085	65445.4087	65445.4084	65445.4086	65445.4085
905	65286.9541	65286.9542	65286.9539	65286.9542	65286.9541
906	64972.4983	64972.4984	64972.4985	64972.4983	64972.4983
907	64936.7168	64936.7168	64936.7169	64936.7168	64936.7168
908	65032.0295	65032.0295	65032.0294	65032.0295	65032.0295
909	65159.5726	65159.5725	65159.5724	65159.5727	65159.5727
910	65845.6976	65845.6977	65845.6976	65845.6976	65845.6976
911	65924.5604	65924.5606	65924.5602	65924.5603	65924.5604

Tab. 4-1: Rechtswert in m (3D-Teilspurminimierung)

Pkt.nr.	Gama, Netz3D	JAG3D, PANDA	Spatial Analyzer	Xdesy
101	6856.0737	6856.0737	6856.0740	6856.0749
102	6881.9490	6881.9490	6881.9504	6881.9520
103	6811.0370	6811.0370	6811.0372	6811.0373
104	6836.9011	6836.9011	6836.9019	6836.9034
904	7366.0626	7366.0624	7366.0651	7366.0690
905	7465.4456	7465.4458	7465.4487	7465.4544
906	6998.0754	6998.0754	6998.0776	6998.0809
907	6887.0247	6887.0247	6887.0263	6887.0257
908	6483.9111	6483.9113	6483.9094	6483.9045
909	6262.1738	6262.1742	6262.1683	6262.1644
910	6604.0556	6604.0553	6604.0541	6604.0499
911	6756.8722	6756.8719	6756.8721	6756.8723

Tab. 4-2: Hochwert in m (3D-Teilspurminimierung)

Pkt.nr.	Gama, Netz3D	JAG3D, PANDA	Spatial Analyzer	Xdesy
101	65128.6565	65128.6565	65128.6547	65128.6543
102	65135.3762	65135.3762	65135.3744	65135.3744
103	65302.1099	65302.1099	65302.1095	65302.1102
104	65308.8274	65308.8275	65308.8257	65308.8282
904	65445.4082	65445.4082	65445.4097	65445.4106
905	65286.9517	65286.9516	65286.9518	65286.9502
906	64972.4990	64972.4986	64972.4971	64972.4935
907	64936.7176	64936.7173	64936.7132	64936.7110
908	65032.0278	65032.0280	65032.0254	65032.0233
909	65159.5691	65159.5696	65159.5719	65159.5686
910	65845.7037	65845.7036	65845.7034	65845.7102
911	65924.5621	65924.5621	65924.5643	65924.5715

Tab. 4-3: Höhe in m (3D-Teilspurminimierung)

Pkt.nr.	Gama, Netz3D	JAG3D, PANDA	Spatial Analyzer	Xdesy
101	66.4988	66.4988	66.4999	66.4985
102	66.5097	66.5097	66.5096	66.5095
103	66.6547	66.6547	66.6552	66.6545
104	66.7030	66.7030	66.7033	66.7027
904	54.3819	54.3819	54.3826	54.3835
905	55.6126	55.6126	55.6148	55.6142
906	67.8343	67.8343	67.8336	67.8341
907	67.7495	67.7496	67.7505	67.7493
908	48.7412	48.7412	48.7420	48.7405
909	46.4461	46.4461	46.4456	46.4452
910	56.0074	56.0073	56.0059	56.0067
911	55.3900	55.3900	55.3890	55.3895

Abweichungen von Xdesy zu den anderen Programmen ergeben sich vermutlich durch das Einführen von sieben Datumsbedingungen (drei Translationen, drei Rotationen und ein Maßstab), wie dem Report zu entnehmen ist. Auch in den abgedruckten Ergebnissen von Boysen [2009] ist zu erkennen, dass Xdesy bei der freien Ausgleichung sieben Zusatzbedingungen nutzt. Gama, JAG3D, Netz3D und PANDA führen lediglich die vier notwendigen Bedingungen ein, um den Defekt der Normalgleichungsmatrix zu beheben. Gleicht man das Netz mit hierarchischem Netzanschluss aus, so sind die Differenzen zwischen Xdesy und JAG3D lediglich im 1/10-mm-Bereich.

5 Anmerkungen zur Modellbildung von SpatialAnalyzer

Bis auf SpatialAnalyzer verwenden alle in diesem Vergleich berücksichtigen Programme die tachymetrischen Daten als Beobachtungen im Ausgleichungsmodell und bestimmen die Unbekannten durch ein geschlossenes Gauß-Markov-Modell. Diese Vorgehensweise kann als klassische Methode betitelt werden und ist in der geodätischen Fachliteratur hinreichend gut beschrieben [vgl. Benning, 2010b; Niemeier, 2008; Jäger et al., 2005], sodass eine nähere Erläuterung an dieser Stelle entfallen kann.

SpatialAnalyzer bestimmt die Koordinaten durch das Verketten der einzelnen Standpunkte über Ähnlichkeitstransformationen. Hierzu werden aus den eigentlichen Beobachtungen zunächst Koordinaten berechnet, die sich auf den jeweiligen Standpunkt (Subsystem) beziehen. Diese werden anschließend durch eine Transformation in ein einheitliches (globales) Koordinatensystem überführt. Dem Anwender steht es dabei frei, welche Transformationsparameter pro Subsystem zu bestimmen sind. In der Geodäsie ist diese Art der Koordinatenbestimmung bzw. -transformation bspw. bei der Homogenisierung von Flurkarten bekannt. Aber auch bei der hierarchisch organisierten Kombination terrestrischer Referenzrahmen spielen verkettete Transformationen eine wesentliche Rolle [Altamimi et al., 2004]. Einige Modellansätze für verkettete 2D-Transformationen, die sich problemlos auf den räumlichen Fall übertragen lassen, sind bspw. bei Foppe [2009] beschrieben. Bezogen auf das hier verwendete Raumnetz zeigen sich jedoch einige Schwächen bei der Umsetzung dieser Vorgehensweise in SpatialAnalyzer. Das erste offensichtliche Problem ergibt sich durch den inkonsistenten Datensatz, bei dem die Raumstrecke 908-101 fehlt. Der Punkt 101 kann somit innerhalb eines lokalen Systems nicht bestimmt werden, da nur eine Richtungsbeobachtung und ein Zenitwinkel vorliegen. Diese beiden Beobachtungen werden, obwohl sie nicht fehlerbehaftet sind, somit indirekt aus dem Datenbestand eliminiert und fließen nicht in die Ausgleichung ein. Aufgrund des fehlenden Punktes enthält das Standpunktsystem 908 darüber hinaus nur noch die Polarpunkte 907 und 909. Eine Transformation dieses Subsystems kann deshalb nicht durchgeführt werden, da SpatialAnalyzer hierfür mindestens drei Polarpunkte benötigt. Zwei weitere Punktbeobachtungen werden somit bei der finalen Lösung nicht berücksichtigt. Bedingt durch die fehlende Strecke finden also acht fehlerfreie Beobachtungen keine Berücksichtigung. Weiterhin kann eine Lagerung des Netzes nicht auf den Punkten 904-911 realisiert werden, da SpatialAnalyzer für die Transformation jedes Subsystems mindestens drei datumsgebende Punkte als identische Punkte benötigt. Diese Voraussetzung ist hier jedoch nicht erfüllt, sodass alle zwölf Punkte als Datumspunkte verwendet wurden. Allein aus diesen Gründen war bereits ein abweichendes Ergebnis gegenüber den anderen Programmen zu erwarten.

6 Fazit

In der Lageausgleichung liefern alle Programme praktisch identische Ergebnisse, sodass diese für klassische Aufgaben bedenkenlos eingesetzt und vor allem gegeneinander ausgetauscht werden können. Auch beim Raumnetz konnten überwiegend übereinstimmende Resultate erzielt werden.

Bei der Wahl für oder gegen ein Produkt können somit andere Kriterien, wie bspw. die Bedienfreundlichkeit, der Support oder mögliche Zusatzmodule herangezogen werden. Bei den Paketen, die eine 2D+H-Lösung bestimmen, wäre zu prüfen, wie die räumlichen Beobachtungen vor der eigentlichen Ausgleichung verarbeitet werden, damit abgeleitete Größen richtig bewertet und verglichen werden können.

Die bisweilen vorgenommene Trennung zwischen Lage und Höhe ist vorwiegend historisch motiviert und hauptsächlich darin begründet, dass das Bezugssystem der nivellitisch bestimmten Höhenkomponente physikalisch definiert ist. Problematisch ist dieser Ansatz hingegen bei der Einbeziehung von Zenitwinkeln, da hierbei bestehende Korrelationen zwischen Lage und Höhe vernachlässigt werden. Lediglich für annähernd horizontale Visuren, wie sie bei klassischen Netzen der Landesvermessung vorkamen, sind diese vernachlässigbar klein [Heck, 2003].

Bei kleinräumigen Ingenieurnetzen und in der Messtechnik sind dreidimensionale kartesische Koordinatensysteme hingegen Standard. Zum einen spielt das Schwerefeld aufgrund der geringen Netzausdehnung keine Rolle, und zum anderen sind aufgrund steiler Visuren resultierende Korrelationen zwischen Lage und Höhe nicht vernachlässigbar. Auch im Hinblick auf die Verwendung des Leitfadens zur Angabe der Unsicherheit beim Messen (GUM) in der Messtechnik, bei dem alle verfügbaren Informationen zur Ermittlung der Messunsicherheiten einfließen sollen [z. B. Hennes u. Heister, 2007], wäre diese Modellvereinfachung kritisch zu hinterfragen.

Erfreulich ist, dass auch mit freien Produkten qualitativ adäquate Ergebnisse bei geodätischen Standardaufgaben zu erzielen sind.

Sowohl die Eingangsdaten als auch die Protokolle der Ausgleichungsprogramme, die von den Autoren selbst getestet wurden, stehen im Internet zur Verfügung unter:
`http://diegeodaeten.de/vergleich_ausgleichungssoftware.html`.

Dank

Bei Dr. Hans Neuner möchten sich die Autoren ganz herzlich für die schnelle Bereitstellung der Netzdaten und die Ergebnisse vom Ausgleichungsprogramm HANNA bedanken. Weiterhin geht der Dank an Prof. Dr. Wilhelm Benning, Christoph Herrmann, Thore Overath und Karl-Heinz Steffens, die das Netz mit den Programmen KAFKA, SpatialAnalyzer, Neptan bzw. PANDA berechnet haben. Prof. Dr. Cornelia Eschelbach sei für den kurzfristig eingerichteten Zugang zu der Ausgleichungssoftware CAPLAN gedankt.

Literatur

[Altamimi et al. 2004] ALTAMIMI, Z. ; SILLARD, P. ; BOUCHER, C.: ITRF2000: From Theory to Implementation. In: SANSÒ, F. (Hrsg.): *V Hotine-Marussi Symposium on Mathematical Geodesy: Matera, Italien, 17.-21.06.2002*. Berlin : Springer, 2004

[Benning 2010a] persönliche Mitteilung

[Benning 2010b] BENNING, W.: *Statistik in Geodäsie, Geoinformation und Bauwesen*. 3. Auflage. Heidelberg : Wichmann, 2010

[Boysen 2009] BOYSEN, A.: *Beurteilung von Softwarepaketen zur Ausgleichungsrechnung*. 2009. – http://digibib.hs-nb.de/file/dbhsnb_derivate_0000000362/Bachelorarbeit-Boysen-2009.pdf (zuletzt besucht: 24. August 2010)

[Foppe 2009] FOPPE, K.: Repetitorium zur Fehlerlehre und Statistik und Ausgleichungsrechnung. In: FOPPE, K. (Hrsg.) ; HOFFMANN, H. (Hrsg.): *Ausgleichungsrechnung mit Interpretation der Ausgleichungsergebnisse, Beiträge zum GfG-Fortbildungsseminar, 05. März 2009 in Neubrandenburg*, 2009

[GIK 2008] GEODÄTISCHES INSTITUT (GIK) DES KARLSRUHER INSTITUTS FÜR TECHNOLOGIE (Hrsg.): *Netz2D – Theoretische Grundlagen.* Geodätisches Institut (GIK) des Karlsruher Instituts für Technologie, 2008. – http://www.gik.uni-karlsruhe.de/fileadmin/mitarbeiter/vetter/download/netzcg/NETZ2D-Handbuch.pdf (zuletzt besucht: 24. August 2010)

[Heck 2003] HECK, B.: *Rechenverfahren und Auswertemodelle in der Landesvermessung.* 3. Auflage. Heidelberg : Wichmann, 2003

[Hennes u. Heister 2007] HENNES, M. ; HEISTER, H.: Neuere Aspekte zur Definition und zum Gebrauch von Genauigkeitsmaßen in der Ingenieurgeodäsie. In: *Allgemeine Vermessungsnachrichten* 114 (2007), Nr. 11-12, S. 375–383

[Illner 1983] ILLNER, I.: Freie Netze und S-Transformation. In: *Allgemeine Vermessungsnachrichten* 90 (1983), Nr. 5, S. 157–170

[Jäger et al. 2005] JÄGER, R. ; MÜLLER, T. ; SALER, H. ; SCHWÄBLE, R.: *Klassische und robuste Ausgleichungsverfahren – Ein Leitfaden für Ausbildung und Praxis von Geodäten und Geoinformatikern.* Heidelberg : Wichmann, 2005

[Niemeier 2008] NIEMEIER, W.: *Ausgleichungsrechnung – Statistische Auswertemethoden.* 2. Auflage. Berlin : Walter de Gruyter, 2008

[Schwieger et al. 2010] SCHWIEGER, V. ; FOPPE, K. ; NEUNER, H.: Qualitative Aspekte zu Softwarepaketen der Ausgleichungsrechnung. In: KUTTERER, H. (Hrsg.) ; NEUNER, H. (Hrsg.): *Qualitätsmanagement geodätischer Mess- und Auswerteverfahren, Beiträge zum 93. DVW-Seminar am 10. und 11. Juni 2010 in Hannover*, Schriftenreihe des DVW, Band 61, 2010

[Witte u. Schmidt 2000] WITTE, B. ; SCHMIDT, H.: *Vermessungskunde und Grundlagen der Statistik für das Bauwesen.* Stuttgart : Wittwer, 2000

Anschrift der Autoren:

Dipl.-Ing. Michael Lösler

COS Geoinformatik GbR
Epernayer Straße 34, 76275 Ettlingen
michael.loesler@cosgeo.de

Dipl.-Ing. Hermann Bähr

Karlsruher Institut für Technologie (KIT)
Geodätisches Institut (GIK)
Englerstraße 7, 76131 Karlsruhe
baehr@kit.edu

Wie invariant ist eigentlich invariant? – Untersuchungen zur Stabilität des IVS-Referenzpunktes an der Fundamentalstation Wettzell

Michael Lösler und Cornelia Eschelbach

1 Allgemeines

Das internationale terrestrische Referenzsystem (ITRS) wird aus der Verknüpfung von Ergebnissen verschiedener Raumverfahren, wie bspw. Very Long Baseline Interferometry (VLBI), Satellite/Lunar Laser Ranging (SLR/LLR) oder dem Global Navigation Satellite System (GNSS) abgeleitet [Altamimi et al., 2007]. Die eigentliche Verknüpfung zwischen diesen Raumverfahren wird erst durch sogenannte Kollokations- oder Fundamentalstationen möglich. Hierbei handelt es sich um wissenschaftliche Einrichtungen, an denen mehrere dieser Raumverfahren an einem Ort betrieben werden. Durch die geringe räumliche Ausdehnung dieser Stationen ist es möglich, die geometrischen Beziehungen, d.h. den Raumvektor (local-tie) zwischen den betriebenen Verfahren, mit übergeordneter Genauigkeit zu bestimmen. Das Global Geodetic Observing System (GGOS) regt eine permanente Bestimmung der local-tie Vektoren im Submillimeterbereich an [Rothacher et al., 2009].

Messtechnisch ist hierbei besonders die Bestimmung des Referenzpunktes am VLBI-Radioteleskop eine Herausforderung. Dieser Referenzpunkt ist vom International VLBI Service for Geodesy and Astrometry (IVS) als Schnittpunkt zwischen der Azimut- und der Elevationsachse definiert. Schneiden sich beide Achsen konstruktionsbedingt nicht, so ist der Punkt auf der Azimutachse als Referenzpunkt definiert, der den kürzesten Abstand zur Elevationsachse besitzt. Durch diese geometrische Definition ist sichergestellt, dass der Referenzpunkt ortsstabil und unabhängig von der jeweiligen Radioteleskoporientierung ist. Aus diesem Grund wird der Referenzpunkt häufig auch als invariant bezeichnet. Da es sich hierbei um einen idealisierten, nicht materialisierbaren Punkt handelt, kann dessen Bestimmung nur indirekt erfolgen. Neben dem Einsatz klassischer geodätischer Instrumente, vgl. [Eschelbach u. Haas, 2003; Sarti et al., 2004; Lösler, 2008] werden zunehmend auch präzise Lasertracker zur Referenzpunktbestimmung benutzt [Lösler, 2009; Mähler et al., 2010], um die geforderte Genauigkeit des GGOS zu erzielen.

2 Untersuchungen zur Stabilität von Radioteleskopen

Zur Steigerung der Zuverlässigkeit von VLBI-Ergebnissen werden verstärkt Untersuchungen zur Stabilität der IVS-Referenzpunkte vorgenommen. Neben dem Vergleich der Ergebnisse aus verschiedenen Messkampagnen, durch die bspw. Setzungen am Monument festgestellt werden können [Mähler et al., 2010], werden zunehmend temporäre bzw. periodisch wirkende Einflüsse untersucht. Einer dieser Faktoren ist bspw. die Temperatur, die einen direkten Einfluss auf die Radioteleskophöhe hat. Aus diesem Grund sind u.a. an den Fundamentalstationen in Onsala (Schweden) und Wettzell (Deutschland) Temperatursensoren im Teleskopmonument installiert und ein Invardraht entlang der Azimutachse gespannt, an dem die relative Höhenänderung direkt abgelesen werden kann [Zernecke, 1999; Wresnik et al., 2007]. Durch die zeitliche Analyse dieser Daten können Modelle zur Berücksichtigung dieser Höhenänderung in Abhängigkeit zur Temperatur bestimmt werden [Nothnagel, 2009]. Lösler et al. [2010] zeigen darüber hinaus, dass durch Temperaturänderungen – genaugenommen durch Änderung des Sonnenstands – auch in der Lage Variationen auftreten. Hierzu wurde in einem Feldversuch mit dem am Karlsruher Institut für Technologie (KIT) entwickelten plattformunabhängigen Multisensorsystem HEIMDALL, High-End Interface for Monitoring and spatial Data Analysis using L2-Norm, aus einer mehrmonatigen Messreihe ein Tagesgang für den IVS-Referenzpunkt des 20 m Radioteleskops modelliert.

Verformungen des Hauptreflektors, die durch die Gravitation hervorgerufen werden, verschieben den idealen Brennpunkt des Paraboloids. Die empfangenen Signale treffen sich somit nicht mehr im physikalischen Referenzpunkt. Durch Oberflächenscans wiesen Sarti et al. [2009] nach, dass die Verformungen des Hauptreflektors elevationsabhängig sind. Um zu prüfen, ob diese Lastfalländerungen, die durch das Verfahren des Radioteleskops auftreten, auch einen Einfluss auf den IVS-Referenzpunkt haben, wurden Neigungsmessungen am 20 m Radioteleskop Wettzell in unterschiedlichen Elevationspositionen durchgeführt.

3   Neigungsmessungen am Radioteleskop Wettzell

Die Fundamentalstation Wettzell, welche vom Bundesamt für Kartographie und Geodäsie (BKG) und der Forschungseinrichtung Satellitengeodäsie (FESG) der Technischen Universität München betrieben wird, ist eine der weltweit führenden Forschungseinrichtung dieser Art [Schlüter et al., 2007]. Für geodätische VLBI-Beobachtungen steht das 20 m Radioteleskop Wettzell (RTW) zur Verfügung, welches zukünftig durch zwei baugleiche Radioteleskope mit 13.2 m großen Hauptreflektoren ergänzt wird [Hase et al., 2008].

Das RTW bietet sich für Stabilitätsuntersuchungen des Referenzpunktes besonders an, da es innerhalb der Azimutkabine eine Plattform gibt, durch die der Referenzpunkt materialisiert werden konnte. Um zu prüfen, welchen Einfluss die Elevationsposition des Hauptreflektors auf den Referenzpunkt selbst hat, wurde ein Präzisionsneigungssensor, Nivel210 (Leica), auf diese Plattform montiert und mit einer Datenrate von 1 Hz automatisch ausgelesen, vgl. Abbildung 3-1. Wie aus der Statik bekannt, sollte sich eine Biegelinie ergeben, die vom Kosinus des Elevationswinkels abhängig ist.

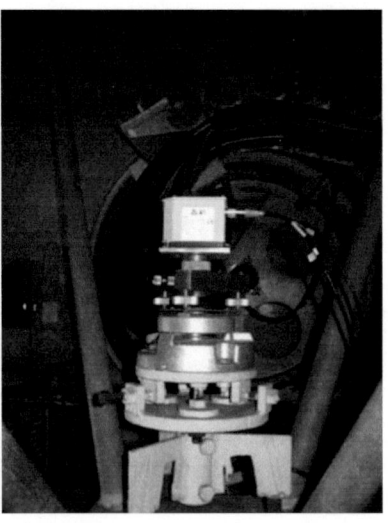

Abb. 3-1: Nivel210 auf Referenzpunktplattform

Bei feststehender Azimutposition wurde das Radioteleskop schrittweise um die Elevationsachse verfahren. In jeder Position wurde dabei ca. 30 s verharrt um sicherzustellen, dass die Ölflüssigkeit im Nivel210 sich vollständig beruhigt hat. Die Schrittweite, um die der Hauptreflektor des Radioteleskops jeweils gedreht wurde, betrug 10°. Da die beiden Extrema 0° und 90° nicht angefahren werden können, wurde als kleinster Elevationswinkel 5° und als größter 85° gewählt. Die Messung erfolgte im Hin- und Rückgang. Um eine mögliche Abhängigkeit der gewählten Azimutposition ausschließen zu können, wurde der Versuch in elf weiteren Azimutstellungen wiederholt.

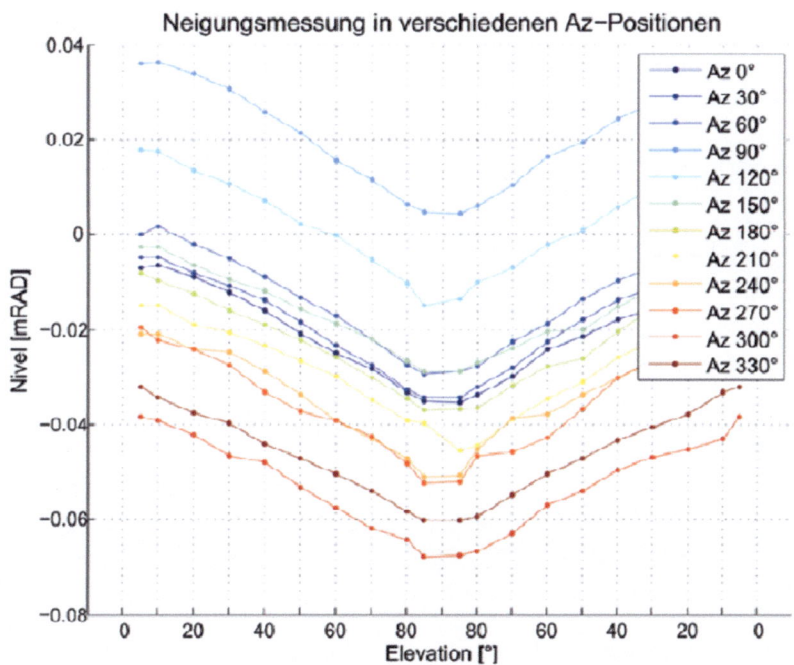

Abb. 3-2: Ergebnis der Neigungsmessung auf der Referenzpunktplattform

Abbildung 3-2 zeigt die Ergebnisse für die 12 Messreihen auf der Referenzpunktplattform. Das Nivel210 kann nur relative Neigungen registrieren. Da die Azimutachse des RTW nicht parallel zur (lokalen) Lotrichtung steht, an dem sich die Flüssigkeit im Neigungssensor ausrichtet, ergibt sich ein translatorischer Versatz in den 12 verschiedenen Azimutpositionen. Dieser spielt für die weitere Betrachtung jedoch keine Rolle.

Gut zu erkennen ist, dass die Verläufe der einzelnen Messreihen nahezu identisch sind. Die Referenzpunktplattform neigt sich zwischen den beiden Extremstellungen 5° und 85° Elevation um ca. 0.04 mrad. Aufgrund des Gegengewichts am RTW, welches aus Sicherheitsgründen schwerer als der Reflektor ist, neigt sich das Teleskop bei 0° Elevation nicht nach vorn in Richtung des Reflektors, sondern kippt nach hinten.

Ein Maß für die Größe der Verschiebung kann aus dieser Messung jedoch nicht abgeleitet werden, da hierfür der Abstand zum Drehpunkt bekannt sein müsste. Um diesen ungefähr zu bestimmen, wurde das Nivel210 an zwei weiteren Positionen installiert (Abbildung 3-3) und der Versuch wie oben beschrieben erneut durchgeführt.

Auf dem Kabinenboden ließen sich die in Abbildung 3-2 dargestellten Verläufe in stark abgeschwächter Form wiederum nachweisen. Der Neigungsunterschied zwischen den beiden Extremstellungen 5° und 85° beträgt hier lediglich 0.015 mrad. Kein signifikanter Verlauf hingegen kann auf der dritten Position am Ende der Azimutachse festgestellt werden. Der Drehpunkt muss somit darüber liegen. Aus den Konstruktionsplänen vom RTW geht hervor, dass die Einspannung der Azimutachse innerhalb des in Abbildung 3-3 dargestellten Kabinenbodens liegt und sich nicht am Ende der mechanischen Achse befindet. Insofern ist der Hebel, an dem die Kraft angreift, verhältnismäßig klein. Ferner ist die Art der Montage der Referenzpunktplattform zu beachten. Diese ist an vier Streben mit der Decke der Azimutkabine verbunden. Die Neigungen, die somit auf dieser Plattform registriert werden, entstehen nicht auf der Höhe des Referenzpunktes, sondern auf dem Deckenniveau der Azimutkabine. Durch Interpolation zwischen den Messstellen lässt sich für den IVS-Referenzpunkt eine maximale Neigung von 0.02 mrad ableiten. Bei einem angenommenen Abstand zwischen Referenzpunkt und Drehpunkt von 2 m bedeutet dies, dass der Referenzpunkt eine Lageänderung von 0.04 mm zwischen 0° und 90° Elevation vollzieht. Bezogen auf den gesamten Arbeitsbereich von 180° des Radioteleskops ist dieser Wert noch zu verdoppeln. Eine Korrektion dieser elevationsabhängigen Verformungen wäre leicht möglich, da zu jedem Zeitpunkt die Orientierung des Radioteleskops bekannt ist.

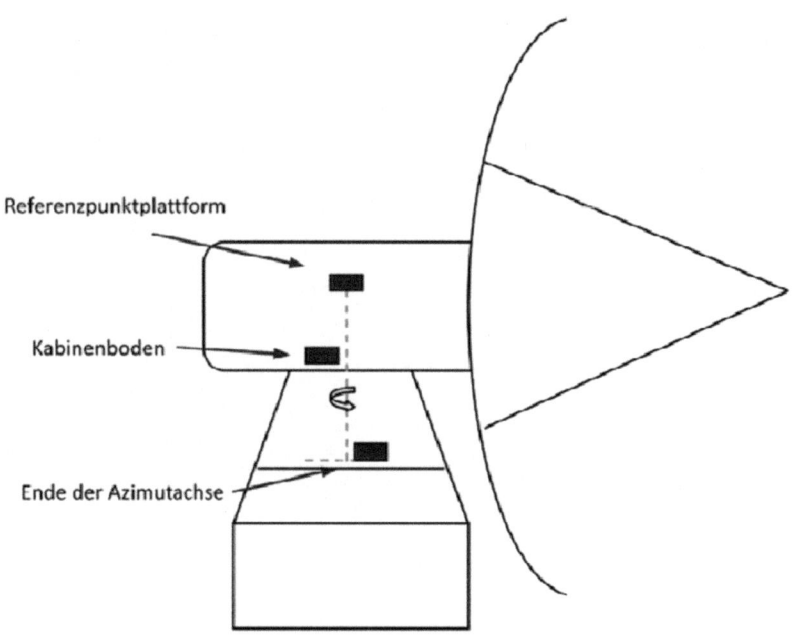

Abb. 3-3: Messpositionen des Nivel210

4 Fazit

Unterschiedliche Einflüsse wirken auf die Bezugspunkte der Instrumente verschiedener Raumverfahren und verändern deren Position. Um die Genauigkeit der Ergebnisse zu steigern, regt das GGOS eine permanente und automatisierte Bestimmung der Verbindungsvektoren an, um eine Positionsgenauigkeit von 0.1 mm zu erreichen. Untersuchungen zur Stabilität der Referenzpunkte geben Aufschluss darüber, welche Faktoren die globalen Raumverfahren beeinflussen und wie stark sie dies tun. Am Beispiel der Neigungsuntersuchungen an der Fundamentalstation Wettzell wurde in diesem Beitrag gezeigt, dass bereits mit klassischem Equipment der modernen Messtechnik signifikante Veränderungen nachgewiesen werden können. Die praktische Ingenieurvermessung liefert somit nicht nur eine quantitative Antwort auf die Frage, wie invariant der Referenzpunkt ist, sondern auch eine qualitative, und ist somit unmittelbar an der Zuverlässigkeit der Resultate der höheren Geodäsie beteiligt.

Danksagung

Bedanken möchten wir uns bei Dr. Alexander Neidhardt, Leiter der VLBI-Arbeitsgruppe an der Fundamentalstation Wettzell, der uns die notwendigen Freiräume für unsere Untersuchungen eingeräumt hat.

Literatur

[Altamimi et al. 2007] ALTAMIMI, Z. ; COLLILIEUX, X. ; LEGRAND, J. ; GARAYT, B. ; BOUCHER, C.: ITRF2005: A new release of the International Terrestrial Reference Frame based on time series of station posititons and Earth Orientation Parameters. In: *Journal of Geophysical Research* (2007), S. 1–19. http://dx.doi.org/10.1029/2007JB004949. – DOI 10.1029/2007JB004949

[Eschelbach u. Haas 2003] ESCHELBACH, C. ; HAAS, R.: The IVS-Reference Point at Onsala – High End Solution for a Real 3D-Determination. In: SCHWEGMANN, W. (Hrsg.) ; THORANDT, V. (Hrsg.): *Proceedings of the 16th Working Meeting on European VLBI for Geodesy and Astrometry*, Bundesamt für Kartographie und Geodäsie, Frankfurt/Leipzig, 2003, S. 109–118

[Hase et al. 2008] HASE, H. ; DASSING, R. ; KRONSCHNABL, G. ; SCHLÜTER, W. ; SCHWARZ, W. ; KILGER, R. ; LAUBER, P. ; NEIDHARDT, A. ; PAUSCH, K. ; GÖLDI, W.: Twin Telescope Wettzell – a VLBI2010 radio telescope project. In: FINKELSTEIN, A. (Hrsg.) ; BEHREND, D. (Hrsg.): *Measuring the Future, Proceedings of the 5th IVS General Meeting*, 2008, S. 109–113

[Lösler 2008] LÖSLER, M.: Reference point determination with a new mathematical model at the 20 m VLBI radio telescope in Wettzell. In: *Journal of Applied Geodesy* (2008), S. 233–238. http://dx.doi.org/10.1515/JAG.2008.026. – DOI 10.1515/JAG.2008.026

[Lösler 2009] LÖSLER, M.: Bestimmung des lokalen Verbindungsvektors zwischen IVS- und IGS-Referenzrahmen am Raumobservatorium Onsala (Schweden). In: *Allgemeine Vermessungs-Nachrichten (AVN)* 11/12 (2009), S. 382–387

[Lösler et al. 2010] LÖSLER, M. ; ESCHELBACH, C. ; SCHENK, A. ; NEIDHARDT, A.: Permanentüberwachung des 20 m VLBI-Radioteleskops an der Fundamentalstation in Wettzell. In: *Zeitschrift für Geodäsie, Geoinformation und Landmanagement (ZfV)* (2010), S. 40–48

[Mähler et al. 2010] MÄHLER, S. ; SCHADE, C. ; KLÜGEL, T.: *Local Ties at the Geodetic Observatory Wettzell.* EGU General Assembly 2010, Vienna, 02 – 07 May, May 2010

[Nothnagel 2009] NOTHNAGEL, A.: Conventions on thermal expansion modelling of radio telescopes for geodetic and astrometric VLBI. In: *Journal of Geodesy* (2009), S. 787–792. http://dx.doi.org/10.1007/s00190-008-0284-z. – DOI 10.1007/s00190–008–0284–z

[Rothacher et al. 2009] ROTHACHER, M. ; BEUTLER, G. ; BOSCH, W. ; DONNELLAN, A. ; GROSS, R. ; HINDERER, J. ; MA, C. ; PEARLMAN, M. ; PLAG, H.-P. ; RICHTER, B. ; RIES, J. ; SCHUH, H. ; SEITZ, F. ; SHUM, C. K. ; SMITH, D. ; THOMAS, M. ; VELACOGNIA, E. ; WAHR, J. ; WILLIS, P. ; WOODWORTH, P.: The future Global Geodetic Observing (GGOS). In: PLAG, H.-P. (Hrsg.) ; PEARLMAN, M. (Hrsg.): *The Global Geodetic Observering System. Meeting the Requirements of a Global Society on an Changing Planet in 2020*, Springer-Verlag, Heidelberg/Berlin, 2009

[Sarti et al. 2004] SARTI, P. ; SILLARD, P. ; VITTUARI, L.: Surveying co-located space-geodetic instruments for ITRF computation. In: *Journal of Geodesy* (2004), S. 210–222. `http://dx.doi.org/10.1007/s00190-004-0387-0`. – DOI 10.1007/s00190–004–0387–0

[Sarti et al. 2009] SARTI, P. ; VITTUARI, L. ; ABBONDANZA, C.: Laser Scanner and Terrestrial Surveying Applied to Gravitational Deformation Monitoring of Large VLBI Telescopes' Primary Reflector. In: *Journal of Surveying Engineering* (2009), S. 136–148

[Schlüter et al. 2007] SCHLÜTER, W ; BRANDL, N. ; DASSING, R. ; HASE, H. ; KLÜGEL, T. ; KILGER, R. ; LAUBER, P. ; NEIDHARDT, A. ; PLÖTZ, C. ; RIEPL, S. ; SCHREIBERN, U.: Fundamentalstation Wettzell – ein geödätisches Observatorium. In: *Zeitschrift für Geodäsie, Geoinformation und Landmanagement (ZfV)* (2007), S. 158–167

[Wresnik et al. 2007] WRESNIK, J. ; HAAS, R. ; BOEHM, J. ; SCHUH, H.: Modeling thermal deformation of VLBI antennas with a new temperature model. In: *Journal of Geodesy* (2007), S. 423–431. `http://dx.doi.org/10.1007/s00190-006-0120-2`. – DOI 10.1007/s00190–006–0120–2

[Zernecke 1999] ZERNECKE, R.: Seasonal variations in height demonstrated at the radio telescope reference point. In: SCHLÜTER, W. (Hrsg.) ; HASE, H. (Hrsg.): *Proceedings of the 13th working meeting on European VLBI for geodesy and astrometry, Viechtach/Wettzell*, Bundesamt für Kartographie und Geodäsie, Fundamentalstation Wettzell, 1999, S. 15–18

Anschrift der Autoren:

Dipl.-Ing. Michael Lösler

COS Geoinformatik GbR
Epernayer Straße 34, 76275 Ettlingen
michael.loesler@cosgeo.de

Prof. Dr.-Ing.
Cornelia Eschelbach

Fachhochschule Frankfurt am Main
Fachbereich Architektur - Bauingenieurwesen - Geomatik
Nibelungenplatz 1, 60318 Frankfurt am Main
cornelia.eschelbach@fb1.fh-frankfurt.de

Ein Ansatz zur Residuendekomposition für die Bestimmung und Modellierung der zeitlichen Korrelationen von GNSS-Beobachtungen

Xiaoguang Luo

Ein wesentliches Defizit des am häufigsten in GNSS-Auswerteprogrammen implementierten stochastischen Modells ist die Vernachlässigung der zeitlichen Korrelationen von GNSS-Beobachtungen. Werden Korrelationsuntersuchungen residuenbasiert durchgeführt, beeinträchtigt die Tatsache, dass die Residuen aus GNSS-Auswertungen neben den zeitlichen Korrelationen Informationen über weitere Einflussfaktoren, z. B. atmosphärische und stationsspezifische Resteinflüsse, enthalten, die Zuverlässigkeit der Aussagen über die zeitabhängigen Korrelationseigenschaften. Im Interesse einer realitätsnahen Bestimmung und Modellierung der zeitlichen Korrelationen von GNSS-Beobachtungen wird im diesem Artikel ein Ansatz zur Residuendekomposition unter Verwendung des Vondrák-Filters sowie des zeitlichen Stacking-Verfahrens vorgestellt. Dieser Ansatz wird am Beispiel von repräsentativen Residuendaten aus GPS-Auswertungen undifferenzierter Phasenbeobachtungen demonstriert. Die Ergebnisse aus allen Dekompositionsschritten werden mittels geeigneter statistischer Hypothesentests und Waveletanalysen überprüft.

1 Einleitung

Im Zuge der fortwährenden Leistungssteigerung und Modernisierung von globalen Satellitennavigationssystemen (GNSS) wachsen im gleichen Maße die Ansprüche der Nutzer an die Zuverlässigkeit der geschätzten Unbekannten (z. B. Stationskoordinaten) sowie an eine realitätsnahe Interpretation der zugehörigen Genauigkeitsmaße. Um diesen Ansprüchen nachkommen zu können, sind Verbesserungen sowohl in der Hardware-bezogenen Satelliten- und Empfängertechnologie als auch im Bereich der mathematischen Auswertemodelle erforderlich. Die am häufigsten in GNSS-Auswertesoftware verwendeten Parameterschätzverfahren basieren auf der Ausgleichung nach der Methode der kleinsten Quadrate, die eine zuverlässige Parameter- und Genauigkeitsschätzung erst ermöglicht, wenn sowohl das funktionale als auch das stochastische Modell zutreffend spezifiziert sind. Im Vergleich zu dem intensiv untersuchten und stetig verfeinerten funktionalen Modell, welches den funktionalen Zusammenhang zwischen Beobachtungen und Unbekannten beschreibt, reflektiert das stochastische Modell, welches die statistischen Eigenschaften von Beobachtungen charakterisiert, die Realität aktuell nur unzureichend.

Im Bezug auf Beobachtungsgewichtung sind verschiedene Modellansätze, z. B. elevationsabhängige Gewichtsmodelle [Euler u. Goad, 1991; Gerdan, 1995; Jin u. Jong, 1996; Rothacher et al., 1997] sowie Verfahren, basierend auf Signalqualitätsmaßen [Brunner et al., 1999; Hartinger u. Brunner, 1999; Wieser u. Brunner, 2000; Luo et al., 2008a,b], bereits vorhanden. Eine realitätsnahe Gewichtung der GNSS-Beobachtungen führt zur verbesserten Parameterschätzung insbesondere unter kritischen Empfangssituationen, z. B. auf Grund von Mehrwege- oder Signalbeugungseffekten. Das gegenwärtige Hauptdefizit des stochastischen Modells besteht in der Vernachlässigung der physikalischen Korrelationen von GNSS-Beobachtungen, die weiter in zeitliche und räumliche Korrelationen unterteilt werden können [El-Rabbany, 1994]. Zeitliche Korrelationen treten zwischen Beobachtungen eines Satelliten auf einer Station zu unterschiedlichen Zeitpunkten auf, während räumliche Korrelationen zwischen den Beobachtungen auf einer Station zu unterschiedlichen Satelliten bzw. zwischen Beobachtungen zweier Stationen zu einem Satelliten auftreten. Diese physikalischen Korrelationen nehmen in der Regel mit zunehmender zeitlicher bzw. räumlicher Distanz ab. Außerdem sind empfängerabhängige Kreuzkorrelationen vorhanden, z. B. zwischen L1- und L2-Phasenbeobachtungen sowie zwischen C1- und P2-Codemessungen. Korrelationen zwischen Code- und Phasenmessungen können vernachlässigt werden [Teunissen et al., 1998; Tiberius et al., 1999]. In diesem Beitrag stehen die zeitlichen Korrelationen im Mittelpunkt der Betrachtung.

In den letzten zehn Jahren sind verschiedene Verfahren zur Modellierung der zeitlichen Korrelationen von GNSS-Beobachtungen entwickelt worden. Basierend auf Doppeldifferenzresiduen von GPS-Phasenmessungen kurzer Basislinien (15 m, 215 m, 13 km) präsentierten Wang et al. [2002] ein iteratives Verfahren zum Aufbau des stochastischen Modells, wobei die zeitlichen Korrelationen unter Verwendung von AutoRegressiven Prozessen erster Ordnung (AR(1)) beschrieben wurden. Mit Hilfe von Varianzkomponentenschätzung untersuchten Tiberius u. Kenselaar [2003] Code- und Phasenresiduen von 1 Hz GPS-Daten einer Nullbasislinie. Während L1-Phasenresiduen lediglich marginale zeitliche Korrelationen zeigten, konnten Korrelationszeiten von 10-20 s für L2-Phasenresiduen ermittelt werden. Diese Aussage stimmte mit den Ergebnissen, die in Borre u. Tiberius [2000] durch AR(1)-Modellierung erzielt wurden, überein. Howind [2005] verwendete eine empirisch bestimmte analytische Autokorrelationsfunktion (AKF) zur Modellierung der zeitlichen Korrelationen von GPS-Doppeldifferenzbeobachtungen. Dabei traten Korrelationszeiten von ca. 5 bzw. 15 min bei Daten einer kurzen (14 km) bzw. langen (375 km) Basislinie auf. Darüber hinaus führte die Berücksichtigung der zeitlichen Korrelationen zu signifikanten Änderungen von bis zu ca. 1 cm in der geschätzten ellipsoidischen Höhe. Mit empirischer AKF untersuchten Leandro u. Santos [2007] die zeitlichen Korrelationen von GPS-Codemessungen einer kurzen Basislinie (2 km) und stellten hierbei fest, dass die Korrelationszeit mit abnehmender Elevation der Satelliten abnimmt. Diese Aussage konnte von Schön u. Brunner [2008a] auf der Basis der Turbulenztheorie physikalisch begründet werden. Des Weiteren schlugen Schön u. Brunner [2008a,b] ein vollständiges stochastisches Modell für GNSS-Auswertungen vor, bei dem die zeitlichen Korrelationen unter der Taylor-Hypothese durch Windgeschwindigkeit und -richtung in räumliche Korrelationen überführt werden. In dieser Fallstudie variierte die Korrelationszeit zwischen 600 s (mit einer Windgeschwindigkeit von 4 m/s) und 3600 s (ohne Wind). Statt AR(1)-Prozesse versuchten Luo et al. [2010] das Korrelationsverhalten in 1 Hz GPS-Doppeldifferenzresiduen mittels sogenannter AutoRegressiver Moving Average (ARMA) Prozesse zu beschreiben. Im Vergleich zur Anpassung der in Howind [2005] vorgestellten analytischen AKF zeigten die mit Hilfe von Optimierungskriterien identifizierten ARMA-Modelle verbesserte Ergebnisse bei kleinen Zeitabständen mit hohen zeitlichen Korrelationen.

Auf Grund der Tatsache, dass Residuen aus GNSS-Auswertungen wertvolle Informationen über die Qualität der Modellierung von physikalischen Prozessen enthalten, wurden die oben angeführten Fallstudien überwiegend residuenbasiert durchgeführt. Dabei wurden häufig kurze bzw. Nullbasislinien ausgewählt, um die atmosphärischen Einflüsse auf GNSS-Signale weitgehend zu reduzieren. Mit zunehmender Basislinienlänge wächst in Residuen der Anteil der unmodellierten atmosphärischen Resteffekte, welche die Zuverlässigkeit der AKF-basierten Interpretation der zeitlichen Korrelationen stark beeinflussen können. Des Weiteren sind die Einflüsse der im funktionalen Modell nicht bzw. nicht vollständig berücksichtigten stationsspezifischen Faktoren, wie z. B. Mehrwegeeffekte, ebenfalls in Residuen vorhanden. Diese systematischen Effekte können sowohl kurz- [15-30 min; Seeber, 2003, S. 317] als auch lang-quasiperiodische [mehrere Stunden; Wübbena et al., 2006] Charakteristika aufweisen. Die von Mehrwegeeffekten induzierten zeitlichen Korrelationen sind seit langem bekannt [Tiberius et al., 1999] und sollten bei residuenbasierten Korrelationsanalysen im Vorfeld reduziert werden [Howind, 2005; Luo et al., 2010].

Im Folgenden wird ein Ansatz zur Residuendekomposition für die Bestimmung und Modellierung der zeitlichen Korrelationen von GNSS-Beobachtungen präsentiert. Er ermöglicht eine physikalisch begründete Trennung der in Residuen enthaltenen systematischen Effekte vom stochastischen Rauschen. Auf der Grundlage des klassischen Komponentenmodells der Zeitreihenanalyse wird der lang-periodische Trend mittels des Vondrák-Filters erfasst, während das wiederkehrende stationsspezifische quasiperiodische Verhalten unter Verwendung des zeitlichen Stacking-Verfahrens extrahiert wird. Basierend auf in dieser Weise gewonnenen und von der Restsystematik befreiten Rauschsignalen lässt sich ein realitätsnahes Bild der zeitlichen Korrelationen von GNSS-Beobachtungen darstellen. Dieser Ansatz wird am Beispiel von repräsentativen GPS-Phasenresiduen aus präziser Punktpositionierung (PPP) demonstriert. Die Effizienz der einzelnen Dekompositionsschritte wird mit Hilfe von geeigneten statistischen Testverfahren sowie Waveletanalysen validiert.

2   Residuendekomposition

In diesem Abschnitt werden die Eingangsdaten für das Dekompositionsmodell sowie die Grundprinzipien der einzelnen Dekompositionsschritte erläutert. Anschließend wird der gesamte Verlauf der Residuendekomposition sowie die Zuordnung der sich daraus ergebenden Komponenten zu den mathematischen Modellen der GNSS-Auswertung dargestellt.

2.1   Residuen und Komponentenmodell

Die Residuen bzw. Verbesserungen $\mathbf{v} = \mathbf{A}\hat{\mathbf{x}} - \mathbf{l}$, die einer Ausgleichung nach der Methode der kleinsten Quadrate entstammen, repräsentieren eine negative Schätzung der Beobachtungsfehler $\mathbf{e} = \mathbf{l} - \mathbf{Ax}$, die nicht direkt beobachtbar und in der Regel als normalverteilt angenommen sind, d. h. $\mathbf{e} \sim \mathcal{N}(\mathbf{0}, \sigma_0^2 \mathbf{Q_{ee}})$, wobei σ_0^2 den a priori Varianzfaktor und $\mathbf{Q_{ee}}$ die Kofaktormatrix des Fehlervektors bezeichnet. Bei Vorliegen normalverteilter zufälliger Beobachtungsfehler $\mathbf{e}$ sind die Kleinste-Quadrate-Residuen $\mathbf{v}$ ebenfalls normalverteilt mit $\mathbf{v} \sim \mathcal{N}(\mathbf{0}, \hat{\sigma}_0^2 \mathbf{Q_{vv}})$, wobei $\hat{\sigma}_0^2$ der a posteriori Varianzfaktor und $\mathbf{Q_{vv}}$ die Kofaktormatrix der Residuen ist. Störungen bzw. ein unzutreffendes funktionales Modell führen zu Änderungen in der statistischen Verteilung der nicht beobachtbaren Fehler $\mathbf{e}$ und somit der Residuen $\mathbf{v}$. Die aus GNSS-Auswertungen resultierenden Residuen $\mathbf{v}$ sind normalerweise heteroskedastisch, was hauptsächlich auf die Qualitätsunterschiede der GNSS-Beobachtungen zurückzuführen ist und die Durchführung von statistischen Analyse- und Testverfahren erschwert. Demzufolge werden die sogenannten studentisierten Residuen nach Cook u. Weisberg [1982, S. 18]

$$r_s(i) = \frac{v(i)}{\hat{\sigma}_i} = \frac{v(i)}{\hat{\sigma}_0 \sqrt{\mathbf{Q_{vv}}(i,i)}} \sim \tau_f \tag{2-1}$$

mit deutlich homogeneren Varianzen in Korrelationsuntersuchungen bevorzugt, wobei $\mathbf{Q_{vv}}(i,i)$ das i-te Diagonalelement von $\mathbf{Q_{vv}}$ bezeichnet. Im Falle von unabhängigen und identisch verteilten Beobachtungsfehlern $\mathbf{e}$ weisen die studentisierten Residuen die konstante Varianz 1 auf und sind somit homoskedastisch [Howind, 2005, S. 39]. Des Weiteren besitzt $r_s(i)$ in diesem Fall keine Student-t-Verteilung sondern die τ-Verteilung mit f Freiheitsgeraden [Pope, 1976], die asymptotisch gegen die Standardnormalverteilung $\mathcal{N}(0,1)$ konvergiert. Heck [1981] zeigte, dass für $f \geq 30$ τ_f ausreichend genau durch $\mathcal{N}(0,1)$ approximiert werden kann. Da die Nebendiagonalelemente von $\mathbf{Q_{vv}}$ in Gleichung (2-1) nicht auftauchen, bleiben die zeitlichen Korrelationen in $\mathbf{v}$ von einer derartigen Normierung unberührt. Die restlichen systematischen Effekte, die im funktionalen Modell nicht bzw. nicht vollständig berücksichtigt werden können, sind in den studentisierten Residuen weiterhin enthalten.

Die studentisierten Residuen in Form von Zeitreihen können in Anlehnung an die Darstellung in Brockwell u. Davis [2002, S. 31] aus einem lang-periodischen Trend m_t, einer quasiperiodischen Komponente s_t und einem zufälligen Rauschanteil X_t additiv zusammengesetzt werden

$$Y_t = m_t + s_t + X_t, \quad t = 1, \ldots, n, \tag{2-2}$$

wobei $\mathrm{E}(X_t) = 0$. Der Trendanteil m_t beschreibt zeitlich langsam verändernde systematische Signale, die sich innerhalb der Zeitreihe Y_t nicht wiederholen. Die Komponente s_t umfasst quasi-periodische zeitabhängige Schwankungen. Schließlich enthält der Rauschanteil alle verbleibenden, sich unregelmäßig verändernden Störeffekte, die im Vergleich zu den anderen beiden Komponenten der Zeitreihe klein sind und zufällig um Null schwanken. Ein solches Komponentenmodell bildet die theoretische Grundlage für die Residuendekomposition, bei der m_t unter Verwendung des Vondrák-Filters und s_t mittels des zeitlichen Stacking-Verfahrens bestimmt wird.

2.2 Vondrák-Filter

Eine Reihenfolge von beobachteten Daten lässt sich durch (t_i, y_i), $i = 1, 2, \ldots, n$, darstellen, wobei t_i den Beobachtungszeitpunkt und y_i die Beobachtung indiziert. Das Grundkonzept des Vondrák-Filters besteht darin, einen Kompromiss zwischen einer absoluten Anpassung und einer absoluten Glättung der Beobachtungen zu finden [Vondrák, 1969]. Mathematisch lässt sich dieser Kompromiss folgendermaßen formulieren

$$Q = F + \lambda^2 S \longrightarrow \min, \quad F = \sum_{i=1}^{n} p_i(y_i' - y_i)^2, \quad S = \sum_{i=1}^{n-3} (\Delta^3 y_i')^2, \tag{2-3}$$

wobei λ^2 ein einheitsloser positiver Koeffizient ist, welcher die Glattheit der gefilterten Kurve reguliert. Wird der Term F betrachtet, bezeichnet y_i' den Filterwert von y_i an der Stelle t_i und p_i das zugehörige Gewicht. $\Delta^3 y_i'$ im Ausdruck S ist die serielle Differenz dritter Ordnung der Filterwerte und wird unter Verwendung eines kubischen Lagrange-Polynoms berechnet. Zur Minimierung von Q wird die erste partielle Ableitung $\partial Q / \partial y_i'$ gleich Null gesetzt und die Filterwerte y_i' ergeben sich als die Lösung eines n-dimensionalen linearen Gleichungssystems. Falls $\lambda^2 = 0$, erreicht Q den minimalen Wert Null mit $y_i' = y_i$. Das bedeutet, dass die gefilterte Kurve durch alle Beobachtungen läuft, das entspricht einer absoluten Anpassung. Umgekehrt, wenn $\lambda^2 \to \infty$, sind die Bedingungen $S = 0$ und $F \to \min$ gleichzeitig zu erfüllen, z. B. durch eine quadratische Regression nach der Methode der kleinsten Quadrate. In diesem Fall spricht man von einer absoluten Glättung. In Abbildung 2-1 sind Beispiele für den Vondrák-Filter mit verschiedenen Glättungsfaktoren visualisiert, wobei der Glättungsfaktor ϵ als der Kehrwert von λ^2 ($\epsilon = 1/\lambda^2$) definiert ist. Je kleiner ϵ ist, umso stärker ist der Glättungseffekt.

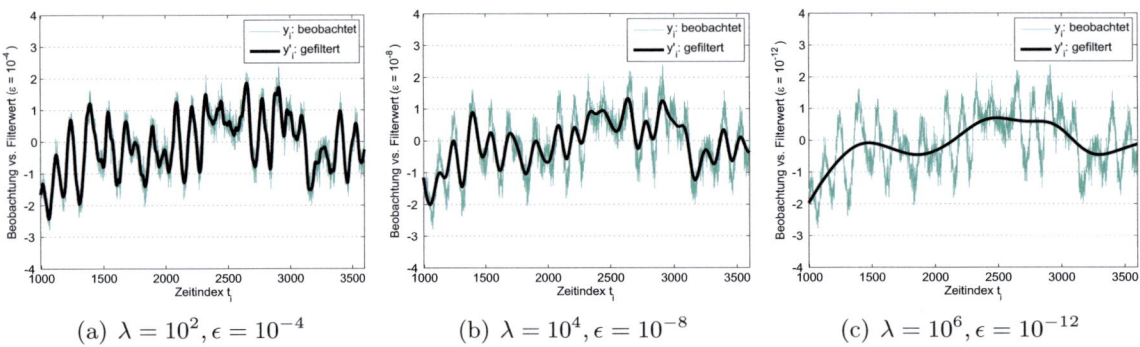

(a) $\lambda = 10^2, \epsilon = 10^{-4}$ (b) $\lambda = 10^4, \epsilon = 10^{-8}$ (c) $\lambda = 10^6, \epsilon = 10^{-12}$

Abb. 2-1: Beispiele für den Vondrák-Filter mit verschiedenen Glättungsfaktoren

Zur Bestimmung des optimalen Glättungsfaktors stehen verschiedene Methoden zur Verrfügung, z. B. basierend auf dem minimalen mittleren Anpassungsfehler $M = [\sum_{i=1}^{n-3} p_i(y_i' - y_i)^2/(n-3)]^{1/2}$ [Vondrák, 1969] oder unter Verwendung des in Zheng et al. [2005] vorgestellten Kreuzvalidierungsverfahrens. Die Hauptvorteile des Vondrák-Filters sind zum einen der Verzicht auf eine vordefinierte analytische Anpassungsfunktion und zum anderen die Eignung auch für nichtäquidistante Zeitreihen. Darüber hinaus wird die Effizienz des Vondrák-Filters kaum durch die Nichtlinearität der zu filternden Daten eingeschränkt, was beispielsweise bei der gleitenden Mittelbildung nicht der Fall ist (Vondrák,1969; Brockwell u. Davis, 2002, S. 27).

2.3 Ein zeitliches Stacking-Verfahren

Die Verwendung des zeitlichen Stacking-Verfahrens zur Erfassung der stationsspezifischen Resteffekte beruht auf der Tatsache, dass sich solche Effekte bei unveränderter Umgebung der Beobachtungsstation auf Grund der wiederkehrenden Satellitengeometrie wiederholen, z. B. nach Ablauf eines Sterntages bei GPS. Streng genommen ist die Umlaufzeit der GPS-Satelliten um ca. 4 s kürzer als ein halber Sterntag, um die Einflüsse des dynamischen Formfaktors (J_2-Terms) zu kompensieren. Daher ist zu erwarten, dass die doppelte Umlaufzeit der GPS-Satelliten um ca. 8 s kürzer als die Länge eines mittleren Sterntags ist [Choi et al., 2004]. Folglich beträgt die optimale Wiederholungszeit der GPS-Satellitengeometrie 86154 s (23 h 55 min 54 s) statt des nominalen Wertes 86164 s (23 h 56 min 4 s) [Ragheb et al., 2007]. Diese Wiederholungszeit ist bei der Vorverarbeitung der Residuendaten zu berücksichtigen, um die an verschiedenen Tagen verfügbaren studentisierten Residuen hinsichtlich der Vergleichbarkeit der Satellitengeometrie zu homogenisieren. Der eigentliche Stacking-Prozess wird durch eine ungewichtete epochenweise Mittelbildung der trend-reduzierten Residuenzeitreihen realisiert [Howind, 2005, S. 55]. Mathematisch lässt sich dieser einfache Vorgang durch

$$\hat{s}_t(i) = \frac{1}{N} \sum_{I=1}^{N} (y_i^I - {y'}_i^I), \quad i = 1, \ldots, n, \quad I = 1, \ldots, N \tag{2-4}$$

ausdrücken, wobei n die Länge und N die Anzahl der verfügbaren Zeitreihen bezeichnet.

2.4 Dekompositionsmodell

In Abbildung 2-2 wird der gesamte Verlauf der Residuendekomposition für die Bestimmung und Modellierung der zeitlichen Korrelationen von GNSS-Beobachtungen schematisch dargestellt. Die Eingangsdaten sind lückenlose Zeitreihen der studentisierten Residuen, die unter nahezu identischer Satellitengeometrie an mehreren Tagen verfügbar sind. Kleine Datenlücken lassen sich durch geeignete Interpolation überbrücken, während bei großen Datenlücken die Zeitreihe in kleinere Teilbereiche zu unterteilen ist. Zunächst werden die Residuenzeitreihen mittels des Vondrák-Filters verarbeitet und die resultierenden Vondrák-Residuen $(y_i - y_i')$ tragen zur Detektion von Ausreißern bei. Danach werden die ausreißerfreien Residuendaten y_i erneut gefiltert, um die lang-periodischen Trends zu erfassen. Mit Hilfe des zeitlichen Stacking-Verfahrens ergeben sich die stationsspezifischen Restfehlereinflüsse quasiperiodischer Natur als die epochenweise berechneten Mittelwerte der trend-reduzierten Residuenzeitreihen. Der verbleibende unregelmäßig variierende Restanteil wird als Rauschkomponente aufgefasst, die in der Regel kein weißes Rauschen darstellt. Die vorhandenen zeitlichen Korrelationen können unter Verwendung von stochastischen Prozessen, z. B. ARMA-Prozessen, modelliert werden. Die bestimmten systematischen Komponenten können zur Vervollständigung des funktionalen Modells der GNSS-Auswertung verwendet werden, während die durch ARMA-Modellierung erhaltenen zeitlichen Korrelationen im Rahmen der stochastischen Modellbildung zu berücksichtigen sind.

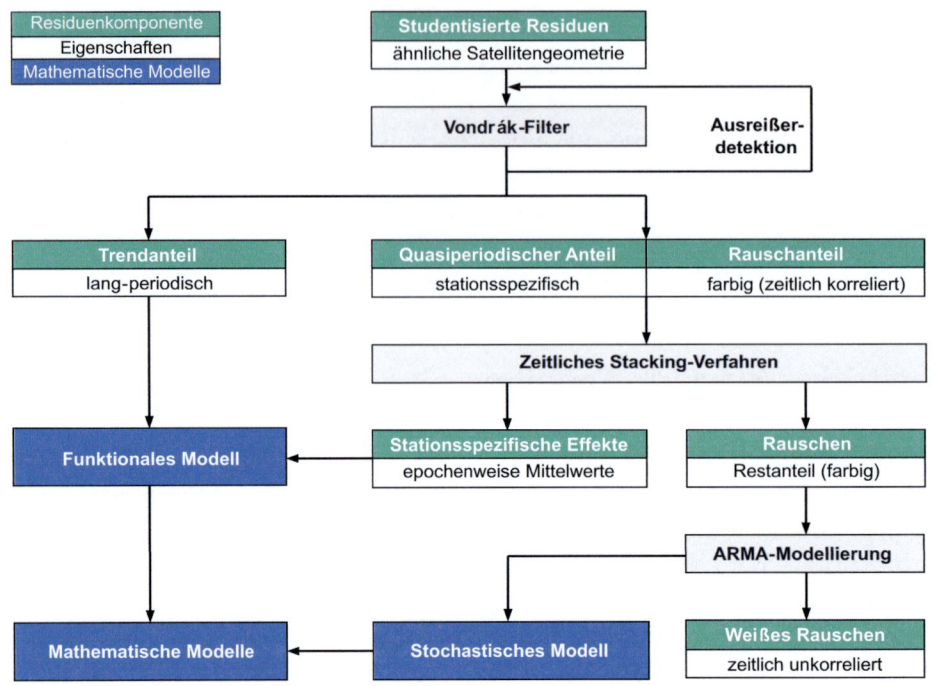

Abb. 2-2: Schematische Darstellung des Dekompositionsprozesses für GNSS-Residuen

3 Validierungsverfahren

Die Validierung des Dekompositionsansatzes wird einerseits anhand von verschiedenen statistischen Tests, z. B. auf Normalverteilung, Trendverhalten, Stationarität und Unkorreliertheit, andererseits anhand von Waveletanalysen, die sich als ein hervorragendes Analysetool für visuelle Beurteilung der Dekompositionsergebnisse im Zeit- und Frequenzbereich eignen, durchgeführt. Im Folgenden wird ein Blick auf die Kerneigenschaften dieser beiden Validierungsverfahren geworfen.

3.1 Statistische Hypothesentests

Tabelle 3-1 gibt einen Überblick über die verwendeten statistischen Tests zur Validierung der Residuendekomposition. Mittels der Tests auf Normalverteilung lassen sich die Defizite des funktionalen Modells, die zu Änderungen in der statistischen Verteilung der Residuen führen, veranschaulichen. Während der JB-Test auf der empirischen Schiefe und Wölbung beruht, betrachten die anderen drei Tests auf Normalverteilung die Unterschiede zwischen der empirischen und der theoretischen Verteilung. Die Tests auf Trend basieren auf dem Prinzip des nichtparametrischen Zeichentests und liefern wertvolle Informationen hinsichtlich der Trendmodellierung bei der Durchführung der Stationaritätstests. Der ADF- und der KPSS-Test, die auch unter dem Namen Einheitswurzeltest (engl. unit root test) bekannt sind, spezifizieren entgegengesetzte Nullhypothesen. Der ADF-Test modelliert die Zeitreihe durch eine AR-Anpassung und untersucht ob Eins eine Nullstelle des zugehörigen autoregressiven charakteristischen Polynoms ist. Wenn eine solche Einheitswurzel existiert, ist die Zeitreihe instationär. Der KPSS-Test sucht dagegen nach einer Einheitswurzel des Moving Average (MA) charakteristischen Polynoms der seriell einfach differenzierten Zeitreihe. Falls eine MA-Einheitswurzel vorhanden ist, ist die originale, undifferenzierte Zeitreihe stationär. Weitere Informationen zum Thema Einheitswurzeltests sind unter anderem in Brockwell u. Davis [2002, S. 193-198] zu finden. Die Ergebnisse der Tests auf Unkorreliertheit besagen, ob die zeitlichen Korrelationen in der Rauschkomponente so signifikant sind, dass sie im stochastischen Modell der GNSS-Auswertung zu berücksichtigen sind. Der

VNR-basierte sowie der LB-Test greifen auf die empirische AKF zurück, während der KS- und der CM-Test von empirischer Spektraldichte Gebrauch machen. Die Hälfte der angeführten Tests ist in der aktuellen Version (R2009b) von MATLAB® direkt verfügbar. Die Formeln zur Berechnung der Testgrößen sowie die tabellierten kritischen Werte können aus den angegebenen Literaturstellen entnommen werden.

Tab. 3-1: Verwendete statistische Tests zur Validierung der Residuendekomposition

Nullhypothese $\mathcal{H}_0$	Statistischer Test	Befehl[1]	Literatur
Normalverteilung	Jarque-Bera (JB)	jbtest	Jarque u. Bera [1987]
	Anderson-Darling (AD)	n/a	Anderson u. Darling [1952]
	Lilliefors (LF)	lillietest	Lilliefors [1967]
	Chi-Quadrat (CQ)	chi2gof	Lehmann u. Romano [2005, S. 590]
Trendfrei (zweiseitig)	Cox-Stuart (CS)	n/a	Hartung et al. [2005, S. 247, 249]
	Mann-Kendall (MK)	n/a	
Instationarität Stationarität	Augmented Dickey-Fuller (ADF)	adftest	Said u. Dickey [1984]
	KPSS (KPSS)	kpsstest	Kwiatkowski et al. [1992]
Unkorreliertheit	Von Neumann Ratio (VNR)	n/a	Bingham u. Nelson [1981]
	Ljung-Box (LB)	lbqtest	Teusch [2006, S. 100-104]
	Kolmogorov-Smirnov (KS)	n/a	
	Cramér-von Mises (CM)	n/a	

[1] Befehl in MATLAB® R2009b

3.2 Waveletanalyse

Wavelets sind wellenförmige, beschränkte Funktionen, die außerhalb eines Intervalls verschwinden. Aus einem sogenannten Mutterwavelet (engl. mother wavelet) $\psi(t)$ lässt sich eine Familie von Wavelets durch Skalierung a und Verschiebung b ableiten

$$\psi_{a,b}(t) = \frac{1}{\sqrt{a}}\psi\left(\frac{t-b}{a}\right), \quad a \in \mathbb{R}^+, b \in \mathbb{R}. \tag{3-1}$$

Die wichtigste Eigenschaft eines Wavelets ist seine Admissibilität (Zulässigkeit)

$$C_\psi = 2\pi \int\limits_{-\infty}^{\infty} \frac{\left|\hat{\psi}(\omega)\right|^2}{|\omega|} d\omega < \infty, \tag{3-2}$$

aus der folgt, dass die Fouriertransformierte des Wavelets $\hat{\psi}(\omega)$ an der Stelle $\omega = 0$ verschwindet, d. h. $\hat{\psi}(0) = 0$. Daraus ergibt sich die notwendige Bedingung, dass $\int_{-\infty}^{\infty} \psi(t)dt = 0$ und das erste Moment des Wavelets gleich Null sein muss (zero mean). Daher nimmt $\psi(t)$ in der Regel die Form von nach außen hin kleiner werdenden Wellen an [Debnath, 2001, S. 371]. Die häufig in der Praxis verwendete Mutterwavelets sind das Haar-Wavelet, die Daubechies-Wavelets und das Morlet-Wavelet [z. B. Daubechies, 1992; Holschneider, 1995, S. 20-35], das letztgenannte hat hohe Popularität im Bereich der Geowissenschaften [Trauth, 2007, S. 115] und hat die folgende analytische Darstellung im Zeit- und Fourierraum

$$\psi_M(t) = \pi^{-1/4} e^{i\omega_0 t} e^{-t^2/2}, \quad \hat{\psi}_M(\omega) = \pi^{-1/4} e^{-(\omega-\omega_0)^2/2}, \tag{3-3}$$

wobei ω_0 die Anzahl der Oszillationen innerhalb des Wavelets (Wellennummer) bezeichnet [Torrence u. Compo, 1998, Tab. 1]. Offensichtlich erfüllt das Morlet-Wavelet die Admissibilitätsbedingung nicht, weil $\hat{\psi}_M(\omega)$ an der Stelle $\omega = 0$ nicht gleich Null ist. Ist ω_0 ausreichend groß [z. B. $\omega_0 \geq 5$, Holschneider, 1995, S. 31], unterscheidet sich $\hat{\psi}_M(0)$ nur insignifikant von Null. Diese Eigenschaft ist in Abbildung 3-1 beispielhaft illustriert.

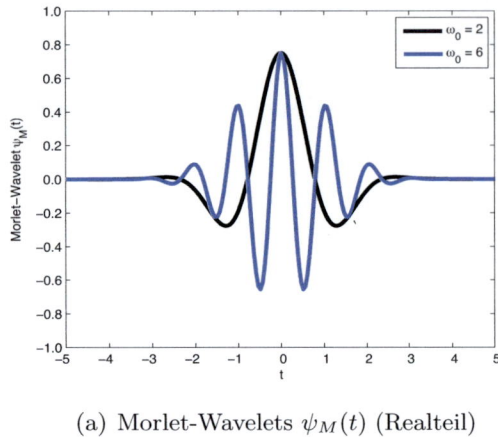

(a) Morlet-Wavelets $\psi_M(t)$ (Realteil)

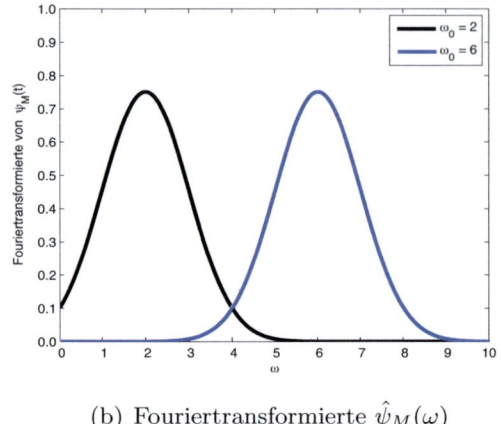

(b) Fouriertransformierte $\hat{\psi}_M(\omega)$

Abb. 3-1: Morlet-Wavelets mit verschiedenen Wellennummern im Zeit- und Fourierraum

Die Wavelet-Transformation (WT) setzt sich zusammen aus der Waveletanalyse, welche den Übergang der Zeitdarstellung eines Signals in die Spektraldarstellung bezeichnet, und der Waveletsynthese, welche zur Rekonstruktion des Signals die Rücktransformation der Wavelettransformierten in die Zeitdarstellung bezeichnet. Jede dieser beiden Klassen lässt sich weiter in die kontinuierliche und die diskrete WT unterteilen. Da die WT in diesem Beitrag für die visuelle Beurteilung der Residuendekomposition zum Einsatz kommt, wird die kontinuierliche WT auf Grund ihrer besseren Interpretierbarkeit im Kontext der Waveletanalyse verwendet. Die kontinuierliche WT eines Signals $f \in \mathcal{L}^p(\mathbb{R})$ mit $0 < p < \infty$ ist gegeben durch

$$\mathscr{W}_\psi[f](a,b) = (f, \psi_{a,b}) = \frac{1}{\sqrt{a}} \int\limits_{-\infty}^{\infty} f(t) \psi^* \left(\frac{t-b}{a} \right) dt, \tag{3-4}$$

wobei $\mathcal{L}^p(\mathbb{R})$ die Menge der p-fach Lebesgue-integrierbaren, reellen Funktionen und ψ^* die komplexe Konjugation von ψ bezeichnet [Debnath, 2001, S. 13]. Die Ergebnisse einer WT $\mathscr{W}_\psi[f](a,b)$ werden als Wavelet-Koeffizienten von f bezüglich des Mutterwavelets $\psi(t)$ bezeichnet. Die Wavelet-Koeffizienten lassen sich in einem sogenannten Wavelet-Spektrogramm (engl. scalogram) zeit- und frequenzabhängig visualisieren. Hierdurch kann der wichtigste Vorteil der Wavelets gegenüber den Sinus- und Kosinus-Funktionen der Fourier-Transformation realisiert werden: Wavelets sind nicht nur im Frequenzbereich sondern auch im Zeitbereich lokalisierbar.

4 PPP-Residuen

Als Datengrundlage stehen studentisierte Residuen aus einer PPP-Auswertung statischer GPS-Phasenbeobachtungen des GNSS Upper Rhine Graben Network [GURN, Knöpfler et al., 2010] im Zeitraum DOY2008:275-284 zur Verfügung. Zwei Stationen Tübingen (TUEB) und Bingen (BING), die sich hinsichtlich der Mehrwegebelastung auf signifikante Weise unterscheiden [TUEB: gering, BING: stark; Fuhrmann et al., 2010, S. 68, 120], werden als Beispiel herangezogen. Ausgewählte wichtige Charakteristika der Datenprozessierung mit der Bernese GPS Software 5.0 [Dach et al., 2007] zur Bestimmung von Tageslösungen sind in Tabelle 4-1 zusammengefasst. Insbesondere erwähnenswert ist hierbei die Kombination zweier um eine halbe Stunde versetzter Schätzungen der Troposphärenparameter mit einer Gültigkeitsdauer von 1 h. Die kombinierten Troposphärenparameter weisen eine zeitliche Auflösung von 30 min und eine Genauigkeit wie bei denen mit einer zeitlichen Gültigkeit von 1 h auf [Fuhrmann et al., 2010, S. 59].

Tab. 4-1: Strategie der PPP-Auswertung [Fuhrmann et al., 2010, S. 64]

Parameter	Charakteristik
Beobachtungen	30 s ionosphärenfreie Linearkombination
Beobachtungsgewichtung	Elevationsabhängig ($sin^2 e$)
Minimaler Elevationswinkel	10°
Satellitenorbits	CODE[1](Final, zeitliche Auflösung: 15 min)
Erdorientierungsparameter	CODE (Final, zeitliche Auflösung: 24 h)
Satellitenuhrkorrekturen	CODE (Final, zeitliche Auflösung: 30 s)
A priori Troposphärenmodell	Saastamoinen (dry, wet)
Mapping function (MF)	Niell-MF (dry, wet)
Gültigkeit der Troposphärenparameter	30 min (aus kombinierter 1 h-Lösung)
Gültigkeit der Gradientenparameter	24 h
Phasenmehrdeutigkeitslösung	Floatlösung (keine Integer-Lösung)
Antennenkorrektur	Absolute Kalibrierwerte, individuell/IGS[2]

[1] Center for Orbit Determination in Europe
[2] International GNSS Service

Die gesamte Datenbasis der PPP-Residuen ist zuerst unter Berücksichtigung der optimalen Wiederholungszeit der Satellitengeometrie (86154 s) zu homogenisieren, um die Vergleichbarkeit der an verschiedenen Tagen verfügbaren Residuenzeitreihen zu gewährleisten. Da das Abtastintervall der GPS-Beobachtungen 30 s beträgt, scheint der Wert 86160 s (2872 Epochen) eine naheliegende Wahl zu sein. Mit dieser Wiederholungszeit lassen sich Zeitfenster bezüglich der GPS-Zeit für jeden Tag definieren, in denen nahezu identische Satellitengeometrie vorherrscht. Abbildung 4-1 stellt exemplarisch die Elevationswinkel und Azimute eines Satelliten unter Verwendung verschiedener Wiederholungszeiten vergleichend dar. Offensichtlich weisen die Residuenzeitreihen, die Abbildung 4-1(b) korrespondieren, vergleichbare Satellitengeometrie auf.

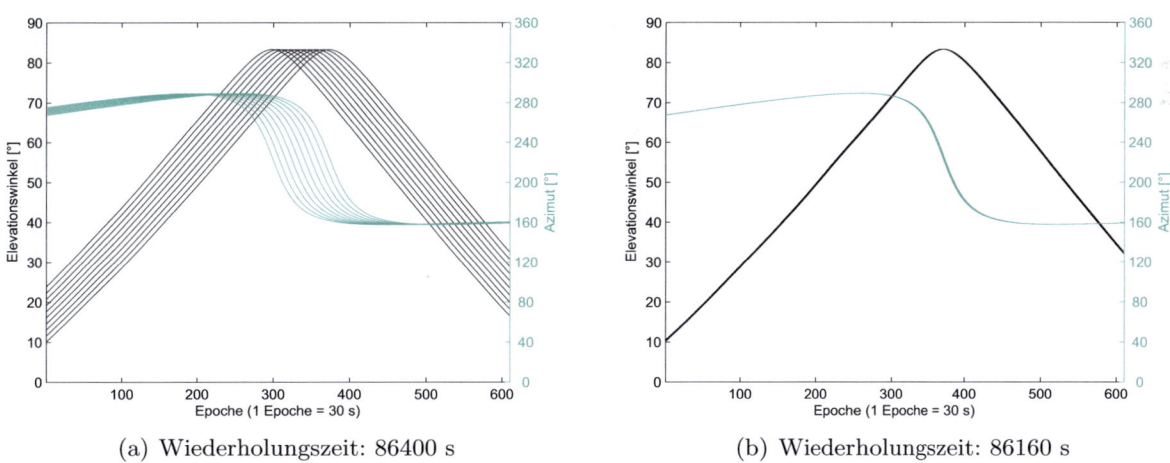

(a) Wiederholungszeit: 86400 s

(b) Wiederholungszeit: 86160 s

Abb. 4-1: Elevationswinkel und Azimute unter Verwendung verschiedener Wiederholungszeiten der Satellitengeometrie (Station: TUEB, Satellit: PRN11, DOY2008:275-284)

Zur Bestimmung des optimalen Glättungsfaktors ϵ für den Vondrák-Filter ist im Rahmen dieser Studie auf zwei wichtige Aspekte zu achten. Zum einen sollte der Vondrák-Filter möglichst geringe Einflüsse auf die zeitlichen Korrelationen des Rauschanteils ausüben, zum anderen sollten die Residuenzeitreihen nach der Trendreduktion, deren Verhalten hauptsächlich durch stationsspezifische Resteffekte bestimmt wird, eine möglichst hohe Tag-zu-Tag Wiederholbarkeit besitzen. Unter Berücksichtigung dieser beiden Aspekte wird der optimale Glättungsfaktor durch zahlreiche Simulationen satelliten- und stationsspezifisch empirisch bestimmt. Die Zahlenwerte von ϵ variieren überwiegend zwischen 10^{-10} und 10^{-8}. Abbildung 2-1 zeigt, dass der Vondrák-Filter mit einem kleinen ϵ für die Erfassung lang-periodischer Signale besonders gut geeignet ist.

Auf der Basis von den Residuen aus dem ersten Durchlauf des Vondrák-Filters werden Ausreißer nach dem Kriterium der sechsfachen mittleren absoluten Abweichung bezüglich des Medians (engl. median absolute deviation, MAD) identifiziert [Sachs, 1984, S. 253]. Dieses 6MAD-Kriterium wird unter anderem in robusten Regressionsverfahren zur Ausreißerdetektion angewandt und ist in der MATLAB® Curve Fitting Toolbox™ implementiert. Die identifizierten Ausreißer werden weiter auf Signifikanz ihrer Auswirkungen überprüft. Dies geschieht durch einen einseitigen F-Test [Niemeier, 2002, S. 91], der den Quotienten der empirischen Varianzen der Vondrák-Residuen mit und ohne detektierte Ausreißer betrachtet. In der vorliegenden Datengrundlage der hinsichtlich der Satellitengeometrie homogenisierten studentisierten Residuen ist keine Zeitreihe mit sich signifikant auswirkenden Ausreißern behaftet. Im betrachteten Zeitraum stehen 253 bzw. 263 Zeitreihen von TUEB bzw. BING für die Residuendekomposition zur Verfügung.

5 Ergebnisse

Die Ergebnisse der Residuendekomposition werden zunächst im Zeitbereich analysiert und hinsichtlich der Mehrwegebelastung vergleichend dargestellt. Alle statistischen Tests werden mit dem Signifikanzniveau $\alpha = 5\%$ durchgeführt, wobei α der Wahrscheinlichkeit für die fälschliche Verwerfung der Nullhypothese (Irrtumswahrscheinlichkeit) entspricht. Zum Schluss werden die Dekompositionsergebnisse in Form von Wavelet-Spektrogrammen beispielhaft interpretiert.

5.1 Residuenzeitreihe und empirische AKF

Im Hinblick auf die unterschiedliche Mehrwegebelastung stellt Abbildung 5-1 die bestimmten systematischen Komponenten unter Verwendung des Vondrák-Filters und des zeitlichen Stacking-Verfahres in Abhängigkeit von der Satellitenelevation exemplarisch dar. Auf den ersten Blick fallen insbesondere die typischen Charakteristika der Mehrwegeeffekte in den BING-bezogenen Residuendaten auf. Mit zu- bzw. abnehmendem Elevationswinkel nimmt die Quasiperiode dieser stationsspezifischen Fehlereinflüsse entsprechend zu bzw. ab (Abbildung 5-1(b)). Die vom Vondrák-Filter erfassten lang-periodischen Trends, die in den oberen Grafiken in schwarz dargestellt sind, zeigen trotz der sichtbaren Unterschiede zwischen verschiedenen Tagen ein deutlich systematisches Verhalten. Diese Tagesstreuung scheint elevationsabhängig zu sein. Die in den unteren Grafiken in rot visualisierten Kurven illustrieren die Effizienz des datenbasierten zeitlichen Stacking-Verfahrens zur Extrahierung der quasiperiodischen stationsspezifischen Resteffekte.

Korrespondierend zu Abbildung 5-1 wird die empirische AKF jeder Residuenzeitreihe aus jedem Dekompositionsschritt in Abbildung 5-2 veranschaulicht. Es ist deutlich sichtbar, dass sich die verbleibende Systematik in signifikanter Weise auf den Verlauf der empirischen AKF auswirkt. Solche systematischen Signale führen zur fehlerhaften Interpretation der empirischen AKF und somit auch zur unrealistischen Schätzung der Korrelationszeit. Wird zur Quantifizierung der Korrelationszeit die erste Durchschlagsstelle der empirischen AKF verwendet, welche dem kleinsten Epochenabstand entspricht, bei dem die empirische AKF negativ wird [Howind, 2005, S. 57], variiert die in dieser Studie bestimmte Korrelationszeit zwischen 3 und 15 min. Außerdem ist die BING-bezogene Korrelationszeit im Durchschnitt um ca. 5 min kürzer als die von TUEB. Dieses Ergebnis besagt, dass verstärkte Mehrwegeeffekte zur Dekorrelation von GNSS-Beobachtungen führen können.

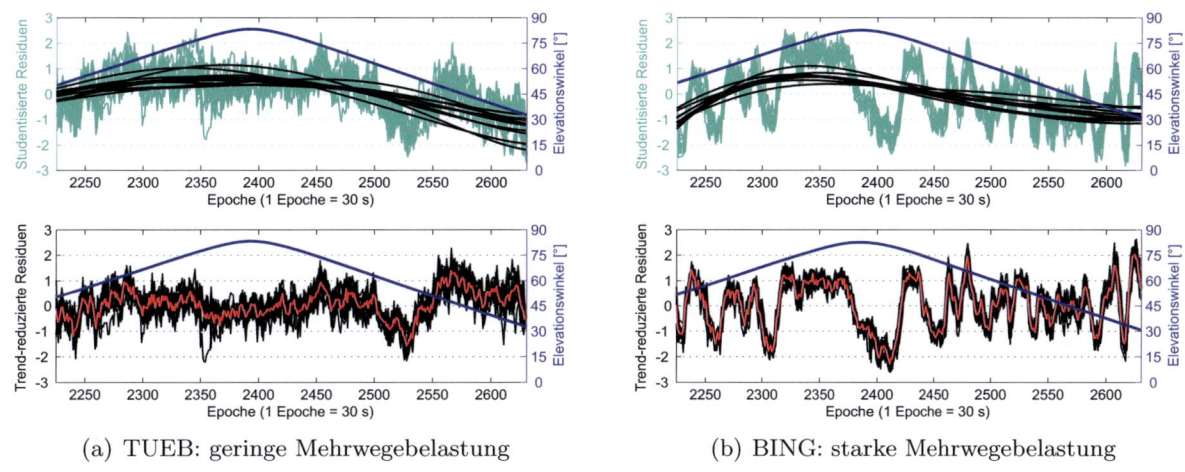

(a) TUEB: geringe Mehrwegebelastung   (b) BING: starke Mehrwegebelastung

Abb. 5-1: Exemplarischer Vergleich der Residuenzeitreihen (PRN11, DOY2008:275-284)

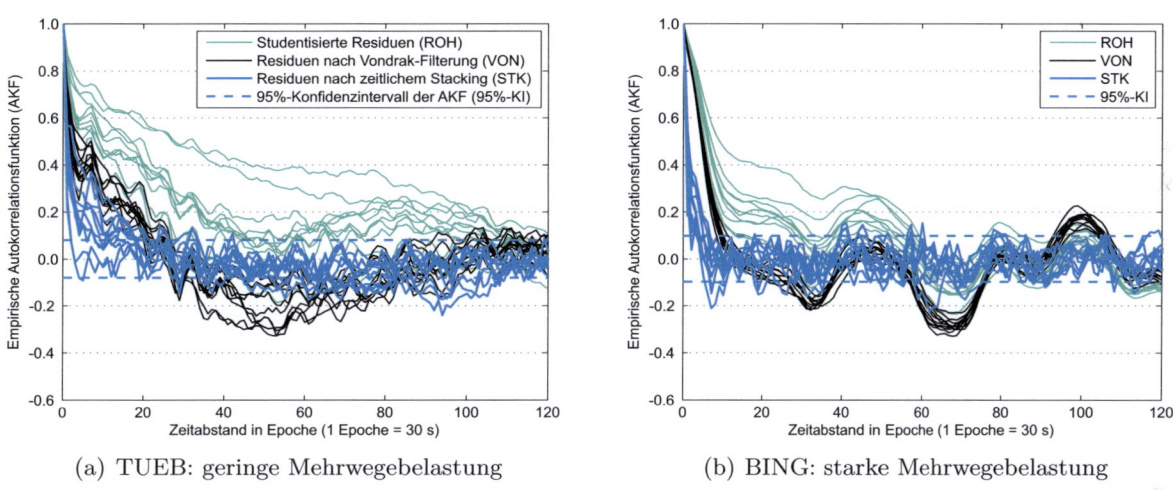

(a) TUEB: geringe Mehrwegebelastung   (b) BING: starke Mehrwegebelastung

Abb. 5-2: Exemplarischer Vergleich der empirischen AKF (PRN11, DOY2008:275-284)

5.2 Ergebnisse der statistischen Tests

Im Folgenden werden die Ergebnisse der angewandten statistischen Tests auf Normalverteilung, Trend, Stationarität und Unkorreliertheit der Residuen, die aus jedem Dekompositionsschritt resultieren, analysiert. Dabei wird für jeden Test der prozentuale Anteil der nicht verworfenen Nullhypothesen dargestellt. Die Formulierungen der Nullhypothesen sowie die Abkürzungen für die einzelnen Testverfahren sind Tabelle 3-1 zu entnehmen.

Hinsichtlich der Unterschiede in der Stationsqualität veranschaulicht Abbildung 5-3 die Ergebnisse der Tests auf Normalverteilung. Werden zunächst die Testergebnisse verglichen, die sich auf die Eingangsdaten (ROH) des Dekompositionsmodells beziehen, sind die Einflüsse der Mehrwegeffekte auf die Verteilungseigenschaften der Residuendaten deutlich erkennbar. Für die beiden ausgewählten Stationen hat die Trendreduktion eine deutliche Erhöhung des prozentualen Anteiles normalverteilter Residuen zur Folge (grün vs. schwarz). Während die Eliminierung der stationsspezifischen Resteffekte bei TUEB zu sichtbar verbesserten Testergebnissen führt, übt sie kaum positive Auswirkungen auf die BING-bezogenen Daten aus (schwarz vs. blau). Den Ursachen dafür ist durch Analyse weiterer Datensätze nachzugehen. Darüber hinaus ist zu beachten, dass die verwendeten Testverfahren für Normalverteilung statistisch unabhängige

231

Beobachtungen voraussetzen, was in diesem Fall offensichtlich nicht erfüllt ist (siehe Abbildung 5-2). Das weist darauf hin, dass eine weitere Zunahme des prozentualen Anteils der nicht zu verwerfenden Nullhypothesen nach einer geeigneten Modellierung der zeitlichen Korrelationen in den STK-Daten zu erwarten ist.

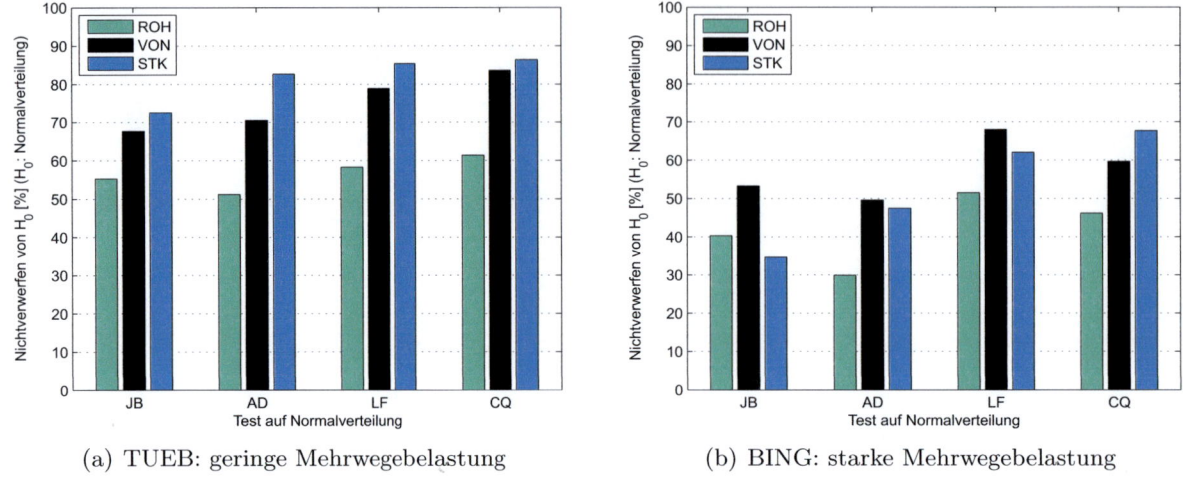

(a) TUEB: geringe Mehrwegebelastung   (b) BING: starke Mehrwegebelastung

Abb. 5-3: Ergebnisvergleich der Tests auf Normalverteilung ($\alpha = 5\%$)

Die Tests auf Trend dienen einerseits der Validierung der Trendreduktion unter Verwendung des Vondák-Filters, andererseits der Parametereinstellung hinsichtlich der Trendmodellierung bei den Einheitswurzeltests auf Stationarität. Die Ergebnisse der Trendtests sind in Abbildung 5-4 dargestellt. Im Vergleich zu TUEB zeigen die BING-bezogenen ROH-Daten ein leicht verstärktes Trendverhalten. Außerdem lässt sich die hohe Effizienz des Vondrák-Filters im Bezug auf Trend- modellierung eindeutig bestätigen (grün vs. schwarz). Für diejenigen ROH-Residuenzeitreihen, die von den beiden Tests als trendbehaftet erkannt werden, ist eine Trendmodellierung im Zuge der Einheitswurzeltests notwendig.

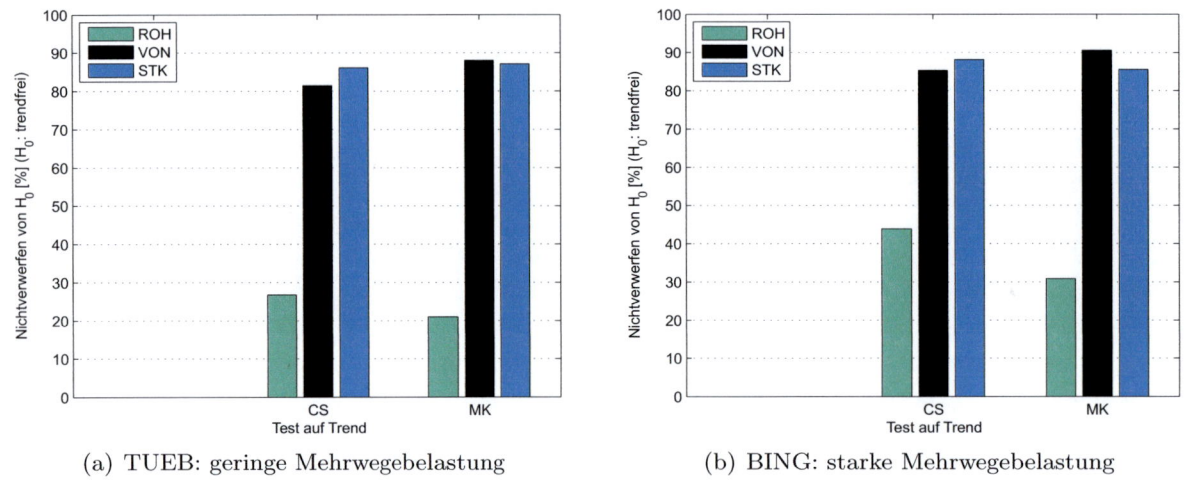

(a) TUEB: geringe Mehrwegebelastung   (b) BING: starke Mehrwegebelastung

Abb. 5-4: Ergebnisvergleich der Tests auf Trend ($\alpha = 5\%$)

Die verwendeten Einheitswurzeltests spezifizieren entgegengesetzte Nullhypothesen. Während der ADF-Test auf Instationarität überprüft, sucht der KPSS-Test nach Präsenz von Stationarität. Dementsprechend zeigen die in Abbildung 5-5 visualisierten Testergebnisse komplementäre und zugleich weitgehend konsistente Charakteristika. Basierend auf den Testergebnissen, dass die Residuenzeitreihen nach der Trendreduktion weitgehend stationär sind (grün vs. schwarz), trägt der lang-periodische Trendanteil die Hauptverantwortung für die Instationarität der ROH-Daten.

Des Weiteren fällt es auf, dass mehr bzw. weniger ROH-Daten von TUEB als instationär bzw. stationär erkannt werden, obwohl die Station TUEB im Vergleich zu BING geringer mehrwegebelastet ist. Dies ist vermutlich darauf zurückzuführen, dass die starken quasiperiodischen Schwankungen in den BING-bezogenen Daten die Nichtlinearität des lang-periodischen Trends unterdrücken, so dass die Trendkomponente in diesem Fall durch das einfache lineare Trendmodell der Einheitswurzeltests adäquat beschrieben werden kann. Im Gegensatz dazu scheint den TUEB-bezogenen Daten eine lineare Trendmodellierung nicht ausreichend zu sein und der nicht lineare Resttrend führt zur erhöhten Instationarität.

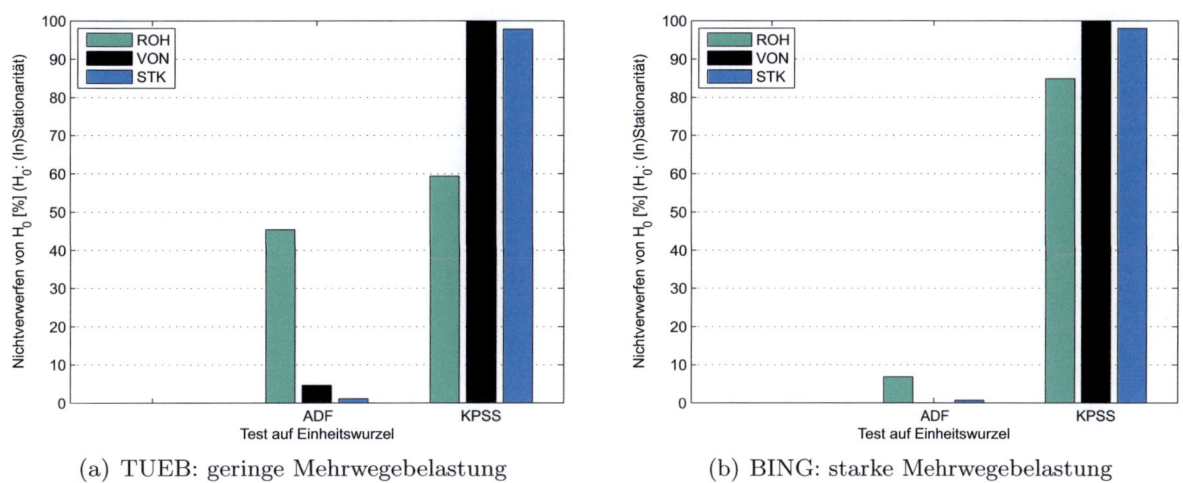

(a) TUEB: geringe Mehrwegebelastung   (b) BING: starke Mehrwegebelastung

Abb. 5-5: Ergebnisvergleich der Tests auf Stationarität ($\alpha = 5\%$)

Wird ein Blick auf Abbildung 5-2 geworfen, ist die Signifikanz der zeitlichen Korrelationen in den ROH- und VON-Daten, die hauptsächlich durch die systematischen Komponenten wie z. B. Trends und quasiperiodische Effekte induziert werden, ohne Anwendung von statistischen Tests zu erahnen. Deshalb werden die Tests auf Unkorreliertheit lediglich für die Rauschkomponente (STK-Daten) durchgeführt. Die Testergebnisse sind in Abbildung 5-6 visualisiert. In den meisten Fällen beträgt der prozentuale Anteil der als unkorreliert anzunehmenden STK-Daten weniger als 1%. Diese Ergebnisse zeigen deutlich die Signifikanz der zeitlichen Korrelationen sowie die Notwendigkeit deren Berücksichtigung im Rahmen der stochastischen Modellbildung der GNSS-Auswertung. Werden die zeitlichen Korrelationen von geeigneten Modellansätzen ausreichend beschrieben, können diese Testverfahren zur Überprüfung von weißem Rauschen sowie zur Validierung der Effizienz solcher Dekorrelationsansätze weiter genutzt werden.

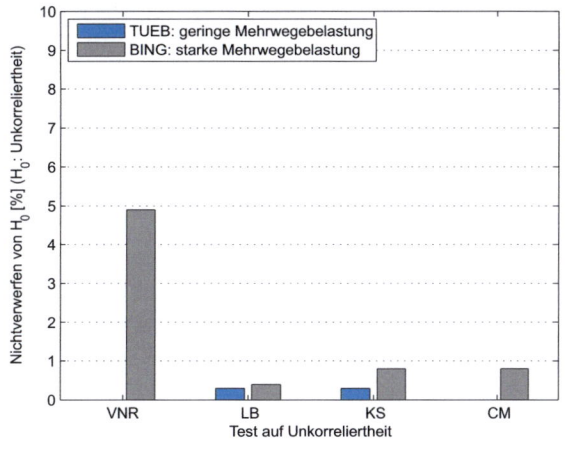

Abb. 5-6: Ergebnisvergleich der Tests auf Unkorreliertheit ($\alpha = 5\%$)

5.3 Analysen basierend auf Wavelet-Spektrogrammen

Die kontinuierliche WT wird unter Verwendung des Morlet-Waveletes mit $\omega_0 = 5$ vor und nach jedem Dekompositionsschritt durchgeführt. Abbildung 5-7 visualisiert die resultierenden absoluten Wavelet-Koeffizienten sowie die zugehörigen Zeitreihen. Die zu jedem Skalierungsparameter a korrespondierende Frequenz wird durch eine Skalierung der Zentralfrequenz des Mutterwavelets ermittelt. Die Zentralfrequenz ist diejenige Frequenz mit dem maximalen Amplitudenspektrum der Fouriertransformierte des Mutterwavelets (Abbildung 5-7(a)). Die Verteilung der Signalamplituden der ROH-Daten im Zeit- und Frequenzbereich ist in Abbildung 5-7(b) veranschaulicht. Offensichtlich weist der lang-periodische Trend mit kleinen Frequenzen große Amplituden auf. Des Weiteren deuten die Niveauänderungen der Frequenz im zeitlichen Verlauf auf variable Quasiperioden hin. Diese Variabilität ist in der Abhängigkeit der Mehrwegeeffekte von der Satellitengeometrie begründet. Wie Abbildung 5-7(c) zeigt, lässt sich der Trendanteil mit Hilfe des Vondrák-Filters zuverlässig erfassen, so dass die zugehörigen hohen Amplitudenanteile im Wavelet-Spektrogramm der trend-reduzierten Daten (VON) verschwinden (Abb. 5-7(d)). Nach der Trendreduktion sind die zeitlichen Variationen der Frequenz noch deutlicher zu erkennen. Die quasiperiodischen Signale können mittels des zeitlichen Stacking-Verfahrens durch epochenweise Mittelbildung effizient bestimmt werden (vgl. Abbildung 5-7(d) und (e)). Der restliche Rauschanteil (STK) in Abbildung 5-7(f) besitzt deutlich kleinere Amplituden und hebt hochfrequente Signale hervor. Die in der Rauschkomponente vorhandenen, möglicherweise signifikanten zeitlichen Korrelationen sind z. B. durch stochastische Prozesse (im Speziellen durch ARMA-Prozesse) zu modellieren.

6 Schlussfolgerung und Ausblick

In diesem Artikel wurde ein Ansatz zur Residuendekomposition für die Bestimmung und Modellierung der zeitlichen Korrelationen von GNSS-Beobachtungen vorgestellt und dessen Effizienz mit Hilfe von statistischen Tests sowie Waveletanalysen validiert. Die Ergebnisse bestätigen die Eignung des Vondrák-Filters zur Bestimmung von lang-periodischen Trends sowie des zeitlichen Stacking-Verfahrens zur empirischen Extrahierung von quasiperiodischen Signalen, welche auf die stationsspezifischen Restfehlereinflüsse (z. B. Mehrwegeeffekte) zurückzuführen sind. Basierend auf Analysen von ca. 500 Zeitreihen studentisierter Residuen aus einer PPP-Auswertung von GPS-Phasenbeobachtungen mit einem Abtastintervall von 30 s zeigt die verbleibende Systematik signifikante Einflüsse auf die residuenbasierte Bestimmung und Analyse der zeitlichen Korrelationen. Werden solche systematischen Effekte im Vorfeld der Korrelationsuntersuchungen weitgehend reduziert, können realitätsnahe, zwischen 3 und 15 min variierende Korrelationszeiten im Rahmen dieser Studie ermittelt werden. Des Weiteren nimmt die Korrelationszeit mit verstärkter Mehrwegebelastung ab. Die Ergebnisse der statistischen Tests besagen, dass die systematischen Komponenten die Hauptverantwortung für die Abweichung von der angenommenen Normalverteilung der Beobachtungsfehler tragen und der lang-periodische Trendanteil für die Instationarität der studentisierten Residuen verantwortlich ist. Außerdem sind die zeitlichen Korrelationen, die in der Rauschkomponente enthalten sind, statistisch signifikant zum Niveau $\alpha = 5\%$ und sollten im stochastischen Modell der GNSS-Auswertung mittels geeigneter Modellansätze berücksichtigt werden. Auf Grund der Lokalität der Wavelets sowohl im Zeit- als auch im Frequenzbereich stellt sich die Waveletanalyse als ein effizientes und leicht zu handhabendes Werkzeug für die visuelle Beurteilung der Dekompositionsergebnisse dar.

Für weiterführende Untersuchungen ist zunächst eine zutreffende physikalische Interpretation des Trendanteils notwendig. Auf der Grundlage des aktuellen Wissensstands ist das lang-periodische Trendverhalten auf die verbleibenden atmosphärischen und stationsspezifischen (z. B. Antennen-

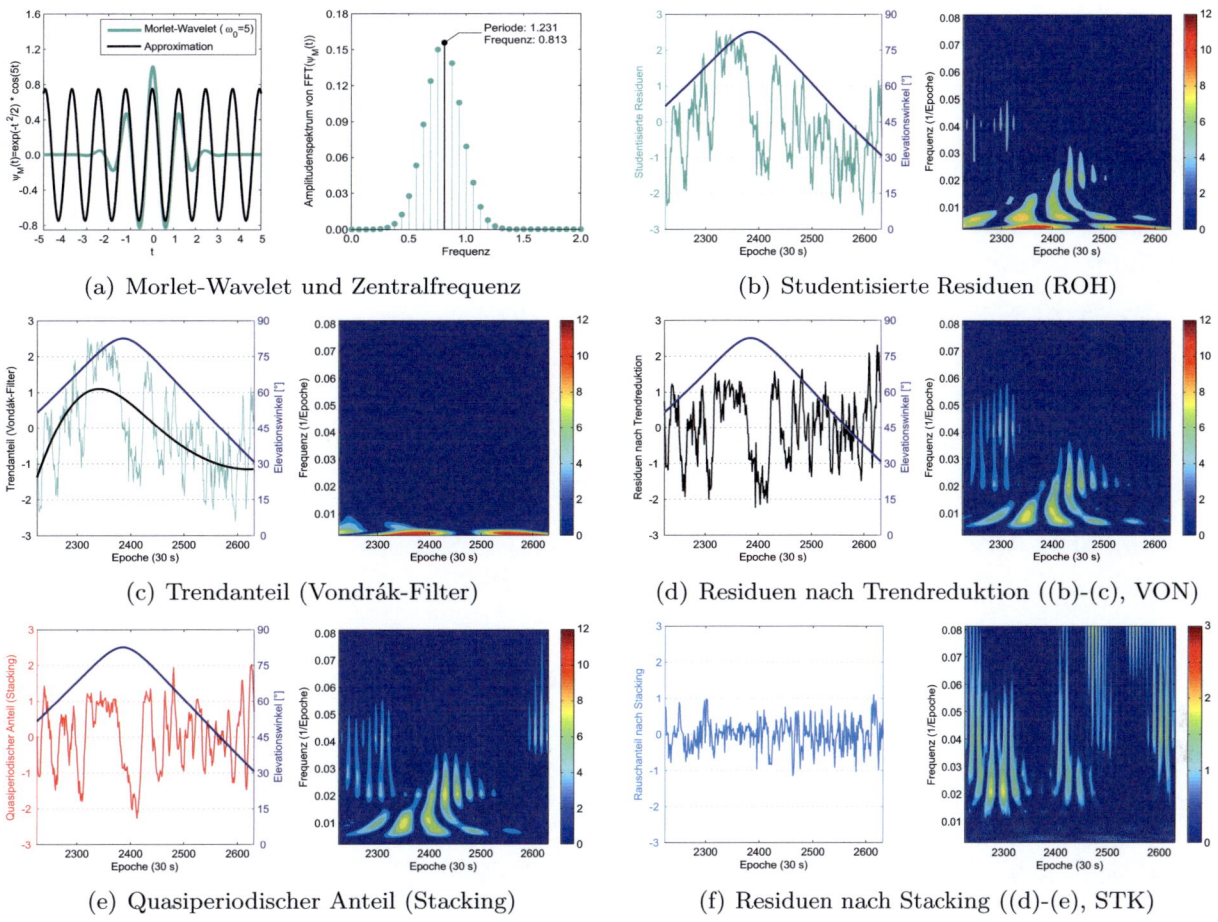

(a) Morlet-Wavelet und Zentralfrequenz

(b) Studentisierte Residuen (ROH)

(c) Trendanteil (Vondrák-Filter)

(d) Residuen nach Trendreduktion ((b)-(c), VON)

(e) Quasiperiodischer Anteil (Stacking)

(f) Residuen nach Stacking ((d)-(e), STK)

Abb. 5-7: Visuelle Beurteilung der Residuendekomposition mit Hilfe von Waveletanalysen(Station: BING, Satellit: PRN11, DOY2008:275, Mutterwavelet: Morlet-Wavelet, $\omega_0 = 5$)

nahfeld) Einflüsse zurückzuführen. Im Bezug auf die Modellierung der troposphärischen Einflüsse in GNSS-Auswertung stehen in naher Zukunft sowohl gemessene als auch aus Wettermodellen abgeleitete meteorologische Daten zur Verfügung. Zur Reduktion der stationsspezifischen Resteffekte ist neben dem zeitlichen Stacking-Verfahren eine räumliche Stacking-Strategie in Fuhrmann et al. [2010, Kapitel 7] entwickelt worden. Die extrahierten stationsspezifischen Fehlereinflüsse auf Residuenebene sind auf Beobachtungsebene zu korrigieren. Die statistisch signifikanten zeitlichen Korrelationen in der Rauschkomponente lassen sich beispielsweise durch ARMA-Prozesse modellieren [Luo et al., 2010]. Die daraus resultierenden Korrelationsinformationen können zur Erweiterung des stochastischen Modells genutzt werden. Ferner sind die neu gewonnenen Kenntnisse über die zeitlichen Korrelationen von GNSS-Beobachtungen sowie die Zuverlässigkeit des Dekompositionsmodells durch weitere Residuendaten aus GNSS-Auswertungen mit verschiedenen Auswertestrategien zu verifizieren.

Dank

Der Autor dankt der Deutschen Forschungsgemeinschaft (DFG) für die Finanzierung des Projekts "Erweiterung des stochastischen Modells von GPS-Beobachtungen durch Modellierung physikalischer Korrelationen". Dank gebührt auch den Mitarbeitern der GNSS-Arbeitsgruppe des GIK für die Bereitstellung der Residuendaten.

Literatur

[Anderson u. Darling 1952] ANDERSON, T. W. ; DARLING, D. A.: Asymptotic theory of certain "goodness of fit" criteria based on stochastic processes. In: *Annals of Mathematical Statistics* 23 (1952), Nr. 2, S. 193–212

[Bingham u. Nelson 1981] BINGHAM, C. ; NELSON, L. S.: An approximation for the distribution of the von Neumann ratio. In: *Technometrics* 23 (1981), S. 285–288

[Borre u. Tiberius 2000] BORRE, K. ; TIBERIUS, C.: *Time series analysis of GPS observables.* In: Proceedings of the 13th International Technical Meeting of the Satellite Division of the Institute of Navigation GPS 2000, September 19-22, 2000, Salt Lake City, UT, USA, 2000

[Brockwell u. Davis 2002] BROCKWELL, P. J. ; DAVIS, R. A.: *Introduction to Time Series and Forecasting.* 2. Auflage. Springer, New York, NY, USA, 2002

[Brunner et al. 1999] BRUNNER, F. K. ; HARTINGER, H. ; TROYER, L.: GPS signal diffraction modelling: The stochastic SIGMA-Δ model. In: *Journal of Geodesy* 73 (1999), Nr. 5, S. 259–267

[Choi et al. 2004] CHOI, K. ; BILICH, A. ; LARSON, K. M. ; AXELRAD, P.: Modified sidereal filtering: Implications for high-rate GPS positioning. In: *Geophysical Research Letters* 31, L22608 (2004)

[Cook u. Weisberg 1982] COOK, R. D. ; WEISBERG, S.: *Residuals and Influence in Regression.* Chapman and Hall, New York, NY, USA, 1982

[Dach et al. 2007] DACH, R. ; HUGENTOBLER, U. ; FRIDEZ, P. ; MEINDL, M.: Bernese GPS Software Version 5.0 / Astronomisches Institut der Universität Bern (AIUB), Bern, Schweiz. 2007. – Benutzerhandbuch

[Daubechies 1992] DAUBECHIES, I.: *Ten Lectures on Wavelets, CBMS-NSF Lecture Notes No. 61.* SIAM: Society for Industrial and Applied Mathematics, Phiadelphia, PA, USA, 1992

[Debnath 2001] DEBNATH, L.: *Wavelet Transforms and Their Applications.* Birkhäuser, Boston, MA, USA, 2001

[El-Rabbany 1994] EL-RABBANY, A.: *The effect of physical correlations on the ambiguity resolution and accuracy estimation in GPS differential positioning,* University of New Brunswick (UNB), New Brunswick, Canada, PhD in Geodesy and Geomatics Engineering, 1994

[Euler u. Goad 1991] EULER, H. ; GOAD, C. C.: On optimal filtering of GPS dual frequency observations without using orbit information. In: *Bulletin Géodésique* 65 (1991), Nr. 2, S. 130–143

[Fuhrmann et al. 2010] FUHRMANN, T. ; KNÖPFLER, A. ; MAYER, M. ; LUO, X. ; HECK, B.: *Zur GNSS-basierten Bestimmung des atmosphärischen Wasserdampfgehalts mittels Precise Point Positioning.* Schriftenreihe des Studiengangs Geodäsie und Geoinformatik, Karlsruher Institut für Technologie(KIT), KIT Scientific Publishing, Karlsruhe, 2010

[Gerdan 1995] GERDAN, G. P.: A comparison of four methods of weighting double-difference pseudorange measurements. In: *Trans Tasman Surveyor* 1 (1995), Nr. 1, S. 60–66

[Hartinger u. Brunner 1999] HARTINGER, H. ; BRUNNER, F. K.: Variances of GPS phase observations: The SIGMA-ϵ model. In: *GPS Solutions* 2 (1999), Nr. 4, S. 35–43

[Hartung et al. 2005] HARTUNG, J. ; ELPELT, B. ; KLÖSENER, K.: *Statistik: Lehr- und Handbuch der angewandten Statistik.* 14. Auflage. Oldenbourg, München, 2005

[Heck 1981] HECK, B.: Der Einfluß einzelner Beobachtungen auf das Ergebnis einer Ausgleichung und die Suche nach Ausreißern in den Beobachtungen. In: *Allgemeine Vermessungsnachrichten* 88 (1981), S. 17–34

[Holschneider 1995] HOLSCHNEIDER, M.: *Wavelets: An Analysis Tool.* Oxford University Press, New York, NY, USA, 1995

[Howind 2005] HOWIND, Jochen: *Analyse des stochastischen Modells von GPS-Trägerphasenbeobachtungen.* Deutsche Geodätische Kommission, DGK C584, München, 2005

[Jarque u. Bera 1987] JARQUE, C. M. ; BERA, A. K.: A test for normality of observations and regression residuals. In: *International Statistical Review* 55 (1987), Nr. 2, S. 163–172

[Jin u. Jong 1996] JIN, X. X. ; JONG, C. D.: Relationship between satellite elevation and precision of GPS code observations. In: *Journal of Navigation* 49 (1996), Nr. 2, S. 253–265

[Knöpfler et al. 2010] KNÖPFLER, A. ; MASSON, F. ; MAYER, M. ; ULRICH, P ; HECK, B.: *GURN (GNSS Upper Rhine Graben Network) - Status and first results.* FIG Congress 2010 "Facing the Challenges - Building the Capacity", April 11-16, 2010, Sydney, Australia, 2010

[Kwiatkowski et al. 1992] KWIATKOWSKI, D. ; PHILLIPS, P. C. B. ; SCHMIDT, P. ; SHIN, Y.: Testing the null hypothesis of stationarity against the alternative of a unit root. In: *Journal of Economics* 54 (1992), S. 159–178

[Leandro u. Santos 2007] LEANDRO, R. F. ; SANTOS, M. C.: Stochastic models for GPS positioning: An empirical approach. In: *GPS World* 18 (2007), Nr. 2, S. 50–56

[Lehmann u. Romano 2005] LEHMANN, E. L. ; ROMANO, J. P.: *Testing Statistical Hypotheses.* 3. Auflage. Springer, New York, NY, USA, 2005

[Lilliefors 1967] LILLIEFORS, H. W.: On the Kolmogorov-Smirnov test for normality with mean and variance unknown. In: *Journal of the American Statistical Association* 62 (1967), S. 399–402

[Luo et al. 2008a] LUO, X. ; MAYER, M. ; HECK, B.: Erweiterung des stochastischen Modells von GNSS-Beobachtungen unter Verwendung der Signalqualität. In: *Zeitschrift für Geodäsie, Geoinformatik und Landmanagement* 133 (2008), Nr. 2, S. 98–107

[Luo et al. 2008b] LUO, X. ; MAYER, M. ; HECK, B.: Improving the stochastic model of GNSS observations by means of SNR-based weighting. In: SIDERIS, M. G. (Hrsg.): *Observing our Changing Earth*, 2008. – Proceedings of the IUGG XXIV General Assembly, July 2-13, 2007, Perugia, Italy, IAG Symposia, volume 133, Springer, Berlin Heidelberg, 725-734

[Luo et al. 2010] LUO, X. ; MAYER, M. ; HECK, B.: *Analysing time series of GNSS residuals by means of AR(I)MA processes.* In: Proceeding of VII Hotine-Marussi Symposium, July 6-10, 2009, Rome, Italy, IAG Symposia (im Druck), 2010

[Niemeier 2002] NIEMEIER, W.: *Ausgleichungsrechnung.* Walter de Gruyter, Berlin, 2002

[Pope 1976] POPE, A. J.: *The statistics of residuals and the detection of outliers.* NOAA Technical Report NOS 65 NGS 1, Rockville, MD, USA, 1976

[Ragheb et al. 2007] RAGHEB, A. E. ; CLARKE, P. J. ; EDWARDS, S. J.: GPS sidereal filtering: Coordinate- and carrier-phase-level strategies. In: *Journal of Geodesy* 81 (2007), S. 325–335

[Rothacher et al. 1997] ROTHACHER, M. ; SPRINGER, T. A. ; SCHAER, S. ; BEUTLER, G.: Processing strategies for regional GPS networks. In: BRUNNER, F. K. (Hrsg.): *Advances in Positioning and Reference Frames*, 1997. – IAG Symposia, volume 118, Springer, Berlin Heidelberg, 93-100

[Sachs 1984] SACHS, L.: *Applied Statistics: A Handbook of Techniques*. Springer, New York, NY, USA, 1984

[Said u. Dickey 1984] SAID, S. E. ; DICKEY, D. A.: Testing for unit roots in autoregressive-moving average models of unknown order. In: *Biometrika* 71 (1984), S. 599–607

[Schön u. Brunner 2008a] SCHÖN, S. ; BRUNNER, F. K.: Atmospheric turbulence theory applied to GPS phase data. In: *Journal of Geodesy* 82 (2008), Nr. 1, S. 47–57

[Schön u. Brunner 2008b] SCHÖN, S. ; BRUNNER, F. K.: A proposal for modelling physical correlations of GPS phase observation. In: *Journal of Geodesy* 82 (2008), Nr. 10, S. 601–612

[Seeber 2003] SEEBER, G.: *Satellite Geodesy*. 2. Auflage. Walter de Gruyter, Berlin, 2003

[Teunissen et al. 1998] TEUNISSEN, P. J. G. ; JONKMAN, N. F. ; TIBERIUS, C.: Weighting GPS dual frequency observations: Bearing the cross of cross-correlation. In: *GPS Solutions* 2 (1998), Nr. 2, S. 28–37

[Teusch 2006] TEUSCH, Anette: *Einführung in die Spektral- und Zeitreihenanalyse mit Beispielen aus der Geodäsie*. Deutsche Geodätische Kommission, DGK A120, München, 2006

[Tiberius et al. 1999] TIBERIUS, C. ; JONKMAN, N. ; KENSELAAR, F.: The stochastics of GPS observables. In: *GPS World* 10 (1999), Nr. 2, S. 49–54

[Tiberius u. Kenselaar 2003] TIBERIUS, C. ; KENSELAAR, F.: Variance component estimation and precise GPS positioning: Case study. In: *Journal of Surveying Engineering* 129 (2003), Nr. 1, S. 11–18

[Torrence u. Compo 1998] TORRENCE, C. ; COMPO, G. P.: A practical guide to wavelet analysis. In: *Bulletin of the American Meteorological Society* 79 (1998), S. 61–78

[Trauth 2007] TRAUTH, M. H.: *MATLAB® Recipes for Earth Sciences*. 2. Auflage. Springer, Berlin Heidelberg, 2007

[Vondrák 1969] VONDRÁK, J.: A contribution to the problem of smoothing observational data. In: *Bulletin of Astronomical Institute of Czechoslovak* 20 (1969), S. 349–355

[Wang et al. 2002] WANG, J. ; SATIRAPOD, C. ; RIZOS, C.: Stochastic assessment of GPS carrier phase measurements for precise static relative positioning. In: *Journal of Geodesy* 76 (2002), S. 95–104

[Wübbena et al. 2006] WÜBBENA, G. ; SCHMITZ, M. ; BOETTCHER, G.: *Near-field effects on GNSS sites: Analysis using absolute robot calibrations and procedures to determine corrections*. In: Proceeding of the IGS Workshop 2006 "Perspectives and Visions for 2010 and beyond", May 8-12, 2006, ESOC, Darmstadt, Germany, 2006

[Wieser u. Brunner 2000] WIESER, A. ; BRUNNER, F. K.: An extended weight model for GPS phase observations. In: *Earth, Planets, Space* 52 (2000), S. 777–782

[Zheng et al. 2005] ZHENG, D. W. ; ZHONG, P. ; DING, X. L. ; CHEN, W.: Filtering GPS time-series using a Vondrák filter and cross-validation. In: *Journal of Geodesy* 79 (2005), S. 363–369

Anschrift des Autors:

Dipl.-Ing. Xiaoguang Luo   Karlsruher Institut für Technologie (KIT)

Geodätisches Institut (GIK)

Englerstraße 7, 76131 Karlsruhe

xiaoguang.luo@kit.edu

Ein schwieriger Fall aus der Wertermittlungspraxis – Wohnungsrecht beim Zugewinnausgleich

Michael Mürle

Zusammenfassung

Schwierige Fälle aus der Praxis der Wertermittlung von Grundstücken sowie Rechten und Belastungen verlangen dem Sachverständigen oftmals besondere Qualitäten ab. Im vorliegenden Fall sollte der Wert eines bebauten Grundstücks an drei Wertermittlungsstichtagen mit jeweilig unterschiedlichen baulichen Anlagen unter Berücksichtigung eines Wohnungsrechts als Grundlage für den Zugewinnausgleich ermittelt werden. Unter Zugewinn ist der Betrag zu verstehen, um den das Endvermögen eines Ehegatten das Anfangsvermögen übersteigt.

Der XII. Zivilsenat des Bundesgerichtshofs hat in seinem Urteil vom 22.11.2006 für Recht erkannt, dass das Wohnungsrecht als Grundstücksbelastung für den Anfangsvermögensstichtag und – falls es fortbesteht – auch für den Endvermögensstichtag bewertet wird. Mit dem kontinuierlichen Absinken des Wertes des Wohnungsrechts geht der gleitende Vermögenserwerb einher, der nach § 1374 Abs. 2 BGB als privilegierter Wertzuwachs vom Zugewinnausgleich auszunehmen ist. Der Wertzuwachs lässt sich in der Regel ohne sachverständige Hilfe nicht ermitteln – eine Chance und Herausforderung zugleich für den hervorragend ausgebildeten geodätischen Nachwuchs.

Summary

Complicated cases of applied property valuation, which concerns real estate as well as rights and liens, often demand specialised skills from the appraiser. In that case the property value for three valuation dates with particular different physical structures and taking into account a right of abode should be assessed as a base for the adjustment of the goods acquired during marriage. The goods acquired during marriage are defined as the amount, that the asset of a spouse at the date of the annulment of the marriage exceeds the asset at the date of the marriage.

The XII. Civil Panel of the Federal Court of Justice has adjudged in its conviction of 22.11.2006, that the right of abode has to be appraised as a lien for the valuation date of the marriage and - if it is existing - for the valuation date of the annulment of the marriage as well. The continuous depreciation of the value of the right of abode involves the gliding acquisition of asset, which is excluded as a privileged appreciation according to § 1374 Abs. 2 BGB from the adjustment of the goods acquired during marriage. Usually the appreciation cannot be appraised without the aid of a valuation expert - a chance and at the same time a challenge for the excellent skilled geodetic young academics.

1 Problemstellung

Gegenstand der Wertermittlung können sowohl das Recht oder die Belastung als auch das mit dem Recht belastete oder das begünstigte Grundstück sein. Im vorliegenden Fall sollte der Wert eines bebauten Grundstücks an drei Wertermittlungsstichtagen mit jeweilig unterschiedlichen baulichen Anlagen unter Berücksichtigung eines Wohnungsrechts als Grundlage für den Zugewinnausgleich ermittelt werden.

2 Zugewinnausgleich

Vor Durchführung dieser überaus komplexen und anspruchsvollen Wertermittlung als Grundlage für den Zugewinnausgleich musste eine eingehende Literaturrecherche vorangestellt werden. Verstärkt wurde der Bedarf der Informationserhebung dadurch, dass eine grundlegende Änderung in der höchstrichterlichen Rechtsprechung vorgelegen hat und die Häufigkeit solcher Fälle eher gering ist. Wenn in sportlichen Wettkämpfen von *Königsdisziplinen* gesprochen wird, so ist die Lösung dieser Gutachtenkonstellation unzweifelhaft als *eine Disziplin mit Höchstschwierigkeit* einzustufen.

2.1 Bürgerliches Gesetzbuch (BGB)

Nach § 1363 leben die Ehegatten im Güterstand der **Zugewinngemeinschaft**, wenn sie nicht durch Ehevertrag etwas anderes vereinbaren. Dabei werden das Vermögen des Mannes und das Vermögen der Frau nicht gemeinschaftliches Vermögen der Ehegatten; dies gilt auch für Vermögen, das ein Ehegatte nach der Eheschließung erwirbt. Der Zugewinn, den die Ehegatten in der Ehe erzielen, wird jedoch ausgeglichen, wenn die Zugewinngemeinschaft endet. Unter **Zugewinn** ist der Betrag zu verstehen, um den das Endvermögen eines Ehegatten das Anfangsvermögen übersteigt (§ 1373).

Das **Anfangsvermögen** ist nach § 1374 Abs. 1 das Vermögen, das einem Ehegatten nach Abzug der Verbindlichkeiten beim Eintritt des Güterstands gehört. **Vermögen**, das ein Ehegatte nach Eintritt des Güterstands von Todes wegen oder mit Rücksicht auf ein **künftiges Erbrecht**, durch Schenkung oder als Ausstattung erwirbt, wird nach Abzug der Verbindlichkeiten dem Anfangsvermögen hinzugerechnet, soweit es nicht den Umständen nach zu den Einkünften zu rechnen ist (§ 1374 Abs. 2). Die Vorschrift ist dispositiv. Die Eheleute können etwa ehevertraglich den Wert des Anfangsvermögens anders festsetzen, sie können die Einbeziehung weiterer oder das Außerachtlassen von grundsätzlich einbezogenen Vermögenspositionen vereinbaren. Auch die Festsetzung eines anderen Bewertungsstichtages ist möglich.

Beim **Endvermögen** handelt es sich um das Vermögen, das einem Ehegatten nach Abzug der Verbindlichkeiten bei der Beendigung des Güterstands gehört (§ 1375). Verbindlichkeiten sind beim Anfangs- und Endvermögen über die Höhe des (positiven) Vermögens hinaus abzuziehen (§§ 1374 Abs. 3 und 1375 Abs. 1).

In § 1376 ist die Wertermittlung des Anfangs- und Endvermögens geregelt. Der Berechnung des Anfangsvermögens wird der Wert zugrunde gelegt, den das beim Eintritt des Güterstands vorhandene Vermögen in diesem Zeitpunkt, das dem Anfangsvermögen hinzuzurechnende Vermögen im Zeitpunkt des Erwerbs hatte. Der Berechnung des Endvermögens wird der Wert zugrunde gelegt, den das bei Beendigung des Güterstands vorhandene Vermögen in diesem Zeitpunkt, eine dem Endvermögen hinzuzurechnende Vermögensminderung in dem Zeitpunkt hatte, in dem sie eingetreten ist. Übersteigt der Zugewinn des einen Ehegatten den Zugewinn des anderen, so steht die Hälfte des Überschusses dem anderen Ehegatten als Ausgleichsforderung zu (§ 1378).

Die Ausgleichsforderung entsteht mit der Beendigung des Güterstands. Wird die Ehe geschieden, so tritt für die Berechnung des Zugewinns und für die Höhe der Ausgleichsforderung an die Stelle der Beendigung des Güterstandes der Zeitpunkt der Rechtshängigkeit des Scheidungsantrags (§ 1384).

2.2 Rechtssprechung Bundesgerichtshof (BGH)

Der BGH hat in seinem Urteil vom 7. September 2005 – XII ZR 209/02[1] in den Fällen des § 1374 Abs. 2 für den Fall der Verpflichtung zur Zahlung einer Leibrente entschieden.

Auszug aus dem Urteil des BGH vom 07.09.2005 – XII ZR 209/02:
Hat sich der erwerbende Ehegatte in den Fällen des § 1374 Abs. 2 BGB im Zusammenhang mit der Zuwendung zur Zahlung einer Leibrente verpflichtet, so ist das Leibrentenversprechen bei der Ermittlung des Anfangs- und, wenn die Leibrentenpflicht fortbesteht, auch beim Endvermögen mit ihrem jeweiligen Wert mindernd zu berücksichtigen. Auf die Frage, ob das Leibrentenversprechen dinglich gesichert ist, kommt es nicht an (Abgrenzung zum Senatsurteil vom 14. März 1990 – XII ZR 62/89 – FamRZ 1990, 603; Einschränkung der Senatsurteile vom 30. Mai 1990 – XII ZR 75/89 – FamRZ 1990, 1217 und vom 27. Juni 1990 – XII ZR 95/89 – FamRZ 1990, 1083).

Der wachsende Wert der Zuwendung ist nicht unentgeltlich im Sinne des § 1374 Abs. 2 BGB und damit nicht privilegiert, denn der andere Ehepartner hat die Rente während der Ehe mit finanziert (gemeinschaftliches Vermögen). Folglich muss auch der andere Ehepartner an der Wertsteigerung der Immobilie, die durch die Abnahme der Wertminderung (Rentenzahlung) aufgrund des Alters des Berechtigten entsteht, teilhaben.

Eine neu vertretene Rechtsauffassung zu Leibgedingen wie Nießbrauchrechte und Wohnungsrechte, hat der BGH erst im Urteil vom 22.11.2006 – XII ZR 8/05[2] – getroffen.

Auszug aus dem Urteil des BGH vom 22.11.2006 – XII ZR 8/05:
Die Fälle des § 1374 Abs. 2 BGB, in denen ein Zugewinnausgleich nicht stattfinden soll, sind Ausnahmen von dem schematischen gesetzlichen Prinzip, wonach es für den Zugewinnausgleich grundsätzlich nicht darauf ankommt, ob und in welcher Weise der den Ausgleich fordernde Ehegatte zur Entstehung des Zugewinns beigetragen hat. Die in § 1374 Abs. 2 BGB geregelten Ausnahmen sind nicht allein dadurch gerechtfertigt, dass der andere Ehegatte in diesen Fällen nicht zu dem Erwerb beigetragen hat. **Ein wesentlicher Grund** *für die gesetzliche Ausnahmeregelung war vielmehr, dass eine derartige Zuwendung meist auf* **persönlichen Beziehungen des erwerbenden Ehegatten zu dem Zuwendenden** *oder auf ähnlichen besonderen Umständen beruht. Das gilt mindestens hinsichtlich eines Erwerbs von Todes wegen oder mit* **Rücksicht auf ein künftiges Erbrecht.** *Insoweit besteht kein Grund dafür, einen Ehegatten an einem Erwerb zu beteiligen, der dem anderen aus erbrechtlichen Gründen zugefallen ist. Nach dem Sinn der Regelung des § 1374 Abs. 2 BGB soll ein solcher Erwerb bei der Verteilung des Zugewinns unberücksichtigt bleiben, damit die Erbschaft dem Erben ungeschmälert verbleibt. Die Bestimmung muss daher auch dann Anwendung finden, wenn der Erwerb zwar mit Rücksicht auf ein künftiges Erbrecht erfolgt, jedoch aus bestimmten Gründen in die Rechtsform eines Kaufvertrages gekleidet worden ist. Denn auch in diesem Fall fehlt es an einer inneren Rechtfertigung dafür, einen Ehegatten im Wege des Zugewinnausgleichs an einem Erwerb teilnehmen zu lassen, den der andere mit Rücksicht auf sein künftiges Erbrecht gemacht hat und bei dem ihm aus diesem Grund besondere Vorteile eingeräumt worden sind. § 1374 Abs. 2 BGB, der bei einem Erwerb mit Rücksicht auf ein künftiges Erbrecht schon seinem Wortlaut nach nicht auf die Rechtsform des Erwerbsvorgangs abstellt, muss daher jedenfalls Anwendung finden, wenn die Betrachtung des Gesamtsachverhalts ergibt, dass ein Erwerb mit Rücksicht auf ein künftiges Erbrecht erfolgt ist (BGH Urteil vom 1. Februar 1978 – IV ZR 142/76 – FamRZ 1978, 334, 335 = BGHZ 70, 291, 293 f.).*

Ob ein Vermögen mit Rücksicht auf ein künftiges Erbrecht übergeben und erworben wird, richtet sich in erster Linie danach, ob die Vertragschließenden mit der Übergabe einen **erst zukünftigen**

---

[1]Bundesgerichtshof (BGH): Beschluss vom 07.09 2005 – XII ZR 209/02. http://www.bundesgerichtshof.de, 2005

[2]Bundesgerichtshof (BGH): Beschluss vom 22.11.2006 – XII ZR 8/05. http://www.bundesgerichtshof.de, 2006

Erbgang vorweg nehmen wollen. Das ist im Regelfall jedenfalls dann anzunehmen, wenn einem Abkömmling ein Grundstück, ein landwirtschaftliches Anwesen oder ein Unternehmen von seinen Eltern oder einem Elternteil unter Lebenden übergeben wird. Soweit in Verträgen dieser Art der Übernehmer den Übergeber von noch bestehenden Belastungen freistellt, ihm ein Leibgedinge (Altenteil) einräumt, mit dem er insbesondere den Wohn- und Pflegebedarf und damit einen wichtigen Teil der Lebensbedürfnisse des zumeist bereits betagten Vertragspartners für dessen Lebensabend absichert, handelt es sich um ein Gefüge von Abreden, die für vorweggenommene Erbfolgen geradezu typisch sind. Sie stellen daher die Qualifizierung des Erwerbstatbestandes als eines solchen „mit Rücksicht auf ein künftiges Erbrecht" regelmäßig nicht in Frage, sondern deuten vielmehr auf einen solchen hin. Zudem ist eine Verpflichtung zu Ausgleichzahlungen an erbberechtigte Geschwister ein deutliches Anzeichen dafür, dass die Vertragschließenden den Übernehmer als durch eine vorweggenommene Erbfolge begünstigt angesehen haben.

Soweit Vermögensübergaben in der Rechtsform des Kaufvertrages auftreten, kann durch einen Vergleich der Werte von übergebenem Objekt und Gegenleistung ein Anhaltspunkt dafür gewonnen werden, ob es sich nach dem Willen der Vertragschließenden um einen Vermögenserwerb mit Rücksicht auf ein künftiges Erbrecht oder um ein normales Austauschgeschäft gehandelt hat (Senatsurteil vom 27. Juni 1990 – XII ZR 95/89 – FamRZ 1990, 1083, 1084).

Nach der Rechtsprechung des Senats unterliegt allerdings die **Wertsteigerung**, die nach § 1374 Abs. 2 BGB privilegiertes Vermögen während des Güterstandes durch das allmähliche Absinken des Wertes eines vom Zuwendenden angeordneten oder ihm vorbehaltenen, lebenslangen **Nießbrauchs** erfährt, ebenfalls nicht dem Zugewinnausgleich. Der begünstigte Ehegatte hat die Zuwendung von vornherein mit der sicheren Aussicht erworben, dass die auflösend bedingte Belastung durch das Nießbrauchsrecht künftig wegfällt. Soweit sich diese Aussicht während der Ehe durch das Absinken des Nießbrauchswerts teilweise verwirklicht hat, handelt es sich gleichermaßen um einen nach § 1374 Abs. 2 BGB privilegierten Vermögenserwerb. **Dieser Wertzuwachs ist deshalb vom Ausgleich auszunehmen.**

Einer **wortgetreuen Anwendung des § 1374 Abs. 2 BGB** würde es entsprechen, im Anfangs- und im Endvermögen des Zuwendungsempfängers die sich unter Berücksichtigung der Nießbrauchsbelastung jeweils ergebenden Werte des betreffenden Vermögens anzusetzen, **dem Anfangsvermögen aber den Wertzuwachs hinzuzurechnen, der sich durch das zwischenzeitliche Absinken des Nießbrauchswerts ergeben hat.**

Nach der **bisherigen Auffassung des Senats** führt es aber zu keinem anderen Ergebnis, wenn beim End- und beim Anfangsvermögen der Nießbrauch ganz unberücksichtigt bleibt. Dies soll unabhängig davon gelten, ob der Nießbraucher vor der Beendigung des Güterstandes verstorben ist, oder ob der Nießbrauch zu diesem Zeitpunkt fortbesteht. **Für die Belastung mit einem dem Nießbrauch ähnlichen Wohnrecht soll dies in gleicher Weise gelten** (Senatsurteile vom 14. März 1990 – XII ZR 62/89 – FamRZ 1990, 603, 604; vom 30. Mai 1990 aaO S. 1218 und vom 27. Juni 1990 aaO S. 1084 f.).

Die dargestellte Rechtsprechung ist nicht ohne Kritik geblieben. Diese richtet sich u.a. gegen die Methode, die mit dem Sinken der Belastung einhergehende Wertsteigerung schlechthin dadurch auszugleichen, dass die Belastung im Anfangs- wie im Endvermögen unberücksichtigt gelassen wird (OLG Bamberg FamRZ 1995, 607, 609; Johannsen/Henrich/Jaeger Eherecht 4. Aufl. § 1374 Rdn. 24). Dies solle namentlich dann **nicht hinnehmbar** sein, wenn der Nießbrauch am Endvermögensstichtag, wenn auch wertgemindert, fortbestehe. Denn der Nießbrauch sei eine den Verkehrswert des zugewandten Grundstücks – je nach dem Alter des Nießbrauchers – **erheblich mindernde Belastung**, die unter Umständen eine Veräußerung des Grundstücks im maßgeblichen Zeitpunkt ganz ausschließen könne. **Daher müsse der Nießbrauch als Grundstücksbelastung für den Endvermögensstichtag, konsequenterweise dann aber auch für den**

Anfangs- bzw. Grundstücksübertragungsstichtag und letztlich auch für den dazwischen liegenden Zeitraum bewertet werden (Johannsen/Henrich/Jaeger aaO Rdn. 24 f.; Baumeister in FamGb § 1374 Rdn. 29; für den Fall, dass Anfangs- oder Endvermögen bei Berücksichtigung des Nießbrauchs negativ würden: OLG Bamberg, aaO; Johannsen/Henrich/Jaeger aaO Rdn. 24 a; vgl. zur Kritik hinsichtlich der Gleichsetzung eines Leibgedinges mit einem Nießbrauch: Senatsurteil vom 7. September 2005 aaO S. 1977).

Der Senat vermag sich dieser Kritik nicht zu verschließen. Nach § 1376 Abs. 1 BGB ist der Berechnung des Anfangsvermögens der Wert zugrunde zu legen, den das hinzuzurechnende Vermögen im Zeitpunkt des Erwerbs hatte. Wird ein Grundstück unter Vorbehalt eines lebenslangen Wohnrechts übertragen, so erstreckt sich der Erwerbsvorgang – hinsichtlich der uneingeschränkten Nutzungsmöglichkeit – über den gesamten Zeitraum, der zwischen der Grundstücksübertragung und dem Tod des Berechtigten liegt. Diesem Gesichtspunkt des **gleitenden Vermögenserwerbs,** der mit dem **kontinuierlichen Absinken des Wertes des Wohnrechts** einhergeht, wird nicht Rechnung getragen, wenn das Wohnrecht sowohl im Anfangs- als auch im Endvermögen unberücksichtigt bleibt. Vielmehr wird der Erwerber bei dieser Berechnungsweise so behandelt, als wäre der Wertzuwachs durch das Absinken des Wertes des Wohnrechts erst im Zeitpunkt des Ehezeitendes eingetreten. Dass das Vermögen ihm bereits zuvor nach und nach zugewachsen ist, bleibt mithin außer Betracht. Das steht mit der Bewertungsbestimmung des § 1376 Abs. 1 BGB nicht in Einklang (vgl. auch OLG Bamberg aaO S. 609; Johannsen/Henrich/Jaeger aaO § 1374 Rdn. 24) und ist deshalb auch nicht damit zu vereinbaren, dass der Wertzuwachs des privilegierten Vermögenserwerbs ebenfalls vom Ausgleich auszunehmen ist.

Dem Erfordernis, der Berechnung des Anfangsvermögens den Wert zugrunde zu legen, den hinzuzurechnendes Vermögen im Zeitpunkt des Erwerbs hatte, kann nur dadurch Rechnung getragen werden, dass **das Wohnrecht als Grundstücksbelastung für den Anfangsvermögensstichtag und – falls es fortbesteht – auch für den Endvermögensstichtag bewertet wird.** Darüber hinaus ist der **fortlaufende Wertzuwachs** der Zuwendung aufgrund des **abnehmenden Werts des Wohnrechts** auch für den dazwischen liegenden Zeitraum bzw. die Zeit zwischen dem Erwerb und dem Erlöschen des Wohnrechts zu bewerten, um den gleitenden Erwerbsvorgang zu erfassen und durch entsprechende Hinzurechnung zum Anfangsvermögen vom Ausgleich auszunehmen. Dem steht nicht entgegen, dass der Wertzuwachs durch den gleitenden Vermögenserwerb nicht linear verläuft und sich in der Regel **ohne sachverständige Hilfe nicht ermitteln lassen dürfte** (vgl. zu einer Schätzung OLG Bamberg aaO S. 609).

2.3 Unbenannte Zuwendungen

§ 1374 Abs. 2 gilt nur für Schenkungen Dritter. Schenkungen oder unbenannte oder ehebedingte Zuwendungen zwischen Ehegatten fallen nicht unter Abs. 2. Eine **Schenkung unter Ehegatten** liegt vor, wenn die Zuwendung nach deren Willen unentgeltlich im Sinne echter Freigiebigkeit erfolgt und nicht an die Erwartung des Fortbestehens der Ehe geknüpft, sondern zur freien Verfügung des Empfängers geleistet wird.

Vielfach werden dagegen **Vermögenswerte** (Geld, Grundstücke, PKW) dem anderen Ehegatten übertragen, um - aus steuerlichen Erwägungen oder zur Alterssicherung - eine Grundlage für die gemeinsame Lebensführung zu schaffen. Eine solche **Zuwendung unter Ehegatten,** der die Vorstellung oder Erwartung zu Grunde liegt, dass die eheliche Lebensgemeinschaft Bestand haben werde, oder die sonst um der Ehe willen oder als Beitrag zur Verwirklichung oder Ausgestaltung der ehelichen Lebensgemeinschaft erbracht wird und darin ihre Geschäftsgrundlage hat, stellt keine Schenkung, sondern eine ehebedingte Zuwendung dar.

Unbenannte, ehebedingte oder ehebezogene Zuwendungen bilden also regelmäßig keine Schenkung, weil es folgerichtig am subjektiven Merkmal einer Einigung über die Unentgeltlichkeit fehlt. Überdies bildet der Fortbestand der Ehe die Geschäftsgrundlage.

Im **Innenverhältnis** der im gesetzlichen Güterstand lebenden Ehegatten sind, sofern es zu einer Scheidung kommt, die **unbenannten Zuwendungen mit Hilfe des Zugewinnausgleichs abzugelten**. Dies bedeutet, dass eine Rückforderung (etwa § 530 Widerruf der Schenkung) ausscheidet. Lediglich zur Korrektur schlechthin unzumutbarer Ergebnisse, wenn der Zugewinnausgleich versagt und der Zuwendende in Not gerät, sind die Regeln über den Wegfall der Geschäftsgrundlage heranzuziehen. Im **Außenverhältnis** werden unbenannte Zuwendungen unter Ehegatten zum Schutz der Gläubiger als Schenkung behandelt.

Im Falle der **unbenannten Zuwendung** ist § 1380 (Anrechnung von Vorausempfängen) zu beachten. Gemäß Abs. 1 wird auf die Ausgleichsforderung eines Ehegatten angerechnet, was ihm von dem anderen Ehegatten durch Rechtsgeschäfte unter Lebenden mit der Bestimmung zugewendet ist, dass es auf die Ausgleichsforderung angerechnet werden soll. Im Zweifel ist anzunehmen, dass Zuwendungen angerechnet werden sollen, wenn ihr Wert den Wert von Gelegenheitsgeschenken übersteigt, die nach den Lebensverhältnissen der Ehegatten üblich sind. Nach der ausdrücklichen Bestimmung des Abs. 2 wird der **Wert der Zuwendung** bei der Berechnung der Ausgleichsforderung dem **Zugewinn des Zuwendenden hinzugerechnet**. Damit ist bei der **Berechnungsweise von der hypothetischen Vermögenslage vor der Zuwendung** auszugehen. Der Wert bestimmt sich nach dem **Zeitpunkt der Zuwendung**.

Es ergeben sich im einzelnen **vier Rechenschritte**. Zunächst wird der tatsächliche Zugewinn des Zuwendenden, zuzüglich des Zuwendungswerts festgestellt. Dann wird der tatsächliche Zugewinn des Zuwendungsempfängers, abzüglich des Zuwendungswerts bestimmt. Dann wird die Zugewinnausgleichsforderung berechnet. Von dieser wird der Wert der Zuwendung abgezogen.

Der Wert einer ersatzlos untergegangenen oder verbrauchten Zuwendung ist überhaupt nicht, der Wert eines teilweise verschlechterten Zuwendungsobjekts nur noch mit dem Restwert (z.B. erhebliches Absinken eines Grundstückswertes) aus dem Endvermögen des Empfängers herauszurechnen. Der rechnerisch um den Zuwendungswert bereinigte Zugewinn des Zuwendungsempfängers und die Ausgleichsforderung bleiben unverändert, obgleich sich das unbereinigte Endvermögen des Empfängers verringert hat. Das Untergangs- und Verschlechterungsrisiko muss der Empfänger als Eigentümer des Zuwendungsobjekts tragen, da er hierüber die Sachherrschaft hat, während dem Zuwendenden im ersten Schritt der Zuwendungswert unverändert nach dem Zeitpunkt der Zuwendung (§ 1380 Abs. 2) bemessen wird.

3 Wertermittlung

Wie bereits in Kap. 2 ausgeführt, führte es nach der bisherigen Auffassung des Senats zu keinem anderen Ergebnis, wenn die mit dem Sinken der Belastung einhergehende Wertsteigerung schlechthin dadurch ausgeglichen wird, dass beim End- und beim Anfangsvermögen der Nießbrauch ganz unberücksichtigt bleibt. **Für die Belastung mit einem, dem Nießbrauch ähnlichen Wohnrecht, soll dies in gleicher Weise gelten** (Senatsurteile vom 14. März 1990 – XII ZR 62/ 89 – FamRZ 1990, 603, 604; vom 30. Mai 1990 aaO S. 1218 und vom 27. Juni 1990 aaO S. 1084 f.).

Das Urteil des BGH (2006) hat nun eine grundlegende Änderung in der Rechtsauffassung und folglich auch in der Modellbildung von mit Wohnungsrechten belasteten Grundstücken als Grundlage für den Zugewinnausgleich ergeben. Die einschlägigen Modellbildungen zum Sachwert- und Ertragswertverfahren sowie der ansonsten üblichen Wertermittlung von Wohnungsrechten werden als bekannt vorausgesetzt. Eine ausführliche Abhandlung zur Wertermittlung bei Scheidung ist in [Strotkamp, 2010] enthalten.

3.1 Modellbildung

Die Modellbildung kann *vermeintlich einfach* beschrieben werden:

- **Ermittlung des indizierten Anfangsvermögens (Stichtag Anfangsvermögen) und Berücksichtigung der Wertminderung durch das Wohnungsrecht**

- **Ermittlung des privilegierten Wertzuwachses (vom Ausgleich ausnehmen) als Summe der indizierten jährlichen Wertänderungen einschließlich dem Restglied des Wohnungsrechts**

- **Ermittlung des Endvermögens (Stichtag Endvermögen) unter Berücksichtigung der Wertminderung durch das Wohnungsrecht**

- **Zugewinn als Differenz des Endvermögens und der Summe aus indiziertem Anfangsvermögen und privilegiertem Wertzuwachs**

Beim Kaufkraftschwund handelt es sich um keinen Zugewinn. Folglich ist das Anfangsvermögen zur Berücksichtigung der Änderung der allgemeinen wirtschaftlichen Verhältnisse mit dem Verbraucherpreisindex auf den Zeitpunkt des Endvermögens umzurechnen.

Der privilegierte Wertzuwachs versinnbildlicht den gleitenden Vermögenserwerb, der mit dem kontinuierlichen Absinken des Werts des Wohnungsrechts einhergeht. Dabei können auch die jährlichen Äquidistanzen zur Ermittlung des privilegierten Wertzuwachses nur als Näherungsmodell interpretiert werden. Als Restglied wird die Wertänderung für den Zeitraum vom letzten vollen Jahresschritt bis zum Stichtag des Endvermögens eingeführt. In [Strotkamp, 2010] werden zur Aufwandsreduzierung Näherungslösungen angegeben, die umso mehr mit den strengen Lösungen übereinstimmen, desto gleichförmiger sich das Absinken des Wertes des Wohnungsrechts vollzieht.

3.2 Einflussgrößen/Ansätze

Für die Einflussgrößen werden die jeweilig zum Wertermittlungsstichtag marktüblichen Größen benötigt. In die Wertminderungen durch das Wohnungsrecht zu den Stichtagen des Anfangs- und Endvermögens und die (jährlichen) Wertänderungen des Wohnungsrechts fließen die maßgeblichen ggf. auf Grundlage von aktuellen Sterbetafeln zeitlich angepassten Leibrentenbarwertfaktoren. Bei der Anpassung von Leibrentenbarwertfaktoren nach dem Altersanpassungsprinzip geht es darum, abweichend vom tatsächlichen Lebensalter des Berechtigten am Wertermittlungsstichtag mit einem fiktiven Lebensalter in die Faktorenberechnung bzw. -tabelle zu gehen. Dieses fiktive Lebensalter berücksichtigt die Abweichung der Sterblichkeiten zwischen den Perioden von (abgekürzten) Sterbetafeln um das Wertermittlungsstichtagsjahr und dem Jahr, das der Berechnung der Leibrentenbarwertfaktoren zu Grunde liegt [Möckel, 2007]. Da die Leibrentenbarwertfaktoren ab 2001/03 bezogen auf die Sterbetafeln für Deutschland veröffentlicht werden, wurde, um unter Berücksichtigung der Stichtage des Anfangs- und Endvermögens (im vorliegenden Fall 1994/2009) im Modell zur Ermittlung des Zugewinns bei gleichzeitiger Aufwandsreduzierung zu bleiben, auf die betreffenden Sterbetafeln für Deutschland abgestellt.

Die marktübliche Mietenentwicklung als Grundlage der (jährlichen) Wertänderungen des Wohnungsrechtes wird durch lineare Interpolation zwischen dem Stichtag des Anfangsvermögens bzw. hinzuzurechnenden Vermögens und des Endvermögens abgebildet. Für die Indizierung der (jährlichen) Wertänderungen des Wohnungsrechts auf den Stichtag des Endvermögens wird der jeweilige Verbraucherpreisindex der Intervallmitte gewählt.

4 Beispiel

Grund des Gutachtens: Ehescheidung

Grundlage für Zugewinnausgleich

Einfamilienwohnhaus Altbau:	Baujahr 1955
Einfamilienwohnhaus Anbau:	Baujahr 1996
Grundstücksfläche:	$455\,m^2$
Wohnlage:	gut bis mittel, keine Geschäftslage

Stichtag Anfangsvermögen (Eheschließung): 26.05.1989, $\frac{1}{4}$ Miteigentum Grundbesitz Sohn

Hinzuzurechnendes Vermögen 06.12.1994:

Übertragung Grundbesitz:	06.12.1994, $\frac{3}{4}$ Miteigentum Grundbesitz von Mutter an Sohn
Eintragung Wohnungsrecht:	06.12.1994, zugunsten Mutter, Wohnhaus Altbau
Ehebedingte Zuwendung Grundbesitz:	06.12.1994, $\frac{1}{2}$ Miteigentum Grundbesitz an Ehegatte (laut Vertrag kein Rückforderungsrecht für den Fall der Ehescheidung)
Einfamilienwohnhaus Anbau:	1996

Stichtag Endvermögen: 10.12.2009 Zustellung Scheidungsantrag

Nähere Angaben unterbleiben aus datenschutzrechtlichen Gründen.

4.1 Wertermittlungsstichtag 1

Wertermittlungsstichtag: 26.05.1989

Einfamilienwohnhaus:	Doppelhaushälfte Altbau - ein Voll-/Dachgeschoss ausgebaut
Baujahr:	1955, danach verschiedene Veränderungen und Wertverbesserungen wie Gaszentralheizung, Isolierglasfenster, Dachneudeckung mit Wärmedämmung
Wohnfläche:	$68\,m^2$
Ausstattung:	baujahrbezogen
Bodenrichtwert:	definiertes Bodenrichtwertgrundstück der Bodenrichtwertzone
Normalherstellungskosten:	Ansatz Reihenendhaus

Wert: Verkehrswert des bebauten Grundstücks (unbelastet)

4.2 Wertermittlungsstichtag 2

Wertermittlungsstichtag: 06.12.1994

Einfamilienwohnhaus:	Doppelhaushälfte Altbau - ein Voll-/Dachgeschoss ausgebaut
Baujahr:	1955, danach verschiedene Veränderungen und Wertverbesserungen wie Gaszentralheizung, Isolierglasfenster, Dachneudeckung mit Wärmedämmung
Wohnfläche:	$68\,m^2$
Ausstattung:	baujahrbezogen
Garage:	Flachdach mit einem Stellplatz

Baujahr:	1991
Bodenrichtwert:	definiertes Bodenrichtwertgrundstück der Bodenrichtwertzone
Sachwertverfahren Normalher-stellungskosten:	Ansatz Reihenendhaus bzw. Einzelgarage
Ertragswertverfahren:	zusätzlich für die Wertermittlung des Wohnungsrechtes bzw. den privilegierten Wertzuwachs (Modellbildung), Verfahrenswertegegenprüfung
Wohnungsrecht:	Berechtigte an Wohnhaus Altbau, Modell nach WertR Ablauf mit dem Tode der Berechtigten, Kostenregelung gemäß BGB (im Vertrag keine Angaben)

Wert 1: **Verkehrswert des bebauten Grundstücks (unbelastet)**
Wert 2: **Wert des Wohnungsrechts für Wertminderung bzw. den Startwert der jährlichen Wertänderungen des Wohnungsrechts**

4.3 Wertermittlungsstichtag 3

Wertermittlungsstichtag: 10.12.2009

Einfamilienwohnhaus:	Doppelhaushälfte Altbau, ein Voll-/Dachgeschoss ausgebaut
Baujahr:	1955, danach verschiedene Veränderungen und Wertverbesserungen wie Gaszentralheizung, Isolierglasfenster, Dachneudeckung mit Wärmedämmung
Nach dem 06.12.1994:	weitere Maßnahmen wie Erneuerung der Gaszentralheizung mit zentraler Warmwasserversorgung gemeinsam für Alt-/Anbau, der Sanitärinstallationsleitungen, der Fliesenbeläge, der Zimmertüren und Modernisierung des Bades
Wohnfläche:	$68\,m^2$
Ausstattung:	mittel bis gehoben
Einfamilienwohnhaus:	Anbau an Altbau, ein Voll-/Dachgeschoss ausgebaut
Hauseingang:	gemeinsame(r) Hausflur/-tür im Anbau
Baujahr:	1996
Ausstattung:	gehoben
Wohnfläche:	$134\,m^2$
Realteilung Alt-/Anbau mit zugeordnetem Grundstücksteil nicht möglich	
Garage:	Flachdach mit einem Stellplatz
Baujahr:	1991
Bodenrichtwert:	definiertes Bodenrichtwertgrundstück der Bodenrichtwertzone
Sachwertverfahren Normalher-stellungskosten:	Ansatz Wohnhaus Alt-/Neubau bzw. Einzelgarage
Ertragswertverfahren und Woh-nungsrecht:	entsprechend Wertermittlungsstichtag 2

Wert 1: **Verkehrswert des bebauten Grundstücks (unbelastet)**
Wert 2: **Wert des Wohnungsrechts für Wertminderung bzw. den Endwert der jährlichen Wertänderungen des Wohnungsrechts**
Wert 3: **Ermittlung des privilegierten Wertzuwachses**
Summe der indizierten jährlichen Wertänderungen des Wohnungsrechts
Das Restglied verschwindet aufgrund der Stichtage 2 und 3 in guter Näherung

Eine Ermittlung des privilegierten Wertzuwachses als Summe der indizierten jährlichen Wertänderungen des Wohnungsrechts für das gewählte Beispiel ist in Tabelle 4-1 dargestellt.

Tab. 4-1: Brücksichtigung des Wohnungsrechts bei der Ermittlung des Zugewinnausgleichs, Stichtag des Anfangsvermögens: 06.12.1994, Stichtag des Endvermögens: 10.12.2009, Verbraucherpreisindex Baden-Württemberg zum Stichtag des Endvermögens: 107,9

		Wertminderungen (W_{A+I}) durch das Wohnungsrecht				Differenzen der Wertminderungen auf den Stichtag des Endvermögens mit Verbraucherpreisindes Bad.-Württt. hochgerechnet		
	Alter Berechtigte		Jahreserträge [€]	× Leibrenten-barwertfaktor	Ergebnisse [€]	Differenzen [€]	Verbraucherpreis-index Bad.-Württ. Jahresintervallmitte	Ergebnisse [€]
06.12.1994	65,53	W_A	4.305	s. Gutachten	56.955	1.489	86,7	1.853
06.12.1995	66,53	W_{A+I}	4.345	12,766	55.466	1.044	87,6	1.286
06.12.1996	67,53	W_{A+I}	4.385	12,412	54.422	1.262	88,8	1.534
06.12.1997	68,53	W_{A+I}	4.424	12,015	53.159	1.200	90,0	1.439
06.12.1998	69,53	W_{A+I}	4.464	11,639	51.959	1.208	90,3	1.443
06.12.1999	70,53	W_{A+I}	4.504	11,268	50.751	1.246	91,8	1.465
06.12.2000	71,53	W_{A+I}	4.544	10,895	49.505	1.171	94,3	1.339
06.12.2001	72,53	W_{A+I}	4.584	10,545	48.334	1.323	95,5	1.495
06.12.2002	73,53	W_{A+I}	4.623	10,168	47.011	1.344	96,7	1.500
06.12.2003	74,53	W_{A+I}	4.663	9,793	45.667	1.590	98,6	1.740
06.12.2004	75,53	W_{A+I}	4.703	9,372	44.077	1.534	99,9	1.656
06.12.2005	76,53	W_{A+I}	4.743	8,970	42.543	1.551	101,8	1.644
06.12.2006	77,53	W_{A+I}	4.783	8,571	40.992	1.390	103,8	1.445
06.12.2007	78,53	W_{A+I}	4.822	8,212	39.602	1.701	107,2	1.712
06.12.2008	79,53	W_{A+I}	4.862	7,795	37.901	1.778	107,3	1.788
10.12.2009	80,54	W_E	4.902	s. Gutachten	36.123			
							SUMME	23.340

5 Schlussfolgerung und Ausblick

In der Entwicklung und Realisierung derart komplexer Lösungsschemata kann generell die Chance zur Wahrnehmung hochwertigster Aufgabenfelder gesehen werden. Eine Paradedisziplin für den in der mathematischen Modellbildung und Automatisierung hervorragend ausgebildeten geodätischen Nachwuchs. Dies gilt gleichermaßen für die Gutachterausschüsse, sofern darauf ausgerichtete Organisations- und Personalstrukturen vorhanden sind.

Der Geschäftserfolg in Baden-Württemberg wird am gemeindlichen Ortsschild viel zu früh abgebremst, zumindest wünschen sich potente Auftraggeber oftmals kompetentes Fachwissen in einer deutlich vergrößerten Flächenüberdeckung, damit man bereit ist, das prall gefüllte Portemonee guten Gewissens zu öffnen. Die Realisierung der im Baugesetzbuch zum 01.07.2009 in Kraft getretenen Pflicht zur Einrichtung eines Oberen Gutachterausschusses oder einer Zentralen Geschäftsstelle ist in Baden-Württemberg noch nicht einmal am Horizont zu erkennen. Das Vertrauen der Auftraggeber in die erfolgreiche Erledigung der den Gutachterausschüssen mit dem Erbschaftsteuerreformgesetz zugewiesenen Mehraufgaben wird in Baden-Württemberg auf eine harte Probe gestellt. Im sportlichen Vergleich würde man die Situation aktuell derart beschreiben, dass man sich endgültig am Ende des Feldes eingereiht hat.

Literatur

[Möckel 2007] MÖCKEL, R.: Zeitliche Anpassung von Leibrentenbarwertfaktoren. In: *Grundstücksmarkt und Grundstückswirtschaft* 18(3) (2007), S. 143–152

[Strotkamp 2010] STROTKAMP, H.-P.: Wertermittlung bei Scheidung - Berücksichtigung von Leibgedingen und Leibrenten bei der Ermittlung des Zugewinn(ausgleichs). In: *immobilien & bewerten* 01 (2010), S. 20–30

Anschrift des Autors:
Dr.-Ing. Michael Mürle

Grundstücksbewertungsstelle/Geschäftsstelle
des Gutachterausschusses der Stadt Karlsruhe
Hebelstraße 21, 76133 Karlsruhe
michael.muerle@gutachterausschuss.karlsruhe.de

Lokale und globale Verzerrungsmaße zur Beurteilung von Kartennetzentwürfen

Norbert Rösch und David Vatter

Zusammenfassung

Es werden neben den klassischen Verzerrungsmaßen zwei weitere aus der jüngeren Vergangenheit vorgestellt. Die zuletzt genannten basieren nicht ausschließlich auf differenzialgeometrischen Zusammenhängen. Aufgrund ihrer Eigenschaften werden sie vor allem für Weltkarten eingesetzt, um diese miteinander vergleichen zu können. Ein interessantes globales Verzerrungsmaß wurde von F. Canters entwickelt. Dieses wurde leicht modifiziert und anschließend unter den veränderten Bedingungen einem Test unterzogen. Nachdem dieser Test erfolgreich abgeschlossen werden konnte, wurden mit dem modifizierten Verfahren vier rechnergestützte Lösungen für die Robinson-Projektion miteinander verglichen. Die Analyse erbrachte keine signifikanten Unterschiede zwischen den vier Ansätzen.

Summary

Some of the common as well as some of the recently developed distortion quantities are presented. The latter are not all based on differential mathematics. Hence, because of their properties they are very useful to describe and compare world maps. One of the above mentioned quantities was developed by F. Canters. This quantity was slightly modified and the modifications were tested to evaluate the consequences. As the changes were proved to be stable, four algorithms for the digital computation of the Robinson Projection were analyzed. Based on the newly defined term it is shown that the differences between the different solutions are insignificant.

1   Einleitung

Akzeptiert man die Tontäfelchen von Nuzi (ca. 2300 v. Chr.) oder den Plan der Stadt Nippur aus dem Jahre 1500 v. Chr. als Vorläufer unserer heutigen Karten, dann ist die ebene Darstellung der Erdoberfläche zum Zwecke der Orientierung eine Fertigkeit, die die Menschheit seit mehreren tausend Jahren beschäftigt. Erste Karten mit einheitlichem Maßstab sind aus China überliefert. Diese Werke sind um 200 v. Chr. entstanden. Zwischenzeitlich hat sich die Kartenherstellung zu einem eigenen Wissenschaftszweig entwickelt, der viele Gesichtspunkte umfasst. Diese reichen von den technischen Aspekten (z. B. die eigentliche Produktion), über die gestalterisch künstlerischen bis hin zu den rein mathematischen.

Der letzte der oben genannten Aspekte ist Gegenstand dieses Beitrags, in dem verschiedene Verzerrungsmaße untersucht werden, um sie auf ihre Aussagekraft für die Kartografie zu überprüfen. In der Kartennetzentwurfslehre, die fortan in Anlehnung an den im Englischen üblichen Begriff auch *Kartenprojektionslehre* genannt wird, haben sich verschiedenen Maße etabliert, die sich für unterschiedliche Zwecke hervorragend eignen. Einige davon können als lokale Maße bezeichnet werden, andere sind demgegenüber allgemeiner gefasst und gelten global. Die meisten davon sind erst in den letzten Jahrzehnten entwickelt worden. Da in der Kartografie klassischerweise mit der Kugel als Referenz gearbeitet wird, beziehen sich die Verzerrungen i. Allg. auf den Vergleich zwischen der Sphäre und der Ebene.

Durch die zuvor genannten Verzerrungsmaße können Kartenprojektionen charakterisiert und damit klassifiziert werden. Die zu Grunde liegenden Kriterien sind dabei unterschiedlich. In der

Geodäsie werden beispielsweise Entwürfe bevorzugt, die die Winkeltreue oder Konformität in der infinitesimalen Umgebung eines Punktes erhalten. Anschaulich gesprochen bildet sich der infinitesimale Kreis der Originalfläche – in der Geodäsie ist dies im Normalfall das Rotationsellipsoid – wieder in einen Kreis ab, der in der Bildebene aber nicht mehr den gleichen Radius hat.

Im englischen Sprachraum wurde daher von einigen Autoren der Begriff *line scale* für diesen Effekt eingeführt, der sich neben dem *zero scale* und dem *map scale* als Bezeichnung für verschiedene Gesichtspunkte des Maßstabs etabliert hat. Sehr anschaulich wird damit zum Ausdruck gebracht, dass das Bild des infinitesimalen Einheitskreises ortsabhängig ist. Betrachtet man die Messelemente, die in der Geodäsie erfasst werden, dann ist klar, dass diese Abbildungen aufgrund der vorgenannten Eigenschaft für diese Disziplin besonders geeignet sind. Denn es sind bei konformen Abbildungen keine azimutabhängigen Reduktionen an den Messelementen anzubringen.

In vielen Bereichen der thematischen Kartografie wird demgegenüber die flächentreue Darstellung der Erdoberfläche bevorzugt. Im Gegensatz zur Konformität, ist die Flächentreue eine Eigenschaft, die auch für Entwürfe mit einem Parameternetz, das nicht orthogonal ist, gefordert werden kann. Die Verzerrung in der infinitesimalen Umgebung eines Punktes ist bei diesen Abbildungen aber nicht mehr nur vom Ort, sondern zusätzlich von der Fortschreitungsrichtung abhängig. Der infinitesimale Einheitskreis bildet sich somit nicht mehr als solcher ab, man erhält vielmehr sein affines Bild – die Ellipse. Diese Ellipse, auch Verzerrungsellipse oder Tissotsche Indikatrix genannt, beschreibt die differenziellen Verhältnisse in der Umgebung eines Punktes P. Die Achsen der Ellipse bilden die Hauptverzerrungsrichtungen und die Längen der Achsen sind die maximalen und die minimalen Verzerrungen in dieser Umgebung. Die genannten Elemente bilden die Grundlage für die lokalen Verzerrungsmaße.

Aus der Verzerrungsellipse werden die Verzerrungsmaße abgeleitet, über die man die Eigenschaften von Abbildungen beschreiben kann. Zwei dieser Maße sind besonders beliebt. Dies ist zum einen der maximal verzerrte Winkel bzw. der Wert seiner Verzerrung und die Flächenverzerrung, wobei sich der Begriff Verzerrung jeweils auf das Verhältnis zwischen Bild und Urbild bezieht. Entsprechend den allgemein üblichen Bezeichnungsweisen sollen der Betrag der Verzerrung des maximal verzerrten Winkels mit Ω und die Flächenverzerrung mit V bezeichnet werden.

Ein völlig anders Bild ergibt sich bei der Gruppe der vermittelnden Abbildungen. Hier können die bislang aufgezählten Eigenschaften wie Konformität oder Flächentreue i. Allg. nicht festgestellt werden. Es gibt zwar differenzielle Umgebungen, wo die eine oder die andere Eigenschaft erfüllt ist, dies gilt normalerweise aber nicht für die gesamte Abbildung. Dennoch ist es möglich für diese Entwürfe die gleichen Verzerrungsmaße – in gewisser Weise als Qualitätsmerkmal – zu verwenden. Dies kann bei Abbildungen für die keine exakten Abbildungsvorschriften existieren, wie das beispielsweise bei der Robinson-Projektion (siehe [Robinson, 1974]) der Fall ist, durchaus schwierig sein.

Grundsätzlich unterscheidet sich die Zielsetzung der vermittelnden Abbildung von denen der bislang genannten, da es hier um die möglichst realitätsnahe Darstellung der Kontinentumrisse bzw. der Küstenlinien geht. Als Referenz dient dazu der Globus. Aufgrund ihrer Eigenschaften kommt diese Gruppe von Abbildungen vornehmlich bei Weltkarten zum Einsatz. Implizit zieht der Begriff vermittelnd, der diese Abbildungen kennzeichnet, einige Probleme nach sich. Denn wenn es keine klar definierte inhärente Verzerrungseigenschaft gibt, dann stellt sich das Problem, wie man die verschiedenen vermittelnden Entwürfe miteinander vergleichen kann. Dieser Frage wird in Abschnitt 3 nachgegangen. Im Folgenden werden zunächst die lokalen Maße näher diskutiert.

2 Die Verzerrungsellipse

Zur Beschreibung der Verzerrung wird in der Kartenprojektionslehre i. Allg. die so genannte Verzerrungsellipse herangzogen. Der erste, dem die anschauliche Interpretation der tatsächlichen Verzerrungen gelang war *Nicolas Auguste Tissot (1824 - 1890)*. Daher wird die Verzerrungsellipse auch als Tissotsche Indikatrix bezeichnet. Auf der Basis der Tissotschen Indikatrix können die Verzerrungen zwischen Bild und Urbild geometrisch veranschaulicht bzw. verdeutlicht werden. Die Indikatrix entsteht durch die Abbildung eines Kreises – im Normalfall ist das der infinitesimale Einheitskreis – auf die Bildfläche.

Wie der Name Verzerrungsellipse schon vermuten lässt, entsteht bei der Abbildung des Kreises von der Urfläche auf die Bildfläche nicht wieder ein Kreis, sondern eine Ellipse, d. h. das affine Bild eines Kreises. Die Achsen der Ellipse bilden dabei die Hauptverzerrungen, die üblicherweise mit a (bzw. λ_1) und b (bzw. λ_2) bezeichnet werden. Die Hauptverzerrungen sind die extremen Längenverzerrungen in der infinitesimalen Umgebung eines gegebenen Punktes P. Im Falle einer konformen Abbildung sind die beiden entstehenden Hauptverzerrungen gleich und aus der Ellipse wird ein Kreis.

Die Hauptverzerrungen können aus den Gaußschen Fundamentalgrößen – in der Geodäsie werden oftmals noch die klassischen Bezeichnungen E, F und G für das Original bzw. E', F' und G' für das Bild verwendet – der beiden Flächen abgeleitet werden. Sind die Parametersysteme der beiden Flächen orthogonal, dann sind die Parameterlinien gleichzeitig auch die Hauptverzerrungsrichtungen. Die Achsen der Verzerrungsellipse sind dann sehr einfach durch

$$a(\lambda_1) = \sqrt{\frac{E'}{E}} \quad \text{und} \quad b(\lambda_2) = \sqrt{\frac{G'}{G}} \quad \text{gegeben.}$$

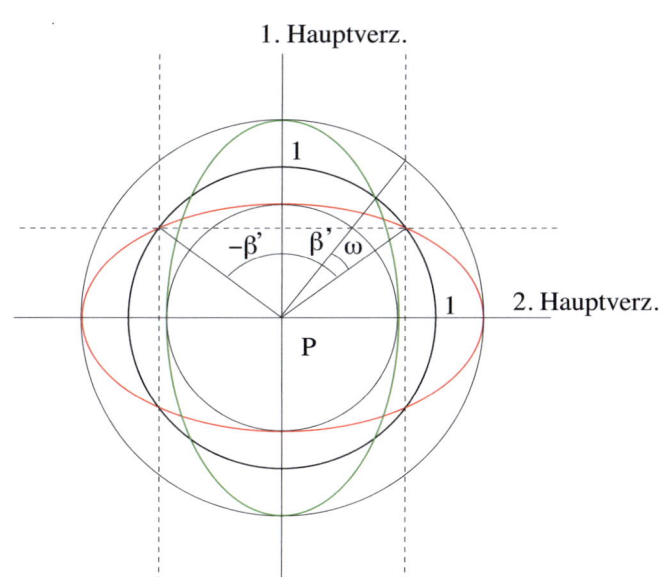

Abb. 2-1: Die Verzerrungsellipse

Kennt man die beiden Achsen der Ellipse, dann kann man durch elementare geometrische Operationen punktweise die Ellipsenpunkte konstruieren, in dem man einen Strahl, ausgehend von der 1. Hauptverzerrung im Uhrzeigersinn um 360° um den Punkte P rotieren lässt. Anschließend schneidet man den Strahl mit den drei Kreisen. Dies ist zum einen der (infinitesimale) Einheitskreis und zum anderen sind es die beiden Kreise deren Radien durch die Beträge der Hauptverzerrungen gegeben sind. Der Schnittpunkt der Parallelen zu den Achsen durch die Schnittpunkte mit den durch die Hauptverzerrungen gegebenen Kreisen liefert den den entsprechenden Ellipsenpunkt (siehe Skizze 2-1). Die Verzerrung ω des Richtungswinkels β ist dann die Differenz zwischen der Richtung des Strahls β und der Richtung β', also des Radiusvektors zum entsprechenden Ellipsenpunkt. Also $\omega = \beta - \beta'$. Je nachdem welche der beiden Hauptverzerrungen betragsmäßig größer ist, entsteht so die rote oder die grüne Ellipse.

Gleichzeitig kann man auf diese Art die Verzerrungsverhältnisse um den Punkt P verdeutlichen, ohne differenzialgeometrische Formalismen bemühen zu müssen. Bei flächentreuen Abbildungen kann man auf diese Art zeigen, dass die maximale Verzerrung des Richtungswinkels β dann erreicht wird, wenn das Bogenelement nicht verzerrt wird, also wenn $\lambda = 1$ gilt. D. h., der Radiusvektor zeigt zum Schnittpunkt zwischen Kreis und Ellipse. Wegen

$$V = \frac{\text{Fläche Verzerrungsellipse}}{\text{Fläche Einheitskreis}} = \frac{a \cdot b \cdot \pi}{\pi} = 1$$

muss es im Falle der Flächentreue immer eine Fortschreitungsrichtung geben für die die Bedingung $\lambda = 1$ gilt.

Aufgrund der Tatsache, dass der Richtungswinkel β' an der Stelle $\lambda = 1$ maximal verzerrt ist, ergibt sich aus Symmetriegründen die maximale Verzerrung Ω zu $\Omega = 2 \cdot |\omega_{max}|$. Dieses Verzerrungsmaß ist ebenfalls zur Charakterisierung einer Abbildung geeignet. In Verbindung mit der Flächenverzerrung V ist damit eine zweite Größe gefunden, mit Hilfe derer eine Abbildung hinsichtlich ihrer Eigenschaften beschrieben werden kann. Beide Kriterien haben als *Qualitätsmerkmal* lediglich lokalen Charakter, da sich ihre Aussagekraft auf die jeweilige Umgebung bezieht.

In solchen Fällen, in denen die Elemente der Verzerrungsellipse zu sehr komplizierten Ausdrücken führen würde oder streng genommen – wie dies bei der Robinson-Projektion der Fall ist, für die keine strenge Abbildung definiert ist – überhaupt nicht gebildet werden können, kann ein Kreis der Originalfläche auch punktweise abgebildet werden (siehe z. B. [Bretterbauer, 2002]). Letztlich beruht diese Idee auf der Rückführung des infinitesimalen Kreises auf sein endliches Äquivalent. Basierend auf diesem Prinzip können für beliebige Punkte die Verzerrungsverhältnisse veranschaulicht werden. Im Allgemeinen entsteht jetzt eine mit der Verzerrunsgellipse identische Figur nur noch dann, wenn der Kreis hinreichend klein ist.

Insbesondere für vermittelnde Abbildungen bleibt es trotz der bisher diskutierten Möglichkeiten ein Problem, sie untereinander zu vergleichen. Denn anders als die Abbildungen, denen eine klar definierte Eigenschaft zu Grunde liegt – was in den meisten Fällen das Kriterium ist, sie überhaupt auszuwählen –, werden die vermittelnden Abbildungen vornehmlich dann verwendet, wenn es ausschließlich um eine möglichst realitätsnahe Wiedergabe der Originalfläche im kleinmaßstäbigen Bereich geht. Dies ist insbesondere bei Weltkarten der Fall.

Es stellt sich somit die Frage, welches Merkmal zum Vergleich verschiedener Karten herangezogen werden kann. Mit diesem Problem hat sich bereits Peters in [Peters, 1975] sowie [Peters, 1978] ausführlich auseinandergesetzt. Der Autor unterschied dabei die beiden Fälle lokale und globale Verzerrung. Ausführlich erörterte er in den genannten Quellen die verschiedenen Verzerrungsmaße und ergänzt sie durch ein eigenes, das er Entfernungsverzerrung (EV) nannte. Die Größe EV ist dabei das Ergebnis eines Zufallsexperiments und leitet sich aus der Distanz zwischen 60 000 zufällig ausgewählten Punkten ab. Im Folgenden wird dieses Maß nicht weiter vertieft.

3 Der Vergleich von Weltkarten

In der Vergangenheit wurden neben dem im vorangegangenen Absatz schon genannten, zahlreiche weitere Maße zum Vergleich von Abbildungen untersucht. Eine ausführliche Übersicht dazu ist in [Canters, 2002] zu finden. In der vorliegenden Publikation sollen zwei Möglichkeiten, die in der jüngeren Vergangenheit entwickelt worden sind, vorgestellt werden.

Der erste Ansatz stammt von Richard Capek und ist in [Capek, 2001] publiziert worden. Capek vergleicht die maximal zulässige Winkel- und Flächenverzerrung über die gesamte Karte - wobei Karte von jetzt an als Synonym für Weltkarte zu betrachten ist. Die von ihm eingeführte Größe Q bezeichnet dabei den prozentualen Anteil an der Bildfläche, für die die genannten Bedingungen eingehalten sind. In seiner Publikation gibt er dabei an, dass sich nach umfangreichen Tests für den maximal verzerrten Winkel Ω der Wert $\Omega = 40°$ und für die Verzerrung der Fläche V das Verhältnis $V = 1.5$ als beste Vergleichsgrößen herausgestellt haben.

Auf der Basis dieser Vorgaben wurden nun mehrere Weltkarten miteinander verglichen, wobei die beste Karte einen Wert von $Q = 84.7$ erzielte. D. h., für 84.7% der Fläche waren die vorgegebenen Grenzwerte eingehalten. Insgesamt ermittelte Capek in einem Vergleich von mehr als 100 Abbildungen siebzehn, für die $Q \geq 80$ gilt. Unter diesen siebzehn Karten waren beispielsweise auch die bereits erwähnte Robinson-Projektion ($Q = 82.6$), Hufnagel 10 sowie Hufnagel 9 ($Q = 82.1$ bzw. 80.1), Eckert IV ($Q = 82.5$), Winkel (III und II mit $Q = 81.7, 81.1$) und Wagner V ($Q = 80.9$), um nur einige der bekannteren zu nennen.

Capek betonte, dass er zu ähnlichen Ergebnissen gekommen wäre, wenn er die Grenzen der maximalen Winkel- und der Flächenverzerrung verändert hätte. Damit bestätigte er implizit das Ranking der verschiedenen Abbildungen. Mit der genannten Methode ist es somit möglich, Entwürfe miteinander zu vergleichen, wobei man den Vergleich als global bezeichnen kann. Der Vergleich selbst stützt sich dabei auf zwei Maße. Es ist an dieser Stelle zu bemerken, dass die Längenverzerrung nicht mit in die Berechnung einfloss.

Eine Alternative zu dem bisher ausgeführten Maß bietet Canters (siehe [Canters et al., 2005]), der ebenfalls einen Vergleich, im Sinne von *Ranking*, zwischen den verschiedenen Kartennetzentwürfen anstrebte. Bevor der Ansatz im Detail besprochen wird, muss noch kurz auf die Randbedingungen eingegangen werden. Canters ging bei seinen Überlegungen davon aus, dass die Kontinente in den Karten möglichst realitätsnah dargestellt werden sollen - er verwendet dafür den Begriff *orthophanic* und erklärt ihn mit den Worten *"right appearing"*. In Folge dieser Absicht konzentriert sich die Analyse beim Ansatz von Canters auf die Kontinente bzw. Festlandumrisse.

Um ein Maß für den Vergleich der Entwürfe zu gewinnen, werden bei diesem Verfahren die Verzerrungen von 1 000 zufällig über die Kontinente verteilten Kreise ausgewertet. Die Kreise haben dabei unterschiedliche Radien, die sich im Intervall von $0°$ und $30°$ bewegen. Nach deren Abbildung in die Ebene werden anschließend die Längen- und die Flächenverzerrungen ermittelt.

Dazu wird der Kreis auf der Originalfläche durch insgesamt 16 Radiusvektoren beschrieben, die damit einen Winkel von jeweils $22.5°$ bis zum nächsten Radiusvektor einschließen. Diese Radiusvektoren werden anschließend unter Verwendung der jeweiligen Abbildungsvorschriften in die Ebene abgebildet. Die Radiusvektoren haben nach der Abbildung i. Allg. nicht mehr die gleiche Länge und auch die Fläche, die durch sie beschrieben wird, ist nicht mehr gleich. Im Folgenden soll die Vorgehensweise von Canters etwas detaillierter vorgestellt werden.

Canters definierte ein Verhältnis, das die relative Verzerrung zwischen dem Original und dem Bild repräsentiert. Es lautet:

$$E_A = \frac{1}{m} \sum_{i=1}^{m} \frac{|A_i - A_i'|}{|A_i - A_i'|} \quad , \tag{3-1}$$

wobei A_i die jeweils zu vergleichende Fläche symbolisiert, während A_i' ihr zugehöriges Bild darstellt. Weiterhin steht m für die Gesamtzahl der abgebildeten Kreise, die Canters mit $m = 1 000$ angab.

Nach Canters ist die Größe E_A bis zu einem gewissen Grad vom Maßstab abhängig. Aus diesem Grund schlug er vor, verschiedene Durchläufe zur Ermittlung von E_A zu starten. Zur Ableitung des von ihm vorgeschlagenen Parameters K_A, der dann in die weiteren Berechnungen einfließt, muss, dem Vorschlag Canters folgend, das ermittelte Minimum von E_A herangezogen werden. K_A ergibt sich dann zu

$$K_A = \frac{1 - E_A}{1 + E_A} \quad . \tag{3-2}$$

Aufbauend auf dem Konzept von Boyce und Clark ([Boyce u. Clark, 1964]) wurde weiterhin eine Größe E_S bestimmt, die die Abweichung des Bildes von einem Kreis beschreibt. Basis der Analyse bilden die zuvor schon genannten 16 Radiusvektoren und deren Verhältnis zwischen Bild und Original. Die detaillierte Vorgehensweise ist in [Boyce u. Clark, 1964] nachzulesen. Der auf diesem Weg berechnete Wert E_S beschreibt somit die Formänderung des Kreises. Er ist so definiert, dass sich sein Wert bei einem Kreis zu $E_S = 0$ ergibt. Für alle übrigen, vom Kreis abweichende geometrische Figuren, ist $E_S > 0$.

Die Verzerrungseigenschaften einer Abbildung sollen, gemäß dem vorgestellten verfahren, mit den beiden oben vorgeschlagenen Größen eingestuft werden. Dazu bildet man die Summe der beiden Werte. Das auf diese Weise gewonnene Maß ist aber nur dann aussagekräftig, wenn die beiden Größen zuvor normiert worden sind. Beide müssen demnach in das Intervalle $[0,1]$ abgebildet werden. Formal: $E_A, E_S \rightarrow [0,1]$. Im Detail gestaltet sich das wie folgt:

$$E_{A,c} = \frac{K_A - K_{A,min}}{K_{A,max} - K_{A,min}} \quad \text{sowie} \quad E_{S,c} = \frac{E_S - E_{S,min}}{E_{S,max} - E_{S,min}} \quad . \tag{3-3}$$

Aus dem Formalismus ergibt sich, dass zur Berechnung jeweils maximale und minimale Werte für K_A sowie E_S gefunden werden müssen. Für die minimale Flächenverzerrung ist dies einfach, da der Parameter E_A einer flächentreuen Abbildung $E_A = 0$ ist, ergibt sich somit $K_{A,min} = 1$. Das Maximum ist demgegenüber schwerer zu finden, da hier auf der Basis rein theoretischer Überlegungen keine obere Grenze anzugeben ist. Canters gab auf der Basis empirischer Berechnungen, die auszuführen an dieser Stelle zu umfangreich wären, ebenfalls eine obere Grenze für das gesuchte Intervall an. Er ermittelte $K_{A,max} = 1,8211$.

In ähnlicher Weise wurden auch die obere und die untere Grenze für E_S angegeben. Bei Analysen wurde festgestellt, dass flächentreue Entwürfe eine sehr hohe Verzerrung der Form erwarten lassen, was sich differenzialgeometrisch aus der Verzerrungsellipse aus Figur 2-1 auch anschaulich erklären lässt. Da es allerdings viele solcher Entwürfe gibt ist es schwierig eine verlässliche obere Grenze zu finden. Canters hatte sich für den Wert 0,1760 entschieden. Für die untere Grenze wählte er den Wert 0,0366. Damit waren alle Voraussetzungen gegeben, um die beiden Größen $E_{A,c}$ und $E_{S,c}$ in Gleichung 3-3 bestimmen zu können.

Canters bestimmte somit zwei Größen, die zur qualitativen Bewertung von Abbildungen geeignet sind. Die Summe aus beiden konnte anschließend zum Vergleich unterschiedlicher Entwürfe herangezogen werden. Die nachstehende Tabelle gibt beispielhaft einen Teil der von Canters berechneten Ergebnisse wieder.

Tab. 3-1: Vergleich der verschiedenen Entwürfe (Quelle: [Canters et al., 2005])

	K_A	E_S	$E_{A,c}$	$E_{S,c}$	E
Winkel-Tripel	1.159	0.098	0.194	0.444	0.638
Robinson	1.150	0.101	0.183	0.466	0.649
Eckert IV	1.000	0.133	0.000	0.694	0.694
Miller I	1.606	0.050	0.738	0.103	0.841
Sinusoidal	1.000	0.176	0.000	1.000	1.000

Die beiden flächentreuen Entwürfe in Tabelle 3-1 haben aufgrund von Gleichung 3-1 in Verbindung mit 3-2 den Wert $K_A = 1$ in der zweiten Spalte. Die letzte Spalte, die die Summe aus $E_{A,c}$ und $E_{S,c}$ wiedergibt, kann direkt für das Ranking der Entwürfe herangezogen werden. Es gilt dabei: Je geringer der Wert für E, desto besser ist der Entwurf. Erwartungsgemäß steht die Robinson-Projektion weit oben in der Liste der geprüften Entwürfe, sie ist allerdings nicht der beste bzw. steht nicht auf dem ersten Platz.

Am Ende dieses Abschnitts soll noch kurz ein Vergleich der beiden hier diskutierten *globalen* Verzerrungsmaße durchgeführt werden. Obwohl die abgeleiteten Maße Q und E ihrer Definition nach durchaus unterschiedlich sind, kamen Capek und Canters, was das Ranking der Entwürfe anbelangt, zu identischen Ergebnissen. Die Entwürfe

1. Robinson

2. Kavrajskij VII

3. Eckert IV

4. Wagner VI

5. Mollweide

6. Aitoff

die sowohl in [Capek, 2001] als auch in [Canters et al., 2005] untersucht worden waren – und nur diese sind hier aufgezählt – nahmen im Ranking der beiden Autoren die gleiche Reihenfolge ein. Die Kriterien bestätigen sich somit weitgehend. Im Übrigen nahm bei beiden Ansätzen die Robinson-Projektion einen der oberen Ränge ein, was ein Indiz für die sehr guten Verzerrungseigenschaften dieser Abbildung ist.

4   Ein modifiziertes globales Verzerrungsmaß

In Anlehnung an die Untersuchung von Canters wurde das von ihm entwickelte Verzerrungsmaß angewendet, um verschiedene Ansätze zur mathematischen Beschreibung der Robinson-Projektion zu untersuchen. Auf Basis dieses Maßes sollte festgestellt werden, welcher Ansatz das beste Ergebnis liefert. Dabei wurde zunächst eine Modifikation der von Canters vorgestellten Vorgehensweise eingeführt. Zur Berechnung des endgültigen Wertes von E wurden dabei nicht nur die Kontinente in Betracht gezogen, die Kreise wurden vielmehr auf die gesamte abgebildete Fläche verteilt. Ferner wurde eine Einschränkung auf die Breiten zwischen $\pm 88°$ vorgenommen, was im Umkehrschluss zur Folge hatte, dass die Polgebiete geringer gewichtet wurden.

Tab. 4-1: Vergleich der Abbildungen nach [Canters et al., 2005]

	K_A	E_S	$E_{A,c}$	$E_{S,c}$	E
Winkel-Tripel	1.159	0.098	0.194	0.444	0.638
Robinson	1.150	0.101	0.183	0.466	0.649
Kavrajskij VII	1.209	0.093	0.255	0.409	0.664
Aitoff-Wagner	1.188	0.098	0.229	0.444	0.673
Eckert IV	1.000	0.133	0.000	0.694	0.694
Hammer-Wagner	1.000	0.139	0.000	0.737	0.737
Mollweide	1.000	0.151	0.000	0.822	0.822
Aitoff	1.098	0.137	0.119	0.722	0.841
Hammer-Aitoff	1.000	0.155	0.000	0.850	0.850

Um die Auswirkungen dieser Modifikation zu testen, wurden die von Canters bereits durchgeführten Analysen unter den neuen Rahmenbedingungen nochmals durchgeführt, um auf diese Art eventuelle Nachteile dieser Vorgehensweise aufdecken zu können. Es stellte sich dabei heraus, dass die flächentreuen Abbildungen unter den geänderten Bedingungen deutlich besser abschnitten. Dieser Effekt beruhte letztlich auf dem Einfluss des Parameters $E_{A,c}$, der bei flächentreuen

Entwürfen immer Null ist und durch die Summenbildung dazu führte, dass sich das Ranking zu Gunsten dieser Entwürfe verändert.

Tabelle 4-1 gibt zunächst das Ranking der verschiedenen Entwürfe wieder, wie es in [Canters et al., 2005] publiziert wurde. Zur Berechnung der vorgestellten Ergebnisse beschränkte sich Canters auf die Konitnente, d. h. die zufällig platzierten Kreise befanden sich immer auf dem Festland. Die Tabelle gibt nur einen Auszug der analysierten Entwürfe wieder.

Unter den geänderten Rahmenbedingungen, d. h. Ableitung des Parameters E aus Kreisen, die zufällig über die gesamte Fläche verteilt sind, wurde die gleiche Berechnung nochmals durchgeführt, wobei jetzt mit einer variablen Anzahl von Kreisen gerechnet wurde. Damit sollte die Wiederholgenauigkeit des Parameters E getestet werden. Die Ergebnisse sind in Tabelle 4-2 wiedergegeben.

Tab. 4-2: Vergleich der Abbildungen unter geänderten Bedingungen

	Anzahl der Kreise (darunter das zugehörige E)				$D_{max.}$
Entwurf	1 000	3 000	5 000	10 000	$[10^{-3}]$
Eckert IV	0.816	0.820	0.820	0.819	4
Kavrajskij VII	0.835	0.827	0.829	0.832	6
Winkel-Tripel	0.832	0.835	0.838	0.835	6
Robinson	0.828	0.836	0.830	0.830	8
Hammer-Wagner	0.857	0.854	0.856	0.858	4
Mollweide	0.911	0.908	0.905	0.913	8
Aitoff-Wagner	0.992	0.987	0.986	0.991	6
Hammer-Aitoff	0.985	0.993	0.993	0.990	8
Aitoff	1.115	1.105	1.105	1.099	16

Die für E ermittelten Werte in Tabelle 4-2 sind jetzt nicht mehr direkt vergleichbar mit denen aus Tabelle 4-1. Denn um Gleichung 3-3 exakt auswerten zu können müssten den neuen Gegebenheiten genügende Minima und Maxima ermittelt werden. Darauf wurde verzichtet und statt dessen mit den von Canters verwendeten Größen gearbeitet. Dies bleibt ohne negative Auswirkungen, da es bei den vorgestellten Betrachtungen nur um einen relativen Vergleich geht und die absoluten Größen dabei von untergeordneter Bedeutung sind.

Um die Wiederholgenauigkeit des Algorithmus zu überprüfen wurde in der letzten Spalte die maximale Differenz $D_{max.}$ (Differenz zwischen dem größten und kleinsten Wert nach einer bestimmten Anzahl von Wiederholungen) der berechneten Parameter aus mehreren Durchläufen angegeben. Es wurde dann jeweils der aus den Einzelwerten abgeleitete Mittelwert in die Tabelle übernommen. Bei der Analyse von 1 000 und 3 000 Kreisen wurden jeweils 20 Wiederholungen durchgeführt, bei 5 000 waren es zehn und bei 10 000 nur noch fünf Durchläufe. Es fällt auf, dass sich die Intervalle, die bei der einzelnen Abbildung durch ihren höchsten und ihren niedersten Wert festlegt sind, nicht paarweise ausschließen. So liegt beispielsweise der Mittelwert der Winkel-Tripel Abbildung, der aus insgesamt 60 000 zufällig platzierten Kreisen berechnet wurde, innerhalb des Intervalls, das durch den größten und den kleinsten Wert in der Spalte zur Robinson-Projektion abgeleitet wurde.

Bei dem in Tabelle 4-2 durchgeführten Vergleich zeigte es sich weiterhin, dass die flächentreuen Abbildungen unter den veränderten Randbedingungen besser abschneiden. Eckert IV wurde zum besten Entwurf und auch die beiden verbleibenden flächentreuen Entwürfe konnten sich im Ranking um jeweils einen Rang verbessern. Kavrajskij VII wurdd ebenfalls höher eingestuft, dafür verschlechterten sich die beiden Abbildungen Winkel-Tripel sowie die Robinson-Projektion um zwei Plätze. Als Ordnungskriterium wurde dabei die dritte Spalte herangezogen, da der Wert für E aus dieser Spalte aus insgesamt 60 000 Einzelanalysen (20 mal 3000) abgeleitet wurde und sich somit auf die größte Grundgesamtheit stützte.

5   Vergleich der Lösungen zur Robinson-Projektion

Wie an anderer Stelle schon erwähnt, nimmt die Robinson-Projektion unter den Kartennetzentwürfen eine Ausnahmestellung ein, da sie ursprünglich rein konstruktiv definiert war. Mehrere Autoren haben im Nachhinein versucht, die Abbildung mathematisch exakt zu beschreiben. Dazu liegen Lösungen von Canters, Bretterbauer, Beineke, Ipbuker und Snyder vor (siehe [Canters u. Decleir, 1989; Bretterbauer, 1994; Beineke, 1991; Ipbuker, 2005; Snyder, 1990]).

Bislang wurden die Lösungsvorschläge unter den Gesichtspunkten der Übereinstimmung mit dem Original durchgeführt. Sowohl in [Beineke, 1991] als auch in [Bretterbauer, 1994] werden die Ergebnisse hinsichtlich der Genauigkeit in Bezug auf die Approximation behandelt. An dieser Stelle soll erstmals ein Vergleich zwischen den Lösungen auf der Basis des im vorigen Abschnitt vorgestellten Kriteriums erfolgen. Diesem Vergleich liegen die von Canters erarbeiteten Größen

- Längenverzerrung und

- Flächenverzerrung

zu Grunde. Der Zweck der Analyse besteht somit nicht darin, die oben genannten Lösungen hinsichtlich ihrer *Originaltreue* – gemeint ist dabei die Übereinstimmung mit den von Robinson getroffenen Vorgaben – miteinander zu vergleichen, sondern vielmehr darin, wie sich die Eigenschaften der Abbildung verhalten bzw. verändern.

Bereits in [Bretterbauer, 1994] wurde darauf hingewiesen, dass es sehr wahrscheinlich möglich ist, die ohnehin schon guten Eigenschaften der Robinson-Projektion noch weiter zu verbessern. Die Entscheidung darüber, welche Änderung eine Verbesserung der Abbildung entstehen lässt, setzt voraus, dass ein objektives Kriterium vorliegt, auf Grundlage dessen entschieden werden kann.

Auf Basis der zuvor schon diskutierten Kriterien wurden vier der fünf oben genannten Entwürfe miteinander verglichen. Die Lösung von Snyder (siehe [Snyder, 1990]) wurde noch nicht implementiert. Die Ergebnisse sind in Tabelle 5-1 wiedergegeben. Die verschiedenen Lösungen sind dabei alphabetisch nach den Autoren sortiert und nicht nach dem Resultat des Parameters E wie dies in Tabelle 4-2 der Fall ist.

Tab. 5-1: Vergleich der Lösungen zur Robinson-Projektion

Entwurf	Anzahl der Kreise (darunter das zugehörige E)				$D_{max.}$ $[10^{-3}]$
	1 000	3 000	5 000	10 000	
Beineke	0.843	0.832	0.840	0.834	11
Bretterbauer	0.828	0.836	0.830	0.830	8
Canters & Decleir	0.846	0.847	0.851	0.850	5
Ipbuker	0.835	0.831	0.839	0.830	9

Die Analyse der Ergebnisse für E aus Tabelle 5-1 zeigt, dass sich die vier Ansätze zur Approximation der Robinson-Projektion kaum unterscheiden. Nimmt man aus jeder Zeile der Tabelle den maximalen und den minimalen Wert für E und interpretiert das Resultat als Grenze für das

Intervall aller vorkommenden Werte, dann erhält man die in Abbildung 5-1 wiedergegebenen Ergebnisse. Drei der Intervalle überlappen sich paarweise. Einzig die Lösung von *Canters & Decleir* überlappt sich nicht mit den übrigen drei, wobei man keinesfalls von einer deutlichen Abweichung von den übrigen Ergebnissen reden kann. Allerdings wird schon in [Bretterbauer, 1994] auf die etwas schlechtere Approximation dieser Lösung hingewiesen.

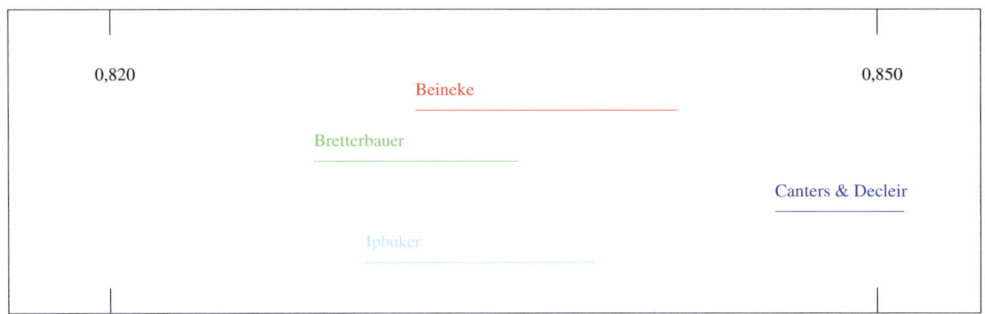

Abb. 5-1: Die Intervalle für E (abgeleitet aus Tab. 5-1)

Zusammenfassend kann man feststellen, dass es allen vier Autoren gleichermaßen gut gelungen ist, die Robinson-Projektion anzunähern. Es unterscheidet sich keiner der vorgestellten Ansätzen signifikant von den übrigen. Dies gilt allerdings nur unter der Berücksichtigung des vorgestellten Verfahrens. Es ist nicht ausgeschlossen, dass das von Capek vorgestellte Maß Q ein anderes Ergebnis erbringen würde. Dieser Frage müsste in einer unabhängigen Untersuchung nachgegangen werden.

6 Fazit

Mit dem auf der Basis von Canters vorgeschlagenem Parameter E, dessen Berechnung im vorliegenden Beitrag leicht abgewandelt wurde, ist es möglich die Verzerrungseigenschaften von Kartennetzentwürfen miteinander zu vergleichen und einem Ranking zu unterziehen. Damit ist selbstverständlich keine Wertung im Hinblick auf andere Eigenschaften, wie z. B. hinsichtlich der Ästhetik, des Entwurfs verbunden. D. h., in der Praxis gibt es neben der realitätsnahen Darstellung des Globus durchaus noch andere wichtige Kriterien, die über die Auswahl eines bestimmten Entwurfes entscheiden.

Wendet man das beschriebene Verfahren zur Analyse der Verzerrungseigenschaften auf die in der Literatur diskutierten Approximationen der Robinson-Projektkion an, dann zeigt sich, dass die verglichenen Implementierungen ähnliche Ergebnisse erzielen. Es ist damit davon auszugehen, dass die vier verglichenen Ansätze die Robinson-Projektion, die ursprünglich nur über eine Konstruktionsvorschrift definiert war, gleich gut nachbilden.

Greift man den zuvor schon zitierten Gedanken von Bretterbauer auf, der aufgrund seiner Analysen zur Robinson-Projektion zu dem Schluss gekommen war, dass der bislang vorliegende Entwurf noch Raum für Optimierungen bietet, dann ist mit dem hier vorgestellten Verfahren eine Methode gefunden, die es erlaubt die Lösung zu beurteilen. Dabei muss man sich im Klaren darüber sein, dass die Bewertung unter bestimmten Gesichtspunkten erfolgt.

Bei der hier vorgestellten Analyse bleibt beispielsweise die Winkelverzerrung nur unzureichend berücksichtigt , da sie bei der Berechnung von E keine Rolle spielt. Prinzipielle wäre es wünschenswert ein Verzerrungsamß zur Hand zu haben, das alle drei Kriterien – also Flächen-, Längen- und Winkelverzerrung – umfasst.

Literatur

[Beineke 1991] BEINEKE, Dieter: Untersuchung zur Robinson-Abbildung und Vorschlag einer analytischen Abbildungsvorschrift. In: *Kartographische Nachrichten* (1991), Nr. 3, S. 85 – 94

[Boyce u. Clark 1964] BOYCE, R. R. ; CLARK, W. A. V.: The Concept of Shape in Geography. In: *Geographical Review* 26 (1964), Nr. 4, S. 53 – 71

[Bretterbauer 1994] BRETTERBAUER, Kurt: Ein Berechnungsverfahren für die Robinson-Projektion. In: *Kartographische Nachrichten* (1994), Nr. 6, S. 227–229

[Bretterbauer 2002] BRETTERBAUER, Kurt: Die runde Erde eben dargestellt / Institut für Geodäsie und Geophysik, Abteilung Höhere Geodäsie. 2002 (59). – Forschungsbericht. – Geowissenschaftliche Mitteilungen

[Canters 2002] CANTERS, Frank: *Small-Scale Map Porjection Design.* Taylor and Francis, 2002

[Canters u. Decleir 1989] CANTERS, Frank ; DECLEIR, Hugo: *The World in Perspective.* John Wiley and Sons, 1989

[Canters et al. 2005] CANTERS, Frank ; DEKNOPPER, Roel ; DE GENST, William: A new Approach for Designing Orthophanic Worl Maps. In: *Proceedings of the 22nd International Cartographic Conference, Mapping Approaches in a Changing World, July 9-16, A Coruna, Spain* International Cartographic Association, 2005

[Capek 2001] CAPEK, Richard: Which is the best Projection for the World Map? In: *Proceedings of the 20th International Cartographic Conference, Beijing, China* Bd. 5 International Cartographic Association, 2001, S. 3084–3093

[Ipbuker 2005] IPBUKER, C.: A Computational Approach to the Robinson Projection. In: *Survey Review* 38 (2005), S. 204 – 217

[Peters 1975] PETERS, A.: Wie man unsere Weltkarten der Erde ähnlicher machen kann. In: *Kartographische Nachrichten* (1975), Nr. 5, S. 173–183

[Peters 1978] PETERS, A.: ÜberWeltkartenverzerrungen und Weltkartenmittelpunkte. In: *Kartographische Nachrichten* (1978), Nr. 3, S. 106–113

[Robinson 1974] ROBINSON, Arthur H.: A New Map Projection: Ist Develpment and Characteristics. In: *Internat. Yearbook of Cartography* 14 (1974), S. 145–155

[Snyder 1990] SNYDER, J. P.: The Robinson Projection. A Computation Algorithm. In: *Cartography and Geographic Information Systems* 17 (1990)

Anschrift der Autoren:

Dr.-Ing. Norbert Rösch   Karlsruher Institut für Technologie (KIT)
Geodätisches Institut (GIK)
Englerstraße 7, 76131 Karlsruhe
norbert.roesch@kit.edu

cand. geod. David Vatter   Karlsruher Institut für Technologie (KIT)
Geodätisches Institut (GIK)
Englerstraße 7, 76131 Karlsruhe
david.vatter@student.kit.edu

Berechnung der RTM-Effekte auf Schwereanomalien im Kontext der regionalen Quasigeoidbestimmung

Kurt Seitz und Klaus Lindner

1 Einleitung

Zielsetzung der skalar freien geodätischen Randwertaufgabe (GRWA) ist die Bestimmung der physikalischen Erdoberfläche (Randfläche S) und des äußeren Schwerefeldes aus Messungen von Funktionalen des Schwerefeldes auf oder in der Nähe der Erdoberfläche. Bei der gravimetrischen Quasigeoidbestimmung werden aus Schwereanomalien Δg in der Definition nach Molodenskii Höhenanomalien ζ erhalten, welche das Quasigeoid relativ zu einem Niveauellipsoid geometrisch beschreiben.

Bei der praktischen Berechnung von regionalen Quasigeoidlösungen hat sich das Konzept der spektralen Zerlegung durchgesetzt. Dabei werden im Remove-Step die Schwereanomalien um den Beitrag eines Geopotentialmodells (GPM) sowie Nahfeldeffekten aus einer residualen Topographie (RTM) reduziert. Die erhaltenen residualen Schwereanomalien werden unter Anwendung des Stokes-Integrals im Compute-Step in residuale Höhenanomalien umgerechnet. Aus dem GPM sind die langwelligen Beiträge zur Höhenanomalie zu berechnen, während die hochfrequenten Anteile an der Höhenanomalie mittels RTM auszuwerten sind. Im abschließenden Restore-Step werden die entsprechenden spektralen Anteile der Höhenanomalie zusammengefügt.

Mit dem remove-Auswerteschritt gehen gedanklich Massenverlagerungen einher, welche dazu führen, dass die Randfläche der GRWA von der Erdoberfläche auf die sogenannte RTM-Fläche S' übergeht. Dies hat zur Folge, dass der Aufpunkt P von der Erdoberfläche auf die RTM-Fläche ($S' \ni P'$) verschoben werden muss. Hierbei ist zu beachten, ob sich der Aufpunkt P über der RTM-Fläche oder unterhalb der RTM-Fläche befindet und damit gedanklich von den RTM-Massen überdeckt werden würde. Um Randwerte eines harmonischen Außenraumpotentials zu erhalten, muss im zweiten Fall die RTM-Auswertung in P' erfolgen. Im Restore-Step werden zur Berechnung der kurzwelligen RTM-Anteile an der Höhenanomalie die Massen zwischen Erdoberfläche und RTM-Fläche gedanklich resubstituiert. Auch dabei ist zu beachten, ob die RTM-Auswertung in P oder P' zu erfolgen hat.

2 Die skalar freie Geodätische Randwertaufgabe

Die Geodätische Randwertaufgabe in der Formulierung nach Molodenskii [Molodenskii et al., 1962] hat die Bestimmung des Schwerepotentials W im Außenraum Ω der Randfläche S und die vertikale Position (skalar frei) der Randfläche zum Ziel. Die ursprünglich nicht-lineare GRWA wird nach Einführung von Näherungsgrößen für die Unbekannten linearisiert. Dabei wird das Schwerepotential W durch das Normalschwerepotential U eines Niveauellipsoids approximiert. Als Näherung der Randfläche S wird das Telluroid s z.B. über die Telluroiddefinition nach Molodenskii eingeführt. Dabei wird jedem Aufpunkt P eindeutig ein Telluroidpunkt Q zugeordnet. Siehe hierzu Abbildung 2-1. Hieraus resultiert die linearisierte Aufgabe das Störpotential

$$T = W - U \tag{2-1}$$

im Außenraum Ω zu bestimmen. Die Formulierung der Randwertaufgabe umfasst die Feldgleichung, Regularitätsforderung an das Störpotential, sowie die Randbedingung. Die Randbedingung wird beim gravimetrischen Ansatz durch die skalare Schwereanomalie

$$\Delta g = g_P - \gamma_Q \qquad (2\text{-}2)$$

mit den gemessenen Schwerewerten g_P als Randwerte diskretisiert [Torge, 2003]. Der Normalschwerewert γ_Q ist eine Funktion der ellipsoidischen Höhe h_Q und der geographischen Breite B_Q des Telluroidpunktes Q. Er kann streng mit der Normalschwereformel [Moritz, 1980b; Wenzel, 1985] in Q ausgewertet werden. Die *linearisierte skalar freie Geodätische Randwertaufgabe* lässt sich somit wie folgt nach Heck [1989] formulieren: *Gesucht ist das harmonische Störpotential T im Außenraum der Randfläche s. Auf s soll T die lineare skalare Randbedingung (2-4) erfüllen und für $r \to \infty$ wie $1/r$ abklingen, was der Regularitätsforderung an T im Unendlichen gleichkommt.*

$$
\begin{aligned}
Lap\, T &= 0, && \text{im Außenraum von } s \\
T(\mathbf{x}) &\sim \frac{1}{r} + O\left(\frac{1}{r^3}\right), && r \to \infty, \quad r = |\mathbf{x}| \\
\Delta g &= <\frac{\gamma}{\gamma}, grad\, T> - <\frac{\gamma}{\gamma}, \mathbf{M}\cdot\mathbf{n}> \frac{T}{<grad\, w, \mathbf{n}>}, && \text{auf } s\,.
\end{aligned}
$$

$$(2\text{-}3)$$

Der Marussi-Tensor der zweiten Ableitungen des Störpotentials ist mit $\mathbf{M}$ und die äußere Flächennormale mit $\mathbf{n}$ bezeichnet. Der Normalschwerewert γ ist der Betrag des Normalschwerevektors $\boldsymbol{\gamma}$. In der linearisierten Randbedingung

$$\Delta g = -\frac{2}{r}T - \frac{\partial T}{\partial r} + \delta g_{nl} + \delta g_{ee}, \qquad \text{auf } s\,, \qquad (2\text{-}4)$$

werden die nichtlinearen Terme mit δg_{nl} bezeichnet. Der Einfluss der Verwendung eines Zentralfeldes anstelle des exakten Normalfeldes in der Randbedingung wird durch die ellipsoidischen Effekt δg_{ee} beschrieben. In Jekeli [1981] wird eine Darstellung der Fehlerordnung $O(e^4)$ gegeben. Diese wurde in Seitz [1997] um die Terme e^4 erweitert. In der Nähe der Erdoberfläche kann ein Maximalwert von $|\delta g_{ee}| \leq 230 \cdot 10^{-8} ms^{-2}$ abgeschätzt werden.

Werden die nichtlinearen und ellipsoidischen Effekte in der Randbedingung vernachlässigt, so resultiert die sogenannte *Fundamentalgleichung der Physikalischen Geodäsie* [Heiskanen u. Moritz, 1967]:

$$\Delta g = -\frac{2}{r}T - \frac{\partial T}{\partial r}, \qquad \text{auf } s\,. \qquad (2\text{-}5)$$

Diese Approximationsstufe der Randbedingung wird als *isotrope Approximation* bezeichnet.

Die skalar freie Geodätische Randwertaufgabe kann somit für den Außenraum Ω über eine Integralformel gelöst werden [Stokes, 1849; Moritz, 1980a]:

$$T(r, \varphi, \lambda) = \frac{R}{4\pi} \iint_\sigma (\Delta g + \delta g_1 + \cdots)\, S(r, \psi)\, d\sigma. \qquad (2\text{-}6)$$

Hierbei ist σ die Oberfläche der Einheitskugel mit dem zugehörigen Flächenelement $d\sigma$ und dem mittleren Erdradius R. Durch die Molodenskii-Terme δg_i werden die Randwerte von der Randfläche auf die Referenzkugel harmonisch fortgesetzt. Sie resultieren aus der Molodenskii-Reihe [Brovar, 1964; Moritz, 1971] und sind von der Topographie abhängig. Die vom sphärischen Abstand ψ und dem geozentrischen Abstand r abhängige Kernfunktion $S(r, \psi)$ wird als Stokes-Pizzetti-Funktion bezeichnet. Die Integralformel (2-6) lautet für einen Punkt auf der sphärisch approximierten Randfläche

$$T(\varphi, \lambda) = \frac{R}{4\pi} \iint_\sigma (\Delta g + \delta g_1 + \cdots)\, S(\psi)\, d\sigma. \qquad (2\text{-}7)$$

Sie wird als Stokes-Formel, Integralformel von Stokes oder Stokes-Integral bezeichnet und geht mit dem Theorem von Bruns [Heiskanen u. Moritz, 1967, S 293]

$$\zeta = \frac{T}{\gamma_Q} \qquad (2\text{-}8)$$

in das Stokes-Integral für Höhenanomalien über

$$\zeta = \frac{R}{4\pi\gamma_Q} \iint_\sigma (\Delta g + \delta g_1 + \cdots)\, S(\psi)\, d\sigma, \qquad (2\text{-}9)$$

welches die Feldtransformation von Schwereanomalien Δg in Höhenanomalien ζ realisiert. In sphärischer Approximation werden in Gleichung (2-9) die Terme δg_i vernachlässigt und es resultiert die Höhenanomalie aus linearer und sphärischer Näherung der Randbedingung und konstanter Radiusapproximation der Randfläche:

$$\zeta = \frac{R}{4\pi\gamma_Q} \iint_\sigma \Delta g\, S(\psi)\, d\sigma. \qquad (2\text{-}10)$$

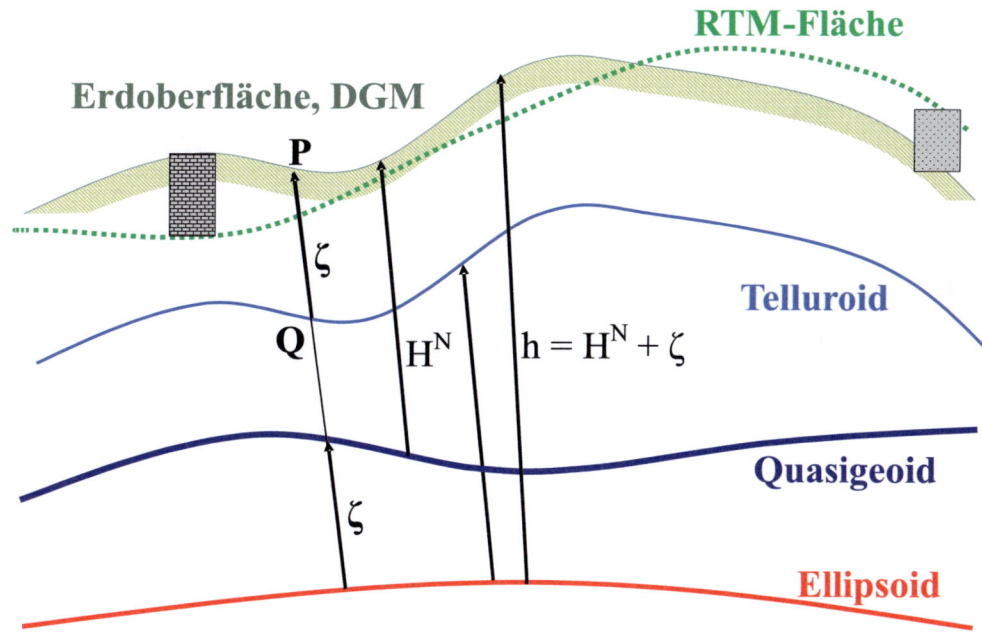

Abb. 2-1: Bezugsflächen beim Molodenskii Problem und der RTM-Methode

3 Regionale Quasigeoidbestimmung

Bedingt durch die Tatsache, dass hochauflösende Daten (Schwerewerte, digitale Geländemodelle) i.d.R. nur regional verfügbar sind, können hochgenaue Quasigeoidlösungen lediglich regional realisiert werden. Hierzu muss Gleichung (2-10), die eine globale Datenbedeckung voraussetzt, auf die Größe des Datengebiets adaptiert werden. Dies geschieht durch Modifikation der Stokes-Funktion. Zur Modifikation der Stokes-Funktion siehe den Beitrag von Grombein u. Seitz [2010] in dieser Festschrift.

3.1 Remove-Compute-Restore Technik

Bei der praktischen Berechnung einer regionalen Quasigeoidlösung hat sich die Remove-Compute-Restore Technik (RCRT) [Forsberg u. Tscherning, 1997; Denker, 2006; Wolf, 2008] durchgesetzt. Dabei wird die Schwereanomalie Δg vor der Feldtransformation um den Einfluss einer residualen Topographie δg_{RTM} und dem Anteil eines globalen Geopotentialmodells Δg_{GPM} reduziert, weshalb auch vom Konzept der spektralen Zerlegung gesprochen wird. Die kurzwelligen Feldanteile werden dabei der residualen Topographie zugeordnet. Die residuale Topographie wird konkret als Differenz zwischen einem die Erdoberfläche bestmöglich approximierenden digitalen Geländemodell (DGM) und einem geglätteten DGM, das nur noch langwellige Strukturen aufweist und als RTM-Fläche bezeichnet wird, realisiert (Abb. 2-1). Die Reduktion der RTM-Effekte δg_{RTM} aus den Schwereanomalien Δg führt zu geglätteten Randwerten, die sich besser zur Interpolation und harmonischen Fortsetzung eignen. Der Einfluss der durch die RTM-Fläche begrenzten Massen verursacht mittel- bis langwellige Anteile, welche bereits wesentlich im GPM enthalten sind.

Feldanteile, die mittels RTM und GPM noch nicht modelliert, jedoch in den Schwereanomalien enthalten sind, werden einem residualen Anteil zugeordnet. Dieser wird sowohl mittelwellige Anteile aus nicht modellierten Geländeeffekten oder regionalen Dichtestörungen als auch mittel- und langwellige Effekte aus entsprechend fehlerbehafteten Frequenzanteilen im GPM enthalten. Die residuale Schwereanomalie ergibt sich somit im Kontext der spektralen Zerlegung zu:

$$\delta g_{res} = \Delta g - \Delta g_{GPM} - \delta g_{RTM}. \tag{3-1}$$

Dies wird als Remove-Step bezeichnet. Die erhaltenen residualen Schwereanomalien δg_{res} werden im Compute-Step, unter Anwendung des Stokes-Integrals, in die residualen Höhenanomalien $\delta \zeta_{res}$ umgerechnet. Die Integration wird nicht über die gesamte Erdoberfläche, sondern nur über einen durch den Integrationsradius ψ_c begrenzten (kreisförmigen) Kappenbereich ausgeführt. Der dadurch entstehende Integrationsfehler kann reduziert werden, indem die im Stokes-Integral auftretende Stokes-Funktion (Kernfunktion) so verändert wird, dass der Abbruchfehler möglichst gering bleibt [siehe Grombein u. Seitz, 2010].

Durch Auswertung des GPM wird ein konsistenter langwelliger Anteil ζ_{GPM} an der Höhenanomalie berechnet. Der Einfluss der residualen Topographie auf die Höhenanomalie $\delta\zeta_{RTM}$ lässt sich aus den gegebenen DGMs auswerten. Nach Berechnung der einzelnen spektralen Anteile der Höhenanomalie werden sie im Restore-Step zur Gesamthöhenanomalie ζ zusammengefügt:

$$\zeta = \zeta_{GPM} + \delta\zeta_{RTM} + \delta\zeta_{res}. \tag{3-2}$$

Da die Integralformel von Stokes (2-10) nur eine sphärische Approximation darstellt, müssen bei der Forderung nach mm-Genauigkeit für das Quasigeoid zusätzliche Korrekturterme angebracht werden. Hierzu zählen die atmosphärische Reduktion, nichtlineare und ellipsoidische Effekte, harmonische Fortsetzung von der Randfläche auf die Oberfläche der Referenzkugel (Molodenskii-Terme).

3.2 Die RTM-Methode

Das Residual-Terrain-Modelling (RTM) im Kontext der spektralen Zerlegung ist eine Methode zur Glättung der Randwerte. Der in den beliebig verteilten Randpunkten P durch gravimetrische Verfahren ermittelte Betrag des Schwerevektors, ist ein integrales Funktional des Schwerepotentials W. Insbesondere stark variierende topographische Gegebenheiten, lokale Dichtevariationen tragen zur ortsabhängigen Variation des Schwerewertes bei. Diese Nahfeldeffekte werden durch die Wirkung residualer Massenelemente angenähert. Vertikal werden diese Massenelemente durch ein geglättetes DGM (RTM-Fläche) und ein hochauflösendes digitales Geländemodell (DGM), das die Erdoberfläche bestmöglich approximiert, begrenzt (siehe Abb. 2-1). Die horizontalen Begrenzungen resultieren in geographischen Koordinaten aus den geographischen Gitterlinien, in welchen i.d.R. regionale und globale DGMs in äquidistanten Gittern vorliegen. Hieraus resultiert in natürlicher Weise das von Anderson [1976] eingeführte Tesseroid, das in Abb. 3-1 skizziert ist. Die Volumenintegrale der Potential- und Schwerewirkung eines diskreten Tesseroids im Aufpunkt P sind elementar nicht lösbar. Diese elliptischen Integrale werden durch Entwicklung des Integranden in Reihe und anschließende gliedweise Integration approximativ gelöst. Reihenentwicklungen erster Ordnung [Kuhn, 2000] wurden in Seitz u. Heck [2001] sowie Heck u. Seitz [2007] weiterentwickelt.

Durch Reduktion der mittels Tesseroiden (siehe Abb. 3-1) berechneten gravitativen Effekte δg_{RTM} aus den gemessenen Schwerewerten in den beliebig verteilten Aufpunkten P und Abzug der langwelligen Schwereanomalie Δg_{GPM} aus einem Kugelfunktionsmodell, werden mit Gleichung (3-1) geglättete residuale Schwereanomalien δg_{res} erhalten. Die residualen Schwereanomalien werden durch ein geeignetes Interpolationsverfahren [Hardy, 1972] auf ein äquidistantes Raster interpoliert, um im Anschluss daran mittels Feldtransformation, bei sinngemäßer Anwendung von Gleichung (2-10) in residuale Höhenanomalien transformiert werden zu können.

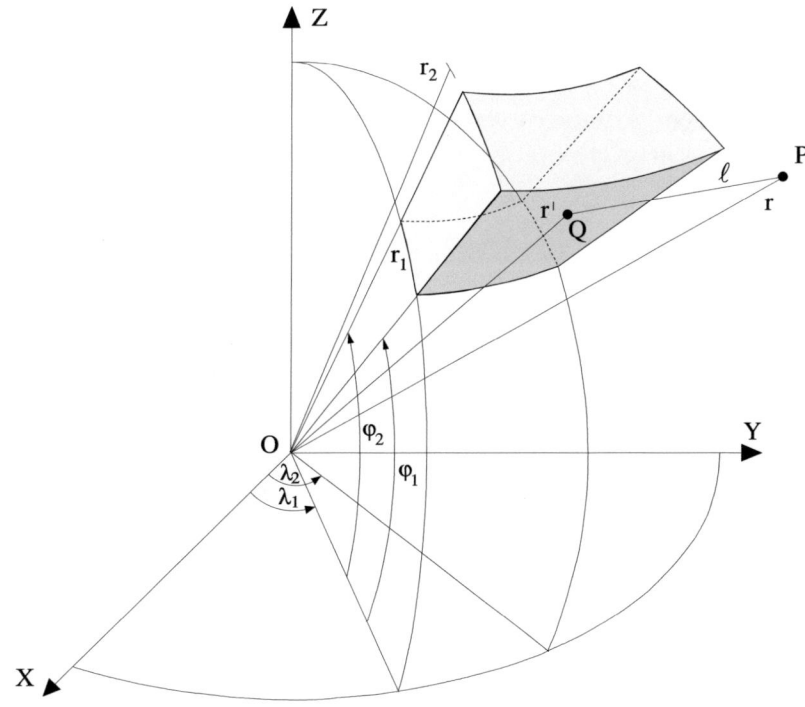

Abb. 3-1: Geometrie eines sphärischen Tesseroids [Kuhn, 2000]

4   Zur Wahl des Auswertepunktes

In der im Kapitel 2 skizzierten skalar freien Randwertaufgabe werden die im Aufpunkt gemessenen Schwerewerte g_P als gegebene Randwerte auf der Erdoberfläche eingeführt. Die Erdoberfläche ist Randfläche dieser Aufgabe aus der Potentialtheorie.
Durch Anwendung der RTM-Methode geht implizit die RTM-Fläche in die neue Randfläche der durch die spektrale Zerlegung (RCRT) modifizierten Aufgabe über.

Zum einen wird also durch die mit dem RTM-Verfahren einhergehenden Massenverlagerungen die Randfläche verändert. Zum anderen muss auch der Aufpunkt P von der originären Randfläche S

auf die neue Randfläche $S' \ni P'$ harmonisch fortgesetzt werden. Hintergrund dieser Überlegungen ist, dass die Randwerte die Randbedingung (Gleichung (2-5)) für das harmonische Potential im Außenraum der Randfläche erfüllen müssen. Dies ist nicht der Fall für Punkte P bzw. P' die sich innerhalb der felderzeugenden Massen befinden.

4.1 Zweischritt Verfahren

Üblicherweise wird bei der Quasigeoid Berechnung unter Anwendung der RTM-Methode so vorgegangen, dass die Masseneinflüsse zwischen DGM- und RTM-Fläche zunächst im Aufpunkt P ausgewertet werden. Falls P durch die RTM-Reduktion in den RTM-Massen eingegraben wird (vergl. Abb. 2-1) muss P anschließend harmonisch auf die RTM-Fläche nach oben fortgesetzt werden. Hierzu kann z.B. die in Gerlach [2003] vorgeschlagene Vorgehensweise verwendet werden. Kernpunkt ist die Berechnung einer zusätzlichen Prey-Reduktion. Andere Möglichkeiten wären die Lösung einer Integralgleichung, Anwendung des Poisson-Integrals [Heiskanen u. Moritz, 1967] oder die Fortsetzung der Randwerte mittels *direct continuation Operator* [Moritz, 1975, 1980a].

4.2 Einschritt Verfahren

Im Folgenden wird ein neuer Ansatz vorgestellt, der am GIK im Rahmen der Quasigeoid Studie für Baden-Württemberg erarbeitet und erprobt wurde.

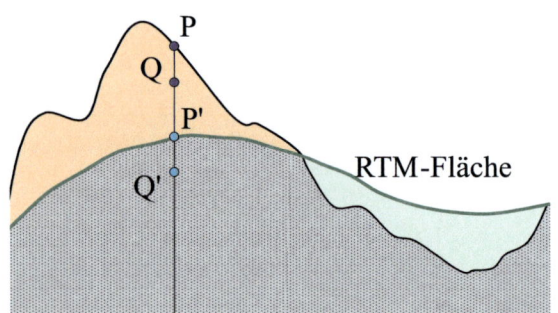

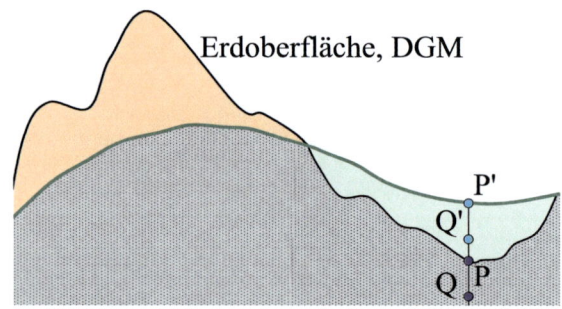

Abb. 4-1: P liegt über der RTM-Fläche   Abb. 4-2: P liegt unter der RTM-Fläche

Bei dieser Vorgehensweise zur Berechnung der RTM-Effekte (Gleichung (3-1)) wird im Aufpunkt P ausgewertet, falls wie in Abbildung 4-1 skizziert, P über der RTM-Fläche liegt. Dabei gilt $h_P \geq h_{P'}$. Nach der RTM-Reduktion, befindet sich P in freier Luft und wird durch eine Freiluftreduktion nach unten auf die RTM-Fläche aufgesetzt:

$$g_{P'} = g_P - \delta g_{RTM}|P + \frac{\partial g}{\partial h} \cdot (h_{P'} - h_P). \tag{4-1}$$

Für den zugehörigen Telluroidpunkt Q' der modifizierten Aufgabe gilt analog:

$$\gamma_{Q'} = \gamma_Q + \frac{\partial \gamma}{\partial h} \cdot (h_{Q'} - h_Q). \tag{4-2}$$

Wird der aktuelle Schweregradient aus (4-1) durch den Normalschweregradient approximiert, so resultiert unter der Annahme $h_{P'} - h_P \approx h_{Q'} - h_Q$ die modifiziert Schwereanomalie

$$\Delta g' = g_{P'} - \gamma_{Q'} = g_P - \delta g_{RTM}|P - \gamma_Q \tag{4-3a}$$
$$= \Delta g - \delta g_{RTM}|P. \tag{4-3b}$$

Die modifizierte Schwereanomalie ergibt sich somit im Fall $h_P \geq h_{P'}$ aus der in (2-2) definierten Schwereanomalie nach Molodenskii, reduziert um den in P ausgewerteten RTM-Beitrag. Die beige eingefärbten RTM-Massen im Umfeld unterhalb von P werden in diesem Fall entfernt.

Bei dem in Abb. 4-2 dargestellten Fall würde der Aufpunkt P gedanklich von den RTM-Massen überdeckt sein. Um dies zu vermeiden wird er bei der hier dargelegten Vorgehensweise zunächst durch eine Freiluftreduktion nach oben auf die RTM-Fläche in den Punkt P' verschoben. Nun erfolgt die Berechnung der RTM-Effekte in P' der reduzierten Randwertaufgabe. Dies stellt sich für den Schwerewert in P' folgendermaßen dar:

$$g_{P'} \;=\; g_P + \frac{\partial g}{\partial h} \cdot (h_{P'} - h_P) - \delta g_{RTM}|P'. \tag{4-4}$$

Für den Normalschwerewert im entsprechenden Telluroidpunkt Q' gilt Gleichung (4-2). Somit resultiert die reduzierte Schwereanomalie

$$\Delta g' \;=\; g_{P'} - \gamma_{Q'} \;=\; g_P - \delta g_{RTM}|P' - \gamma_Q \tag{4-5a}$$
$$\;=\; \Delta g - \delta g_{RTM}|P' \tag{4-5b}$$

im Fall $h_P < h_{P'}$ aus der Schwereanomalie nach Molodenskii, reduziert um den in P' ausgewerteten RTM-Beitrag. Der Bereich im Umfeld unterhalb von P' wird dadurch mit den in Abb. 4-2 grün dargestellten Massen bis zur RTM-Fläche aufgefüllt.

Tab. 4-1: Vorzeichen der RTM-Reduktion δg_{RTM}

Fall	auffüllen/abtragen +/-	Tesseroidmittelpunkt über = + / unter = - Aufpunkthorizont	Wirkung im Aufpunkt = Beitrag zu δg_{RTM} + > 0 oder − < 0
$h_{DGM} \geq h_{RTM}$	-	+	-
$h_{DGM} \geq h_{RTM}$	-	-	+
$h_{DGM} < h_{RTM}$	+	+	+
$h_{DGM} < h_{RTM}$	+	-	-

Ob in P oder P' ausgewertet wird ändert in erster Linie das Vorzeichen der Schwerebeiträge der beige bzw. grün eingefärbten Massen aus dem Nahfeld. Dabei kann der Betrag des Anteils aus dem unmittelbaren Umfeld an δg_{RTM} deshalb variieren, weil die Topographie deutlich bewegter ist als die im Vergleich dazu glatte RTM-Fläche. Die Schwerewirkung des jeweils diskreten Tesseroids erhält das Vorzeichen das dem aktuellen Fall entspricht (siehe Tab. 4-1) und wird in δg_{RTM} akkumuliert. Die Verwendung von Tesseroiden führt automatisch zu einer vorzeichenrichtigen Berücksichtigung des Schwereanteils. Die Topographie in Form der DGM- und RTM-Rasterelemente können dabei sphärisch oder ellipsoidisch angeordnet werden und müssen nicht planar approximiert werden. Zusätzlich zeichnen sich die Tesseroide durch eine deutlich geringere Rechenzeit im Vergleich zu Quadern aus [Heck u. Seitz, 2007].

5 Berechnung der RTM-Effekte in Baden-Württemberg

Am Geodätischen Institut (GIK) des Karlsruher Institut für Technologie (KIT) ist die hochgenaue Berechnung der Höhenbezugsfläche für Baden-Württemberg in Bearbeitung. In diesem Kapitel werden erste Ergebnisse der RTM-Effekte auf die Schwereanomalien vorgestellt die in Gleichung (3-1) zur Berechnung der residualen Schwereanomalien einfließen.

Die Quasigeoidlösung wird auf einem $1' \times 1'$ Raster (Berechnungsgebiet) aus den drei spektralen Anteilen der Höhenanomalie im Restore-Step zusammengesetzt, das durch $7° \leq \lambda \leq 11°$ und $47° \leq \varphi \leq 50°$ begrenzt ist. Die hier vorgestellten RTM-Effekte auf die Schwereanomalie sind in jedem Schweremesspunkt zu berechnen und werden im Remove-Step an die Schwereanomalie angebracht. Das Datengebiet erstreckt sich über $2° \leq \lambda \leq 16°$ und $43° \leq \varphi \leq 54°$. In ihm liegen ca 500 000 Schweremesspunkte die in die Berechnung mit eingehen. Nach punktweiser Auswertung des Geopotentialmodells (EGM96 [Lemoine et al., 1998] wird aktuell verwendet, EGM08 [Pavlis et al., 2008] ist in Bearbeitung) werden die langwelligen Schwereanomalien reduziert und die residualen Schwereanomalien erhalten. Diese sind im gesamten Datengebiet zur Auswertung der Feldtransformation (Gleichung (2-10)) erforderlich, die wiederum in jedem Rasterpunkt des Berechnungsgebiets durchgeführt wird. In (2-10) werden dabei neben der Stokes-Funktion, die in Grombein u. Seitz [2010] vorgestellten modifizierten Kernfunktionen untersucht, da nicht über die gesamte Erdoberfläche σ integriert wird.

5.1 Datengrundlage zur Berechnung der RTM-Effekte

Zur Berechnung der RTM-Effekte werden die Lagekoordinaten der Schweremesspunkte (Aufpunkte P) benötigt. Diese werden vertikal auf die DGM- bzw. RTM-Fläche aufgesetzt. Alle verwendeten Daten wurden, falls erforderlich, vorab in ein einheitliches Datum transformiert. Als Referenzsystem für die Lage wurde das World Geodetic System 1984 (WGS84) mit dem zugehörigen Ellipsoid des Geodetic Reference System 1980 (GRS80) sowie für die Schwere das International Gravity Standardization Net 1971 (IGSN71) eingeführt. Aus diesen Informationen wurden für alle Schweremesspunkte und DGM-Rasterpunkte geozentrische sphärische Koordinaten φ, λ sowie der geozentrische Abstand r berechnet. Damit wird eine korrekte ellipsoidische räumlich Anordnung der Aufpunkte und Quellen (Tesseroide) erzielt, was die Genauigkeit der Schwerebeiträge aller Tesseroide zum RTM-Effekt erhöht.

5.1.1 Schweredaten

Für den Datenbereich wurden Schweremesspunkte aus Mitteleuropa aus unterschiedlichen Datenquellen zusammengetragen. Die Datenbasis bilden ca. 270 000 Punkte aus der Schweredatenbank des Bureau Gravimétrique International (BGI). Vom Landesamt für Geoinformation und Landentwicklung Baden-Württemberg (LGL) und den angrenzenden Bundesländern wurden ca. 20 000 Schweremessdaten mit einem mittleren Punktabstand von etwa 2 km bereitgestellt. Aus den angrenzenden europäischen Nachbarländern (Belgien, Italien, Luxemburg, Österreich, Schweiz) wurden weitere ca. 102 000 Schweredaten überlassen. Vom Institut für Geowissenschaftliche Gemeinschaftsaufgaben (GGA, Hannover) wurden ca. 29 000 Schweremesspunkte zur Verfügung gestellt. Eigene am GIK vorhandene Schweremesspunkte (u.a. Datensammlung Prof. H.-G. Wenzel) komplettieren, nach Elimination redundanter oder fehlerhafter Punkte, die verwendeten ca. 500 000 Punktschwerewerte und führen zu einer homogenen Datenbedeckung mit einem mittleren Punktabstand von etwa 3 km.

5.1.2 Digitale Geländemodelle

DGM-Fläche

Hochauflösende DGMs des LGL, der Landesvermessungen der Bundesländer Bayern, Rheinland-Pfalz und Hessen (40 m x 40 m bzw. 50 m x 50 m) sowie das aus der Shuttle Radar Topography Mission [Rabus et al., 2003] abgeleitete DGM mit einer Rasterweite von $3'' \times 3''$ (SRTM3) bildeten die Ausgangsinformation für ein eigens aufbereitetes DGM im Berechnungsgebiet mit $1.5'' \times 2.5''$

(≈ 50 m x 50 m) Rasterweite im WGS84-Datum. Zur Berechnung der RTM-Effekte aus dem daran angrenzenden Fernbereich, der sich bis an den Rand des Datenbereichs erstreckt, wurde das in Abb. 5-1 dargestellte Höhenmodell SRTM30 ($30''$ x $30''$) verwendet.

RTM-Fläche

Zur Darstellung der RTM-Bezugsfläche wurde das globale DGM JGP95E in der Art und Weise aufbereitet und verwendet, wie es bei der Berechnung des EGM96 zur Geländemodellierung eingeflossen ist [Lemoine et al., 1998]. Dadurch wird eine konsistente Verknüpfung von lang-welligen Feldanteilen aus dem GPM und von langwelligen Komponenten der Bezugsfläche für die RTM-Reduktion erreicht. Die Höhendifferenzen zum SRTM30 sind in Abb. 5-2 visualisiert. Allerdings sind in dieser Abbildung nur die Tesseroidhöhen dargestellt, welche auf Grund der Definition - SRTM30 minus JGP95E - eine negative Höhe aufweisen. Das sind die Bereiche, in denen die Erdoberfläche unterhalb der RTM-Fläche verläuft. Bei nicht Beachtung des korrekten Auswertepunktes sind das die Gebiete, in denen P durch die RTM-Massen verschüttet werden würde. Der dadurch verursachte Fehler ist in Abb. 5-4 visualisiert. Die Bereiche mit positiven Tesseroidhöhen sind weiß dargestellt.

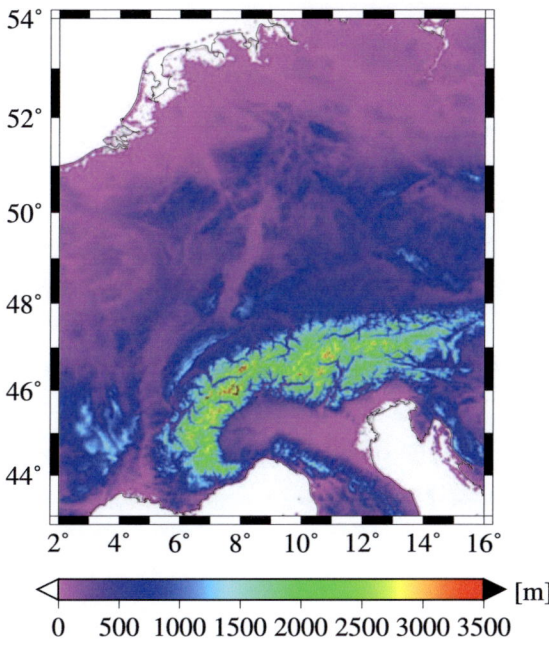

Abb. 5-1: Geländemodell SRTM30

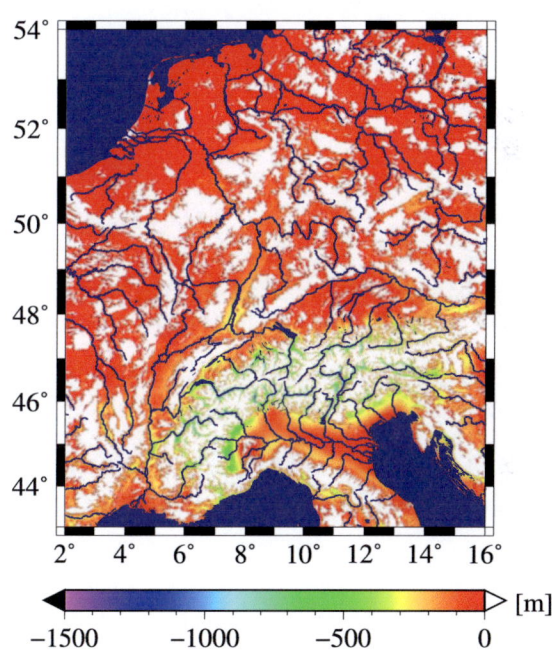

Abb. 5-2: SRTM30 - JGP95E; Höhen der Tesseroide; hier sind nur Differenzen mit $h_{DGM} - h_{RTM} \leq 0m$ dargestellt

5.2 RTM-Effekte in Baden-Württemberg

Die Berechnung der RTM-Effekte in Baden-Württemberg für jeden der ca $500\,000$ Schwere-messpunkte erfordert die jeweilige nummerische Auswertung von $53\,913\,600$ Tesseroiden aus dem hochauflösenden Kernbereich ($1.5''$ x $2.5''$) und weiterer $1\,992\,960$ Tesseroiden aus dem Fernbereich ($30''$ x $30''$). Insgesamt sind somit ca $2.8 \cdot 10^{13}$ Tesseroide auszuwerten. Die hierfür erforderliche CPU-Rechenzeit auf einem PC mit einem üblichen Rechenkern beträgt ca 45 Tage. Da die Auswertung über eine innere und eine äußere Programmschleife gesteuert wird, kann der Quellcode gut parallelisiert werden. Erste Tests wurden am SCC (Steinbuch Centre for Computing) des KIT durchgeführt.

Die RTM-Effekte in Baden-Württemberg sind in Abb. 5-3 dargestellt. Extremwerte von $\pm 150 mGal$ werden im Gebiet der Alpen erreicht. Dabei wurde der korrekte Auswertepunkt P oder P' beachtet.

Die Auswirkung einer ausschließlichen Auswertung in P ist in Abb. 5-4 gegeben. Die weißen Bereiche sind die mit korrektem Ergebnis, da dort ohnehin in P auszuwerten ist, da die RTM-Fläche unterhalb der Erdoberfläche verläuft. Der Fehler ist systematisch negativ und nimmt etwa die doppelte Größe an wie der Betrag des korrekten Effektes. Dies wurde in den Überlegungen im Abschnitt 4.2 diskutiert und auch so erwartet.

Durch die Korrelation der dargestellten Tesseroidhöhen (nur negative Werte) in Abb. 5-2 und den Auswertefehlern in Abb. 5-4 wird dieser Sachverhalt augenfällig.

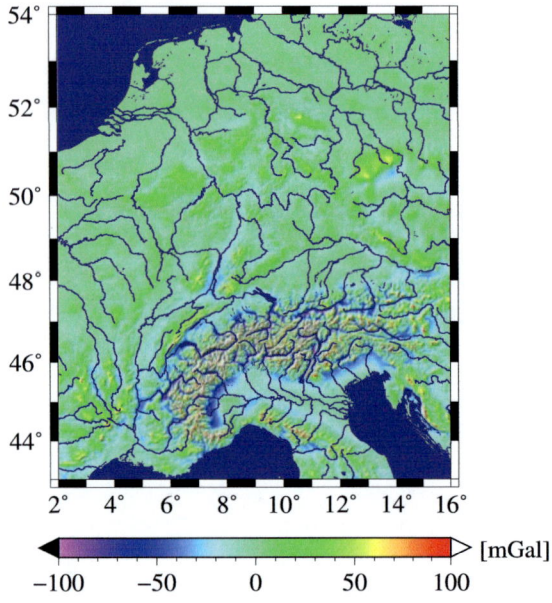

Abb. 5-3: RTM-Effekt δg_{RTM} unter Beachtung des Auswertepunktes P oder P'

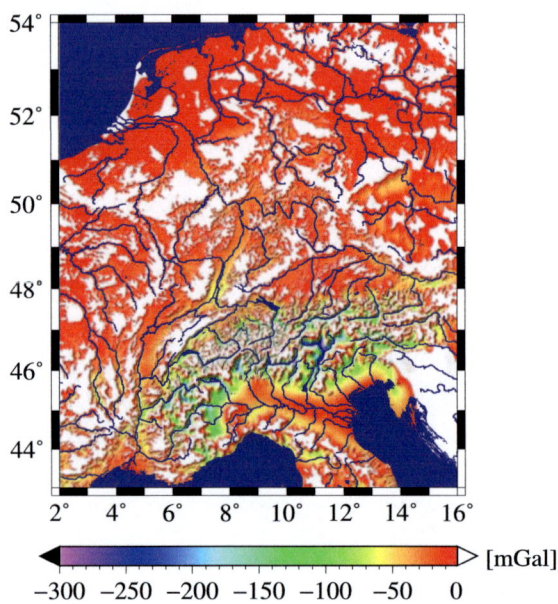

Abb. 5-4: Fehler in δg_{RTM} bei ausschließlicher Auswertung in P

6 Zusammenfassung und Ausblick

Erfolgt die regionale Quasigeoidbestimmung mit der Methode der spektralen Zerlegung, so nimmt die Berechnung der RTM-Effekte im Remove-Step eine entscheidende Rolle ein. Dabei werden mit dem Ziel der Glättung der Schwereanomalien die topographischen Massen zwischen Erdoberfläche und der RTM-Fläche rechnerisch entfernt oder eingebracht. Es wurde gezeigt, dass die Massenreduktion und die erforderliche harmonische Fortsetzung auf die RTM-Fläche in einem Auswerteschritt erfolgen kann. Dabei muss lediglich beachtet werden, ob die Auswertung im Messpunkt P an der Erdoberfläche oder im Punkt P' der RTM-Fläche zu erfolgen hat. Letzterer Fall liegt vor, wenn sich der Auswertepunkt P unterhalb der RTM-Fläche befindet und damit durch die RTM-Massen überdeckt wird.

Eine fehlerhafte Wahl des Auswertepunktes führt zu falschen RTM-Beiträgen bei systematisch falschem Vorzeichen. Die Fehler nehmen dadurch die gleiche Gößenordnung an wie die RTM-Effekte auf die Schwereanomalie selbst. Die Auswirkung dieses Modellfehlers auf die Höhenanomalie liegt im dm-Bereich und kann somit keinesfalls vernachlässigt werden.

Das vorliegende nummerische Beispiel ist aus der Quasigeoidbestimmung für Baden-Württemberg entnommen, welche am GIK durchgeführt wird. In der aktuellen Version wird das langwellige

DGM JGP95E als RTM-Fläche verwendet, da es mit dem globalen Modell für das Gravitationsfeld EGM96 ($N_{max} = 360$) korrespondiert. Die Höhen der RTM-Massen können dadurch jedoch relativ mächtig werden, was wiederum zu großen RTM-Effekten führt.

In einer weiteren Berechnungsvariante wird das neue Kugelfunktionsmodell EGM08 verwendet werden. Damit ist eine Darstellung der globalen Schwereanomalie bis zum Grad und Ordnung $N_{max} = 2180$ möglich. Die RTM-Fläche wird dann durch Glättung des DGMs (Gleitende Mittelbildung, Gauss-Filter) erzeugt. Dies lässt betragsmäßig kleinere RTM-Effekte auf die Schwereanomalie erwarten. Die Wahl des Auswertepunktes muss natürlich dennoch in korrekter Weise erfolgen.

Dank

Für die Bereitstellung von Punktschwerewerten und digitalen Geländemodellen danken die Autoren den im Abschnitt 5.1 genannten Institutionen. Die Abbildungen 5-1 bis 5-4 wurden mit den *Generic Mapping Tools (GMT)* generiert [Wessel, 2009].

Literatur

[Anderson 1976] ANDERSON, E. G.: The effect of topography on solutions of Stokes' problem / Rep School of Surveying, University of New South Wales. Kensington, Australia, 1976. – Unisurv S-14

[Brovar 1964] BROVAR, V. V.: On the solutions of Molodensky's boundary value problem. In: *Bulletin Géodésique* 72 (1964), S. 167–173

[Denker 2006] DENKER, H.: Das Europäische Schwere- und Geoidprojekt (EGGP) der Internationalen Assoziation für Geodäsie. In: *Zeitschrift für Vermessungswesen* 131 (2006), Nr. 6, S. 335–344

[Forsberg u. Tscherning 1997] FORSBERG, R. ; TSCHERNING, C.: Topographic effects in gravity field modelling for BVP. In: SANSÓ, F. (Hrsg.) ; RUMMEL, R. (Hrsg.): *Geodetic Boundary Value Problems in View of the One Centimeter Geoid* Bd. 65. Springer Berlin/Heidelberg, 1997, S. 239–272. – 10.1007/BFb0011707

[Gerlach 2003] GERLACH, C: *Zur Höhensystemumstellung und Geoidberechnung in Bayern.* Deutsche Geodätische Kommission, Reihe C, Heft 571, München, 2003

[Grombein u. Seitz 2010] GROMBEIN, T ; SEITZ, K: Die Stokes-Funktion und modifizierte Kernfunktionen. Karlsruhe, 2010. – Vernetzt und ausgeglichen – Festschrift zur Verabschiedung von Prof. Dr.-Ing. habil. Dr.-Ing. E.h. Günter Schmitt

[Hardy 1972] HARDY, R: Geodetic application of multiquadratic analysis. In: *Allgemeine Vermessungsnachrichten* 10 (1972), S. 398–406

[Heck 1989] HECK, B.: A contribution to the scalar free boundary value problem of physical geodesy. In: *manuscripta geodaetica* 14 (1989), S. 87–99

[Heck u. Seitz 2007] HECK, B. ; SEITZ, K.: A comparison of the tesseroid, prism and point-mass approaches for mass reductions in gravity field modelling. In: *Journal of Geodesy* 81 (2007), S. 121–136. − 10.1007/s00190-006-0094-0

[Heiskanen u. Moritz 1967] HEISKANEN, W. A. ; MORITZ, H.: *Physical Geodesy.* San Francisco, USA : W.H. Freeman & Co., 1967

[Jekeli 1981] JEKELI, C.: The Downward Continuation to the Earth's Surface of Truncated Spherical and Ellipsoidal Harmonic Series of the Gravity and Height Anomalies / Department of Geodetic Science, The Ohio State University. Columbus, USA, 1981. − Report No 323

[Kuhn 2000] KUHN, M: *Geoidbestimmung unter Verwendung verschiedener Dichtehypothesen.* Deutsche Geodätische Kommission, Reihe C, Heft 520, München, 2000

[Lemoine et al. 1998] LEMOINE, F. G. ; KENYON, S. C. ; FACTOR, J. K. ; TRIMMER, R. G. ; PAVLIS, N. K. ; CHINN, D. S. ; COX, C. M. ; KLOSKO, S. M. ; LUTHCKE, S. B. ; TORRENCE, M. H. ; WANG, Y. M. ; WILLIAMSON, R. G. ; PAVLIS, E. C. ; RAPP, R. H. ; OLSON, T. R.: The Development of the Joint NASA GSFC and the National Imagery and Mapping Agency (NIMA) Geopotential Model EGM96 / NASA Goddard Space Flight Center. Greenbelt, Maryland, 20771 USA, 1998. − Report TP-1998-206861

[Molodenskii et al. 1962] MOLODENSKII, M. S. ; EREMEEV, V. F. ; YURKINA, M. I.: *Methods for study of the external gravitational field and figure of the earth.* Jerusalem, Israel : Translated from Russian by Israel Program for Scientific Translations, 1962

[Moritz 1971] MORITZ, H.: *Series Solutions of Molodensky's Problem.* Deutsche Geodätische Kommission, Reihe A, Heft 70, München, 1971

[Moritz 1975] MORITZ, H.: Introduction to Molodenskii's Theory. Military Geographic Institute Florence, Italy, 1975. − Bollettino di Geodesia e Scienze Affini, 2

[Moritz 1980a] MORITZ, H.: *Advanced Physical Geodesy.* Karlsruhe : Herbert Wichmann Verlag, 1980

[Moritz 1980b] MORITZ, H.: Geodetic reference system 1980. In: *Bulletin Géodésique* 54 (1980), S. 395–405

[Pavlis et al. 2008] PAVLIS, N.K. ; HOLMES, S.A. ; KENYON, S.C. ; FACTOR, J.K.: *An earth gravitational model to degree 2160: EGM2008.* 2008. − General Assembly of the European Geosciences Union, Vienna, Austria, April 13-18, 2008

[Rabus et al. 2003] RABUS, B. ; EINEDER, M. ; ROTH, A. ; BAMLER, R.: The shuttle radar topography mission–a new class of digital elevation models acquired by spaceborne radar. In: *ISPRS Journal of Photogrammetry and Remote Sensing* 57 (2003), Nr. 4, S. 241–262

[Seitz 1997] SEITZ, K.: *Ellipsoidische und topographische Effekte im geodätischen Randwertproblem.* Deutsche Geodätische Kommission, Reihe C, Heft 483, München, 1997

[Seitz u. Heck 2001] SEITZ, K ; HECK, B: *Tesseroids for the calculation of topographic reductions.* 2001. − Abstracts Vistas for Geodesy in the New Millenium, IAG Scientific Assembly, Budapest, Hungary, September 27, 2001, 106

[Stokes 1849] STOKES, G. G.: On the variation of gravity on the surface of the Earth. In: *Transactions of the Cambridge Philosophical Society* 8 (1849), S. 672–695

[Torge 2003] TORGE, W.: *Geodäsie.* 2. Auflage. Berlin : Walter-de-Gruyter, 2003

[Wenzel 1985] Wenzel, H. G.: Hochauflösende Kugelfunktionsmodelle für das Gravitationspotential der Erde / Universität Hannover. 1985. – Wissenschaftliche Arbeiten der Fachrichtung Vermessungswesen der Universität Hannover, 137

[Wessel 2009] Wessel, P.: *The Generic Mapping Tools - GMT*. http://gmt.soest.hawaii.edu, 2009

[Wolf 2008] Wolf, K. I.: Evaluation regionaler Quasigeoidlösungen in synthetischer Umgebung. In: *Zeitschrift für Vermessungswesen* 133 (2008), Nr. 1, S. 52–63

Anschrift der Autoren:

Dr.-Ing. Kurt Seitz   Karlsruher Institut für Technologie (KIT)
Geodätisches Institut (GIK)
Englerstraße 7, 76131 Karlsruhe
kurt.seitz@kit.edu

Dr.-Ing. Klaus Lindner   Im Speitel 49a, 76229 Karlsruhe
lindner@gik.uni-karlsruhe.de

Softwareentwicklung zur Ausgleichungsrechnung und Deformationsanalyse am Geodätischen Institut Karlsruhe

Martin Vetter

Zusammenfassung

Sehr früh war der Forschungsschwerpunkt „Ausgleichungsrechnung" am Geodätischen Institut Karlsruhe (GIK) im Karlsruher Institut für Technologie (KIT) auch die Basis für intensive Softwareentwicklung. Der Artikel beschreibt die Entwicklung der Ausgleichungssoftware am Institut. Es werden die Anforderungen an moderne Ausgleichungsprogramme genannt und es wird gezeigt, wie die aktuelle Software des GIK, *NetzCG*, diese Anforderungen erfüllt.

1 Entwicklung der Ausgleichungssoftware am GIK

Die Ausgleichungsrechnung war schon früh ein Schwerpunktthema am GIK [Neubauer, 1956]. Dabei wurde neben der Theorie auch immer ihre praktische Anwendung in Projekten gepflegt, z.B. in [Vogel, 1994] und [Illner, 2008]. Damit eng verbunden ist die Umsetzung der Theorie in adäquate Software. Günter Schmitt promovierte 1973 über das Thema *„Speichertechnische und numerische Probleme bei der Auflösung großer geodätischer Normalgleichungssysteme"* [Schmitt, 1973] und war auch in der Folgezeit maßgeblich an der Modellbildung und der Softwareentwicklung beteiligt. Ein großes Thema innerhalb der Ausgleichungsrechnung war dabei die Netzoptimierung.

Neben der Lehre wurden die Erkenntnisse in der Ausgleichungsrechung auch in Fortbildungsseminaren, zum Teil unter dem Dach des DVW, dem interessierten Fachpublikum angeboten. 1986 fand am Geodätischen Institut, damals noch der Universität Karlsruhe, ein DVW-Seminar mit dem Titel „Beurteilung geodätischer Netze" [GIK, 1986] statt. Mit zunehmender Bedeutung der GNSS-Satelliten in der Messtechnik (zunächst nur GPS, später auch GLONASS) wurde am Institut die Weiterentwicklung der funktionalen und stochastischen Modellbildung für die verschiedenen GNSS-Messverfahren betrieben. In einem weiteren DVW-Seminar „GPS und Integration von GPS in bestehende geodätische Netze" [GIK, 1991] wurde 1991 auch diese Thematik behandelt, vertieft in einem weiteren Seminar 1994 mit dem Titel „GPS-Leistungsbilanz '94" [GIK, 1995]. Reine Ausgleichungsseminare, die vor allem den allgemeinen Einsatz der Ausgleichungsrechnung im Alltag eines Vermessungsbüros oder einer Behörde zum Thema hatten, folgten 2006 [Derenbach et al., 2007] und 2008.

Parallel dazu erfolgte die Softwareentwicklung. In den 1980er und 90er Jahren entstand eine Vielzahl von Programmen, die auch heute noch den Kern der aktuellen Ausgleichungssoftware des Instituts bilden. Für die jeweiligen Netzdimensionen entstanden *Netz1D*, *Netz2D* [Oppen u. Jäger, 1991] und *Netz3D*, wobei *Netz1D* von Jäger bzw. Dinter, Illner und Jäger durch *Heidi* [Illner u. Jäger, 1995] und *Heidi2* ersetzt wurde. Parallel dazu wurden Pakete zur Formenanalyse [Drixler, 1993] und zur Deformationsanalyse im Rahmen von Diplomarbeiten und Dissertationen geschaffen [Nkuite, 1998]. Die koordinatenbasierten Versionen der Software zur Deformationsanalyse *CodekaxD* (Coordinatenbasierte Deformationsanalyse Karlsruhe) wurden an die Dimensionen der Ausgleichungsprogramme angepasst – das „x" im Namen steht für eine 1, 2 oder 3.

279

In den 1990er Jahren wurde durch die Initiative des Autors auch der Bedienbarkeit der Programme Rechnung getragen. Bisher mussten die Eingabedateien mühsam mit einem Editor erstellt werden. Es entstanden erste Schnittstellenprogramme zur Datenübernahme aus Messwertdateien (**N2DIN**) verschiedener Instrumentenhersteller (Leica, Zeiss etc.) und Vorverarbeitungsprogramme sowohl allgemeiner Art, z.B. zur Mittelbildung, als auch für den GNSS-Bereich (Schnittstellen zu **Travar** zur Verebnung dreidimensionaler GNSS-Ergebnisse) sowie für die automatische Näherungskoordinatenberechnung und der Suche grober Fehler, **AURA** [Vetter, 2006a]. Das erste Modul zur graphischen Netzplanung unter AutoCAD, **N2DPlan**, entstand 1995 im Rahmen einer Studienarbeit. Manuel Weindorf fasste die Bedienung dieser einzelnen Programme schließlich in seiner Windowsoberfläche **N2DWind** zusammen, die auch einen tabellarischen Messwerteditor enthielt.

Dieser Überblick ist sehr grob und erhebt keinerlei Anspruch auf Vollständigkeit. Sämtliche Programme und Programmautoren zu nennen, würde den Rahmen dieses Artikels bei weitem sprengen.

Der Markt forderte in der folgenden Zeit zunehmend intuitiv bedienbare Software. Durch die Kooperation mit der Firma COS Systemhaus oHG konnte diese Forderung erfüllt werden. Datenhaltung, Datenfluss und das Bedienkonzept wurden von Armin Canzler (COS) und dem Autor vollständig überarbeitet, während die ausgereiften Rechenkerne der bestehenden Programme übernommen wurden.

Als Datenspeicher dient jetzt eine MS-Access-Datenbank. Alle beteiligten Vorverarbeitungs- und Berechnungsprogramme werden aus dieser Datenbank mit Werten versorgt und deren Ergebnisse werden wieder in der Datenbank abgelegt. Die Bedienung erfolgt komplett innerhalb der CAD-Software **AutoCAD** deren Funktionsumfang für die Visualisierung und Manipulation der Daten und für die Präsentation der Ergebnisse vollständig zur Verfügung steht. Dieses neue Produkt trägt den Namen **NetzCG** [Vetter, 2006b] und wird seit dem Jahr 2006 auch kommerziell vertrieben. Mit **NetzCG** ist die gleichzeitige Ausgleichung von 1D-, 2D- und 3D-Daten und -Punkten in hybriden Netzen, die sowohl terrestrische Daten als auch GNSS-Ergebnisse enthalten können, möglich. Die interne Aufspaltung in Lage und Höhe ist dabei für den Anwender transparent. Die Analyse der Ergebnisse ist durch die bidirektionale Koppelung der Datenbank mit der Graphik sehr bequem und sicher, die Bedienung von **NetzCG** erfordert nur noch geringe Einarbeitungszeit. Einen in der Ausgleichungsthematik sachkundigen Auswerter kann **NetzCG** mit seinen vielfältigen Analysemöglichkeiten (Thematische Graphik, Filterung der Datenbank etc.) nicht ersetzen, aber optimal unterstützen.

Aktuell steht die Integration der Deformationsanalyse in das **NetzCG**-Umfeld auf der Agenda der Softwareentwicklung. Dabei wird die Deformationsanalyse auf die Ausgleichungsergebnisse in den Datenbanken der einzelnen Epochenauswertungen zugreifen. Die Bedienung, die Visualisierung und die Ergebnispräsentation werden auch hier innerhalb **AutoCAD** erfolgen, die numerischen Ergebnisse werden in einer eigenen Access-Datenbank abgelegt. Die eigentlichen Rechenprogramme (**CodekaxD**) stehen seit geraumer Zeit zur Verfügung.

2 Notwendige Anforderungen an Ausgleichungsprogramme

Wie in vielen Bereichen, wird auch bei Software die Qualität durch Normen vorgegeben und beurteilt. In der Norm ISO/IEC 25000 sind als Qualitätsmerkmale unter anderem die Funktionalität, die Zuverlässigkeit, die Benutzbarkeit, die Effizienz, die Änderbarkeit und die Übertragbarkeit von Software mit jeweils einigen Unterpunkten genannt. Darüber hinaus gibt es seit geraumer Zeit schon andere Kontrollinstanzen, die die Qualität gerade von Ausgleichungssoftware beurteilen:

die Zulassungstests durch die Vermessungsverwaltung für den Einsatz der Software bei amtlichen Berechnungen. Hier wird nicht nur die Richtigkeit der Ergebnisse geprüft, sondern auch die Konformität der Ausgabe mit den amtlichen Layoutvorgaben [WMB, 1984].

Fasst man nur die im Allgemeinen notwendigen Anforderungen zusammen, so sollte eine Ausgleichungssoftware folgende Kriterien erfüllen:

- Ausgleichung nach der Methode der kleinsten Quadrate

- Gemischte Verarbeitung von 1D-, 2D- und 3D-Netzen

- Freie Wahl des Anschlussmodells:

  - Freies Netz in Gesamtspurminimierung und Teilspurminimierung

  - Angeschlossenes Netz mit stochastischen Anschlusspunkten mit Individualgenauigkeiten oder vollbesetzter Varianz-Kovarianz-Matrix

  - Hierarchisches Netz mit fehlerfrei angenommenen Anschlusspunkten

- Die für den Anwender notwendigen Beobachtungsarten müssen eingeführt werden können (Punkte, Richtungen, Strecken, GNSS-Ergebnisse etc.)

- Das funktionale Modell muss den Anforderungen entsprechen (Maßstabsunbekannte bei Strecken, Integrationsparameter bei GNSS-Daten)

- Gängige Analysen zur Beurteilung des stochastischen und des funktionalen Modells sowie der Inneren und Äußeren Zuverlässigkeit müssen vorhanden sein:

  - Globaltest

  - Normierte Verbesserung

  - T-Test

  - Varianzkomponentenschätzung für die verschiedenen Beobachtungsgruppen

  - Berechnung der Redundanzanteile

  - EP-Wert, EF-Wert, u.v.m.

Die genannten Kriterien gehören fast ausschließlich zum Thema „Funktionalität" der ISO 25000 und werden seit geraumer Zeit schon von den Ausgleichungsprogrammen des GIK nahezu vollständig erfüllt. Sie definieren Mindestanforderungen an die Modellbildung und an die statistischen Analysen. Darüber hinaus hat die 2D-Komponente **Netz2D** bereits 1995 die Zulassung des damaligen Landesvermessungsamtes für den Einsatz im Kataster erhalten.

Die genannten Kriterien werden hier nicht weiter diskutiert. Sie werden auch von den meisten am Markt verfügbaren Programmen erfüllt und können kaum als Alleinstellungsmerkmal dienen. Bezüglich der Modellbildung und der Statistik wird auf die bekannte Standardliteratur zur Ausgleichungsrechnung verwiesen, beispielsweise [Jäger et al., 2005] und [Niemeier, 2008].

3 Anforderungen an moderne Ausgleichungsprogramme und deren Umsetzung in NetzCG

Nur das Bereitstellen der genannten Funktionalität führt zu Programmen, die kaum kommerziell einsetzbar sind. Ohne Bedienungskomfort ist die Bearbeitungszeit von Projekten zu lang und damit unwirtschaftlich. Die Software muss den Anwender bei der Bearbeitung und der Analyse der Ergebnisse optimal unterstützen. Dies ist bei Ausgleichungen umso wichtiger, da dies oft keine alltäglichen Arbeiten sind und die Sachbearbeiter nur langsam Routine aufbauen können.

In Anlehnung an die ISO 25000 sollen hier zu verschiedenen Stichworten die Anforderungen für Ausgleichungssoftware beschrieben werden, die über die genannten notwendigen Kriterien hinausgehen.

3.1 Funktionalität

Der Abschnitt Funktionalität bezieht sich hier auf die Berechnungsmöglichkeiten der Software im engeren Sinn. Andere Funktionen, beispielsweise zur Datenkonvertierung, sind in den nachfolgenden Abschnitten wie Interoperabilität beschrieben.

- Ein *nahtloser Datenfluss* vom Vermessungssensor über die Ausgleichungssoftware bis zur Bürosoftware wird heutzutage ebenso erwartet (siehe auch Abschnitt 3.2) wie die notwendigen Vorverarbeitungsschritte. Dazu gehören beispielsweise die *Reduktion der Messwerte* auf die gängigen Bezugssysteme (GK, ETRS89/UTM) und eine *Mittelbildung* der Messwerte, die nicht zuletzt auch als erste und sehr *robuste Fehlersuche* dient. In **NetzCG** sind diese Anforderungen erfüllt. Über eine Datenbank mit Geoidundulationen können beispielsweise weltweit die korrekten Reduktionen für Berechnungen bezüglich des WGS84-Ellipsoids an den Streckenbeobachtungen angebracht werden.

- Die *vollautomatische Berechnung von Näherungskoordinaten* ist für einen Datenfluss streng genommen nur im mehrdimensionalen Netz notwendig. Für reine Höhennetze macht dieser Schritt aber ebenfalls Sinn, da gleichzeitig auch *Konfigurationsdefekte* im Netz aufgedeckt werden können und eine sehr *robuste Fehlersuche* stattfinden kann. **NetzCG** ist mit dem Modul AURA und AURA1D eines der wenigen auf dem Markt verfügbaren Programme, die diese Anforderungen in Lage und Höhe umfassend erfüllen. Selbst im mehrdimensionalen Fall erreicht die Software bei der Suche grober Fehler einen Bruchpunkt von 50% [Vetter, 2006a].

- Generell sollten komplexe Netze *geplant* werden, um in einer Analyseberechnung primär die Einhaltung der Vorgaben hinsichtlich Genauigkeit und Zuverlässigkeit schon vorab zu prüfen. Zusätzlich kann durch diese *Netzplanungsberechnung* auch ein *Netzentwurf* erzeugt werden, der neben den genannten Hauptbedingungen auch den *wirtschaftlich optimalen* Messablauf und -aufwand garantiert. Gerade beim Netzentwurf sind graphisch-interaktive Softwaresysteme den rein numerisch arbeitenden weit überlegen. In **NetzCG** kann der Netzentwurf durch die CAD-Funktionalität von AutoCAD vollständig graphisch erzeugt werden.

3.2 Interoperabilität

Diese Fähigkeit, mit anderen Softwareprodukten zusammenzuarbeiten, muss auf mehreren Ebenen vorhanden sein.

- **Interoperabilität zu Betriebssystemen**
  Die notwendige Fähigkeit, auf gängigen Betriebssystemen zu laufen, ist trivial und muss nicht weiter erläutert werden.

- **Interoperabilität zu „Datenlieferanten"**
  In **NetzCG** werden durch flexible Vorverarbeitungsmodule die Daten von sämtlichen gängigen Vermessungsinstrumenten und von einer Vielzahl von Vermessungsprogrammen nahtlos

übernommen. Über Formatdateien können die Schnittstellen auch vom Endanwender leicht angepasst werden. Derzeit wird die Datenübernahme für Tachymeter, GNSS-Empfänger und Digitalnivelliere der Firmen Leica und Trimble, inklusive der von Trimble aufgekauften Firmen Zeiss und Geodimeter, unterstützt. Der Datenfluss zu den Bürosoftwareprodukten dieser Firmen, Leica Geo Office (LGO), Trimble Geomatic Office (TGO), Trimble Business Center (TBC) und auch zu amtlichen Schnittstellen (BGrund, EDBS) ist realisiert. Eine Besonderheit stellt die Datenaufbereitung zu Digitalnivellieren dar. Höhenunterschiede zu Wechselpunkten werden automatisch zusammengefasst, so dass bei einem Netz aus mehreren Nivellementslinien keine doppelten Wechselpunktnummern auftreten und das Netz auf seine wesentlichen Bestandteile reduziert ist. Zwischenblicke werden berücksichtigt.

- **Interoperabilität zu Software für die Weiterverarbeitung der Ergebnisse**
  Ausgleichungsprogramme dürfen keine Sackgasse sein. Die Ergebnisse müssen nahtlos in anderen Programmen verwertet werden können. Durch die Integration von *NetzCG* in das CAD-System AutoCAD ist dies auf graphischer Seite in höchstem Maß gewährleistet, da die volle Funktionalität von AutoCAD zur Verfügung steht.
  Auf numerischer Seite ist die Ausgabe der Daten genau so flexibel wie die Übernahme der Daten von den „Datenlieferanten". Anwender können neben den vorhandenen Schnittstellen eigene Ausgaben definieren. Eine Weiterverarbeitung in den gängigen Softwarepaketen ist so ohne weiteres möglich. Ferner wird durch die zukünftige Integration der *Code-ka*-Programme in das *NetzCG*-Konzept auch die Deformationsanalyse nahtlos auf den Ergebnissen der Einzelepochenausgleichungen aufbauen.

3.3 Fehlerbeseitigung

Der kommerzielle Einsatz der Software bedingt auch die Pflicht für die Softwarehersteller, aufgedeckte Fehler schnell und umfassend zu beheben. *NetzCG*-Kunden steht Support per Telefon und E-Mail zur Verfügung. Sie können Softwareupdates bequem online herunterladen und haben so schnellstmöglichen Zugriff auf die aktuellen Versionen.

3.4 Übertragbarkeit

NetzCG ist ein überaus komplexes Paket, das Programme in sechs verschiedenen Programmiersprachen enthält. Einzelne Komponenten stammen außer von den Kooperationspartnern GIK und COS auch von AutoDesk, Microsoft, SAP und weiteren Herstellern von kommerzieller und nicht-kommerzieller Software. Durch die Verwendung von Installationsroutinen ist die *Installierbarkeit* dennoch gegeben.

Die *Koexistenz* mit anderen Programmen aus dem Umfeld des Vermessungswesens und weiterer AutoCAD-Applikationen ist gewährleistet.

Neben den bisher genannten Anforderungen ist vor allem der Faktor Mensch zu berücksichtigen. Unter dem Überbegriff der *Benutzbarkeit* sind in der ISO 25000 weitere Kriterien genannt, die sich auf die Interaktion zwischen Mensch und Software beziehen:

3.5 Erlernbarkeit

Die Verwendung von Standardsoftware (AutoCAD) als Umgebung erleichtert den Einstieg sehr. Es gibt bereits kommerzielle Kunden, die gerade wegen des graphisch orientierten Bedienungskonzeptes von *NetzCG* erst in AutoCAD eingestiegen sind. Erfahrungen mit den Kunden und auch im Hochschulbereich zeigen, dass der sichere Einstieg in *NetzCG* innerhalb eines halben Tages gelingt, wenn Grundkenntnisse in AutoCAD vorhanden sind. Ohne CAD-Kenntnisse ist ein Tag zu veranschlagen. *NetzCG* wird an mehreren Hochschulen in der Lehre eingesetzt.

3.6 Bedienbarkeit

Hier ist vor allem darauf zu achten, dass den Anwendern ein gewohntes, intuitives aber auf die eigenen Bedürfnisse anpassbares Umfeld in der Bedienung zur Verfügung steht. Durch die Integration in AutoCAD stehen die verschiedenen Menüarten (Icons, Werkzeugleisten, Pull-Down-Menüs, Pop-Up-Menüs als Kontextmenüs, Tooltips, Kommandozeile etc.) auch bei der Nutzung von *NetzCG* zur Verfügung. Wie in AutoCAD auch, können Anwender so ihre bevorzugte Arbeitsweise flexibel wählen.

3.7 Attraktivität

Größter Wert wurde auf die Attraktivität gelegt. Die Software soll gerne eingesetzt werden und sie soll dabei Anwender in die Lage versetzen, die Auswertungen und Analysen sicher, schnell und zuverlässig durchzuführen. Ein ansprechendes Ergebnis in Form einer Graphik und eines aufwändig gestalteten Berichtes runden das Bild ab.

Im Folgenden sind durch ausgewählte Beispiele die wesentlichen Merkmale von *NetzCG* verdeutlicht, die helfen, diese Kriterien zu erfüllen.

Tabellarischer Editor mit Sortiermöglichkeit:
Die Bedienung ist intuitiv. Es können mehrere Datensätze selektiert werden. Editor und Graphik sind bidirektional miteinander gekoppelt (Abb. 3-1). Numerische Daten werden nach ihrem Betrag sortiert. So können auch vorzeichenbehaftete Daten wie Verbesserungen schnell beurteilt werden (Abb. 3-2).

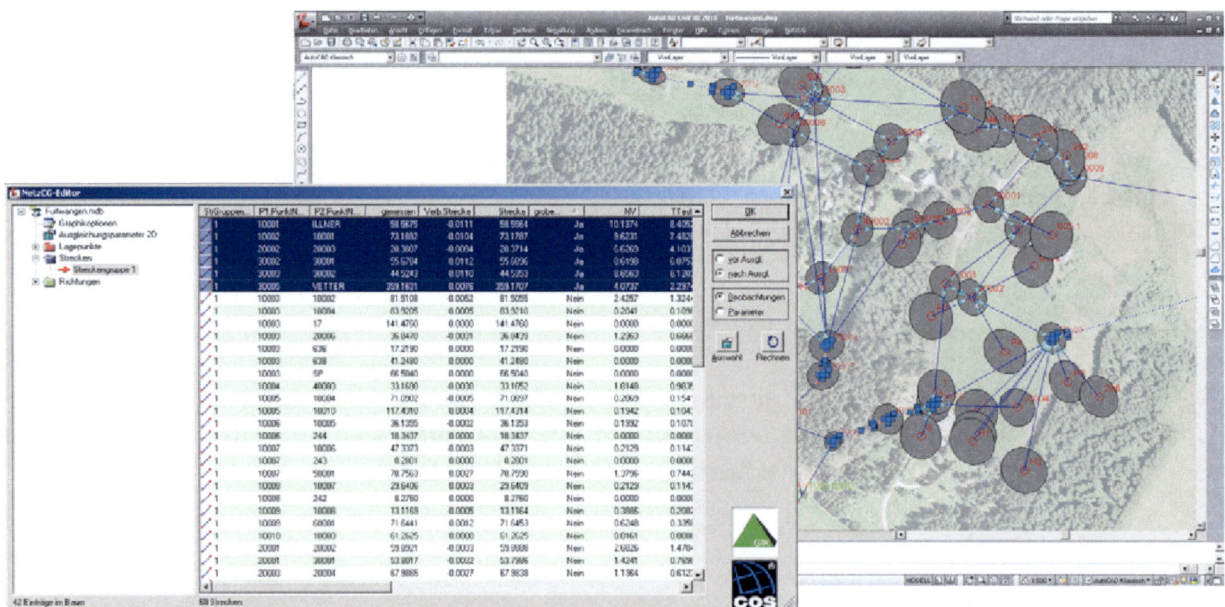

Abb. 3-1: Selektion aller vermutlich grob fehlerhaften Strecken im Editor und Darstellung dieser Auswahl in der Graphik

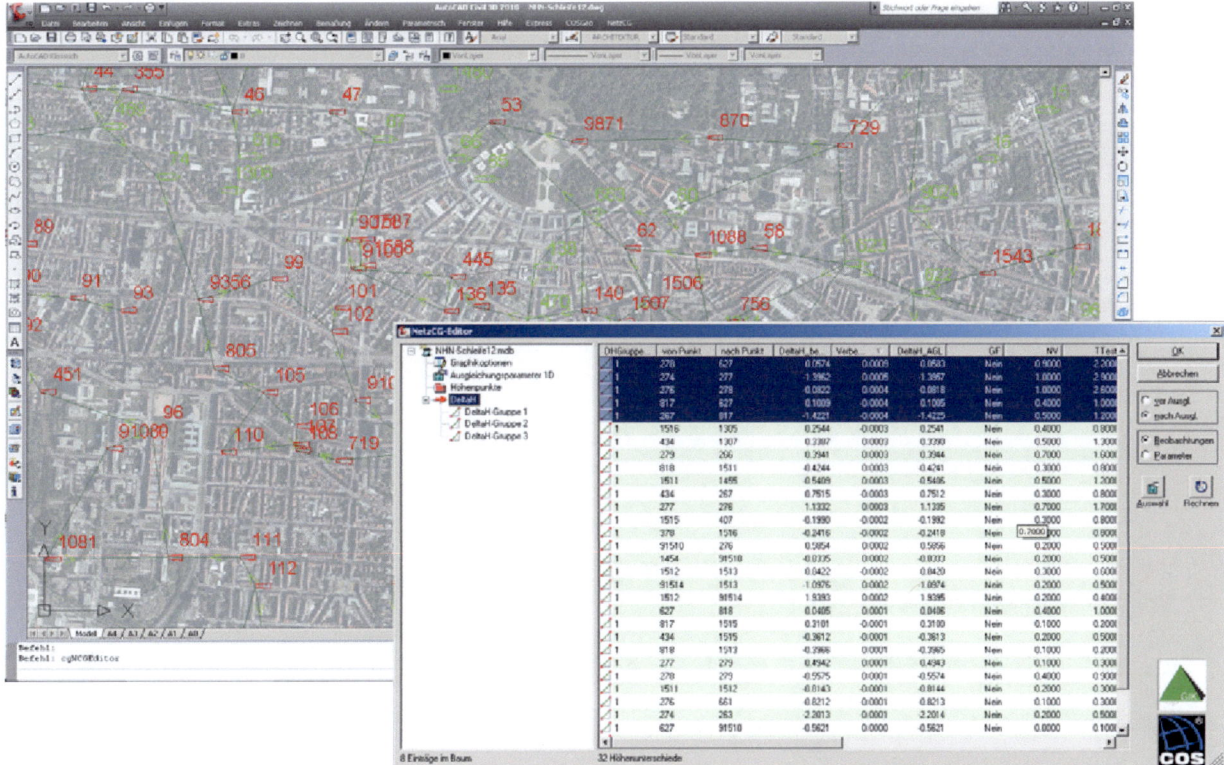

Abb. 3-2: Lagerichtige Darstellung eines Höhennetzes und *NetzCG*-Editor mit numerischen Ergebnissen, sortiert nach Verbesserungsbeträgen

Graphische Präsentation auch reiner Höhennetze:
Derzeit werden einige städtische Höhennetze im Rahmen der Umstellung auf NHN-Höhen mit *NetzCG* neu ausgeglichen. Über Lagekoordinaten aus einem GIS können auch die reinen Höhenbolzen georeferenziert werden. Bei der maschenweisen Neuausgleichung ist die Darstellung dieser Höhenpunkte vor einer digitalen Stadtkarte sehr hilfreich (Abb. 3-2). So lassen sich sehr leicht die für eine Masche benötigten Höhenpunkte und Höhenunterschiede selektieren. Bei der Umstellung der Lagenetze auf ETRS98/UTM wird *NetzCG* ebenfalls eingesetzt.

Thematische Graphik:
Beobachtungen können über klassifizierte Ergebnisse wie Redundanzanteile oder statistische Tests eingefärbt werden. Diese thematischen Graphiken ermöglichen einen umfassenden und schnellen Überblick über das gesamte Netz (Abb. 3-3). Beobachtungen, die als grob fehlerhaft ausgewiesen werden, sind wahlweise ebenfalls eingefärbt.

Kartographische Objekte:
Kartenrahmen, Planstempel und Legende können automatisch erzeugt werden und liefern eine professionelle Graphik.

Interaktive Netzplanung:
Die graphisch-interaktive Netzplanung vor einem Orthophoto ermöglicht eine schnelle und sichere Generierung des Netzdesigns. Mögliche Sichtverbindungen oder -behinderungen lassen sich leicht erkennen. Die Netzplanung kann auch als Ergänzung oder Erweiterung eines bestehenden Netzes erfolgen (Abb. 3-4).

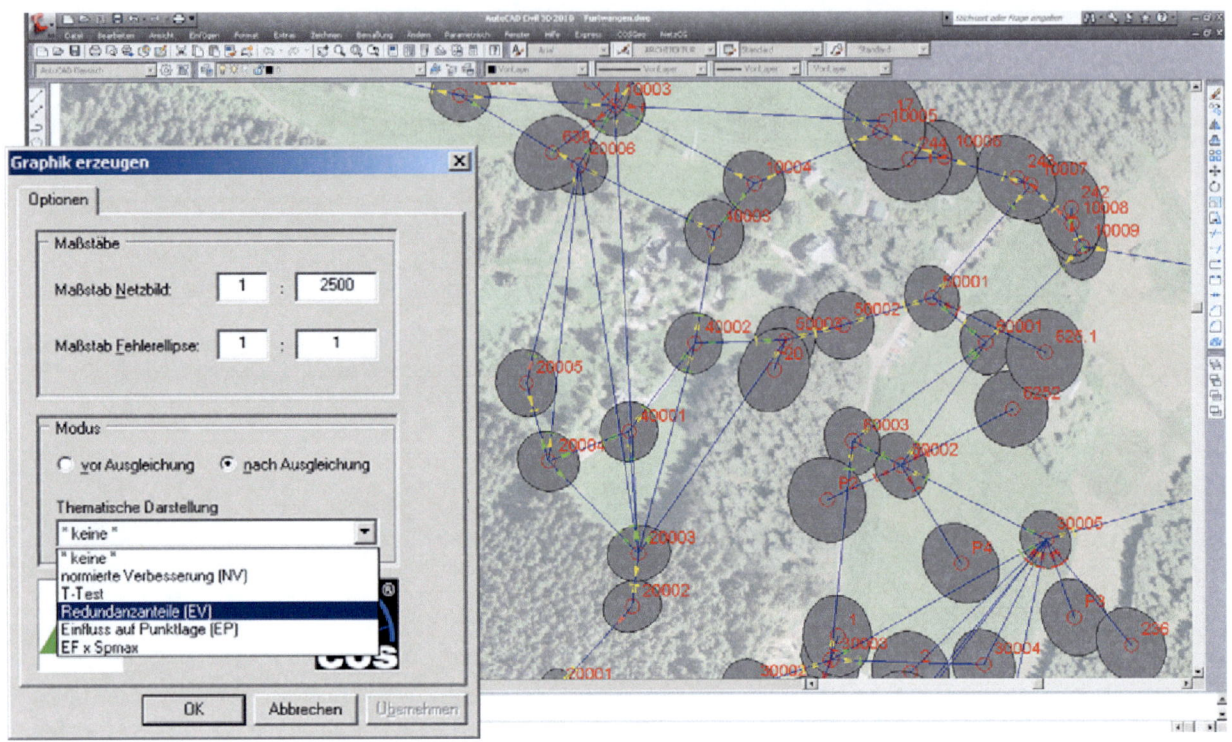

Abb. 3-3: Thematische Darstellung der Ergebnisse eines Lagenetzes, hier der Redundanzanteile, in Klassen eingefärbt

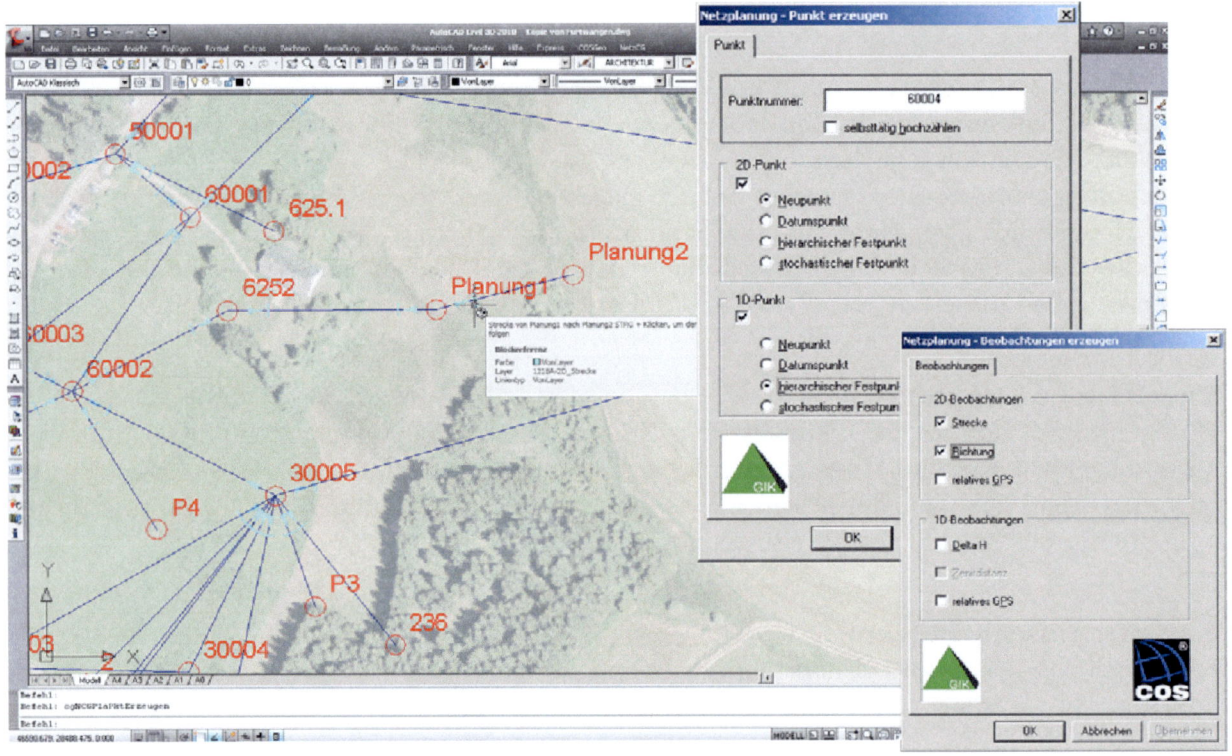

Abb. 3-4: Graphisch-interaktive Netzplanung

Berichtserzeugung:

Durch die Verwendung von Crystal Reports als Berichtsgenerator lassen sich individuelle Berichte eines Projektes direkt aus dessen Datenbank erzeugen (Abb. 3-5). Mehrere unterschiedliche

Berichte können parallel in *NetzCG* eingebunden werden. Kunden können auf Wunsch individuell gestaltete Berichte bestellen. Die Berichte lassen sich unter anderem nach PDF oder für die Weiterverarbeitung in Textverarbeitungsprogrammen in das RTF-Format exportieren.

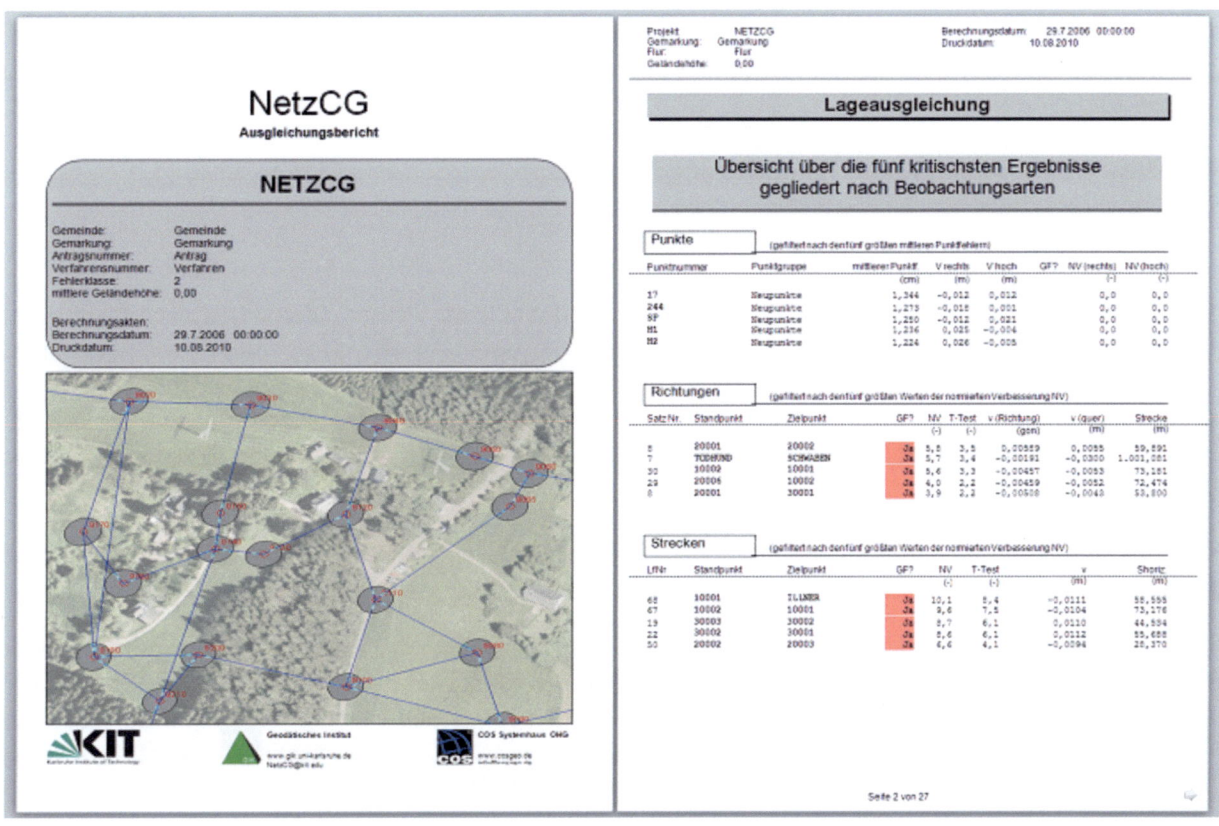

Abb. 3-5: Ausgleichungsbericht

4 Zusammenfassung der Highlights von NetzCG

- Datenübernahme aus allen gängigen Vermessungsinstrumenten und Softwareprodukten

- Datenübernahme von Nivellieren mit automatischer Zusammenfassung der Wechselpunkte

- Vorverarbeitung wie Mittelbildungen und geometrische Reduktionen, auch unter Verwendung eines globalen Geoidmodells

- Vollautomatische Näherungskoordinatenberechnung

- Extrem robuste Suche grober Fehler

- Graphischer Editor unter AutoCAD

- Graphische Darstellung auch reiner Höhennetze

- Thematische Graphiken zur schnellen Beurteilung des Netzes

- Volle Integration einer graphischen Netzplanung für Lage-, Höhen- und 3D-Netze

- Volle Funktionalität des CAD-Systems AutoCAD

- Flexibler Berichtgenerator

Gerade die graphisch-interaktive Bedienung hat dazu geführt, dass sich auch Vermessungsbüros und Ämter für den Einsatz von *NetzCG* entschieden haben, die selbst keine AutoCAD-Anwender sind. Es hat sich gezeigt, dass der Lernaufwand für die wenigen Funktionen, die von AutoCAD beim Einsatz von *NetzCG* anfangs notwendig sind, sehr gering ist. Der Vorteil, eine komplexe Ausgleichungssoftware sehr intuitiv bedienen zu können, überwiegt diesen geringen Zusatzaufwand bei weitem. Erstanwender arbeiten erfahrungsgemäß schon vom ersten Tag an produktiv mit *NetzCG*.

5 Ausblick

Da keine Software jemals endgültig fertig ist, wird auch an *NetzCG* noch weiter gearbeitet. Unter dem Kapitel der Funktionalität steht die Integration der Deformationsanalyse ganz oben auf der Agenda. Ferner sind noch weitere Beobachtungsarten zu integrieren, die zwar im Rechenkern bereits realisiert sind, jedoch in der Datenbank und in der Graphik noch fehlen, wie z.B. Streckenverhältnisse, Winkelbedingungen, Flächenbedingungen, Orthogonalaufnahmen und Azimute.

Gleichzeitig gilt es, die Software laufend an neue Vermessungsinstrumente, neue Betriebssysteme und neue Versionen von AutoCAD anzupassen.

Ein weiterer wichtiger Punkt ist der Ausbau der Kontakte zu Büros, Ämter und anderen Hochschulen. Neben dem kommerziellen Aspekt des Softwareverkaufs ist hier vor allem der Kontakt zwischen Hochschule und Praxis wesentlich. Der Wandel der Messtechnik kann die Entwicklung der Software genauso befruchten wie das umgekehrt der Fall ist. Beides kann wiederum erfolgreich in die Lehre am GIK und in Fortbildungsseminaren integriert werden.

Literatur

[WMB 1984] *Verwaltungsvorschrift des Wirtschaftsministeriums Baden-Württemberg für das Aufnahmepunktfeld (AP-Vorschrift – VwVAP)*. 1984. – in der Fassung vom 20. Dez. 2004

[GIK 1986] *Beurteilung geodätischer Netze*. 1986. – Sonderheft des DVW-Landesvereins Baden-Württemberg e.V. mit Beiträgen zum DVW-Seminar am Geodätischen Institut, 1986

[GIK 1991] *GPS und Integration von GPS in bestehende geodätische Netze*. 1991. – Sonderheft des DVW-Landesvereins Baden-Württemberg e.V. mit Beiträgen zum DVW-Seminar am Geodätischen Institut, 1991

[GIK 1995] *GPS-Leistungsbilanz '94: Beiträge zum 34. DVW-Seminar vom 5. bis 7. Oktober 1994 am Geodätischen Institut der Universität Karlsruhe (TH)*. 1995. – Schriftenreihe des Deutschen Vereins für Vermessungswesen e.V., Band 18/1995, ISBN 3879191883

[Derenbach et al. 2007] DERENBACH, H. ; ILLNER, M. ; SCHMITT, G. ; VETTER, M. ; VIELSACK, S.: Ausgleichungsrechnung – Theorie und aktuelle Anwendungen aus der Vermessungspraxis. In: *Beiträge zum Fortbildungsseminar vom 5. Oktober 2006 am Geodätischen Institut der Universität Karlsruhe*, Universitätsverlag Karlsruhe, 2007. – Schriftenreihe des Studiengangs Geodäsie und Geoinformatik, 2007,4

[Drixler 1993] DRIXLER, E.: Analyse von Form und Lage von Objekten im Raum. In: *München, Bayerische Akademie der Wissenschaften, Deutsche Geodätische Kommission (DGK) Reihe C*, Heft-Nr. 409 (1993)

[Illner 2008] ILLNER, M.: Konzept und ergebnisse von Deformationsmessungen an der Linachtalsperre. In: *Zeitschrift für Vermessungswesen (ZfV)* 133. Jahrgang, Heft 5 (2008), S. 302–311

[Illner u. Jäger 1995] ILLNER, M. ; JÄGER, R.: Integration von GPS-Höhen ins Landesnetz – Konzept und Realisierung im Programmsystem HEIDI. In: *Allgemeine Vermessungsnachrichten (AVN)* 102. Jahrgang, Heft 1 (1995), S. 1–18

[Jäger et al. 2005] JÄGER, R. ; MÜLLER, T. ; SALER, H. ; SCHWÄBLE, R.: *Klassische und robuste Ausgleichungsverfahren*. Wichmann Verlag, Heidelberg, 2005

[Neubauer 1956] NEUBAUER, G.: *Über den Anwendungsbereich der Ausgleichsrechnung nach der Methode der kleinsten Quadrate*. 1956. – Dissertation, Selbstverlag des Verfassers

[Niemeier 2008] NIEMEIER, W.: *Ausgleichungsrechnung*. de Gruyter Verlag, Berlin, 2008

[Nkuite 1998] NKUITE, G.: Ausgleichung mit singulärer Varianzkovarianzmatrix am Beispiel der geometrischen Deformationsanalyse. In: *München, Bayerische Akademie der Wissenschaften, Deutsche Geodätische Kommission (DGK) Reihe C*, Heft-Nr. 501 (1998)

[Oppen u. Jäger 1991] OPPEN, S. ; JÄGER, R.: Das Softwarepaket NETZ2D. In: *[GIK, 1991], Beurteilung geodätischer Netze*, 1991, S. 190–209

[Schmitt 1973] SCHMITT, G.: Speichertechnische und numerische Probleme bei der Auflösung großer geodätischer Normalgleichungssysteme. In: *München, Bayerische Akademie der Wissenschaften, Deutsche Geodätische Kommission (DGK) Reihe C*, Heft-Nr. 195 (1973)

[Vetter 2006a] VETTER, M.: Näherungskoordinatenberechnung und robuste Fehlersuche. In: *[Derenbach et al., 2007]*, 2006, S. 78–95

[Vetter 2006b] VETTER, M.: Das Softwarepaket NetzCG. In: *[Derenbach et al., 2007]*, 2006, S. 96–107

[Vogel 1994] VOGEL, M.: Analyse der GPS-Alpentraverse: Ein Beitrag zur geodätischen Erfassung rezenter Erdkrustenbewegungen in den Ostalpen. In: *München, Bayerische Akademie der Wissenschaften, Deutsche Geodätische Kommission (DGK) Reihe C*, Heft-Nr. 436 (1994)

Anschrift des Autors:

Dipl.-Ing. (FH) Martin Vetter   Karlsruher Institut für Technologie (KIT)
Geodätisches Institut (GIK)
Englerstraße 7, 76131 Karlsruhe
martin.vetter@kit.edu

Mikroschweremessungen zur Aufdeckung lokaler Schwereänderungen am Absolutschwere-Messpunkt des Black Forest Observatory in Schiltach

Malte Westerhaus, Walter Zürn, Klaus Lindner,
Peter Duffner, Thomas Forbriger und Rudolf Widmer-Schnidrig

1   Motivation

Das Geowissenschaftliche Gemeinschaftsobservatorium des Karlsruher Instituts für Technologie und der Universität Stuttgart, auch als Black Forest Observatory (BFO) bezeichnet, ist in der Grube Anton, einem ehemaligen Silber- und Kobaltbergwerk bei Schiltach im Schwarzwald, untergebracht. Eine der Hauptaufgaben des Observatoriums ist die systematische Beobachtung des Erdschwerefeldes. Neben der kontinuierlichen Erfassung zeitlicher Schwerevariationen durch dauerhaft installierte Relativgravimeter gehört dazu eine wiederholte Messung der absoluten Schwerebeschleunigung an einem festgelegten Ort im Stollensystem. Ergänzt werden die Schweremessungen durch eine permanente GNSS-Station, die zu einer Trennung zwischen Höhenänderungen und Massenbewegungen beitragen soll.

Die Messung der absoluten Schwere wird seit März 2001 durch verschiedene externe Organisationen mit Freifall-Gravimetern des Typs FG5 durchgeführt. Bis zum heutigen Zeitpunkt haben acht Messungen stattgefunden, an denen das Observatoire Gravimetrique der Ecole et Observatoire des Sciences de la Terre in Strasburg (EOST), die Außenstelle Leipzig des Bundesamtes für Kartographie und Geodäsie (BKG), das Institut für Erdmessung der Universität Hannover (IfE) sowie das Observatoire Royal de Belgique in Brüssel (ORB) beteiligt waren.

Die Genauigkeit der FG5-Gravimeter für eine einzelne Messkampagne an einer einzelnen Station ist besser als $\pm 3\,\mu$Gal [Francis, 2005]. Die Variationsbreite der Messungen am BFO liegt mit einer Ausnahme innerhalb dieses Wertes. An den beiden aufeinanderfolgenden Messungen von EOST am 15.03.2001 und 26.11.2003 wurde allerdings ein scheinbarer Schwereunterschied von $10.3\,\mu$Gal beobachtet. Legt man den lokalen Schweregradienten von $225.7\,\mu$Gal/m zu Grunde, entspräche dies einer Höhenänderungen von ca. 4.5 cm, was aus tektonischer Sicht sehr unwahrscheinlich ist. Als alternative Ursachen kommen in Betracht:

- technische Probleme: der Schwereunterschied könnte durch eine später festgestellte Dejustierung des Lasers hervorgerufen worden sein (Hinderer, pers. Mittlg. 2005);

- hydrologische Schweresignale durch verstärkten Grundwassereintrag im Frühjahr;

- lokale Massenverlagerungen in der Umgebung des Messpunktes.

Auch wenn technische Probleme des Gravimeters als wahrscheinlichste Ursache für die scheinbare Schwereänderung angesehen werden, hat doch die Diskussion über diesen Effekt dazu geführt, die Lage des Absolutschwere-Messpunktes im Stollen zu überdenken. Die Messungen werden auf einem soliden Fundament mit Kontakt zum anstehenden Granit im Bereich der sog. „Heinrich-Kluft" (Abb. 1-1) durchgeführt, d. h. in einer der beiden ehemaligen Hauptabbauzonen der Grube Anton. In diesen Zonen wurde der Raum beträchtlich erweitert, und es gibt zusätzliche Stollen ober- und unterhalb der derzeitigen Nutzungsebene. Alle tiefer gelegenen Hohlräume sind

291

heutzutage geflutet, die Verbindungsschächte zwischen den Stollenebenen durch Gesteinsmaterial verfüllt. Dieses Material ist allerdings nicht verfestigt, und Massenänderungen durch Kompaktion, Rutschungen und Seitwärtsbewegungen des Füllmaterials in den unteren Gängen können nicht ausgeschlossen werden. Aus diesem Grunde wurde beschlossen, ein Mikroschwerenetz im Stollen einzurichten und die zeitliche Stabilität des Absolutschwere-Messpunktes relativ zu anderen fest vermarkten Punkten durch wiederholte Verbindungsmessungen mit Relativgravimetern zu überprüfen.

Die Ergebnisse dieses Experimentes werden im Folgenden vorgestellt und diskutiert. Die unter höchsten Genauigkeitsanforderungen durchgeführten Messungen dokumentieren die derzeitige Qualität der beiden LaCoste-Romberg Gravimeter des Geodätischen Instituts (GIK) des Karlsruher Instituts für Technologie, die Frage nach der zeitlichen Stabilität des Absolutmesspunktes am BFO kann allerdings auf Basis des vorhandenen Datenmaterials nicht eindeutig beantwortet werden.

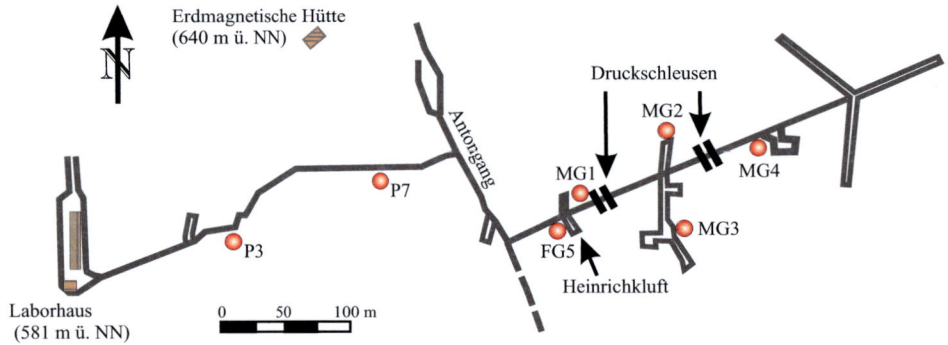

Abb. 1-1: Stollenplan des BFO mit den Messpunkten des Mikroschwerenetzes

2   Ein neues Verfahren zur Bestimmung und Darstellung der Gravimeterdrift

Eine der limitierenden Größen für die Genauigkeit von Schweremessungen mit Federgravimetern ist die sogenannte Drift, die durch zeitliche Änderungen der Federkonstanten und der Geometrie des Sensorsystems sowie durch die Wirkung äußerer Kräfte auf die Gravimetermasse hervorgerufen wird. Zur Erfassung der Drift werden auf einem oder mehreren Punkten Wiederholungsmessungen durchgeführt. Unter der Annahme, dass die wahre Schwere auf einem Punkt zeitlich stabil ist, können zeitliche Änderungen der Messwerte auf die Gravimeterdrift zurückgeführt werden. Innerhalb einer Gruppe von Messungen auf ein und demselben Punkt besteht dabei ein eindeutiger Zusammenhang; Verbindungsmessungen zwischen zwei Punkten, deren Schwereunterschied unbekannt ist, können für die Driftbestimmung jedoch nicht verwendet werden. Bei Verwendung von Wiederholungsmessungen auf mehreren Punkten ergibt sich damit ein unterbestimmtes Problem. Watermann [1957] schlägt eine graphische Lösung für diesen Fall vor. Danach werden die zusammengehörigen Messungen auf einem Punkt als Funktion der Zeit dargestellt. Anschließend werden die Punktgruppen per Hand parallel verschoben, bis sich eine Kurve mit möglichst niedriger Ordnung ergibt, aus der die Drift abgegriffen werden kann. Dabei muss das Auge zwischen den unvermeidlichen Streuungen durch Messfehler vermitteln. Das Verfahren liefert im Allgemeinen befriedigende Resultate, bleibt aber bis zu einem gewissen Grade subjektiv [Torge, 1989].

Im folgenden wird eine Methode vorgestellt, nach der diese Verschiebungsprozedur analog zu einem in der SAR-Interferometrie bekannten Ausgleichungsansatz nach einem objektiven Kriterium durchgeführt werden kann. Die Herleitung folgt weitgehend der Argumentation von Berardino et al. [2002], die auf das vorliegende Problem übertragen werden kann. Ausgangspunkt ist die oben genannte Forderung, dass die zeitlichen Änderungen der Schwere eine Kurve möglichst geringer Ordnung ergeben sollen. Die Drift, d.h. die Ableitung der Schwerekurve nach der Zeit, muss demnach möglichst kleine Werte annehmen. Gesucht wird also ein Lösungsvektor für die Drift mit minimaler Norm.

Betrachtet man zunächst den Sonderfall, dass nur Messungen auf einem einzigen Punkt durchgeführt werden, so ergeben sich $N+1$ Messungen zu Zeitpunkten t_i, $i = 0 \ldots N$. Relativgravimeter sind zur Beobachtung von Schweredifferenzen vorgesehen; man kann daher als Beobachtungsvektor $\mathbf{\Delta g}^T = \begin{bmatrix} \Delta g_1 & \ldots & \Delta g_M \end{bmatrix}$ einen Vektor ansetzen mit den gemessenen Schweredifferenzen $\Delta g_j = g\left(ti_E\right) - g\left(ti_S\right)$, $i_E > i_S$ und $M \geq N$. $\mathbf{\Delta g}$ kann beliebige Differenzen enthalten, zum Beispiel: $\Delta g_2 = g\left(t_6\right) - g\left(t_3\right)$. Gesucht werden die N Schwerewerte $\mathbf{g}^T = \begin{bmatrix} g\left(t_1\right) & \ldots & g\left(t_N\right) \end{bmatrix}$, dabei wird $t_0 = 0$ und $g_0 = g\left(t_0\right) = 0$ vorausgesetzt. Es ergibt sich ein System mit M Gleichungen und N Unbekannten, das sich formal schreiben lässt als:

$$\mathbf{\underline{\Delta g}} = \mathbf{\underline{A}} \cdot \mathbf{g} \tag{2-1}$$

$\mathbf{\underline{A}}$ ist eine $M \times N$ Matrix mit Rang N, die die Differenzbildung regelt; nach Beispiel oben:

$$\begin{bmatrix} \ldots \\ \Delta g_2 \\ \ldots \\ \ldots \end{bmatrix} = \begin{bmatrix} \ldots & \ldots & \ldots & \ldots & \ldots & \ldots & \ldots & \ldots \\ 0 & 0 & -1 & 0 & 0 & +1 & 0 & \ldots \\ \ldots & \ldots & \ldots & \ldots & \ldots & \ldots & \ldots & \ldots \\ \ldots & \ldots & \ldots & \ldots & \ldots & \ldots & \ldots & \ldots \end{bmatrix} \cdot \begin{bmatrix} \ldots \\ \ldots \\ g_3 \\ \ldots \\ \ldots \\ g_6 \\ \ldots \end{bmatrix} \tag{2-2}$$

Eine Ausgleichung nach vermittelnden Beobachtungen führt auf eine eindeutige Lösung für dieses Problem. Wenn man für t_{iS} generell t_0 einsetzt (d.h. alles auf den ersten Wert bezieht), hat die Indexmatrix $\mathbf{\underline{A}}$ die Form $N \times N$, und es ergibt sich ein einfach nachvollziehbares Gleichungssystem.

Bei Messkampagnen mit Federgravimetern liegen im Allgemeinen jedoch jeweils mehrere Messungen auf verschiedenen Punkten vor. Sofern deren Schwereunterschiede nicht bekannt sind, können Verbindungsmessungen zwischen den Punkten nicht für eine Driftbestimmung verwendet werden.. Das System ist dann unterbestimmt; bei $N+1$ Messungen auf L verschiedenen Punkten hat die Matrix $\mathbf{\underline{A}}$ den Rang $R = N - L + 1$. In diesem Fall lässt sich eine Lösung der Matrizengleichung über Singulärwertzerlegung finden. Da der Lösungsvektor von minimaler Norm sein wird, empfiehlt es sich nach den Eingangsüberlegungen an dieser Stelle auf die zeitliche Ableitung der Schwere, also die Drift als Unbekannte überzugehen. Damit folgt:

Vektor der Unbekannten:

$$\mathbf{\underline{\dot{g}}}^T = \begin{bmatrix} \frac{g_1 - g_0}{t_1 - t_0}, & \frac{g_2 - g_1}{t_2 - t_1}, & \ldots, & \frac{g_N - g_{N-1}}{t_N - t_{N-1}} \end{bmatrix} \tag{2-3}$$

Vektor der Beobachtungen:

$$\mathbf{\underline{\Delta g}}^T = \begin{bmatrix} \Delta g_1, \Delta g_2, \ldots, \Delta g_M \end{bmatrix}; \quad M \geq N - L + 1; \quad L = \text{Anzahl Punktgruppen} \tag{2-4}$$

Das funktionale Modell lautet:

$$\Delta g_j = \sum_{k=IS_j+1}^{IE_j} \left(t_k - t_{k-1}\right) \dot{g}_k \quad \forall j = 1, \ldots, M \tag{2-5}$$

mit der Matrizenformulierung:

$$\underline{\Delta \mathbf{g}} = \underline{\mathbf{B}} \cdot \underline{\dot{\mathbf{g}}} \tag{2-6}$$

In der Matrix $\underline{\mathbf{B}}$ stehen jetzt die Zeitdifferenzen zwischen zwei miteinander verknüpften Messungen innerhalb einer Gruppe. Wird zum Beispiel in der folgenden Reihenfolge auf den Punkten A bis E gemessen: $A(t_0)$, $B(t_1)$, $C(t_2)$, $D(t_3)$, $E(t_4)$, $D(t_5)$, $C(t_6)$, $B(t_7)$, $A(t_8)$, so gehören $g_6 = g(t_6)$ und $g_2 = g(t_2)$ zu einer Gruppe (zwei aufeinander folgende Messungen am Punkt C). Es sei:

$$\dot{g}_1 = \frac{g_1 - g_0}{t_1 - t_0}; \qquad \dot{g}_2 = \frac{g_2 - g_1}{t_2 - t_1}; \qquad \dot{g}_3 = \frac{g_3 - g_2}{t_3 - t_2};$$

$$\dot{g}_4 = \frac{g_4 - g_3}{t_4 - t_3}; \qquad \dot{g}_5 = \frac{g_5 - g_4}{t_5 - t_4}; \qquad \dot{g}_6 = \frac{g_6 - g_5}{t_6 - t_5} \tag{2-7}$$

Mit $i_S = 2$ und $i_E = 6$ ergibt sich für diesen Fall:

$$\begin{bmatrix} \cdots \\ \Delta g_2 \\ \cdots \\ \cdots \end{bmatrix} = \begin{bmatrix} \cdots & \cdots & \cdots & \cdots & \cdots & \cdots & \cdots & \cdots \\ 0 & 0 & t_3 - t_2 & t_4 - t_3 & t_5 - t_4 & t_6 - t_5 & 0 & 0 \\ \cdots & \cdots & \cdots & \cdots & \cdots & \cdots & \cdots & \cdots \\ \cdots & \cdots & \cdots & \cdots & \cdots & \cdots & \cdots & \cdots \end{bmatrix} \cdot \begin{bmatrix} \cdots \\ \cdots \\ \cdots \\ \dot{g}_3 \\ \dot{g}_4 \\ \dot{g}_5 \\ \dot{g}_6 \\ \cdots \end{bmatrix} \tag{2-8}$$

Die Lösung von Gl. 2-6 wird über Singulärwertzerlegung gefunden. Nach der Bestimmung der Unbekannten folgt ein Integrationsschritt, um die Kurve der zeitlichen Schwereänderungen zu erhalten.

Auf der Basis dieses Ansatzes wurde das MATLAB-Programm SVDDRIFT entwickelt, das auf die Rohablesungen der Gravimeter zugreift und die zu den mehrfach gemessenen Punkten gehörigen Gruppen zu einer durchgehenden Kurve arrangiert, aus der die Drift abgelesen werden kann. Da neben der Drift noch verschiedene zufällige und systematische Fehler in den Daten stecken, ist die resultierende Kurve allerdings in vielen Fällen unruhig. Zur Glättung kann optional ein Polynom niedrigen Grades durch die Kurve gelegt werden, von dem die Driftwerte abgegriffen werden. Das Programm stellt driftkorrigierte Messwerte im Eingangsformat des Auswerteprogramms GRAV (siehe Kap. 4) bereit. Um die Stimmigkeit der Driftkurven zu überprüfen, wurde für einige Beispieldatensätze die Drift per Hand „nach allen Regeln der Kunst" bestimmt und mit dem berechneten Ergebnis verglichen. Es ergibt sich im Allgemeinen eine gute Übereinstimmung (Abb. 2-1A). In den ausgeglichenen Driftkurven lassen sich auch Diskontinuitäten durch plötzliche Längenänderungen der Feder gut erkennen und bestimmen (Abb. 2-1B).

Das hier vorgestellte Verfahren gibt einen schnellen Eindruck der Qualität einer Messkampagne und ermöglicht es, nicht-lineare Gravimeterdriften effizient zu bestimmen und aus den Messdaten zu entfernen. Dieser Weg wurde im Folgenden generell beschritten. Da allerdings im Zuge der Ausgleichung von Schwerenetzen ebenfalls Driftterme geschätzt werden können, ist eine Entfernung der Drift vor der Auswertung nicht zwingend erforderlich. Das im Rahmen dieser Studie verwendete Programmpaket GRAV erlaubt die optionale Bestimmung eines linearen Driftterms. Ein Vergleich für 20 Messkampagnen zeigt, dass die a-priori Entfernung der Drift in 65% der Fälle zu einer leichten Verbesserung der mittleren Standardabweichung der ausgeglichenen Schwerewerte führt; in 20% der Fällen ändert sich nichts, während sich für 15% der Kampagnen eine Verschlechterung ergibt. Die Veränderungen sind jedoch $< 1\,\mu\text{Gal}$ und damit nicht relevant für die in Kap. 4 vorgestellten Endergebnisse.

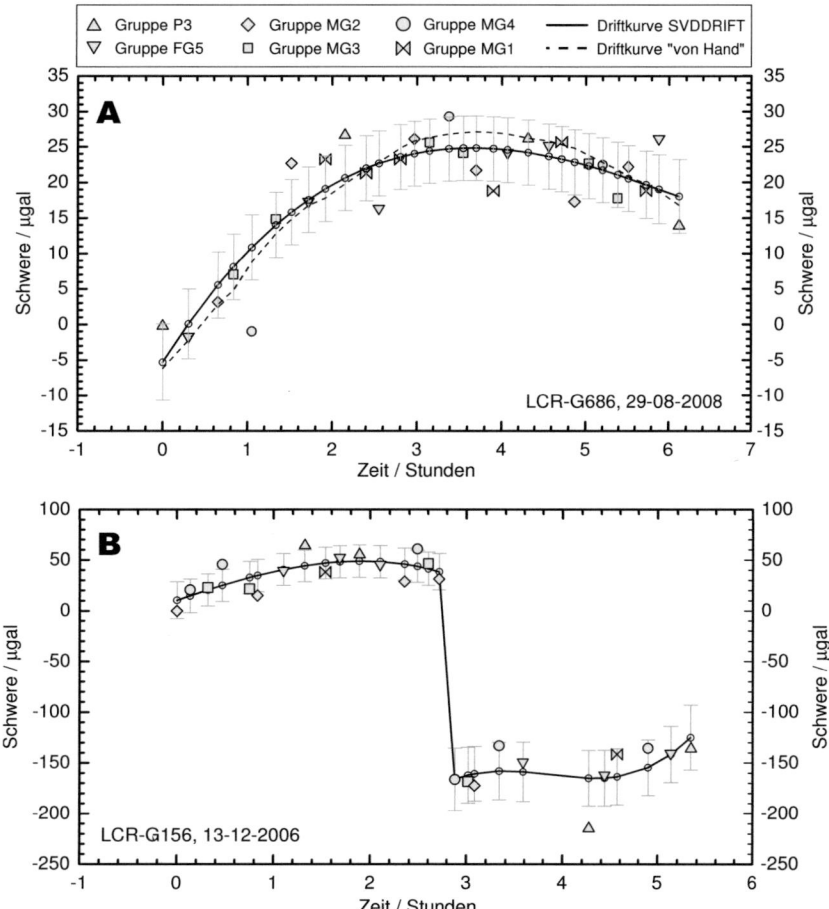

Abb. 2-1: Beispiele für die zeitlichen Veränderungen der Schwerewerte auf Grund der Gravimeterdrift, berechnet mit dem MATLAB-Program SVDDRIFT. Symbole kennzeichnen die zu einem Messpunkt gehörigen Messwerte (Gruppen). Die Gruppen wurden so gegeneinander verschoben, dass die Ableitung der resultierenden Kurve minimale Norm aufweist. Die durchgezogene Kurve zeigt ein an die rechnerische Lösung gefittetes Polynom 3. Grades, die gestrichelte Kurve die graphische Lösung eines erfahrenen Beobachters. Auch Diskontinuitäten lassen sich in der Driftkurve gut erkennen (B).

3 Messungen

3.1 Verwendete Geräte

Feldgravimeter des Typs LaCoste-Romberg (LCR) erreichen eine den FG5 Gravimetern vergleichbare Genauigkeit und sind damit für die Aufgabenstellung prinzipiell geeignet. Die Genauigkeit einer einzelnen Messung mit einem gut funktionierenden LCR-Gravimeter liegt bei unter $10\,\mu$Gal; durch Mehrfachbesetzung der Messpunkte können Genauigkeiten $< 1\,\mu$Gal erreicht werden [Naujoks et al., 2008]. Für die Vermessung des Mikroschwerenetzes wurden vorrangig die LaCoste-Romberg G-Gravimeter des GIK mit den Nummern 156 und 686 verwendet (im Folgenden als LCR-G156 und LCR-G686 bezeichnet). Sie standen während der gesamten Zeit zur Verfügung und können somit für eine Untersuchung zeitlicher Schwerevariationen verwendet werden. Es war vorgesehen, auch das Gravimeter LCR-G249 des GIK für diesen Zweck einzusetzen. Allerdings traten bei seinem Einsatz erhebliche Problem auf, sodass das Gravimeter zur technischen Überholung eingesendet werden musste.

Drei weitere Gravimeter wurden jeweils für einen beschränkten Zeitraum von einigen Wochen ausgeliehen (Tab. 3-1). Es handelt sich dabei um die mit elektrostatischem Feedback ausgerüsteten LCR-Gravimeter G085 des Instituts für Geodäsie und Geoinformationstechnik an der Technischen Universität Berlin und D187 vom Institut für Geowissenschaften der Universität Jena, sowie um ein Scintrex-CG3 Gravimeter des Landesamtes für Kataster-, Vermessungs- und Kartenwesen (LKVK) des Saarlandes [Wöllner, 2007]. Die mit diesen Gravimetern erhobenen Messwerte wurden für die Stabilisierung des Referenznetzwerkes verwendet, auf Grund ihrer kurzen Einsatzzeit jedoch nicht für die Untersuchung zeitlicher Schwerevariationen. Leider traten auch beim Einsatz des LCR-D187 unerwartete Probleme auf, sodass diese Werte ebenso wie die von G249 erhobenen Messdaten nicht in die Auswertung eingehen.

Tab. 3-1: Messkampagnen und Auswerteergebnisse für die vier eingesetzten Relativgravimeter.

	LCR-G686			LCR-G156			Scintrex-CG3		LCR-G085	
	N	m_0 μGal	σ_{FG5} μGal	N	m_0 μGal	σ_{FG5} μGal	N	m_0 μGal	N	m_0 μGal
30.11.2005	17	3.0	4.2	14	2.5	5.1				
18.01.2006				17	3.8	7.1				
24.03.2006	13	5.7	4.2	12	7.4	7.4				
09.05.2006	10	3.4	5.4							
30.05.2006	10	1.6	2.3				12	3.1		
31.05.2006							20	9.0		
12.06.2006							12	3.7		
13.06.2006							32	3.6		
19.06.2006							24	5.9		
20.06.2006							25	5.5		
13.12.2006	22	2.7	2.6	19	3.5	3.9				
04.04.2007	21	2.9	2.4	17	2.3	5.5			23	1.8
12.04.2007									18	2.3
13.04.2007									19	2.3
20.07.2007	18	2.7	2.5	20	1.8	4.7				
23.04.2008	30	2.1	2.0	17	2.5	5.2				
29.08.2008	28	2.3	1.9							

N =Anzahl der in die Ausgleichung eingehenden Schweredifferenzen; m_0 = mittlere Standardabweichung der Punktschwerewerte bei freier Netzausgleichung (Kap. 4.2); σ_{FG5} = Standardabweichung für Punkt FG5 bei dynamischer Ausgleichung (Kap. 4.4)

Die eingesetzten Gravimeter unterscheiden sich hinsichtlich ihrer Bauformen und Eigenschaften. Das wesentliche Konstruktionsmerkmal der LaCoste-Romberg Gravimeter ist eine astasierte Metallfeder, die eine sehr hohe Genauigkeit und Stabilität der Ablesungen ermöglicht. Die Gravimeter des GIK werden ohne Feedback nach der Nullmethode betrieben, d.h. zur Ablesung wird die Ausgangsposition manuell durch Verstellen des Gravimeterarms über eine Spindel wieder hergestellt. Bei dieser Technik hängt die Qualität der Messung stark vom Beobachter ab, außerdem wird der Messwert unter anderem potentiell von periodischen Eichfehlern, sog. „Spindelfehlern", beeinflusst. Bei den mit Feedback ausgerüsteten LCR-Gravimeter halten elektrostatische Kräfte den Gravimeterarm stets in der Nulllage. Schwereunterschiede führen zu variablen „Halte"spannungen, die auf einem Digitalvoltmeter angezeigt werden. Ein manuelles Eingreifen des Beobachters ist nur noch in wenigen Situationen notwendig. Innerhalb des zulässigen Spannungsbereiches des Feedbacksystems wirken sich Spindelfehler nicht aus, allerdings ist der Gesamtschwereunterschied am BFO mit ca. 7900 μGal so groß, das auch mit LCR-G085 an zwei verschiedenen Spindelpositionen gemessen werden musste.

Das Scintrex CG3 Gravimeter hat dagegen ein vollständig anderes Messprinzip. Es handelt sich um eine vertikal aufgehängte Quarzfeder, deren Längenänderungen über einen kapazitiven Weg-aufnehmer erfasst und im internen Datenspeicher abgelegt werden. Eine den LCR-Gravimetern vergleichbare Messgenauigkeit wird über die Registrierung einer hohen Anzahl von Messwerten pro Aufstellung und anschließende Mittelwertbildung erreicht. Das Scintrex CG-3 hat eine höhere Bauform als die LaCoste-Romberg Gravimeter, auch das Abgriffsystem befindet sich höher über dem Bodenpunkt.

Man kann davon ausgehen, dass sich mögliche systematische Fehler durch äußere Einflüsse (elek-tromagnetische Felder, Temperatur- und Luftdruckvariationen sowie lokale Schweregradienten) bei den verwendeten Gravimetertypen unterschiedlich auswirken, was im Hinblick auf realistische Aussagen zur Genauigkeit des Gesamtergebnisses hilfreich ist.

3.2 Eichfaktoren

Der lineare Eichfunktionsterm der GIK-Gravimeter wird in regelmäßigen Abständen auf der Eichlinie Hornisgrinde überprüft. Im Zeitraum 2003 bis 2010 treten zeitliche Variationen von $\pm 1 \cdot 10^{-4}$ für LCR-G686 und $\pm 2 \cdot 10^{-4}$ für LCR-G156 auf (Abb. 3-1). Langfristige Trends sind nicht erkennbar. Umgerechnet auf den Gesamtschwereunterschied am BFO von 7.88 mGal ergeben sich daraus Schwerevariationen von $\pm 0.8\,\mu$Gal bzw. $\pm 1.6\,\mu$Gal. Dies ist im Bereich der geforderten Genauigkeit für das BFO-Netz. Die im Vergleich zu den Ergebnissen des LCR-G686 deutlich größeren Fehlerbalken für das LCR-G156 deuten allerdings auf einen starken Einfluss nicht linearer Effekte (die aber nicht durch quadratische oder kubische Eichfunktionsterme erklärt werden können) oder generelle instrumentelle Probleme hin. Diese sind zur Zeit noch nicht abschließend untersucht. Wie weiter unten gezeigt wird, spielen sie vermutlich auch am BFO eine Rolle. Für die Auswertung der BFO-Messungen wurde ein gewichtetes Mittel des linearen Funktionsterms im Zeitraum 2003 bis 2010 verwendet (siehe Tabelle 3-2). Das Scintrex-CG3 wurde am 22. Juni 2006 ebenfalls auf der Eichlinie getestet; die Verbesserung zu dem vom LKVK mitgelieferten linearen Eichfaktor beträgt 0.999924 und wurde in der Auswertung berücksichtigt.

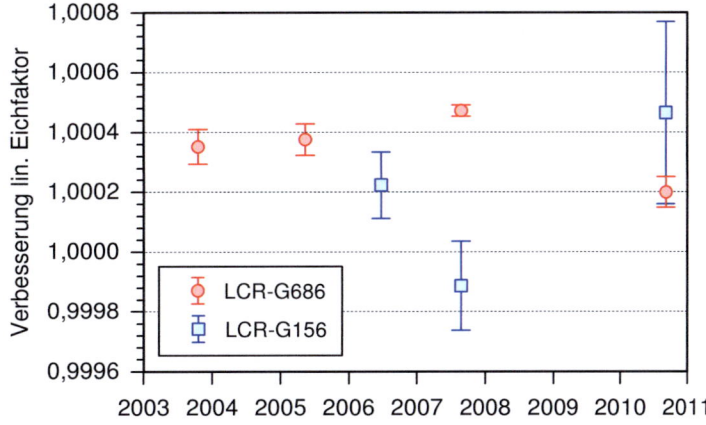

Abb. 3-1: Ergebnisse der Überprüfung der Gravimeter LCR-G686 und G156 auf der Eichlinie Hor-nisgrinde. Dargestellt sind lineare Eichfunktionsterme als Verbesserung zur Hersteller-Eichtabelle.

Die oben angesprochenen periodischen Eichfehler hängen von den Übersetzungsverhältnissen der Zahnräder im Spindelgetriebe der LCR-Gravimeter ab. Unter Vorgabe der daraus ableitbaren

Perioden können periodische Eichfunktionsterme bestimmt werden. Entsprechende Werte wurden den Arbeiten von Finkbohner [1996] und Naujoks et al. [2008] entnommen. Tab. 3-2 enthält eine Zusammenstellung der verwendeten Eichfunktionsterme.

Tab. 3-2: Für die Auswertung verwendete Eichfunktionsterme. Alle Angaben für LCR-G085 nach [Naujoks et al., 2008]. Periodische Eichfunktionsterme für LCR-G156 und G686 nach [Finkbohner, 1996].

Gravimeter	Funktionsterm	Verbesserung zum Herstellereichfaktor	X	Y
LCR-G085	linear	1.0017		
LCR-G085	Periode 7.89		-65.8	-23.9
LCR-G085	Periode 3.94		-6.5	-11.3
LCR-G085	Periode 1.00		9.5	-15.3
LCR-G156	linear	1.000265		
LCR-G156	Periode 7.89		-7.0	-28.0
LCR-G156	Periode 3.94		17.0	4.0
LCR-G686	linear	1.000311		
LCR-G686	Periode 7.33		-3.0	34.0
LCR-G686	Periode 3.67		-8.0	13.0

3.3 Messablauf

Es wurden sieben Messpunkte angelegt und mit ebenerdigen Bolzen markiert (Abb. 1-1). Das Gravimeter wurde mit der linken hinteren Stellschraube (Heck-Backbord, wenn man den Einzelfuß des Gravimeters als Bug ansieht) in der Bohrung des Bolzens platziert. Auf eine generelle Ausrichtung der Instrumente nach Norden wurde verzichtet, da dies an einigen Punkten auf Grund der Enge des Stollens zu einer ungünstigen Mess- und Ableseposition geführt hätte. Auch ist die Nordrichtung an einigen Punkten nur ungenau bekannt. Nach dem Ergebnis der Zusatzuntersuchungen (Kap. 3.4) wurde als pragmatische Lösung für jeden Punkt eine feste Ausrichtung vereinbart, die eine möglichst angenehme Bedienung der Geräte ermöglicht (Tab. 3-3).

Tab. 3-3: Ausrichtung der Gravimeter während der Messung

Punktbezeichung	Ausrichtung
P3	parallel zur Stollenwand, Blickrichtung zur Wand
P7	parallel zur Stollenwand, Blickrichtung zur Wand
FG5	parallel zur Sockelkante, Blickrichtung zur Rückwand des Stollens
MG1	parallel zur Tür, Blickrichtung zur Druckschleuse
MG2	parallel zur Sockelkante, Blickrichtung Rückwand des Stollens
MG3	parallel zur Sockelkante, Blickrichtung zur Wand
MG4	parallel zur Sockelkante, Blickrichtung zur Wand

Die Horizontierung des Gravimeters wurde ausschließlich mit den zwei Stellschrauben vorne links und mitte rechts durchgeführt (Heck-Steuerbord, Bug). Diese Vorgehensweise gewährleistet eine gleich bleibende Instrumentenhöhe, daher konnten die relativ zeitraubenden Höhenmessungen an jedem Messpunkt entfallen. Da nur Schwereunterschiede beobachtet werden, hätten unter einfachen Bedingungen auch eventuelle Veränderungen der Stellschrauben durch anderweitige Nutzung der Gravimeter zwischen den BFO-Messkampagnen keinen Einfluss. Daher wurde eine Messung der Instrumentenhöhe zu keinem Zeitpunkt vorgenommen.

Diese Herangehensweise ist allerdings nur dann gerechtfertigt, wenn keine großen lokalen Variationen des vertikalen Schweregradienten auftreten. Am BFO wurde der vertikale Schweregradient bisher nur am Absolutschwere-Messpunkt (Punkt FG5) bestimmt, für die Messpunkte des Mikroschwerenetzes liegen keine Werte vor. Es ist jedoch bekannt, dass der Schweregradient räumlich alles andere als konstant ist. Auf den Stationen der Gravimetereichlinie an der Hornisgrinde variiert der Schweregradient beispielsweise von -254 μGal/m bis -365 μGal/m. Eine Änderung der Instrumentenhöhe um 1 cm würde in diesem Fall eine Veränderung des Schwerunterschiedes von 1.1 μGal/m zwischen den Stationen bewirken. Sollte daher der Schwergradient am Punkt FG5 deutlich von den Gradienten der übrigen Punkte im Netz abweichen, könnten Veränderungen der Instrumentenhöhe zwischen den Kampagnen scheinbare zeitliche Variationen der Schwere an diesem Punkt hervorrufen. Ebenso könnte die unterschiedliche Bauform der verwendeten Gravimeter zu systematischen, instrumentenabhängigen Unterschieden der ausgeglichenen Schweredifferenzen im Netz führen. Da sich der Punkt FG5 im Unterschied zu allen anderen Netzpunkten in einer ehemaligen Abbauzone mit vergleichsweise großen Hohlräumen im Gebirge ober- und unterhalb des Punktes befindet, kann ein solcher Einfluss nicht gänzlich ausgeschlossen werden. Es ist zu bemerken, dass, solange keine genauen Werte für die lokalen Schwergradienten vorliegen, dieses Problem auch durch Erfassung der Instrumentenhöhe während der Messung oder zumindest vor jeder Kampagne nicht zu beseitigen wäre. Durch den gänzlichen Verzicht auf eine Dokumentation der Instrumentenhöhen entfällt jedoch die Möglichkeit, die Messungen zu einem späteren Zeitpunkt gegebenenfalls zu korrigieren.

Während der ersten Messkampagnen hat sich gezeigt, dass der Punkt P7 ungünstig liegt und eine Ablesung des Gravimeters nur unter erschwerten Bedingungen zulässt. Die Folge war eine vergleichsweise hohe Streuung der Messwerte. Aus diesem Grund wurde der Punkt ab Mitte 2006 nicht mehr besetzt und bei der Auswertung aller Kampagnen nicht berücksichtigt. Abgesehen von den Schwierigkeiten auf P7 war die erreichte Genauigkeit bei Ein-Tages-Kampagnen (Anfahrt, Messung Rückfahrt am gleichen Tag) generell unbefriedigend. Ab 2007 wurde das Beobachtungsschema dahingehend umgestellt, dass die Anfahrt bereits am Vortag stattfand und die Gravimeter zur Akklimatisierung schon über Nacht in den Stollen gebracht wurden. Durch diese Maßnahme konnte die Standardabweichung deutlich reduziert werden (Tab. 3-1, Abb. 5-1).

3.4 Zusatzuntersuchungen

Wegen der unerwartet hohen Streuung der ersten Messkampagnen mit LCR-G686 und LCR-G156 wurden auf dem Absolutschweresockel (Punkt FG5) zwei zusätzliche Experimente durchgeführt mit dem Ziel, den Einfluss von Azimut Effekten und Horizontalgradienten der Schwere abschätzen zu können. Auf Grund der unterschiedlichen Bauform der verwendeten Gravimeter und möglicher Variationen bei der Gravimeteraufstellung können beide Einflussgrößen zu systematischen und zufälligen Fehlern in den Messungen beitragen.

3.4.1 Azimut Effekt

Das Meßsystem der LaCoste-Romberg Gravimeter ist räumlich ausgedehnt, d. h. die Probemasse ist keine Punktmasse. Nun sind in der Heinrichkluft die Felswände erstens sehr nahe am Sockel und zweitens neigt sich die Ostwand der Kluft sehr stark vom Boden der Kluft in Richtung Westen über den Sockel. Wäre die Probemasse punktförmig dürfte eine Drehung der Gravimeter um eine vertikale Achse über dem Bolzen senkrecht zum Sockel nicht zu Messfehlern führen, bei einem ausgedehnten System kann man dies jedoch nicht ausschließen, so dass ein azimutaler Effekt auftreten könnte.

Ein sehr bekannter weiterer azimutaler Effekt kann entstehen, wenn das Gravimeter eine Magnet-feldempfindlichkeit erworben hat, da das Erdmagnetfeld den Granit im Stollen durchsetzt. Die Metallfedern der LCR-Gravimeter sind aus einer ferromagnetischen Legierung hergestellt, um die Abhängigkeit der Messwerte von der Temperatur einerseits durch Änderungen der Geometrie und andrerseits durch Änderungen der elastischen Parameter mit der Temperatur zu minimalisieren [Forbriger, 2007]. Die Herstellerfirma sorgt normalerweise dafür, dass die Feder keine remanente Magnetisierung besitzt, die sonst im äußeren Magnetfeld zu unerwünschten Drehmomenten führt. Die Feder kann aber im Laufe der Lebensdauer durch äußere Einwirkungen eine solche Magnetisierung erwerben. Diese Empfindlichkeit wurde von vielen Gravimetrikern durch Drehung des Gravimeters im Erdmagnetfeld ermittelt; bei positiver Diagnose musste das entsprechende Gerät zurück zum Hersteller.

Aus diesen Gründen wurde am 12. Dezember 2005 mit dem Gravimeter LCR G-156 eine Messreihe erstellt, bei der das Gerät über dem Bolzen zentriert aufgestellt, in Schritten von 45° zweimal um die vertikale Achse durch den Bolzen gedreht und die Schwere gemessen wurde. Die Drehung erfolgte im Gegenuhrzeigersinn. Zwischen den Messungen wurde das Gerät jeweils arretiert. Das Gravimeter war schon 3 Tage zuvor in den Stollen gebracht worden, um ihm Gelegenheit zu geben, sich auf die Stollentemperatur (ca.10°C) einzustellen. Die Messungen dauerten etwa zwei Stunden. Die Ablesungen des Zählers wurden in Schwerewerte umgerechnet und gezeitenkorrigiert. Eine lineare Drift (+8.0 μGal/h) wurde aus den Messungen ebenfalls entfernt. Abbildung 3-2 zeigt die reduzierten Schwerewerte als Funktion des Drehwinkels, wobei der Winkel jeweils der Ausrichtung der Längsachse des Geräts mit dem Einzelbein entspricht. 0° entspricht der Richtung senkrecht zu der Kante des Sockels, die grob parallel zur W-Wand der Kluft verläuft. Die Abbildung zeigt, dass zusätzlich zur typischen Streuung der Messungen möglicherweise ein kleiner Azimuteffekt existiert, dessen Amplitude aber 10 μGal nicht überschreitet. Es kann mit diesem Versuch nicht unterschieden werden, ob es sich dabei um eine magnetische Empfindlichkeit handelt oder um die Wirkung auf die verteilten Massen des Gravimeters.

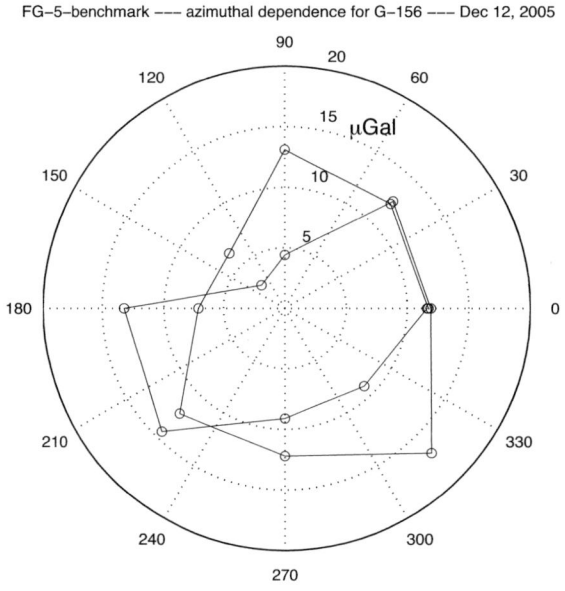

Abb. 3-2: Ergebnis der Untersuchung zum Einfluss des Azimut Effektes. Das Gravimeter wurde nach 0° ausgerichtet und anschließend zweimal um 360° gedreht. Ein Kreis im Abstand des Startwertes vom Mittelpunkt würde bedeuten, dass das Gravimeter keine Azimutabhängigkeit besitzt. Abgesehen von den unvermeidlichen Messfehlern gibt es Anzeichen für einen leichten Azimut Effekt im Sektor zwischen 90° und 180°.

Bei den Vermessungen des Mikroschwerenetzes wurde angestrebt, die Gravimeter azimutal immer gleich auszurichten, so ist die Wirkung der relativ kleinen Azimutabhängigkeit des Gravimeters bei den Messungen auf diesem Sockel sicher vernachlässigbar. In den Schweredifferenzen zwischen den verschiedenen Messpunkten könnten diese Effekte aber durchaus in den Daten vorhanden sein, wären aber zeitlich konstant und würden somit echte Schwereunterschiede vortäuschen, solange alle Messungen mit ein und demselben Gravimeter durchgeführt würden. Allerdings ist zu erwarten, dass zumindest der Magnetfeldeffekt sich von Gravimeter zu Gravimeter unterscheidet, wenn er überhaupt vorhanden ist. So könnte ein Teil der Streuung zwischen den Gravimetern durch diesen Effekt verursacht worden sein. Es ist klar, dass Scintrex-Gravimeter keinen magnetischen Effekt besitzen sollten, da die Tragfeder aus Quarz besteht.

3.4.2 Horizontalgradienten

Wegen der Nähe der Gravimetermesspunkte zu dem Granit der Stollenwände können Horizontalgradienten der Schwere auftreten, die eventuell groß genug sind, um die Messungen zu verfälschen. Um dieses zu untersuchen wurden am 9. Dezember 2005 auf dem Sockel in der Heinrich-Kluft an mehreren Stellen die Schwere gemessen, dabei wurde wieder das LaCoste-Romberg Gravimeter G-156 verwendet. Auf dem Sockel wurden zusätzlich zum zentralen Bolzen, über dem die Mikroschweremessungen gemacht wurden, vier Punkte festgelegt und vorübergehend markiert. Diese werden entsprechend der ungefähren geografischen Lage auf dem Sockel mit NW, SW, SE und NE bezeichnet. In einem kartesischen Koordinatensystem mit Ursprung im zentralen Bolzen mit der x-Achse durch den NW-Punkt haben diese die folgenden Koordinaten (in cm): NW(57, 0); SW(-7.5, 64); SE(-60.5, 0) und NE(7, 66.5). Das Gravimeter wurde jeweils mit dem festgestellten Bein (Heck/Backbord) auf die markierten Punkte gestellt und immer gleich ausgerichtet (0°). Die O-Wand der Kluft verläuft am Boden etwa parallel zu der Verbindungslinie NE-SE. Die Höhenunterschiede zu einem Höhenbolzen sind für NW -9.5 mm, SW -20.5 mm, SE -9.5 mm; NE -10.0 mm und Zentralpunkt -13.5 mm (mit Hilfe einer Wasserwaage ermittelt), die Sockeloberfläche ist also nicht ganz senkrecht zum Schwerevektor. Der vertikale Schweregradient über dem Sockel wurde schon früher zu -0.2257 μGal/m ermittelt (K. Lindner, pers. Mittlg. 2001). Damit ergaben sich Höhenkorrekturen relativ zum zentralen Bolzen von: NW -2.2; SW -1.6; SE +0.9 und NE +0.8 μGal. An jedem der 4 dezentralen Punkte wurde dreimal die Schwere gemessen, wobei jedes Mal vorher und nachher der zentrale Punkt aufgesucht wurde. Der zeitliche Verlauf des Versuchs ist aus Abbildung 3-3 ersichtlich. Diese Abbildung zeigt die gemessenen Schwerewerte reduziert für Gezeiten, die Freiluftschwere (s. o.) und eine lineare Drift des Gravimeters von +12.3 μGal/h. Aus dem Diagramm geht hervor, dass sich die Punkte NW und SW nicht vom Zentralpunkt in der Schwere unterscheiden, dass aber die Punkte in Wandnähe signifikant zum Zentralpunkt verschiedene Schwerewerte aufweisen. Für den Punkt NE beträgt die Differenz etwa -15 bis -20, für den Punkt SE -25 bis -30 μGal. Es ergibt sich klar, dass man sich von den Felswänden fernhalten muss, dass aber in etwa 1 m Abstand die Horizontalgradienten keine signifikanten Abweichungen mehr verursachen.

4 Ergebnis

4.1 Auswertestrategie

Für die Auswertung der Schwerebeobachtungen wurde das von H.-G. Wenzel am Geodätischen Institut Karlsruhe entwickelte Programmpaket GRAV verwendet. GRAV führt die Reduktion von relativen Schweremessungen und die Ausgleichung von Schwerenetzen bzw. den Anschluss von relativen Schweremessungen an übergeordnete Netze durch. Eine kurze Beschreibung der

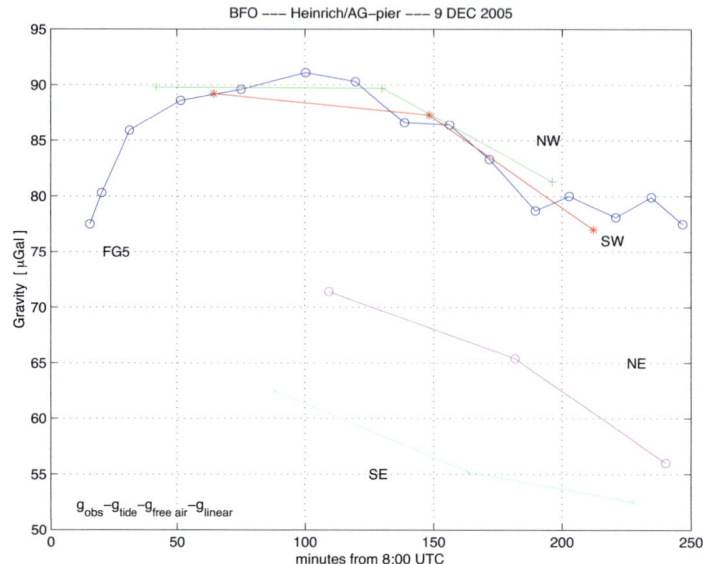

Abb. 3-3: Ergebnis der Untersuchung zum Einfluss des Horizontalgradienten der Schwere. Die Punkte NW, SW, NE, SE liegen auf den Ecken des Absolutschweresockels, ca. 60 cm vom Zentralpunkt FG5 entfernt. Punkte nahe der Felswand (NE, SE) zeigen signifikante Abweichungen vom Messwert auf FG5.

Funktionalitäten von GRAV findet sich in [Rauber, 1993] und [Finkbohner, 1996]. Das Programm verfährt nach dem „Δg-Prinzip", d. h. es werden Schweredifferenzen ausgeglichen. Dieser Ansatz hat den Vorteil, dass eine aufwändige Modellierung der Gravimeterdrift entfallen kann, da die Drift zwischen zwei unmittelbar aufeinander folgenden Messungen i. A. durch einen linearen Term befriedigend angenähert werden kann. Der Nachteil ist, dass die als Quasibeobachtungen eingehenden Schweredifferenzen nicht mehr unabhängig voneinander sind.

Für die Auswertung wurde ein mehrstufiges Schema angewendet, das auf die Bestimmung von Schweränderungen am Punkt FG5 relativ zu den Punkten P3 und MG1 bis MG4 („Referenznetz") ausgerichtet ist. Orientierung und Maßstab des Schwerenetzes werden über die Absolutschweremessung am 16.04.2008 und die Hersteller-Eichtabellen sowie die für jedes Gravimeter bekannten Verbesserungen zu den linearen Eichfunktionstermen (siehe Tab. 3-2) festgelegt. Damit wird der Maßstab der Eichlinien Hornisgrinde und Hannover (LCR-G085) in das BFO-Mikroschwerenetz übertragen.

4.2 Stufe 1: Erkennung von groben Fehlern

Da GRAV eine präzise Erdgezeitenreduktion mit wählbaren Eingangsparametern durchführt, wurde die entsprechende interne Korrekturfunktion des Scintrex-CG3 Gravimeters ausgeschaltet. Alle Daten wurden zunächst in das Eingabeformat von GRAV umformatiert. Anschließend wurden mit dem MATLAB Programm SVDDRIFT die Messungen für jede einzelne Kampagne dargestellt. In diesem ersten Korrekturschritt können grobe Fehler, Ausreißer und Sprünge erkannt und beseitigt bzw. markiert werden. Um weitere grobe Fehler in den Datensätzen zu detektieren, wurde im nächsten Schritt für jede Messkampagne und jedes Gravimeter eine freie Netzausgleichung durchgeführt. Schweredifferenzen, deren Residuen um mehr als das zweifache der a priori Standardabweichung von 10 μGal lagen, wurden nach Möglichkeit ebenfalls aus den Eingangsdaten eliminiert und ein weiterer Programmdurchlauf gestartet. Insgesamt wurden auf diese Weise zwischen 6% (LCR-G686) und 18% (Scintrex-CG5) der Daten als möglicherweise fehlerhaft gekennzeichnet. Mit einer Ausnahme (LCR156, 24.03.2006) wurden für alle Gravimeter und Einzelkampagnen befriedigende Lösungen mit mittleren Standardabweichungen zwischen 1.7 μGal und 3.8 μGal erhalten.

4.3 Stufe 2: Bestimmung der Schwerewerte für das Referenznetz

Das Ziel der nächsten Auswertestufe war die Zuordnung von Schwerewerten zu den Punkten des Referenznetzes. Dazu wurden alle Beobachtungen am Punkt FG5 aus den Eingangsdaten entfernt und für die verbleibenden Punkte im Zuge einer freien Netzausgleichung eine gemeinsame Lösung aus allen Kampagnen berechnet. In einem Zwischenschritt wurde dies zunächst für jedes der beteiligten Gravimeter getrennt durchgeführt. Dadurch ergab sich eine Möglichkeit, die Qualität der Gravimeter untereinander zu vergleichen. Dabei springen sofort die Schwierigkeiten mit LCR-G156 ins Auge. Das Histogramm der Residuen für dieses Gravimeter ist weit entfernt von einer Normalverteilung; die Standardabweichung m_0 einer einzelnen beobachteten Schweredifferenz ist mit 17.1 μGal doppelt so hoch wie für die anderen Gravimeter (Abb.4-1). Im Gegensatz zu den anderen drei Gravimetern treten bei der Kombination der bereinigten Einzelkampagnen häufig Schweredifferenzen auf, die über dem Zwei- und Dreifachen der a priori Standardabweichung liegen. Die Kampagnenlösungen für LCR156 weichen demnach stark voneinander ab, was ein Hinweis auf instrumentelle Probleme sein könnte. Auf eine Eliminierung dieser groben Fehler wurde verzichtet, weil dies bedeutet hätte, ganze Messkampagnen unberücksichtigt zu lassen. Trotz dieser Schwierigkeiten sind die ausgeglichenen Punktschwerewerte der Gesamtlösung für LCR-G156 bei einer mittleren Standardabweichung von 2.4 μGal mit den anderen Gravimetern durchaus vergleichbar.

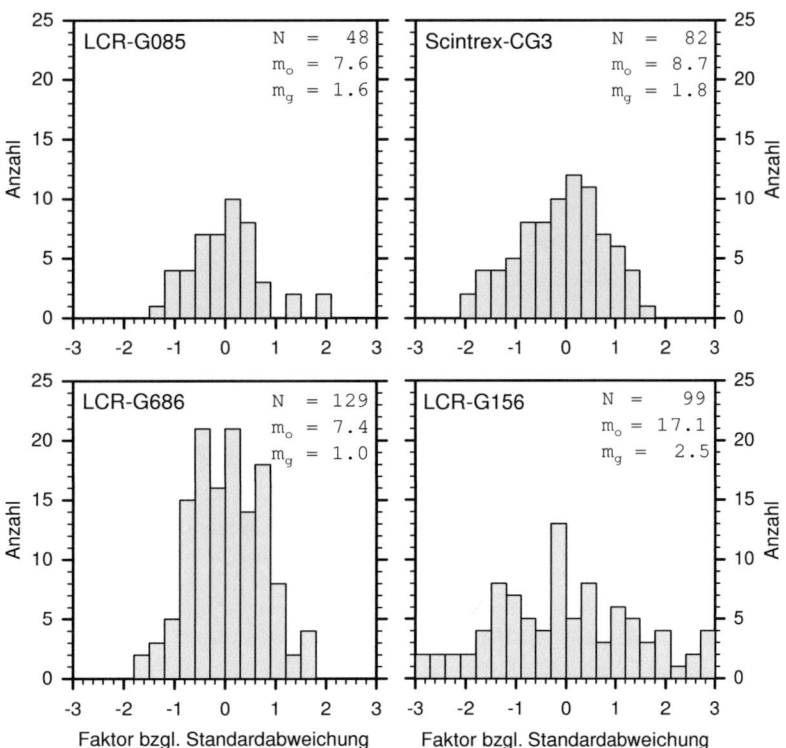

Abb. 4-1: Histogramme der Residuen nach freier Ausgleichung aller Messungen eines Gravimeters auf den Punkten P 3 und MG1 bis MG4. Die x-Achse gibt die Streuung als Vielfaches der a priori Standardabweichung von 10 μGal an. m_0 ist die Standardabweichung einer einzelnen Messung, m_g die mittlere Standardabweichung der ausgeglichenen Punktschwerewerte.

Für den weiteren Vergleich wurden die erhaltenen Punktschwerewerte für G085 von den Ergebnissen der anderen drei Gravimeter abgezogen. Dabei zeigt sich eine recht gute Übereinstimmung zwischen G085 und Scintrex-CG3 (Abb.4-2). Ein leichter Trend vom größten (P3) bis zum niedrigsten Schwerewert (MG4) kann, zumindest für den hinteren Teil des Stollens, mit einem Maßstabseffekt erklärt werden. Überraschend ist dagegen der starke Trend von ca. $20\,\mu$Gal für LCR-G686. Da sowohl der Maßstab von G686 als auch vom Scintrex-CG3 auf der Eichlinie Hornisgrinde überprüft und in der Ausgleichung berücksichtigt wurde, hätte man ein gleichartiges Verhalten beider Gravimeter über das BFO-Netz hinweg erwartet. Bemerkenswert ist auch das ähnliche Verhalten der beiden nicht mit Feedback ausgerüsteten Gravimeter G686 und G156 mit deutlichen Abweichungen um $\pm10\,\mu$Gal auf allen Punkten außer MG3. Eine mögliche Erklärung für dieses Verhalten könnten nicht modellierte Systematiken wie z.B. unzureichend bekannte Spindelfehler sein. Da die Messungen mit G156 und G686 aber über einen sehr viel längeren Zeitraum stattfanden als mit den anderen beiden Gravimetern kann nicht ausgeschlossen werden, dass sich auch zeitliche Schwereeffekte in den Abweichungen manifestieren.

Da die wahre Ursache der beobachteten Unterschiede nicht bekannt ist, wurde im letzten Schritt dieser Auswertestufe durch freie Netzausgleichung eine gemeinsame Lösung für alle Gravimeter berechnet. Durch die Kombination der vier Gravimeter können realitätsnahe Aussagen über die Schwereunterschiede im BFO-Netz und ihre Genauigkeiten erwartet werden. 358 Schweredifferenzen gehen in diese Ausgleichung ein; es ergeben sich Werte von $11.7\,\mu$Gal für die Standardabweichung einer einzelnen Messung und $1.0\,\mu$Gal für die mittlere Standardabweichung der Punktschwerewerte. Da sich die Messungen mit LCR-G686 und G156 über einen längeren Zeitraum erstrecken, können zeitliche Schwerevariationen in das Referenznetz eingebracht worden sein, deren Aufdeckung jedoch nicht das Ziel des hier vorgestellten Auswertungsansatzes ist.

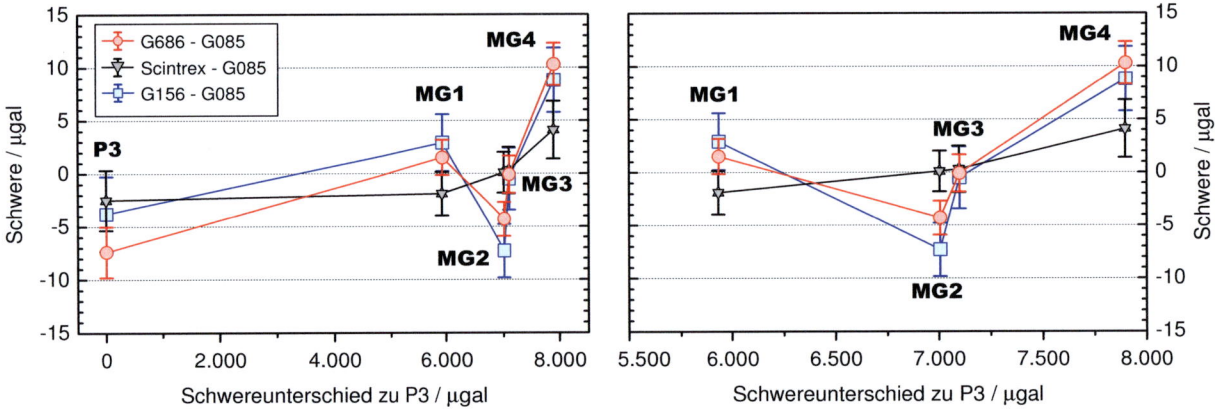

Abb. 4-2: Vergleich der Ergebnisse einer freien Netzausgleichung ohne Punkt FG5 für die einzelnen Gravimeter. Oben: Netzwerk incl. P3; Rechts: Ausschnitt für die Punkte MG1 bis MG4. Dargestellt sind die Differenzen der Ergebnisse zur Lösung für LCR-G085 als Funktion der mittleren, mit G085 gemessenen Schwerunterschiede im Netz. Während sich zwischen Scintrex-CG3 und LCR-G085 nur geringe Unterschiede ergeben, die zumindest im hinteren Teil des Netzes durch einen Maßstabsfaktor erklärt werden können, zeigen LCR-G156 und G686 parallele Abweichungen von bis zu +/- 10 μGal.

4.4 Stufe 3: Überprüfung der Stabilität von Punkt FG5

In einem dynamischen Ausgleichungsansatz werden nun die vorstehend erhaltenen Schwerewerte für die Punkte P3 und MG1 bis MG4 zusammen mit ihren Standardabweichungen als bekannte Anschlusspunkte in die Ausgleichung eingeführt. Die Messungen auf FG5 werden wieder in die

Eingangsdatensätze eingefügt, und für jede einzelne Messkampagne mit LCR-G156 und LCR-G686 wird ein Schwerewert für Punkt FG5 bestimmt. Die Standardabweichung für die ausgeglichene Schwere auf FG5 variiert zwischen $5.4\,\mu$Gal und $1.9\,\mu$Gal für G686 sowie $7.4\,\mu$Gal und $4.8\,\mu$Gal für G156. Die im Vergleich zur freien Ausgleichung deutlich schlechteren Werte für G156 sind die Konsequenz der erwähnten Spannungen zwischen den einzelnen Kampagnenlösungen für dieses Gravimeter bzw. zwischen den Kampagnenlösungen und der Gesamtnetzausgleichung.

5   Diskussion und Fazit

Abb. 5-1 gibt einen Überblick über die Wiederholungsmessungen auf dem Absolutschwere-Messpunkt FG5 mit Relativ- und Absolutgravimetern. Dargestellt sind scheinbare zeitliche Schwereänderungen, bezogen auf den 16.04.2008 für die Absolut- und den 23.04.2008 für die Relativmessungen. Das Bezugsdatum wurde gewählt, weil innerhalb der kurzen Zeitspanne von einer Woche starke Schwereänderungen nicht sehr wahrscheinlich sind. Als gemeinsames Faktum der drei Gravimetermessungen lässt sich ein Pendeln zwischen jeweils zwei verschiedenen Niveaus feststellen. Bei den Absolutschweremessungen liegen diese Niveaus ca. $4\,\mu$Gal auseinander, mit Ausnahme der ersten Messung im März 2001, welche letzlich die vorliegende Studie ausgelöst hat. Im Hinblick auf die erwartete Genauigkeit einer einzelnen Absolutmesskampagne von $< \pm 3\mu$Gal ist die Schwerevariation nach 2003 nicht signifikant und kann möglicherweise auf den Einsatz verschiedener Instrumente und Messstrategien der beteiligten Institutionen zurückzuführen sein.

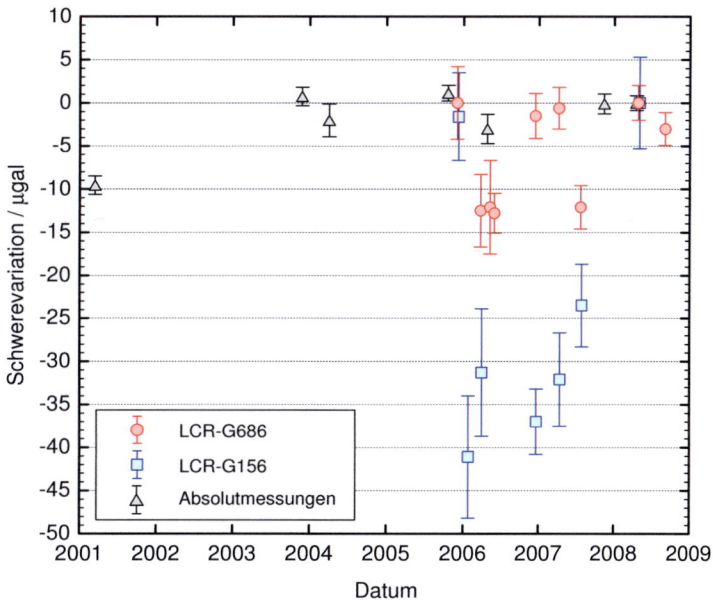

Abb. 5-1: Scheinbare zeitliche Schwerevariationen auf dem Absolutschweresockel des BFO (Netzpunkt FG5). Die Werte für die Relativgravimeter LCR-G686 und LCR-G156 sind das Resultat einer dynamischen Ausgleichung der eintägigen Messkampagnen, bezogen auf die Kampagne am 23.04.2008. Referenzepoche für die Absolutschweremessungen ist der 16.04.2008.

Die Messungen mit LCR-G686 schwanken um ca. $13\,\mu$Gal. Deutlich zu erkennen ist die Verbesserung der inneren Genauigkeit der Messkampagnen durch das geänderte Beobachtungsschema in den Jahren 2007 und 2008. In diesem Zeitraum sind die beobachteten Schwerevariationen größer als das Zweifache der Standardabweichung. Die mit LCR-G156 erhobenen Messungen bewegen sich auf zwei ca. $35\,\mu$Gal auseinander liegenden Niveaus. In Anbetracht der großen Standardabweichungen sowie der vorstehend erläuterten Auffälligkeiten kann dieses Gravimeter bei der Frage nach der zeitlichen Stabilität des Messpunktes FG5 sicherlich nicht weiterhelfen. Interessant ist immerhin, dass die erste und letzte Messkampagne der beiden LCR-Gravimeter fast identische Werte liefert; in beiden Fällen handelt es sich um die jeweils größten Messwerte während des gesamten Messzeitraums.

Über die Ursachen für die scheinbaren Schwereänderungen sind zur Zeit keine gesicherten Aussagen möglich. Es fällt auf, dass, mit Ausnahme der Referenzepoche im April 2008, die großen Schwerewerte für LCR-G686 und die FG5-Absolutmessungen jeweils im Winter beobachtet werden, während die niedrigen Schwerewerte auf den Frühsommer fallen. Dies könnte auf hydrologische Einflüsse schließen lassen. Tatsächlich lässt sich die Absolutschwerekurve gut mit allgemeinen Niederschlags- und Grundwasserkurven in Übereinstimmung bringen (M. van Camp, pers. Mittlg. 2009). Zu erklären wäre dann jedoch, warum sich die absolute Schwere lediglich um $4\,\mu$Gal ändert, während G686 im gleichen Zeitraum (Winter 2005 – Frühsommer 2006) eine Schwereabnahme um $13\,\mu$Gal detektiert.

Auf Basis des gegenwärtigen Kenntnisstandes können nicht bekannte bzw. nicht modellierte Effekte durch Instrumente und Messablauf keinesfalls ausgeschlossen werden. Dies gilt sowohl für die Absolut- als auch die Relativschweremessungen. Die Ergebnisse der Relativmessungen lassen insgesamt eher auf systematische als auf zufällige Einflüsse schließen. In Frage kommen unter anderem nicht bekannte oder falsch angesetzte Spindelfehler. Die Veränderung des Skaleneinheiten-Niveaus zwischen den Messkampagnen passt allerdings nicht zu den für diesen Gravimetertyp bekannten Periodizitäten. Auch müssten die Amplituden außergewöhnlich groß sein. Ein Beitrag durch lokale Variationen des vertikalen Schweregradienten ist theoretisch möglich; in Unkenntnis des tatsächlichen Gradienten an jedem Messpunkt können dazu derzeit keine konkreten Aussagen getroffen werden. Ein Einfluss des horizontalen Gradienten und des Erdmagnetfeldes in der beobachteten Größenordnung $> 10\,\mu$Gal kann nach den Voruntersuchungen ausgeschlossen werden.

Zusammenfassend muss man konstatieren, dass die Genauigkeit der eingesetzten LCR-Gravimeter geringer ist als diejenige der FG5 Gravimeter. Damit ist es nicht möglich, auf Basis dieser Messungen Aussagen über die Qualität der Absolutschweremessungen oder die zeitliche Stabilität des Messpunktes FG5 zu treffen. LCR-G686 erreicht bei ganztägigen Messkampagnen (Anfahrt am Vortag) mit einer ca. 5-fachen Besetzung der Netzpunkte eine den Absolutgravimetern vergleichbare innere Genauigkeit von $\pm 2.5\,\mu$Gal; nach dem derzeitigen Diskussionsstand muss man allerdings von einer Wiederholbarkeit von lediglich $\pm 7\,\mu$Gal ausgehen. Nimmt man an, dass die Messungen mit den FG5-Absolutgravimetern um den wahren Schwerewert streuen, wäre dies auch ein Maß für die äußere Genauigkeit von LCR-G686. Mit Variationen von bis zu $40\,\mu$Gal zwischen den Kampagnen ist LCR-G156 sicherlich nicht in einem Zustand, der für Präzisionsschweremessungen ausreicht. Langfristige Schwereänderungen am Absolutschweresockel können auf Basis des Beobachtungsmaterials aller Gravimeter von 2001 bis 2008 ausgeschlossen werden. Die Frage nach dem Einfluss hydrologischer Signale im BFO-Stollen wird erst mit Hilfe des seit September 2009 registrierenden Supraleitenden Gravimeters am BFO beantwortet werden können.

Literatur

[Berardino et al. 2002] BERARDINO, P. ; FORNARO, G. ; LANARI, R. ; SANSOSTI, E: A new algorithm for surface deformation monitoring based on small baseline differential SAR interferograms. In: *IEEE Transactions on Geoscience and Remote Sensing*, 2002 (40), S. 2375–2383

[Finkbohner 1996] FINKBOHNER, S.: *Das Gravimeter-Eichsystem Karlsruhe (GESK), als Vereinigung der Gravimetereichlinien in Karlsruhe (GEK) und an der Hornisgrinde (GEH)*, Geodätisches Institut der Universität Karlsruhe (TH), Diplomarbeit, 1996

[Forbriger 2007] FORBRIGER, T.: Reducing magnetic field induced noise in broad-band seismic recordings. In: *Geophysical Journal International*, 2007 (Band 169), S. 240–258. – doi: 10.1111/j.1365-246X.2006.03295.x

[Francis 2005] FRANCIS, O. (insgesamt 29 Autoren): Results of the International Comparison of the Absolute Gravimeters in Walferdange (Luxembourg) of November 2003. In: JEKELI, C. (Hrsg.) ; BASTOS, L. (Hrsg.) ; FERNANDES, J. (Hrsg.): *Gravity, Geoid and Space Missions, GGSM 2004, IAG Symposium* Bd. 129, 2005, S. 272–275

[Naujoks et al. 2008] NAUJOKS, M. ; WEISE, A. ; KRONER, C. ; JAHR, T.: Detection of small hydrological variations in gravity by repeated observations with relative gravimeters. In: *Journal of Geodesy* 82 (2008), S. 543–553. – doi:10.1007/s00190-007-0202-9

[Rauber 1993] RAUBER, W.: *Anlage einer Gravimeter-Eichlinie in Karlsruhe*, Geodätisches Institut der Universität Karlsruhe (TH), Diplomarbeit, 1993

[Torge 1989] TORGE, W.: *Gravimetry*. Berlin, New York : de Gruyter, 1989

[Watermann 1957] WATERMANN, H.: *Reihe C.* Bd. 21: *Über systematische Fehler bei Gravimetermessungen*. DGK, 1957

[Wöllner 2007] WÖLLNER, J.: *Hochgenaue Bestimmung von Schwereunterschieden an 7 Punkten im BFO-Stollen mit dem Scintrex CG3 Gravimeter*, Geodätisches Institut der Universität Karlsruhe (TH), Studienarbeit, 2007

Anschrift der Autoren:

Dr.rer.nat. Malte Westerhaus   Karlsruher Institut für Technologie (KIT)
Geodätisches Institut (GIK)
Englerstraße 7, 76131 Karlsruhe
malte.westerhaus@kit.edu

Dr.-Ing. Klaus Lindner   Im Speitel 49a, 76229 Karlsruhe
lindner@gik.uni-karlsruhe.de

Dr.rer.nat. Walter Zürn   Geowissenschaftliches Gemeinschaftsobservato-
Peter Duffner   rium des KIT und der Universität Stuttgart
Dr.rer.nat. Thomas Forbriger   Black Forest Oberservatory
Dr.rer.nat.   Heubach 206, 77709 Wolfach
Rudolf Widmer-Schnidrig   walter.zuern@gpi.uni-karlsruhe.de

Geodätische Arbeiten im Erdbebengebiet der Albstadt-Scherzone

Karl Zippelt

1 Einleitung

Als am 03. September 1978 gegen 6 Uhr 08 Ortszeit im Bereich Albstadt, insbesondere in den Stadtteilen *Tailfingen* und *Onstmettingen*, die Erde bebte und in der ganzen Region Schäden an Gebäuden (auch die Hohenzollernburg war betroffen) anrichtete, fragten nicht nur Geowissenschaftler, warum es immer wieder gerade in diesem Bereich zu Erdbeben bis zu mittlerer Stärke kommt. Mit Rückschau auf das 20. Jahrhundert ist die Schwäbische Alb im Bereich des Hohenzollerngrabens eine der aktivsten Erdbebenregionen in Mitteleuropa, ohne dass es dafür eine tektonische oder geodynamische Begründung gibt. Die Region ist weder Teil eines aktiven Grabensystems noch weist hier die Erdkruste eine markante Schwachstelle auf, geschweige denn ist die Region von aktiven Vulkanen geprägt. Der Hohenzollerngraben selbst ist ein eher kleiner Graben mit etwa 125° streichender Zerrstruktur von etwa 28 km Länge und einer maximalen Breite von etwa 1,5 km. Die schmale Grabenscholle ist maximal 100 bis 115 m tief eingesunken, jedoch topographisch nicht leicht erkennbar, da sich der Graben mittlerweile als Reliefumkehr darstellt. Aufgrund der geringen Breite und dem Einfallen der Randstörungen mit 50° bis 70° ergibt sich, dass der Hohenzollerngraben selbst lediglich eine Tiefe von maximal 3000 m erreicht [Baumann, 1984] und damit als oberflächennahe Struktur gilt. Beachtet man, dass die Hypozentren überwiegend in einer Tiefe zwischen 5 und 15 km liegen, so erkennt man sehr schnell, dass der Hohenzollerngraben selbst oberhalb des Bereiches der seismischen Aktivität liegt und damit primär nicht als deren Ursache zu sehen ist. Vielmehr scheint es, dass die Erdbeben in dieser Region der Nord-Süd streichenden *Albstadt-Scherzone* zuzuordnen sind. Bewertungen der Erdbebentätigkeit auf der Schwäbischen Alb finden sich in [Schneider, 1980] und [Turnovsky, 1981]. Während frühere Untersuchungen [Illies, 1982] von einer alt angelegten Struktur, die keine jüngere Grabentektonik zeigt, ausgehen, wird in neueren Modellen [Reinecker u. Schneider, 2002] davon ausgegangen, dass es sich beim Hohenzollerngraben um eine junge Struktur handelt, die von der eigentlichen seismischen Zone abgekoppelt und aufgrund der Spannungsverhältnisse rezent noch in Bewegung ist.

In der Zeit vor dem großen Beben von 1978 traten die Erdbeben überwiegend südlich des Hohenzollerngrabens auf, während es in der Folgezeit zunächst den Anschein hatte, dass sich die Epizentren nördlich des Grabens häufen. Jedoch bereits 1987 wurde dieser kurzzeitige Trend durch ein Beben der Magnitude M=3.8 abgebrochen (s. Abb. 2-3). Obwohl an der Erdoberfläche keine Anzeichen für eine junge Grabentektonik erkennbar waren, wurde immer wieder die Frage diskutiert, ob die Spannungen, die im Grundgebirge und den darüber lagernden Schichten herrschen, und der Spannungsabbau, der durch die Erdbeben hervorgerufen wird, zu rezenten Bewegungen an der Erdoberfläche führt. Anfang der 80er Jahre wurde diese Fragestellung auch an das Geodätische Institut der Universität Karlsruhe (TH) (**GIK**) herangetragen mit der Aufforderung, entsprechende Messungen durchzuführen.

2 Aufbau der geodätischen Überwachungsnetze

In [Illies, 1982] wurde das Modell entwickelt, wonach die Erdbeben auf N-S-gerichteten lamellären Scherbahnen, die im Grabenbereich um 10-15° rotiert werden, ausgerichtet sind und dass sich die dabei entstehenden Bewegungsraten verzögert aus der Tiefe an die Oberfläche durchpausen. Diese rezenten Bewegungsraten, deren Existenz nicht gesichert war und die zudem als sehr klein (0.1 – 0.5 mm/a) abgeschätzt wurden, galt es also in ihrer Größenordnung und Richtung nachzuweisen. Hilfreich bei dieser Fragestellung war, dass sich an der *Universität Karlsruhe (TH)* ab 1981 der von der Deutschen Forschungsgemeinschaft (DFG) geförderte Sonderforschungsbereich 108 „Spannung und Spannungsumwandlung in der Lithosphäre" konstituierte und die Süddeutsche Großscholle mit dem Hohenzollerngraben zu einem der Arbeitsgebiete erklärt wurde. Dem Geodätischen Institut war damit die Möglichkeit gegeben, mit Unterstützung von Wissenschaftlern aus den Bereichen der Geophysik (Prof. Fuchs) und der Geologie (Prof. Illies) der Fragestellung oberflächennaher Bewegungsraten nachzugehen. In der schwierigen Topographie (Reliefumkehr, viel Wald, wenig offene Flächen mit Sichtverbindungen zwischen vermarkten Punkten) wurden unter der Projektleitung von Prof. H. Mälzer drei Überwachungsnetze aufgebaut in denen durch Lage- und Höhenmessungen etwaige rezente Bewegungsraten nachgewiesen werden sollten. Um Bewegungsraten kleiner 0.5 mm/a erfolgreich nachzuweisen ist es erforderlich,

- über lange Zeiten auf ein Festpunktfeld mit einer stabilen Vermarkung zurückgreifen zu können. Die solide Vermarkung ist Voraussetzung dafür, dass bei der Interpretation der Ergebnisse die geschätzten Bewegungsraten auf Bewegung der Erdoberfläche und nicht auf Eigenbewegung des Vermarkungsträgers zurückgeführt werden können.

- dass das Beobachtungsmaterial von hoher Genauigkeit ist. Die Elimination systematischer und/oder grober Fehler – sei es durch Messungsanordnung oder anschließende Auswertung – ist Grundlage für eine erfolgreiche Deformationsanalyse.

- dass es möglich ist, Beobachtungen über einen langen Zeitraum unter möglichst gleicher Konstellation sowohl im Netzdesign als auch in den eingesetzten Geräten durchzuführen,

- dass es gewährleistet ist, die Daten über einen langen Zeitraum gesichert abzuspeichern und zugriffsfähig zu halten,

- dass entsprechende Modellbildung in Auswertesoftware umgesetzt und zur Verfügung gestellt wird.

Das **erste Netz** – bestehend aus 18 Punkten – wurde ab Herbst 1981 in Albstadt im Ortsteil *Tailfingen* (in den Gewannen *Schönbühl* und *Schafbühl*) errichtet und nimmt dort eine Fläche von etwa 1,5 km² ein. Trotz schwieriger Geländeverhältnisse konnten Teile der südlichen Grabenstruktur in das Netz integriert werden, allerdings liegt das Netz eher am östlichen Rand der durch die Erdbeben gekennzeichneten Zone. Auf überwiegend städtischen Grundstücken wurden in Absprache mit der Stadtverwaltung und einigen privaten Eigentümern massive Pfeiler mit permanenter Zentrierung errichtet. Die Bauweise und Gründung der Pfeiler (s. Abb. 2-1) war von vornherein auf eine langfristige Beobachtungsdauer ausgelegt. Zum Schutz gegen Beschädigungen und zur Temperaturisolierung sind die eigentlichen Messpfeiler (Höhe etwa 140 cm) jeweils mit einem massiven Schleuderbetonrohr mit $d = 65$ cm umgeben.

Das **zweite Netz** wurde in Albstadt im Ortsteil Onstmettingen, im Gewann Hebsack errichtet. Hier fand man eine Freifläche, die teilweise landwirtschaftlich genutzt wurde, mit guten Sichtverbindungen zwischen den vorgesehenen Pfeilerstandorten. Es wurde ein Netz mit 7 Punkten erkundet und durch Pfeiler vermarkt. Dieses Netz liegt am südlichen Rand des Hohenzollerngrabens unweit des Epizentrums des 78er Bebens [Turnovsky, 1981] und überdeckt an dieser Stelle den Graben fast bis zur nördlichen Randstruktur. Aus Abb. 2-2 wird die gegenseitige Zuordnung

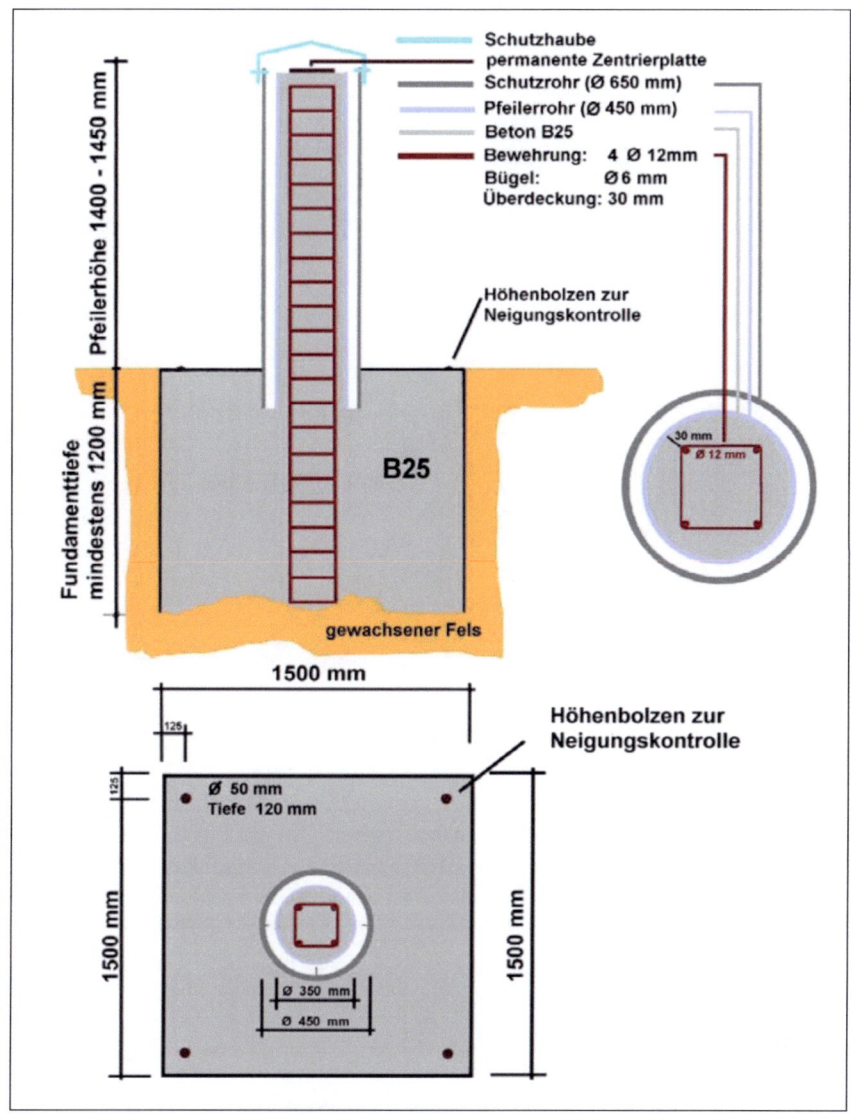

Abb. 2-1: Konstruktion der Messpfeiler, bestehend aus Fundament (1,5 m × 1,5 m), integrierten Höhenbolzen zur Neigungskontrolle und dem eigentlichen Messpfeiler mit permanenter Zentrierungsvorrichtung.

zwischen Seismizität des 78er Bebens, vermuteten seismischen Vorzugsrichtungen und diesem Überwachungsnetz deutlich. Das Netz konnte quasi im Zentrum der Bebentätigkeit aufgebaut werden, so dass die Erwartung bestand, an dieser Stelle am ehesten auftretende Bewegungen der Erdoberfläche aufgrund seismischer Aktivität zu erfassen.

Nach 1978 nahmen die Epizentren der Beben zunächst einen nördlichen Verlauf und liefen direkt auf die Ortschaft Jungingen zu. Geländebegehungen und nachfolgende Diskussionen mit Geologen und Geophysiken führten dazu, dass ab dem Spätherbst 1984 im Raum Jungingen in Verlängerung der angedeuteten Scherbahn ein **drittes Netz** mit 5 Punkten aufgebaut wurde. In schwierigen Geländeverhältnissen und aufgrund der Ortslage kam es zu einem Netz mit Entfernungen zwischen 800 m und 1800 m. Wie bereits erwähnt, hat sich diese nordwärts gerichtete Wanderung der Epizentren ab 1987 nicht mehr bestätigt, so dass das Netz mittlerweile am Rande oder gar außerhalb der aktuellen Bebentätigkeit liegt.

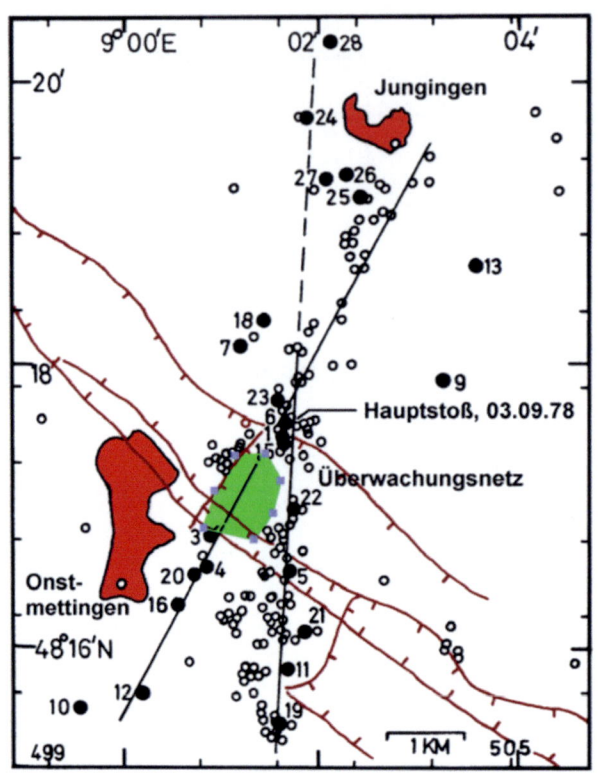

Abb. 2-2: Lage des „*Überwachungsnetzes Onstmettingen*" in Relation zu den Randstörungen des Hohenzollerngrabens und den Epizentren der Erdbebenserie des Jahres 1978 [Turnovsky, 1981]

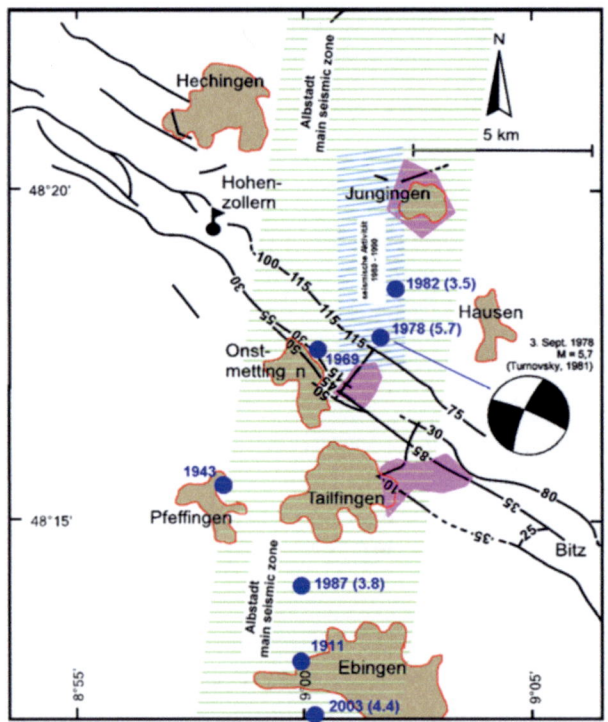

Abb. 2-3: Lage der geodätischen Überwachungsnetze in Relation zur Struktur des Hohenzollerngrabens, der Albstadt-Scherzone und den Epizentren der Hauptbeben seit 1911. Die Lage der neueren Erdbeben wurde dem öffentlichen Erdbebenkatalog der BGR (2010) entnommen.

3 Durchgeführte Messungen und erzielte Ergebnisse

Bereits mit dem Abschluss des Netzaufbaus in den Überwachungsnetzen Tailfingen und Onstmettingen begannen die vielfältigen geodätischen Messungen. Im Rahmen des SFB 108 wurden in mehreren Epochen folgende Messungen durchgeführt:

- GPS-Messungen (1988, 1995)
- Präzisionsnivellements
- Richtungsbeobachtungen
- Streckenmessungen
- Schweremessungen
- Magnetische Messungen
- Bestimmung von Lotabweichungen

Detaillierte Auskunft über die Durchführung und Ergebnisse dieser Messungen geben die Berichtsbände des SFB 108 [Mälzer, 1983; Mälzer u. Zippelt, 1986; van Mierlo u. Hartmann, 1989].

Um eine möglichst gute Genauigkeit der Lagebestimmung zu erreichen, wurde in allen Netzen das Beobachtungsprinzip der Streckenverhältnismessungen angewendet [Jäger, 1985], so dass damit unter gewissen Nebenbedingungen (etwa gleiches Geländeprofil, etwa gleiche Streckenlänge, zeitnahe Messung der im Streckenverhältnis enthaltenen Strecken, unkorrelierte Streckenverhältnisse) eine weitgehende Reduktion des meteorologischen Einflusses in den Streckenmessungen erzielt werden konnte. Der Nachteil dieses Messverfahrens lag in der recht aufwendigen Logistik und dem hohen Messaufwand, so dass es in allgemeinen Anwendungen der Ingenieurvermessung durchaus zu Einschränkungen der Wirtschaftlichkeit kommt. Dies dürfte auch der Grund sein, dass sich dieses Beobachtungsprinzip trotz seiner hohen Genauigkeit in der Praxis nicht durchgesetzt hat. In den Epochen 1983 – 1987 kam das Mekometer ME3000 von Kern zum Einsatz, ab 1988 wurde dieses durch das genauere Folgegerät Mekometer ME5000 ersetzt. Beide Geräte zählten zu den genauesten EDM-Geräten, die in den jeweiligen Epochen verfügbar waren. Die Kombination dieser hochgenauen EDM-Geräte mit dem Beobachtungsprinzip der Streckenverhältnisse führte letztlich zu Ausgleichungsergebnissen, die durch sehr kleine mittlere Punktfehler σ_P gekennzeichnet sind. Im *Überwachungsnetz Tailfingen* variierten diese im Bereich $0.14\,\text{mm} < \sigma_P < 0.80\,\text{mm}$, im *Überwachungsnetz Onstmettingen* im Bereich $0.18\,\text{mm} < \sigma_P < 0.04\,\text{mm}$ (s. auch Tab. 4-1) und im *Überwachungsnetz Jungingen* im Bereich $0.09\,\text{mm} < \sigma_P < 0.57\,\text{mm}$. Die hoch genauen Ergebnisse der Epochenausgleichungen, d. h. die Schätzwerte der unbekannten Lagekoordinaten und die dazugehörende Kofaktormatrix bildeten die Grundlage für die anschließende Deformationsanalyse. Das Konzept dieser koordinatenbezogenen Deformationsanalyse ist beschrieben in [Jäger u. Drixler, 1990; Zippelt, 2003] und [Illner, 2008] und soll hier nicht wiederholt werden. Es gilt jedoch an dieser Stelle darauf hinzuweisen, dass insbesondere **Prof. Schmitt** die Entwicklung dieses Konzeptes maßgeblich beeinflusst hat. Weitere Details, insbesondere über die Ergebnisse und Interpretation der Deformations- und Strainanalysen bis 1995, finden sich in der Zusammenfassung des Abschlussberichtes zum Teilprojekt A3 des SFB 108 [Brezing et al., 1996].

Zusammenfassend lassen sich daraus die Ergebnisse bis 1995 folgendermaßen beschreiben:

- Die Lageverschiebungen, die durch **GPS-Messungen** in den drei Netzen abgeleitet wurden, sind sehr unregelmäßig und lassen sich nur schwer interpretieren. Die aus GPS geschätzten Bewegungsraten erreichen Beträge bis zu 0.8 mm/a und übersteigen damit die erwarteten

Werte deutlich. Aus heutiger Sicht wird man wohl dazu neigen, dies einer ungenügenden Kalibrierung der Antennen, den zwischenzeitlich stattgefundenen Entwicklungen in der Modellbildung sowie den Änderungen in der Ausbaustufe des GPS zuzuschreiben. Infolgedessen dürften diese Messungen nicht die Datenqualität aufweisen, die zur Aufdeckung von Bewegungsraten $< 0.5\,\mathrm{mm/a}$ erforderlich sind. Zusätzlich ist die Zeitspanne zwischen den beiden Messungen (1988 und 1995) sehr kurz, so dass es aufgrund dieser kurzen Zeitbasis (7 Jahre) grundsätzlich problematisch ist, hieraus gesicherte Bewegungsraten abzuleiten. Andererseits bilden diese GPS-Messungen natürlich eine hervorragende Basis für zukünftige Wiederholungsmessungen die spätestens nach dem nächsten größeren Beben durchzuführen sind.

- In den Einzelnetzen, in denen die **Lagebestimmung mittels Streckenverhältnissen** und ergänzenden Richtungsbeobachtungen durchgeführt wurde, stellten sich unterschiedliche Ergebnisse ein. Im *Überwachungsnetz Jungingen*, dem mit 5 Punkten kleinsten Netz, zeigte sich, dass zumindest zwei Netzpunkte trotz massiver Bauweise nicht als stabil gelten können. Die Pfeilerkontrollnivellements wiesen darauf hin, dass diese beiden Pfeiler eine größere seitliche Kippbewegung durchführen, so dass die berechneten Bewegungsraten nicht als tektonisch/seismisch induzierte Lageverschiebung interpretiert werden konnten. Die Ergebnisse im *Überwachungsnetz Onstmettingen* deuteten eine Aufteilung der Netzpunkte in eine zusammengehörende Gruppe von Stabilpunkten (22, 23, 24, siehe auch Abb. 4-3) und in unregelmäßig bewegten Objektpunkten an. Die Bewegung dieser Objektpunkte zeigte tendenziell nach Südwesten, war allerdings nicht signifikant. Auch die im *Überwachungsnetz Tailfingen* ermittelten Bewegungsraten erreichten zwischen 1984 und 1995 kein signifikantes Niveau. Vielmehr entstand auf vielen Punkten der Eindruck einer willkürlichen Bewegung, die nach anfänglichen Ausschlägen in eine Richtung wieder in die Ausgangslage zurückführte. Weiterhin konnten auch über die vermuteten Verwerfungslinien hinweg im Zentrum des Netzes kongruente Teilnetze bestimmt werden, so dass eigentlich davon ausgegangen werden konnte, dass in diesem Bereich keine messbaren oberflächennahen Bewegungen stattfanden. Lediglich die beiden Punkte, die nahe der nördlichen Verwerfungslinie liegen, zeigten größere Bewegungen. Da ein Messrauschen in dieser Größenordnung aufgrund der verwendeten Beobachtungstechnik und der eingesetzten Geräte nicht zu erwarten ist, stellt sich hier die Frage, in wieweit es in einer seismisch aktiven Zone realistisch ist, dass solch alternierende Bewegungen auf sehr gut vermarkten Punkten stattfinden können und welcher Mechanismus dafür verantwortlich ist.

- Die Ergebnisse der **Präzisionsnivellements** konnten in verschiedene Bereiche unterteilt werden. Die Pfeilerkontrollnivellements wiesen bis zu 1995 sowohl in den Netzen von Tailfingen als auch Onstmettingen keine Kippungen von Pfeilern nach und bestätigten somit die sehr gute Vermarkung dieser Punkte. Wie bereits berichtet zeigten die Pfeilerkontrollnivellements im Netz um Jungingen unregelmäßige Pfeilerbewegungen auf, die jedoch nicht abschließend interpretiert werden konnten.
Weiterhin wurden auf der amtlichen Nivellementlinie 2. Ordnung entlang der Landesstraße 242 von Tailfingen nach Hausen i. K. eigene Messungen durchgeführt wobei diese Linie durch zusätzliche Höhenpunkte an geeigneten Stellen (insbesondere im Grabenbereich) ergänzt wurde. Die Auswertung dieser Messungen, die eine hohe Genauigkeit ($m_L = \pm 0.3\,\mathrm{mm}/\sqrt{\mathrm{km}}$) aufweisen, zeigte ein inhomogenes Bewegungsverhalten aus dem der Schluss gezogen wurde, dass ab 1981 keine signifikant messbaren Vertikalbewegungen entlang der nördlichen Verwerfung des Grabens aufgetreten sind. Allerdings deutet sich bei der Auswertung amtlicher Präzisionsmessungen, die auf der o. g. Linie 2. Ordnung durch das Landesvermessungsamt Baden-Württemberg in den Jahren 1963 und 1981 durchgeführt wurden, ein Absenken des Grabensegments an. Mälzer [1985] beschreibt mit Abb. 3-1 dieses lokale Verhalten und stellt es in Verbindung mit Illies [1982].

314

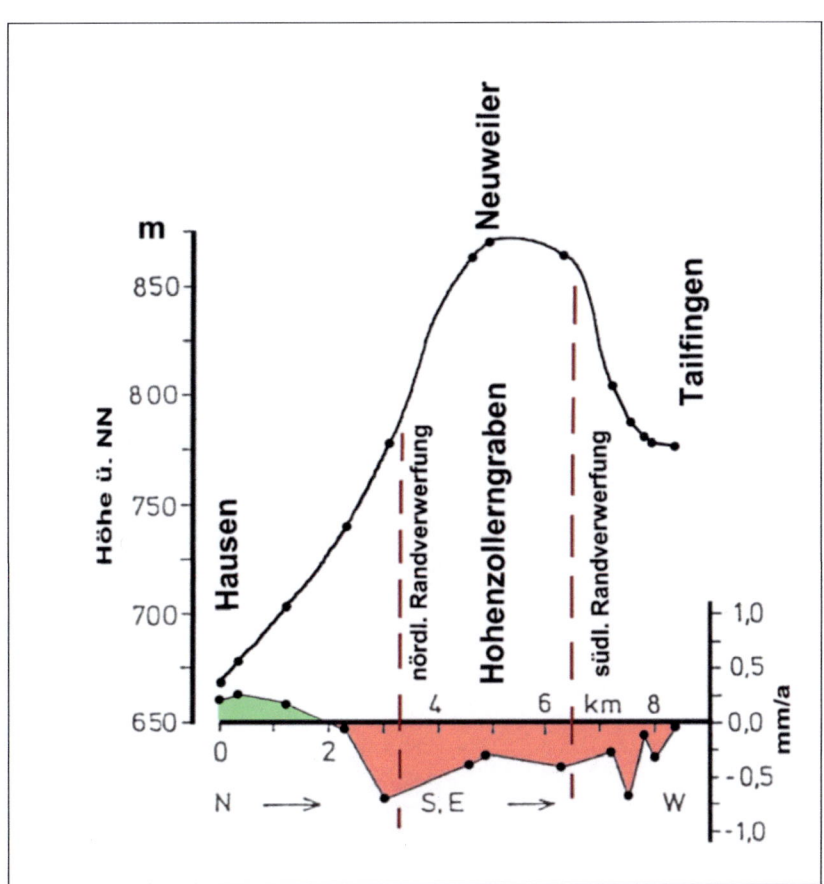

Abb. 3-1: Höhenänderungen einzelner Punkte entlang der Nivellementlinie Nr. 242 (2. Ordnung) zwischen Hausen i. K. und Tailfingen [Mälzer, 1985]. Die Linie kreuzt den Graben an seiner schmalsten Stelle bei Neuweiler. Es hat den Anschein, als ob der Graben rezent absinkt, allerdings lassen sich die Randverwerfungen nicht exakt erkennen.

Nahezu gleichzeitig wurden in [Zippelt, 1988] die mehrfach gemessenen, amtlichen Präzisionsnivellements der 1. Ordnung und zusätzlichen, ausgewählten Linien 2. Ordnung einer gemeinsamen, landesweiten Untersuchung hinsichtlich der Berechnung von Vertikalbewegungen untersucht. Aus dem Bereich des Hohenzollerngrabens und der Albstadt-Scherzone wurden die dort verfügbaren Linien 2. Ordnung in dieses Datenmaterial integriert, so dass sich daraus ein relativ enges Netzwerk ergab. Die Berechnungsergebnisse wurden auf den Landeshaupthöhenpunkt nahe Freudenstadt referenziert und sind damit relativ zu diesem Punkt zu werten. Aus den geschätzten Bewegungsraten von repräsentativen Netzknotenpunkten und Linienpunkten wurde mittels multiquadratischer Interpolation ein regelmäßiges Raster von Vertikalbewegungen errechnet das wiederum zur Interpolation von Niveaulinien gleicher Bewegungsrate benutzt wurde (Abb. 3-2). Überraschend ist nun, dass das Bild der interpolierten Niveaulinien im Bereich des Hohenzollerngrabens einen ähnlichen Verlauf ($\tilde{1}15$–120° streichend) hat wie der Graben selbst. Nördlich des Grabens dominieren nicht signifikante Hebungen bis zu +0.38 mm/a während südlich des Grabens weitverbreitet Senkungen bis zu -0.42 mm/a vorherrschen. Besonders auffallend ist, dass im Bereich zwischen Tailfingen und Burladingen – also dort wo der Graben sehr eng ist – dieser Übergang von Senkung zu Hebung sehr schnell verläuft und ziemlich gut mit der Grabenstruktur zusammenfällt. Die Grabenstruktur selbst ist jedoch aufgrund ihrer geringen Ausdehnung – insbesondere in der Breite – nicht erkennbar. Ob der Hohenzollerngraben rezent noch aktiv ist (zumindest in der Vertikalen) kann jedoch auch mit dieser Interpretation nicht endgültig geklärt werden.

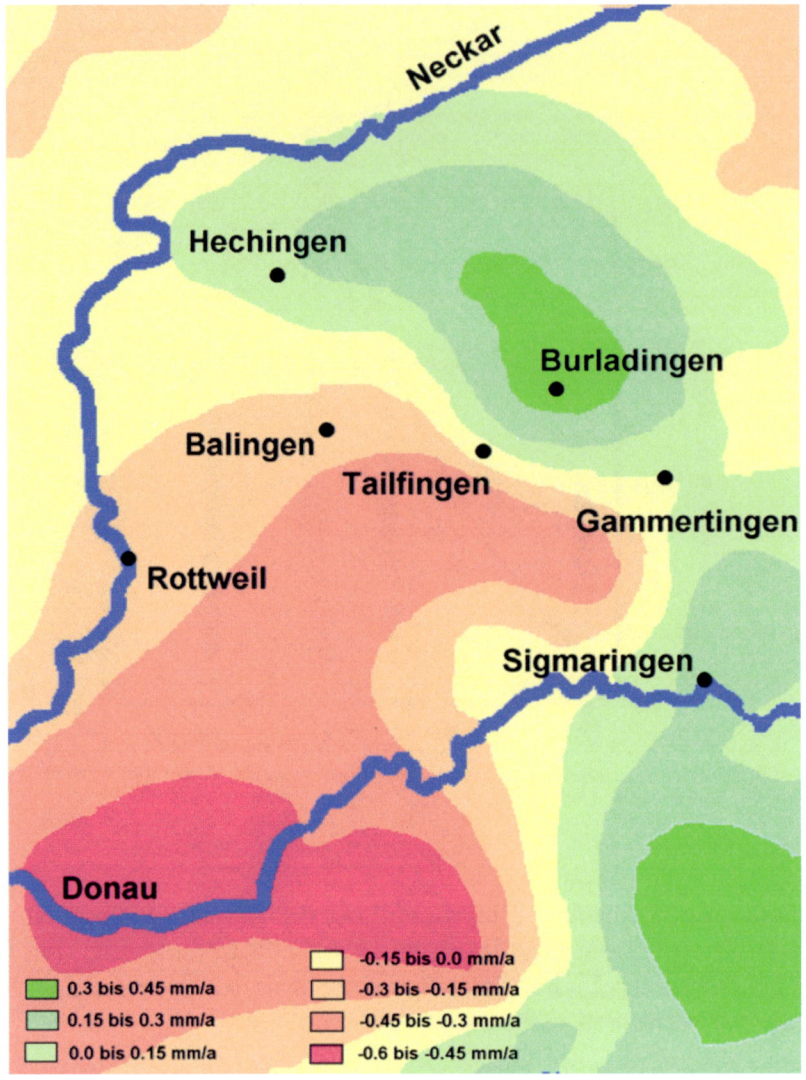

Abb. 3-2: Höhenänderungen im Bereich der Albstadt-Scherzone. Die Bewegungsraten wurden aus amtlichen Präzisionsnivellements in den Jahren 1930 – 1983 errechnet und beziehen sich auf einen Referenzpunkt nahe Freudenstadt. Grafik modifiziert und neu gestaltet aus Zippelt [1988].

- Die **magnetischen Messungen** und die Bestimmung von **Lotabeichungen** ließen keine Anomalien erkennen [Mälzer u. Zippelt, 1986].

- Die **gravimetrischen Messungen** in den Jahren 1982 und 1985 wurden mit LaCoste Romberg Gravimetern des Typs G ausgeführt und über Zwischenpunkte mit dem Deutschen Schweregrundnetz 1976 (DSGN 76) verbunden. Außerdem wurden vertikale Schweregradienten auf ausgewählten Punkten bestimmt. Auch hier ergab die Auswertung, dass keine speziellen Anomalien vorliegen und keine signifikanten Schwereänderungen aufgetreten sind [Mälzer u. Zippelt, 1986].

Nach Beendigung des Sonderforschungsbereiches 108 „Spannung und Spannungsumwandlung in der Lithosphäre" wurden die Arbeiten in den Überwachungsnetzen auf der Schwäbischen Alb in den Folgejahren reduziert. Einerseits fehlte das wissenschaftliche Personal, das diese Aufgaben gezielt durchführen konnte, andererseits hatte sich in all den Jahren des SFB gezeigt, dass trotz hohen Mess- und Auswerteaufwandes speziell keine horizontalen Bewegungsraten signifikant nachgewiesen werden konnten. Da sich in der Folgezeit zudem die seismische Aktivität anscheinend verringerte wurden die Messungen im *Überwachungsnetz Tailfingen* und im *Überwachungsnetz Jungingen* vorerst eingestellt.

4 Überwachungsnetz Onstmettingen

Auch im *Überwachungsnetz Onstmettingen* wurden nach 1995 die Messungen vorerst eingestellt. Da dieses Netz mit 7 Netzpunkten nur eine begrenzte Größe aufweist konnte es in den Jahren 2001 und 2009 in Studienarbeiten zur Deformationsanalyse [Steidl, 2001; Vatter, 2009] im Rahmen des Diplomstudiengangs „Geodäsie und Geoinformatik" integriert werden. Leider zeigte sich bereits im Jahr 2001, dass sich die ursprünglich guten Sichtverhältnisse verschlechtert hatten und zumindest zwei Sichten (27 – 26, 21 – 23) durch Bäume zugewachsen waren. Diese Sichtbehinderungen wurden in einer neuen Optimierung des Beobachtungsplanes berücksichtigt, so dass letztlich in diesem Netz die Messung von 43 gegenseitig unabhängigen Streckenverhältnissen erforderlich war. Abb. 4-1 zeigt den Beobachtungsplan aus dem ersichtlich wird, zwischen welchen Strecken (gemessen mit Mekometer ME5000) die Streckenverhältnisse gebildet wurden. Im *Überwachungsnetz Onstmettingen* erfordert dieser hohe Aufwand eine Beobachtungszeit von etwa 2 – 3 Tagen für die erforderlichen Streckenmessungen.

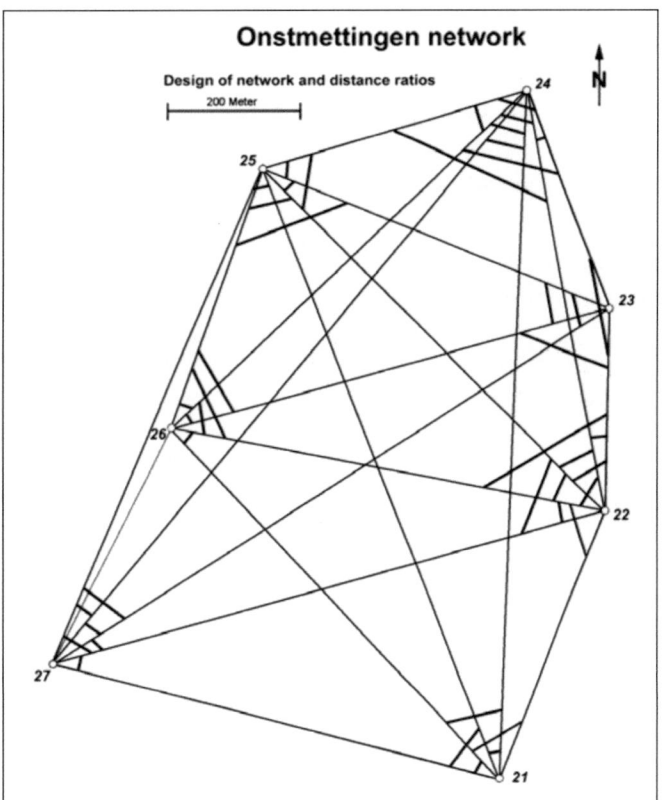

Abb. 4-1: Beobachtungsplan im Überwachungsnetz Onstmettingen mit Definition der zu bildenden Streckenverhältnisse [Steidl, 2001]. Die Verhältnisse werden gebildet aus gegenseitig unabhängigen Streckenmessungen, die etwa die gleiche Länge und das gleiche topografische Profil aufweisen.

Damit ergeben sich im *Überwachungsnetz Onstmettingen* seit 1983 insgesamt zehn Epochen. Die hervorragenden Genauigkeiten, die erzielt wurden, sind in Tab. 4-1 zusammengefasst. Die Werte für das stochastische Modell wurden jeweils mittels Frequenzprüfung und Messungen auf einer Eichlinie bestimmt und zeigten sich über viele Jahre als stabil. Mit dem Mekometer ME3000 wurden in den einzelnen Jahrgängen mittlere Punktfehler zwischen 0.14 mm und 0.17 mm erzielt, wogegen sich durch Verwendung des Mekometers ME5000 eine Reduzierung der mittleren Punktfehler auf 0.04 mm bis 0.08 mm ergab.

Tab. 4-1: Übersicht zu den einzelnen Epochen im *Überwachungsnetz Onstmettingen*

Epoche	Instrument	stochastisches Modell	mittl. Punktfehler [mm]
1983	ME3000	0.3 mm / 0.6 mm	0.15
1984	ME3000	0.3 mm / 0.6 mm	0.16
1985	ME3000	0.3 mm / 0.6 mm	0.17
1986	ME3000	0.3 mm / 0.6 mm	0.14
1987	ME 3000	0.3 mm / 0.6 mm	0.15
1988	ME5000	0.2 mm	0.06
1989	ME5000	0.2 mm	0.04
1995	ME5000	0.2 mm	0.08
2001	ME5000	0.2 mm	0.07
2009	ME5000	0.2 mm	0.04

Die mittels Präzisionsnivellement und trigonometrischen Höhenmessungen (durchgeführt nach dem Prinzip der gleichzeitig, gegenseitigen Zenitdistanzen [Kuntz u. Schmitt, 1985]) ermittelten Punkthöhen zeigten über alle Epochen lediglich Veränderungen, die im Intervall der jeweiligen Beobachtungsgenauigkeit ($|\Delta H| < 1$ mm) lagen und damit keine signifikanten Höhenänderungen darstellen. Beachtenswert – auch im Hinblick auf die Interpretation der Lagedeformationen – erscheint jedoch, dass mittlerweile verschiedene Pfeiler doch nicht ganz stabil sind und aus den Pfeilerkontrollnivellements Kipprichtungen abgeschätzt werden können. In Tab. 4-2 werden aus den Veränderungen der Kontrollbolzen zwischen der ersten und letzten Epoche sowohl die Kipprichtung als auch die Kipprate/der Kippwinkel abgeschätzt. Diese Werte sind bei der Interpretation der Deformationsanaylse zu berücksichtigen. Beispielhaft werden in Abb. 4-2 die Messdaten und Bewegungen der vier Höhenbolzen von Pfeiler 26 dargestellt [Vatter, 2009].

Tab. 4-2: Über alle Epochen (1982 – 2009) geschätzte Kippung der Pfeiler

Pfeiler	Kipprichtung	Kipprate/Kippwinkel
21	Westen	0.33 mm auf 1360 mm / 0.01544^G
22	k.A.	
23	k.A.	
24	Südosten	0.47 mm auf 1923 mm / 0.01556^G
25	k.A.	
26	Westen	0.32 mm auf 1360 mm / 0.01498^G
27	k.A.	

Für alle Epochen wurden unter Beibehaltung der Näherungskoordinaten im Rahmen einer freien Ausgleichung die Epochenkoordinaten und deren Kofaktormatrix geschätzt. Statistische Tests und Suche nach groben Fehlern im Beobachtungsmaterial nach den bekannten Strategien sind selbstverständlich. Bei der Ausgleichung wird auf das am GIK entwickelte Softwarepakt Netz2D zurückgegriffen, wobei seit [Steidl, 2001] die Version unverändert geblieben ist. Somit ist sichergestellt, dass in den Epochenkoordinaten keine Einflüsse wegen Software-Anpassungen auftreten.

Die eigentliche Deformationsanalyse wurde mit dem ebenfalls am GIK entwickelten Softwarepaket CODEKA2D durchgeführt. Das Auswertekonzept, auf dem dieses Softwarepaket beruht, ist in [Jäger u. Drixler, 1990; Jäger et al., 2005] beschrieben und soll hier nicht detailliert dargestellt werden. Es sieht jedoch grundsätzlich vor, dass die Netzpunkte aufgeteilt werden in eine Gruppe

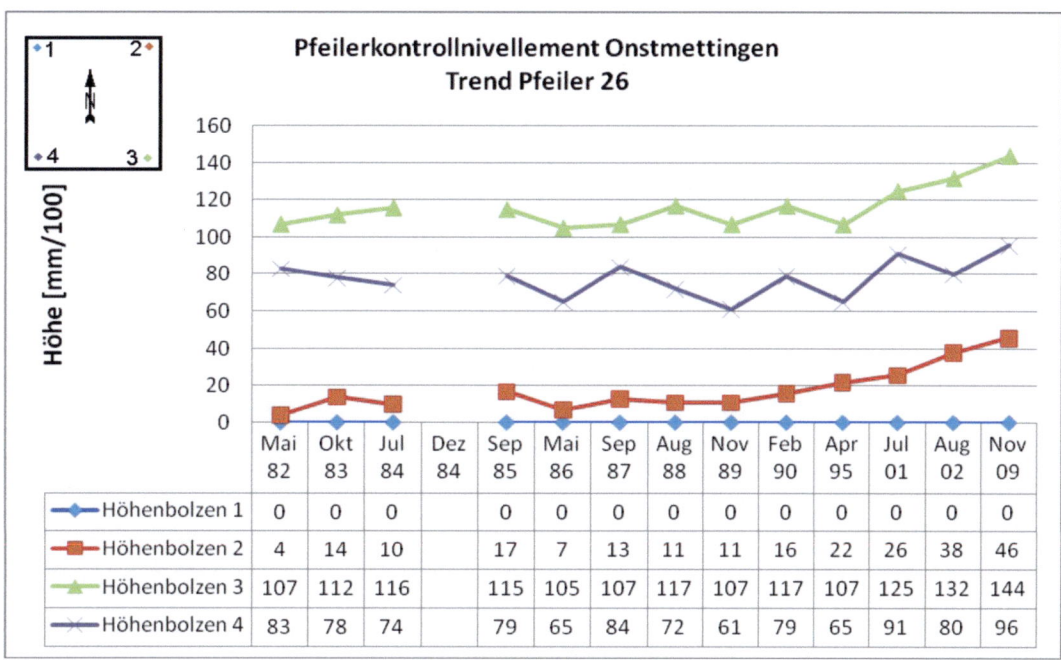

Abb. 4-2: Dokumentation der Pfeilerkontrollnivellements am Pfeiler 26 aus denen eine Kipptendenz nach Westen abgeleitet wird [Vatter, 2009]

von Referenzpunkten und eine Gruppe von Objektpunkten. Für die Referenzpunkte wird gefordert, dass sie sich kongruent verhalten und als stabil gelten. Dies wird über statistische Tests nachgewiesen. Um die Forderung zu erfüllen, dass die Epochenkoordinaten alle den gleichen Bezugsrahmen aufweisen, werden alle Epochen über eine sogenannte S-Transformation in das gleiche Datum transformiert. Für das Überwachungsnetz Onstmettingen ergibt sich über alle Epochen hinweg, dass die Netzpunkte 22, 23 und 24 als Referenzpunkte gelten können. Bemerkenswert erscheint, dass Punkt 24 als Referenzpunkt anerkannt wird, obwohl zuvor durch Pfeilerkontrollnivellements festgestellt wurde, dass dessen Vermarkung leicht nach Südosten kippt. Vergleicht man ihre Lage mit der geologischen Struktur, so ist zu erkennen, dass alle Referenzpunkte auf der gleichen Grabenscholle liegen. Die anschließend berechneten Deformationen der Objektpunkte (21, 25 – 27) werden in Relation zu diesen Referenzpunkten bestimmt und durch einem Vektorzug über alle Epochen dargestellt (s. Abb. 4-3). Die Signifikanz der Bewegungsraten wird grafisch ermittelt, indem in jedem Punkt die Konfidenzellipse der letzten Epoche mit 95 % Sicherheit dargestellt wird. Durchstößt der Vektorzug der Deformationen diese Konfidenzellipse so gilt die entsprechende Deformation als signifikant.

Durch die Aufteilung des Hohenzollerngraben im Bereich des Überwachungsnetzes Onstmettingen in mehrere Bruchstrukturen (s. Abb. 2-3, Abb. 4-3) liegen die Objektpunkte vermutlich auf unterschiedlichen Schollen, deren Begrenzung jedoch nicht genau bekannt ist. Auffallend bei allen Objektpunkten ist, dass es über alle Epochen hinweg nicht zu einer einheitlichen Bewegung kommt. Teilweise werden Deformationen, die in einer Epoche festgestellt werden, durch die Messungen der Folgeepoche nahezu wieder rückgängig gemacht. Ein ähnliches Phänomen konnte bereits im Überwachungsnetz Tailfingen beobachtet werden. Es ist nicht auszuschließen, dass es sich dabei aufgrund der hochgenauen Messmethodik und den verwendeten Geräten um Bewegungsraten im Bereich von 0.2–0.4 mm handelt, die durch zufällige Restfehler im Datenmaterial entstanden sind und nicht eliminiert werden konnten. Dies gilt insbesondere für den Punkt 27, dessen Deformationen sich vollständig innerhalb der Konfidenzellipse bewegen. Allerdings ist diese Konfidenzellipse von ihrer Dimension auch wesentlich größer als die anderen, so dass die

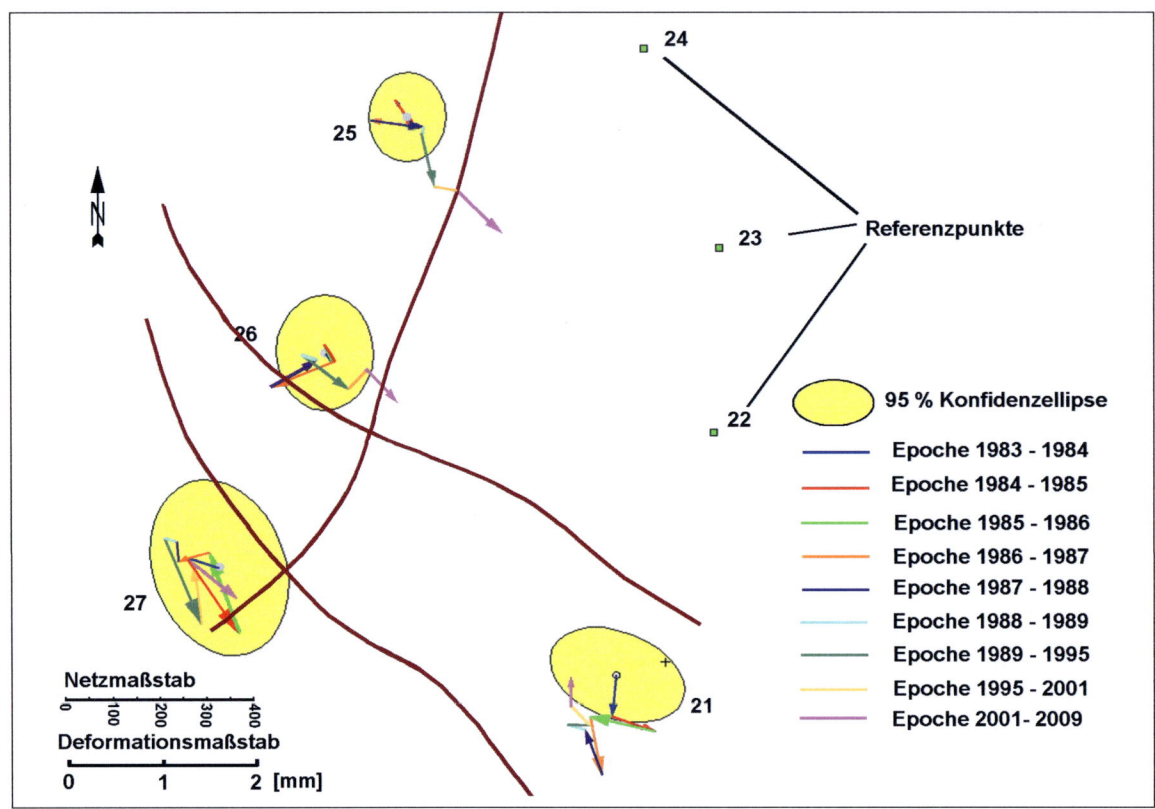

Abb. 4-3: Ergebnisse der Deformationsanalyse im Überwachungsnetz Onstmettingen [Vatter, 2009]. Die geologischen Strukturen sind näherungsweise skizziert.

Bewegungsraten, die in Größe und Richtung vergleichbar mit den Nachbarpunkten 25 und 26 sind, als nicht signifikant bewertet werden.

Die Punkte 25 und 26 zeigen zu Beginn der Messungen zwar ein ähnliches, alternierendes Bewegungsmuster, die Vektoren ab 1989 zeigen jedoch klar in Richtung Südosten und stellen eine Bewegung dar, die letztlich signifikant erscheint. Bei Punkt 26 kommt hinzu, dass durch die Pfeilerkontrollnivellements festgestellt wurde (s. Tab. 4-2), dass dieser Punkt seit 1990 eine westlich gerichtete Kipptendenz aufweist, so dass die südöstliche Bewegung dieses Punktes dadurch sogar noch verstärkt würde. Eine mechanische Erklärung der Bewegungen dieser beiden Punkte fällt schwer, da es den Anschein hat, dass sich die Grabenscholle, auf der sich diese beiden Punkte vermutlich befinden, auf die Scholle mit den Referenzpunkten zu bewegt. Damit müsste es in diesem Bereich zumindest oberflächennah zu Druckphänomenen zwischen diesen beiden Grabenstrukturen kommen. Ob dies realistisch ist muss im Dialog mit Geophysikern und Geologen geklärt werden.

Abschließend sollen auch noch die Bewegungen am Punkt 21 interpretiert werden. Nach anfänglicher südlicher Bewegung, die in der Summe sogar signifikant erscheint, kommt es ab 1987 zu einer Umkehr dieser Deformationsrichtung, so dass die Gesamtbewegung derzeit wieder innerhalb der Konfidenzellipse liegt mit einem leichten Versatz in Richtung Westen. Beachtet man, dass die Pfeilerkontrollnivellements an diesem Pfeiler eine westlich gerichtete Kippung dokumentieren (s. Tab. 4-2) und bringt diese schätzungsweise an den Deformationen an, so endet der Vektorzug der Bewegungen noch näher dem ursprünglichen Zentrum. Auch für diesen Punkt gilt es zu klären, auf welchem Mechanismus oder welcher Ursache die gezeigten kurzzeitigen Deformationsvariationen beruhen.

Gesamtheitlich bewertet fällt es derzeit noch schwer, im *Überwachungsnetz Onstmettingen* einen Trend in den horizontalen Bewegungen zu erkennen, der mit der Seismizität der *Albstadt-Scherzone* in Übereinstimmung gebracht werden kann. Die festgestellten Bewegungen sind sehr klein, wechseln ständig ihre Richtung und zeigen keinen langfristigen Trend. Im *Überwachungsnetz Onstmettingen* sollen auch in den nächsten Jahren sporadisch weitere Wiederholungsmessungen durchgeführt werden, um die bisher erzielten Ergebnisse weiter zu verifizieren.

5 Ausblick

Durch die bisherigen Messungen im Erdbebengebiet der Schwäbischen Alb hat sich gezeigt, dass derzeit noch kein endgültiger Nachweis von oberflächennahen, horizontalen Bewegungen erbracht werden kann. Trotzdem ist mit diesen Messungen ein Grundstein gelegt, um im Bedarfsfall (d. h. spätestens nach einem erneuten schweren Erdbeben) gezielt und netzorientiert spezielle Messungen zu wiederholen. Basis hierfür sind die stabilen Pfeiler, die auch nach fast 30 Jahren überwiegend in einem sehr guten Zustand sind. Außerdem wird sich durch den erneuten Einsatz von GPS die Möglichkeit ergeben, weiter in die Fläche zu gehen, so dass eventuell die Chance besteht, die bisher nicht gefundenen Scherbahnen der *Albstadt-Scherzone* besser zu lokalisieren. Im Sinne der Bevölkerung möge sich das nächste größere Beben jedoch noch viel Zeit lassen – oder möglichst gar nicht mehr auftreten.

Die Untersuchung der Präzisionsnivellements zeigte wie so oft erste Hinweise auf vertikale Bewegungen und ist derzeit wieder aufgenommen. Auf der Basis amtlicher Präzisionsmessungen, die seit 1986 ausgeführt wurden, wird diese neue Analyse zeigen, ob die durch die Interpretation der Abb. 3-1 und Abb. 3-2 aufgestellten Hypothesen weiterhin haltbar sind.

Dank

Die Einrichtung der geodätischen Überwachungsnetze im Bereich der Albstadt-Scherzone und deren Messung wurden ab 1981 durch Prof. Mälzer im Rahmen des SFB 108 koordiniert und repräsentiert. Ein wesentlicher Punkt bei der Anlage und der Definition des Beobachtungsplanes in den verschiedenen Netzen waren Optimierungsrechnungen, die **Prof. Schmitt** durch die Vorgabe von Kriteriummatrizen durchführte. Er konnte damit für jedes Netz einen optimalen Beobachtungsplan entwickeln und das Netz auf Schwachstellen untersuchen.

Dank gilt natürlich auch vielen Kollegen und Kolleginnen aus dem Geodätischen Institut (GIK), die bei den teilweise aufwendigen Messkampagnen und deren Auswertung im Rahmen des SFB 108 mitgewirkt haben. Zuletzt gilt es darauf hinzuweisen, dass die neueren Messungen im „*Überwachungsnetz Onstmettingen*" im Rahmen von Studienarbeiten von den Studierenden R. Steidl und D. Vatter durchgeführt und ausgewertet wurden. Dem Landesamt für Geoinformation und Landentwicklung Baden-Württemberg sei für die Überlassung der Höhenunterschiede aus amtlichen Präzisionsnivellements gedankt.

Literatur

[Baumann 1984] BAUMANN, H.: Aufbau und Messtechnik zweier Stationen zur Registrierung von Spannungsänderungen im Bereich des Hohenzollerngrabens - Erste Resultate. In: *Oberrhein. geol. Abh.* Bd. 33, 1984, S. 1–14

[Brezing et al. 1996] BREZING, A. ; HOWIND, N. ; MIERLO, J. van: Abschlussmessungen und Auswertung des Deformationsnetzes Albstadt. In: *Allgemeine Vermessungs-Nachrichten (AVN)* 8-9 (1996), S. 205–315

[Illies 1982] ILLIES, J.H.: Der Hohenzollerngraben und Intraplatten-Seismizität in Folge Vergitterung lamellärer Scherung mit einer Riftstruktur. In: *Oberrhein. geol. Abh.* Bd. 31, 1982, S. 47–78

[Illner 2008] ILLNER, M.: Konzept und Ergebnisse von Deformationsmessungen an der Linachtalsperre. In: *Zeitschrift f. Geodäsie, Geoinformatik und Landmanagement (ZfV)* 133 (2008), S. 302–311

[Jäger 1985] JÄGER, R.: Anwendung von Streckenverhältnismessungen in Überwachungsnetzen und auf Eichlinien. In: *Allgemeine Vermessungs-Nachrichten (AVN)* 2 (1985), S. 53–65

[Jäger u. Drixler 1990] JÄGER, R. ; DRIXLER, E.: *Deformationsanalyse-Verfahren am Geodätischen Institut der Universität Karlsruhe, Konzepte - Vergleiche - Software - Ausblick.* 1990. – interner Bericht

[Jäger et al. 2005] JÄGER, R. ; MÜLLER, T. ; SALER, H. ; SCHWÄBLE, R.: *Klassische und robuste Ausgleichungsverfahren.* Herbert Wichmann Verlag, 2005

[Kuntz u. Schmitt 1985] KUNTZ, E. ; SCHMITT, G.: Präzisionshöhenmessungen durch Beobachtung gleichzeitig-gegenseitiger Zenitdistanzen. In: *Allgemeine Vermessungs-Nachrichten (AVN)* 92 (1985), S. 427–434

[van Mierlo u. Hartmann 1989] MIERLO, J. van ; HARTMANN, P.: Kriechende Spannungsumwandlungen: Rezente vertikale und horizontale Bewegungen. SFB 108. In: *Berichtsband 1987-1989*, Universität Karlsruhe (TH), 1989, S. 17–64

[Mälzer 1983] MÄLZER, H.: Kriechende Spannungsumwandlungen: Rezente vertikale und horizontale Bewegungen. SFB 108. In: *Berichtsband 1981-1983*, Universität Karlsruhe (TH), 1983, S. 59–85

[Mälzer 1985] MÄLZER, H.: Sonderforschungsbereich 108 SStress and Stress Release in the Lithosphere geodetic contribution. In: *Allgemeine Vermessungs-Nachrichten (AVN)* 2/1985 (1985), S. 48–54. – Intern. Edition

[Mälzer u. Zippelt 1986] MÄLZER, H. ; ZIPPELT, K.: Kriechende Spannungsumwandlungen: Rezente vertikale und horizontale Bewegungen. SFB 108. In: *Berichtsband 1984-1986*, Universität Karlsruhe (TH), 1986, S. 47–97

[Reinecker u. Schneider 2002] REINECKER, J. ; SCHNEIDER, G.: Zur Neotektonik der Zollernalb: Der Hohenzollerngraben und die Albstadt-Erdbeben. In: *Jber. Mitt. oberrhein geol. Ver.* Bd. N.F.84, 2002, S. 391–417

[Schneider 1980] SCHNEIDER, G: Das Beben vom 3. September 1978 auf der Schwäbischen Alb als Ausdruck der seismotektonischen Beweglichkeit Südwestdeutschlands. In: *Jber. Mitt. oberrhein geol. Ver.* Bd. N.F.84, 1980, S. 143–166

[Steidl 2001] STEIDL, R.: *Deformationsmessungen und Deformationsanalyse im geodynamischen Testnetz Ostmettingen*, Universität Karlsruhe (TH), Geodätisches Istitut, Studienarbeit, 2001

[Turnovsky 1981] TURNOVSKY, J.: *Herdmechanismen und Herdparameter der Erdbebenserie 1978 auf der Schwäbischen Alb*, Institut f. Geophysik, Univ. Stuttgart, Diss., 1981

[Vatter 2009] VATTER, D.: *Untersuchungen zur Deformationsanalyse im Überwachungsnetz Onstmettingen/Hohenzollerngraben*, Universität Karlsruhe (TH), Geodätisches Istitut, Studienarbeit, 2009

[Zippelt 1988] ZIPPELT, K.: Modellbildung, Berechnungsstrategie und Beurteilung von Vertikalbewegungen unter Verwendung von Präzisionsnivellements. In: *Deutsche Geodätische Kommission, Reihe C* 343 (1988)

[Zippelt 2003] ZIPPELT, K.: Geodetic Monitoring of slow Deformations in a Seismically Activ Region. In: *Proceedings 11th International Symposium on Deformation Measurements* Publication No. 2 Geodesy and Geodetic Applications Lab, Patras University, 2003

Anschrift des Autors:

Dr.-Ing. Karl Zippelt   Karlsruher Institut für Technologie (KIT)
                           Geodätisches Institut (GIK)
                           Englerstraße 7, 76131 Karlsruhe
                           karl.zippelt@kit.edu

Schriftenreihe des Studiengangs Geodäsie und Geoinformatik (ISSN 1612-9733)

Die Bände sind unter www.ksp.kit.edu als PDF frei verfügbar oder als Druckausgabe bestellbar.

Band 2010,3   Geodätisches Institut (Hrsg.)
Vernetzt und ausgeglichen : Festschrift zur Verabschiedung von Prof. Dr.-Ing. habil. Dr.-Ing. E.h. Günter Schmitt. 2010
ISBN 978-3-86644-576-5

Band 2010,2   Fuhrmann, Thomas; Knöpfler, Andreas; Mayer, Michael;
Luo, Xiaoguang; Heck, Bernhard
Zur GNSS-basierten Bestimmung des atmosphärischen Wasserdampfgehalts mittels Precise Point Positioning. 2010
KIT Scientific Report ; 7561
ISBN 978-3-86644-539-0

Band 2010,1   Grombein, Thomas; Seitz, Kurt; Heck, Bernhard
Untersuchungen zur effizienten Berechnung topographischer Effekte auf den Gradiententensor am Fallbeispiel der Satellitengradiometriemission GOCE. 2010
KIT Scientific Report ; 7547
ISBN 978-3-86644-510-9

Band 2009,2   Heck, Bernhard; Mayer, Michael (Hrsg.)
Geodätische Woche 2009 : 22.-24. September 2009, Messe Karlsruhe, Rheinstetten im Rahmen der INTERGEO – Kongress und Fachmesse für Geodäsie, Geoinformation und Landmanagement. Abstracts. 2009
ISBN 978-3-86644-411-9

Band 2009,1   Eschelbach, Cornelia
Refraktionskorrekturbestimmung durch Modellierung des Impuls- und Wärmeflusses in der Rauhigkeitsschicht. 2009
ISBN 978-3-86644-307-5

Band 2007,6   Bähr, Hermann; Altamimi, Zuheir; Heck, Bernhard
Variance Component Estimation for Combination of Terrestrial Reference Frames. 2007
ISBN 978-3-86644-206-1

Band 2007,5   Nuckelt, André
Dreidimensionale Plattenkinematik. 2007
ISBN 978-3-86644-152-1

Schriftenreihe des Studiengangs Geodäsie und Geoinformatik (ISSN 1612-9733)

Band 2007,4   Derenbach, Heinrich; Illner, Michael; Schmitt, Günter;
Vetter, Martin; Vielsack, Siegfried
**Ausgleichsrechnung – Theorie und aktuelle Anwendungen aus
der Vermessungspraxis.** 2007
ISBN 978-3-86644-124-8

Band 2007,3   Mürle, Michael
Aufbau eines Wertermittlungsinformationssystems. 2007
ISBN 978-3-86644-116-3

Band 2007,2   Luo, Xiaoguang; Mayer, Michael; Heck, Bernhard
**Bestimmung von hochauflösenden Wasserdampffeldern unter
Berücksichtigung von GNSS-Doppeldifferenzresiduen.** 2007
ISBN 978-3-86644-115-6

Band 2007,1   Knöpfler, Andreas; Mayer, Michael; Nuckelt, André;
Heck, Bernhard; Schmitt, Günter
**Untersuchungen zum Einfluss von Antennenkalibrierwerten
auf die Prozessierung regionaler GPS-Netze.** 2007
ISBN 978-3-86644-110-1

Band 2005,1   Kupferer, Stephan
**Anwendung der Total-Least-Squares-Technik bei geodätischen
Problemstellungen.** 2005
ISBN 3-937300-67-8

Band 2004,1   Schmidt, Ulrich Marcus
**Objektorientierte Modellierung zur geodätischen Deformations-
analyse.** 2004
ISBN 3-937300-06-6

Band 2003,1   Koenig, Daniel; Seitz, Kurt
**Numerische Integration von Satellitenbahnen unter Berück-
sichtigung der Anisotropie des Gravitationsfeldes der Erde.** 2003
ISBN   3-937300-00-7